Neuronales Selbst und szenischer Affekt

Europäische Hochschulschriften
Publications Universitaires Européennes
European University Studies

Reihe VI
Psychologie

Série VI Series VI
Psychologie
Psychology

Bd./Vol. 574

PETER LANG
Frankfurt am Main · Berlin · Bern · New York · Paris · Wien

Bernhard Engelmann

Neuronales Selbst und szenischer Affekt

Grundriß einer neurobiologisch und psychodynamisch angelegten Emotionsforschung

PETER LANG
Europäischer Verlag der Wissenschaften

Die Deutsche Bibliothek - CIP-Einheitsaufnahme

Engelmann, Bernhard:

Neuronales Selbst und szenischer Affekt : Grundriß einer neurobiologisch und psychodynamisch angelegten Emotionsforschung / Bernhard Engelmann. - Frankfurt am Main ; Berlin ; Bern ; New York ; Paris ; Wien : Lang, 1997
(Europäische Hochschulschriften : Reihe 6, Psychologie ; Bd. 574)
Zugl.: Hamburg, Univ., Diss., 1996
ISBN 3-631-31486-8

NE: Europäische Hochschulschriften / 06

D 18
ISSN 0531-7347
ISBN 3-631-31486-8

Printed in Germany 1 3 4 5 6 7

Inhaltsverzeichnis

0. Zum Aufbau dieser Arbeit und redaktionelle Hinweise

Ausgangspunkt dieser Arbeit ist ein Problem, das die Pädagogik vielfach angeht, aber von der Pädagogik selten wissenschaftlich bearbeitet wird. Gemeint sind die Prüfungen, insbesondere die damit verbundenen Prüfungsängste. Meine Ausarbeitungen gehen ursprünglich hervor aus einem Forschungsprojekt zum pädagogisch-therapeutischen Umgang mit Prüfungsängsten (s. Kap. 1.1). Die dabei aufgetauchten offenen Fragen und ungelösten Probleme mündeten schließlich ein in eine konzeptuell weitergespannte, von mir als *„neuro-szeno-logisch“* gekennzeichnete Perspektive, die sowohl neurobiologische als auch psychodynamische Zugänge zum Verständnis der unbewußt-affektiven Dialogsteuerung in (prüfungs-)pädagogischen Situationen („Szenen“) beinhaltet.

In dem Attribut *neuroszenologisch* drückt sich mein zweifaches Interesse an den *neuro*nalen (d. h. das Nervensystem betreffenden) und an den *szenologischen* (svw. tiefenpsychologisch-kommunikativen) Aspekten emotionalen Verhaltens aus. Die neuroszenologische Perspektive stützt sich auf psychoanalytische Denkmuster, neurowissenschaftliche Erkenntnisse und physiologische Emotionsansätze gleichermaßen. Mit dem neuroszenologischen Emotionsmodell betrete ich gleichsam erziehungswissenschaftliches Neuland: Die Emotionsforschung mit ihren neuro- bzw. psychophysiologischen Verzweigungen hat bislang kaum Eingang in die pädagogische Theorienbildung gefunden, und die Psychoanalyse ist m. E. noch längst nicht zugunsten einer pädagogisch-psychologischen (Emotions-)Forschung ausgeschöpft worden. Meinen neuroszenologischen Entwurf könnte man, räumlich skizziert, in einem dreifach aufgespannten, fächerübergreifenden Erkenntnisfeld lokalisieren: Er liegt zwischen den Bezugsdisziplinen Psychoanalyse/Psychoanalytische Pädagogik, Neurobiologie und Emotionspsychologie, ohne jedoch einer dieser Disziplinen anzugehören. Vielmehr verstehe ich die vorgelegte Studie als einen grundlagentheoretischen Beitrag zur Pädagogischen Psychologie als einer erziehungswissenschaftlichen Teildisziplin (s. Kap. 1.2).

Es geht mir primär um das Aufzeigen einer sozusagen transdisziplinären Grundposition, und weniger um die synkritische Betrachtung unterschiedlicher disziplinspezifischer Konzepte. Ich habe es deshalb vorgezogen, die vorliegende Arbeit in Form von eher kompakten Kapiteln zu präsentieren. Von einer weitergehenden Zergliederung in Unterabschnitte habe ich meistens abgesehen, damit die Akzente dieser Arbeit deutlich hervortreten können und die zusammengehörenden Gedankengänge auch äußerlich erkennbar bleiben. Eine feinere Unterteilung in Unterabschnitte habe ich nur dort (z. B. für Kap. 5.7.2, 5.8.2, 6.3.2) vorgenommen, wo es mir vom Wissensstoff her geboten schien.

Im *ersten Kapitel* skizziere ich zunächst den entwicklungsgeschichtlichen Ausgangspunkt meines Ansatzes, damit auch den völlig unvorbereiteten Lesern und Leserinnen der pädagogisch-psychologische Impetus dieser Arbeit (s. Kap. 1.2) leichter vermittelt werden kann. In Kap. 1.3 werden die modelltheoretischen Vorüberlegungen für diese Arbeit dargelegt.

Im *zweiten Kapitel* stecke ich den Gedankenhorizont für diese Arbeit grob ab, indem ich die inhaltlich-konzeptuellen Modellannahmen, die von mir verwendeten Grundbegriffe bzw. Neologismen und das damit zusammenhängende methodisch-methodologische Vorverständnis expliziere. Da mir die Prüfungsangstthematik als eine Art exemplarischer Ariadnefaden auf dem Weg zu einer neuroszenologischen Forschungsprogrammatik diente, gehe ich in einem Exkurs (Kap. 2.5) dem emotionsdynamischen Zusammenhang zwischen Prüfungsangst und Selbstwerterleben nach. Diesen Exkurs beschließe ich mit der stilisierten Schilderung des emotional aufgeladenen Prüfungsdialogs, um den Begriff der Szene plastisch zu erläutern.

Im *dritten Kapitel* werden wir uns genauer mit den Emotionen befassen, und zwar unter besonderer Berücksichtigung psychophysiologischer bzw. neuropsychologischer und ausdruckspsychologischer Ansätze. Aus der letztlich unübersehbaren Fülle dieser Wissensbestände wurden bewußt einige Resultate und Konzepte ausgewählt, die zur Konkretisierung der neuroszenologischen Grundidee beisteuern.

Im *vierten Kapitel* stelle ich die zentralen Einsichten der Neurobiologie bzw. Hirnforschung zusammen, und zwar unter besonderer Berücksichtigung ihrer potentiellen Bedeutung für den emotionalen Bereich. Was die neurobiologischen Grundlagen betrifft, so habe ich mich weitgehend um eine vereinfachende (und hoffentlich nicht verfälschende) Darstellung bemüht, um die für ein fortlaufendes Textverständnis erforderliche Geduld und Konzentration auf Seiten einer zwar geneigten, aber rein erziehungs- bzw. sozialwissenschaftlich geschulten Leserschaft nicht über Gebühr zu strapazieren.

Das *fünfte Kapitel* führt in die psychoanalytisch akzentuierte, szenologische Denkweise und in das zugehörige Grundkonzept emotionaler bzw. affektiver Kommunikation (Stichwort: „Szeno-Kreis“) ein. Die neurobiologischen bzw. hirnphysiologischen Bezüge zu den psychoanalytisch-szenologischen Konzepten werden, soweit mir dies möglich erschien, hypothetisch aufgezeigt.

Im *sechsten Kapitel* werden die in den Kapiteln 2 bis 5 vermittelten Vorstellungen zusammengeführt und sozialisations-physiologisch weiterentwickelt. Dabei werde ich vom pädagogisch-psychologischen Paradigma der Prüfung abrükken, jedoch nur, um es in ein umfassenderes, neuroszenologisch gefaßtes Grundverständnis der Selbst(wert)entwicklung zu rücken. Dabei werde ich den neuroszenologischen Ansatz dahingehend radikalisieren, daß ich anhand eines Gedankenexperimentes bis zu den intra-uterinen Anfängen der Herausbildung unbewußter emotionaler Grundhaltungen (Stichwort: „somato-szenisches Selbst“) vorstoße.

Das *siebte Kapitel* schließlich bietet - neben einer selektiven Gesamtzusammenfassung - einen selbstkritischen Ausblick auf eine denkbare, noch zu begründende neuroszeno*graphische* Emotionsforschung, wie sie sich letztlich nur in interdisziplinären und methodologisch weit gespannten Projekten realisieren ließe. Diese Forschungshinweise werden um einige mir erwähnenswert erschienene Hinweise auf die potentielle pädagogisch-psychologische Relevanz der neuroszenologischen Grundüberlegungen ergänzt.

Im Anhang sind der Abhandlung ein Abkürzungsverzeichnis und eine kleine Liste der wichtigsten von mir verwendeten neurobiologischen und psychoanalytischen Grundbegriffe beigefügt. Auf dieses Glossar kann zurückgegriffen werden, um den Lesefluß nicht durch umständliches Nachblättern (vorzugsweise in den Unterabschnitten von Kapitel 4.2, 5.7, 5.8, 6.3 - 6.5) zu behindern.

Zitate wurden durch zentrierten Kleindruck kenntlich gemacht. Ebenso wurden ins Detail gehende Darstellungen klein gedruckt. Diese Textblöcke richten sich an die besonders interessierte Leserschaft und können gefahrlos übersprungen werden, da sie für das Verständnis der jeweiligen Argumentation nicht unbedingt erforderlich sind.

Wenngleich ich für die vorliegende Arbeit allein verantwortlich zeichne, so habe ich gelegentlich (vor allem im fünften und im sechsten Kapitel) das Pronomen bezüglich der eigenen Gedankengänge ins Plural gesetzt. Dieses „wir" (anstelle des „ich") soll zum einen auf die vorangegangenen Diskussionen mit interessierten Kollegen und Kolleginnen und nicht zuletzt auf die erhellenden Hinweise und kritischen Vorschläge des wissenschaftlichen Betreuers dieser Arbeit (Herrn Prof. Dr. Ludwig Huber) verweisen. Seine Vertrautheit mit interdisziplinärer Forschung sowie sein geduldiger Zuspruch haben mich darin bestärkt, meine wissenschaftlichen Ambitionen fortzusetzen und in Form der vorliegenden Arbeit zu dokumentieren. Zum anderen ist die plurale Autorenschaft eher im Sinne einer Einladung an die geneigten Leser und Leserinnen zu verstehen, sich zumindest partiell meine Blickrichtung zu eigen zu machen, um mir auf der notgedrungen etwas holperigen Forschungsroute durch die verschiedenen Wissensgebiete leichter folgen zu können.

Zum Schluß noch ein Hinweis auf den zweifachen Gebrauch der maskulinen und femininen Sprachform (wie z. B. die Leser und die Leserinnen). Zum Zwecke der Schreiberleichterung ziehe ich beide Ausdrücke zu einer der mittlerweile üblichen Ausdrucksformen („Leser*Innen*") zusammen. Wenn ich gelegentlich im Singular das Maskulinum (wie z. B. „der Prüfer") verwende, so ist grundsätzlich das feminine Genus mit zu denken.

1. Einleitung

1.1 Zur Entwicklungsgeschichte dieser Arbeit

Die vorliegende Studie verdankt sich dem sog. Zeigarnik-Effekt, genauer gesagt: dem weniger bekannten Ovsiankina-Effekt, womit gemeint ist, daß etwas Unerledigtes von damals abgeschlossen werden sollte.

Zu dem von mir als *neuroszenologisch* apostrophierten Emotionsverständnis fand ich über mehrere Umwege und Arbeitsetappen, die ihren Ausgang in einer von mir projektierten Pilotstudie zur Prüfungsangst bei Lehramts-StudentInnen nahmen. Im Laufe dieser Studie wurde ich auf eine Problematik der empirisch-pädagogischen Angstforschung aufmerksam, was m. E. wiederum mit einem generellen emotionstheoretischen Defizit innerhalb der Erziehungswissenschaften (inkl. der pädagogisch-psychologischen Forschung) zusammenhängt.

Zum besseren Verständnis der erziehungswissenschaftlichen Grundintention der vorliegenden emotionstheoretischen Arbeit seien die wichtigsten Stationen auf meinem Weg des Um- und Neudenkens markiert.

Genau betrachtet, reichen die Wurzeln der vorliegenden Arbeit, nämlich die o. g. Prüfungsangststudie, über 10 (!) Jahre zurück. Als Mitarbeiter des sog. Projektes Prüfungsforschung (PPF) an der (damaligen) Pädagogischen Hochschule Kiel (Projektleiter: Prof. Dr. Peter Krope) war ich seinerzeit mit der Aufgabe betraut worden, ein „Prüfertraining" in Anlehnung an das gesprächspsychotherapeutische Konzept sensu Carl R. Rogers (1902 - 1987) durchzuführen und im Hinblick auf seine anxiolytische Wirkung auf die (studentischen) Prüflinge zu untersuchen.

Die damaligen Forschungsbemühungen blieben, kurz gesagt, im Versuch stecken. Viele unserer Hypothesenformulierungen schienen nämlich ins Leere zu gehen. Die statistischen Daten stützten nicht einmal unsere Kernhypothese, daß eine gesprächstherapie-affine Gesprächshaltung bei Prüfern das Angstniveau von Prüflingen reduziert. (An der Studie waren nur männliche prüfungsberechtigte Hochschullehrer beteiligt). Wir fanden zwar signifikante Verhaltensunterschiede zwischen sozusagen „trainierten" und „untrainierten" Prüfern (Mann-Whitney-U-Test: $z = - 2.49$), es zeigten sich aber nur bedeutungslose Korrelationen zwischen dem Prüferverhalten einerseits und der Angst des Prüflings andererseits (Spearmans Rho: maximal .27 auf Itemebene).

Es waren aber nicht so sehr die statistischen Befunde, die uns enttäuschten. Schließlich hätten sich leicht methodische Gründe dafür ausmachen lassen, daß die empirischen Ergebnisse den Erwartungen widersprachen. (Zu nennen wären z. B. die ungenügende Kontrolle von potentiellen Stör- bzw. Moderatorvariablen, die testtheoretischen Schwächen der projektinternen Skalen bzw. Verhaltensinventare, die Verwendung von parameterfreien, also vergleichsweise „unsensiblen" Statistiken und dergl.). Es waren vielmehr zufällige Beobachtungen und anekdotische Informationen, die nicht nur Zweifel an der prüfungspädagogischen Relevanz des therapeutischen Gesprächsführungs-Konzeptes (sensu Rogers) hinterließen, sondern die auch das empirisch-pädagogische Vorgehen insgesamt in Frage stellten.

Bei mehreren der in quasi gesprächstherapeutischer Atmosphäre durchgeführten Prüfungen fielen uns merkwürdige „Brüche", „Spannungen" bzw. Störungen in der emotionalen Kommunikation zwischen Prüfer und Prüfling auf: Es traten auch bei diesem vermeintlich „sensiblen" Prüfungsstil erhebliche emotional-kommunikative Irritationen (wie „lähmende Schweigepausen", massive physiologische Erregung, verbale wie nonverbale „Mißverständnisse" und dergl.) auf, und zwar zumeist bei Prüfer und Prüfling gleichermaßen.

Diese zunächst überraschenden Phänomene konnten nicht allein durch die mangelnde Vertrautheit mit dem besonderen Gesprächsführungs-Konzept (sensu Rogers) erklärt werden (wenngleich dies in Einzelfällen zugetroffen haben mag): Sowohl die Prüfer als auch die StudentInnen hatten sich nämlich zuvor in speziellen Kursen ein Semester lang auf den neuen Prüfungsstil vorbereiten können, und zwar in Form von Diskussionen, Rollenspielen und Video-Feedback. Zudem traten die o. g. Auffälligkeiten nicht durchgängig bei einzelnen Prüfern auf, sondern nur bei bestimmten - offenbar „ungünstigen" - Beziehungskonstellationen von Prüfer und Prüfling. Des weiteren berichteten uns einige ExaminandInnen, daß sie das an sich „wohlwollende" und „empathische" Verhalten des jeweiligen Prüfers zwar wahrgenommen, dies aber nicht unbedingt als „hilfreich" erlebt hätten.

Mir wurde seinerzeit schmerzlich klar, daß wir uns mit der empirischen (Vordergrund)-Registrierung offensichtlich wesentlicher (Tiefen-)Einblicke begeben hatten. Die o. g. Erfahrungen gaben letztlich den Ausschlag für eine generelle Neujustierung meines angst- bzw. emotionstheoretischen Verständnisses.

Mit pädagogischer Attitüde formuliert, war das von den TeilnehmerInnen partiell bzw. temporär eingegangene „(prüfungs-)pädagogische Verhältnis" gescheitert: Die prüfungspädagogischen Intentionen des Projekts waren gleichsam „gebrochen" durch die Irritationen, die (z. T. unbewußten) Ängste und die Ratlosigkeit bei allen Beteiligten, bei Studenten, Prüfern und Forschern gleichermaßen. Dieses persönliche Getroffensein bzw. die z. T. tiefe emotionale Betroffenheit entzog sich der personzentrierten Gesprächsmethodik (sensu Rogers) ebenso wie dem empirisch-(korrelations-)statistischen Zugriff.

Nachdem deutlich geworden war, daß die theoretische Vorarbeit hinter der empirischen Datensammlung zurückgeblieben war, begann ich mit der Ausarbeitung einer inhaltlich-thematisch und methodisch-methodologisch erweiterten Perspektive, die sich zur Untersuchung emotional verwickelter, „unbewußter" Kommunikationsabläufe eignet. Das (vorläufige) Ergebnis dieser - vom PPF weitgehend losgelösten - theoretischen Neuorientierung, in die mittelbar auch meine langjährigen Erfahrungen aus der Erziehungs-, Familien- und Lebensberatung einflossen, stelle ich mit der vorliegenden Abhandlung vor. (Der einstige Plan für eine tiefenpsychologisch orientierte, qualitative Analyse der filmtechnisch aufgezeichneten Prüfungsgespräche mußte aus Gründen des Daten- bzw. Personenschutzes fallengelassen werden).

Vor dem Hintergrund des konzeptuell neuen, neuroszenologischen Emotionsverständnisses erscheint der Ansatz von C. R. Rogers als ein - durchaus noch beachtenswertes - Spezial- bzw. Grenzfallkonzept (s. hierzu bes. Kap. 5.4, 5.5, 7.2.2) - vergleichbar etwa mit der Newtonschen Physik, die nur insoweit mit der Relativitätstheorie kompatibel ist, als die Massebewegungen deutlich unterhalb der Lichtgeschwindigkeit liegen. (Diese Analogiebildung sollte freilich nicht wortwörtlich genommen werden, da sie wissenschaftstheoretischen Prüfungen nicht standzuhalten vermag, s. hierzu Hübner 1986, S. 65 ff.).

1.2 Zur fachlichen Zuordnung dieser Arbeit: Metapädagogisch-psychologische Vorüberlegungen

Das Studium der Emotionen gehört zweifellos zu einer der Hauptaufgaben der sog. akademischen Psychologie (so wie sie an den Universitäten gelehrt wird). Die vorliegende Arbeit könnte man - was ihre Grundthematik anlangt - der Emotionspsychologie zuordnen. Doch was hier prima vista nahe beieinander zu stehen scheint, nämlich der neuroszenologische Emotionsansatz einerseits und die Forschungszweige der Emotionspsychologie andererseits, sind letztlich durch disziplinär bedingte Disparitäten voneinander getrennt, die wiederum sowohl inhaltlicher als auch methodologischer Natur sind.

Mein neuroszenologisches Emotionsverständnis habe ich, von der Erziehungswissenschaft herkommend, in pädagogisch-psychologischer Perspektive entwickelt. Ich will näher ausführen, was ich damit meine. Ich werde damit beginnen, das Selbstverständnis der Emotionspsychologie kurz zu umreißen, um es anschließend mit meinem Vorverständnis von Emotion zu kontrastieren.

Die Emotionspsychologie (im engeren Sinne) gilt traditionellerweise als ein der sog. Allgemeinen Psychologie zugehöriges Arbeitsgebiet. Die Allgemeine Psychologie verdankt ihren Namen dem (eingeschränkten) Forschungsinteresse, mit Hilfe empirischer bzw. experimenteller Methoden psychische Gesetzmäßigkeiten aufzudecken, die gleichsam für alle Menschen (und womöglich auch für Tiere !) gültig sein sollen (vgl. z. B. Herkner 1992, S. 254). Emotionen werden sozusagen als universelle Reaktionen des (einzelnen) Individuums begriffen.

Nach der in der herkömmlichen Emotionspsychologie vorherrschenden Auffassung sind Emotionen als Reaktionskomplexe zu begreifen, bei denen subjektiv-verbales

Erleben, motorisches (Ausdrucks-)Verhalten und physiologische (Körper-)Prozesse zusammenfallen. Der subjektiv-verbale Erlebnisaspekt wird gelegentlich auch als die „kognitive“ Ebene oder als die „Gefühlskomponente“ von Emotionen bezeichnet (vgl. hierzu Standardliteratur zur Emotionspsychologie wie z. B. Bottenberg 1972, S. 265 f.; Ewert 1983, S. 397; s. auch Kap. 2.1 u. 3.1). Verdeutlichen wir uns dieses - in der Forschungspraxis zumeist nicht in toto eingelöste - Emotionskonzept der Koinzidenz verschiedener Reaktionsebenen anhand eines Gedankenbeispiels aus dem Hochschulalltag:

Ein Student steht unmittelbar vor einer mündlichen Prüfung. Er wartet im Flur des Hochschulgebäudes darauf, ins Prüfungszimmer gebeten zu werden. Der Prüfling ist „aufgeregt“, d. h. sein Puls und sein Blutdruck sind angestiegen, sein Mund ist trokken etc. (= physiologische Reaktion). Ferner ist zu beobachten, wie der Student den Flur mit zusammengepreßten Lippen auf- und abgeht (= (loko-)motorisch-expressive Reaktion). Von einem vorbeikommenden Kommilitonen angesprochen, stößt er mit gepreßter Stimme aus: „Diese Warterei halte ich nicht mehr aus. Wenn ich die Prüfung nur schon hinter mir hätte !“ (= subjektiv-verbale (Gefühls-)Reaktion).

Was anhand dieses kleinen Beispiels deutlich werden sollte: Das psychologische Emotionsverständnis wird ausschließlich von der individuellen Reaktionsseite her entfaltet. Die Reaktionen sind der Befragung bzw. Beobachtung grundsätzlich zugänglich, und als solche sollten sie potentiell meßbar bzw. skalierbar sein. Das Konstrukt der Emotion E wird hierbei als eine (einstellige) Funktion f eines bestimmten Reaktionssyndroms R aufgefaßt (in Kurzform: $E = f(R)$). Zugleich figuriert die Emotion als ein eigenständiges, gegenüber anderen psychischen Modalitäten (wie Wahrnehmung, Lernen, Denken) abgrenzbares Konstrukt. Für die konkrete Forschungspraxis bedeutet dies zumeist, daß die Emotionen als quantitative, abhängige Variablen gelten, die unidirektional von den experimentell induzierten (Situations-)Reizen (= unabhängigen Variablen) beeinflußt werden. Im übrigen hat sich m. W. in keinem der anderen Teilgebiete der Psychologie (wie Persönlichkeitsforschung / Differentielle Psychologie, Sozialpsychologie, Entwicklungspsychologie) eine vergleichbare, systematisch betriebene Emotionsforschung etabliert.

Zu dem klassisch-experimentellen Emotionsansatz sind seit Beginn der achtziger Jahre stärker theoriegeleitete Forschungslinien hinzugetreten (s. Kap. 3.1). Darunter finden sich auch Bestrebungen, das Emotionskonstrukt mit anderen psychologischen Konstrukten bzw. Untersuchungsbereichen (wie „Persönlichkeit“, „Kognition“, „Bewältigungsverhalten“, „soziales Verhalten“) in Beziehung zu setzen (vgl. bes. die entsprechenden Beiträge in Scherer 1990 a).

All diese neueren Tendenzen in der Emotionspsychologie bleiben jedoch, ungeachtet ihrer psychologieinternen Fruchtbarkeit, im wesentlichen dem alten Prinzip treu, Emotion als eigenständiges Konstrukt und als rein quantitative Reaktionsvariable zu definieren. Aus emotionspsychologischer Sicht ist dieses Forschungscredo insofern zwingend, als ansonsten die empirisch-methodischen Standards wie Operationalisierbarkeit, Manipulierbarkeit bzw. Variierbarkeit von Emotionen (als Reaktionsvariablen) suspendiert würden.

Den emotionspsychologischen Zugang (klassischer wie neuerer Prägung) halte ich - aus erziehungswissenschaftlicher Sicht heraus - für zu „kurzatmig“ und daher für ergänzungsbedürftig. Ich orientiere mich bei den nachstehenden Überlegungen an dem sog. interaktionistisch-kommunikativen Paradigma der Erziehungsforschung (vgl. bes. Mollenhauer 1972; ein anders gerichteter, aus der „humanistisch-pädagogischen“ Perspektive heraus entwickelter Ergänzungsvorschlag zur Emotionspsychologie findet sich bei Buddrus 1992 a, S. 89 f.).

Die Rede von der Emotionalität bzw. von den Emotionen macht nach meinem Dafürhalten erst dann Sinn, wenn gleichzeitig und zusätzlich zur emotionalen Reaktion ein intra-individueller Bezugspunkt (das Selbst S) sowie der situative bzw. kommunikative (inter-individuelle) Kontext K mit angegeben werden.

Die Erziehungswissenschaft kann nämlich selbst bei einer emotionsspezifischen Thematik nicht von den situativen bzw. kommunikativen Bedingungen (intra-)individueller Erlebnis- und Reaktionsweisen absehen, denn die „Gestaltung von Situationen ist das, dessen der Pädagoge (Erzieher, Lehrer, Sozialarbeiter usw.) am ehesten mächtig ist“ (Mollenhauer 1972, S. 115). Von der Prämisse ausgehend, daß „jede pädagogische Theorie eine Zwei-und-mehr-Personentheorie (ist)“ (Schoch 1979, S. 8), sollte gerade aus erziehungswissenschaftlicher Sicht heraus die *inter-individuelle Dimension* emotionaler Reaktionen berücksichtigt werden.

Freilich darf das erziehungswissenschaftliche Einklagen der inter-individuellen Dimension nicht dahingehend pervertiert werden, daß sich das Forschungsobjekt namens Emotion in inter-individuellen (Kommunikations-)Prozessen gleichsam auflöst. Soll der Emotionsbegriff nicht in den „kommunikativen Wolken“ zum Verschwinden gebracht werden, so muß er - um im Bild zu bleiben - auf dem Boden von Persönlichkeits- sowie Sozialisationstheorie verankert werden. Diese Forderung gründet in der erziehungswissenschaftlichen Grundauffassung, daß sich pädagogisches Handeln letztlich immer (auch) nach so globalen Erziehungszielen wie „Hilfe zur Selbstverwirklichung“ (Bock 1978, S. 7), „Identitäts-Balance“ (Mollenhauer 1972, S. 106) oder „Persönlichkeitsbildung“ (vgl. bes. Kron 1980) auszurichten habe.

Diesem Leitbild von Erziehung als „Lebenshilfe“ (i.S.v. Hilfe zum persönlichkeitsbildenden Lernen) lassen sich weitere Erziehungs- bzw. Sozialisationsziele zuordnen wie z. B. „Ich-Stärke“ (Oerter 1975, S. 42 ff.; Weber 1975, S. 106 u. 113) oder „Selbstsicherheit“ (Naudascher 1980, S. 11 f.), in denen sich die Verzahnung von Persönlichkeitsbildung bzw. Sozialisation einerseits und Emotionalität andererseits andeutet. (Es sei in Parenthese angemerkt, daß ich hier keinen allgemeingültigen Erziehungsbegriff verwende. So finden sich in der Pädagogik auch andere, gleichermaßen berechtigte „Bilder“ von Erziehung etwa i.S.v. „Wachsenlassen“, „Führen“ etc.; vgl. z. B. Kron 1994, Kap. 4).

Den Ausgangspunkt für den von mir vertretenen Emotionsansatz bildet ein Persönlichkeitsverständnis (Stichworte: „Identität“ bzw. „Selbst“, s. hierzu Kap. 2.1), wonach die antinomischen Aufspaltungen in Intra-Personales („Innenwelt“) vs. Extra-Personales („Außenwelt“) gleichsam dialektisch „aufgehoben“ (im dreifachen Sinne) sind. Damit ist gemeint, daß keiner der Bereiche für sich mehr existiert (als solcher „aufgelöst“ ist) und doch erhalten bleibt (d. h. „aufbewahrt“ ist), und zwar in einer polar angelegten Einheit (d. h. auf ein neues Niveau „angehoben“ ist). Der daraus abzuleitende Emotionsbegriff ist auf der Folie einer zweifachen Form der „Identitätsbildung“ bzw. der „Selbstverständigung“ zu lesen: Zum einen lernt der einzelne, sich an die extrapersonale Umgebung anzupassen (d. h. so zu sein wie der andere), zum anderen lernt er, in intra-personaler Hinsicht eine unverwechselbare Singularität auszubilden (d. h. so zu sein wie kein anderer).

Die intra-personale Einzigartigkeit des Individuums gründet in dem komplizierten Wechselspiel zwischen (neuro-)genetisch Vorgegebenem (wie biologischen Anlagen, Hirnentwicklungs- und sonstigen Reifungsprozessen) einerseits und (psycho-)sozial Erworbenem bzw. (Selbst-)Gebildetem (d. h. Lern- und Bildungsprozessen) andererseits (zur Erbe-Umwelt-Problematik in methodischer Hinsicht s. Kap. 7.3).

Die extra-personale „Welt“ läßt sich wiederum in ein mikrosoziales bzw. sozialpsychologisches Umfeld (Kommunikationspartner, soziale Gruppen) und in eine makrosoziale Umwelt (Institutionen, soziale Normen, Bildungsstrukturen etc.) gliedern.

Um den ohnehin weit gesteckten Rahmen der vorliegenden Arbeit nicht vollends zu sprengen, wollen wir von einer Explikation des soeben skizzierten Subjektverständnisses absehen, zumal die damit verbundenen Fragestellungen nicht präsiziert, geschweige denn beantwortet werden könnten. Es müssen für die vorliegende Arbeit einschneidende Abstriche von unserem pädagogisch-anthropologischen Vorverständnis von Selbst(werdung) bzw. Persönlichkeit(sbildung) hingenommen werden. Wir werden uns nämlich darauf beschränken, das Thema der Emotionen auf der Folie der dialektischen Verknüpfung von neurobiologischer Ausstattung und kommunikativer (Selbst-)Erfahrung abzuhandeln: Zum einen werde ich im Bereich des Intra-Personalen bevorzugt die (neuro-)biologischen bzw. „unbewußten“ Komponenten fokussieren, ohne damit die übrigen spezifisch humanen Wesensmerkmale (wie Selbstreflexivität, Sprache, Sittlichkeit, Religiösität etc.) leugnen zu wollen. Gleichwohl impliziert die thematische Begrenzung des Intra-Personalen auf die unwillkürlichen bzw. unbewußten Erlebnis- und Verhaltensformen eine einseitige, deterministisch anmutende Betrachtung des Menschen: Dem hierzu gegenläufigen anthropologischen Axiom der „Offenheit“ und der (lebenslangen) „Bildsamkeit“ des Menschen, der sich durch seine relative Unabhängigkeit von Verhaltenszwängen und seine Fähigkeit zur „personalen" Selbstgestaltung bzw. zur „Selbsterziehung" (vgl. Dieckmann 1994) auszeichnet, kann die vorliegende Untersuchung nicht gerecht werden. Die Dignität dieser Grundidee von der „freien" Person, deren Eigenart und Lebensentwurf weder das Resultat biologischer noch sozialisatorischer Einflüsse ist, soll damit freilich nicht in Zweifel gezogen werden. Allerdings kann bei offenkundigen Diskrepanzen zwischen bewußt-mentalen Prozessen (Selbsteinschätzungen, Intentionen, Überzeugungen) einerseits und unwillkürlich bzw. unbewußt motivierten Akten (Freudschen Fehlleistungen, Impulshandlungen, affektiven Durchbrüchen) andererseits nicht mehr von „freier" Wahl oder Selbstgestaltung gesprochen werden.

Zum anderen werde ich das Extra-Personale auf den mikro-sozialen Aspekt der emotionalen Kommunikation begrenzen, ohne damit die fulminante Bedeutung von gesellschaftlichen, institutionellen, kulturellen oder (bildungs-)politischen Bedingungen der Menschwerdung schmälern zu wollen.

In der obigen These von der Dialektik zwischen Intra-Personalem und Extra-Personalem (i. S. der Verschränkung von intra- und interpersoneller Kommunikation) steckt auch die sozialisationstheoretisch inspirierte Annahme, daß die psychische Struktur des (einzelnen) Individuums - zumindest partiell - als „innere Reproduktion" seiner biographischen Erfahrung aufzufassen ist (vgl. z. B. Oerter 1975, S. 28). Emotionen wären demnach nicht nur hinsichtlich ihrer Aktualgenese (kommunikativer Aspekt) zu betrachten, sondern sie wären auch aus ihrer sozialen Ontogenese heraus zu begreifen (sozialisatorischer Aspekt).

Dieser plakativ formulierte Anspruch an eine pädagogisch-psychologisch relevante Emotionsforschung ist nicht frei von Tücken. Außer den o. g. perspektivischen Beschränkungen bezüglich der identitätskonstituierenden Dialektik von Intra- und Extrapersonalem sowie bezüglich der anthropologischen Polarität von Determination und Freiheit sind noch wenigstens drei weitere Problempunkte zu berücksichtigen.

Erstens stellen die oben verwendeten Leitbegriffe (wie Identität, Selbst, Sozialisation, Kommunikation) vieldeutige und in der pädagogischen Diskussion keineswegs unumstrittene Kategorien dar, was freilich in Anbetracht der Divergenz der erziehungswissenschaftlichen Teilgebiete, Denkansätze und Grundpositionen („Schulen") nicht verwundern kann.

Zum zweiten wird in den Erziehungs- und Sozialwissenschaften viel zu wenig dem Sachverhalt Rechnung getragen, daß die conditio humana nicht nur durch soziale, politische und kulturelle Einflüsse determiniert wird, sondern auch durch die vital-organismische Beschaffenheit, d. h. durch die biologisch und physiologisch zu interpretierenden Bedürfnisse (vgl. Hurrelmann 1993, S. 228 ff.). Da im Grunde genommen alle Formen des pädagogisch-kommunikativen Handelns (in Erziehung, Unterricht, Beratung, Animation etc., vgl. Giesecke 1987) in den körperlichen Regelungshaushalt

(Stoffwechsel, Nerven-, Hormon- und Immunsystem) mit einwirken können, bedarf - konsequent zu Ende gedacht - nicht nur die pädagogische Anthropologie (human-)biologischer bzw. -physiologischer Anleihen, sondern eigentlich sollte dies auch für die übrigen erziehungswissenschaftlichen Teildisziplinen bzw. für die darunter subsumierten (substanz)wissenschaftlichen Ansätze gelten. (Der biologisch-kybernetisch orientierte Erziehungswissenschaftler Felix von Cube radikalisiert diesen Gedankengang zu der Forderung nach einer naturwissenschaftlich fundierten Pädagogik, vgl. z. B. v. Cube 1994, S. 122). Vom pädagogisch-anthropologischen Bekenntnis zur „leiblichen" Bestimmtheit von Personalität abgesehen (vgl. Bock 1984, S. 12, 51 ff.; 1994, S. 102), besteht in der erziehungswissenschaftlichen Theoriebildung jedoch die allgemeine Tendenz, unter den verschiedenen persönlichkeitsbildenden Determinanten die biologisch-organischen Bedingungen gegenüber gesellschaftlichen, ökonomischen, kultur- und lebensgeschichtlichen Faktoren zu vernachlässigen, wenn nicht gar völlig in Vergessenheit geraten zu lassen.

Für die vorliegende Untersuchung kommt - drittens - erschwerend hinzu, daß m. W. bis heute von keiner erziehungswissenschaftlichen Seite her eine elaborierte Emotionsdefinition zur Diskussion gestellt wurde. Dies gilt auch für die neueren, explizit an psychologischen Grundpositionen (wie der „Humanistischen Psychologie" oder der Psychoanalyse) anknüpfenden „Pädagogiken" (vgl. zus.f. Buddrus 1995, Muck & Trescher 1993). Dieses Manko mag vielleicht insofern entschuldbar sein, als selbst die Emotionspsychologie (im engeren Sinne) auf keinen feststehenden Emotionsbegriff verweisen kann (vgl. bes. Kap. 3.1).

Da ich mich weder an erziehungswissenschaftlichen Grundsatzdebatten bzw. Kategorialanalysen noch an emotionspsychologischen Definitionsversuchen beteiligen will, werde ich mich in der vorliegenden Arbeit nicht mit differenzierten Begriffsbestimmungen aufhalten. Ich gehe deshalb so vor, daß ich die für meinen Modellansatz konstitutiven Begriffe (wie Sozialisation, Kommunikation, Emotion) weitgehend im umgangssprachlichen Sinne verwende. Späterhin werde ich an den Stellen, wo ich vom allgemeinen Sprachgebrauch abweiche, die notwendigen erläuternden Hinweise geben (s. bes. Kap. 2.1, 2.2). Grundsätzlich sollte jeweils aus dem Zusammenhang klar werden, was mit den einzelnen Begriffen gemeint ist.

Trotz ihrer semantischen Unschärfe liefern die o. g. Leitbegriffe hilfreiche Markierungen auf dem Weg zu einem erziehungswissenschaftlich akzentuierten Emotionsverständnis: Nach dem bisher Gesagten sollten sich Emotionsdefinitionen nicht in der Auflistung verbaler, behavioraler oder physiologischer Reaktionen erschöpfen, sondern sie sollten darüberhinaus intra-personale und extra-personale Momente in sozialisationstheoretischer Hinsicht miteinander verschweißen. Emotionen sind demnach charakterisiert durch:

1. einen (reaktiven) Verhaltens- bzw. Erlebensaspekt R
2. einen biographiespezifischen bzw. sozialisatorischen Persönlichkeitsfaktor S („innere", d. h. im Kopf bzw. im Gehirn ablaufende „Szenen") sowie
3. einen sozial-kommunikativen Kontext K („äußere Szenen").

(zum Szenebegriff s. ebenfalls Kap. 2.1). Alle drei Komponenten gehören bedeutungsmäßig zusammen und sind allenfalls zu analytischen Zwecken voneinander zu trennen.

In empirischer Hinsicht impliziert das obige Emotionsverständnis eine wichtige Kurskorrektur: Während die klassische Emotionspsychologie ihr Sujet im Sinne eines einstelligen Konstruktes definiert (E = f(R)), sollte ein pädagogisch-psychologisch verstandener Emotionsbegriff eine (wenigstens) dreistellige Relation beinhalten, die man in der prägnanten Funktionsformel $E = f\,(S,\ K,\ R)$ zusammenfassen kann. Genau genommen, steckt in der Formel als weitere Variable die von den ForscherInnen explizit oder implizit vorgenommene Interpretation (I) der Faktoren S, K und R als „emotionale Szene" (zu den empirisch-methodischen Implikationen des drei- bzw. vierstellig gefaßten Emotionsbegriffs s. Kap. 3.6, 7.1.3).

In methodologischer Abgrenzung zur Emotionspsychologie bedeutet dies, daß ein erziehungswissenschaftlich relevanter Emotionsansatz (im obigen Sinne) nicht auf den Forschungskanon der empirisch-quantitativen Verfahren zu beschränken ist, sondern auch - und vielleicht vorrangig - qualitativ-hermeneutische (Verstehens-)Methoden mit einschließen sollte (s. Kap. 2.4 u. Kap. 7.1).

Mit der soeben umrissenen Programmatik für eine pädagogisch-psychologisch gerichtete Emotionsforschung stößt man allerdings auf völlig unvorbereiteten Boden: Wie oben bereits angedeutet, hat sich nämlich innerhalb der Erziehungswissenschaften bislang keine eigenständige, sozialisations- bzw. kommunikationstheoretisch fundierte Emotionsforschung entwickelt.

Dies ist ebenso verwunderlich wie bedauerlich, da Emotionen als ubiquitäre Phänomene auch aus dem pädagogischen bzw. erzieherischen Raum, sei dies nun Schule, Universität, Familie oder Sozialarbeit, nicht wegzudenken sind. Letztlich sind alle in diesen Bereichen ablaufenden (Teil-)Prozesse (wahrnehmen, kommunizieren, lernen, lehren, beraten, denken / problemlösen, erinnern etc.) von Emotionen begleitet - ob diese bewußt registriert werden oder nicht.

Zahlreiche Studien der experimentellen Lern- und Denkpsychologie (vgl. exempl. Dörner, Reither & Stäudel 1983; Eagle 1983; Spies & Hesse 1986) sowie neuere Befunde aus der Gehirnforschung (s. hierzu Kap. 3.2 dieser Arbeit sowie Ciompi 1993) stützen im wesentlichen die Auffassung, daß es weder ein emotionsloses Lernen und Problemlösen gibt noch ein rein kognitives Erinnern und Vergessen. Oder auf eine andere einprägsame Formel gebracht, die zugleich den Motivationsaspekt einbezieht, ließe sich sagen: Emotionen sind ohne Kognitionen „blind“ (ohne Richtung), Kognitionen sind ohne Emotionen „kraftlos“ (ohne Dynamik).

Zugespitzt formuliert, sind Emotionen allgegenwärtig, selbst da, wo man sie vielleicht nicht vermutet. Der Sozialpsychologe und Emotionsforscher Robert B. Zajonc (1980, p. 153) hat diese These einmal sehr prägnant auf das Verhältnis zwischen seinem (wissenschaftlichen) Beitrag und dem (potentiellen) Fachpublikum angewandt:

> One cannot be introduced to a person without experiencing some immediate feeling of attraction or repulsion and without gauging such feelings on the part of the other. .... And you have already made up your mind about this paper !

(Die LeserInnen mögen Zajoncs Aussage anhand der momentanen Lektüre selbst überprüfen).

Auch wenn die meisten ErziehungswissenschaftlerInnen die Bedeutung des Emotionalen für Lern- und Erziehungsprozesse anerkennen dürften, so hat dies bislang noch nicht dazu geführt, die in pädagogischen Feldern bzw. Institutionen wirksame „Grammatik der Gefühle“ systematisch zu erforschen. Von erziehungsphilosophischen Aphorismen zur Emotionsthematik abgesehen, finden sich im neueren erziehungswissenschaftlichen Schrifttum lediglich vereinzelt theoretische Beiträge, in denen die empirische Emotionspsychologie auf ihre Relevanz für den pädagogischen Umgang mit Gefühlen (inkl. „Selbsterziehung“) hin befragt wird (vgl. Macha 1988; Montada 1989; Oerter & Weber 1975).

So sehr diese Rezeptionsversuche unter handlungspraktischen bzw. erzieherischen Aspekten sinnvoll und berechtigt sind, für ebenso notwendig halte ich es, eine eigenständige pädagogisch-psychologische *Forschungs*perspektive freizulegen, in der emotionspsychologisch-empirische Ansätze mit erziehungswissenschaftlich und hermeneutisch orientierten Problemzugängen zusammengeführt werden.

Angesichts des emotionstheoretischen Vakuums auf erziehungswissenschaftlicher Seite ist es geradezu eine zwingende Notwendigkeit, die einschlägigen Forschungsergebnisse anderer Disziplinen (nicht nur die der Sozialwissenschaften und Psychologie, sondern ggf. auch solche der Naturwissenschaften) in den eigenen Arbeitsbereich zu übersetzen. Dazu bedarf es freilich leitender Sichtweisen, in konzeptueller wie methodologischer Hinsicht.

Der oben ausgeführte Leitgedanke eines sozialisatorisch-kommunikativ ausgelegten Emotionskonzeptes berücksichtigt noch nicht das am Beispiel der Prüfung erkennbare Phänomen (s. Kap. 1.1), daß offenbar auch „unbewußte“ Mechanismen an der emotionalen Dialogregulierung beteiligt sind. Zur Klärung dieses Problemaspektes bedurfte es ebenfalls des eigenen Kompasses, der mich auf die Psychoanalyse und auf die Neurobiologie hinlenkte.

Bevor ich die leitenden Gesichtspunkte bzw. zentrierenden Überlegungen für meine multidisziplinäre Orientierung an der Psychoanalyse und Neurobiologie darlege (s. Kap. 1.3, 2.1), möchte ich auf den impliziten Nuancenwandel des von mir verwendeten Doppelattributs „pädagogisch-psychologisch" hinweisen.

Nach den obigen Ausführungen erhält die Wortmarke *Pädagogische Psychologie* einen genuin interdisziplinären Anstrich: Entgegen ihrem traditionellen Selbstverständnis (vgl. z. B. Ewert 1979) betrachte ich die Pädagogische Psychologie nicht als eine angestammte Domäne der (akademischen) Psychologie. Ebensowenig identifiziere ich die Pädagogische Psychologie - wie oft üblich - mit der sog. empirisch-analytischen Erziehungswissenschaft bzw. mit der empirischen Pädagogik schlechthin (vgl. Brezinka 1971, S. 39; Hofer 1987, S. 90). Für mich markiert der Doppelname Pädagogische Psychologie ein erziehungswissenschaftlich-transdisziplinäres Grundlagenfach im Schnittfeld von Pädagogik und Psychologie, die sich als zwei inhaltlich zwar benachbarte, aber konzeptuell und methodologisch unterschiedlich strukturierte Disziplinen charakterisieren lassen (vgl. hierzu auch Nolting & Paulus 1992, S. 11 f.).

Den Psychologiebegriff grenze ich dabei nicht auf den von der akademischen Psychologie verwalteten Forschungskomplex ein, sondern ich verstehe darunter - wie es der Pädagoge Fritz Redl (1933, S. 382) einst formulierte - „j e d e Art der Erforschung von Seelischem, die psychoanalytische Methode mit inbegriffen". Die sog. Psychoanalytische Pädagogik (s. Kap. 7.2.1) wäre demnach als ein Spezialgebiet der o. g. (transdisziplinären) Pädagogischen Psychologie aufzufassen.

1.3 Der modelltheoretische Charakter dieser Arbeit

Die vorliegende Studie enthält kein begrifflich präzises, logisch konsistentes und empirisch prüfbares Hypothesengefüge (= Theorie im engeren Sinne). Vielmehr laufen die neuroszenologischen Überlegungen darauf hinaus, ein interdisziplinär begründetes Modell (= Theorie im weiteren Sinne) zu entwickeln.

Der Begriff des *Modells* ist vieldeutig (vgl. Brezinka 1984; Herzog 1984). Ich meine hiermit nicht einen formalisierten theoretischen Bezugsrahmen (wie er etwa von der testtheoretischen „Modellbildung" her bekannt ist), sondern eine phänomenstrukturierende Sichtweise, die nach einem einfachen Analogieprinzip aufgebaut ist. So kann man z. B. den Menschen - in physiologischer Hinsicht - als biomedizinische „Maschine" untersuchen (Maschinenmodell) oder ihn - in kognitionstheoretischer Perspektive - einem neuro-kybernetischen „Informationsprozessor" nachempfinden (Computermodell).

Das dieser Arbeit zugrundeliegende Emotionsverständnis läßt sich annäherungsweise mit Hilfe zweierlei Metaphern umreißen, nach denen Emotionen

- zum einen auf personspezifischen Gehirn- bzw. Nervenfunktionen basieren (= *neuronales Selbstmodell*) und
- zum anderen die Grundmomente der szenischen, d. h. der durch „unbewußte" Gefühlshaltungen gekennzeichneten Dialogregulierung bilden (= *szenologisches Bühnenmodell*).

Für diesen sozusagen neuro-szenologisch modellierten Emotionsansatz habe ich einige Anleihen bei dem Werk des Psychoanalytikers und Sozialisationstheoretikers Alfred Lorenzer machen können (s. hierzu näheres in Kap. 2.1, 2.2, 6.2).

Eine derartige metapherartige Modellkonstruktion ist Theorien im engeren Sinne erkenntnismäßig vorgelagert (dieses Modellverständnis kommt der 15. Begriffsbestimmung in Brezinkas (1984, S. 852) Auflistung recht nahe; vgl. auch Herrmann 1976, S. 81 ff.; Herzog 1984, S. 84 ff.). Theoretische Erkenntnis ist allerdings grundsätzlich an die Bildung von Modellen gebunden, die empirische Sachverhalte („Originale") unter bestimmten Gesichtspunkten repräsentieren. Ein vertrautes Beispiel für eine modellabhängige Repräsentation stellt die geographische Karte dar. Sie spiegelt nicht Regionen als solche wider, sondern sie stellt ein nach bestimmten Aspekten wie Maßstabstreue, Straßenführung, Höhenunterschiede, Vegetation, etc. entworfenes Modell des „natürlichen Originals" dar.

Für das neuroszenologische Modell geben z. B. die im Rahmen der o. g. Pilotstudie (s. Kap. 1.1) beobachteten Prüfungsdialoge markante „Originale", d. h. „Modellszenen für pädagogisches Scheitern" ab (s. hierzu das plastische Beispiel in Kap. 2.5).

In der Retrospektive auf diese PPF-internen Beobachtungen und in der verallgemeinernden Prospektive auf pädagogische Leistungs- bzw. Prüfungssituationen an sich gehe ich von der Grundüberlegung aus, daß auch im Kontext einer „wohlwollenden" pädagogischen Atmosphäre intensive Emotionen bzw. Affekte auftreten können, die sich durch eine gewisse Affinität zu Körperprozessen auszeichnen. Derartige, gleichsam hautnahe Emotionen sind als solche schwer steuerbar, was nicht heißen soll, daß sie zwangsläufig und unvermittelt (als sog. Affekte) zum Ausbruch kommen müssen. Doch selbst dann, wenn diese Emotionen (scheinbar) erfolgreich zurückgehalten werden, können sie - unbemerkt und doch wirksam - den Kommunikationsablauf lenken. (Zum Bedeutungsgehalt des von mir verwendeten Affektbegriffes in Abhebung vom Gefühls- und Emotionsbegriff s. Kap. 2.1).

Will man den emotionalen bzw. affektiven Phänomenen auf den Grund gehen, so reicht es sicherlich nicht aus, die Beteiligten (Prüfer wie Prüflinge, Pädagogen wie Edukanden) nach ihren Motiven, Situationsinterpretationen, „inneren Gedanken" etc. zu befragen. Das, was die Befragten wirklich bewegt (hat), wird von ihnen nämlich nicht unbedingt bewußtseinsmäßig realisiert. Die „tieferen" Beweggründe und die eigentliche Bedeutung der Emotionen bei der Dialogregulierung bleiben „unbewußt", d. h. aus dem Bewußtsein ausgeschlossen. Man beachte, daß der von mir verwendete

Begriff des „Unbewußten“ sich auf Intra-Personales und Inter-Personelles gleichermaßen bezieht: „Unbewußt“ können sowohl die *intra*-personalen Erlebnisinhalte und Wahrnehmungsleistungen sein als auch die *inter*-personellen Reaktionsbereitschaften bzw. Aktualisierungstendenzen. (Zum Begriff des „Unbewußten“ s. auch die Kap. 2.1, 5.6).

So gesehen, scheinen sich manche unwillkürlichen bzw. „unbewußten“ Emotionen nicht nur der Selbstkontrolle bzw. dem subjektiven Bewußtsein zu entziehen, sondern auch dem empirisch-emotionspsychologischen Zugriff.

Für eine pädagogisch-psychologische Emotionsforschung, die insbesondere die „unbewußten“ Beweggründe sowie die nicht abfragbaren Sinnmomente der emotionsgesteuerten Kommunikation aufzuspüren sucht, empfiehlt sich die Orientierung an der *Freudschen Psychoanalyse* (vgl. Köhler 1995) nebst ihren Ablegern und Neuentwicklungen (vgl. Eagle 1988). Die Psychoanalyse ist die wohl bekannteste hermeneutische Psychologie, die sich seit ihren Anfängen programmatisch mit der Erforschung „unbewußter“ Motive (inkl. der beteiligten Emotionen) beschäftigt. Die beiden anderen großen tiefenpsychologischen Schulen (sensu A. Adler, C. G. Jung) bleiben unberücksichtigt, da sie m. W. keine eigenständigen Konzepte zum Verständnis von Beziehungsdynamik entwickelt haben. Auch fehlt ihnen die Nähe zur Körpersphäre, wie sie in der Triebpsychologie Freuds angelegt ist.

In der vorliegenden Arbeit greife ich selektiv auf Fragmente der „klassischen“ und der „modernen“ Psychoanalyse zurück. Die „Orientierungstafel“ namens Psychoanalyse verwende ich dabei weniger im Sinne eines klinisch oder pädagogisch orientierten Anwendungsgebietes (Psychotherapie, Neurosenprophylaxe, Psychoanalytische Pädagogik), sondern eher im Sinne einer sozial- und entwicklungspsychologisch begründeten Hermeneutik. Ich werde versuchen, einige zentrale Konzepte der Psychoanalyse für das (pädagogisch-psychologische) Verständnis der emotionalen Kommunikation und Sozialisation nutzbar zu machen, sprich: „szenologisch“ zu reinterpretieren (s. Kap. 5). Dieses Unterfangen ist allerdings insofern nicht unproblematisch, als die psychoanalytischen Grundbegriffe zunächst mit Hilfe der ihr eigentümlichen, aus der praktisch-therapeutischen Arbeit erwachsenen Sprache zu erläutern sind.

Den heuristischen Wert der psychoanalytischen Seh- bzw. Denkweise zum Verständnis emotional verwickelter pädagogischer (Leistungs-)Situationen (i. S. „konflikttypischer Modellszenen“) werde ich insbesondere am Paradigma einer einfachen dyadischen Begegnung, nämlich am Prüfungsdialog verdeutlichen. Die paradigmatische Betrachtung des Prüfungsdialogs ist zum Teil als hermeneutische Nachbereitung der früheren, unerwarteten Forschungserfahrungen (s. Kap. 1.1) zu verstehen.

Im wesentlichen leitet sich dieses Vorgehen jedoch aus einer grundsätzlichen Überlegung ab: Ich gehe davon aus, daß gerade aus der Fokalanalyse der Prüfungssituation richtungsweisende Impulse für die pädagogisch-psychologische Emotionsforschung (im o. g. Sinne) erwachsen können: Die in der Prüfung aktualisierten (negativen) Emotionen weisen nämlich - gleichsam seismographisch - auf die emotionalen (Schatten-)-Seiten pädagogischer (Leistungs-)Situationen hin. Die Prüfungssituation stellt zudem ein idealtypisches Untersuchungsfeld der pädagogisch-psychologischen Kommunikationsforschung dar. Wie es Wolfgang Hochheimer (1956, S. 74) in seinem - m. E. keineswegs obsoleten - Aufsatz einmal treffend formulierte,

> bietet (eine Prüfungssituation) außergewöhnlich reichhaltige Gelegenheit zu psychologischen Analysen zwischenmenschlicher Begegnungen. Erstaunlicherweise hat man von dieser Gelegenheit in der Pädagogik und im pädagogisch-psychologischen Schrifttum noch kaum und nirgends erschöpfend Gebrauch gemacht.

Die von Hochheimer angemahnte Forschungsanstrengung entspricht zugleich meinem Plädoyer dafür, die in pädagogischen Feldern auftretenden emotionalen Phänomene „im eigenen Hause", d. h. unter dem Dach der (interdisziplinären) Erziehungswissenschaft zu studieren (s. Kap. 1.2).

Eine pädagogisch-psychologische Emotionsforschung läßt sich m. E. freilich nicht allein mit Hilfe der Psychoanalyse entwickeln, zumal sie - bei genauerer Prüfung - kein ausgearbeitetes und mit der empirischen Methodologie potentiell vereinbares Emotionsverständnis begründet hat (dieser grundlegende Einwand wird in Kap. 2.1 u. 2.4 detaillierter dargelegt).

Die m. E. notwendigen Verbindungslinien zwischen empirischer Emotionsforschung und hermeneutischer Psychoanalyse versuche ich unter Zuhilfenahme der Neurobiologie zu ziehen. Die *Neurobiologie* erforscht - grob gesagt - das Nervensystem in struktureller wie funktioneller Hinsicht (s. Kap. 4). Zu der avisierten Vermittlungsrolle ist die Neurobiologie m. E. insofern prädestiniert, als sie sich einerseits mit dem psychophysiologischen bzw. neuropsychologischen Zweig der Emotionsforschung überlappt und sich andererseits Hypothesen zur „unbewußten" emotionalen Sozialisation aus ihr ableiten lassen.

An dieser Stelle verdient eine Frühschrift Freuds erwähnt zu werden: In seinem vor gut 100 Jahren verfaßten „Entwurf einer Psychologie" bemühte sich Freud nämlich explizit um eine neuro- bzw. naturwissenschaftliche Fundierung seiner psychoanalytischen Ideen. Freud glaubte anfangs daran, daß sich (normal-)psychologische Funktionen bzw. Strukturen (Abwehr, Verdrängung, Affekte, das „Ich") sowie psychopathologische Erscheinungen (z.B. hysterische Symptome) anschaulich und hypothetisch als Wechselspiele zwischen verschiedenen Nervenzell-Typen aufzeigen lassen (vgl. Freud 1895/1950). Allerdings steckte die Neurobiologie damals noch ganz in den Anfängen, so daß sich Freud alsbald genötigt sah, seinen ebenso kühnen wie hoffnungsvollen Versuch eines Brückenschlags zwischen Hirnphysiologie und Psychologie aufzugeben. Freuds Abkehr von der (seinerzeit noch ungenügenden) Hirnphysiologie und die sich daran anschließende Hinwendung zur (nicht minder spekulativen!) Metapsychologie dürften insbesondere durch sein klinisches Interesse an der *psycho*logischen Neurosen-Behandlung begünstigt worden sein. Seinem ursprünglichen Vorsatz, die Psychoanalyse naturwissenschaftlich zu begründen, blieb Freud m.E. dennoch zeitlebens treu (s. hierzu u.a. sein posthum veröffentlichtes Spätwerk: „Abriß der Psychoanalyse", 1940, G. W. Bd. XVII, S. 80 f., 108).

Heute befinden wir uns mitten im „Jahrzehnt der Hirnforschung" (s. Kap. 4.0), die seit Freuds Zeiten auf bahnbrechende Errungenschaften (konzeptionelle wie methodische Durchbrüche) verweisen kann und die ständig neue, einst ungeahnte Fortschritte erwarten läßt. Ich habe daher den - wohl nicht nur für ErziehungswissenschaftlerInnen - ungewöhnlichen Versuch unternommen, nach hypothetischen Zusammenhängen zwischen Gehirn- bzw. Nervenfunktionen einerseits und emotionalen, insbesondere „unbewußten" Reaktionen andererseits Ausschau zu halten, und zwar in sozialisationstheoretischer Perspektive (s. Kap. 2.1).

Der sicherlich gewagte Rekurs auf die Neurobiologie könnte m. E. nicht nur für die (noch nicht existente) pädagogisch-psychologische Emotionsforschung, sondern auch für die Erziehungs- und Sozialisationsforschung insgesamt von Nutzen sein. In den Erziehungs- und Sozialwissenschaften dominieren heutzutage vor allem psychologische bzw. psychoanalytische und soziologische Deutungsmuster für das menschliche Verhalten. Neurobiologische oder hirnphysiologische Erklärungsversuche sind hier so gut wie unbekannt. Dies halte ich für ein gravierendes erziehungswissenschaftliches Defizit. Es fehlt dadurch nämlich ein Teil jenes anthropologischen Wissens, das zur Beurteilung der biologisch-neuronalen Determinanten des menschlichen (Lern-)Verhaltens sowie der psychosozialen (Selbst-)Entwicklung notwendig ist.

Der Beitrag der Psychoanalyse für die Pädagogik bzw. für die Pädagogische Psychologie ließe sich durch eine neurowissenschaftliche Re-Interpretation womöglich ausbauen bzw. festigen. Die Psychoanalyse hat innerhalb der Pädagogik allenfalls eine sektorale Bedeutung erlangt. Gleichwohl sollte der Beitrag der Psychoanalyse für das Verständnis der „unbewußten" Beziehungsmomente, die jeder pädagogischen Kommunikation inhärent sind (vgl. z. B. Bittner 1989; Gudjons 1993, S. 44, 245 f.), nicht unterschätzt werden. Eine neurowissenschaftlich reformulierte Rezeption der Psychoanalyse bietet m. E. die Chance, das Vorverständnis vom Freudschen Unbewußten zumindest ansatzweise zu „entmystifizieren", sprich: für den methodologischen Diskurs mit einer sozialwissenschaftlich fundierten Pädagogik vorzubereiten, die empirischen und hermeneutischen Ansätzen gleichermaßen verpflichtet ist (s. hierzu auch Kap. 1.4). Die jüngst erfolgte „Wiedergeburt" der sog. Psychoanalytischen Pädagogik (vgl. zus. f. Muck & Trescher 1993; zur historischen Einordnung s. Datler 1995, S. 77 ff.) wird m. E. solange ein randständiges Unterfangen bleiben (müssen), wie sie nichts zur methodologischen Selbstbesinnung einer zeitgemäßen pädagogisch-psychologischen Forschung beizusteuern verspricht (vgl. Kap. 7.2.1).

1.4 Grenzen dieser Arbeit

Ich mußte mir auf dem Weg von der empirisch-pädagogischen Prüfungsangstforschung zu dem neuroszenologischen Emotionsmodell eine Art Durchgangsstraße durch verschiedene Wissenschaftssparten und Fachsprachen schlagen, um die mir bedeutsam erscheinenden Problemzugänge und Grundgedanken herausarbeiten zu können. Ich werde zwar manche Abzweigungen von dieser Straße ein Stück weit verfolgen, Thesen und Vermutungen formulieren, aber diese Exkursionen nie zu Ende verfolgen.

So werde ich zum einen nicht den zahllosen Verästelungen der jeweiligen Disziplinen und Ansätze folgen. Zum anderen mußten ergänzende Bezüge und erweiternde Perspektiven (wie z. B. kognitionstheoretische Aspekte oder makro-soziale Kontextualisierungen von Emotionen) ausgeklammert werden, und zwar nicht, weil sie mir weniger wichtig erschienen, sondern weil sie mich zu weit von meiner vordringlichen Aufgabe abgebracht hätten, überhaupt erst einmal die grundlegenden Bausteine für die Modellbildung zusammenzutragen.

Aufgrund des disziplinübergreifenden, neuroszenologischen Blickwinkels und der damit zusammenhängenden Fülle des zu überblickenden Wissensstoffes waren thematische Eingrenzungen unumgänglich. So habe ich mich z. B. darauf beschränkt, den pädagogisch-psychologischen Anwendungsfall der Prüfung unter dem Aspekt des Selbstwertgefühls bzw. der Selbstwertbedrohung zu diskutieren. Doch selbst bei dieser Schwerpunktsetzung war der Mut zu mancher Lücke notwendig.

Neben diesen Begrenzungen sind mit meinem modellhaften Entwurf wenigstens vier grundlegende Probleme verbunden, die ich kurz benennen will:

Zum ersten unterliegt das von mir konstruierte neuroszenologische Modell einem tautologischen Begründungszusammenhang: Einerseits liegt der Modellentwurf vor der Selektion unterschiedlicher Disziplinen und deren Konzepte. Andererseits kann die Vorgängigkeit des Modellentwurfes kaum anders als durch Rekurs auf die zu rezipierenden Ansätze ermöglicht werden. Dieser „modelltheoretische Zirkel" birgt allerdings die Gefahr in sich, daß das den eigenen Entwurf problematisierende Material - wenn auch nicht vorsätzlich, so doch „unbewußt" - ausgeschlossen wird.

Zum zweiten besteht die Gefahr der oberflächlichen Integration, die einen Verzicht auf bereits erreichte Differenzierungen in den jeweiligen Teildisziplinen beinhaltet.

Zum dritten stellt sich die Frage, ob und wie man zu einer interdisziplinäre Verständigung ermöglichenden Sprache finden kann. So wenig ich auf pädagogisch-psychologisch orientierte Emotionstheorien mit der entsprechenden Terminologie zurückgreifen kann (s. Kap. 1.2), so wenig werde ich mich einer einheitlichen, fachsprachliche Differenzen nivellierenden Ausdrucksweise bedienen.

Zum vierten bringt die von mir anvisierte interdisziplinäre Triade aus Neurobiologie, Emotionspsychologie und Psychoanalyse disparate Problemzugänge und Forschungsauffassungen bzw. Methodologien mit sich, die sich selbst auf der metatheoretischen Ebene nur schwer miteinander verbinden, geschweige denn harmonieren lassen (s. Kap. 6.1).

Angesichts der Novität des neuroszenologischen Ansatzes hielt ich es für legitim, (vorerst) auf etwaige Versuche zur Lösung dieser Problempunkte zu verzichten. Gleichwohl will ich mich beim Durchgang durch diese Arbeit nicht der Verpflichtung entziehen, nach behelfsmäßigen Brückenköpfen Ausschau zu halten, die m. E. einen Verbindungssteg zwischen den rezipierten Disziplinen wenn nicht abzusichern, so doch vorzubereiten versprechen. Trotz dieser provisorischen Nahtstellen bleiben die disziplinären Brüche freilich bestehen.

In Anbetracht ihres fragmentarischen Charakters sollte die vorliegende Modellskizze als eine Art Nullserie der noch zu schreibenden „Neuroszenologie der Emotionen“ (im Dienste der pädagogisch-psychologischen Forschung) gelesen werden.

2. Zur (biologisch-)anthropologischen Grundlegung des neuroszenologischen Emotionsansatzes

Der modelltheoretische Charakter dieser Arbeit (s. Kap. 1.3) impliziert den Gebrauch einer vortheoretischen (Epi-)Sprache, die im Unterschied zur streng definierten Fachsprache begrifflich und empirisch noch recht unbestimmt ist.

Ich werde in diesem Kapitel das vortheoretisch gefaßte, neuroszenologische Gegenstandsverständnis entwickeln (Kap. 2.1 bis 2.3) und die damit verbundene methodologische Grundposition skizzieren (Kap. 2.4). In dem sich daran anschließenden Exkurs (Kap. 2.5) möchte ich das paradigmatische Anschauungsbeispiel des neuroszenologischen Emotionsmodells (= die Prüfungsszene) in der von mir verwendeten Bedeutung anführen.

2.1 Leitvorstellungen in Anlehnung an die Psychoanalyse-Revision Alfred Lorenzers

Mit dem Attribut „neuroszenologisch" verbindet sich die Vorstellung, daß „unbewußte" Emotionen zum einen neuronaler und zum anderen szenischer Natur sind. Ich will damit beginnen, das von mir geprägte (Teil-)Attribut szenologisch begrifflich herzuleiten.

In dem Neologismus *szenologisch* steckt der Begriff der Szene, den ich weniger im alltagssprachlichen Sinne als vielmehr im spezifisch psychoanalytischen Sinne gebrauchen werde. Als szenologisch charakterisiere ich eine psychoanalytisch bzw. tiefenhermeneutisch orientierte Sicht, die nicht zur klinischen Beurteilung individueller Störungen, sondern zur pädagogisch-psychologischen Untersuchung von nicht-therapeutischen, wenngleich konfliktträchtigen Szenen (wie z. B. von „Prüfungsszenen") herangezogen werden soll. Bei dem Begriff Szene mag man zunächst an den Teil eines Bühnenstücks bzw. Films („Theater-/Filmszene") denken, oder man vergegenwärtigt sich vielleicht eine emotional „aufgeheizte", affektvolle (Konflikt-)Situation („jemandem eine Szene machen", „sich in Szene setzen").

Letzteres verweist am ehesten auf den tiefenpsychologischen Aspekt des von mir gemeinten Szenebegriffs. Während die Schauspieler in einer Theateraufführung nach festgelegten, ihnen bekannten Regieanweisungen handeln, laufen die emotionsgesteuerten Szenen des Alltags nach einer Art „unbewußtem Drehbuch" ab, zu dem die Beteiligten oftmals nicht den rechten Zugang finden können: Sowohl die Fähigkeit zur introspektiven Selbstreflexion als auch die Bemühungen um zwischenmenschliche Verständigung scheinen hier auf ihre Erkenntnisgrenzen zu stoßen. Die auf der „psycho-sozialen Bühne" agierenden Individuen gehen eine „unbewußte Kommunikation" ein, in der die Selbstbilder, d. h. die Auffassungen über die eigene Person einer unbeabsichtigten Brechung bzw. Entstellung unterliegen. Salopp formuliert, heißt dies u. a., daß die Menschen etwas anderes „meinen" als sie sagen, ohne dies freilich zu realisieren, geschweige denn zu intendieren.

Die hier gemeinten „unbewußten" Selbstbilder sind also nicht zu verwechseln mit (kognitions-)psychologisch faßbaren „Selbstkonzepten" (vgl. z. B. Filipp 1984, 1988), die bewußtseinsfähige und daher abfragbare Wissensbestände über die eigene Person (und deren Mitwelt) repräsentieren. Innerhalb der psychologischen Selbstkonzeptforschung wird zwar neuerdings auch eingeräumt, daß selbstbezogene Kognitionen mit „heftigen Affekten" einhergehen können (vgl. Filipp 1988, S. 283), aber zum einen ist dieser Zusammenhang m. W. noch nicht systematisch untersucht worden, und zum andern werden „unbewußt" wirksame Selbstkonzepte weiterhin aus dem Bereich der wissenschaftlichen Untersuchung ausgeklammert.

Die szenologisch gemeinten „unbewußten" Selbstbilder sind - im Unterschied zu den kognitionspsychologisch definierten Selbstkonzepten - primär in non- bzw. präverbalen Kommunikationskanälen (sinnliche Wahrnehmung, Körpererleben) verankert. Sie kommen daher weniger in Sprachäußerungen (und erst recht nicht in bewußten Selbstbeschreibungen) zum Ausdruck, sondern eher in emotional getönten Wahrnehmungserlebnissen bzw. Bewußtseinszuständen, in (wiederkehrenden) Gefühlshaltungen oder in (spontanen) Affekten.

Ich habe soeben verschiedene Wörter zur Beschreibung der „Gefühlswelt" benutzt, in der die „unbewußten" Selbstbilder eingebettet sein sollen. Bevor ich weiter auf die szenologische Perspektive eingehe, möchte ich den Bedeutungshof des Emotionsbegriffes kurz beleuchten und eine grobe Einteilung in Wortklassen vornehmen. Da es keine wissenschaftlich verbindlichen Definitionen des Emotionsbegriffes gibt, (s. Kap. 3.1) werde ich mich hierbei weitgehend an den allgemeinen Sprachgebrauch anlehnen.

Unter einem *Affekt* verstehe ich lokomotorische sowie intraorganismische Reaktionen (Bewegungsimpulse, physiologische Reflexe), die von entsprechenden Änderungen im Gesichtsausdruck (wie Erröten, Zusammenziehen der Augenbrauen) und/oder in der Vokalisation (z. B. stimmliche Variationen bis hin zum Schreien, Stottern) begleitet sind. Die jeweiligen Affektkomponenten können von dem betreffenden Individuum bewußt wahrgenommen werden oder nicht, je nach Intensität des Affektes und der Selbstwahrnehmungsschwelle für den eigenen Körper („bewußte" vs. „unbewußte" Affekte). Unter den Begriff der Affekte sollen nicht nur diskrete Erlebnisqualitäten (wie Schreck, Zorn, Freude) rubriziert werden, sondern auch emotional schwer bestimmbare Aktivierungsmuster bzw. Handlungsimpulse, die mit kinetischen Begriffen wie „anschwellend", „abklingend", „berstend", „ruckartig" oder dergl. kurzzeitige Veränderungen des Erregungsniveaus kennzeichnen. Zur Kennzeichnung derartiger, mit körperlichen Sensationen assozierter Aktivierungs- bzw. Erregungsphänomene, die mit den herkömmlichen Affektkategorien (wie Freude, Ärger, Scham etc.) nicht mit erfaßt werden, führte der Säuglingsforscher Daniel N. Stern (1986, pp. 56 ff.) den Begriff des „*Vitalitätsaffekts*" (vitality affect) ein. Nach Sterns Auffassung werde die Erfahrungswelt des Säuglings primär von Vitalitätsaffekten geprägt (ibid, p. 57), in denen wiederum die Qualität der inter-personellen „Abstimmung" (attunement) zwischen Mutter und Kind begründet sei (vgl. Stern 1986, pp. 152 ff.; s. auch Kap. 5.2.1). Vitalitätsaffekte bleiben m. E. jedoch das ganze Leben hindurch bestimmend, nicht nur für die unwillkürlich-spontanen Äußerungen in der nonverbalen Kommunikation, sondern insbesondere auch für die unbewußt-affektive Dialogregulierung.

(Vitalitäts-)Affekte können zwar nicht - wie „Vorstellungsinhalte" aus dem Bewußtsein ausgeschlossen („verdrängt") werden, sie können aber gehemmt („eingeklemmt") oder umgewandelt werden (z. B. „Angst" in „Wut"). Von einem „unbewußten" Affekt (A_u) soll dann gesprochen werden, wenn die betreffende Person nicht imstande ist, eine interpretative Zuordnung (I) der Spontanreaktionen (R) zu den eigenen Beweggründen (Selbstaspekt S) und/oder zu den sozialen Umweltereignissen (Kontextbezug K) vorzunehmen (in Kurzform: $A_u = f(R)$). Man beachte hierbei die zumindest formale Verwandtschaft mit dem reaktionszentrierten Zugang der klassischen Emotionspsychologie (mit $E = f(R)$, s. Kap. 1.2). Beidemale können die emotionalen bzw. affektiven Reaktionen nur aus sich selbst heraus definiert bzw. begriffen werden.

Von den Affekten sind die subjektiv-erlebnismäßigen Bewußtseinszustände, die *Gefühle* zu unterscheiden. Die Gefühle lassen sich wiederum aufgliedern in: 1. Gefühle im engeren Sinne, d. h. „aktuelle Gefühle" (wie z. B. „Versagensangst" in einer Prüfungssituation), 2. *Gefühlshaltungen* gegenüber bestimmten Personen (wie Lehrern) oder Situationen (z. B. Prüfungen) und 3. (langandauernde) *Stimmungen*, die keinen unmittelbaren Bezug zu Ereignissen oder Sachverhalten aufweisen (für eine differenziertere Darstellung dieser Dreiteilung der Gefühle s. bes. Ewert 1983, S. 398-414). Wenn sich die gefühlshaften Stimmungen bzw. „Anmutungen" auf die eigene Person konzentrieren, so sprechen wir vom Selbstempfinden bzw. Selbst(wert)gefühl (s. hierzu Kap. 2.2, 2.5, 5.3).

Der *Emotions*begriff umfaßt nach meinem Verständnis beides, Affekte und Gefühle. Er stellt sozusagen den Oberbegriff dar. Emotionen können somit von der (präkognitiven) Affektüberflutung bis hin zum kognitiv orientierenden Signal reichen (s. hierzu insbes. Kap. 3.2 u. 3.3). In der szenologischen Perspektive sind die Affekte von vorrangigem Interesse, da sie in besonderem Maße für szenische „Zwischenfälle" bzw. Dialogsteuerungen sorgen. Freilich können auch rigide Gefühlshaltungen das andere Extrem, die szenische Erstarrung, heraufbeschwören.

Wir werden diese Aspekte an verschiedenen Stellen wieder aufgreifen. Jetzt möchte ich den sozialisatorischen Zusammenhang zwischen „unbewußten" Selbstbildern und szenischen Affekten aufzeigen, indem ich das therapeutische Prinzip der Psychoanalyse - stark vereinfachend und szenologisch akzentuierend - darstelle.

Die psychoanalytisch orientierten Therapieschulen nehmen generell an, daß all das, was als „Persönlichkeitsstruktur" erscheint, aus vergangenen Beziehungserlebnissen (Familienszenen) hervorgegangen ist. Der (psychoanalytische) Therapeut bemüht sich deshalb darum, die in einer neurotischen oder psychosomatischen Symptomatik (zum Symptombegriff s. Kap. 5.7.1) gleichsam materialisierten Beziehungs- sowie Entwicklungsstörungen des Patienten wachzurufen: Das psyschoanalytische setting dient u. a. dazu, die sich im Symptom manifestierenden frühkindlichen Beziehungskonflikte oder Sozialisationsdefizite regelrecht wiederzubeleben, diesmal freilich in der methodisch kontrollierten und sozusagen „geschützten" Atmosphäre des therapeutischen Kontaktes.

Die Psychoanalyse verwendet für diese - therapeutisch wünschenswerte - Aktualisierung der in die Kindheit zurückreichenden Lebenskonflikte den Begriff der *Übertragung* bzw. der Übertragungsneurose. Die vom psychoanalytisch geschulten Therapeuten zu handhabende Übertragung(sneurose) nimmt sich als eine Art Beziehungs-Vehikel aus, mit dessen Hilfe die ehemals „eingefrorenen", zum Symptom erstarrten Erfahrungsniederschläge verflüssigt werden sollen. Wenn der Patient mit dem Analytiker eine unbewußte, frühinfantile Szenen wiederspiegelnde (Rollen-)Beziehung eingeht, d. h. im Psychoanalyse-Jargon: wenn er auf den Therapeuten „überträgt", dann ist der Grundstein für die eigene Heilung bereits gelegt (s. hierzu ausführlicher z. B. Mertens 1993, Kap. 10-12; zur szenologischen Fassung des Übertragungskonzeptes s. Kap. 5.8.1).

Allerdings sollte die Psychoanalyse nicht bloß als therapeutisches Agens zur Beseitigung psychischer Symptomatik gesehen werden. Die Analyse der Übertragung bzw. das „Durcharbeiten" der Übertragungsneurose dienen schließlich dem Zweck, die Blockierung eines „Bildungsprozesses" aufzuheben, um dem Subjekt zu mehr „Selbstbestimmung" zu verhelfen. Der hier gemeinte „Bildungsprozeß" bezieht sich weniger auf äußere Gegenstände / Sachkenntnisse, als vielmehr auf affektive Haltungen bzw. Szenen. (Freud ging es im übrigen nie bloß um „Heilung", sondern von Anfang an um so etwas wie „psychische" Bildung, sprich: „Entfaltung der Persönlichkeit zu mehr Arbeits- und Liebesfähigkeit").

Genau genommen, stellt die Übertragungsbeziehung nur die diagnostische Vorstufe dieses psychischen Bildungsprozesses dar. Der eigentliche Bildungsprozeß des Subjektes ist von dem sog. Arbeitsbündnis (s. z. B. Mertens 1993, Kap. 9) abhängig, bei dem sich der Analytiker mit seinen Mitteilungen und Deutungen an die „reife" bzw. nicht-infantile und auf Selbsteinsicht bedachte Persönlichkeit des Patienten wendet. Kurzum, im (therapeutischen) Arbeitsbündnis wird die Übertragungsbeziehung zum Gegenstand der Selbstreflexion und der Metakommunikation, aus denen im Zuge des sog. Durcharbeitens die jeweiligen Persönlichkeits- bzw. Haltungsänderungen erwachsen sollen. So betrachtet, läßt sich das Arbeitsbündnis als eine besondere Form der „Nacherziehung" auffassen (s. hierzu ausführlicher Randolph 1990, S. 145 ff.; zum

Problem der Unterscheidbarkeit zwischen der reinen Übertragungsbeziehung einerseits und dem angeblich übertragungsfreien Arbeitsbündnis andererseits s. Mertens 1993, S. 179 ff.).

Diese knappen Hinweise sollen genügen, um deutlich zu machen, daß die Bedeutung des Psychoanalyse-Begriffes nicht auf das klinische Behandlungssetting begrenzt werden sollte und daß (2) eine strukturlogische (nicht handlungspraktische) Verwandtschaft zwischen Pädagogik und Psychoanalyse zu bestehen scheint (s. auch Kap. 7.2.1).

Als Zwischenresümee wollen wir an dieser Stelle festhalten, daß die Psychoanalyse eine auf dem Übertragungskonzept basierende „Beziehungsanalyse" (vgl. bes. Bauriedl 1984; s. auch Mertens 1993, S. 175 ff.) darstellt, die sich zwar hauptsächlich in klinischer Hinsicht als eine bestimmte Form der „interaktionellen Therapie" (vgl. bes. Strupp & Binder 1991) weiterentwickelt hat, die aber - zumindest vom methodischen Grundgedanken her - auch pädagogische Momente (Anreize zur Persönlichkeitsförderung, Hilfe zur Selbstaufklärung) mit beinhaltet.

Das auf Beziehungsarbeit gerichtete Übertragungskonzept der Psychoanalyse bietet zwar einen originellen, aber keinesfalls hinlänglichen Ansatzpunkt für das neuroszenologische Emotionsverständnis. Mit der Rezeption psychoanalytischen Gedankenguts sieht man sich nämlich mit zweierlei gravierenden Mängeln konfrontiert.

Die Psychoanalyse hat zum einen bislang keine in sich geschlossene Emotionstheorie entwickelt (vgl. Kernberg 1990; Krause 1985; Kutter 1983; Stein 1991). Zum zweiten fußen die vereinzelt vorliegenden „Affektlehren" (z. B. von Brenner 1974, 1980; Kernberg 1990, 1991; zus.f. s. u. a. Dornes 1993, S. 132 ff.; Stein 1991, Ch. 5-7) auf höchst spekulativen Gedanken, die weitgehend aus der klinischen Erfahrung des jeweiligen Autors erwachsen sind und die kaum einen Bezug zur (nicht-klinischen) emotionspsychologischen Forschung aufweisen. Die Psychologin und Psychoanalytikerin Ruth Stein erhofft sich daher eine weiterführende Konzeptualisierung der bestehenden psychoanalytischen „Affektlehren" durch die Rezeption emotionspsychologischer Ansätze, die theoretisch wie begrifflich besser ausgearbeitet seien (vgl. Stein 1991, pp. 161 ff.).

Im übrigen ist zu bedenken, daß nicht nur die klinisch-psychoanalytischen Konzeptionen, sondern auch deren pädagogisch-psychoanalytische Varianten nur mit Fallstudien bzw. Erfahrungsberichten belegt werden, die sich einer empirischen, intersubjektiven Überprüfung weitgehend entziehen (s. hierzu auch Kap. 2.4 u. bes. Kap. 7.2.1).

Nicht zuletzt aufgrund dieser Unzulänglichkeiten der Psychoanalyse bzw. der Psychoanalytischen Pädagogik habe ich mit meinem neuroszenologischen Ansatz einen zwar psychoanalytisch inspirierten, aber letztlich doch eigenständigen Zugang zur Emotionsthematik zu begründen versucht (s. Kap. 1.3 und 3.2 ff.).

Bei der Entwicklung der *neuro*szenologischen, d. h. die Psychoanalyse mit Neurobiologie zusammenführenden Perspektive haben mir Alfred Lorenzers Arbeiten zur Psychoanalyse Pate gestanden. Seine Psychoanalyse-Revision (vgl. Lorenzer 1971, 1972, 1973, 1976 a, 1977, 1983) bietet allerdings keine emotionsspezifische Konzeption. (Zur Person Lorenzers: Er ist ausgebildeter Psychoanalytiker, als solcher war er jedoch nur am Anfang seiner Laufbahn klinisch-forschend tätig. Späterhin hatte Lorenzer Lehrstühle für Sozialisationsforschung (Bremen) sowie Soziologie (Frankfurt, Emeritierung 1989) inne, aus dieser Zeit stammen auch seine bekanntesten Arbeiten).

Ausgehend von Freud und angeregt durch symboltheoretische sowie sprachphilosophische Ansätze (insbesondere sensu G. H. Mead sowie L. Wittgenstein) ging Lorenzer daran, die psychoanalytische Trieb- bzw. Libidotheorie von ihrem metaphysischen, gesellschaftsfernen Menschenbild zu lösen, indem er sie in sozialisations- und interaktionstheoretischer Perspektive neurophysiologisch re-interpretierte (s. hierzu bes. Lorenzer 1977, 1981, 1983, 1984 b, 1988 a, b). Lorenzer verwahrte sich in seinen Schriften gegen jedwede „Ontologisierung des Unbewußten" und wies den plumpen Freudschen Biologismus („angeborene Triebstrukturen") entschieden zurück. In seiner sozialisationstheoretisch-neurophysiologischen Neufassung des Freudschen Triebkonzeptes („Trieb ist e definitione: Körperbedürfnis ‚in-Beziehung-zu' ", Lorenzer 1981, S. 17) wollte Lorenzer das - wie er sagte - „biologische Substrat" menschlichen Verhaltens und Erlebens von Anfang an in der gesellschaftlichen Bearbeitungsform verstanden wissen. Dies soll nichts anderes heißen, als daß es weder ein ontologisches, d. h. unhistorisches Unbewußtes geben kann noch eine von erzieherischen und sozialen Einflüssen unberührte (Gehirn-)Physiologie. Erschien Freud der Trieb noch als ein rein intrapsychischer „Grenzbegriff zwischen Seelischem und Somatischen" (vgl. Freud 1915, „Triebe und Triebschicksale", St. A. Bd. 3, S. 85), so halte ich - im Einklang mit Lorenzers Grundidee - dagegen, daß biologisch mitdeterminierte Affekte bzw. Handlungsimpulse allenthalben im Spannungsfeld interaktionaler (zwischenmenschlicher) sowie allgemeiner, gesellschaftlicher Verhältnisse zu verorten sind.

Es sei darauf hingewiesen, daß ich das an sich sehr weit gespannte, bis zur polit-psychologischen Gesellschaftsanalyse hin (vgl. bes. Lorenzer 1976 b) vermittelte Konzept der Interaktionsformen nur insoweit aufgreife, als es die Emotionsforschung um eine originelle, neuroszenologische Sicht (bezüglich des Zusammenhangs von neuronalen und interaktionalen Prozessen) zu bereichern verspricht.

Lorenzers Konzept der Interaktionsformen ist allerdings noch sehr abstrakt-metatheoretisch abgefaßt, so daß es in neurobiologischer und emotionstheoretischer Hinsicht weitergeführt bzw. spezifiziert werden muß (s. Kap. 5 und 6).

2.2 Sozialisations-physiologische Grundannahmen

Bei seiner sozial- und neurowissenschaftlichen Neuinterpretation des Freudschen „Triebschicksals" geht Lorenzer so weit, daß er bereits das *intra-uterine Wechselspiel* zwischen mütterlichem Körper einerseits und dem heranreifenden kindlichen Organismus andererseits als „Interaktion" klassifiziert. Wenngleich die pränatale Forschung noch in den Anfängen steckt, so ist es doch mittlerweile nichts Neues mehr, daß das Ungeborene Außenreize bzw. Vorgänge im Uterus wahrnimmt und darauf reagiert (vgl. z. B. Bürgin 1991, Flanagan 1988, Flehmig 1990 a, Zimmer 1984, s. hierzu auch meine hypothetischen Aussagen in Kap. 6.2 und 6.4).

Die allerersten, in utero gebildeten „Interaktionserfahrungen" würden sich - so Lorenzer - im Zentralnervensystem sowie in der Körperperipherie des Kindes buchstäblich eingravieren. Lorenzer kennzeichnete diese biologisch verankerten Erfahrungsniederschläge als „*Interaktionsformen*", gelegentlich sprach er auch von „*Interaktionsengrammen*".

Interaktionsformen bzw. -engramme sind nicht mit real ablaufenden, direkt beobachtbaren Interaktionsprozessen zu verwechseln, sie gleichen vielmehr im Gehirn zu lokalisierenden Erinnerungsspuren, die man sich am ehesten als zentralnervöse Verschaltungen, d. h. als ein komplexes Zusammenspiel von biochemischen und elektrophysiologischen Mechanismen vorstellen kann (s. hierzu Kap. 4.1 u. 6.3, 6.4, passim).

In Lorenzers Arbeiten findet man den Begriff der Interaktionsform zumeist mit einem Epitheton (wie „bestimmte", „sinnlich-symbolische" oder „sprach-symbolische") versehen, das - grob betrachtet - jeweils für eine Entwicklungs- bzw. Sozialisationsphase steht. Leider hat es Lorenzer unterlassen, diese Zeitabschnitte entwicklungspsychologisch näher zu bestimmen (s. u.). Fürs erste läßt sich jedoch festhalten: Die sich noch vor dem Spracherwerb oder gar vor jedweder bewußten Erlebnisfähigkeit engrammatisierten Sozialisations- bzw. Körpererfahrungen charakterisierte Lorenzer als „sinnlich-symbolische" und „bestimmte" Interaktionsformen. Die emotionale „Bildung" des Subjektes findet demnach ihren Ausgang in neuronal gesteuerten Körperprozessen.

Diese Auffassung korrespondiert im übrigen mit dem (entwicklungstheoretischen) Konzept der sensomotorischen Schemata (sensu Piaget), wonach sich die Vorformen des Denkens auf der Ebene der körperlichen Reiz- und Reaktionskoordination abspielen.

Auch wenn Lorenzer seine Begriffe nicht eindeutig definiert, so kann man die „*sinnlich-symbolischen*" Interaktionsformen vielleicht als die intrapsychische Grundlage der präverbalen, d. h. der zwar symbolischen, aber noch ausschließlich nonverbalen und vokalen Verständigung (Mimik, Gestik, Stimmführung bzw. Lautgebung) betrachten. Die „*bestimmten*" Interaktionsformen gründen in den allerersten Lebensabschnitten (Fötal- und Säuglingszeit), in der das Kind noch nicht zu einem wirklichen Austausch von interpersonell geteilten, sozialen Bedeutungsträgern (Symbolen) fähig ist. Die „bestimmten" (= präsymbolischen) Interaktionsformen gleichen also weitgehend organismischen, vom biologischen Reifestand abhängigen Engrammen. (Zu dem an sich vieldeutigeren Begriff der „bestimmten" Interaktionsform s. bes. Lorenzer 1976 b, S. 116 f.).

Mit der Redeweise von präverbalen bzw. präsymbolischen (Interaktions-)Engrammen verbinde ich zweierlei Hypothesen zur pränatalen und frühinfantilen Eindrucksbildung (i. S. von emotionaler Sozialisation): Zum einen halte ich es für unwahrscheinlich, daß der Fötus bzw. der Neonatus dazu imstande ist, prä- oder postnatale Situationen im eigentlichen Sinne zu erinnern. Dies würde die Fähigkeit zur symbolischen, sprich: zur potentiell bewußtseinsfähigen Erfahrung voraussetzen - also etwas, das bekanntlich erst mit Beginn etwa des 3. Lebensjahres möglich wird. Zum anderen glaube ich durchaus, daß sowohl ungestörte als auch schwierige Momente während der Schwangerschaft oder Säuglingszeit Spuren („Körpergedächtnis") hinterlassen, die der entwicklungsphysiologischen und neurobiologischen Forschung potentiell zugänglich sind (s. Kap. 6.2 bis 6.4).

Erst mit der Einführung von Sprache bzw. von „Wortvorstellungen" kommt es zu den von Lorenzer so benannten *„sprach-symbolischen"* Interaktionsformen (vgl. Lorenzer 1977, S. 46 f.; 1981, S. 56 ff. u. 105 ff.; 1984 b, S. 85 ff.). Auf den Bereich der Emotionen bezogen, könnte man sagen, daß die „sprach-symbolischen" Interaktionsformen eine Art „Doppelregistrierung" des Selbsterlebens bzw. -ausdrucks in Form physiologischer bzw. sensomotorischer Reaktionsketten einerseits und sprachlicher Mitteilungen über den eigenen (Gefühls-)Zustand andererseits ermöglichen. Auf den sprachlichen Aspekt der emotionalen Doppelregistrierung will ich nicht näher eingehen, zumal die ontogenetischen Zusammenhänge zwischen der präverbal-sinnlichen Kommunikation und der nachfolgenden Sprachentwicklung noch weitgehend unerforscht sind (vgl. Szagun 1991, S. 239 f.). Ebenso werden wir den Bereich der rein mentalen Vorgänge („Geist", Begriffsbildung, Denken) nur insoweit behandeln, als es um die neuronale „Niederschrift" unbewußter bzw. affektgesteuerter Interaktionsformen geht.

Auf der Folie des Interaktionsformen-Konzeptes (sensu Lorenzer) rücken die Begriffe des Triebs und des Unbewußten aus dem Dunstkreis des Metaphysischen: Freuds Libidokonzept mit der um lokalisierbare Körperabschnitte („erogene" Zonen) herum organisierten Triebentwicklung wird nunmehr abgelöst durch die Vorstellung von den gesamten Organismus umfassenden (neuro-)physiologische Erregungen, die bei affektiv besetzten Interaktionen beteiligt sind. Die primären Motivatoren des (Säuglings-) Verhaltens wären somit nicht irgendwelche (körper-)zonenspezifischen Triebenergien, sondern die größtenteils angeborenen und sehr früh in der Mimik des Säuglings nachweisbaren Grund-Affekte bzw. sog. Basisemotionen wie Ekel, Freude, Überraschung, Trauer, Angst (vgl. Dornes 1993, S. 116 ff., 149 f.; siehe hierzu auch Kap. 3.3). Diese Auffassung von den Affekten als den primären Motivatoren deckt sich weitgehend mit dem Grundverständnis des renommierten Emotionsforschers Carrol E. Izard, der davon ausgeht, daß sogar fundamentale Körperbedürfnisse (wie Hunger, Durst, Sexualität, Schmerzvermeidung) von den sie begleitenden Emotionen (wie Angst, Freude, Ekel) reguliert, d. h. gesteigert, gedämpft oder gehemmt werden: So läßt z. B. die Freude/ Begeisterung bei der Arbeit den Hunger vergessen, Angst dämpft die Lernmotivation, Ekel unterdrückt das sexuelle Verlangen etc. (vgl. Izard 1994, S. 19, 70, 190 ff.; zur Rolle von Emotionen für die Motivation s. auch Kap. 3.3). Der Vollständigkeit halber darf an dieser Stelle nicht unerwähnt bleiben, daß gerade von Seiten der neueren psychoanalytischen Schulrichtungen bzw. Forschungszweige (insbes. Selbstpsychologie, Objektbeziehungstheorie, Säuglingsforschung, s. Kap. 5.2, 5.7) vereinzelte Entwürfe vorgelegt wurden, in denen die klassische Trieblehre motivationstheoretisch zu reformulieren bzw. affekttheoretisch zu begründen versucht wird (vgl. Kernberg 1983, Kap. 3, 1988, bes. Kap. 14, 1991, pp. 251-254; Lichtenberg 1991 a; 1991 b, bes. Kap. 11). Derartige Bemühungen um eine moderne psychoanalytische Motivationstheorie sind jedoch erst in Fluß gekommen. Diese Klärungsversuche nehmen zudem kaum Bezug auf die psycho-physiologische bzw. neurobiologische (Emotions-)Forschung. Ich werde daher diese jüngsten psychoanalytischen Revisionen zum Verhältnis von Affekt und Trieb nicht in meine Überlegungen einbeziehen.

Neben ihrer motivationalen Bedeutung bilden die (basalen) Affekte zugleich die Grundelemente des (körpernahen) Selbstgefühls. Da die neurobiologisch verankerten Affekte trotz sozialisatorischer Interaktionsformungsprozesse eine beträchtliche Eigenständigkeit bewahren, bleiben die affektiven Empfindungskomponenten (wie physiologische Erregung, Muskeltonus) über die Lebensspanne hinweg relativ konstant. Während sich die individuellen Denk- und Verhaltensweisen im Laufe des Lebens fortlaufend entwickeln und verändern, zeichnet sich das Affektleben durch eine erstaunliche Kontinuität aus. So sind z. B. die emotionalen Ausdrucksmuster bei Säuglingen, Schulkindern und Erwachsenen verblüffend ähnlich (vgl. Emde 1991, S. 762 ff.).

In ähnlicher Weise betont Carrol E. Izard (z. B. 1982, p. 231), daß die situativen Anlässe bzw. mentalen Auslöser (Gedanken, Erinnerungen) für die jeweiligen Emotionen sich zwar im Laufe des Lebens ändern, nicht jedoch die emotionalen Erlebnisse als solche. Ein selbst erdachtes Beispiel mag diese These veranschaulichen: Das angsterfüllte Herzklopfen ist jedesmal das gleiche, ob als Kleinkind vor den Bestrafungen des Vaters oder als Student vor dem Urteil des Prüfers. Anders ausgedrückt: Der (neuro-) biologischen Organisation des Affektlebens ist letztlich die (identitätssichernde) Kontinuität des Selbstempfindens i. S. eines *„affektiven Kerns"* zu verdanken (zum Selbstbegriff s. u.).

Die Grundmotive menschlichen Handelns lassen sich nach dieser Vorstellung nicht (mehr) auf eine sexuell-libidinöse und aggressive Triebhaftigkeit zurückführen. Vielmehr ist anzunehmen, daß dem Menschen eine emotionale Grund-Bedürftigkeit angeboren ist, die sich in mehreren affektiven Strebungen (wie aggressiv-ärgerlicher Selbstbehauptung, freudiger Zuwendung bzw. Hingabe, ängstlichem Rückzug oder ekelbedingter Distanzierung etc.) ausdrücken kann. Mit den basalen Affekten allein sind freilich noch nicht alle menschlichen Grundbedürfnisse bzw. Antriebskräfte abgedeckt. So sind wenigstens noch zwei weitere, z. T. empirisch belegbare (Motivations-)Systeme zu postulieren, und zwar eines, das für die Regulierung der (narzißtischen) Grundbedürfnisse nach physiologischem und psychologischem Gleichgewicht (Homöostase, Sicherheitsgefühl) sorgt und ein zweites, das dem Streben zwischenmenschlicher Bindung bzw. nach passiver Abhängigkeit Rechnung trägt (s. hierzu Kap. 5.7.2).

Die Psychoanalyse ist freilich nicht bei Freuds Triebtheorie stehengeblieben, und einige ihrer Weiterentwicklungen (insbesondere die Selbstpsychologie, die Objektbeziehungstheorie sowie die neonatologische Forschung) haben mit dem zentralen Begriff des Selbst den Weg für eine neue, die beiden zuletzt genannten Grundmotive mit einbeziehende Lehrmeinung freigelegt: Neben der von einigen Autoren noch konzedierten triebbestimmten Grundlegung entsteht das „Selbst" primär aus der Internalisierung frühkindlicher „Objektbeziehungen" und gewinnt dadurch seine - stabile oder gestörte - Ausgestaltung (s. Kap. 5.2, 5.7).

Das neurobiologisch orientierte Interaktionsformenkonzept von Lorenzer und die o. g. neueren psychoanalytischen Richtungen wollen wir zu einer (neuroszenologischen) Gesamtperspektive vereinen, wonach das - von sozialwissenschaftlicher Seite oftmals als mythologisch abgelehnte - Triebkonzept eine klarer faßbare (motivations-) *biologische* (Neu-)Bestimmung erhält. Demnach ist die (geheimnisumwitterte) Metapher von einer aus dem sog. Es gespeisten Triebspannung (i. S. eines „brodelnden Kessels") abzulösen durch die Vorstellung von gesamtorganismischen Verhaltenspotentialen bzw. von neuronalen Erwartungsprofilen, die teils aus vorsymbolischen, rein physiologischen Reiz-Reaktions-Koppelungen (neuro-genetischen Dispositionen) und teils aus vor- bzw. außersprachlichen Sozialisationserfahrungen (neuronal konditionierten Erlebniskomplexen bzw. Engrammen, s. hierzu bes. Kap. 6.4.1) hervorgehen.

Unter *Engramm* soll eine regelmäßig wiederkehrende bzw. häufig auftretende Reizkombination verstanden werden, die sich im Gehirn als neuronale Vernetzungskonfiguration („Gedächtnisspur") niederschlägt. Diese zwar eingängige, aber doch abstrakte Vorstellung des Engramms ist mit der empirischen Lernpsychologie durchaus verträglich. Die Engrammbildung kann als ein kontinuierlicher (z.B. negativ beschleunigter) Lernvorgang mit sprunghaften Anstiegen aufgefaßt werden: Sofern man annehmen kann, daß einzelne „Erinnerungsspuren" nicht allmählich, sondern schlagartig abgerufen werden, müßten die sog. „Lernkurven" plötzliche Anstiege (Stufen) aufweisen, wie man sie etwa auch beim Problemlösen erwartet (vgl. z.B. Herkner 1992, S. 86). Die metaphorische Redeweise von Engrammen bzw. „Gedächtnisspuren" könnte freilich zu der Vorstellung verleiten, man habe es mit quasi mechanischen „Einzeichnungen" im Gehirn zu tun. Um Irrtümern dieser Art vorzubeugen, sei bereits an dieser Stelle klargestellt: Die Engramme lassen sich nicht (rührend naiv) als starre „Nervendrähte" veranschaulichen, sondern sollten funktionell im Sinne einer erhöhten Durchlässigkeit von Nervenimpulsen in den jeweils beteiligten Hirngebieten interpretiert werden (s. hierzu die Kap. 6.2 ff.).

Die eindrucksvolle, bereits im Säuglingsalter nachweisbare Fähigkeit des Gehirns zur Engrammbildung sei am stilisierten Beispiel der Mutter-Kind-Dyade verdeutlicht: Das Gesicht der Mutter, der Klang und die Intonation ihrer Stimme, die von ihr ausgehenden Berührungen etc. werden von dem Säugling in der Regel mit Wohlbehagen und Freude beantwortet (Strampeln, Lächeln, Jauchzen). Wenn aber die Mutter ihre Stimme verstellt, und/oder wenn sie ihr Gesicht z. B. durch Aufsetzen einer Brille verändert, so reagiert das Kind irritiert oder fängt gar an zu weinen. Das im kindlichen Gehirn konsolidierte Engramm von der Mutter kann offenbar nicht abgerufen werden, so daß der Säugling u. U. Trennungsangst erlebt. Erst wenn das Kind in einem späteren Entwicklungsstadium seine Engrammbildung verfeinern und das zugehörige Kontinuitätserleben erweitern kann, wird es seine Mutter zukünftig allein aufgrund einiger Leitmerkmale wiedererkennen, und zwar ohne sich von etwaigen neu hinzutretenden Signalkomplexen beirren zu lassen.

Die sich im Laufe der kindlichen Entwicklung sehr weiträumig über das Gehirn verzweigenden, hierarchisch abgestuften neuronalen Erlebniskomplexe repräsentieren eine Art von unbewußten Erwartungshintergrund bzw. Motivationsrahmen für szenische (Bewältigungs-)Reaktionen, d. h. für situationsbedingte Anpassungsleistungen und die sie begleitenden Affekte. Die Rede von *„unbewußter"* Erwartung bzw. Motivation kann somit zweierlei bedeuten: Zum einen ein Noch-nicht-verbundensein der physiologischen (Interaktions-)Engramme mit ihren entsprechenden verbalen oder nonverbalen „Stellvertretern" (Symbolen), zum anderen eine Art Aufspaltung bereits gebildeter symbolischer Interaktionsformen.

Letzteres begreift Lorenzer als einen gestörten Symbolisierungsprozeß („Desymbolisierung"), der wiederum zweierlei Extremvarianten aufweisen kann. Zum einen können die symbolischen Anteile der Interaktionsformen aus dem Kommunikationszusammenhang ausgeschlossen und der bewußten Selbstverfügung entzogen („verdrängt") werden. Die ex-kommunizierten Symbole verlieren damit zwar ihre handlungsregulierende Funktion, die übrig gebliebenen de-symbolisierten Interaktionsformen (Lorenzer nennt diese „Klischees") gewinnen dafür umso mehr an verhaltensbestimmender Kraft: Es kommt zu einem mehr oder weniger „blinden", von Affekten gelenkten (Re-)Agieren.

Der Gegenpol zu dieser Symbolisierungsstörung drückt sich darin aus, daß die Symbole zwar weiterhin verfügbar sind, aber deren emotional-sinnlicher Charakter abhanden gekommen ist. In diesem Fall ist die biologische Quelle der symbolischen Interaktionsformen quasi stillgelegt, und zwar zugunsten jener prävalierenden Symbole (Lorenzer spricht von „Zeichen"), die so etwas wie emotionsentleerte, unpersönliche Sprachschablonen oder gekünstelte, „leblose" Gesten darstellen. (Zur genaueren symboltheoretischen Differenzierung zwischen „Klischees" und „Zeichen" s. Lorenzer 1971, S. 41 f., 52; 1976 a, S. 112-126). Diesen Störungstyp werde ich in dieser Arbeit nicht berücksichtigen, da ich mein Augenmerk auf potentiell beobachtbare Emotionen (wie z. B. Prüfungsangst) richte.

Für das Verständnis der späteren Kapitel sollte die zweifache Bedeutung des Attributes „unbewußt" festgehalten werden: Vor dem Hintergrund des Interaktionsformenkonzeptes rührt das sog. Unbewußte nicht nur von Kindheitskonflikten her, sondern es kennzeichnet zugleich die (neuro-)biologisch verankerte Grunddynamik von Identitätsbildung bzw. von Selbstentwicklung schlechthin (s. Kap. 5.6, 6.2, 6.4).

Ich werde die Begriffe *Identität* und *Selbst*, von geringfügigen Akzentuierungen abgesehen, weitgehend synonym verwenden. In Analogie zu der in der psychologischen Selbstkonzeptforschung gebräuchlichen Differenzierung zwischen dem „existentiellen" und dem „kategorialen" Selbst (vgl. hierzu Filipp 1988, S. 287; Göppert & Heckhausen 1990, S. 145 f.) möchte ich den Identitätsbegriff vom Selbstbegriff abheben: Identität meint eher das Bewußtsein der persönlichen Dispositionsmerkmale („wer ich bin" i. S. des „kategorialen Selbst") sowie die Bewußtswerdung von Kontinuität in der eigenen Biographie. Im Gegensatz zum inhaltlich ausgestalteten Identitätsbewußtsein erwächst das Selbstgefühl („daß ich bin" i. S. des „existentiellen Selbst") nicht notwendigerweise aus Gedächtnisleistungen und/oder selbstreflexiven Kognitionen. Selbst eine Person, die viele ihrer biographischen Erlebnisse vergessen bzw. „verdrängt" haben mag, spürt dennoch unmittelbar, daß all ihre Gedanken, Gefühle, Wünsche etc. zu ihrem Selbst als einer personalen Einheit gehören.

In dieser Arbeit verwende ich den Identitätsbegriff nur insoweit, als ich zum Ausdruck bringen möchte, daß die Gesamtheit aller Interaktionsformen die neuronal-biologische wie psychologisch-mentale Einzigartigkeit eines Individuums konstituiert. Den Selbstbegriff reserviere ich eher für die (neuro-)physiologischen Dispositionen sowie für die unmittelbar erlebbaren und anschauungsgebundenen Personmerkmale, d. h. für die vor-symbolischen und vorsprachlichen Interaktionsformen, wie sie sich insbesondere in den ersten Entwicklungsphasen (von der Embryonalzeit bis zu Beginn des Spracherwerbs) herausbilden. Der Selbstbegriff verweist bei mir also auf seinen *„affektiven Kern"* (s. o.), d. h. auf die gleichsam „tiefsten", körpergebundenen Interaktionsformen, die sich sowohl biologischen Reifungsprogrammen als auch bestimmten, (neuro-)szenischen Sozialisationserfahrungen, d. h. sozio-physischen Formgebungsprozessen verdanken (s. Kap. 6.2, 6.4).

Nach diesem (neuroszenologischen) Vorverständnis von Selbstentwicklung lassen sich spätere Persönlichkeitsmerkmale bis in die allerfrüheste Kindheit zurückverfolgen. Die

Vorstellung, daß frühe Kindheitserfahrungen mehr oder weniger unauslöschliche Spuren in der Persönlichkeit hinterlassen, geht sowohl auf das Werk Sigmund Freuds als auch auf die Studien der sog. Bindungsforscher (John Bowlby, Mary Ainsworth) zurück. Diese ebenso verbreitete wie plausible Hypothese von den sozusagen prägenden Auswirkungen der frühen Kindheit auf das Erwachsenenleben ist jedoch keineswegs hinreichend überprüft. Angesichts neuerer empirischer Untersuchungen zu dieser Thematik (vgl. Schaffer 1992, bes. 36 ff., 184 ff.) sind eher Zweifel an einer derartigen, sicherlich vereinfachenden Auffassung angebracht, wonach das persönliche Schicksal bereits nach den ersten Lebensjahren besiegelt sein müßte. Sicherlich hängt die Persönlichkeitsbildung nicht nur davon ab, was in pränatalen und frühen postnatalen Phasen vorausgegangen ist. So müssen frühkindliche traumatische Erfahrungen nicht zwangsläufig zu psychischen Störungen führen, zumal Kinder auch über beachtliche Selbstheilungskräfte verfügen (vgl. Dornes 1993, 221; Schenk-Danziger 1993, S. 315 f.). Ebenso bleiben auch spätere, über die Kindheit hinausreichende emotionale Erfahrungen richtungsweisend für die individuelle Sozialisation, und dies wohl lebenslang.

Ohne die Auswirkungen der frühkindlichen Vergangenheit überbewerten zu wollen, halte ich an der hypothetischen Vorstellung fest, daß im Laufe der frühkindlichen Sozialisation grundlegende, z. T. unbewußt wirksame Erlebnis- und Beziehungsschemata aufgebaut werden. Zur empirischen Begründung dieser von der Psychoanalyse quasi als Doktrin tradierten „*Primacy-Hypothese*“, wonach spätere Beziehungen durch frühere geprägt werden, liefert m. E. gerade die Neurobiologie das notwendige Forschungsmaterial: Demnach stellen die ersten Lebensjahre nämlich insofern einen besonders „sensiblen“ und sozusagen prägenden Lebensabschnitt dar, als während dieser Zeit nahezu irreversible Kanalisierungsprozesse im heranreifenden Gehirn (selektive neuronale Vernetzungen) erfolgen, die - so kann man zumindest vermuten - einen maßgeblichen Einfluß auf die weitere Selbstentwicklung ausüben (vgl. Schenk-Danziger 1993, S. 67 ff.; s. hierzu ausführlicher die Kap. 6.2 ff.).

In Anlehnung an Lorenzers Interaktionsformen-Konzept und im Einklang mit den Studien des bekannten Säuglingsforschers Daniel N. Stern (1986) gehe ich von der Grundannahme aus, daß die auf präverbalen Entwicklungsstadien zurückgehenden (körperbezogenen) Selbstanteile das ganze Leben über wirksam bleiben, auch wenn sie späterhin von kognitiven und sprachlich faßbaren „Selbstkonzepten“ bis zur Unkenntlichkeit überformt oder - psychoanalytisch gesprochen - „verdrängt“ bzw. „desymbolisiert“ (s. o.) sein mögen.

Der den Körper(ausdruck) akzentuierende Selbstbegriff ist nicht identisch mit dem sog. Körper-Ich, einem Terminus wie er in der psychoanalytischen Literatur verwendet wird. Der von mir gemeinte Selbstbegriff ist nämlich nicht auf die innerpsychische Instanz des Freudschen „Ichs“ (vgl. Kap. 5.3) bezogen, und er umfaßt auch mehr als (sensomotorische) Körper-Schemata, zumal er affektive und interpersonale Bezüge mit

einschließt. Die körpernahen und „unbewußten", quasi amnestischen Selbstanteile werde ich an späterer Stelle unter dem Begriff des *„somato-szenischen Selbst"* subsumieren (s. bes. Kap. 5.7.2.4).
Zugleich soll damit einem *„neuronalem Fehlschluß"* vorgebeugt werden, demzufolge das Gehirn eine vom übrigen Körper abgekoppelte Erfahrungswelt begründen könnte (s. hierzu auch Kap. 7.3).

Der hierzu korrespondierende Emotions- bzw. Affektbegriff steht dementsprechend als Abbreviatur für die Kreuzungspunkte zwischen dem somato-szenischen Selbst (= der „intrapsychischen Bühne") einerseits und dem interpersonell-szenischem Wechselspiel (= der „psychosozialen Bühne") andererseits. Wenn die emotional-evalutativen Aspekte des globalen Selbsterlebens im Vordergrund stehen, wenn es z. B. um die subjektive Einschätzung des Verhältnisses zwischen den eigenen Fähigkeiten bzw. „Erfolgen" einerseits und den persönlichen Ansprüchen bzw. Zielen andererseits geht, so spreche ich vom *Selbst-wert-gefühl* (vgl. Haußer 1983, S. 64 ff.; Mummendey 1983, s. auch Kap. 2.5). Das globale Selbstwertgefühl stellt die Generalisierung situativer Selbstbewertungen dar, wie sie sich im Kontext szenischer (Sozialisations-)Erfahrungen herausbilden und ggf. modifizieren.

2.3 Das (leidige) Leib-Seele-Problem

Mit der Rezeption des Interaktionsformen-Konzeptes berühre ich - wenngleich ungewollt und nur indirekt - eine der wohl ältesten und gleichzeitig schwierigsten Grundsatzfragen der Philosophiegeschichte, nämlich die nach dem Verhältnis von Psyche und Soma. Dieses uralte Leib-Seele-Problem erscheint heutzutage - im „Jahrzehnt des Gehirns" (s. Kap. 4.0) - in seiner modernen Variante als Frage nach der neurobiologischen Natur des Mentalen, d. h. als Gehirn-Geist-Rätsel: Handelt es sich hierbei um zwei qualitativ grundverschiedene Seinsqualitäten, die parallel nebeneinander herlaufen? (Position des sog. Panpsychismus bzw. Epiphänomenalismus, s. z. B. Eccles & Popper 1989, Teil 1, Abschnitt 19 u. 20) Oder können sich beide wechselseitig beeinflussen (Position des sog. Dualismus, vgl. Eccles 1994)? Oder sind Psyche (Geist) und Soma (Gehirn) letztlich doch eins (Position des sog. Monismus, vgl. Bunge 1984; Changeux 1984)? Fragen dieser Art haben seit Jahrhunderten einen Glaubenskrieg entfacht, der bis heute noch nicht entschieden ist, weder in der neueren (Neuro-)Philosophie (vgl. hierzu z. B. Bieri 1994, Lanz 1993) noch in anderen interessierten Wissenschaften wie der Neuropsychologie (vgl. z. B. Springer & Deutsch 1995, S. 134 ff., 326 f.; für eine Übersicht zu den verschiedenen Leib-Seele-Konzepten s. Bunge 1984, Kap.1; Eccles 1994, S. 17 ff.; Popper & Eccles 1989, Kap. P1, P3-P4, Roth 1995, Kap. 12).

Anstatt auf diese Diskussionen zur sog. Leib-Seele-Problematik einzugehen, möchte ich lediglich meinen persönlichen Standpunkt hierzu plakativ umreißen. Ich vertrete in etwa die philosophische Position des sog. *emergentistischen Monismus* (s. auch Kap. 6.1), wie er z. B. von Mario Bunge (vgl. Bunge 1984, Bunge & Ardila 1987) differenziert für den (neuro-)psychologischen Bereich dargestellt wird. Vereinfacht gesagt, stellt der emergentistische Monismus eine Art Zwischenstellung zwischen monistischen und dualistischen Auffassungen dar. Er beinhaltet - grob zusammengefaßt - die folgenden drei Grundannahmen.

Erstens wird behauptet, daß „psychische" („mentale" oder „symbolische") Funktionen einerseits und neurobiologische Mechanismen andererseits grundsätzlich eine Einheit (keine Dualität) bilden. Diese somato- bzw. neuro-psychische Einheit zeigt sich beim Säugling noch unmittelbar: Bei all seinen Entwicklungsschritten (dem ersten Lächeln, dem Greifen, dem Sprechen-lernen) sind neurobiologische und geistig-seelische (Reifungs-)Vorgänge gleichermaßen beteiligt. Beim Kleinkind scheint dies langsam anders zu werden. Hier beginnt sich das Psychische gegenüber dem Somatischen deutlicher abzuheben, wenngleich weiterhin das eine nur zusammen mit dem anderen den ganzen Menschen ausmacht (Kovarianz von Psyche und Soma). Leider wird dieses Kovarianzprinzip weder in der Pädagogik noch in der modernen „kognitiven" Psychologie beachtet, die sich einseitig mit der psychischen und geistigen Entwicklung des Kindes befassen und die körperlichen, insbesondere die neurobiologischen Aspekte von Identität bzw. Persönlichkeit vernachlässigen.

Zum zweiten teile ich die im emergentistischen Monismus enthaltene psychobiologische Grundauffassung einer asymmetrischen Beziehung zwischen Psyche und Soma, und zwar in wechselseitiger Hinsicht (Abhängigkeit und Determination): Das emotionale Erleben hängt von den neurophysiologischen Korrelaten ebenso ab wie es sich umgekehrt aus diesen heraus erklärt. Neurophysiologische Korrelate bilden somit notwendige und hinreichende Bedingungen für emotionales Erleben.

Eine dritte Annahme des emergentistischen Monismus soll der offensichtlichen Trennung zwischen Psychischem und Somatischem Rechnung tragen: Das Psychische wird als eine neuartige, eigenständige Qualität (Emergenz) betrachtet, die aus der Funktionsweise des Nervensystem hervorgeht. Im Begriff der *Emergenz* (s. auch Kap. 5.5) steckt die Vorstellung, daß das eine nicht auf das andere zurückgeführt werden kann (Reduktionismus). Das Psychische läßt sich demzufolge nicht auf neuronale Einheiten reduzieren, ebensowenig wie sich die Eigenschaften chemischer Moleküle aus den Eigenschaften der atomaren Elemente zusammensetzen (s. auch Kap. 6.1).

Angesichts dieser - wissenschaftlich nicht näher zu begründenden - Leib-Seele-Auffassung werde ich in dieser Arbeit zwischen „Psychischem" bzw. „Szenischem" einerseits und „Biologischem" bzw. „Neuronalem" andererseits hin- und herwechseln, ohne daß ich die Änderung der Bezugsebenen jedesmal ankündige oder explizit erläutere.

2.4 Die empirisch-tiefenhermeneutische Forschungsprogrammatik

Der disziplinbedingte Bezugsebenenwechsel umfaßt zugleich eine methodologische Oszillation zwischen neurowissenschaftlicher Experimentalforschung und (emotions-) psychologischer Empirie einerseits und psychoanalytischer Tiefenhermeneutik andererseits. Ich will zunächst kurz erläutern, was es mit der räumlichen Metapher der *Tiefen*hermeneutik auf sich hat.

Der Begriff der Tiefenhermeneutik wurde m. W. Ende der sechziger Jahre von Alfred Lorenzer geprägt und kurz darauf von Jürgen Habermas in die erkenntnisphilosophische Diskussion um die leitende Methodologie der Sozialwissenschaften eingeführt.

Hinter der Wortschöpfung Tiefenhermeneutik verbirgt sich weniger eine sozialwissenschaftlich elaborierte Hermeneutik als vielmehr eine aus der psychoanalytisch-klinischen Praxis heraus extrapolierte Forschungsprogrammatik: Die Tiefenhermeneutik ist dadurch gekennzeichnet, daß sie auf der Grundlage der Psychoanalyse (sensu Freud) den (zunächst) unverständlichen Sinn symptomatischer Lebensäußerungen (wie z. B. Neurosen, aber auch „normale" Fehlleistungen, Traumbilder, „verzerrte (Pseudo-) Kommunikationen", Affekte) entschlüsseln soll. Während Habermas die selbstreflexiven und kommunikativ-emanzipatorischen Aspekte der Tiefenhermeneutik herausstrich, insistierte Lorenzer auf dem sinnlich-unmittelbaren Erlebnischarakter der psychoanalytischen Verstehensform.

Nach Habermas überschreitet die psychoanalytische (Tiefen-)Hermeneutik die Grenzen des traditionellen hermeneutischen Sinnverstehens, indem sie sich nicht auf die Anwendung „natürlicher" Sprach- und Interpretationskompetenzen beschränkt, sondern auch auf die Konzepte der Psychoanalyse zur Persönlichkeitsbildung und Symptomgenese zurückgreift (vgl. Habermas 1970, S. 343 ff.): Mit Hilfe der theorielosen, rein hermeneutischen „Kunstlehre" ließen sich zwar unbeabsichtigte Äußerungen bzw. kommunikative Mißverständnisse aufdecken, aber nicht wirklich „begreifen" (vgl. ibid., S. 344). Letzteres erfordere nämlich die theorieorientierte Rekonstruktion des psychodynamischen Zusammenhangs zwischen der gegenwärtigen Situation (bzw. der aktuellen Szene) einerseits und der biographischen Ausgangssituation (= der infantilen „Ursprungsszene") andererseits (vgl. ibid., S. 347). Die psychoanalytische Tiefenhermeneutik könne dadurch den Bedeutungsgehalt chiffrierter Lebensäußerungen quasi „erklären" (ibid., S. 347).

In Anlehnung an einen Vorschlag Lorenzers kann man davon ausgehen, daß dem tiefenhermeneutischen Interpreten dreierlei Verstehensmodi zur Verfügung stehen, um unbewußte Regungen bzw. „verdrängte" Affekte zu entschlüsseln (vgl. bes. Lorenzer 1976 a, S. 138 ff.; s. zus. f. auch Mertens 1993, S. 58 ff.; Trescher 1990, S. 134 ff.): 1) das „*logische Verstehen*", das sich primär auf die syntaktischen und semantischen Aspekte des Gesprochenen bezieht, 2) das „*psychologische Verstehen*", das im wesentlichen die empathische Einfühlung in die intrapsychische Symbol- bzw. Phantasiewelt des Sprechers meint und 3) das *„szenische Verstehen"*, das die subjektiven Äußerungen des Sprechers als unbewußte Inszenierungen konfliktträchtiger Beziehungskonstellationen begreifbar macht.

Wenngleich alle drei o. g. Verstehensformen ineinandergreifen, stellt das szenische Verstehen den spezifisch tiefenhermeneutischen Zugang dar, mit dem die Sinnzusammenhänge zwischen dem aktuellen Gesprächsgeschehen einerseits und frühkindlichen Szenen andererseits aufzudecken sind. Diese tiefenhermeneutische Analogiebildung zwischen gegenwärtigen und früheren Beziehungserfahrungen (Szenen) bildet demnach das methodische Grundprinzip der Psychoanalyse zum Verständnis der - notabene intrapsychischen - Interaktionsformen (vgl. hierzu bes. Lorenzer 1976 a, S. 142 ff.).

Während Habermas das szenische Verstehen in erkenntnisphilosophischer Perspektive auf der Ebene der selbstreflexiven und kommunikativen Kompetenzen ansiedelt, gehen Lorenzer und die von ihm beeinflußten Autoren (hierzu zählen insbes. die Vertreter der sog. Psychoanalytischen Pädagogik, s. Kap. 7.2.1) von dem unmittelbaren klinischen oder pädagogischen Bezugsfeld aus. Die szenische Verstehensleistung gründet demnach vor allem in der praktischen Teilhabe des Psychoanalytikers bzw. des Psychoanalytischen Pädagogen an der aktuellen Therapie- bzw. Gesprächssituation: Das szenische Verständnis der unbewußten Beziehungsmuster kann sich nur dadurch erschließen, daß der tiefenhermeneutische Interpret sich nicht auf ein intellektuelles Deuten zurückzieht, sondern sich auch persönlich von der szenischen Atmosphäre gefangen nehmen läßt („mitagiert"), d. h. daß er - zumindest passager - seinen spontanen Neigungen und Emotionen (inkl. der physiologischen Erregungen) folgt.

Das szenische Verstehen meint also mehr als das geschickte hermeneutische Aufspüren analoger Beziehungsstrukturen in Gegenwart und Vergangenheit. Der szenische Verstehensakt bildet vielmehr den komplementären Kommunikationspart einer dydenspezifischen Szene, in die der Therapeut selbst mehr oder weniger stark verstrickt ist, und zwar aufgrund seiner eigenen unbewußten „Gegenübertragungsreaktionen" (s. Kap. 5.8.1). Der szenische Verstehensakt baut darum auf der empathischen Einstimmung in die therapeutische Atmosphäre auf, wie sie aus der unbewußten Beziehungsregulation und der reziproken Verkettung körperlich-affektiver Ausdruckserscheinungen, kurzum: aus der sog. Übertragungs- und Gegenübertragungsdynamik erwächst. Auf eine generelle Formel gebracht, gründet das szenische Verstehen in der intuitiven Empfänglichkeit für unbewußt-szenische Beziehungsarrangements (= „Kollusionen" sensu Willi 1990).

Nach diesem, auf Lorenzer zurückgehenden Konzept des szenischen Verstehens verweist die tiefenhermeneutische Enträtselung unbewußter Bedeutungen zugleich auf die „triebdynamisch" verankerte, sprich: somato-szenische Natur aller Beziehungsdynamik. Die psychoanalytische Tiefenhermeneutik sollte m. E. nicht auf eine Art von kommunikativer Texthermeneutik reduziert werden. Das szenische Verstehen erschöpft sich nicht in einer rein geisteswissenschaftlichen Sinndeutung. Ansonsten wäre das Naturmoment der menschlichen Kommunikation zum Verschwinden gebracht (vgl. hierzu auch Mertens 1993, S. 49; 1992 b, S. 27). Diese Auffassung konvergiert weitgehend mit dem oben skizzierten neuroszenologischen Emotionsverständnis, das auf der anthropologischen These von der biologisch-sozialen Doppelnatur des Menschen basiert (s. bes. Lorenzer 1988 b).

Tiefenhermeneutik sollte also nicht nur im Sinne einer kommunikations- bzw. sozialwissenschaftlichen Methodologie ausgelegt werden, da sie immer auch eine „Hermeneutik des Leibes“ (Lorenzer 1984 a, S. 214) beinhaltet. Tiefenhermeneutik hat es darum immer auch mit der Dechiffrierung körperlicher Ausdruckssignale bzw. physiologischer Reaktionen zu tun. Dies wiederum setzt m. E. die empirisch gesicherte Kenntnis über leibliche Expressionen und humanbiologische Regelungsprozesse voraus (s. Kap. 3 u. 6).

Daraus ergibt sich die methodologische Konsequenz, daß sich das neuroszenologische Forschungsfeld nur über die Kombination zweierlei grundverschiedener methodologischer Zugänge, nämlich von Empirie und Tiefenhermeneutik, zureichend sondieren ließe. Das methodologische Fernziel der neuroszenologischen Emotionsforschung wäre es, emotionale Szenen (bzw. „szenische“ Emotionen) mittels multimethodischer, *empirisch-tiefenhermeneutischer* Designs zu „triangulieren“, sprich: von zweierlei Seiten her zu erfassen. (Zu dem in der methodologischen Diskussion gebräuchlichen Schlagwort der „Triangulation“ i. S. eines „Methodenmix“ s. zusf. Fromm 1990, S. 473 f. oder Lamnek 1993, S. 245 ff.).

Die hier eingeklagte methodologische Doppelstrategie ist bislang noch nicht entwickelt worden. In neuerer Zeit finden sich zwar gelegentlich Publikationen, in denen psychoanalytische Konzepte bzw. tiefenhermeneutische Aussagen mit Hilfe empirisch-statistische Methoden „objektiviert“ werden (vgl. z. B. Dahl, Kächele & Thomä 1988; Kutter 1985). Bei derartigen Bemühungen scheint mir allerdings der Hiatus zwischen den empirischen Ergebnissen und deren Interpretation noch nicht überwunden zu sein.

Mit der zusammengesetzten Verwendung zweier an sich konfligierender Begriffe (Empirie vs. (Tiefen-)Hermeneutik) möchte ich nicht den Eindruck erwecken, daß ich bereits einen Ausweg aus den z. T. mit viel Verve geführten, m. E. aber unfruchtbaren Kontroversen um die vermeintlich „richtige“ bzw. „gegenstandsadäquate“ Forschungsmethodologie gefunden hätte. Mit dem methodologischen Doppel-Attribut empirisch-tiefenhermeneutisch möchte ich lediglich zum Ausdruck bringen, daß sich die zum neuroszenologischen Modell zugehörige Forschungsmethodik nicht in die gängigen antinomischen Schemata (wie „nomothetisch“ vs. „idiographisch“, „qualitativ“ vs. „quantitativ“, „(kausal-)erklärend“ vs. „(sinn-)verstehend“ einreihen läßt. Ich plädiere für einen pluralistisch aufgefüllten, transdisziplinären Wissenschaftsbegriff und für eine entsprechend integrative Methodologie, vor deren Hintergrund sich das Schisma zwischen neuro- bzw. naturwissenschaftlicher Empirie und geisteswissenschaftlicher bzw. psychoanalytischer Hermeneutik als Scheinalternative erweist (vgl. hierzu Aschenbach 1994; v. Buer 1984; Fromm 1990; Garz & Kraimer 1991; Haft & Kordes 1984; Klafki 1976, 1982; Mayring 1993, S. 17, 24 f.; Mollenhauer & Rittelmeyer 1977; Roth 1994; Wilson 1982).

Die mit dem Präfix *szeno* implizierte methodische Orientierung an der psychoanalytischen Tiefenhermeneutik ist demzufolge nicht automatisch mit der Suspendierung empirischer Methoden gleichzusetzen (vgl. u. a. Sandner 1989). Vielmehr halte ich es für ebenso nützlich wie notwendig, die qualitativen, szenologischen Aussagen mit quantitativen, neurobiologischen und ausdruckspsychologischen Daten zu verbinden. Ohne den Anregungsgehalt und heuristischen Wert der psychoanalytischen Dechiffrierkunst zu leugnen, bin ich der Meinung, daß auch tiefenhermeneutisch angelegte Studien hinsichtlich ihrer Durchführung, Auswertung und Interpretation grundsätzlich dem empirischen Kriterium der intersubjektiven Überprüfbarkeit zu genügen haben. Sofern die qualitativen Bedeutungszusammenhänge direkt in quantitative Befunde transformiert werden sollen, muß freilich auch die damit verbundene Informationsreduktion intersubjektiv kontrollierbar bzw. hermeneutisch plausibel sein. Ansonsten droht auch die umgekehrte Transformation von quantitativen Daten in qualitative Aussagen, was der gängigen Praxis der Ergebnisdarstellung in empirischen Studien entspricht, leicht ins Unkontrollierbare bzw. Beliebige abzugleiten (s. hierzu auch Kap. 7.1).

Einer Verbindung von Empirie und Tiefenhermeneutik stehen zugestandenermaßen vielerlei Probleme im Wege, von denen nur die gravierendsten kurz genannt seien: Zum ersten spiegelt sich in der Redeweise vom szenischen Verstehen mehr eine bildliche Vorstellung denn ein expliziertes methodisches Konzept wider. Insgesamt steht eine methodologische Fundierung der tiefenhermeneutischer Deutungsverfahren noch aus (vgl. Mertens 1993, S. 113 ff.). Ebenso ist noch nicht hinreichend geklärt, ob und inwieweit sich übergreifende Gütekriterien zugunsten einer empirisch-hermeneutischen Methodologie entwickeln lassen (s. bes. Lamnek 1993).

Und schließlich ist zu bedenken, daß die in der Psychoanalyse bislang vorherrschende Methodik der Einzelfallanalyse (i. S. einer tiefenhermeneutischen Kasuistik) insgesamt noch recht empiriefeindliche Züge aufweist: Zum einen wurden die Fallanalysen bislang nicht in einer präzisen, intersubjektiv geteilten Terminologie abgefaßt. Der eher diffuse, für die Psychoanalyse charakteristische Fachjargon gewährt den jeweiligen AutorInnen genügend Raum für individuelle Nuancierungen oder gar für einen subjektiv gefärbten, gelegentlich privatsprachlich anmutenden Wortgebrauch. Zum anderen basieren die entsprechenden psychoanalytischen Illustrationen (viel zu) selten auf empirisch bedeutsamen Material wie z. B. wortgetreuen Berichten (vgl. hierzu die selbstkritischen Aussagen bei Eagle 1988, bes. Kap. 14 sowie S. 231 ff.).

In Anbetracht dieser Schwierigkeiten läßt sich derzeit nur folgender Minimalanspruch festhalten: Eine tiefenhermeneutische Methodik sollte wenigstens auf deskriptiv-empirischem Datenmaterial aufbauen, damit überhaupt eine Verständigungsbasis zwischen psychoanalytischen und empirischen Sozialforschern ermöglicht wird. Auf das neuroszenologische Modell übertragen, möchte ich die empirisch-tiefenhermeneutische Programmatik als einen *neuroszeno-graphischen* Ansatz (vgl. Kap. 7.1.2) kennzeichnen.

Mit dieser methodischen Grundposition unterscheide ich mich sowohl von den meisten VertreterInnen der klinischen Psychoanalyse (Ausnahme: Thomä & Kächele 1973, 1989, S. 26 ff.) als auch von den VerfechterInnen für eine psychoanalytisch orientierte Sozialforschung und Pädagogik (vgl. u. a. Belgrad, Görlich, König & Noerr 1987; Belgrad, Busch, Görlich, Haubl & Kalck 1988; Leithäuser & Volmerg 1988; Lorenzer 1986; für die sog. Psychoanalytischen Pädagogik s. bes. Trescher 1990, sowie Kap. 7.2.1). Während die psychoanalytischen bzw. eng an die Psychoanalyse angelehnten AutorInnen sich quasi auf das tiefenhermeneutische Credo des szenischen Verstehens versteifen, sehe ich in der Rezeption neurobiologischer sowie emotionspsychologischer Forschungslinien eine der Möglichkeiten dafür, psychoanalytisch-szenologische Aussagen empirisch zu validieren.

Einschränkend sei jedoch sogleich angefügt, daß leider auch manche neurobiologischen und emotionspsychologischen Erkenntnisse auf fragwürdigen Verallgemeinerungen weniger empirischer Einzelhinweise basieren.

Abschließend möchte ich noch betonen, daß sich das neuroszenologische Modell auch in seiner erkenntnistheoretischen Akzentuierung von der Psychoanalyse (inkl. der sich dieser zugehörig fühlenden Psychoanalytischen Pädagogik) unterscheidet: Der neuroszenologische (Forschungs-)Fokus richtet sich auf das dem *Theorie-Empirie*-Verhältnis zugehörige Geltungsproblem psychoanalytisch orientierter Aussagen („neuroszenologisches Bühnenmodell"). Die Psychoanalyse und die Psychoanalytische Pädagogik hingegen interessieren sich vorrangig für die dem *Theorie-Praxis*-Problem inhärenten Vermittlungs- bzw. Anwendungsfragen („psychoanalytisches Handwerkermodell"). Wenn wir späterhin (in Kap. 5) auf Kernaussagen der Psychoanalyse zurückgreifen, so ist dabei im Auge zu behalten, daß wir deren heuristischen Wert („Anregungsgehalt") nicht mit dem theoretischen Erklärungswert („Beweiskraft") vermengen sollten. (Zu dieser epistemischen Kontamination in der Psychoanalyse s. die scharfsinnige Analyse des Philosophen Adolf Grünbaum 1988).

Die folgenden Kapitel sind demnach weniger danach zu beurteilen, ob sie mit der Psychoanalyse vereinbar sind (Kriterium der psychoanalytischen Passung); vielmehr geht es uns darum, ausgewählte psychoanalytische Konzepte mit den übrigen Referenz-Disziplinen der Emotions- und Hirnforschung zu vermitteln (Kriterium der transdisplinären Konsensfähigkeit), und zwar zugunsten einer neuartigen pädagogisch-psychologischen Forschungsperspektive.

2.5 Exkurs: Prüfungs(angst)szene und Selbstwertgefühl

Da viele meiner neuroszenologischen Gedanken am Musterbeispiel des Prüfungsdialogs illustriert werden, möchte ich das dieser Arbeit zugrundeliegende Prüfungs(angst)-verständnis näher erläutern.

Bei Durchsicht der Literatur zur Prüfungsforschung fällt zunächst auf, daß es keine exakte wissenschaftliche Definition des Begriffs der Prüfung gibt. Der jeweils verwandte Prüfungsbegriff gehört eher der (pädagogischen) Umgangssprache an (vgl. Füller 1975, S. 11). Auch in einem neueren, erziehungswissenschaftlichen Handbuch wird der Bedeutungshof des Prüfungsbegriffes aus der alltagssprachlichen Verwendung abgeleitet:

> Prüfung kann sowohl ein individuelles Erproben als auch ein kollektiv verbindliches Kontrollverfahren bezeichnen. Im alltäglichen Sprachgebrauch werden auch Krankheiten oder entbehrungsreiche Zeiten Prüfung genannt (Bichler & Brauner, 1989, S. 1285).

Mir geht es in dieser Arbeit nicht um die pädagogisch-diagnostische Kontrollfunktion von Prüfungen, sondern um den Aspekt der individuellen Erprobung. Mit der pädagogischen (Über-)Prüfung des Lern- bzw. Arbeitsverhaltens werden nämlich - bewußt oder unbewußt - allgemeine Sozialisationsergebnisse, sprich: Persönlichkeitsmerkmale (wie Streßtoleranz, Ängstlichkeit, sprachliche Wendigkeit etc.) mit bewertet. Prüfungen können demnach das Selbst bzw. die Identität des Prüflings (grundlegend) in Frage stellen und dadurch (massive) Ängste auslösen (vgl. auch Prahl 1983, S. 442).

Freilich sollte ergänzend hinzugefügt werden, daß Prüfungen nicht nur die Identität bzw. das Selbst „krisenhaft" problematisieren. Der Erprobungscharakter von Prüfungen impliziert auch den positiven Aspekt der persönlichen Herausforderung: Prüfungen können mit der „Hoffnung auf Erfolg" (gute Noten, „Lob", Erwartung beruflichen Aufstiegs etc.) oder allgemein mit persönlicher Selbstbestätigung verbunden sein. Aufs Ganze gesehen, kann man also annehmen, daß Prüfungen generell am „Selbstwertgefühl" rühren oder zumindest prüfungsrelevante Selbstauffassungen (wie etwa die Identität des „guten Schülers" bzw. das „Selbstkonzept der eigenen Begabung") auf die Probe stellen, ob nun im positiven oder negativen Sinne.

Diese rein spekulative Sicht des Zusammenhangs von Prüfung(sangst) und Selbstwert(bedrohung) läßt sich mit Hilfe des sozialpsychologischen Konstruktes der *„objektiven Selbstaufmerksamkeit"* („objective selfawareness") näher begründen. Dieses Forschungskonzept wurde erstmals Anfang der siebziger Jahre von den Amerikanern S. Duval & R. A. Wicklund formuliert und seitdem in zahlreichen experimentellen Studien überprüft und weiterentwickelt (vgl. zus. f. Frey, Wicklund & Scheier 1984 bzw. Wicklund & Frey 1993; Hormuth 1987; Krampen 1985).

Mit dem Konstrukt der „objektiven Selbstaufmerksamkeit" ist eine Aufmerksamkeitsorientierung gemeint, bei der die betreffende Person sich selbst zum Objekt ihrer Betrachtungen macht. Das Attribut „objektiv" ist also nicht im Sinne von „sachlich-neutral", „unvoreingenommen" oder „intersubjektiv prüfbar" zu verstehen. (Für eine weitergehende Unterscheidung zwischen „privaten" und „öffentlichen" Aspekten der Selbstaufmerksamkeit (intrapersonale Prozesse vs. beobachtbares Verhalten) sowie für die Fassung des Konstruktes 1) als zeitstabiles Persönlichkeitsmerkmal und 2) als situativen Zustand, s. Schwarzer 1993, S. 68 ff.). Das Konzept der „objektiven Selbstaufmerksamkeit" enthält zunächst das Postulat, daß die Selbstzentrierung generell zu einer Aktualisierung und Intensivierung sog. salienter (svw. „hervorstechender") Persönlichkeitsmerkmale (wie Einstellungen, Emotionen, innere Standards) führt. Diese „Salienzeffekte" sollen - so das Konzept - wiederum (Ist-Soll-)Diskrepanzen zwischen dem eigenen beobachteten Verhalten einerseits und den persönlichen Standards andererseits hervorrufen. Nach dem Konstrukt der „objektiven Selbstaufmerksamkeit" wird ferner angenommen, daß in solch einem Fall grundsätzlich jede Person bestrebt sei, die - nota bene - kognitiven (!) Diskrepanzen zwischen realem und idealem Selbstbild zu reduzieren. Dies würden die Menschen - so das Konzept - auf unterschiedliche Weise erreichen, so z. B. durch Verhaltensänderung (Angleichung an die Standards) oder Defensivreaktionen (Leugnung von Eigenverantwortlichkeit, Vermeiden von Selbstaufmerksamkeit erzeugenden Reizen wie z. B. Spiegeln).

Die o. g. Annahmen sind durch sozialpsychologische (Labor-)Experimente recht gut bestätigt worden, auch was den Zusammenhang von Selbstaufmerksamkeit und Emotionsverstärkung anlangt. Insbesondere fanden sich in vielen (wenngleich nicht in allen) Studien deutliche Hinweise dafür, daß die subjektive Einschätzung des eigenen Selbstwerts niedriger ausfällt, wenn die Probanden mit ihrem eigenen Spiegelbild oder mit dem Hören der eigenen Stimme konfrontiert wurden. (Diese Techniken induzieren eine erhöhte „objektive Selbstaufmerksamkeit"). Die nicht völlig konsistenten Untersuchungsergebnisse hängen möglicherweise damit zusammen, daß die Empfindung aufmerksamkeitsbedingter Selbstwertbedrohungen mit dem Bestreben zur Minimierung „negativer" Emotionen oder mit der Entwicklung sog. Selbstwirksamkeitserwartungen (self efficacy sensu Bandura) interferiert (vgl. hierzu Frey et al. 1984, S. 201 sowie Laux & Glanzmann 1996, S. 139).

Es gibt m. W. zwar keine spezifischen, auf dem Konstrukt der „objektiven Selbstaufmerksamkeit" aufbauenden Prüfungsangststudien, doch liegt die Parallele zwischen dem experimentellen Selbstaufmerksamkeits-Setting und der Prüfungssituation recht nahe: Auch im Falle der offiziellen (Leistungs-)Prüfung ist zu erwarten, daß
- (1) die sog. Salienz bestimmter Persönlichkeitsaspekte (wie fachliche Fähigkeit oder Begabung) nicht nur mit einer gesteigerten emotionalen Reagibilität, sondern auch mit

selbstzentrierten, nicht sachbezogenen Kognitionen einhergeht (s. hierzu Kap. 3.2), und daß es

- (2) bei etwaigen Diskrepanzerlebnissen (z. B. zwischen gewünschtem und tatsächlichen Leistungs- und/oder Gesprächsverhalten) zu den entsprechend vorhergesagten Verhaltensänderungen oder Defensivreaktionen kommt (wie zukünftig vermehrte Anstrengungen, Abmelden von der nächsten Prüfung oder dergl.).

Sollten sich die dissonanten Kognitionen über das eigene Selbst (mitsamt den emotionalen Folgeprozessen) auch auf andere soziale, nicht genuin leistungsthematische Persönlichkeitsaspekte beziehen, so könnte man von einer „Selbstoffenbarungsangst" im Sinne einer generalisierten Prüfungsangst (vgl. Schulz von Thun 1991, S. 101) sprechen.

Mit dem Selbstaufmerksamkeits-Konstrukt lassen sich zwar die aktuellen, kognitiven Auslöser von Prüfungs- bzw. Selbstoffenbarungsangst plausibel machen, die „unbewußten" und lebensgeschichtlich begründeten Angstmechanismen als solche bleiben hierbei aber im Dunkeln. Dieser Kritikpunkt trifft - wenn ich recht sehe - für die moderne, kognitionspsychologisch ausgerichtete (Prüfungs-)Angstforschung insgesamt zu (vgl. Bedersdorfer 1988; Sarason 1980; Schwarzer 1993; Walter 1981, bes. Kap 13; s. auch die von R. Schwarzer, H. M. v. der Ploeg & Ch. Spielberger seit 1982 herausgegebenen Forschungsreihe „Advances in test anxiety research", Lisse: Swets).

Angesichts dieses Mankos der gegenwärtigen psychologischen bzw. pädagogischen Angstforschung knüpfe ich an ein psychoanalytisches Prüfungsangstverständnis an, wie es im Rahmen einer - Ende der sechziger Jahre entfachten und mittlerweile verklungenen - hochschuldidaktischen Debatte über das bundesdeutsche Prüfungswesen (vgl. zus. f. Eckstein 1971) populär wurde. Insbesondere die Beiträge des Psychoanalytikers M. L. Moeller zur Psychodynamik der Prüfungsangst (vgl. u. a. Moeller 1967, 1969 a, b, 1974) wurden seinerzeit viel beachtet, und zwar nicht nur im hochschuldidaktischen Lager, sondern auch im weiteren Feld der akademischen Pädagogik insgesamt. So stellte z. B. die Pädagogin Gustava Schefer-Viëtor (1971) im Rückgriff auf Moellers Beiträge zwei Aspekte der Prüfungsangst heraus, die auch meine Prüfungsbeispiele leitmotivisch durchziehen: Zum einen verwies die Autorin auf den Doppelcharakter von Prüfungsangst, wonach diese als „ein Angstgemisch, ein Konglomerat aus Realangst und neurotischer Angst" zu begreifen sei (vgl. Schefer-Viëtor 1971, S. 414). Zum anderen hielt sie die Prüfungssituation geradezu dafür „prädestiniert", unbewußte Konflikte zu mobilisieren, und zwar nicht nur beim Prüfling, sondern beim Prüfer gleichermaßen! (vgl. ibid.). Prüfungsangst wäre demzufolge ein von unbewußter Konfliktdynamik getragenes inter-personelles Phänomen. Ergänzend sollte hinzugefügt werden, daß die in der Prüfung virulenten Konflikte insbesondere das Selbstwertgefühl - oder psychoanalytisch gesprochen - den „Narzismus" (s. Kap. 5.3) von Prüfer wie Prüfling tangieren.

Dieses soeben explizierte Prüfungs(angst)-Verständnis werde ich paradigmatisch auf die Situation der mündlichen Prüfung hin anwenden. Prüfungsdialogen kommt nämlich - verglichen mit Klausuren, schriftlichen Testaten etc. - eine besondere *szenische Potenz* zu: In der realen Begegnung zwischen Prüfer und Prüfling bilden sich spontan reziproke *Übertragungsreaktionen* aus, die zum einen aus vergangenen Sozialisationsdefiziten bzw. -konflikten herrühren mögen und zum anderen als Ausdruck der aktuellen Situationsbewältigung zu bewerten sind. Ich verwende den Ausdruck der Übertragungsreaktion, um ihn von der sog. Übertragungsneurose abzugrenzen, die - zumindest nach der klassischen Freudschen Lehre - quasi unabhängig von der Persönlichkeit des Therapeuten auftreten soll. Das von mir als Übertragungsreaktion gekennzeichnete Verhalten bedarf also einer sozusagen „förderlichen" Gesprächssituation, die von beiden Beteiligten geprägt wird.

Um den mit psychoanalytischen Denkfiguren weniger vertrauten LeserInnen eine erste Ahnung von den mit Übertragungsreaktionen durchmischten Prüfungsdialogen (= Prüfungsszenen) zu vermitteln, aber auch um die späteren Illustrationen meiner Gedanken besser verstehen zu können, möchte ich diesen Abschnitt mit der Erläuterung eines typischen Beispiels abschließen.

Anhand der folgenden - aus einem realen Prüfungsgeschehen zu einer geschlossenen Interpretationsfigur komprimierten - „Szene" sei den LeserInnen ein intuitiver Eindruck von den Merkwürdigkeiten, Eigentümlichkeiten, Irritationen und Widersprüchen vermittelt, denen die „neuroszenologische" Emotionsforschung nachgehen könnte:

Stellen wir uns einen äußerlich ruhig wirkenden Pädagogik-Studenten vor, der zum Thema „Gruppendynamik resp. Soziometrie in der Schule" mündlich geprüft wird. Er konnte den Prüfer, der an einem vom Autor durchgeführten „Gesprächstraining" teilnahm, frei wählen, um mit Hilfe der abzulegenden Prüfung einen studienbegleitenden Leistungsnachweis zu erwerben.

Der Prüfer stellt nach einer kurzen, aber freundlich zugewandten Begrüßung seine erste Frage zum Thema. Der Student scheint sich zu sammeln, er setzt zur Antwort an, doch hält er inne ... (Punkte symbolisieren eine bis zu 3 Sekunden lange Unterbrechung) blickt zu Boden ... sieht auf, formuliert den ersten holperig klingenden (inhaltlich korrekten) Satz ... und verstummt erneut. Der Prüfer versucht die anfängliche Spannung zu mindern, indem er, sich zunächst räuspernd, in ruhigem Ton darauf hinweist, daß er seine Frage womöglich unglücklich formuliert habe und wiederholt seine Eingangsfrage mit neuen, inhaltlich identischen Worten. Der Prüfling wirft den Kopf nach hinten, so als wolle er am liebsten mit seinem Körper hinter die Stuhllehne zurückweichen. Nach einer mehrsekundigen Pause nimmt sein Kopf wieder die „Normalstellung" ein, die Lippen und Mundmuskeln bewegen sich, so als würde er seine Gedanken bereits vorformulieren. Er blickt nach unten rechts, weitere Sekunden verstreichen ... endlich, der Student findet zu seiner Antwort, die - mehrere Sätze umfas-

send - mit vielen Füllwörtern, tonalen Hörersignalen („Hm"- und „Äh"-Lauten) und Versprechern „gespickt" ist. Der Prüfer bittet den Prüfling nun darum, seine soeben getroffenen Äußerungen zum Konzept des Soziogramms näher zu erläutern: „Können wir das einmal konkretisieren ... ja ... mit einem Beispiel auf die Praxis bezogen?". Auch der Redefluß des Prüfers scheint leicht gestört zu sein, und sein ansonsten recht dunkles Timbre in der Stimme klingt deutlich erhöht. Der Examinand stößt ein spontanes, deutlich vernehmbares „Ja" aus, so als wolle er eine Art dankbares Entgegenkommen signalisieren. Doch ein neues Schweigen breitet sich aus. Der Prüfer räuspert sich, nestelt an seiner Krawatte; der Student blickt nach unten, offenbar auf seine Füße, die ihn buchstäblich nicht „in Gang bringen". Den Blick fortwährend nach unten gerichtet, beginnt der Student nach einer 15 Sekunden langen Pause mit seinem - weiterhin ungewandt wirkendem - Antwortversuch: „Hm ... es sind ... oder ... ja es ... gibt in der Klasse zwei Schüler ... die den Unterricht in ... (holt tief nach Luft) in irgendeiner Weise negativ beeinflussen, das heißt ... daß sie stören ... und ... der Lehrer weiß auch nicht ... äh ... weiß nicht oder kennt nicht die Ursachen ... (guckt den Prüfer kurzzeitig an, senkt dann wieder den Blick), welche Einflüsse noch von außen auf diese beiden Schüler äh hineingetragen werden ... und er kann jetzt mit einem oder er könnte mit einem Soziogramm jetzt feststellen, inwieweit ... und auch wer ... äh ... die ... die ... äh Aktivitäten noch außerhalb dieser Zweierbeziehung in diese Kleingruppe hineinträgt ... (5 Sek. Pause) ja".

Das Prüfungsgespräch nimmt weiterhin einen entsprechend schleppenden und spannungsgeladenen Verlauf. Der Prüfer bemüht sich immer wieder darum, die Kommunikation mit wohlgemeinten Hinweisen und „Hilfsangeboten" zu entkrampfen. So überspringt er eine - den Prüfling offensichtlich verunsichernde - Zusatzfrage mit dem Hinweis, daß diese nicht so wichtig sei. Mehrfach versucht er Gesprächsbrücken herzustellen, indem er die recht dürftigen Äußerungen des Studenten aufgreift und daran anknüpfend zu weiterführenden Gedankengängen anregt (im Trainingskurs gelernte sog. reflektierende Kognitionen). Er realisiert ferner in geradezu vorbildlicher Weise eine prüfungsdidaktische Empfehlung, derzufolge „alle Antworten des Prüflings mit neutralen oder verstärkenden Reaktionen beantwortet werden (sollten), da ein ‚nein' oder ‚falsch' von seiten des Prüfers das Versagen des Prüflings förder(e)" (Sader, Clemens-Lodde, Keil-Specht & Weingarten 1973, S. 104). Der an der Rogersschen Gesprächsführung orientierte Prüfer enthält sich also jedweder „direktiven" Äußerung (Einwände, Widerspruch) und vermeidet allzu „enge" Fragen, die das Antwortverhalten des Prüflings auf stark umgrenzte Wissensbestände hinlenkten (sog. Lückentext-Prüfung). Doch wird dem Prüfer mit seinen Ermutigungsversuchen bzw. mit seinen Bemühungen um eine spannungsfreie Gesprächsatmosphäre wenig Erfolg beschieden. Der Prüfer läuft quasi beim Prüfling auf. Bisweilen kann der außenstehende Beobachter sogar den Eindruck gewinnen, daß die gesprächspsychologischen bzw. prüfungsdidaktischen „Beziehungsangebote" des Prüfers (Ermutigung, „weite" Fragen, verständnisvolle reflektierende Kognitionen etc.) sich ins Gegenteil verkehren: Je mehr der Prüfer sich um den Prüfling bemüht, desto stärker scheint dieser von

Denkhemmungen, Gedächtnislücken bzw. Wahrnehmungsblockaden und innerer Anspannung heimgesucht zu werden. Letzteres kann durch den - mit Hilfe einer sog. photoplethysmographischen Apparatur gemessenen - Pulsschlag bestätigt werden, der zeitweilig Spitzenwerte bis zu 147 Schlägen pro Minute (!) erreicht. Allerdings kann der aufmerksame Beobachter auch den sonderbaren Zusammenhang registrieren, daß der Prüfling sich gerade dann wieder zu fangen scheint, wenn der Prüfer aufgrund der eigenen Nervosität und Ungeduld die „Selbstbeherrschung" verliert, d. h. wenn dieser sich häufiger verspricht, Worte verschluckt und nonverbal seine Unzufriedenheit zum Ausdruck bringt. Es sieht fast so aus, als bekäme es dem Prüfling besser, wenn der Prüfer nicht so viel (psychologisches) „Federlesens" mit ihm machte: Just in solchen gleichsam „schwachen" Momenten des in Gesprächsführung geschulten Prüfers sieht sich der Prüfling imstande, den thematischen Faden der jeweiligen Gesprächssequenz wieder aufzugreifen. Der Prüfer wird angesichts seines sich gesprächiger zeigenden Gegenübers wieder ruhiger und besonnener - eine Reaktionsweise, die der Prüfling erneut mit kognitiven Hemmungen sozusagen „quittiert". Dieses paradoxe affektivdialogische Geschehen bestimmt den Prüfungsverlauf von Anfang bis Ende.

Was erfahren wir aus dieser Prüfungs-„Szene", die sich PPF-internen Protokollauszügen verdankt? (s. Kap. 1.1). Zunächst verdeutlicht sie die - wohl von niemandem zu bestreitende - Grundannahme, daß auch (und gerade!) in einer akademischen Veranstaltung wie der Hochschulprüfung vielerlei „irrationale" Momente einfließen können. Ich will es dahingestellt sein lassen, ob die Prüfung so etwas wie einen Nährboden für „irrationale" Handlungsimpulse bzw. unkontrolliert einschießende Affekte bereitet. Auch will ich nicht so weit gehen, zu behaupten, daß in der (mündlichen) Prüfung „weniger die Leistung des Prüflings als vielmehr die Art der Beziehung zwischen Prüfling und Prüfer beurteilt (würde)" (Schefer-Viëtor 1971, S. 417). In der geschilderten Prüfungsszene wird jedoch deutlich, daß beide, Prüfer wie Prüfling, in einem emotional aufgeladenen Beziehungsmuster gefangen sind. Dieses Beziehungsmuster oder drastischer ausgedrückt, dieser „Teufelskreis" wechselseitiger Beeinflussungen beruht - in dem geschilderten Fall - weder auf einer Agglomeration von Antipathien noch auf einer Neigung des Prüfers, seine eigenen Ängste und Unsicherheiten mit der - institutionell sanktionierbaren - „Fassade" von emotionaler Reserviertheit oder gar mit restriktivem Autoritätsgebaren sozusagen „abzuwehren". Der Prüfer bemüht sich vielmehr um eine an der Psychologie von Carl R. Rogers ausgerichtete Umfangsform, indem er dem Prüfling „wertschätzend", „einfühlsam" und möglichst „echt", d. h. frei von professioneller Fassadenhaftigkeit zu begegnen versucht (s. Kap. 5.4 u. bes. Kap. 7.2.2). Wir werden später zu behandeln haben, warum dennoch der Prüfer mit seinen Bemühungen scheitert. Im Moment soll uns die Protokollskizze nur insoweit interessieren, als sie das Forschungsfeld der „Neuroszenologie" exemplarisch (!) abzustecken hilft.

Die beschriebene Prüfungsszene zeigt des weiteren den - wie ich sagen möchte - „überindividuellen" Charakter von Emotionalität auf. Die beiderseitigen Anstrengungen der beteiligten Individuen, die angespannte Situation zu meistern, wachsen sich aus zum (gemeinsamen) „Drama“ im Prüfungszimmer. Es kommt zu einer regelrechten Oszillation zwischen Prüflingsangst und Prüferstreß. Allerdings stellt die obige Prüfungsszene weit mehr dar, als lediglich eine - additive - Verknüpfung von individuellen Emotionen und Reaktionsbereitschaften. Prüflingsangst und Prüferstreß verschmelzen zu einer situationsentsprechenden Atmosphäre und Gesprächsdynamik, die gleichsam über die „Köpfe“ von Prüfer und Prüfling hinweg das Prüfungsgeschehen zu diktieren scheinen.

3. Zur (Neuro-)Psychologie der Emotion

In Anbetracht des emotionstheoretischen Vakuums innerhalb des erziehungswissenschaftlichen bzw. pädagogisch-psychologischen Arbeitsbereiches (s. Kap. 1.2) empfiehlt es sich, die traditionelle Emotionspsychologie daraufhin zu befragen, ob und inwieweit ihre einzelnen Forschungsrichtungen für die eigene, neuroszenologische Konzeption relevant sein könnten.

Das Konzept der (sensomotorischen) Interaktionsformen (s. Kap. 2.2) verweist auf die prinzipielle Abhängigkeit der (emotionalen) Persönlichkeitsbildung bzw. Selbstentwicklung von körperlichen Reizempfindlichkeiten und Reaktionsbereitschaften. Daraus leitet sich wiederum die Vorstellung ab, daß sich „unbewußte" emotionale Regungen weniger über sprachliche Mitteilungen, als vielmehr über psychophysiologische und nonverbale Erscheinungs-Formen („Symptome" i. w. S.) manifestieren. Wenn dies zutreffen sollte, so dürften einige Zweige der herkömmlichen Emotionspsychologie, und zwar inbes. die ausdrucksbezogenen und physiologischen Forschungsansätze, fundamentale Einsichten und Hypothesen liefern, die es für unsere neuroszenologische Modellkonstruktion zu berücksichtigen gälte.

Die an früherer Stelle (Kap. 1.2) aus erziehungswissenschaftlicher Sicht heraus vorgebrachten Einwände gegenüber der herkömmlichen (allgemein-)psychologischen Emotionsforschung bleiben davon unberührt. Die Emotionspsychologie wird von mir als eine Art hilfswissenschaftlicher Steinbruch verwendet, aus dem einige Stücke herausgegriffen werden, um begrenzte Aspekte des neuroszenologischen Modells zu konkretisieren. Die - quasi aus ihrem Ursprungsort herausgelösten - emotionspsychologischen Bruchstücke sollen also durch ihren spezifischen Stellenwert innerhalb des neuroszenologischen Modellrahmen ausgezeichnet werden. Diese partielle - und eigentlich zweckentfremdende - Zuwendung zur Emotionspsychologie hat freilich zur Folge, daß die jeweils rezipierten Konzepte hinsichtlich ihrer ursprünglichen Leitgedanken revidiert bzw. - psychologieintern betrachtet - „verfälscht" werden.

Ich will zunächst damit beginnen, das weite Feld der Emotionsforschung schlagwortartig zu umreißen. Es sei ausdrücklich darauf hingewiesen, daß es sich bei diesem Überblick bereits um eine subjektiv gefilterte und neuroszenologisch akzentuierte Darstellung handelt. (Zum Vergleich sowie als Ergänzung empfiehlt sich u. a. der einführende Beitrag von Scherer 1990 b.)

3.1 Hauptströmungen der Emotionspsychologie oder „What is an emotion?"

Nimmt man einige repräsentative Standardwerke oder Überblicksartikel zur Hand (vgl. Clark 1992 a, b; Cofer 1979; Euler & Mandl 1983; Ewert 1983; Leventhal & Tomarken 1986; Mandl & Huber 1983; Scherer 1990 a; Schmidt-Atzert 1981, 1996; Ulich

1989; Ulich & Mayring 1992), so wird sehr schnell deutlich, daß die Emotionspsychologie ein durch heterogene Ansätze und kontroverse Hypothesen gekennzeichnetes Forschungsgebiet darstellt. Es gibt demnach keinen Forschungs- bzw. Denkansatz, der als „wegweisend" bzw. als paradigmatisch für die moderne Emotionsforschung anerkannt werden könnte. Ebensowenig kann eine der Theorieschulen für sich in Anspruch nehmen, voll gültige bzw. empirisch hinreichend bestätigte Hypothesen entwickelt zu haben. So ist z. B. das empirisch gesicherte Wissen über die situative Auslösung (Aktualgenese) von Emotionen noch recht dürftig (vgl. Scherer 1990 b, S. 8); das gleiche gilt für die individualgeschichtliche Entwicklung (Ontogenese) bzw. für die Sozialisation von Emotionen (vgl. Geppert & Heckhausen 1990; Scherer & Wallbott 1990 b).

Der aktuelle Forschungsstand in der Emotionspsychologie ist - zugespitzt formuliert - durch einen terminologischen wie konzeptuellen „Wildwuchs" charakterisiert (vgl. Scherer 1990 b, S. 8; Traxel 1983, S. 12). Diese (beklagenswerte) Diagnose erklärt sich zum einen aus der noch ungenügenden empirischen Durchdringung des Forschungsgegenstandes. Zum anderen spiegeln sich in der konzeptuellen Vielfalt die z. T. divergierenden Bestrebungen wider, das „hochkomplexe" Forschungssujet unter jeweils spezifischen Einzelfragestellungen bzw. Untersuchungsperspektiven zu beleuchten (vgl. u. a. Euler & Mandl 1983, bes. Kap. II; Plutchik & Kellerman 1980; Scherer & Ekman 1984; Scherer 1990 a; Ulich 1989, S. 122 ff.; Ulich & Mayring 1992, Kap. 3).

Die meisten emotionstheoretischen Positionen lassen sich - in vereinfachender Betrachtung - dreierlei Grundströmungen zuordnen:

1) *evolutions- bzw. psychobiologisch orientierte Ansätze:*
(Bekannte Vertreter dieser Forschungsrichtung: Paul Ekman, Carrol E. Izard, Robert Plutchik, Silvan S. Tomkins).

Innerhalb dieser Theoriegruppe, die weitgehend in der Tradition des Darwinschen Denkens steht, wird zumeist eine begrenzte Anzahl diskreter „Primäremotionen" (auch: „Basisemotionen") postuliert. Diese als fundamental eingestuften Emotionen werden als phylogenetische Rudimente, d. h. als angeborene neurophysiologische Aktivierungsmuster beschrieben, deren adaptiver Wert für das Überleben des Organismus und/oder für die Regulation der nonverbalen Kommunikation hervorgehoben wird (s. auch Kap. 3.3). Zusätzlich zu diesen grundlegenden Funktionen (vitale Anpassung, expressive Signalgebung) versuchen einige Forscher weitere charakteristische Merkmale für Basisemotionen zu benennen. Zu diesen Zusatzkriterien zählen u. a. plötzliches Einsetzen, automatisch-unwillkürliche Aktualisierung, distinktive physiologische Erregungsprofile, bestimmte neuronale Substrate und emotionsspezifische Mimik (vgl. z. B. Ekman 1992, S. 174 ff.; Izard 1991, pp. 49 f.). Der Begriff der Basisemotion wird jedoch relativ unterschiedlich gebraucht und bietet somit Anlaß für Mißverständnisse und kontroverse Diskussionen. Auch ist z. Zt. noch völlig offen, wieviele Basisemotionen zu postulieren sind (vgl. z. B. die Beiträge in Stein & Oatley 1992).

Die verschiedenen, von Autor zu Autor abweichenden Auflistungen von Primär- bzw. Basisemotionen verdanken sich nur z. T. humanpsychologischen Emotionsstudien, vielfach leiten sie sich aus evolutionsbiologischen Überlegungen sowie aus vergleichenden Betrachtungen über den Emotionsausdruck bei Tier und Mensch ab.

Überzeugende und empirisch gestützte Hinweise für die Annahme biologisch verankerter (Primär-)Emotionen liegen m. W. nur für den Bereich des mimischen Ausdrucks vor: Die systematische Zuordnung universeller, d. h. kulturübergreifender Gesichtsausdrucksmuster zu fünf sog. Primäremotionen (Furcht, Ärger, Ekel, Trauer, Freude) kann als einer der wichtigsten unumstrittenen Befunde der Forschergruppe um Paul Ekman gewertet werden (s. hierzu auch Kap. 3.3). Angesichts des Erfolges seiner umfassenden Studien auf dem Gebiet des mimischen Ausdrucks hält Ekman (1992, pp. 190 ff.) es für wahrscheinlich, daß sich mit einer ähnlich systematischen Untersuchung anderer emotionaler Kanäle (wie z. B. der Stimme) weitere Basisemotionen aufspüren lassen.

2) *psycho- und neurophysiologisch orientierte Emotionsforschung*
(Führende Vertreter: William James, Walter B. Cannon, Paul Mc Lean, Karl H. Pribram, Jeffrey A. Gray, Robert B. Zajonc)

Diese Forschungsströmung wurzelt in den frühesten, um die Jahrhundertwende herum bereits formulierten Emotionskonzepten, die sich wiederum nach zweierlei Grundhypothesen ordnen lassen.

Zur ersten, psychophysiologischen Forschungsvariante zählen die im Gefolge der „*James-Lange-Theorie*“ entwickelten Erklärungsversuche, wonach die Rückkopplung physiologischer und muskulärer Veränderungen zur Gehirnrinde (Neokortex) die (psychische) Gefühlswahrnehmung bestimmen soll. Bereits um die Jahrhundertwende herum postulierten (der Wundt-Schüler) William James und (der dänische Physiologe) Carl Lange fast zeitgleich, aber unabhängig voneinander, daß ein spezifisches Gefühlserlebnis durch die Wahrnehmung körperlicher Veränderungen entstehe. Genauer formuliert, beinhaltet die Wahrnehmung der Körperfunktionen zum einen die Interozeption (svw. Innenwahrnehmung) physiologischer Reaktionen wie Herzklopfen oder Muskelinnervationen und zum anderen die Exterozeption (svw. Außenwahrnehmung) motorischen Verhaltens wie Weglaufen oder Zittern.

Bei der sog. James-Lange-Theorie handelt es sich also um eine für den „gesunden Menschenverstand“ eigentlich abwegig erscheinende Auffassung, wonach die physiologischen Veränderungen dem Gefühlserlebnis vorangehen. Die James-Lange-Theorie spielte aber in der Geschichte der Emotionspsychologie eine bedeutende Rolle und machte mit ebenso einprägsamen wie aufrüttelnden Kurzformeln wie „wir sind traurig, weil wir weinen“ (vgl. James 1884, p. 190) von sich reden. In der modernen Emotionsforschung findet sich die James-Lange-Theorie in einer auf die Gesichtsbewegungen beschränkten Version wieder, die unter dem Schlagwort des facial feedbacks („wir freuen uns, weil wir lachen“, vgl. Kap. 3.5) engagiert diskutiert wird.

Nach der zweiten, neurophysiologisch akzentuierten Theoriegruppe, die an die Pionierarbeiten von Walter B. Cannon und Paul McLean anknüpft, wird die Gefühlssensation nicht - wie bei James und Lange - auf die im Neokortex registrierten Körperreaktionen zurückgeführt. Stattdessen werden neuronale Aktivierungs- und Hemmprozesse in bestimmten (subkortikalen) Hirnarealen (s. hierzu Kap. 4.2.3) als die eigentlichen Determinanten von Gefühlserlebnissen konzipiert. Die neurophysiologischen Theorievorschläge überlappen sich jedoch teilweise mit der evolutionsbiologischen/psychobiologischen Forschungsrichtung.

Die o. g. Theorieschulen werden nicht nur von einzelnen ForscherInnen vertreten, sondern sie verweisen zugleich auf die prinzipiellen Denkansätze in den sich überschneidenden Teildisziplinen der Psychophysiologie (vgl. Rosenzweig & Leiman 1989, Schandry 1989), der Neuropsychologie (vgl. Guttmann 1982, Kolb & Wishaw 1993) und der umfassender angelegten „Biologischen Psychologie“ (vgl. Birbaumer & Schmidt 1991).

Unter dem Stichwort der physiologischen Emotionsansätze will ich auch jene Problemzugänge einordnen, die sich primär mit den (neuroendokrinologischen) Zusammenhängen zwischen emotionalem Erleben einerseits und hormonellen Veränderungen bzw. zentralnervösen Stoffwechselprozessen andererseits beschäftigen (vgl. z. B. Voigt & Fehm 1990; Whybrow 1984; s. auch Kap. 4.1 sowie 6.5.2).

3) *Kognitionstheoretische Emotionsansätze*
(Bekannteste Vertreter: Richard S. Lazarus, Bernard Weiner, Howard S. Leventhal, George Mandler)

Diesen am Paradigma der sog. Kognitiven Psychologie orientierten Konzepten ist gemeinsam, daß sie die mit Emotionen verbundenen Reizverarbeitungsprozesse (Situations- und Selbstbewertungen) in das Zentrum der Analyse rücken. Die Emotionen werden hierbei zumeist als Resultate vorausgegangener Kognitionen betrachtet (postkognitives Emotionsverständnis). Der Begriff der *Kognition* ist innerhalb dieser Forschungsströmung recht weit gefaßt, seine Bedeutung reicht von unwillkürlichen und „unbewußten“ Reizwahrnehmungsmustern („emotionalen Schemata“) bis hin zu elaborierten kognitiven Denk- und Gedächtnisprozessen. Alle hierunter zu rubrizierenden Ansätze gehen davon aus, daß die - auf unterschiedlichen Verarbeitungsebenen ablaufenden - Kognitionen eine emotionsgenerierende und -differenzierende Wirkung zeigten.

Zum kognitivem Emotionsparadigma kann man auch den klassischen „Erregungs-mal-Kognitions“-Ansatz (sensu Schachter & Singer 1962, zus. f. Reisenzein 1983) zählen, wonach emotionales Erleben als eine Funktion des Zusammenwirkens von physiologischen Aktivierungsprozessen einerseits und (kognitiven) Attributionen bzw. Interpretationen andererseits zu untersuchen ist. Während nach der Schachterschen These eine generelle (emotionsunspezifische) physiologische Aktivierung als notwendige Bedingung für das Auftreten von emotionsdifferenzierenden Attributionen gilt, wird in den neueren kognitiven Emotionskonzepten (z. B. sensu Lazarus, Kanner & Folkman 1980) eher bestritten, daß physiologische Prozesse an der Elizitierung von Emotionen beteiligt sind. Diese Auffassung schließt freilich nicht aus, daß die physiologischen Prozesse als Reaktionskomponenten von (kognitiv generierten) Emotionen mit untersucht werden.

Die einzige, bislang explizit ausformulierte psychoanalytische „Affekttheorie" von Charles Brenner (1974, 1980) läßt sich m. E. im Sinne des o. g. „Erregungs-mal-Kognitions"-Konzeptes interpretieren. Brenner begreift Affekte nämlich als „mentale Prozesse", die sich aus unbewußten Vorstellungen bzw. Phantasien einerseits und Körperempfindungen der Lust oder Unlust andererseits zusammensetzen.

Die soeben vorgenommene Einordnung emotionspsychologischer Ansätze kommt freilich einer beinahe unzulässigen Reduktion der tatsächlichen Forschungsvielfalt dar. Die obige Dreiteilung liefert jedoch eine erste Orientierung über die von mir rezipierten emotionspsychologischen Denkansätze: die kognitive Schule scheint mir vor allem zum Verständnis des Wahrnehmungsaspektes von Emotionen hilfreich zu sein (s. Kap. 3.2), die übrigen zwei Forschungsrichtungen steuern demgegenüber mehr zum Verständnis der emotionalen Reaktionskomponenten bei (s. Kap. 3.3).

Nicht zuletzt aufgrund der unterschiedlichen, größtenteils unverbunden nebeneinander stehenden Konzeptualisierungen hat sich innerhalb der traditionsreichen Emotionsforschung keine verbindliche Emotionsdefinition durchsetzen können (vgl. z. B. Ewert 1983, S. 397; Kleinginna & Kleinginna 1981; Scherer 1990 b, S. 3; Schmidt-Atzert 1981, S. 25; 1996, S. 18 f.). Die von William James (1884) vor über hundert Jahren aufgeworfene Frage, was denn eigentlich eine Emotion sei, ist im Grunde genommen bis heute offen. Angesichts der verschiedenen Auffassungen und Schwerpunktsetzungen stimmen die Emotionsforscher letztlich nur darin überein, daß Emotionen eine Reaktionstrias aus physiologischer Erregung, „Gefühlserlebnis" und Ausdrucksverhalten bilden. Wie an früherer Stelle (Kap. 1.2) bereits angedeutet, läßt sich dieser klassische „Drei-Ebenen-Ansatz" als der kleinste gemeinsame Nenner der verschiedenen Definitionsversuche werten (vgl. Scherer 1990 b, S. 3; Ulich 1989, S. 32). Nach einer weiter gefaßten und gleichfalls konsensfähigen Arbeitsdefinition sollten die kognitiven Prozesse explizit zugunsten einer vierten Reaktionsebene einbezogen werden (vgl. bes. Kleinginna & Kleinginna 1981, p. 335):

> Emotion is a complex set of interactions among subjective und objective factors, mediated by neural/hormonal systems, which can (a) give rise to affective experiences such as feelings of arousal, pleasure/displeasure; (b) generate cognitive processes such as emotionally relevant perceptual effects, appraisals, labeling processes; (c) activate widespread

physiological adjustments to the arousing conditions; and (d) lead to behavior that is often, but not always, expressive, goaldirected, and adaptive.

Dieser Definitionsvorschlag enthält eine wichtige Neuerung gegenüber dem klassischen „Drei-Ebenen-Ansatz“: Unter Punkt (b) wird nämlich die kognitiv-affektive (Wahrnehmungs-)Ebene gleichgewichtig an die drei klassischen Emotionsebenen (Physiologie/Erregung, „Gefühl“/Erleben, Ausdruck/Motorik) gereiht. Der Emotionsbegriff definiert sich dadurch nicht mehr allein über die Reaktionsseite, sondern vervollständigt sich zu einem zirkulären Komplex aus Eindrucks- und Ausdrucksprozessen (s. Kap. 3.2 sowie Kap. 5.5).

Allerdings hat der obige Definitionsvorschlag noch seine Tücken. Zum ersten erfordert das um die kognitiven Prozesse erweiterte, syndromale Emotionsverständnis eine die vier verschiedenen Emotionsebenen umschließenden Fachsprache, die bekanntlich noch auf sich warten läßt.

Zum zweiten wäre eine solche multiaspektive Terminologie nicht für die Emotionsforschung zu reservieren. Schließlich ließen sich auch andere psychische Prozesse (wie Lernen, Wahrnehmung, Motivation) als komplexe, von verschiedenen (Reaktions-) Seiten her zu betrachtende Konstrukte definieren. So mag es als trivial erscheinen, daß den Emotionen eine spezifische neurophysiologische Reaktionsebene zugeordnet wird, zumal auch (kognitive) Lernprozesse ihr biologisches Substrat im Gehirn finden. Damit stellt sich zugleich die Frage nach der Abgrenzung von Emotion gegenüber verwandten Konstrukten (wie Motivation, Instinkt, Reflex) umso dringlicher (s. Kap. 3.3).

Zum dritten gleicht die syndromale Emotionsdefinition (sensu Kleinginna & Kleinginna) einer tautologischen Beschreibung, indem „emotion“ in Beziehung zu „affective experiences“ oder zu „emotionally relevant appraisals“ gesetzt wird. Dieser Definitionsversuch impliziert eine simultane und synchronisierte Zustandsänderung auf allen vier Reaktionsebenen. Diese Annahme ist allerdings nicht mit den - selbst für manche Emotionsforscher unerwarteten - Untersuchungsergebnissen verträglich, wonach sich kaum systematische Koinzidenzen (signifikante Korrelationen) zwischen den Variablen der Emotionsebenen finden lassen (s. Kap. 3.4). In ihrem Definitionsvorschlag berücksichtigen Kleinginna & Kleinginna diesen empirischen Sachverhalt insofern, als sie unter Punkt (d) nicht von einem konsistenten und (zeit-)stabilen Zusammenhang zwischen den Emotionsebenen ausgehen. Aus neuroszenologischer Sicht heraus betrachtet, lassen sich für die bis heute strittigen Fragen nach der (A-)Synchronie der Emotionsebenen durchaus plausible Antworten finden (s. Kap. 3.6).

Doch zunächst wollen wir uns dem erstgenannten Punkt, d. h. der kognitiven (Wahrnehmungs-)Seite von Emotion, widmen.

3.2 Vorüberlegungen für ein neuroszenologisches Verständnis der kognitiven Seite von Emotion: („emotionale Sensorik")

In diesem Abschnitt wollen wir uns mit dem Aspekt der emotionalen Reizeinschätzung befassen, wobei die Frage im Vordergrund stehen soll, wie Kognitionen Einfluß auf die emotionalen Reaktionen nehmen können. Den Kognitionsbegriff wollen wir - dem üblichen Sprachgebrauch entsprechend - als Sammelbezeichnung für die unterschiedlichsten Wahrnehmungs-, Denk-, Lern- und Gedächtnisprozesse verwenden (vgl. Häcker & Stapf/Dorsch Psychologisches Wörterbuch 1994, S. 387 f.).

In der klassischen Allgemeinen (Emotions-)Psychologie werden Emotion und Kognition als deutlich voneinander abgrenzbare Konstrukte behandelt. Vor dem Hintergrund der sog. kognitiven Wende in der Psychologie, die bereits in den sechziger Jahren eingeläutet wurde, führte die allgemeinpsychologische Emotionsforschung über viele Jahrzehnte ein Schattendasein.

Diese Situation änderte sich grundlegend mit Beginn der achtziger Jahre, als sich in der Psychologie die ersten Bestrebungen abzeichneten, das Verhältnis von Kognition und Emotion zu untersuchen (vgl. zus. f. Dörner & Stäudel 1990; Eckensberger & Lantermann 1985; Mandl & Huber 1983; Spies & Hesse 1986).

Mittlerweile wird wohl niemand mehr bestreiten, daß Emotionen und Kognitionen eng miteinander verbunden sind (s. hierzu auch Kap. 1.2). Emotionen und Kognitionen scheinen sich nicht nur in phylogenetischer wie ontogenetischer Hinsicht parallel zu entwickeln (vgl. Dörner & Stäudel 1990, S. 298), sondern auch gegenseitig zu beeinflussen. Zum einen gibt es hinreichend empirische Hinweise dafür, daß Emotionen die Qualität und den Ablauf von Lern- und Gedächtnisleistungen mitbestimmen können (Stichwort: zustandsbedingtes bzw. stimmungsabhängiges Lernen und Erinnern, vgl. u. a. Anderson 1989, S. 177 ff.; Fiedler 1985; Schwarz 1988; Wippich 1985, S. 24 ff.). Zum andern ließ sich auch zeigen, daß sich kognitive Einschätzungen bzw. Bewertungen („appraisals") auf das emotionale Erleben auswirken - eine Position, wie sie in den sog. postkognitiven Emotionskonzepten dominiert (s. u.).

Die Annahme der Interdependenz von Kognition und Emotion ist freilich trivial, zumal es auch neurowissenschaftliche Belege dafür gibt, daß bei kognitiven und emotionalen Vorgängen entweder miteinander verknüpfte Hirnstrukturen (vgl. LeDoux 1989) oder sogar ein und dieselben Neuronengruppen affiziert sind (vgl. Gray 1990, Damasio 1994). Strittig ist jedoch weiterhin das zeitliche Verhältnis von Kognition und Emotion bzw. die Frage, ob Kognitionen eine unabdingbare Voraussetzung für das Generieren von Emotionen sind oder nicht. (Zu diesem Disput s. bes. Lazarus 1984 a, b vs. Zajonc 1984 a, b). Diese Debatte um die Reihenfolge von Emotion und Kognition spiegelt eigentlich ein Definitionsproblem wider (vgl. LeDoux 1995, p. 226) und ist m. E. ebenso wenig fruchtbar wie eine Anlage-Umwelt-Kontroverse um die (zugespitzte) Frage, ob Emotionen genetisch vorprogrammiert oder erlernt sind (s. Kap. 7.3).

Wenn ich in diesem Abschnitt einseitig die Einflußrichtung von den Kognitionen zu den Emotionen fokussiere, so will ich damit nicht dem postkognitiven Standpunkt das Wort reden. Gleichwohl sehe ich in der postkognitiven Sicht ein notwendiges Korrektiv gegenüber den (neuro-)physiologischen Emotionsauffassungen. Zum einen sind diese reaktionszentriert und vernachlässigen weitgehend den (kognitiven) Aspekt der emotionalen Reizeinschätzung. (Dies gilt insbesondere auch für den später zu besprechenden facial feedback-Ansatz, s. Kap. 3.5). Zum andern läßt sich emotionale Erfahrung (als psychische Größe) nicht allein mit Hilfe (neuro-)physiologischer Begriffe abbilden. Zum Verständnis von Emotionen, auch von körpernahen Affekten, bedarf es letztlich eines Zuganges auf verschiedenen Beschreibungs- und Analyseebenen (s. auch Kap. 1.2, 6.1).

Das wohl bekannteste Konzept zur kognitionsspsychologischen Erklärung der Transformation „objektiver" Reizkonstellationen in subjektiv bedeutungsvolle Erfahrungen stammt von der Forschungsgruppe um Richard S. Lazarus herum (Berkeley-Universität, USA). Lazarus und seine MitarbeiterInnen kommen eigentlich von der kognitionspsychologischen Streßforschung her, in der weniger die Emotionen an sich als vielmehr die kognitiven Reizbewertungen („appraisals") und das Bewältigungsverhalten („coping") des einzelnen im Vordergrund stehen. Ihre streßbezogene Konzeption brachten Lazarus und MitarbeiterInnen erst späterhin in die Emotionsforschung ein (vgl. zusf. Lazarus, Kanner & Folkman 1980; Lazarus 1991, 1993).

Wenngleich ich den postkognitiven Standpunkt der sog. Berkeley-Gruppe für überzeichnet halte, sehe ich in dem appraisal-Konzept einen ersten, empirisch-hermeneutisch akzentuierten Anknüpfungspunkt zum Verständnis eines neuroszenologisch gemeinten „emotionalen Sensoriums". Ich will daher näher darauf eingehen.

Lazarus et al. unterscheiden zwischen zwei Grundformen der kognitiven Reizbewertung (primary und secondary appraisals), die auf jeweils unterschiedlichen Informationsquellen beruhen. Wenn eine Person ihre Aufmerksamkeit hauptsächlich auf die Situation richtet und deren Relevanz für das eigene „Wohlergehen" einschätzt, so sprechen Lazarus et al. von „primary appraisals" bzw. von „appraisals of well-being" (Lazarus & Launier 1978, pp. 302 ff.). Bei den „primary (stress) appraisals" beschäftigt sich das Individuum also vornehmlich mit den potentiellen Bedrohlichkeitsaspekten einer Situation („Was ist los?", „Was steht auf dem Spiel?" etc.). Diese primären Apperzeptionen können z. B. eine „Gefahr" implizieren und dadurch zu unmittelbaren Streßreaktionen (wie z. B. „Angst" und deren Abwehr) führen.

Von diesen primären, unmittelbar streß- bzw. emotionsauslösenden Ereigniseinschätzungen unterschieden Lazarus et al. die „secondary (stress) appraisals" (auch: „appraisals of coping resources"), mit denen das Individuum seine Bewältigungsfähigkeiten bzw. seine momentanen Bewältigungsmöglichkeiten („options") abgeschätzt („Was ist zu tun?", „Werde ich damit fertig?" etc.). Man könnte auch davon sprechen, daß das Individuum mit den „secondary appraisals" eine Selbsteinschätzung vornimmt angesichts einer bestimmten (Streß-)Situation.

Nach Auffassung der Lazarus-Gruppe sind diese ereignis- und selbstzentrierten Apperzeptionen dynamisch aufeinander bezogen, so daß sie sich wechselseitig beeinflussen können. Die Attribute „primary"/„secondary" sind also nicht - wie oftmals in der Sekundärliteratur zu lesen ist - durch ihre zeitliche Abfolge, sondern durch ihren inhaltlichen Bezug (Ereignis- u. Ressourceneinschätzungen, Vorerfahrungen) definiert (vgl. z. B. Lazarus 1990, S. 215; 1991, p. 151).

Den behaupteten Zusammenhang zwischen den „(stress) appraisals" einerseits und der subjektiven Befindlichkeit andererseits haben die Berkeley-ForscherInnen in einer Reihe von Experimental-Studien aufzeigen können. Wir wollen diese - zumeist älteren - Studien hier nicht näher beschreiben (vgl. hierzu zusf. Lazarus & Launier 1978, pp. 298 ff.; Lazarus & Folkman 1984, passim), da es uns hier nur um den Grundgedanken des „appraisal"-Ansatzes geht. Es sei daher zur Veranschaulichung nur eine der klassischen Versuchsreihen kurz skizziert.

Lazarus et al. erzeugten (experimentelle) Streßsituationen, indem sie den Versuchspersonen Filme „bedrohlichen" bzw. aversiven Inhalts vorführten (Beschneidungsriten australischer Ureinwohner oder Arbeitsunfälle in einem Sägewerk). Demselben Filmmaterial wurden verschiedene (Begleit-)Kommentare unterlegt oder es wurde mit verschiedenen Einführungstexten versehen, um den experimentellen (Vergleichs-)Gruppen eine jeweils andere Situationsbewertung nahezulegen. Während man in sog. traumatisierenden Kommentaren die qualvollen und bedrohlichen Aspekte der Filmszenen herausstrich, vermittelte man über sog. leugnende bzw. intellektualisierende Kommentare bestimmte „Abwehrhaltungen", die das Gesehene zu bagatellisieren oder umzudeuten gestatteten. Letzteres wurde z. B. dadurch erreicht, daß man die Initiationsriten als eher lustvoll denn quälend beschrieb oder dadurch, daß man auf den gestellten Charakter der Unfallszenen verwies („Schauspieler in einem Unfallverhütungs-Film"). Die Ergebnisse waren relativ eindeutig: Ein „traumatisierender" Kommentar steigerte die erlebnismäßige wie physiologische Streßwirkung des jeweiligen Films, während die „leugnenden" und „intellektualisierenden" Erläuterungen die entsprechenden Reaktionen minimierten. (Als physiologische Indikatoren wählte man z. B. die Herzfrequenz oder die psychogalvanische Hautreaktion). Diese Effekte waren umso ausgeprägter, je stärker die experimentellen Manipulationen (der „Traumatisierung", „Leugnung", „Intellektualisierung") den Denk- und Wahrnehmungsgewohnheiten der Probanden entsprachen (vgl. u. a. Lazarus & Launier 1978, pp. 298 f.).

Auf der Basis derartiger, eng umgrenzter Experimentalstudien entwickelten Lazarus et al. ihre kognitionspsychologische Streß- bzw. Emotionskonzeption weiter, und zwar in

Richtung auf eine mehr prozessual-dynamische Betrachtung der Person-Umwelt-Beziehung (zur historischen Gesamtschau s. bes. Lazarus 1991; Lazarus & Folkman 1984). Demnach hat man sich die Bewertung einer Situation (z. B. als „bedrohlich") nicht als etwas Statisches vorzustellen, sondern als einen phasenspezifischen Vorgang innerhalb eines kontinuierlichen Wechselspiels zwischen dem Individuum und seiner Umwelt. In diesem von Lazarus et al. als „Transaktion" (vgl. z. B. Lazarus, Kanner & Folkman 1980, pp. 195 f.; Lazarus 1990, S. 204 ff.) gekennzeichneten dynamischen Person-Umwelt-Gefüges könne es zu einer fortlaufenden „Neu- bzw. Umbewertung" („reappraisal") der jeweiligen Situation kommen, und zwar im Lichte der bisherigen Bewältigungsversuche. Die immer wieder von neuem durchlaufenen und ggf. modifizierten Transaktions-Zyklen (aus „primary", „secondary" und „reappraisals") würden demnach von dem „Erfolg" bzw. „Mißerfolg" des (Bewältigungs-)Verhaltens abhängen, das sich zum einen auf eine Veränderung der Situation („problemoriented"/ „instrumental coping") richten könne, und das zum anderen der Emotionskontrolle bzw. der Selbstregulation („palliative coping") dienen könne (vgl. hierzu ausführlicher z. B. Lazarus & Launier 1978, pp. 313 ff.; Lazarus 1990, S. 218 ff.).

Fragen wir uns zunächst, wie wir dieses „appraisal"-Konzept (sensu Lazarus et al.) zu bewerten haben, um anschließend mögliche Weiterentwicklungen zu diskutieren. Das Hauptmerkmal der „transaktionalen" Emotions- bzw. Streßkonzeption ist - pointiert zusammengefaßt - die Annahme, daß kognitive Einschätzprozesse („appraisals") das emotionale bzw. Streß-Verhalten weitgehend steuern. Dies impliziert zweierlei. Zum einen gehört demnach zu jeder emotionalen Qualität ein bestimmter Kognitions-Inhalt, oder wie Lazarus et al. (1980, p. 200) es formulieren: „... every emotion has its own theme". Zum anderen wird mit dem „appraisal"-Konzept den (intra-)personalen Mediatisierungsprozessen zwischen den „objektiven" Situationsmerkmalen und den beobachtbaren (Coping-)Reaktionen Rechnung zu tragen versucht. Eine emotionale bzw. Streß-Situation kann somit als genuin „psychologische" gefaßt werden, nämlich als subjektiv kogniziertes (nicht als „objektiv" beschreibbares) Wahrnehmungsfeld. Beide Aspekte lenken den Blick auf die - letztlich nur hermeneutisch zu erfassende - (Mehr-)-Deutigkeit situativer bzw. kommunikativer (Reiz-)Konstellationen. Machen wir uns dies am Prüfungsbeispiel klar.

Nehmen wir einmal an, der Prüfer würde während des Prüfungs-Dialogs ein markantes mimisches Signal aussenden, etwa indem er seine Augenbrauen nach unten und zur (Nasen-)Mitte hin zöge, wodurch sich auf seiner Stirn eine tiefe (Vertikal-)Furche bildete. (Eine solche, an sich kaum isoliert auftretende mimische Bewegung beruhte auf einer Innervation des M. corrugator supercilii). Emotional „unbeteiligte", sog. neutrale Beobachter könnten diese Corrugator-Aktivität - entsprechend einem objektivierbaren Beobachtungs-Schema (s. Kap. 3.7) - als „Ärger"-Hinweis interpretieren. Ein emotional involvierter Prüfling hingegen würde den mimischen Ausdruck des Prüfers u. U. als Zeichen unmittelbarer „Bedrohung" wahrnehmen, d. h. er würde die „Ärger"-Mimik (objektiver Reizaspekt) auf sein persönliches Wohlbefinden, auf seine persönliche

Integrität hin apperzipieren (im Sinne des „primary appraisals"). Im weiteren Gesprächsablauf könnte der Prüfling zu einer „Neubewertung" der corrugator-spezifischen Mimik gelangen, etwa dadurch, daß er diese nicht (mehr) als „gegen ihn" gerichteten „Ärger", sondern als „angestrengtes Nachdenken" über die inhaltliche Prüfungs-Thematik deutete. Es dürfte sowohl von der durch die individuelle Lebensgeschichte gefärbten Wahrnehmung als auch von dem eigenen Zutrauen in sich selbst (Selbstwertgefühl) abhängen, ob und inwieweit es dem Prüfling gelingt, mit potentiell „bedrohlichen", genauer: mit als „bedrohlich" apperzipierten Kommunikations-Reizen bzw. Ausdrucks-Signalen fertig zu werden.

Ohne eine abschließende Bewertung des „appraisal"-Ansatzes vorwegzunehmen, sei bereits jetzt darauf hingewiesen, daß die soeben beschriebene Emotionsdynamik mit dem „transaktionalen" Ansatz nicht hinreichend erfaßt werden könnte. Insbesondere bliebe unklar, worauf die sich im Verlaufe der Prüfungssequenz verändernden „appraisals" beruhen, auf welchen lebensgeschichtlich bedingten Personfaktoren und/oder situationellen (Kontext-)Einflüssen. Die „appraisals" wären ohne die Berücksichtigung von affektiven Handlungsbereitschaften lediglich aus sich selbst heraus erklärbar, womit wir einen häufig gegenüber der Lazarus-Gruppe erhobenen Einwand, nämlich das Problem der Zirkularität, benannt haben. Wenngleich Lazarus et al. dieses Zirkularitätsproblem durch Rückgriff auf kausal-determinierende Variablen zu lösen hoffen (vgl. Lazarus & Folkman 1986), so steht die empirische Forschung in diesem Punkt noch am Anfang (s. hierzu auch Schwarzer 1993, S. 17 f., 27).

Einen eventuell klärenden Fingerzeig in dieser (Zirkularitäts-)Frage mag man in der *attributionstheoretischen Motivations- und Emotionsforschung* sehen (vgl. zus. f.: Heckhausen 1989, Kap. 13, 14; Weiner 1986, 1994, Kap. 7, 8). Ohne auf diese Forschungsrichtung in toto eingehen zu wollen, seien einige attributionstheoretische Prämissen erläutert, die anschließend auf das obige Prüfungsbeispiel hin veranschaulicht werden sollen.

In der Attributionsforschung unterscheidet man grundsätzlich zwischen sog. Attributionsdimensionen wie „Kontrollierbarkeit" (auch: „Steuerbarkeit"), „Stabilität" und „Lokation". Diese „Attributionsdimensionen" bilden zusammen ein Klassifikationsschema, nach dem die jeweiligen Handlungsfolgen danach beurteilt werden können, ob und inwieweit sie

- von dem betreffendem Individuum als willentlich beeinflußbar betrachtet werden (Kontrolldimension)
- auf die Person (intern) oder auf äußere Umstände (extern) zurückgeführt werden (Lokationsdimension)
- zeitlich überdauernden (stabilen) oder zeitlich begrenzten (variablen) Faktoren zugeschrieben werden (Stabilitätsdimension).

Nach Weiner (1986) stellen die (Kausal-)Attributionen die eigentliche Grundlage für die Entstehung von emotionalen Qualitäten dar. Wer z. B. seinen (Prüfungs-)Erfolg auf einen internen und stabilen Faktor (wie „Begabung", „Fähigkeit") bezieht, der wird eher Gefühle der „Zuversicht" bzw. des „Selbstvertrauens" empfinden. Würde der (Prüfungs-)Erfolg als intern, variabel und kontrollierbar „attribuiert" (etwa der eigenen „Anstrengung"/„Vorbereitung" zugerechnet), so wären wohl eher Gefühle der „Erleichterung" und des „Stolzes" zu erwarten. Bei negativem Prüfungsausgang (Mißerfolg) könnten sich - dem jeweiligen Attributionsschema entsprechend - u. a. Gefühle des „Ärgers" (über externe, schwer kontrollierbare Faktoren) oder der „Beschämung" (über sich selbst) einstellen. Derartige - eigentlich schon von der Begriffsanalyse her - plausiblen Zusammenhänge zwischen Attributionen (Kognitionen) und Emotionen ließen sich in zahlreichen (labor-)experimentellen Studien zum Leistungshandeln empirisch bestätigen. Allerdings gibt es auf diesem Gebiet noch eine Reihe ungeklärter Fragen, nicht zuletzt auch aufgrund der recht beliebigen Wahl von Emotionsbezeichnungen (vgl. bes. Heckhausen 1989, S. 437 f.).

Wenden wir uns erneut dem obigen Prüfungsbeispiel zu. Wenn der Prüfer die Stirn runzelt, so sagt dies noch nichts darüber aus, worüber er sich „ärgert" bzw. womit er „unzufrieden" ist. Die emotionale *Bedeutung* der vom Prüfer ausgedrückten Mimik für den Prüfling ließe sich bei attributionstheoretischer Betrachtung klarer fassen: Angenommen, die Corrugator-Innervation (beim Prüfer) wird als Fremdbewertung („Tadel") wahrgenommen, so hängt die dazu korrespondierende Emotion des Prüflings von seiner jeweiligen Begabungs- bzw. Anstrengungsattribution einerseits und der eingeschätzten Aufgabenschwierigkeit andererseits ab. Zeigt z. B. der Prüfer sein Stirnrunzeln, während der Prüfling eine „schwierige" Frage beantwortet, so impliziert dies u. a. eine Begabungsattribution bzw. ein Fähigkeitsurteil. Die „Ärger"-Mimik (= Fremdbewertung) kann in diesem Fall dem Prüfling nahelegen, daß er für „begabt" gehalten wird, d. h. daß er sich - in den Augen des Prüfers - nur etwas mehr „anstrengen" muß. Wäre der Prüfling hingegen bei der unzureichenden Beantwortung einer „leichten" Frage „gerügt" worden, so hätte er womöglich gefolgert, daß ihm vom Prüfer wenig „Begabung" zugesprochen würde. Eine ähnlich „paradoxe" Attributionswirkung wäre bei „positiver" Prüfer-Reaktion („Lob") denkbar: „Lob" für die „richtige" Antwort auf eine „leichte" Frage bedeutete ggf., daß der Prüfling hinsichtlich seiner „Begabung" negativ beurteilt würde. Auch für derartige „paradoxe" Wirkungen von „Lob" und „Tadel" liegt empirisches Material vor (vgl. zusf. Heckhausen 1989, s. 439 ff.; Hofer 1985; bes. Meyer & Plöger 1984).

Wenn man, auf unser Prüfungsbeispiel bezogen, annimmt, daß der Prüfling seine - vermeintliche oder tatsächliche - Fehlleistung nicht (intern-stabil) auf mangelnde „Begabung", sondern (intern-variabel und kontrollierbar) auf seine ungenügende „Anstrengung" attribuiert, so mag er die „Ärger"-Mimik eher als „Herausforderung" denn als „Bedrohung" erleben, besser: „apperzipieren" (im Sinne der „primary appraisals"). Diese Vermutung wäre dann fallenzulassen, wenn das Anspruchsniveau der Prüfer-

Frage eher niedrig läge, was im konkreten Einzelfall mittels fach-didaktischer Überlegungen einerseits und durch Befragung der subjektiven Einschätzungen (von Prüfer wie Prüfling) andererseits geklärt werden müßte. (Von weiteren denkbaren attributionsabhängigen Faktoren, etwa der Akzeptanz des Prüfers als (fach-)kompetenten „Beurteiler" von Seiten des Prüflings, wollen wir absehen).

Diese exemplarisch skizzierte Möglichkeit einer attributionstheoretischen Spezifikation des „appraisal"-Ansatzes beinhaltet zugleich ihre Grenzen. Diese werden unmittelbar einsichtig, wenn man sich vergegenwärtigt, daß es bei einem Prüfungsgespräch primär um fachbezogene, inhaltliche „Kognitionen" (und Bewertungen), sprich: um Leistungsdiagnose geht. Die zwar psychologisch signifikanten, aber (prüfungs-)pädagogisch eher „störenden" Attributionsmuster, „stress appraisals" und dergl. können und sollen nicht Thema des Prüfungsgesprächs sein. Dies wiederum bedeutet, daß die emotionsauslösenden Attributionen bzw. „appraisals" weitgehend unterhalb der Bewußtseinsschwelle („vorbewußt" bzw. „unbewußt") verbleiben müssen, wenn sie nicht mit den kognitiven Denkvorgängen interferieren sollen. Wäre nämlich unser Prüfling bewußtseinsmäßig mit seinen selbstbezogenen und emotionsspezifischen Einschätzungen beschäftigt, so bliebe sein Prüfungserfolg ggf. aus, zumindest wäre dieser gefährdet. Diese plausible Überlegung findet im übrigen ihre Bestätigung von Seiten der pädagogisch-psychologischen Angstforschung, wonach die Beeinträchtigung von Prüfungs- bzw. Lernleistungen vor allem durch einen übersteigerten Selbstbezug, durch eine erhöhte *„kognitive Besorgtheit" („worry")* und weniger durch die - subjektiv wahrgenommene - *„Aufgeregtheit" („emotionality")* bedingt wird (zu dieser sog. Aufmerksamkeitshypothese der Prüfungsangst s. z. B. Heckhausen 1989, S. 225 ff.; Laux & Glanzmann 1996, S. 129 f.; Sarason 1984; Schwarzer 1993, S. 96 ff.; Wine 1980). Zu dieser experimentellen Angstforschung ist jedoch anzumerken, daß (a) die „emotionality" als interozeptives Maß der Selbstwahrnehmung allen denkbaren Verfälschungs- bzw. Leugnungstendenzen unterliegen kann und daß (b) die „worry"-Anteile (Selbstzweifel, Mißerfolgserwartung etc.) durchaus „irrational", d. h. von der Sache her unbegründet sein mögen. Beide Aspekte, die in der o. g. Forschungsrichtung nicht berücksichtigt werden, verweisen auf die potentielle Wirksamkeit „unbewußter" Affekte inkl. deren physiologischer Korrelate (= sog. „Reaktions-Spezifitäten", s. Kap. 3.4).

Die soeben angeschnittene, grundsätzliche Frage nach dem Bewußtseinsgrad von „appraisals" bzw. Attributionen ist freilich schwer, wenn überhaupt zu beantworten. Letztlich hängt die Klärung dieser Frage von dem Vorverständnis des Kognitionsbegriffs ab. Engt man den Begriff der Kognition auf Bewußtseinsprozesse ein, so wird man - wie etwa Zajonc (1980, 1984 a, b) - behaupten, daß jedwede emotionale Stellungnahme (wie „Sympathie", „Vorliebe", „Abneigung" etc.) keinerlei (kognitiver) „appraisals" bedürfen. Diese von Zajonc (1980) mit der Wendung „preferences need no inferences" schlaglichtartig markierte Position wird nicht nur von alltagspsychologischen Überlegungen, sondern auch durch eine Reihe von Wahrnehmungsexperimenten gestützt. Letztere zeigen eindeutig, daß gefühlsmäßige Wahrnehmungen (= „hot cognitions") ohne jedwede vorausgehende Informationsverarbeitungsprozesse („cold cognitions") erfolgen (vgl. Zajonc 1980, pp. 160 ff.). Da Vorlieben oder Aversionen ohnehin nur schwer durch rationale Argumente bzw. Einsichten zu verändern sind, geht Zajonc sogar so weit, daß er eine Unabhängigkeit zwischen Emotionen und Kognitionen postuliert. Allerdings wird bei Zajoncs gemischtem Wortgebrauch zur Bezeichnung emotionaler Zustände (wie „hot cognitions", „preferences", „affects") nicht deutlich genug zwischen emotionaler (Reiz-)Bewertung einerseits und emotionaler Reaktion andererseits differenziert.

Zu einer anderen Auffassung als der von Zajonc vertretenen gelangt man, wenn man den „appraisal"-Begriff im Sinne von Lazarus versteht. Der von Lazarus gemeinte, letztlich auf die bekannte Emotionsforscherin Magda B. Arnold zurückreichende „appraisal"-Begriff schließt nämlich vorbewußte bzw. unbewußte Prozeßebenen mit ein (vgl. Lazarus & Launier 1978, pp. 307 f.; Lazarus 1984 b, pp. 251 ff.; Lazarus 1990, S. 213 f.). Das Attribut „unbewußt" verwendet Lazarus jedoch mehr im alltagssprachlichen denn im genuin tiefenpsychologischen Sinne. Wie er im Rahmen seiner Kontroverse mit Zajonc ausführt, betrachtet Lazarus die „appraisals" als unabdingbare Vorbedingungen für emotionale Reaktionen, selbst für jene, die unverzüglich und unreflektiert einsetzen (vgl. Lazarus 1984 a, p. 124 sowie 1984 b, p. 251).

Wenn wir Lazarus richtig verstehen, so läuft seine Argumentation zugunsten eines (post-)kognitiven Emotionsverständnisses letztlich darauf hinaus, den Aspekt der Semantik bzw. Symbolik bei der - ggf. unbewußten bzw. subliminalen - Wahrnehmung (= Kognition auf einfachster Ebene) emotionaler Reize herauszustellen (vgl. Lazarus 1984 b, pp. 253 f.; 1990, S. 213). Emotionen wären demnach vor allem ein kognitiv vermitteltes, sprich: symbolisches Phänomen, wenn auch mitunter auf einer stammesgeschichtlich frühen Ebene. Die einfache Unterscheidung zwischen „gefährlichen" und „harmlosen" Ereignissen, wie man sie auch subhumanen Organismen zusprechen kann, wäre ein Beispiel für sozusagen primitive *symbolisch-emotionale Repräsentationen.*

Wir wollen an dieser Stelle rekapitulieren: „Appraisals" (sensu Lazarus et al.), die man als die kognitiv-symbolischen Antezedenzien emotionaler Reaktionen betrachten kann, laufen auf unterschiedlichen Stufen der Komplexität ab. Sie umfassen ein Spektrum, das von einfachsten sensorischen, gleichsam instinktiven Bewertungen über gefühlshafte „Intuitionen" bis hin zu differenzierten Attributionsmustern reichen kann. Die „appraisals" sind demnach die hermeneutisch interessanten, weil sinngebenden Emotionsanteile. Da die „appraisals", gleichgültig auf welcher Komplexitätsstufe, letztlich nur einen Teilaspekt von Emotionen, nämlich deren kognitive Komponente, darstellen, wäre es - nach allem bisher gesagten - erforderlich, den Bezug zu behavioral-expressiven und vegetativ-physiologischen Prozessen herzustellen.

Spätestens jetzt werden die Schwachpunkte des „appraisal"-Konzeptes deutlich. Zum ersten ist der Zusammenhang zwischen „appraisals" einerseits und den übrigen Emotions-Komponenten zwar theoretisch postuliert, aber noch nicht empirisch begründet worden. Zum zweiten stellt sich die Frage nach dem möglichen (tiefen-)hermeneutischen (Interpretations-)Rahmen, mittels dessen vor- bzw. unbewußte „appraisals" zu erschließen wären. Da weder die Berkeley-Schule noch die übrigen emotionspsychologischen Richtungen hierauf eine Antwort geben (können), bietet sich die Rezeption psychoanalytischer Theoreme an (vgl. Kap. 5).

Eine weitere, dritte Schwierigkeit zeigt sich im empirisch-methodischen Bereich. „Appraisals" sind in jedem Falle, ob bewußt oder unbewußt, rein intra-personale Vorgänge, die von außen (exterospektiv) nicht zu erfassen sind. Man müßte demzufolge auf empirische Befragungsmethoden bzw. auf tiefenpsychologisch orientierte Interviews zurückgreifen. Beides ist - aus szenologischem Forschungsinteresse heraus betrachtet - ungenügend, weil damit nicht die emotionale Kommunikation, d. h. die „appraisal"-spezifische Emotions- und Dialogregulierung in concreto erfaßt werden kann. Eine rein sozialwissenschaftliche, nicht tiefenpsychologisch fundierte Befragung könnte zudem nur bewußtseinsfähige „appraisals" erfassen, die womöglich nachträgliche Rechtfertigungen oder Scheinerklärungen für die vorausgegangenen emotionalen Reaktionen widerspiegelten.

Wenn also die „unbewußten" emotionsauslösenden „appraisals" weder beobachtbar noch abfragbar sind, so ist zu überlegen, inwieweit sich ein empirischer Zugang konzeptualisieren läßt. Einen nützlichen Fingerzeig erhält man m. E. dann, wenn man nach dem Repräsentationsmedium fragt, in dem die (unbewußten) „appraisals" zu lokalisieren wären.

Wir wiesen an früherer Stelle (Kap. 2.1) bereits darauf hin, daß unsere sprachlich-kognitiven Mittel allem Anschein nach viel zu begrenzt sind, als daß sie das Spektrum aller emotionalen Zustände hinreichend beschreiben könnten. „Appraisals" auf niedrigem, sensorisch-unreflektiertem Niveau, die kaum oder gar nicht verbalisierbar sind, wären primär in der Körper-Sphäre, genauer in physiologischen und (senso-)motorischen Funktionszusammenhängen zu suchen. Anders formuliert: Der semantisch-kognitive Gehalt von quasi unbewußten, d. h. unwillkürlichen bzw. automatisierten emotionalen Reaktionen liegt nicht in sprachlich-reflexiven Vorstellungen, sondern in *präsentativ-leibbezogenen (Ausdrucks-)Symbolen.* Diesen Aspekt einer körpernahen Symbolik hatte - ironischerweise - nicht Lazarus, sondern sein entschiedener Kontrahent, nämlich Zajonc in ähnlicher Weise herauszustellen versucht:

> The reliance of affect on nonverbal means of communication has, I believe, implications for the way it is processed. For if affect is not always transformed into semantic content but is instead often encoded in, for example, *visceral* or *muscular symbols*, we would expect information contained in feelings to be acquired, organized, categorized, represented, and retrieved somewhat differently than information having direct verbal referents (Zajonc, 1980, p. 158; Hervorh. d. B. E.).

Mit seiner Redeweise von „viszeralen“ und „muskulären Symbolen“ verbindet Zajonc also die Vorstellung, daß Emotionen über prä- bzw. averbale, etwa motorische Repräsentationscodes wahrgenommen, erinnert und ausgedrückt werden. Diesen Gedanken stützt Zajonc durch den exemplarischen Hinweis auf elektromyographische Studien, die einen engen Zusammenhang zwischen der Imagination, Erinnerung und Produktion von Emotionen einerseits und muskulärer Aktivität andererseits nachweisen konnten (Zajonc, ibid. sowie Zajonc, Pietromonaco & Bargh 1982, bes. pp. 222 ff.). (Man beachte, daß diese elektromyographisch registrierbaren Muskelpotentiale von dem betreffendem Individuum zumeist nicht bewußt wahrgenommen werden).

Die von Zajonc herausgestellte Hypothese einer spezifisch *motorischen Kodierung von Emotionen* kann auch anhand einer neueren Versuchsserie zum Gesichter-Wiedererkennen (Ratajczak 1988) veranschaulicht werden. Ratajczak regte ihre Probanden dazu an, sich die in Video-Ausschnitten dargebotenen Gesichtsausdrücke einzuprägen, und zwar mittels verschiedener Methoden (wie motorische Imitation, verbale Beschreibung, vorstellungsmäßiges Einfühlen). Die experimentellen Befunde von Ratajczak (1988) weisen ziemlich eindeutig darauf hin, daß die Aktivierung des motorischen (auch: „enaktiven“) Repräsentationsmediums zu besseren Wiedererkennungsleistungen führte als die übrigen Einkodieranweisungen (zu den detaillierten Instruktionen, s. Ratajczak 1988, S. 52 ff. und 92 ff.).

Ein ebenso eindringliches wie anschauliches Beispiel für die vorstellungsmäßige Repräsentation von emotionsnahen Körperempfindungen (wie Schmerzen) in (senso-)motorischen Schemata liefert die *Phantomglied-Täuschung*. Darunter versteht man die nach einer Amputation (z. B. eines Armgliedes) fortbestehende Empfindung des fehlenden Körperteils. In vielen Fällen erleben die Betroffenen ihr Phantomglied so, als ob sie es tatsächlich bewegen würden. Häufig gehen von dem Phantomglied auch „Schmerzen“ aus, sog. *Phantomschmerzen*, die u. U. äußerst unangenehm und hartnäckig sein können. Bemerkenswerterweise stehen diese „Phantomschmerzen“ in keinem - neurophysiologisch nachweisbaren - Zusammenhang mit Reizzuflüssen aus dem (Körper-)Stumpf (vgl. Birbaumer & Schmidt 1991, S. 342; Thews, Mutschler & Vaupel 1991, S. 467).

Der Emotionsforscher Howard Leventhal sieht in dem Phänomen des „Phantomschmerzes“ ein wichtiges Indiz für die von ihm postulierten „*emotionalen Schemata*“, die er - in loser Anlehnung an die Piagetsche Theorie - auf einer Art Zwischenstufe zwischen weitgehend angeborenen sensomotorischen Verhaltensprogrammen (= elementarste Emotionsstufe) einerseits und kognitiv ausdifferenzierten Gedächtnisstrukturen (= selbstreflexive Emotionsstufe) andererseits ansiedelt. Der „Phantomschmerz“ stellt nach Leventhal insofern ein Beispiel für die emotionale Schemata-Verarbeitung („schematic emotional processing“) dar, als die Auftretenswahrscheinlichkeit und die emotionale Qualität der Schmerzwahrnehmung durch psychische Faktoren (Angstzustände, Streßereignisse, frühere Schmerzerfahrungen) beeinflußt werden (vgl. hierzu ausführlicher: Leventhal 1979, pp. 31 f.; 1984 a, p. 277, 1984 b, pp. 139 ff.).

Das (patho-)physiologische Phänomen des „Phantomschmerzes" kann zugleich als empirischer Hinweis auf jene intra-personalen Erfahrungsniederschläge betrachtet werden, die wir im Anschluß an Lorenzer als sinnlich-symbolische Interaktionsformen bezeichnet haben (s. Kap. 2.2): Die Verarbeitung lebensgeschichtlicher, „schmerzhafter" bzw. leidvoller Episoden wäre demnach in „emotionalen (Beziehungs-)Schemata" verdichtet, die gleichsam zwischen rein somatischen Funktionszusammenhängen (= den „bestimmten" Interaktionsformen) und abstrakt-reflexiven Bewußtseinsstrukturen (= den sprachsymbolischen Interaktionsformen) liegen. Die o. g. präsentativ-leiblichen Symbole (wie z. B. der Schmerzausdruck) verweisen somit auf (Reiz-)Wahrnehmungs- und Verarbeitungsprozesse („appraisals"), die mittels „emotionaler (Beziehungs-)Schemata" zugunsten bestimmter physiologischer „Reaktionsspezifitäten" (s. Kap. 3.4) gefiltert und kanalisiert werden.

„Emotionale (Beziehungs-)Schemata" können als die somato-psychischen Bedingungen jedweder (inter-personellen) Wahrnehmung angesehen werden. Der Schema-Begriff weist die (emotionale) Wahrnehmung als einen bedeutungsgebenden Prozeß der Reizverarbeitung aus, oder anders formulliert, das „emotionale Sensorium" sorgt von Beginn an für eine *aktive* Auseinandersetzung mit den sozialen Stimuli. Dieser mentale bzw. psychische Aspekt des emotionalen Sensoriums wird auch in dem o. g. „appraisal"-Ansatz betont. Der an Piaget angelehnte Schema-Begriff ist insofern weiterführend, als er sowohl die situative Einpassung von Ereignisrepräsentationen in aktivierbare Wahrnehmungsstrukturen (= Assimilation) als auch die entgegengerichtete Angleichung eigener Wahrnehmungsstrukturen an nicht-assimilierbare Ereignisse (= Akkomodation) impliziert. Von einer defizitären Akkomodationsleistung könnte man z. B. dann sprechen, wenn ein Prüfling die (unbewußte) kindliche Situation mit seinem autoritären Vater auf die Prüfungssituation bzw. auf den Prüfer „überträgt" (im psychoanalytischen Sinne). In diesem Falle würden nämlich die (unbewußte) kindliche und die (bewußte) aktuelle Situation ununterscheidbar verknüpft, sprich: in ein und dasselbe „emotionale Beziehungs-Schema" assimiliert. Die „beängstigende" Prüfungssituation wäre sozusagen die „falsche" Angstquelle, und die eigentlich gemeinte „Szene" (mit dem Vater) bliebe unkenntlich. Dieser mental-psychische Aspekt eines *„kognitiv Unbewußten"* steht im Zentrum der psychoanalytischen Denkweise (vgl. hierzu die Kap. 5.6 ff.).

Die Konzeption von schema-geleiteten Filterungsprozessen entbehrt jedoch - wie die (post-)kognitiven Emotionssätze (sensu Lazarus, Weiner etc., s. o.) - klarer Bezüge zu physiologischen und neuronalen Funktionszusammenhängen. Die genauen Verbindungen von den emotionalen Schemata zu individual- und situationsspezifischen (neuro-)physiologischen Reaktionsstereotypien sind bislang kaum theoretisch ausformuliert, geschweige denn empirisch nachvollzogen worden.

Auch wir werden in dieser Frage keine klaren Antworten finden. Für unsere weiteren Überlegungen bleibt jedoch festzuhalten, daß dem neuroszenologisch gefaßten Begriff des „emotionalen Sensoriums" die Vorstellung von einem *neurobiologischen Unbewußten* inhärent ist. Wenn Emotionen bzw. Affekte via averbale Symbole und sonstige Körpersignale de- bzw. enkodiert werden, so muß neben den rein physiologischen Sinnesorganen ein übergeordnetes, reizverarbeitendes System mit Lern- und Erinnerungsfunktion (Aufbau affekt-motorischer und physiologischer Reaktionsstereotypien, „Körpergedächtnis") beteiligt sein. Dieses gleichsam unbewußt wirkende (Supra-)System ist bekanntlich das Gehirn. In diesem höchstentwickelten Teil des Zentralnervensystems laufen alle aufgenommenen Sinnesreize zusammen und werden dort zu jenen neuronalen Konfigurationen verdichtet, deren psychologische Äquivalente sich unter Bezeichnungen wie (kognitive) „appraisals", viszerale Symbole oder emotionale Schemata subsumieren lassen. Wenn wir also die unbewußt-somatische Seite der emotionalen Wahrnehmung bzw. der affektiven Kommunikation verstehen wollen, so müssen wir uns (auch) mit dem Aufbau und der Wirkungsweise des Gehirns vertraut machen.

Doch werden wir uns dieser Aufgabe erst später zuwenden (s. Kap. 4). Vorerst wollen wir im Bereich der Emotionsforschung verbleiben, um die Kehrseite des „emotionalen Sensoriums", nämlich den Reaktionsaspekt von Emotionen („Effektorik") genauer zu beleuchten.

3.3 Der Ausdrucks- und Wirkungsaspekt von Emotionen oder: die emotionale Effektorik

Auch wenn man die Wahrnehmungsseite (Sensorik) nur theoretisch von der Wirk- bzw. Reaktionsseite (Effektorik) trennen kann, so wollen wir uns in diesem Abschnitt dennoch auf letztere beschränken. Sofern wir in diesem Abschnitt auch sensorische Aspekte des Emotionalen berühren, werden wir diese nicht als solche explizit herausstellen.

Mir erscheint es als am schwierigsten, den Begriff der Emotion, genauer: der emotionalen Re-Aktion von dem Konstrukt der Motivation eindeutig zu unterscheiden. In der Wortmarke „*(E-)Motion*" steckt bereits der Aspekt des „Bewegens" bzw. des „Aus-sich-heraus-bewegens". Wir wollen uns daher zunächst mit der Frage befassen, ob und inwiefern emotionale Reaktionen motivationaler Natur sind.

Wir führten im vorangegangenen Abschnitt bereits aus, daß alle Wahrnehmungen uns in irgendeiner Weise emotional „be-rühren". In dieser (post-)kognitiven Sicht sind also Emotionen die unmittelbaren Re-Aktionen auf bestimmte Wahrnehmungs- bzw. Kognitionsinhalte. Selbst dann, wenn jemand behauptet, daß ihn etwas „völlig kalt" lasse, steckt nicht selten ein - u. U. unbewußtes - emotionales Erleben (wie z. B. ein Gefühl der „Kränkung" oder dergl.) dahinter. Derartige „post-kognitive" Emotionen stellen -

prima vista - passiv erlebte Bewußtseinszustände bzw. re-aktive Ausdrucksformen dar, d. h. keine aktiven, handlungsgenerierenden Prozesse.

Wenn man jedoch berücksichtigt, daß die post-kognitiven, dem jeweiligen Individuum (passiv) „widerfahrenden" Emotionen wiederum zum Gegenstand weiterer Wahrnehmungen bzw. „appraisals" werden, so tritt das eigentlich motivierende (handlungsgenerierende) Moment von Emotionen hervor. So werden manche der auf die eigenen Emotionen gerichteten kognitiven Einschätzungen den Anlaß zu bestimmten Handlungen geben, die man zu dem Bereich der Selbstregulation bzw. des emotionsregulierenden Bewältigungsverhaltens („palliative coping") rechnen könnte (s. Kap. 3.2).

Zur Veranschaulichung stellen wir uns einen mitten in den Prüfungsvorbereitungen sich befindenden Studenten vor. Nehmen wir an, dieser wäre „prüfungsängstlich" im Sinne einer erwartungsvollen Spannung gegenüber dem herannahenden Prüfungstermin. Der Prüfungskandidat mag seine „unangenehmen" Gefühle (der Unruhe, der „Erwartungsangst", der „Bewertungsangst" und dergl.) zu reduzieren versuchen, etwa indem er Psychopharmaka (Tranquilizer, s. Kap. 4.1.2) einnimmt, sich „krank schreiben" läßt oder den Prüfungsstoff sorgfältiger lernt. In jedem Falle hätte die „Prüfungsangst" eine - wie auch immer geartete - „motivierende", d. h. handlungssteuernde Funktion. Auf die jeweils eingeleiteten emotionsregulierenden bzw. angstreduzierenden Handlungen folgen zumeist erneut „bewertende Stellungnahmen" in Form von - wenn man so will - „post-aktionalen" Emotionen.

Unter motivationspsychologischem Aspekt sind die (post-kognitiven und/oder post-aktionalen) Emotionen noch in anderer Weise bedeutsam. Als antizipierte Gefühlszustände, die sich grob nach der Dimension: Lust - Unlust aufgliedern lassen, stellen die Emotionen zugleich so etwas wie „Erwartungen" dar. Emotionale „Erwartungen" im Sinne zeitlich vorweggenommener Verknüpfungen (Kontingenzen) zwischen Situationsmerkmalen und/oder eigenen Handlungen einerseits und Empfindungen vom Grundtypus der Lust/Unlust andererseits wären als motivationale (Anreiz-)Faktoren zu begreifen. Motivation ließe sich von daher als die Aktualierung gelernter „Emotionserwartungen" beschreiben.

Ein derartiges, hedonistisch gefärbtes Motivationskonzept, in dem Emotionen eine verhaltenssteuernde und zielausrichtende Funktion zugeschrieben wird, liegt im übrigen der klassischen Leistungsmotivationsforschung (sensu John Atkinson, David McClelland, Heinz Heckhausen) zugrunde. Hier wurden - modern formuliert - selbstwertbezogene Emotionen (wie „Stolz", „Beschämung") bzw. leistungsthematische Erwartungsemotionen (wie „Hoffnung auf Erfolg", „Furcht vor Mißerfolg") als wichtige (mediatisierende) Faktoren gewürdigt, die ein aufsuchendes bzw. meidendes Leistungsverhalten mit bestimmen (vgl. zusf. Heckhausen 1989, S. 238 ff.; Schneider & Schmalt 1981, S. 190 ff.; Weiner 1994, S. 152 ff.).

Beiden Konstrukten, der Motivation und der Emotion, kann man somit die Funktion der „Energetisierung" und Steuerung des Verhaltens zusprechen (vgl. bes. Schmalt 1983). Emotionen stellen demnach nicht nur mehrfach zusammengesetzte Zustandsformen (erlebnismäßiges „Gefühl", kognitive „appraisals", motorisch-expressiver Ausdruck, psychophysiologisches Reaktionsmuster) dar, sondern ihnen ist (zumeist) auch ein „unwillkürlicher Drang" zu neuem Verhalten eigen. Möglicherweise beinhalten Emotionen auch eine Art von „Unterbrecherfunktion" bzw. von „Stop-Mechanismus", die bisheriges Verhalten beenden und zugleich zu einer vegetativen Erregung beitragen (vgl. Mandler 1979, S. 201 ff.; Pribram 1984, p. 26). Die mit der Verhaltensunterbrechung einhergehende Aktivierung des vegetativen Nervensystems (s. Kap. 4.2.2 u. 6.5.1) ließe sich im Sinne einer „Energiebereitstellung" für neues, adaptives (Bewältigungs-)Verhalten interpretieren. Der Emotion der „Angst" z. B. könnte man eine derartige „Unterbrecherfunktion" zuschreiben, indem sie ggf. den Organismus zu einem der jeweiligen (Streß-)Situation angemessenem (Streß-)Bewältigungsverhalten befähigt. Am Rande sei vermerkt, daß sich in der einschlägigen Literatur kaum klare Abgrenzungen zwischen dem eher motivational-handlungsbezogenen *Streß*begriff einerseits und dem mehr emotional-personengebundenen *Angst*begriff finden lassen (vgl. zusf. hierzu: Fröhlich 1983, S. 113 u. S. 255 ff.; Laux 1983, S. 515 ff.; Laux & Weber 1990, S. 561 ff.; Ulich 1989, S. 195 ff.).

Die handlungsregulierende bzw. verhaltensinitiierende Funktion von Emotionen läßt sich auch aus behavioral-lernpsychologischer Sicht veranschaulichen. Emotionen fungieren nämlich nicht nur als antizipatorisch verstandene Anreizwerte („Erwartungsemotionen"), sondern sie zeitigen auch „reale" Verstärkungs-Effekte. Von der Verstärkung eines Verhaltens wollen wir dann sprechen, wenn sich dessen Auftretenswahrscheinlichkeit kontingent mit umschriebenen „emotionalen Reaktionen" (auf der kognitiven, expressiven und physiologischen Ebene) erhöht. Emotionen könnten somit als „Verstärker" für spontanes (unwillkürliches) und geplantes (willkürliches) Verhalten gleichermaßen wirken. Desweiteren könnten Emotionen die hierzu inverse Funktion der „Bestrafung" übernehmen.

Ich will die soeben postulierten Verstärkungs- bzw. Bestrafungseffekte am Beispiel der Prüfung(sangst) näher erläutern, und zwar in Form wahrscheinlichkeitsbezogener Aussagen. Eine während oder nach einer Prüfung sich einstellende „angenehme" Emotion (E^+) wäre als „positiver Verstärker" für die kontingenten Reaktionen (R) wie z. B. bestimmte Selbstdarstellungstechniken oder Abwehrvorgänge zu betrachten. Dieser kontingente Zusammenhang zwischen R und E^+ ließe sich in die potentiell überprüfbare, probabilistische Hypothese umformulieren, daß die Auftretenswahrscheinlichkeit p(R) sich erhöht, wenn die bedingte Wahrscheinlichkeit $p(E^+/R)$ größer als $p(E^+)$ ist.

Für die mathematisch interessierten LeserInnen: Die bedingte Wahrscheinlichkeit von E^+ unter der Bedingung, daß die Reaktion R vorangegangen ist (= $p(E^+ /R)$, wird definiert als der Quotient aus der verbundenen Wahrscheinlichkeit $p(E^+ \cap R)$ des „gemeinsamen" (nicht unbedingt des „gleichzeitigen"!) Auftretens von E^+ und R, geteilt durch die („einfache") Auftretenswahrscheinlichkeit p(R):

$$p(E+/R) = \frac{p(E^+ \cap R)}{p(R)}$$

Beispiel: Durch Berechnung von relativen Häufigkeiten für das Auftreten von E^+ und R habe man folgende Wahrscheinlichkeitswerte geschätzt: $p(E^+ \cap R) = .30$ mit den zugehörigen Randverteilungen $p(E^+) = .50$, $p(R) = .40$. Die bedingte Wahrscheinlichkeit $p(E^+/R)$ würde dann .30 : .40 = .75 betragen, d. h. um 50 % gegenüber $p(E^+)$ anwachsen. Für Details sei auf die weiterführende Literatur (wie z. B. Hays 1994, pp. 42 ff.) verwiesen.

Im Verlauf einer Prüfung ist jedoch nicht nur mit „positiven" Emotionen, sondern vor allem auch mit „Angst", „Unsicherheit", „Beunruhigung" und dergleichen zu rechnen. Letztere wollen wir als „aversive" Emotionszustände (E^-) bezeichnen. Die Beendigung einer „aversiven" Emotion sowie das Ausbleiben einer erwarteten „aversiven" Emotion hätte insofern den Charakter einer „negativen Verstärkung", als die Auftretenswahrscheinlichkeit p(R) zunähme, wenn die bedingte Wahrscheinlichkeit $p(E^-/R)$ kleiner als $p(E^-)$ wäre. Dieser Fall träfe z. B. dann zu, wenn die o. g. kontingenten Reaktionen als diskriminative Hinweisreize für die Reduktion bzw. Vermeidung von Angst wirken würden. Hierbei handelte es sich um ein „aktives" Angstbewältigungs- bzw. Angstvermeidungsverhalten.

Analog zu diesen („positiven" wie „negativen") Verstärkungseffekten von Emotionen ließen sich die dazu inversen „Bestrafungseffekte" formulieren, bei denen sich die Auftretenswahrscheinlichkeit p(R) in Kontingenz zu bestimmten Emotionen erniedrigt. „Bestrafende" Wirkungen können (1) mit dem Aufkommen „aversiver" Emotionen und/oder (2) mit der Termination bzw. dem Nicht-Eintreten einer „angenehmen" Emotion zusammenhängen. Für Fall (1) gälte, daß $p(E^-/R)$ größer als $p(E^-)$ wäre; im Fall (2) müßte dementsprechend die Auftretenswahrscheinlichkeit für eine „angenehme" Emotion $p(E^+)$ größer sein als die bedingte Wahrscheinlichkeit $p(E^+/R)$.

„Bestrafungseffekte" dieser Art werden in der experimentellen Lernpsychologie als „passives" Vermeidungslernen (Verhaltensunterdrückung) bzw. als „Löschung" von Verhalten (Extinktion) bezeichnet. Einen interessanten Sonderfall von Verhaltensunterdrückung stellt ein Phänomen dar, daß man in der behavioristischen Lernpsychologie unter dem Stichwort der „konditionierten emotionalen Reaktion" (CER) diskutiert (vgl. Bredenkamp & Wippich 1977, S. 40 f., 103 ff.; Spada, Ernst & Ketterer 1992, S. 346 f., 365 ff.). Eine CER wurde im tierexperimentellen Labor zumeist durch eine Prozedur erzeugt, bei der man einen sog. neutralen Reiz (bzw. ein „Warnsignal") kontingent mit einem aversiven Reiz (z. B. Elektroschock) applizierte, und zwar unabhängig davon, welches motorische (bzw. „operante") Verhalten das Tier gerade zeigte. Eine derartige CER-Prozedur führte in der Regel zu einer generellen Verhaltensblockierung bzw. Angstreaktion („Zu-Boden-Kauern", Einkoten etc.), die selbst bei Abwesenheit des „Warnreizes" noch teilweise bestand. Zudem ließen sich durch solche CER-Experimente psycho-vegetative Dysfunktionen (wie ein dauerhafter Bluthochdruck) hervorrufen, die mit entsprechenden Störungen beim Menschen vergleichbar waren (vgl. Birbaumer 1986, S. 83 f.). Die CER-bedingten Konsequenzen für die motorische bzw. vegetative Reaktionsbereitschaft gelten gemeinhin als außerordentlich „löschungsresistent", d. h. sie lassen sich nur schwer durch (Um-)Lernen bzw. (Gegen-)Konditionierung aufheben.

Wenngleich man diese tierexperimentellen Befunde nicht ohne weiteres auf den Menschen übertragen kann, so kann man doch auch für den humanpsychologischen Bereich annehmen, daß aversive Emotionen (wie Angst) vor allem dann schwerwiegende Persönlichkeitsbeeinträchtigungen (wie z. B. geringes „Selbstvertrauen", psychosomatische Erkrankung) nach sich ziehen können, wenn sie in keinem bzw. in keinem für das Individuum erkennbaren kontingenten Zusammenhang mit seinen Verhaltensweisen stehen, kurzum: wenn die (subjektiven) Wahrscheinlichkeiten $p(E^-/R) = p(E^-)$ sind.

Sollten die Verhaltensweisen (R) bestimmten Bewältigungs- bzw. Abwehrformen zur Überwindung der aversiven Emotionen entsprechen, so ließe sich der daraus erwachsende emotionale (End-)Zustand als „erlernte Hilflosigkeit" (vgl. Heckhausen 1989, S. 477 ff.; Seligman 1986) kennzeichnen. Von „erlernter Hilflosigkeit" ist dann auszugehen, wenn die einst erfahrene Unkontrollierbarkeit und Unvermeidbarkeit aversiver Reize (wie z. B. im CER-Paradigma) auf alle anderen Situationen generalisiert bzw. in die Zukunft hinein verlängert wird. Wenn z. B. ein Prüfling aufgrund bestimmter sozialisatorischer (Vor-)Erfahrungen vermeintlich annimmt, daß er seiner Angst durch keinerlei Maßnahmen (wie „Entspannung", verbesserte „Anstrengungskalkulation", Gespräch mit Freunden etc.) selbst wirksam begegnen kann, entwickelt er u. U. die Erwartungsemotion der „erlernten Hilflosigkeit": Er wird generell passiver bzw. zögerlicher (motivationaler Aspekt) und verfällt womöglich in eine mißerfolgsgetönte bzw. depressiv-ängstliche Gefühlshaltung (emotionaler Aspekt). Letzteres soll nach dem Konzept der „erlernten Hilflosigkeit" vor allem dann eintreten, wenn das Individuum die erlebte Unkontrollierbarkeit der aversiven Bedingungen seiner Persönlichkeit (sschwäche) zuschreibt (kognitiver Aspekt der Kausalattribution, s. Kap. 3.2).

Anhand dieser fragmentarischen Überlegungen sollte deutlich geworden sein, daß sich motivational-handlungsbezogene und emotional-erlebnisbezogene Prozesse allenfalls theoretisch voneinander unterscheiden lassen. Von dieser Grundauffassung zeugen im übrigen zahlreiche psychologische Einführungswerke (z. B. Herkner 1992; Wendt 1989; Zimbardo 1992) bzw. einschlägige Lehrtexte (z. B. Cofer 1979; Izard 1994; Schmalt 1983), in denen Emotionen und Motivation unter einer gemeinsamen Rubrik bzw. zusammenhängend abgehandelt werden. Silvan S. Tomkins und sein ehemaliger Schüler Carrol E. Izard betrachten Emotionen bzw. Affekte sogar als eine Art „Hauptmotivationssystem" bzw. als „primary human motives", indem sie organismisch-physiologische Prozesse in verhaltenswirksame Bedürfnisse überführen. Während rein körperlich bestimmte (Trieb-)Signale (wie Hunger, Durst, Ermüdung oder Sexualität) an eine weithin biologisch vorgegebene Rhythmik (Stoffwechsel- und Hormonzyklen) gebunden seien, zeichneten sich Emotionen bzw. Affekte gerade durch ihre Unabhängigkeit („freedom") gegenüber Objektbindungen sowie durch flexible Zeit- bzw. Intensitätsprofile aus (vgl. Izard 1994, S. 68 ff.; Tomkins 1980, pp. 146 ff., 1984, pp. 163 ff.): Die Intensitätsprofile und Zeitverläufe von Affekten seien - verglichen mit den biologischen (Trieb-)Bedürfnissen - äußerst variabel, und die gleichen Emotionen könnten sich auf unterschiedliche Personen sowie Gegenstände richten. Seine These vom Primat der Emotionen (qua motivationalen Agenzien) veranschaulicht Tomkins u. a. an der Störanfälligkeit des Freudschen „Es", jenem „unbewußten Triebreservoir", das gemeinhin auch als Quelle sexueller Impulse gilt:

> The drive must be assisted by affect as an *amplifier* if it is to work at all. Freud, better than anyone else, knew that the blind, pushy, imperious Id was the most fragile of impulses, readily disrupted by fear, by shame, by rage, by boredom. At the first sign of affect other than *excitement*, there is impotence and frigidity (Tomkins 1984, p. 164).

Eine ähnliche, wenngleich weniger klar faßbare Position nimmt übrigens der Psychoanalytiker Otto F. Kernberg (1990, 1991) in seinem neuesten Entwurf einer triebtheoretisch orientierten Affektlehre ein.

Wir wollen es dahingestellt sein lassen, ob und inwieweit es forschungstheoretisch fruchtbar ist, Emotionen bzw. Affekte als die eigentlichen „Triebfedern" menschlichen Verhaltens zu postulieren. Aus neurobiologischer/hirnphysiologischer Sicht läßt sich zumindest so viel sagen: Die in experimentellen (Tier-)Studien und durch klinische Beobachtung festgestellten „*Lust- bzw. Belohnungszentren*" („pleasure" resp. „reward centers") scheinen sich weitgehend mit jenen neuroanatomischen Strukturen im Zwischenhirn (Diencephalon) und im sog. limbischen System zu überlappen, die gemeinhin als das phylogenetisch älteste neurobiologische Substrat der Emotionen (auch beim Menschen) angesehen werden (vgl. exempl. Bloom & Lazerson 1988, pp. 211 ff. u. 227 f.; Noback & Demarest 1986, pp. 268 f.; Rosenzweig & Leiman 1989, pp. 590 ff.; Thompson 1994, S. 30 f., 253 ff.; Stellar & Stellar 1985, bes. Ch. 4 u. 5; Wolf 1985; siehe auch unseren Exkurs zur Neuroanatomie der Emotion, Kap. 4.2.3).

Wir wollen festhalten: Motivationen sind ohne Emotionen undenkbar. Gleichwohl gehen erstere nicht in letzteren auf. Eine Gleichsetzung beider Konstrukte würde zudem dem allgemeinen Sprachverständnis widersprechen (man sagt z. B. nicht: Er sieht „ehrgeizig", sondern „angespannt", „erschöpft" etc. aus), und wir können darin auch keinen Gewinn für die Elaboration des Emotionsbegriffs sehen. Wir schlagen daher eine begriffliche Differenzierung vor, wonach Motivation einen handlungsvorbereitenden, kognitiven Prozeß mit „emotionalen Anteilen" meint (vgl. hierzu auch Heckhausens (1989, S. 11) Definition). Emotion ist demgegenüber als eine - mehr oder weniger - unwillkürliche Reaktion (Stellungnahme) auf innere wie äußere Reize (Vorstellungen/Erwartungen, Situationscharakteristika/Person-Situations-Bezüge) aufzufassen. Motivationen sind eher an überdauernde Wertdispositionen („Motive") und zielorientierte Handlungssequenzen gebunden, während Emotionen eher flüchtiger Natur sind, d. h. sich auf gegenwärtige Situationsbedingungen bzw. aktuelles Kommunikationsverhalten beziehen. Emotionen sind - nach unserer Auffassung - unmittelbarer mit körperlichen Prozessen verknüpft, insbesondere solchen expressiver Art, wie bestimmten physiologischen Veränderungen und mimisch-gestischen (Ausdrucks-)Erscheinungen (wie Schwitzen, Erröten, Stirnrunzeln). Diese körperlich-peripheren Expressionen sind zumeist nur schwer willentlich zu steuern bzw. zu kontrollieren.

Mit dieser Begriffsexplikation haben wir den Bedeutungshof des Konstruktes Emotion freilich eingeengt, und zwar auf heftige, mit körperlichen Veränderungen und Handlungsimpulsen einhergehende Affekte (s. Kap. 2.1). In Analogie zu der früher getroffenen Unterscheidung zwischen kurzfristigen „Gefühlen" und lang anhaltenden Stimmungen (s. ibid.) läßt sich auch der Affektbereich unter dem Aspekt des Zeitverlaufs strukturieren:

Wenn bestimmte Affekte (wie „Angst", „Wut" oder „Euphorie") mehr oder weniger regelmäßig in bestimmten szenischen Konfigurationen auftreten, so können wir von *habitualisierten „Affektbereitschaften"* sprechen. Beziehen sich diese Affektbereitschaften auf spezifische Personmerkmale des Kommunikanten/Gegenübers, so handelt es sich um jenes in der „Psychoanalyse" als „Übertragung(sreaktion)" (s. Kap. 2.1, 5.8) gekennzeichnete Phänomen. Sind die Affektbereitschaften eher diffus-atmosphärischer Natur, d. h. kovariieren sie nicht mit situativen und/oder kommunikativ-übertragungsartigen Spezifika, so könnte man sie als „*affektive Stimmungen*" bezeichnen. Über längere Zeit hinweg persistierende „affektive Stimmungen", wie sie sich im motorischen und Ausdrucksverhalten (Bewegung, Haltung, Mimik), aber z. T. auch in vegetativen Reaktionstendenzen (Hautfärbung, bzw. -durchblutung, Transpiration, Atemfrequenz etc.) widerspiegeln (können), sind vermutlich am stärksten von Persönlichkeitskonstanten (wie erbbiologische Ausstattung, körperliche Konstitution, „Temperament") bzw. Persönlichkeitsvariablen (wie neuroendokrine/hormonelle Reaktionstendenzen, generalisierte Befindlichkeiten wie „Selbstwertgefühl", „Reizbarkeit"/„Erregbarkeit") beeinflußt.

Die affektiven Stimmungen bilden sozusagen den körperlich-expressiven bzw. somato-emotionalen (Hinter-)Grund, von dem sich die Affekt- bzw. Übertragungsbereitschaften und insbesondere die momentanen Affekte als (Erlebnis-)Figuren abheben. Die affektiven Stimmungen bzw. das affektive „Gestimmtsein" beeinflussen die Auftretenswahrscheinlichkeit für bestimmte (momentane) Affekte bzw. Affektbereitschaften, indem sie eine Vorauswahl aus dem Spektrum leiblich-expressiver Reaktionen begünstigen. Eine „euphorische" (Affekt-)Stimmung läßt andere Reaktionen erwarten als eine „dysphorische", wobei dies nicht nur die expressiven bzw. affektmotorischen Verhaltensäußerungen betrifft, sondern auch die kommunikativen sowie motivationalen Funktionen (wie z. B. Kontaktverhalten, Konfliktbereitschaft, Neugier etc.).

Während affektive Stimmungen bzw. Übertragungsbereitschaften aufgrund ihrer zeitlichen Ausdehnung von kognitiven Selbst- und Erlebnisbewertungen überformt werden können, laufen (situative) Affekte nicht nur unwillkürlich-unkontrolliert ab, sondern sie werden auch bewußtseinsunabhängig generiert. Affekte ähneln daher eher reflexhaften bzw. instinktiven Reaktionen (wie etwa beim „Schreck“ s. hierzu auch Kap. 6.4.1).

Dieser Vergleich berührt eine weitere, oben bereits angedeutete Abgrenzungsproblematik, nämlich die Frage der Unterscheidbarkeit zwischen Reflexen bzw. „Instinkten“ einerseits und Affekten andererseits. Gleichen nicht gerade die plötzlichen, unkontrolliert-unwillkürlichen Affekte mehr oder weniger „angeborenen“ Reaktionsmustern? Stellen sie nicht - wie die Reflexe/Instinkte - so etwas wie „Überbleibsel“ der menschlichen Entwicklungsgeschichte (Phylogenese) dar? Und leiten sich die „kognitiv elaborierten“ Gefühlserlebnisse womöglich von solchen phylogenetischen Rudimenten ab?

Nicht wenige renommierte Emotionspsychologen, insbesondere solche, die sich mit dem mimischen Ausdruck befassen (wie Paul Ekman, Carrol E. Izard oder Silvan E. Tomkins) vertreten eine - an den Naturforscher Charles Darwin erinnernde - Auffassung, wonach sich die Emotionen bzw. deren Ausdruck im Gesicht *neuromuskulären Affektprogrammen* verdanken. Solche Affektprogramme kann man sich als Bestandteile adaptiver Verhaltensabläufe vorstellen, die sich im Laufe der menschlichen Stammesgeschichte zu einem bedeutungsvollen Ausdrucks- bzw. Verständigungsmittel entwickelt haben (vgl. zusf. Dimberg 1988; Ellgring 1986, 1987; Krause 1983). Die emotionalen Ausdrucksphänomene beruhen demnach auf (phylo-)genetisch festgelegten neurophysiologischen Programmen, bei denen je nach vorliegendem Emotionszustand bestimmte (Gesichts-)Muskeln mit neuronalen Schaltkreisen des Gehirns quasi kurzgeschlossen würden. Die Unterscheidung von Emotionen wird nach dieser neurophysiologisch-ausdruckspsychologischen Sicht im wesentlichen von der muskulären Aktivität des Gesichtes abgeleitet (vgl. zusf. Ekman 1982, 1988; Rinn 1984, 1991).

Für die Annahme eines „angeborenen“, neuromuskulären Emotionssystems sprechen eine Reihe von plausiblen Argumenten und empirischen Hinweisen. Versuchen wir zunächst, uns die vitale Bedeutung der Affekte vor Augen zu führen: Es gibt einige typische Situationen, in denen Affekte quasi zwangsläufig ausgelöst werden. In solchen Situationen geschieht u. a. etwas Unerwartetes, d. h. es tritt ein Ereignis ein, an das wir nicht vollständig angepaßt sind bzw. auf das wir nicht richtig vorbereitet sind. Sofern dieses Ereignis für unser körperliches und/oder psychosoziales Wohlbefinden („Unversehrtheit“ und/oder „Selbstwertgefühl“) von Bedeutung ist, signalisieren uns die Affekte unsere momentane Lage. Affekte weisen uns somit auf etwas für uns Wichtiges hin und sie helfen uns, Ereignisse von geringerer Bedeutung auszufiltern. Erleben wir etwas unerwartet Angenehmes („Belohnungsaspekt“), so sind wir freudig überrascht und nehmen wahrscheinlich einen lächelnden Gesichtsausdruck an. Fühlen wir uns bedroht („Bestrafungsaspekt“), so neigen wir u. U. zu einer der „archaischen“, d. h. phylogenetisch bedingten Angstreaktionen („freezing“/„Erstarren“, „fight“/ „Kampf“ oder „flight“/„Flucht“), die wir mit den infrahumanen Organismen gemeinsam haben (vgl. bes. Grays (1971, 1982, 1991) neurobiologisch-verhaltenspsychologische Angstforschung).

Angeborene, aus der menschlichen Phylogenese abgeleitete Emotionen zeigen sich besonders deutlich in der Mimik bzw. in der - wie man auch sagen könnte - *„neuromuskulären Gesichtsgrammatik“*. Es gilt in der (nonverbalen) Emotionsforschung als weitgehend unstrittig, daß einige wenige „Basisemotionen“ (wie „Glück“ bzw. „Freude“, „Ärger“ bzw. „Wut“, „Trauer“ bzw. „Traurigkeit“, „Ekel“, „Überraschung“ oder „Angst“ bzw. „Furcht“) bestimmten mimisch-motorischen Innervationen bzw. neuromuskulären Programmen zugeordnet werden können (vgl. Ekman 1982, bes. Ch. 1, 8; 1988, bes. Kap. 1). Die kulturvergleichenden Studien von Ekman und Mitarbeitern belegen hinlänglich, daß es sich bei der (emotionalen) Mimik um ein universelles, über verschiedene Sprachgrenzen und Rassen hinweg geltendes Verständigungsmedium handelt (vgl. hierzu auch: Eibl-Eibesfeldt 1986, S. 558 ff.; Ellgring 1987, S. 274 f.; Izard 1994, S. 23 f.). Die kulturübergreifende Gleichförmigkeit der Beziehung zwischen subjektivem Emotionserleben bzw. -verständnis einerseits und beobachtbarem Gesichtsausdruck andererseits ist nicht nur für „Milieutheoretiker“ bzw. Sozialisationsforscher überraschend, sondern auch für Verhaltensbiologen wie Eibl-Eibesfeldt (1986, S. 578), der auf die neuroanatomischen Unterschiede in der mimischen Muskulatur zwischen den einzelnen Kulturvölkern bzw. Rassen verweist. Für die These vom Gefühlsausdruck als einer angeborenen Universalie sprechen nicht zuletzt auch die Beobachtungen an blind bzw. taubblind geborenen Kindern, wonach deren mimisches Ausdrucksrepertoire in etwa dem ihrer nicht-behinderten Altersgenossen entspricht (vgl. Eibl-Eibesfeldt 1986, S. 51 f.; Rinn 1984, p. 69; Schmidt-Atzert 1981, S. 90 f.; Schneider 1992, S. 426 f.). Ferner konnten Ekman & Oster (in: Ekman 1982, p. 153) in einer sorgfältig angelegten Studie nachweisen, daß bereits bei Neugeborenen - bis auf eine Ausnahme - sämtliche bei Erwachsenen bekannten Gesichtsmuskelinnervationen beobachtbar sind (s. auch Dornes 1993, S. 116 ff.).

Alle diese Beobachtungen legen die Vermutung nahe, daß es angeborene, neuro-muskuläre „Generatoren“ bzw. Auslöser für den emotional-mimischen Ausdruck gibt. Dies mag zumindest für einige wenige „Basisemotionen“ (s. o.) bzw. für bestimmte Situationen gelten, die für den menschlichen Organismus von vitaler, d. h. überlebenswichtiger Bedeutung sind. Die basalen Affektmuster der „Angst“, der „Freude“, der „Wut“ etc. beruhen freilich beim Menschen nicht ausschließlich auf angeborenen Hinweisreizen („Auslösemechanismen“), sondern auch - und zwar bevorzugt - auf der psycho-sozialen Erfahrungsbildung bzw. auf Prozessen emotionalen Lernens. Unter *„emotionalem Lernen“* wollen wir jedwede Änderung der Wahrscheinlichkeit des emotionalen Verhaltens (auf der erlebnismäßigen, motorischen und physiologischen

Ebene) verstehen, die auf psycho-soziale Erfahrungen (Sozialisation) zurückgeführt werden kann. Negativ gewendet, meint dies, daß die probabilistisch verstandene Veränderung emotionaler Reaktionen (bzw. der emotionalen Reagibilität) sich weder (epi)genetischen bzw. rein (neuro-)biologischen Momenten (wie „Reifung", „Ermüdung", „Altern", „Krankheit") noch physiko-chemischen Umwelteinflüssen (z. B. Psychopharmaka-Effekten, klimatischen Einwirkungen etc.) verdankt. Eine solche Definition kann jedoch nur als grobe Orientierungshilfe gemeint sein, da es zugestandenermaßen außerordentlich schwer fällt, Lern- bzw. Sozialisationsprozesse von genetisch-biologischen Einflüssen zu trennen (Stichwort: Erbe-Umwelt-Debatte, s. Kap. 7.3).

Auch innerhalb der maßgeblich von Ekman und Mitarbeitern beeinflußten Erforschung des emotionalen (Gesichts-)Ausdrucks wird grundsätzlich davon ausgegangen, daß biologisch vorgegebene „Affektprogramme" bzw. neuro-physiologische Auslösemechanismen für Emotionen von sozialen *„Darbietungsregeln"* („display rules") überformt bzw. moduliert werden können. Im Rahmen seiner sog. neurokulturellen Theorie der Emotion trägt Ekman den emotionalen Lernprozessen (im o. g. Sinne) dadurch Rechnung, daß ein vom Gehirn(stoffwechsel) gesteuerter bzw. induzierter Gefühlsausdruck ggf. abgeschwächt, völlig unterdrückt oder auch intensiviert werden könne. Ebenso sei damit zu rechnen, daß ein tatsächliches Gefühl bzw. „Affektprogramm" verborgen („maskiert") würde, indem ein anderes, von der Gesellschaft und/oder dem Individuum leichter zu tolerierendes Gefühl „vorgetäuscht" würde (vgl. zusf. Ekman 1981, S. 179 f.; 1988, S. 30 f.). Die „neurokulturelle" Emotionstheorie Ekmans postuliert also ein kulturübergreifendes, neuro-muskuläres „Affektprogramm", das jedoch weitgehend von „erlernten" Hinweisreizen bzw. Auslösern abhängig ist. Dies heißt nichts anderes, als daß es trotz der nachweisbaren universellen Beziehung zwischen einigen Grundemotionen und bestimmten (Gesichts-)Muskelinnervationen sowohl kulturelle als auch individuelle Besonderheiten des emotionalen Ausdrucks gibt (vgl. auch Izard 1994, S. 107). Welche Miene in einer bestimmten Situation sozusagen zur Schau gestellt wird, dies hängt weitgehend von den Stimuli ab, die in kulturellen bzw. biographischen Lernprozessen (wie sie gemeinhin unter Stichworten wie „Enkulturation", „Erziehung" oder „Sozialisation" diskutiert werden) zu *internalisierten Auslösemechanismen* für emotionales Verhalten geworden sind.

In grundsätzlicher Übereinstimmung mit Ekmans „neurokulturellem" Ansatz gehen wir davon aus, daß - von einigen wenigen „vitalen Grundsituationen" (wie „Unfall", „Trennung" etc.) abgesehen - die emotionsauslösenden Hinweisreize beim Menschen „erlernt", also nicht „angeboren", genauer: im Nervensystem neuro-genetisch angelegt sind. (Wir werden späterhin, in den Kap. 6.2 ff., erfahren, daß der Begriff „angeboren" im Sinne „von Geburt an beobachtbar" keineswegs mit „vererbt" gleichzusetzen ist). Lernpsychologisch formuliert, stellen die im menschlichen Nervensystem quasi verankerten affektauslösenden Mechanismen eine Art von unbedingten Reizen dar, die im Verlauf der kulturellen und individuellen (Lebens-)Erfahrungen mit an sich emotionsneutralen Reizgegebenheiten assoziiert werden. Die unbedingten Affektauslöser stellen somit die notwendige Grundlage dafür bereit, daß Emotionen bzw. Affekte mehr oder weniger unbewußt „konditioniert“ werden können, und zwar auf behavioraler und neuro-physiologischer Ebene gleichermaßen.

Dem in Ekmans „neurokultureller“ Emotionstheorie nicht weiter verfolgten Aspekt der behavioral-physiologischen Konditionierung werden wir uns später (in Kap. 6.4) eingehend zuwenden. An dieser Stelle sei bereits darauf hingewiesen, daß wir mit dem Begriff der Konditionierung keine bloße Koppelung von Reizen meinen. Auch in der neueren verhaltenspsychologischen Diskussion beinhaltet die sog. Konditionierung immer auch ein Lernen von bedeutungsvollen Beziehungen zwischen Ereignissen (vgl. hierzu bes. Rescorla 1988). Verhaltenspsychologische Konditionierungsprozesse lassen sich m. E. also durchaus in unser neuroszenologisches, d. h. neurobiologisch-tiefenpsychologisch gefaßtes Rahmenkonzept (sensu Lorenzer) integrieren (s. hierzu auch Kap. 5.7.1).

Wenden wir uns wieder dem Verhältnis der Affekte zu den Reflexen/Instinkten zu. Wenngleich manche Affekte eher zwanghaft-automatisch bzw. reflexhaft anmuten, so sind sie doch weitgehend „erlernt“ bzw. konditioniert. Dieses Moment der „Erlernbarkeit“ bzw. „Konditionierbarkeit“ ist denn wohl auch das wesentliche Abgrenzungskriterium für Affekte gegenüber „Instinkten“ bzw. „Reflexen“. Im Gegensatz zu rein (neuro-)biologisch gesteuertem Verhalten, wie es sich in physiologisch-homöostatischen Regelkreisen (u. a. in Gestalt neuro-muskulärer Reflexe) oder sog. angeborener Auslösemechanismen (sensu K. Lorenz/N. Tinbergen) zeigt, sind Affekte dadurch charakterisiert, daß sie - zumindest potentiell - ein Um- bzw. Verlernen der („angeborenen“) Verbindungen zwischen Reizaufnahme und Verhaltensmuster implizieren.

Um hierzu ein alltägliches Beispiel anzuführen, stelle man sich eine Situation vor, bei der uns auf der Straße ein Passant „anrempelt“. Wären wir rein instinkt- bzw. reflexgesteuert, so würden wir stereotyp - wie die meisten Tierarten - entweder „flüchten“ („Angstinstinkt“, „Schreckreflex“) oder den „Belästiger“ sofort „angreifen“ („aggressiver Trieb“, „fight“-Mechanismus).

Da wir eher „emotional“ als starr-reflexhaft reagieren würden, wäre von einer gewissen „Latenzzeit“ bzw. „Pufferzone“ zwischen dem eigentlichen (Reiz-)Ereignis (= dem „Anrempeln“) und unserer unmittelbaren, sichtbaren (Verhaltens-)Reaktion auszugehen. Auch wenn wir in dieser „Latenzzeit“ sofort in eine psycho-physiologische bzw. neuro-muskuläre Reaktionsbereitschaft (mit z. B. Anstieg der Herzfrequenz, Hormonausschüttung, Muskelanspannung) treten sollten, so könnte sich doch zugleich herausstellen, daß uns der Passant nur „aus Versehen“ im Vorbeigehen angestoßen hatte. In diesem Fall würde unsere anfängliche „Angst“ (= „Fluchttendenz“) oder unser spontaner „Ärger“ (= „Aggressionsbereitschaft“) rasch abklingen. Zu völlig anderen emotionalen Reaktionen würde es freilich kommen, wenn wir dem Passanten eine „Absicht“ bzw. eine „mutwillige Belästigung“ unterstellten.

An diesem kurzen Beispiel sollte deutlich werden, daß spontane Emotionen bzw. Affekte zumindest potentiell zu einer Entkoppelung von Reiz und Reaktion beitragen (können). Emotionen begründen also - im Gegensatz zu „Instinkten“ und „Reflexen“ - keinen deterministischen, sondern einen probabilistischen Zusammenhang zwischen Reizgeschehen und der darauffolgenden Verhaltensantwort. Anders formuliert: Emotionen bzw. Affekte bestimmen zwar nicht direkt unser Verhalten, aber sie beeinflussen die Wahrscheinlichkeit für bestimmte Reaktionen. Diese verhaltensregulative Funktion erfüllen Emotionen bzw. Affekte vor allem dadurch, daß sie (1) den Organismus auf zweckmäßige bzw. situationsgerechte Aktivitäten vorbereiten und (2) eine „Pufferzeit“ für die „Bewertung“ (appraisal) und ggf. Re-Interpretation (reappraisal) des (Reiz-)Ereignisses (s. Kap. 3.2) ermöglichen.

In Bezug auf die Abgrenzungsproblematik zwischen Affekten/Emotionen und Instinkten/Reflexen können wir also festhalten: Affekte/Emotionen sind nicht (nur) Rudimente der menschlichen Stammesgeschichte und sie stellen demnach auch keine (neuro-)biologisch fest „verdrahteten“ Koppelungen zwischen Reiz und Reaktion dar. Affekte/Emotionen bilden eher eine Art von Verbindungsgliedern innerhalb von Reiz-Reaktionszyklen (aus Stimulusereignis, Situationsbewertung, Endhandlung, Neubewertung etc.). Während unwillkürliche „Affektprogramme“ (sensu Ekman) durch soziale bzw. kulturelle Faktoren („display rules“) modifiziert werden können, laufen instinktive bzw. „triebhafte“ und reflexgesteuerte Verhaltensweisen stereotyp-gleichförmig ab. Letztere dulden keinerlei Aufschub, lassen sich nicht unterbrechen und auch nicht (glaubwürdig) „vortäuschen“ bzw. maskieren (vgl. hierzu auch Ekmans empirische Differenzierung zwischen dem „Schreckreflex“ einerseits und den Emotionen andererseits anhand der Mimik: Ekman 1984, pp. 328 f.).

Mit Feststellungen dieser Art haben wir das eingangs benannte Begriffsdilemma innerhalb der Emotionsforschung (Kap. 3.1) freilich nicht gelöst, sondern nur näher ausgeführt. Es sei noch darauf verwiesen, daß (1) manche der affektiven Reaktionsbereitschaften durchaus stereotyp bzw. zwangsförmig ablaufen (z. B. „Ängstlichkeit“ als eine Art Persönlichkeitsdisposition), und daß (2) die spontanen Affekte sich bekanntlich ungehemmt „Bahn brechen“. Beide Formen emotionalen Verhaltens gelten gemeinhin als schwer beeinflußbar und sie laufen zumeist wider „besseres Wissen“ ab. Dies wirft die Frage auf, wie man sich diese unwillkürlichen Reiz-Reaktions-Kopplungen („emotionalen Konditionierungen“) vor dem Hintergrund „bedeutungsvoller“ Sozialisations- und Beziehungserfahrungen vorzustellen hat - womit wir wieder das Konzept der Interaktionsformen (sensu Lorenzer) angesprochen haben.

Vor dem Hintergrund des Interaktionsformen-Konzeptes ist mit „Affektdurchbrüchen“ bzw. mit „szenischem Agieren“ insbesondere dann zu rechnen, wenn die „Sprachsymbole“ ihre verhaltensregulierende Funktion verloren haben (so im Falle des neurotischen Selbstmißverständnisses) oder eine Art Eigenleben als emotionslose „Worthülsen“ entfalten (so etwa bei psychosomatischen und/oder „narzißtischen“ Störungen).

(Zu diesen Symptomatiken s. Kap. 5.7). So betrachtet, wäre eine defizitäre bzw. verzerrende „Sprachsymbolik", sprich: fehlgeleitete (Sprach-)Sozialisation als Ursache für „(hyper-)affektives" bzw. „affektiertes" Verhalten anzusehen. Den sozialisationstheoretischen Hintergrund zur inhaltlichen Füllung dieses groben Denkrahmens liefert m. E. am ehesten die (klassische) Freudsche Psychoanalyse.

„Affektdurchbrüche" oder „emotionale Stereotypien" sind jedoch nicht nur als Ausfluß einer entgleisten Sprachsozialisation zu werten, sondern sie sind immer auch, besser: zu allererst Ausdruck prä- bzw. nonverbaler Symbolverständigung auf einem phylo- wie ontogenetisch „frühem" Niveau. Die affektbezogenen viszeralen oder muskulären Symbole (sensu Zajonc, s. Kap. 3.2) können letztlich nicht vollständig in Sprache abgebildet und damit zu sprachsymbolischen Interaktionsformen verschweißt werden. Diese These wird unmittelbar plausibel, wenn man sich klarmacht, daß unsere sinnlich-emotionalen Wahrnehmungs- und Reaktionsformen weitaus mehr bzw. etwas anderes sind, als die menschliche Sprache je zu benennen vermag. Man versuche nur einmal, seinem Gesprächspartner den Geschmack einer „köstlichen" Speise oder gar das eigene „tiefe" Gefühlserlebnis zu vermitteln - die Begrenztheit unserer sprachlichen Darstellungsmittel wird sofort evident. Emotionen - und insbesondere die mit Körperempfindungen und motorischen Impulsen einhergehende Affekte lassen sich nicht bzw. nur ungenügend in sprachliche Codes transformieren. Mit diesem Repräsentationsproblem sind insofern alle emotionstheoretischen Ansätze behaftet, als sie ihren Forschungsgegenstand mit Hilfe diskursiv-wissenschaftlicher Sprachsymbolik abzubilden versuchen.

Diese Schwierigkeit der validen sprachlichen Repräsentation von Emotionen korrespondiert mit einem weiteren Forschungsdilemma, das die Beziehung der Emotionskomponenten (Gefühl, Ausdruck, Physiologie) zueinander betrifft. Diesen Problempunkt wollen wir im nächsten Abschnitt behandeln.

3.4 Zum Problem der A-Synchronie der Emotionsebenen

Die syndromale Emotionsdefinition von Kleinginna & Kleinginna (s. Kap. 3.1) geht implizit von synchronen Veränderungen auf den verschiedenen Emotionsebenen aus. Die empirisch Emotionsforschung weist jedoch auf, daß die verschiedenen (Reaktions-)-Ebenen bzw. (Emotions-)Komponenten nur selten signifikant miteinander korrelieren. Selbst in den Fällen, wo signifikante Korrelationen vorlagen, waren diese in der Regel gering (vgl. Schmidt-Atzert 1981, S. 26 f., 1996, S. 137, 140 ff.; Schneider 1992, S. 407; Ulich 1989, S. 88 f.; Wittling 1980, S. 247 ff.). Bisweilen wurden sogar inverse Beziehungen (negative Koeffizienten) zwischen bestimmten Emotionskomponenten berichtet, so z. B. zwischen mimischem Ausdruck und physiologischen Maßen (vgl. Adelmann & Zajonc 1989, pp. 258 f.; Izard 1994, S. 102 f.).

Angesichts dieser Befunde stellt sich die Frage, ob es überhaupt gerechtfertigt ist, an einem - an sich plausiblen, aber empirisch nicht belegbaren - syndromalen Verständnis von „Emotion“ festzuhalten. Das in der gegenwärtigen emotionstheoretischen Diskussion vorherrschende syndromale Emotionskonzept („Drei- bzw. Vierebenen-Ansatz“, s. Kap. 3.1) steht überraschenderweise in einem eklatanten Widerspruch zu den konkreten Forschungsdaten, so daß man geneigt sein könnte, die physiologischen, behavioralen und verbalen bzw. kognitiven (Reaktions-)Anteile nicht als Aspekte eines einheitlichen Konstruktes zu betrachten, sondern als voneinander getrennte Phänomene. Letztere Sicht könnte allerdings auch beinhalten, daß man die einzelnen Reaktionsebenen zunächst gesondert untersuchte, um späterhin deren - offensichtlich komplizierte - Beziehungen untereinander aufzuklären (vgl. Schmidt-Atzert 1981, S. 28 f.).

Die empirisch begründete Problematik der syndromalen Emotionsdefinition („zu schwache Korrelationen“) sollte m. E. nicht - wie in der Emotionsforschung üblich - dazu führen, die Emotions-Aspekte bzw. Reaktions-Ebenen sozusagen auseinanderzudividieren. (Ich erwähnte eingangs bereits, daß sich die meisten EmotionsforscherInnen gezielt nur einer Emotionskomponente: dem Gefühls-„Erlebnis“, der kognitiven Genese, dem nonverbalen Ausdruck *oder* den Körperreaktionen zuwenden). Was nämlich prima vista als Widerspruch erscheint, könnte sich bei genauerem Hinsehen als erwartbare, ja zwangsläufige Folge einer zwar einheitlichen, aber dennoch asynchronen emotionalen Reagibilität auf den verschiedenen Ebenen erweisen (s. Kap. 3.6). Zudem können forschungsmethodische Gründe für die enttäuschend niedrigen Korrelationen zwischen den Ebenen verantwortlich gemacht werden. In diesem Kapitel wollen wir uns auf letzteres konzentrieren.

Die gefundenen Korrelationen stammen zumeist aus laborexperimentellen Studien, bei denen - nicht zuletzt aus forschungsethischen Gründen heraus - nur relativ schwache „Emotionen“ induziert wurden, z. B. indem man den Probanden „lustige“ oder „ängstigende“ Filme zeigte. Eventuelle Störeinflüsse, wie sie sich aus der Versuchssituation heraus ergeben können, wurden in der Regel nicht kontrolliert. So ist es durchaus denkbar, daß der Versuchsablauf als solcher (Instruktionen, Experimentator-Verhalten etc.) und/oder die Erwartungen bzw. Einstellungen der Probanden (wie „Mißtrauen“ oder „Soziale Erwünschtheit“ etc.) eine emotionelle Tönung schufen, die zu der experimentell intendierten Emotion konträr war. Beides, die Art der experimentellen Emotionsinduktion (schwache Reize) zum einen und die Möglichkeit von „Emotionsmischungen“ (Störeinflüssen) zum anderen, kann sich korrelationsmindernd auswirken.

Ein weiteres, das Korrelationsmaß senkendes Forschungsartefakt könnte die (statistische) Datenauswertung selbst betreffen. Die (nicht nur) in der Emotionsforschung gängigen Korrelationskoeffizienten setzen eine sog. lineare Beziehung zwischen den erhobenen Variablen voraus. (Diese Art des statistischen Zusammenhangs bildet also in graphischer Hinsicht eine Gerade). Wenn die Beziehungen zwischen den einzelnen Emotionskomponenten - teilweise oder gänzlich - nicht-linearer Natur sein sollten, so wären die herkömmlichen Korrelationsmaße unangemessen. (In dem Graphen einer nicht-linearen Beziehung erschiene keine Gerade, sondern eine Kurve mit z. B. parabolischem, exponentiellem oder logarithmischem Verlauf).

Ungeachtet solcher rein forschungsmethodischer Fragen (s. hierzu auch Schmidt-Atzert 1996, S. 128 ff.) gibt es eine Reihe mehr inhaltlich begründeter Erwägungen, die zur Aufklärung der Korrelationsproblematik beitragen. Zunächst sollte beachtet werden, daß die einzelnen beteiligten Reaktionssysteme (Kognitionen, Ausdrucks-Verhalten, Körper-Reaktionen) größtenteils unterschiedlichen Gesetzmäßigkeiten bzw. Regulationsprinzipien unterliegen, so daß es - naturgemäß - zu zeitlichen Verschiebungen (Asynchronien) zwischen den Emotionskomponenten kommt. So laufen beispielsweise neuronale Prozesse (hirnelektrische Reaktionen) innerhalb weniger Millisekunden ab, psycho-vegetative bzw. viszerale Vorgänge und (fein-)motorische Reaktionen liegen eher im Zehntelsekundenbereich, biochemisch-endokrine Veränderungen benötigen weitaus mehr Zeit (Minuten, Stunden, Tage, bisweilen mehrere Wochen). (Hinweise: vegetativ = das sog. autonome Nervensystem/Vegetativum betreffend; viszeral = die Viszera/Eingeweide betreffend; endokrin = das Endokrinium/Hormonsystem betreffend; s. hierzu Kap. 4.2.2 u. 6.5). Eine neuronal-hirnelektrisch vermittelte Reizverarbeitung, die zu einer unvorstellbar schnellen Einschätzung der Situation („Blitzkognition“) führt, würde demnach den übrigen Reaktionssystemen sozusagen vorauseilen. Die differierenden zeitlichen Latenzen auf den unterschiedlichen Reaktionsebenen könnten mit dafür verantwortlich sein, daß sich kein konsistentes „Emotionsmuster“ finden läßt. Überdies ist anzunehmen, daß differierende Verlaufscharakteristiken (Latenzen, Phasenverschiebungen) *innerhalb* eines neuro- bzw. psychophysiologischen (Reaktions-)Systems zu einer Minderung der (Inter-)Korrelationen *zwischen* den Emotionskomponenten beitragen. Diese Annahme wird nicht zuletzt durch den empirischen (Gesamt-)Befund gestützt, daß die inter-individuell ermittelten Kovariationen (= die üblichen R-Korrelationen „über“ die Personen) selten höher als 0.2 - 0.3 waren, d. h. daß sich bei Kenntnis eines Bio-Signalkennwertes (z. B. der Herzfrequenz) noch nicht einmal 10 % der Varianz eines anderen physiologischen Indikators (z. B. der elektrodermalen Aktivität) „aufklären“ bzw. vorhersagen läßt (vgl. bes. Fahrenberg 1983, S. 101/Tab. 9 sowie ders. 1988, p. 901).

Die schwachen inter-physiologischen (R-)Korrelationen könnten freilich wiederum als Ergebnisse reiner Forschungsartefakte (s. o.) interpretiert werden. Es ließe sich jedoch auch ein weiterer, inhaltlicher Aspekt in Betracht ziehen. Es könnte nämlich sein, daß sich Individuen typischerweise darin unterscheiden, in welcher Weise und mit welcher Intensität ihr Organismus in verschiedenen Situationen reagiert. Da die - zumeist verwendeten - (R-)Korrelationen die Ähnlichkeit zwischen den physiologischen Systemen hinsichtlich ihrer (Ko-)Variation zwischen den (Versuchs-)Personen (= sog. inter-individuelle Differenzen) beschreiben, könnte es sein, daß die niedrigen inter-physiologischen Korrelationen persontypischen Reaktionsmustern zuzuschreiben wären - dies entspräche der Annahme von „psychophysiologischen Personcharakteristika“ („trait“-

Aspekt). Diese Annahme korrespondiert mit einer in der Psychophysiologie weit verbreiteten Auffassung, wonach die Analyse der *intra*-individuellen Ko-Variation der physiologischen Parameter (nach der Zeitreihen- bzw. Längsschnittmethodik) zur Klärung des o. g. Korrelationsproblems beitragen könne (Fahrenberg 1983, S. 97, 1988, p. 902). Hohe intra-individuelle Korrelationen (im Sinne der Cattelschen P-Technik, d. h. bei ein und derselben Person über verschiedene Zeitpunkte bzw. Situationen hinweg) würden für die Annahme psychophysiologischer „traits" sprechen. Niedrige (P-)-Korrelationen würden auf die Bedeutung situationaler bzw. temporärer Zustandsfaktoren („state"-Aspekt) verweisen.

Überlegungen dieser Art werden in der psychophysiologischen Aktivierungs- bzw. Persönlichkeitsforschung unter den Stichworten der „Fraktionierung der Aktivierungsrichtung" (auch: „directional fractionation") und der „(Reaktions-)Spezifität" angestellt. Das Konzept der *fraktionierten Aktivierung* trägt der Beobachtung Rechnung, daß die vom vegetativen (bzw. „autonomen") Nervensystem gesteuerten Funktionen (wie Blutdruck, Herzzeitvolumen, Hormonausschüttung etc.) oftmals nicht nur desynchronisierte, sondern geradezu gegenläufige Effekte zeitigen. Es war vor allem das Verdienst des Forscherehepaares Beatrice und John Lacey, die physiologische Fraktionierung als Ergebnis differentieller Situationsanforderungen beschrieben zu haben. So wiesen die Laceys z. B. erstmals in den fünfziger Jahren nach, daß die Herzfrequenz und der Blutdruck bei mentaler Belastung (wie Rechen- oder Problemlöseaufgaben) anstiegen, bei Signalerkennungsaufgaben jedoch absanken. Ergebnisse dieser Art scheinen darauf hinzudeuten, daß die Art des situativen Arrangements (bzw. des experimentellen Stressors) und die damit verbundene Art der Reizverarbeitung die „Richtung" der physiologischen Prozesse (Erregungsanstieg vs. -abfall) maßgeblich mitbestimmen. Bei „innerer", geistiger Anstrengung, die einen - zumindest partiellen - Ausschluß von Umweltreizen („environmental rejection") impliziert, sind demnach andersgerichtete Erregungsprozesse zu erwarten, als wenn sich die Aufmerksamkeit auf „äußere", situative Signale („environmental intake") bezieht (zum Fraktionierungskonzept s. zusf.: Schandry 1989, S. 54 ff.). Nach diesem Prinzip der aufmerksamkeitsspezifischen Steuerung physiologischer Vorgänge wären also Herzfrequenz-Schwankungen während einer (mündlichen) Prüfung nicht unbedingt als Erregungsveränderungen (Intensitätsaspekt), sondern als Ausdruck differentieller Orientierungs- bzw. Reizverarbeitungsmuster (qualitativer Aspekt) zu interpretieren. Das Fraktionierungskonzept ist zwar bis heute populär geblieben, indem es in verschiedenen emotionspsychologisch-physiologischen Studien zur Erklärung experimenteller Ergebnisse herangezogen wird (z. B. de Jong-Meyer, Hubert, Körner & Geyer 1990, S. 93), aber die exakte Validierung steht noch aus. So ist es zum einen vielfach nicht eindeutig zu klären, was eine typische „intake" bzw. „rejection"-Situation ist und zum anderen erscheint es mir als äußerst schwierig, eine zeitliche Trennung zwischen den beiden Aufmerksamkeitsorientierungen experimentell zu überprüfen. (Bei Signalerkennungs-Tests sind z. B. Verbalisierungen notwendig, die eher eine interne Reizverarbeitung vermuten lassen).

Das Fraktionierungskonzept kann man als den Teilaspekt eines übergeordneten, in der neueren Psychophysiologie vertretenen Grundprinzips betrachten, nämlich das der *„(Reaktions-)Spezifität“* (vgl. hierzu zusf. Fahrenberg 1986, pp. 45 - 65; Krohne & Kohlmann 1990, S. 487, 490 ff.; Schandry 1989, S. 81 ff.). Nach dem „Spezifitäts“-Prinzip, das die (obsolete) Vorstellung von einer uniformen, eindimensionalen Aktivierung abzulösen scheint, können die einzelnen körperlichen Reaktionssysteme unterschiedlich verkoppelt ablaufen, und zwar in Abhängigkeit von den (1) Stimulus- bzw. Situationscharakteristika, (2) von der jeweiligen Persönlichkeit(sstruktur) und (3) von der situativ aktualisierten Motivation des betreffenden Individuums. Man unterscheidet dementsprechend zwischen „stimulusspezifischen“, „individualspezifischen“ und „motivationsspezifischen“ Reaktionsmustern (zumeist als *„SSR“*, *„ISR“* und *„MSR“* abgekürzt). Nach dem „SSR“-Prinzip wird die Variation von Biosignal-Kennwerten weitgehend durch die Verschiedenartigkeit der (experimentellen) Situationen bestimmt, d. h. es gibt demnach für einzelne Situations-Typen distinkte Reaktionsmuster. Diese „SSR“-bestimmten physiologischen Prozesse werden daher auch als *„Situationsstereotypie“* bezeichnet.

Das „ISR“-Prinzip scheint dem obigen „SSR“-Prinzip insofern zuwiderzulaufen, als es besagt, daß ein Individuum in verschiedenen (Belastungs-)Situationen mit einem mehr oder weniger konsistenten Erregungsmuster reagiert. Diese transsituativ konstanten und individuell-idiosynchratischen Erregungsprozesse werden auch *„Reaktionsstereotypien“* genannt.

Beide Prinzipien erscheinen gleichermaßen plausibel. So wäre z. B. in Prüfungs-Situationen ggf. mit einem physiologischen Erregungsmuster zu rechnen, das sich eher als „Angst“ denn als „Freude“ charakterisieren ließe (dies entspräche dem „SSR“-Prinzip). Zugleich könnte man annehmen, daß jeder der Prüflinge seine Angstemotion in einem für ihn charakteristischen bzw. in einem von ihm „bevorzugten“ Reaktionssystem (wie Herz-Kreislauf- oder Magen-Darm-System) zum Ausdruck brächte (dies entspräche dem „ISR“-Prinzip, wie es auch in der psychoanalytisch orientierten Psychosomatik unter dem Stichwort der „Organwahl“ bekannt ist).

In der Regel werden „ISR“- und „SSR“-Effekte Extremfälle darstellen, die in (nicht-experimentellen) Alltagssituationen selten auftreten. Eher ist mit einer Wechselwirkung zwischen individual- und situationsspezifischen Faktoren zu rechnen, wobei nicht nur die habituellen Reaktionstendenzen in bestimmten Situationen zu berücksichtigen sind, sondern auch die aktuellen, motivabhängigen Situationsbewertungen des jeweiligen Individuums. Die habituellen Unterschiede in den situationsspezifischen Reaktionsmustern zwischen den Personen (= interindividuelle Differenzen) würden in diesem Fall von intra-individuellen Änderungen („Motivationslagen“, „Stimmungen“ und dergl.) überlagert. So ließe sich z. B. bei einem an sich „prüfungsängstlichen“ Examinanden ein modifiziertes Physiologie-Muster beobachten, wenn sich seine „Motivations- bzw. Stimmungslage“ aufgrund externer und/oder interner

Einflüsse („frisch verliebt", „Geburtstag" etc.) aktuell hebt. Dies wäre ein Beispiel für eine sog. MSR-Wirkung, die innerhalb der psychophysiologischen Forschung bislang kaum untersucht wurde (erste Ansätze hierzu bei Fahrenberg 1986, pp. 50 ff.).

Obgleich die drei beschriebenen „Spezifitäten" der physiologischen (Belastungs-)Reaktion mit unterschiedlichem Nachdruck in der empirischen Forschung behandelt wurden, kann man schon jetzt feststellen, daß (1) jedwede Annahme über eine eindimensionale Aktivierung(srichtung) zwischen den Polen „erregt" bis „nicht-erregt" fallen gelassen werden sollte und daß (2) stabile bzw. transsituativ konsistente Reaktionsmuster („Stereotypien") sich - im Regelfall - weniger reinen Situations- oder Personfaktoren verdanken, als vielmehr komplexen Wechselwirkungen nach dem Muster der „MSR"-Effekte. Daraus läßt sich unter methodischen Gesichtspunkten folgern, daß die Erhebung eines einzelnen Aktivierungsindikators (wie z. B. nur der Herzfrequenz) ebenso unzureichend ist wie die Erstellung univariater Forschungsdesigns (wo z. B. nur der Situationsfaktor kontrolliert wird). Unsere „PPF"-Studie (Kap. 1.1), bei der wir lediglich die Herzfrequenz in verschiedenen Prüfungssituationen gemessen hatten, war von diesem versuchsplanerischen Optimum weit entfernt.

Doch auch die herkömmliche physiologisch ausgerichtete Emotionsforschung hat - wenn ich es recht sehe - dem Aspekt der o. g. „Spezifitäten" bislang nur ungenügend Rechnung getragen. Stattdessen hat sie sich darauf konzentriert, für unterschiedliche Emotionen differentielle Körperreaktionsmuster (Muskelinnervationen, vegetativ-viszerale Veränderungen) zu finden. Die entsprechenden Daten zur Überprüfung der Hypothese einer peripher-physiologischen Differenzierung von Emotionsqualitäten (nicht: Intensitäten!) sind insgesamt mehrdeutig und relativ unzuverlässig. Nur wenige Befunde ließen sich replizieren, so z. B. die Beobachtung, daß der diastolische Blutdruck bevorzugt in - experimentell induzierten - „Ärgersituationen" ansteigt, während er in „Angstsituationen" eher konstant bleibt oder sogar abfällt. Der systolische Blutdruck hingegen erhöht sich hauptsächlich in (experimentellen) „Angstsituationen". (Zu der relativ komplizierten kardiovaskulären Differenzierung zwischen „Angst" und „Ärger" s. zusf.: Asendorpf 1984, S. 132 f.; Bottenberg 1972, S. 86 ff.; Schmidt-Atzert 1981, S. 86 ff.; Schneider 1992, S. 416). Die insgesamt recht vagen differential-physiologischen Emotionsindikatoren für „Angst" einerseits und „Ärger" andererseits wurden vielfach auf die unterschiedlichen Wirkungsspektren der „Streßhormone" Adrenalin (= „Flucht- bzw. Konflikthormon") und Noradrenalin (= „Angriffs- bzw. Aktionshormon") zurückgeführt, deren Ausscheidung aus dem Nebennierenmark wiederum neuronal-vegetativen Steuerungsprozessen unterliegt (s. Kap. 6.5.2).

3.5 Der facial feedback-Ansatz oder: stimmt Lächeln heiter?

Ein anderer Aspekt der Emotionsdifferenzierung, nämlich die Korrespondenz zwischen (emotionsspezifischen) Gesichtsbewegungen und (distinktiven) Emotionen steht im Zentrum der Forschung zur sog. *facial feedback-Hypothese* (vgl. zusf. Adelmann & Zajonc 1989; Buck 1980; Laird 1974, 1984; Scherer & Wallbott 1990 a, S. 390 ff.; Schmidt-Atzert 1996, S. 154 ff.). Es sei vorab eingeräumt, daß auch dieses Forschungsfeld kein konsistentes und eindeutiges Bild bietet. Gleichwohl ist diese Forschungsrichtung für unser neuroszenologisches Konzept insofern relevant, als sie die motorische Ebene der unbewußt-affektiven Prozessierung näher zu beleuchten hilft. Wir wollen deshalb versuchen, die aus der facial feedback-Forschung direkt oder indirekt ableitbaren Kernaussagen herauszuarbeiten.

Die facial feedback-Hypothese geht m. W. auf Überlegungen von Silvan Tomkins zurück, der bereits Anfang der 60er Jahre einen Rückkoppelungseffekt für die mimischen Bewegungsmuster in bestimmten, für Emotionen zuständigen Hirnstrukturen („limbisches System", s. Kap. 4.2.3) postulierte. Tomkins hat späterhin angenommen, daß die interozeptive Rückmeldung über die Durchblutung, die Temperatur und den Spannungszustand der Gesichtshaut die entscheidenden emotionsinduzierenden Variablen seien (vgl. Tomkins 1980, 1984). Diese Revision der facial feedback-Hypothese wurde m. W. bislang nicht hinreichend empirisch untersucht. Im typischen experimentellen Design zur Prüfung der facial feedback-Hypothese wurde vielmehr ausschließlich die mimische Muskulatur in den Vordergrund gestellt (vgl. z. B. Kraut 1982; Laird 1974, 1984; Tourangeau & Ellsworth 1979).

Die facial feedback-Hypothese kann man als eine moderne Variante der in der Tradition der James-Lange-Theorie stehenden Emotionskonzepte betrachten (s. Kap. 3.1). Nach der klassischen Fassung der facial feedback-Hypothese beruht das emotionale Erleben primär auf der präkognitiven, d. h. auf der unbewußt-unwillkürlichen Eigenwahrnehmung (Propriozeption) der mimischen Muskelaktivitäten. Nach dieser Hypothese müßte z. B. die Innervation der beim Lächeln beteiligten Jochbein- und Augenringmuskeln (M. zygomaticus major, M. orbicularis oculi) das Empfinden einer positiven Emotion („Freude") regelrecht erzeugen. Man spricht hierbei auch von der „strong version" der facial feedback-Hypothese. In abgeschwächter Form („weak version") wird nach dieser Hypothese postuliert, daß sich eine bereits bestehende Emotion bzw. eine vorgegebene emotionale Stimulierung (z. B. lustige Karikatur, aversiver Schmerzreiz) durch Verstärkung des dazu passenden Gesichtsausdrucks (i. S. des propriozeptiven feedbacks) intensivieren läßt. Ein der Emotion gegenläufiges Ausdrucksmuster müßte demgegenüber die Stärke der ursprünglichen Empfindung abschwächen (vgl. hierzu zusf. z. B. Winton 1986).

In der Regel wurden Versuchspersonen unter dem Vorwand der Messung von Muskelpotentialen aufgefordert, einzelne Gesichtsmuskeln willkürlich anzuspannen und die dabei entstandenen Ausdrucksmuster über einen bestimmten Zeitraum hinweg (z. T. minutenlang!) aufrecht zu erhalten. Zur Prüfung der affektiven Wirkung des facial feedbacks wurden zumeist physiologische Veränderungsmaße erhoben, und darüberhinaus ließ man die Probanden über ihre Stimmungen bzw. Empfindungen angesichts bestimmter, experimentell applizierter Stimuli (wie z. B. verschiedene Düfte, Karikaturen, Filmausschnitte) berichten.

Abgesehen von einigen wenigen die Hypothese nicht bestätigenden Befunden (s. bes. Tourangeau & Ellsworth 1979) scheinen die mit diesem methodischen Ansatz zusammengetragenen Forschungsergebnisse die Annahme der facial feedback-Hypothese weitgehend zu bestätigen. Allerdings legt der Forschungsstand angesichts der recht unspezifischen und geringen Effektmaße eher die sog. „weiche" Version der facial feedback-Hypothese nahe, d. h. die Annahme, daß emotionale Lust-Unlust-Qualitäten (wie „Freude" oder „Ärger") durch Gesichtsmuskelinnervationen zwar nicht initiiert, aber doch intensiviert bzw. moduliert werden können (vgl. u. a. Adelmann & Zajoc 1989; Izard 1990; Winton 1986).

Die Bedeutung des facial feedbacks für das emotionale Erleben scheint nicht zuletzt auch in neuroanatomischen Gegebenheiten begründet zu sein: So ist die mimische Muskulatur gegenüber den Skelettmuskeln nicht nur feiner ausdifferenziert, sondern sie zeichnet sich auch durch eine ungewöhnlich dichte Versorgung mit Nervenzellen aus (vgl. Ellgring 1987, S. 264 f.; Izard 1994, S. 78). Auch findet sich für das Gesicht eine gegenüber anderen Körperteilen überproportional starke Repräsentation (Somatotopie) in der motorischen Hirnrinde (vgl. Rinn 1991, pp. 8 f.). Howard Leventhal, ein exponierter Vertreter der („weichen") feedback-Hypothese, verweist u. a. auf die extensiven neuroanatomischen Verbindungen zwischen der Gesichtsmuskulatur einerseits und jenen (subkortikalen) Hirnkernen andererseits, von denen gemeinhin angenommen wird, daß sie an emotionalen Vorgängen beteiligt sind (vgl. z. B. Leventhal 1984 b, p. 132).

Ebenso ist zu berücksichtigen, daß die mimischen Muskeln, die sich vor allem radiär und zirkulär um die Öffnungen im Gesicht (Auge, Nase, Mund, Ohr) herum anordnen (wie M. zygomaticus, M. orbicularis oculi, M. orbicularis oris, M. risorius), innerhalb des Muskelapparates eine anatomische Sonderstellung einnehmen. Die mimischen Muskeln ziehen nämlich nicht wie die übrigen Gesichtsmuskeln (z. B. der „Kaumuskel", M. masseter) weder von Knochen zu Knochen noch dienen sie der Gelenküberbrückung. Sie entspringen zwar z. T. aus dem Schädelknochen (Periost), strahlen aber in jedem Fall direkt auf die Haut aus (s. hierzu Anatomie-Lehrbücher wie z. B. das von Lippert 1989, S. 196 f.). Aufgrund dieser anatomischen Beschaffenheit kommt es bei Kontraktion der mimischen Muskeln zu den ausdrucksvollen Hautverschiebungen (mit den charakteristischen Falten, Furchen und Grübchen), wie sie häufig als „Spiegel der Seele" gedeutet werden. Vor dem Hintergrund der facial feedback-Hypothese stellt sich dieses alltagspsychologische Verständnis, wonach die Mimik bloß das Ausdrucksmedium von intra-psychischen Vorgängen repräsentiert, als eine verkürzte Perspektive heraus. Schließlich konnte die facial feedback-Forschung die empirischen Hinweise dafür liefern, daß sich die Funktion der Mimik nicht darin erschöpft, die zeitliche Endphase von Emotionsprozessen kommunikativ zu vermitteln.

Ungeachtet der exponierten (Neuro-)Anatomie der mimischen Muskulatur und trotz ihrer tendenziell hypothesenstützenden Forschungsbefunde hat sich die facial feedback-Forschung mit einer Reihe von methodischen Problemen auseinanderzusetzen, von denen wenigstens zwei der m. E. wichtigsten genannt sein sollen: Zum einen ist schwer zu prüfen, ob und inwieweit verschiedene Ausdrucksmuster aufgrund ihrer unterschiedlich großen motorischen bzw. muskulären Anstrengungen zu den (scheinbar) emotionsspezifischen Herzraten- oder Hautleitfähigkeitsänderungen geführt haben (sog. effort-Hypothese).

Der zweite gewichtige Einwand betrifft die unkontrollierte Wirksamkeit semantischer bzw. kognitiver Vermittlungsprozesse auf Seiten der Versuchsteilnehmer. Bei den in der facial feedback-Forschung bevorzugten Verfahren zur Emotionsinduktion (wie dem willkürlichen Nachstellen, dem Verstärken oder Unterdrücken bestimmter mimischer Merkmale) muß nämlich mit „demand characteristics" bzw. mit naiv-psychologischen Vorstellungen auf Seiten der Probanden gerechnet werden: Die Vpn könnten z. B. intuitiv gemerkt haben, was von ihnen verlangt wurde (nämlich sich in eine Emotion hineinzuversetzen), und/oder sie könnten ihr Wissen um die Zusammenhänge zwischen Mimik und Emotion aktualisiert haben. Diese Vermutung liegt insofern nahe, als sich die Vpn zumeist aus Psychologie-StudentInnen rekrutierten. Die Forschungsdaten wären dadurch zugunsten der facial feedback-Hypothese verfälscht worden, obgleich sich diese auf einen präkognitiven, unwillkürlichen Prozeß der Emotionsgenese beschränkt.

Die facial feedback-Hypothese scheint jedoch auch dann noch zuzutreffen, wenn derartige Artefakte weitgehend ausgeschaltet werden. Von zwei getrennt voneinander arbeitenden Forschergruppen wurden Techniken eingesetzt, die etwaige emotionale Bedeutungen des induzierten Gesichtsausdrucks wenn nicht ganz vermeiden, so doch zumindest stark einschränken sollten. Zum einen haben Strack, Martin & Stepper (1988) in ihren Studien ein bestimmtes Audrucksverhalten stimuliert, indem sie ihre Probanden z. B. einen Filzstift zwischen den Zähnen halten ließen, um somit die Lachmuskeln (M. zygomaticus, M. risorius) unwillkürlich kontrahieren zu lassen. Zur Kontrolle wurden die Vpn außerdem dazu veranlaßt, den Stift mit den vorgestülpten Lippen (entspricht einer dem Lächeln entgegengerichteten muskulären Aktivität) oder mit der Hand zu halten. Gleichzeitig wurden den Vpn Cartoons vorgelegt, deren Belustigungswert („Witzigkeit") späterhin einzuschätzen war. Etwaige „demand characteristics" bzw. kognitive Störvariablen wurden zusätzlich dadurch zu eliminieren versucht, daß man den Vpn mit Hilfe von „cover stories" ein alternatives Untersuchungsziel (z. B. die Erforschung der Selbsthilfemöglichkeiten bei Behinderungen) vortäuschte. Die Witzigkeitseinschätzungen entsprachen den aus der facial feedback-Hypothese abgeleiteten Vorhersagen, d. h. das Amüsement der Vpn war am größten, wenn durch die Haltung des Stiftes ein (emotionsfreies) Lächeln simuliert wurde (zu näheren Details s. Strack, Martin & Stepper 1988, pp. 771 f.).

Dieses experimentelle Paradigma wurde kürzlich auf die Untersuchung potentieller Feedback-Effekte der Körperhaltung ausgedehnt (vgl. Stepper 1992). Ebenso wie beim Gesichtsausdruck wurde der Einfluß der Körpermotorik auf das emotionale Erleben untersucht, indem man bei den Vpn unter dem Vorwand ergonomischer Arbeitsstudien zweierlei Haltungen (aufrechter vs. gebeugter Rumpf) zu induzierten versuchte. Als abhängige Variable wurde die (schwer definierbare) Emotion „Stolz" erfaßt. Als weitere unabhängige Variable wurde eine kognitive Bewertungskomponente berücksichtigt, indem die Vpn über ihr Abschneiden in einem Leistungstest unterrichtet wurden. Diese Leistungsrückmeldungen waren jedoch fingiert, sie dienten nur dazu, die kognitiven Voraussetzungen (Attributionen, s. Kap. 3.1) für die Emotion „Stolz" methodisch zu variieren.

Auf der Grundlage von drei sorgfältig angelegten Experimenten (mit relativ großen Stichprobengrößen zwischen 66 und 99 Vpn und der Berücksichtigung mehrerer Kontrollvariablen) ließ sich im Gesamtergebnis die Vorhersage bestätigen, daß die Körperhaltung einen direkten Einfluß auf die emotionale Erfahrung des „Stolzes" ausüben kann, und zwar ohne daß kognitiv-symbolische Strategien (i. S. der interpretierten Selbstwahrnehmung) dazwischengeschaltet sein müssen: Die Empfindung des „Stolzes" war grundsätzlich stärker, wenn die Vpn in einer „aufrechten" Körperhaltung befragt wurden. Allerdings trat dieser signifikante „Körper-Feedback-Effekt" nur dann auf, wenn die Manipulation der Körperhaltung zeitgleich mit der Applikation eines emotionsadäquaten Stimulus (= Rückmeldung einer vermeintlich „überdurchschnittlichen" Leistung) erfolgte. Wurde nämlich die Aufrichtung des Oberkörpers weit vor dem Zeitpunkt induziert, zu dem die Stolz auslösende Leistungsrückmeldung stattfand, so verwischte sich die o. g. Feedback-Wirkung (s. hierzu bes. die Ergebnisse zu Experiment II bei Stepper 1992, S. 74 ff.).

Eine nicht minder einfallsreiche Arbeitsgruppe um den Emotionsforscher Robert B. Zajonc hat ebenfalls Techniken ersonnen, um zu zeigen, daß facial feedback zur Emotionsgenese beisteuern kann, ohne daß eine kognitive Repräsentation der intendierten Mimik vorzuliegen scheint. Zajonc, Murphy & Inglehart (1989) ließen ihre Probanden z. B. zweierlei Geschichten laut vorlesen, in denen entweder gehäuft der Vokal „ü" (wie in dem deutschen Wort „für") oder der (englische) Vokal „e" (wie in dem Wort „cheese") vorkam. Das Aussprechen dieser Phoneme bewirkt jeweils entgegengesetzte Innervationen des Lachmuskels (Zygomaticus): Beim „ü"-Laut kommt es unwillkürlich zu einer Dehnung dieses Muskels, der „e"-Laut hingegen führt zu einer der Lächelreaktion analogen Kontraktion. Bei Gültigkeit der facial feedback-Theorie müßte der bloße Gebrauch von an sich emotionsfreien „ü"-Lauten zu einer Negativierung der Emotionslage führen, während das häufige Aussprechen von „e"-Lauten eine positive Stimmung begünstigen sollte. Genau diese Voraussagen konnten Zajonc et al. (1989, pp. 401 f., 405 ff.) in zwei kleineren Studien bestätigt finden.

Zajonc et al. (1989) weisen jedoch mit ihrer Forschungsreihe weit über den Bereich des propriozeptiven feedbacks hinaus, indem sie die vaskulären, thermischen und neurochemischen Mechanismen der Emotionsentstehung in das Zentrum ihrer Überlegungen rücken. Schließlich lassen die verschiedenen Versionen der Hypothese zum Gesichts- bzw. Körperfeedback offen, wie die afferenten Zuströme (Körpersignale) im Gehirn als „emotionale" Zustände perzipiert werden.

In Anknüpfung an eine von dem französischen Arzt Israel Waynbaum vor knapp 90 Jahren verbreitete Vorstellung nimmt Zajonc (1985) an, daß die mimischen Ausdrucksbewegungen nicht primär der kommunikativen Verständigung dienen, sondern insbesondere der Blutfluß- und Thermoregulation im Gehirn. Zajonc grenzt sich daher auch gegenüber der klassischen, z. T. an Darwins Gedankengut orientierten facial feedback-Forschung ab und kennzeichnet sein an Waynbaum anknüpfendes Emotionsverständnis als „vascular theory of emotional efference" (zum neurophysiologischen Begriff der Efferenz, s. Kap. 4.2.2 sowie das Glossar).

Nach diesem von Waynbaum erstmals aufgestellten und von Zajonc unter Einbeziehung aktuellen physiologischen Wissens weiterentwickelten Emotionskonzept könne die Gesichtsmuskulatur wie eine Aderpresse („tourniquet") u. a. auf die äußere Kopfschlagader (A. carotis externa), auf die im tieferen Weichteilbereich entlangziehende Gesichtsvene (V. facialis) und auf die davon abzweigenden Gefäße (wie z. B. V. angularis, V. ophthalmica) wirken, wodurch der cerebrale Blutfluß verändert würde (vgl. Zajonc 1985, p. 17; Zajonc et al. 1989, p. 398). So unterbänden z. B. die angespannten Lachmuskeln den venösen Rückstrom in einen bestimmten, etwa in der Schädelmittel lokalisierten Blutleiter (Sinus cavernosus), der das über die innere Kopfschlagader (A. carotis interna) in das Gehirn einströmende Blut kühlen könne. Bereits geringste Temperaturabweichungen (von vielleicht nur dem Bruchteil eines Grades) sollen nach Zajonc eine Veränderung des biochemischen Milieus im Gehirn nach sich ziehen. Weiterhin mutmaßt Zajonc mit Hinweis auf neuere hirnphysiologische Studien, daß die temperaturbedingte Ausschüttung bzw. Hemmung von Enzymen und sog. Neurotransmittern (s. hierzu Kap. 4.1) letztlich für die jeweilige emotionale bzw. hedonistische Tönung des subjektiven Erlebens verantwortlich zu machen sei (vgl. Zajonc 1985, pp. 17 f.; Zajonc et al. 1989, pp. 398 f., 409 f.). So führe z. B. ein Lächeln aufgrund der speziellen Konfiguration von Muskel- und Gefäßveränderungen zu einem vermehrten Zufluß abgekühlten Venenblutes zum Sinus cavernosus. Weiterhin gehe eine - nota bene zunächst emotionslose - Kontraktion des Zygomaticus (wie z. B. beim Aussprechen des englischen Vokals „e") mit einer Dehnung der Nostrillen und einer verstärkten Nasenatmung einher, die wiederum über die Nasenschleimhäute einen kühlenden Effekt auf den o. g. kavernösen Blutleiter hätte (vgl. Zajonc et al. 1989, p. 409). Eine über den kavernösen Blutleiter und die Nasenbelüftung vermittelte Erniedrigung der Temperatur in bestimmten Hirnregionen (wie z. B. im sog. Hypothalalmus, s. Kap. 4.2.3) würde tendenziell das neurochemische Milieu im Gehirn zugunsten eines hedonistischen Empfindens (Wohlbehagen, Freude etc.) verschieben.

Nach der „vaskulären Theorie der emotionalen Efferenz“ beruht die Emotionsgenese also nicht einfach auf der sensorischen Rückmeldung muskulärer bzw. kutaner Stimulierungen, dies entspräche der klassischen feedback-Hypothese bzw. der revidierten Variante (sensu Tomkins, s. o.). Vielmehr entstehen nach Zajoncs Auffassung Emotionen durch organismische Kettenreaktionen, die von mimischen Bewegungsimpulsen (facial efference) über die cerebrale Blutfluß- und Temperaturregulation bis hin zu neurochemischen Steuerungsmomenten reichen, die letztlich über das emotionale Erlebens bestimmen (s. hierzu die Abb. 4 bei Zajonc et al. 1989, p. 400).

Für Teilaspekte ihrer insgesamt noch recht spekulativen Vorstellungen konnten Zajonc et al. (1989) bereits erste empirische Daten vorlegen. So ließ sich z. B. bei jenen Probanden, die mit den die Lächelreaktion unterbindenden ü-Phonemen beschäftigt wurden, eine statistisch signifikante Erhöhung der Stirntemperatur messen, die wiederum mit einer Stimmungsänderung (in Richtung eines leichten Unbehagens) korrelierte. Wenngleich die neurochemischen Zwischenschritte der Emotionsgenese hierbei noch im dunkeln blieben, so stützen die von Zajonc et al. (1989) erhobenen Befunde doch den vermuteten Pfad von der mimischen Bewegung (facial efference) über die cerebrale Temperatursteuerung zur emotional-hedonistischen Grundtönung.

Die soeben referierten Studien zu mimischen Rückkoppelungs- bzw. Efferenzeffekten haben allerdings wenig zur Aufklärung emotiondifferenzierender Gesichtsbewegungen beigetragen. Auch fielen die (statistisch signifikanten) Unterschiedsmaße nur gering aus. Der für die facial feedback- bzw. facial efference-Forschung (sensu Zajonc) charakteristische Mangel an emotionsspezifischen Ergebnissen und die insgesamt nur schwach ausgeprägten Effekte der zur Emotionsinduktion verwandten Techniken hängen möglicherweise damit zusammen, daß die psychophysiologischen Aspekte der „Spezifität“ bzw. der „Fraktionierung“ (vgl. Kap. 3.4) nicht hinreichend berücksichtigt bzw. kontrolliert wurden.

Erste, wenngleich noch vage Hinweise für diese Mutmaßung lassen sich aus den Ergebnissen einer neueren Untersuchungsreihe erschließen, die aus der Zusammenarbeit so renommierter Emotionsforscher wie Paul Ekman, Robert W. Levenson und Wallace V. Friesen hervorgegangen ist (vgl. Ekman, Levenson & Friesen 1983; Levenson 1992; Levenson, Ekman & Friesen 1990; Levenson, Carstensen, Friesen & Ekman 1991; Levenson, Ekman, Heider & Friesen 1992). In ihren Studien haben die Forscher versucht, durch spezielle Instruktionen 6 verschiedene sog. Basisemotionen („fear“, „anger“, „surprise“, „disgust“, „sadness“, „happiness“) auszulösen, für die von der Forschergruppe universell gültige Ausdrucksmuster postuliert werden (vgl. Kap. 3.3). Die Emotionsinduktion erfolgte grundsätzlich auf zweierlei Weise: Zum einen wurden die Vpn sorgfältig darin unterwiesen, sechs verschiedene Ausdrucksmuster nachzubilden und diese jeweils für 10 Sekunden aufrechtzuerhalten („directed facial action task“). Diese für jede einzelne Muskelbewegung genau spezifizierten Instruktionen basierten auf einem von Ekman und Mitarbeitern entwickelten Kodierschema („facial action coding system"), das den Gesichtsausdruck in seine einzelnen Muskelkomponenten zerlegt (s. hierzu näheres in Kap. 3.7). Die jeweiligen Gesichtsausdrücke wurden zudem auf Videofilm festgehalten, um prüfen zu können, ob die jeweils geforderten Muskelkonfigurationen exakt ausgeführt wurden. Die Emotionen selbst wurden nicht angesprochen.

In einer zweiten Instruktionform wurden die Vpn aufgefordert, sich durch bewußtes Erinnern bzw. durch Nacherleben persönlicher Erfahrungen in die jeweils intendierte Emotion hineinzuversetzen („relived emotions task"). Bei beiden experimentellen Aufgabenstellungen wurden neben der subjektiven Befindlichkeit verschiedene Biosignalkennwerte wie Herzfrequenz, Hautleitfähigkeit, Hauttemperatur (am Finger) und Muskelspannung (am Vorderarm) erhoben. Für unsere weiteren Überlegungen sollen nur die mit der Muskelmanipulation verbundenen Effekte auf die physiologischen bzw. „autonomen" Reaktionen betrachtet werden.

Die vielbeachtete Initialstudie von Ekman et al. (1983, zusf. auch in: Ekman 1984, pp. 324 ff.; Levenson et al. 1990, pp. 365 f.) erbrachte den eindrucksvollen Nachweis, daß sich mit Hilfe von willentlich (!) veränderten Gesichtskonfigurationen emotionsspezifische Veränderungen im psycho-vegetativen Reaktionsbereich herbeiführen lassen. Die Vpn rekrutierten sich jedoch ausschließlich aus einem Personenkreis (Schauspieler, Emotionsforscher), die von Berufs wegen mit der bewußten Kontrolle mimischer Äußerungen bereits vertraut waren. Die Forscher stellten nicht nur tendenzielle Unterschiede zwischen positiven und negativen Emotionen fest (= „weiche" facial feedback-Hypothese s. o.). Auch unter den gleichgerichteten, insbesondere unter den negativen Emotionszuständen konnten für die Herzraten- und Hauttemperaturänderung differentielle Reaktionsprofile erhoben werden. So war z. B. die Herzrate bei den emotionalen Gesichtsausdrücken für Ärger, Angst und Kummer deutlich höher als bei denen für Freude, Überraschung und Ekel. Die ersten drei genannten Emotionen ließen sich teilweise noch dadurch spezifizieren, daß die Hauttemperatur bei Ärger signifikant höher war als bei Angst. Dieses Ergebnis entspricht auch dem intuitivem Emotionsverständnis, das in umgangssprachlichen Wendungen wie „vor Wut kochen" oder „kalte Füße bekommen" das Temperaturgefälle zwischen der Ärger- und der Angstemotion widerspiegelt.

In ihren Folgestudien dehnten die Forscher den Kreis der Vpn auf weitere, nicht-spezialisierte Populationen aus, und zwar vor allem auf College-Studenten (vgl. Levenson et al. 1990), aber auch auf eine Gruppe älterer Menschen Levenson et al. 1991). In beiden Studien ließen sich die o. g. physiologischen Emotionsdifferenzierungen tendenziell replizieren, wenngleich die Effekte insgesamt niedriger ausfielen.

Um die universelle, kulturübergreifende Rolle der physiologischen Emotionsmuster zu klären, haben Levenson et al. (1992) ihr experimentelles Design auch auf die (männlichen) Mitglieder einer indonesischen Teilpopulation (Minangkabau, West Sumatra) angewandt. Auch hier kamen die Forscher zu ähnlichen Resultaten wie in den vorangegangenen Studien.

Diese (überraschend) konsistenten Befunde können als vorläufige Hinweise für die potentielle Gültigkeit der „starken“ Version der facial feedback-Hypothese betrachtet werden. Die Forschergruppe um Ekman und Levenson steht dem facial feedback-Ansatz jedoch eher kritisch gegenüber und versucht ihre Ergebnisse mit neuronalen Verschaltungen zwischen dem motorischen Cortex und dem vegetativen Nervensystem zu erklären (vgl. Ekman et al. 1983, p. 1210; Levenson et al. 1990, p. 381).

Ungeachtet des theoretischen Erklärungsbedarfs darf die Validität des von Ekman, Levenson & Mitarbeitern erhobenen (Gesamt-)Befundes nicht überschätzt werden. Schließlich ist keine der Studien repräsentativ (für breitere Bevölkerungskreise), da keine geeigneten Stichprobenziehungen erfolgten. Zudem ist die Generalisierbarkeit der Forschungsergebnisse dadurch eingeschränkt, daß in jeder der o. g. Studien eine Vorauswahl aus den angeworbenen Versuchsteilnehmern getroffen wurde: Für die Datenauswertung wurden nämlich nur Vpn berücksichtigt, die ihre Gesichtsmuskeln instruktionsgerecht manipulieren konnten.

Ebensowenig lieferten die einzelnen Untersuchungen eine eindeutige Evidenz dafür, daß die autonome Erregung (zusammen mit der dazugehörigen fazial-muskulären Aktivierung) zur qualitativen Unterscheidung zwischen Emotionen beiträgt. Die Studien demonstrieren lediglich, daß sich unter bestimmten restriktiven Experimentalbedingungen (wie präziser Muskelkodierung, spezifischer Vpn-Auslese) einige markante physiologische Unterschiede zwischen bestimmten Emotionen (insbes. zwischen Ärger und Angst) nachweisen lassen. Von der hierbei unterstellten Authentizität der jeweiligen Emotion einmal abgesehen, ist es ohnehin fraglich, ob sich zu jeder Emotion ein spezifisches Erregungsprofil finden läßt. So dürfte die Differenz zwischen den mehr „mentalen“, kognitiv geprägten Emotionen (z. B. zwischen „Zufriedenheit“ und „Stolz“) schwer im körperlichen Reaktionsbereich zu finden sein. Selbst psycho- und evolutionsbiologisch orientierte Emotionsforscher wie z. B. der Tomkins-Schüler Carroll E. Izard räumen explizit ein, daß jede Form von emotionaler Befindlichkeit („feeling“ bzw. „emotional experience“) nicht nur durch neuronale Programme und neuromuskuläre Mechanismen ausgelöst und aufrechterhalten wird, sondern daß daran auch verschiedene kognitive Aktivatoren wie Attributionen, Bewertungen, Erinnerungen beteiligt sein können (vgl. z. B. Izard 1982; 1991, bes. pp. 40, 51; 1992). Kürzlich wurde von einem an sich psychophysiologisch argumentierenden Autorenteam (Cacioppo, Berntson & Klein 1992) ein heuristisches Emotionsmodell vorgestellt, das in Analogie zu dem Phänomen der optischen Täuschungen eine erwartungsspezifische, durch „emotionale Schemata“ vermittelte (Selbst-)Wahrnehmung physiologischer Erregungsmuster postuliert („somatovisceral illusions“). Ohne ihre Annahme des körperlichen feedbacks für die Emotionsgenese aufgeben zu wollen, versuchen die Autoren Erklärungen dafür zu liefern, warum ein und dasselbe Erregungsprofil zu distinkten

Emotionserlebnissen führen kann und warum andererseits eine bestimmte Emotion von unterschiedlichen somatischen Reaktionsmustern begleitet sein kann (vgl. bes. Cacioppo, Berntson & Klein 1992, pp. 86 ff.).

Es gibt sogar eine Reihe empirischer Widerlegungen der Annahme, daß für das emotionale Erleben eine irgendwie geartete physiologische Erregung notwendig ist (vgl. hierzu zusf. Meyer, Schützwohl & Reisenzein 1993, S. 151 ff.; Reisenzein 1983, pp. 245 ff.).

Was die Rolle der Physiologie für die Emotionen anlangt, rühren die widersprüchlichen empirischen Befunde wohl nicht zuletzt daher, daß in der emotionspsychologischen Diskussion und in den empirischen Metaanalysen zu wenig zwischen (körpernahen) Affekten einerseits und (mentalen) Gefühlen andererseits differenziert wird (vgl. Batson, Shaw & Oleson 1992, s. auch Kap. 2.1).

Als Fazit der vorangegangenen Betrachtungen können wir festhalten: Obgleich die referierten Studien noch keine abschließenden Bewertungen zulassen, so sollten die bisherigen (Zwischen-)Ergebnisse doch dazu ermutigen, weiter in Richtung der facial feedback-Hypothese zu forschen. Der facial feedback-Ansatz beschränkt sich allerdings auf den intrapersonalen Bereich der Selbstwahrnehmung. Der Einfluß nonverbaler Reaktionen von Kommunikationspartnern auf die eigenen mimischen Ausdrucksmuster („soziales feedback") bleibt schließlich völlig unberücksichtigt. Trotz dieses Forschungsdesiderates ist der facial feedback-Ansatz für unser neuroszenologisches Modell insofern beachtenswert, als dieser, wenngleich nur indirekt, zur empirischen Untermauerung der Annahme beisteuert, daß sog. Basisemotionen (s. Kap. 3.2, 3.3) bzw. Affekte (s. Kap. 2.1) nicht bloße Wahrnehmungs-Reaktions-Komplexe bilden, sondern z. T. auch selbstgenerative, d. h. primär efferente und damit „unwillkürlich-unbewußte" Dynamismen widerspiegeln. Diese affektiven Automatismen verdanken sich verschiedenen, miteinander verschränkten Prozessen auf der neuronalen, neuromuskulären, physiologisch-viszeralen und kognitiv-symbolischen Ebene gleichermaßen.

Wir wollen uns nun erneut dem Problem der Desynchronie zwischen diesen Prozeßebenen (s. Kap. 3.4) zuwenden, um es aus erweiterter Perspektive zu erörtern.

3.6 Die emotionale A-Synchronie - ein erwartbarer Regelfall?

Die neueren Arbeiten der Forschergruppe um Ekman und Levenson sind m. E. nicht nur für die facial feedback-Forschung wegweisend, sondern sie werfen zugleich ein bezeichnendes Licht auf die bereits aufgezeigte Problematik der A-Synchronie der Emotionsebenen. Die Forschungsergebnissse von Ekman, Levenson & Friesen et al. können nämlich auch als eindrucksvolle Indizien für die - an sich schwer nachweisbare - Synchronie der drei zentralen Emotionsebenen (Physiologie, Mimik, subjektives

Erleben) gelesen werden. Die erstaunlich gleichlautenden Experimentalergebnisse verdanken sich möglicherweise dem Umstand, daß die Forscher dem Aspekt der Stimulusspezifität (s. Kap. 3.4) Rechnung getragen haben, ohne dies freilich gewußt zu haben. Ich will dies näher erläutern.

Erinnern wir uns: Die o. g. Forscher zogen ausschließlich Probanden heran, die mit den Laborbedingungen bzw. mit den Experimentalinstruktionen gut zurechtkamen. Dadurch wurde das Risiko von Störvariablen (wie z. B. „Befangenheit", „Mißtrauen" der Vpn) minimiert, die u. U. etwaige Unterschiede zwischen den induzierten (Ziel-)-Emotionen nivelliert hätten. Die Forscher versuchten, derartige Artefakte auszuschließen, indem sie die Vpn danach befragten, ob diese die experimentelle Zielemotion überhaupt empfunden hätten. Vpn mit offenkundigen „Störemotionen" wurden grundsätzlich ausgesondert. In der übrigen psychophysiologischen Emotionsforschung wurde dieser methodische Aspekt bislang ungenügend berücksichtigt, da man die Vpn zumeist nur nach der experimentell angestrebten Emotion befragte (vgl. hierzu u. a. Davidson, Ekman, Saron, Senulis & Friesen, 1990, p. 331).

Es mögen gerade die von den Experimentatoren eingesetzten Kontrollverfahren gewesen sein, die sowohl die z. T. prägnanten physiologischen Emotionsdifferenzierungen als auch die tendenzielle Synchronie der drei Reaktionsebenen ermöglicht haben. Das ausgeklügelte experimentelle Prozedere sorgte nämlich nicht nur für hinreichend spezifische Instruktionen (restringierte Experimentalsituationen), sondern auch für eine weitgehende Angleichung von Vpn-Merkmalen (Parallelisierung). Auf eine Kurzformel gebracht, heißt dies, daß sich die gefundenen Emotionsdifferenzierungen psychophysiologischen „Stimulus-Spezifitäten" (s. hierzu Kap. 3.4) verdanken.

Wenn diese Vermutung zutreffen sollte, so wären die divergierenden Forschungsergebnisse zur Emotionsdifferenzierung zum einen und zur Korrespondenz zwischen den Emotionskomponenten zum anderen (s. Kap. 3.4) weitgehend auf die unterschiedliche Berücksichtigung bzw. mangelnde Kontrolle der „Spezifitäts-Effekte" zurückzuführen. Die Untersuchungsstrategie von Ekman, Levenson & Friesen et al. stellt letztlich eine Verfeinerung der herkömmlichen, d. h. *allgemein*-psychologisch orientierten (facial feedback-)Emotionsforschung dar, in der von individuen- bzw. motivationsspezifischen Faktoren weitgehend abgesehen wird. (In der Allgemeinen Psychologie wird sozusagen nur eine gruppenstatistisch definierte „Durchschnittsperson" untersucht). Was für die emotionspsychologische Experimental-Forschung weiterführend sein mag, nämlich die untersuchungstechnische Realisierung von „Stimulus-Spezifitäten", kann jedoch nicht vorbehaltlos auf unser neuroszenologisches Emotionsmodell übertragen werden, nach dem bestimmte Individuen eine affektdynamische (Kommunikations-) Situation begründen. Eine pädagogisch-psychologisch ausgerichtete Emotionsforschung (s. Kap. 1.2) wäre weder an reinen „Individuen-Spezifitäten" noch an reinen „Situations-Spezifitäten" interessiert, sondern an der „Wechselwirkung" zwischen beidem. Eine solche „Wechselwirkung“ ließe sich - vorsichtig - als „Motivations-Spezifität“ interpretieren.

Die hier gemeinte „motivationsspezifische“ Wechselwirkung zwischen Person- und Situationsmerkmalen wäre nicht mit dem psychophysiologischem „MSR“-Prinzip (sensu Fahrenberg, s. Kap. 3.4) gleichzusetzen, und zwar aus wenigstens zwei Gründen, wobei der erste mehr methodischer und der zweite mehr inhaltlicher Natur ist.

Zum ersten ist das psychophysiologisch verstandene „MSR“-Prinzip an das in der Differentiellen Psychologie z. Zt. vorherrschende (methodische) „Interaktionismus“-Konzept (vgl. zusf. Amelang & Bartussek 1990, S. 111 ff. sowie S. 541 ff.; Lantermann 1980) angelehnt. Der differential-psychologische „Interaktionismus“ gründet - in methodischer Hinsicht - auf dem Prinzip der Varianzanalyse. Nach dem varianzanalytischen Design beschreiben die sog. Interaktionseffekte die einseitige bzw. unidirektionale Wirkung der „unabhängigen“ Variablen bzw. der sog. Faktoren (hier: „Person“ und „Situation“) auf die beobachteten *„abhängigen“ Variablen* (hier: „*emotionalen* Reaktionsmuster“) (vgl. Kap. 7.1.3). Nach unseren metapädagogisch-psychologischen Vorannahmen (s. Kap. 1.2) wäre eine (motivationsspezifische) Wechselwirkung von Person- und Situationsfaktoren als Interdependenz von Selbst(bildung) und Kommunikation zu begreifen, d. h. es wäre von einer dynamisch und reziprok aufeinander bezogenen Dialogregulierung zweier Individuen (Identitäten) auszugehen (s. auch Kap. 5.5).

Zur Verdeutlichung des Unterschieds zwischen der varianzanalytischen „Interaktion“ einerseits und der dynamisch-reziproken Inter-Dependenz andererseits sei wiederum auf das Paradigma des Prüfungs-Dialogs zurückgegriffen. Wir wollen dabei annehmen, daß unterschiedliche „Prüferstile“ (= Situations-„Faktoren“) nicht bei jedem Prüfling in ähnlicher Weise wirken. Während die varianzanalytische „Interaktion“ nur diese differentielle Wirkung von „Prüferstilen“ auf verschiedene Gruppen von Prüflingen (z. B. „Hoch-“ und „Niedrigängstliche“) erfassen kann, beinhaltet die dynamisch-reziproke Wechselwirkung zusätzlich die Möglichkeit, daß sich der jeweilige „Prüferstil“ in Abhängigkeit vom Prüflingsverhalten (und damit auch vom Kommunikationsverlauf) verändern kann. Nach unseren anekdotischen Beobachtungen im „PPF“-Projekt (s. Kap. 1.1) gaben z. B. einige (männliche) Prüfer ihren gewohnheitsmäßigen „Prüferstil“ (wie bestimmte Fragetechniken, habituelles Blickverhalten, routinisierte „Gesprächsführung“) abrupt auf, wenn sich etwa ein Prüfling durch bestimmte „Besonderheiten“ (wie „extreme Ängstlichkeit“, „witzig-charmantes Auftreten“) von den übrigen KommilitonInnen abhob. An diesem Beispiel wird zugleich deutlich, daß das varianzanalytische Design eigentlich nur für den Sonderfall einer starren, unidirektionalen Kommunikation paßt, wonach ein dominant-superiorer Partner „agiert“ und der andere, submissiv-inferiore Partner nur (passiv) „re-agiert“ (s. auch Kap. 7.1.3).

Mit diesem Beispiel haben wir implizit bereits den zweiten Abgrenzungspunkt zum psychophysiologischen „MSR“-Prinzip berührt. In der Inter-Dependenz-Formel der

Emotion: E = f (S, K, R) haben wir nämlich stillschweigend vorausgesetzt, daß bestimmte, konkret umschreibbare bzw. meßbare Reaktionen als „emotional" relevant definiert bzw. interpretiert worden sind (s. Kap. 1.2). Wir müssen daher die Formel korrekterweise um die Interpretation der emotionalen bzw. affektiven Reaktionskomponenten R_i ergänzen und schreiben: $E = f(S, K, I(R_i))$, mit Index i zur Kennzeichnung der natürlichen Zahlen N, i = 1, 2, 3 ... n. (s. auch Kap. 7.1.3). Unter den Reaktionen wären - entsprechend der multiaspektiven Emotionsdefinitionen (sensu Kleinginna & Kleinginna) - nicht nur die physiologische Ebene (so beim „MSR"-Prinzip), sondern ein Reaktionsbündel $R_{i\geq 3}$ aus (1) subjektivem Erleben, (2) fazialem bzw. behavioralem Ausdruck, (3) neuro-vegetativer Erregung und ggf. (4) kognitiven Automatismen zu verstehen. Von einem *„emotionalen Dreiklang"* wäre also nur dann zu sprechen, wenn mindestens drei Reaktionsebenen in ähnlicher Weise interpretiert werden können. Dieser inhaltliche, interpretative Aspekt ist freilich nicht mit Korrelations-Koeffizienten vergleichbar, seien diese nun als lineare oder non-lineare Maße definiert. Zugespitzt formuliert, kann sogar bei vollständiger Null-Konkordanz, d. h. bei Abwesenheit einer der Emotions-Komponenten und gleichzeitigem Vorhandensein mindestens einer der übrigen, ein in sich „stimmiges" Bild von Emotion, eine Art *„paradoxer Dreiklang"*, entstehen. Für einen derartigen „paradoxen Dreiklang" können wiederum verschiedene Gründe verantwortlich gemacht werden, von denen ich die m. E. wichtigsten erwähnen will. Demnach sind drei (Haupt-)Gründe für eine mangelnde, aber dennoch „stimmige" Korrespondenz zwischen den Emotions-Komponenten aufzulisten:

(1) Zum ersten sollte man sich vergegenwärtigen, daß physiologische Veränderungen nicht nur emotionsspezifische Indikatoren darstellen, sondern auch - und wohl in erster Linie? - integrale Größen innerorganismischer Regelungs- bzw. Steuerungsprozesse. Letztere dienen der Aufrechterhaltung bzw. Wiederherstellung der Konstanz des „inneren Milieus" (sensu Claude Bernard) und erfüllen somit adaptive Funktionen bei körperlicher wie psychischer Beanspruchung. Das *„innere Milieu"* ist die (extra-zelluläre) Nährflüssigkeit, in der alle unsere Körperzellen sozusagen schwimmen. Die physiologischen Adaptationsprozesse an Umweltreize bzw. Belastungssituationen („Gefahr", körperliche Betätigungen etc.) sorgen also dafür, daß der Zustand des „inneren Milieus" (aus Gasen, Salzen und Nährstoffen) weitgehend konstant bleibt. Diesen Zustand des (extra-zellulären) Fließ-Gleichgewichtes nennt man in der Physiologie *„Homöostase"*. (Den Begriff der Homöostase, der auf den amerikanischen Streß-Physiologen Walter B. Cannon (1871-1945) zurückgeht, werden wir späterhin im Sinne einer psycho-physiologischen Selbstwert-Balance diskutieren; s. Kap. 5.7.2). Nach allem was man bisher über die physiologisch-homöostatischen Körperreaktionen weiß, so sind an diesen erstaunlichen Regelungs- und Steuerungsleistungen vor allem das *Nerven- und Hormonsystem* beteiligt. Dem neuesten Kenntnisstand zufolge, wäre das *Immunsystem* als dritter wichtiger „Regler" der körperlichen „Homöostase" (bzw. der psycho-physiologischen Integrität) zu berücksichtigen. Den überaus komplizierten Wechselwirkungen zwischen diesen drei, in sich wiederum hierarchisch aufgebauten Regelsystemen versucht die sog. *Psychoneuroimmunologie* (vgl. Ader & Cohen 1993,

Kirchner, Kruse, Neustock & Rink 1993, Kap. 16; Kropiunigg 1990; Zänker 1991) auf die Spur zu kommen. (Es würde zu weit führen, auf dieses spannende interdisziplinäre Forschungsgebiet näher einzugehen).

Diese Überlegungen zur physiologischen „Homöostase" mögen genügen, um zu verdeutlichen, daß emotionale Reaktionen durch innerorganismische (neuronale, endokrine, immunologische) Regelungs- bzw. Kontrollmechanismen überlagert werden. Dies entspricht aber - methodisch betrachtet - einem hohen Eigenanteil an innerorganismischer Varianz, wodurch der emotionsspezifische Varianzanteil im Verhältnis zur Gesamtvarianz der physiologischen Erregung gering erscheinen muß. Dies wiederum heißt nichts anderes, als daß die Korrelationen niedrig ausfallen müssen (Phänomen der A-Synchronie).

(2) Einen zweiten (Haupt-)Grund für desynchrone Verläufe unter den Emotions-Komponenten kann man in einem die Emotionspsychologie kennzeichnenden Forschungsproblem sehen, das Asendorpf (1984, S. 133 f.) als *„Diskriminations-Validitäts-Dilemma"* betitelte. In seinem Überblicksartikel zur Emotionsdifferenzierung kommt Asendorpf zu dem Ergebnis, daß die Diskriminationsfähigkeit zwischen (qualitativ) verschiedenen Emotionen von der verbalen Ebene über die behaviorale zur physiologischen hin stetig abnimmt. Dies bedeutet, daß sich zwar eine Reihe differentieller Emotionen (via Befragung) benennen lassen, diese sich aber nur teilweise oder gar nicht im motorischen oder vegetativen Verhalten beobachten bzw. messen lassen. Die subjektiv-verbalen Daten hält Asendorpf jedoch - wie wir - für die am wenigsten validen Emotions-Indikatoren, da sie im Vergleich zu motorischen und vegetativen Reaktionen stärker der willkürlichen Kontrolle und damit allen denkbaren „Fälschungstendenzen" (wie bewußten Täuschungsabsichten, kulturellen Stereotypen, Selbstdarstellungswünschen etc.) unterworfen sind. Nach Asendorpf besteht also eine inverse Beziehung zwischen der Diskriminationsfähigkeit unter den Emotionen einerseits und deren Validität andererseits.

Wenn man davon ausgeht, daß das „Diskriminations-Validitäts-Dilemma" nicht nur ein methodisches Artefakt, sondern ein inhaltliches Kernproblem der Emotionsforschung repräsentiert, so kann man die fehlende Korrespondenz zwischen den Emotions-Komponenten in zweierlei Hinsicht auslegen. Zum einen läge dieses von uns als „paradoxer Dreiklang" gekennzeichnete Korrespondenz-Problem in einem - quasi naturgemäßen - Mißverhältnis begründet, was die Differenzierungsfähigkeit der einzelnen Emotions-Komponenten anlangt. Zum anderen wäre zu überlegen, ob persönlichkeits- bzw. motivationsspezifisch bedingte Diskrepanzen für das vermeintliche Mißverhältnis innerhalb der „emotionalen Reaktionstrias" sorgen.

(3) Diese zuletzt genannte Person- bzw. Motivationsspezifität stellt den dritten - und m. E. entscheidenden - Aspekt des „paradoxen Dreiklangs" dar. So ist grundsätzlich damit zu rechnen, daß sich verbal und/oder mimisch nicht ausgedrückte Emotionen in

einer verstärkten (psycho-)physiologischen Aktivierung zeigen. Für diese Annahme sprechen zwei empirisch hinlänglich bestätigte Persönlichkeitskonstrukte, nämlich das bipolare Dimensionskonzept nach den Merkmalen *„Repression-Sensitization"* (R-S) und die Klassifizierung in *„Internalisierer vs. Externalisierer"* (I-E). Ich will kurz erläutern, was sich hinter diesen Begriffspolen verbirgt.

Das seit den sechziger Jahren in der Persönlicheitspsychologie bekannte - und bis heute aktuell gebliebene - „Repression-Sensitization"-Konstrukt (R-S) geht einesteils auf theoretische Vorstellung der Psychoanalyse („Verdrängung", „Abwehr") und anderenteils auf empirische Forschungsergebnisse zur sog. Wahrnehmungsabwehr („perceptual defense") zurück (vgl. als historischen Überblick: Amelang & Bartussek 1990, S. 366 ff.; Herrmann 1991, S. 195 ff.; zur aktualisierten Anwendung auf die Streß- bzw. Angstforschung s. bes. Amelang & Bartussek 1990, S. 377-380; Krohne & Rogner 1982, 1985). Nach dem „R-S"-Konstrukt sollen sich Menschen danach unterscheiden, ob sie eine mehrdeutige bzw. angstassoziierte Situation eher als bedrohlich bzw. als schädlich einschätzen („Sensitizers"), oder ob sie von einer solchen Situation möglichst wenig (bewußt) wahrnehmen bzw. als ungefährlich interpretieren („Repressors"). Während „Repressors" bei hoher „Angstleugnung" relativ wenig subjektive Angst berichten (und evtl. auch erleben?), zeigen sich „Sensitizers" als geradezu sensibiliert, d. h. als erhöht empfänglich gegenüber angstbezogenen Reizen bzw. Gefahrenmomenten. Das „Repression-Sensitization"-Konstrukt soll also zwischen zweierlei „Angstbewältigungsmustern" i. S. konträrer „Aufmerksamkeitszentrierungen" differenzieren.

Für unsere Fragestellung ist nun von besonderem Interesse, daß „Repressors" sich in ihrer physiologischen Reagibilität von „Sensitizers" unterscheiden. Einige - allerdings nicht unumstrittene - empirische Studien legen nahe, daß bei den „Repressors" erstaunliche Diskrepanzen zwischen ihrer subjektiven Selbsteinschätzung („wenig betroffen, ängstlich etc.") und ihren simultanen physiologischen Reaktionsmaßen bestehen. Bei „Sensitizers", die in ähnlichen (Test-)Situationen von vornherein einen vergleichsweise hohen Grad an Erregung oder Ängstlichkeit berichten, zeigten sich demgegenüber oftmals nur minimale Abweichungen im physiologischen Reaktionsbereich (vgl. zusf.: Amelang & Bartussek 1990, S. 371 f.; Krohne 1975, S. 63 f.; 1996, S. 157 ff.).

Das andere Konstrukt, das zwischen „Internalisierern" und „Externalisierern" unterscheiden soll, stammt aus der Emotionsforschung selbst und bezieht sich auf die inverse Beziehung zwischen der mimischen Ausdrucksfähigkeit einerseits und der physiologischen Erregbarkeit andererseits (vgl. als Überblick: Adelmann & Zajonc 1989, p. 259; Izard 1990; Leventhal & Tomarken 1986, p. 581; Manstead 1988, pp. 117 ff.; Scherer & Wallbott 1990 a, S. 389). „Internalisierer" sind demnach Personen, deren emotionale Erregung eher physiologisch meßbar denn im (Gesichts-)Ausdruck beobachtbar ist. „Externalisierer" zeichnen sich demgegenüber durch einen intensiveren Ausdruck aus, ohne aber physiologisch entsprechend stark zu reagieren. Im übrigen deuten Korrelationsstudien darauf hin, daß mit dem emotionspsychologischen Konstrukt der Internalisierung-Externalisierung (I-E) z. T. ähnliche Dispositionen erfaßt werden wie mit der (bekannteren und gründlicher untersuchten) Persönlichkeitsdimension der Introversion-Extraversion (vgl. u. a. Krohne & Kohlmann 1990, S. 525 f.).

Die bislang eher spärlichen Befunde zum I-E-Konstrukt scheinen die Annahme von zweierlei gegenläufigen intrapersonalen Reaktionstendenzen weitgehend zu stützen: Zum einen kann die Hemmung des mimischen Ausdrucks zu einer erhöhten Aktivierung im physiologischen Bereich führen (Anspannung). Dieser Zusammenhang läßt sich m. E. in besonders eindrücklicher Weise bei sog. (Spannungs-)Kopfschmerz-Patienten beobachten: Von diesen Menschen wird berichtet, daß sie - im Vergleich mit Gesunden - zu muskulärer Hyperaktivität neigen würden und zugleich in ihrer nonverbalen Kommunikation weniger expressiv seien (vgl. z. B. Bischoff, Traue & Zenz 1990, S. 255). Zum anderen scheint der ungehemmte Gesichtsausdruck mit einer ausgleichenden Wirkung im physiologischen Bereich einherzugehen („Entlastungsmimik"). Dieser Zusammenhang ähnelt der inversen Beziehung, wie sie von der R-S-Forschung zwischen dem offenen verbalen Ausdruck einerseits und der physiologischen Reagibilität andererseits berichtet wurden.

Es ist zu bedenken, daß die Forschungen zum I-E-Konstrukt im Widerspruch zur facial feedback-Hypothese (s. Kap. 3.5) stehen, derzufolge das mimische Ausdrucksgeschehen über die propriozeptive Rückmeldung der fazial-motorischen Innervationen zur Intensivierung der emotionalen Erregung beitragen soll. Dieser Widerspruch läßt sich z.T. methodisch dahingehend auflösen, daß die facial feedback-Hypothese sich weniger im inter-individuellen Gruppenvergleich („between subjects design"), dafür aber relativ eindeutig im intra-individuellen Meßwiederholungsplan („within subjects design") nachweisen läßt (s. hierzu ausführlicher: Adelmann & Zajonc 1989, pp. 263, 272 f.; Asendorpf 1995, S. 236 f.; Buck 1980, pp. 816, 821; Cacioppo et al. 1992, pp. 113 f.; Zuckerman, Klorman, Larrance & Spiegel 1981, pp. 931 ff.).

Die Arbeiten zu den beiden o. g. polaren Persönlichkeitskonstrukten (I-E, R-S) können m. E. auch in die Gruppe der Forschungen zu den sog. physiologischen Reaktionsspezifitäten bzw. zu den neuromuskulären Reaktionsstereotypien (s. Kap. 3.4) eingereiht werden. Nach dem neuroszenologischen Emotionsmodell müßte es jedoch darum gehen, die „Motivationsspezifitäten", d. h. die Wechselwirkungen der affektiven Reaktionstendenzen mit den kommunikativen bzw. szenischen Auslösesituationen (= Selbst-Kontext-Bezüge) zu ermitteln. Dies würde - streng genommen - voraussetzen, daß es eine empirisch gestützte Theorie über emotionsrelevante (Kommunikations-)Situationen gäbe, die wiederum in den Rahmen von Persönlichkeits- bzw. Motivatiomsforschung zu rücken wäre (vgl. hierzu auch Cacioppo et al. 1992).

Von diesem Ziel einer systematischen Erforschung motivationsspezifischer Reaktionsmuster ist die aktuelle Emotionspsychologie jedoch noch weit entfernt. Es liegt nämlich weder eine Taxonomie emotionsspezifischer Situationsmerkmale noch ein valide Klassifikation emotionsgenerierender bzw. -modulierender Persönlichkeitsmerkmale vor.

Dieses Manko erklärt sich nicht zuletzt aus einem untersuchungsstrategischen Defizit heraus. Es wurde nämlich in der Emotionspsychologie bislang kaum nach empirischen Anhaltspunkten gesucht, die auf „Wechselwirkungen" (i. S. statistischer Interaktionen, s. Kap. 7.1.3) bzw. Interdependenzen (Korrelationen) zwischen Persönlichkeitsfaktoren bzw. Organismusvariablen einerseits und Situationsfaktoren bzw. Umweltvariablen andererseits schließen lassen (vgl. Wallbott & Scherer 1985, S. 84 f.).

Auch liefert die Emotionspsychologie noch keine gesicherten Erkenntnisse darüber, auf welche Weise, geschweige denn in welchem Ausmaß biographische Faktoren bzw. Sozialisationsvariablen zur Ausbildung von Reaktionsspezifitäten oder zur Asynchronie der Emotionsebenen beisteuern (vgl. Geppert & Heckhausen 1990, S. 157 ff.). Noch schlechter ist es um die Aufklärung der interpersonell bzw. szenisch bedingten Emotionsgenese bestellt. (Die hierfür notwendige Entwicklung dynamisch-interaktiver Designs wird erst neuerdings als Forschungsdesiderat angemahnt, s. Laux & Glanzmann 1996, S. 142). Gerade zu diesem neuroszenologisch interessanten Fragenkomplex kann die Psychoanalyse mit einem Born heuristischer Hypothesen aufwarten (s. Kap. 5), wenngleich diese sich einer empirischen Überprüfung weitgehend entziehen.

3.7 Neuroszenologische Relevanz der Emotions- bzw. Ausdrucksforschung

In Anbetracht des soeben aufgezeigten Forschungsdefizites stellt sich für uns die Frage, was die Emotionspsychologie überhaupt zur Begründung einer neuroszenologischen Emotionsforschung beizusteuern vermag.

Von den verschiedenen emotionspsychologischen Sparten (s. Kap. 3.1) kommen der nonverbalen Ausdrucksforschung und der (neuro-)physiologisch orientierten Emotionsforschung dadurch ein besonderer Stellenwert innerhalb unseres Modellansatzes zu, indem sie die empirisch-methodischen Instrumentarien zur Diagnose widersprüchlicher Kommunikationssignale bzw. divergenter Reaktionsebenen liefern können. Schließlich sind Widersprüche bzw. Divergenzen zwischen den Emotionskomponenten (subjektiv-verbaler Mitteilung, nonverbaler Ausdruck, physiologische Reaktionen) für die neuroszenologische Forschungsperspektive von zentraler Bedeutung, da sie so etwas wie Indikatoren für „unbewußte" Prozesse wie z. B. Übertragungsphänomene darstellen (vgl. u. a. Mertens 1993, S. 111). Nach unserem neuroszenologischen Vorverständnis (vgl. Kap. 2.1, 2.2) treten unbewußte Emotionen nicht nur in Form der sog. Fehlleistungen (wie Versprechen, Vergessen, Vergreifen etc.) zutage, sondern auch, oder besser: vor allem im nonverbalen Ausdrucksfeld sowie in biologischen Reaktionssystemen (Gehirn bzw. Nervensystem, Hormondrüsen, s. bes. Kap. 4, 6.3-6.5).

Mit dieser Auffassung kommen wir dem recht nahe, was in der Ausdrucksforschung unter dem Begriff des *„Durchsickerns“* („nonverbal leakage“) bekannt geworden ist (vgl. Ekman 1988, S. 31 f., Scherer & Wallbott 1984, passim). Mit „Durchsickern“ ist das unvollständige Verstellen bzw. Verbergen der eigenen emotionalen Befindlichkeit gemeint. Nach dem Konzept des „Durchsickerns“, das durch eine Reihe experimenteller Studien gestützt wird, reicht die neuronale bzw. mentale Kapazität des Menschen nicht aus, um alle gleichzeitig bei ihm ablaufenden psychischen Prozesse (Einstellungen, Emotionen, Gedanken) zu kontrollieren.

Von Kleinkindern abgesehen, verfügt der Mensch zugleich über die Fähigkeit, seine wahren Gefühle zu unterdrücken und/oder ein an sich nicht empfundenes Gefühl zu simulieren. Auch dies konnte von der Forschungsgruppe um Paul Ekman in einer Reihe experimenteller Studien nachgewiesen werden. Allerdings schützen diese Täuschungsstrategien grundsätzlich nicht vor dem Phänomen des „Durchsickerns“ (vgl. u. a. Ekman 1984, pp. 335 ff.).

Es wäre freilich weiter danach zu forschen, wodurch der „nonverbale Selbstverrat“ begünstigt wird. Derzeit können darüber nur Vermutungen angestellt werden, wie etwa diese: Die Hemmung oder Vortäuschung eines Emotionsausdrucks dürfte bevorzugt dann mißlingen, wenn es sich 1) um sehr heftige Gefühlswallungen (mit physiologischer Erregung), 2) schwache Gefühlstönungen, 3) „verdrängte“ bzw. unbewußte Affekte oder 4) lang anhaltende Stimmungen handelt: Während starke psychophysiologische Erregungen oder hartnäckige Grundstimmungen den Befreffenden geradezu überwältigen bzw. gefangen nehmen können, nimmt er seine leichteren emotionalen „Anmutungen“ („vorbewußte“ Gefühle) sowie die ggf. konfliktdynamisch verdrängten Affekte (s. hierzu Kap. 5) nicht oder allenfalls vage wahr. In jedem dieser Fälle wird es schwierig sein, den emotionalen Ausdruck vollkommen zu kontrollieren.

Allerdings sind mir hierzu - wie gesagt - keine empirischen Studien bekannt. Zur Verdeutlichung seien daher zwei Beispiele aus unserem Prüfungsforschungsprojekt (s. Kap. 1.1) kurz beschrieben: Ein Prüfer wirkt - für den außenstehenden Beobachter - leicht gereizt bzw. „nervös“ (unstetes Blickverhalten, leichtes Beben der Kaumuskulatur, Fingertrommeln), während sein übriges Gesprächsverhalten eher durch positive Verstärkungs- bzw. Aufmerksamkeitssignale (wie als Zustimmung intonierte „Hm-“ oder „Ja“-Laute, Kopfnicken) charakterisiert ist. Der Prüfer zeigt sich später, als er sich selbst auf dem Videofilm beobachten kann, in zweifacher Weise betroffen: Zum einen ist er enttäuscht über sich selbst, da er glaubt, seinem Anspruch an ein prüflingszentriertes Basisverhalten nicht genügt zu haben. Zum anderen ist er überrascht, wie deutlich sich seine - ihm zunächst nicht bewußte und nur diffus erlebbare - Abneigung gegenüber dem Prüfling (i. S. einer Übertragungsreaktion) im nonverbalen Ausdruck manifestierte.

In einem anderen Fall fühlte sich ein Prüfer derart von aggressiven Impulsen überflutet, daß er außerstande war, eine wohlwollend-tolerante Gesprächshaltung gegenüber dem Prüfling einzunehmen, geschweige denn diesem Sympathie entgegenzubringen. Wie sich im Nachgespräch herausstellte, war der Prüfer darüber verärgert, daß die Studentin nicht angemessen auf seine Art der Fragen einzugehen verstand. Der Prüfer war zunächst darum bemüht, die Prüfungskandidatin zum Mitdenken zu bewegen (das Thema betraf auch die Lern- und Denkpsychologie). Diese hielt sich jedoch grundsätzlich an dem zuvor angeeigneten Lehrbuchwissen - ein Verhalten, das der Prüfer als hartnäckigen Trotz erlebte und das ihn (vor-)bewußt an das störrische Verhalten seines Sohnes erinnerte. Dem Prüfer war es in dieser Situation nicht möglich, seine „negativen" Ausdruckssignale soweit im Zaum zu halten, („Ärger-Mimik", scharfer Tonfall, geballte rechte Faust, Gesichtsrötung), daß sie den Gesprächsverlauf nicht unnötig belastet hätten.

Diese kleinen Beispiele machen zugleich deutlich, daß nonverbale bzw. physiologische Emotionssignale die entscheidenden Kommunikationsregulatoren in all jenen Situationen sind, wo die Verbalisation der subjektiven Befindlichkeit weder sozial toleriert noch persönlich gewünscht wird. Dies wird insbesondere für Leistungs- bzw. Prüfungssituationen zutreffen, so daß die Pädagogik (und hier insbesondere auch die sog. Psychoanalytische Pädagogik, s. Kap. 7.2.1) gut beraten wäre, wenn sie sich dem Ausdruck und der Physiologie von Emotionen widmete.

Die von der Emotionsforschung zu erwartende Schützenhilfe zur empirischen Begründung des neuroszenologischen Modells ist allerdings noch sehr begrenzt. Die bislang vorliegenden Studien liefern nämlich nur ein bruchstückhaftes Bild von den jeweiligen physiologischen und nonverbalen Indikatoren diskreter Emotionen. Ferner sind die individuums-, situations- sowie motivationsspezifischen Modulationen der emotionalen Manifestationen („Reaktionsspezifitäten", s. Kap. 3.4, 3.6) noch viel zu wenig untersucht worden.

Noch weniger aussagekräftig sind die Untersuchungen zur sog. *vokalen* Kommunikation, womit die prosodischen bzw. paralinguistischen Aspekte des Sprachverhaltens gemeint sind (Lautstärke, Klangvolumen, „Timbre", Sprechtempo, Intonation etc.). In den experimentellen Studien zur vokalen Kommunikation wurde u. a. untersucht, ob physikalische Kenngrößen/akustische Parameter (wie Grundfrequenz/Tonhöhe, Energiespektren/Lautstärke, sog. Formanten, d. h. schallenergiestarke Frequenzen bzw. Resonanzen des Stimmapparates etc.) zuverlässige Hinweise auf den emotionalen Gehalt der Sprachproben liefern. Allerdings entbehren diese empirischen Arbeiten noch der emotionstheoretischen Fundierung (vgl. Kappas, Hess & Scherer 1991).

Es ließen sich zwar einige plausible Hypothesen bestätigen, so z. B. der proportionale Anstieg von stimmlicher Grundfrequenz einerseits und psychischer Anspannung bzw. physiologischer Erregung andererseits. Der Forschungsstand erlaubt jedoch noch keine eindeutigen Korrelationsaussagen zwischen bestimmten Emotionen und vokalen Signalen. Diese negative Befundlage kontrastiert mit der erstaunlich guten Fähigkeit von sog. naiven Beurteilern („judges"), Emotionen aufgrund stimmlicher Merkmale zu identifizieren (vgl. zum Komplex der vokalen Kommunikation zusf. Kappas, Hess & Scherer 1991; Scherer 1982, 1986; Scherer & Wallbott 1990 a, S. 375 ff.). Letzteres steht übrigens im Einklang mit unserer Vorstellung, daß die intuitive bzw. emotionsbetonte Wahrnehmung ein zentrales Element der (neuro-)szenologischen Diagnostik bildet. (Auf diesen methodischen Aspekt der empathischen Beobachtung von Szenen gehe ich in Kap. 7.1.2 gesondert ein).

Gleichwohl ist der defizitäre Forschungsstand auf dem Gebiet der vokalen Kommunikation bedauerlich. Wie uns nämlich die Alltagserfahrung lehrt, entzieht sich gerade die Stimme recht häufig der willentlichen Kontrolle. Ekman nimmt sogar an, daß sich die vokalen Hinweisreise für Emotionen schwerer unterdrücken lassen als die mimischen Ausdruckssignale (vgl. Ekman 1988, S. 172). Stimmliche Ausdrucksmerkmale sollten somit zur empirischen Validierung der intuitiv bzw. tiefenhermeneutisch erfaßten Emotionen herangezogen werden.

Darüberhinaus wären günstigenfalls andere nonverbale Verhaltensweisen wie Körperhaltung, Blickverhalten oder sog. Adaptoren (= „Selbstberührungen", z. B. Hand am Kinn reiben) mit zu berücksichtigen. Wenngleich sich diese Ausdrucksformen leichter kontrollieren bzw. unterdrücken lassen, so können sie doch die mimischen Botschaften modulieren (vgl. Ekman 1989). Die tatsächliche, ökologisch valide Bedeutung mimischer Expressionen kann ohnehin nur durch Berücksichtigung vielfältiger Zusatzinformationen (wie Personenmerkmale, situative Umstände) gewonnen werden (vgl. Wallbott 1990).

Neuroszenologisch weitergedacht, stößt man letztlich auf das Problem eines (tiefen-)hermeneutischen Zirkels: Zum einen bilden neuromotorisch und physiologisch gesteuerte Affektausdrücke wesentliche Grundelemente spontanen (Übertragungs-)Verhaltens und somit zentrale Orientierungspunkte zum Verständnis der unbewußt-szenischen Affektkommunikation (Für den Bereich der Mimik s. Krause & Lütolf 1989). Zum anderen läßt sich die eigentliche Bedeutung mimischer Expressionen nur über szenologische Kontextinformationen (wie unbewußte Rollenverteilung, Abwehr, Übertragungsphänomene (s. Kap. 5.7, 5.8., 7.1.2) erschließen.

Die obigen Überlegungen zur potentiellen Bedeutung der vokalen und weiterer nonverbaler bzw. szenischer Hinweisreize für ein neuroszenologisch valides Affektverständnis ändern freilich nichts daran, daß die Mimik die wichtigste Quelle für die visuelle Wahrnehmung von Emotionen zu sein scheint (vgl. Scherer & Wallbott 1990 a,

S. 395). Die Mimik stellt zugleich den z. Zt. am besten erforschten Bereich des nonverbalen Ausdrucksverhaltens dar. Von den mimischen Bewegungen ist wiederum das Lächeln der am häufigsten untersuchte Ausdruck.

Für die Fokussierung auf die Mimik sprechen zudem zweierlei methodische Vorzüge. Zum einen lassen sich für den mimischen Bereich - im Unterschied zu anderen nonverbalen Kanälen - am ehesten valide Emotionsindikatoren aufstellen, und zum anderen stehen hierfür bereits objektive Kodiersysteme und leicht handhabbare Operationalisierungsvorschläge zur Verfügung. Ich will daher am Beispiel der „Gesichtssprache" die potentielle Relevanz der empirischen Ausdrucksforschung für unseren neuroszenologischen Modellansatz zu verdeutlichen versuchen.

Die Forschungsgruppe um den renommierten Emotionspsychologen Paul Ekman herum, die sich hauptsächlich mit dem mimischen Ausdruck beschäftigt hat (vgl. zus. f. Ekman 1982, 1984, 1988), entwickelte in den siebziger Jahren einen unter der Bezeichnung „*Facial Acting Coding System*" (FACS) - mittlerweile weltweit - bekannten Beobachtungsleitfaden, der die genaue Erfassung selbst feinster muskulärer Gesichtsbewegungen (sog. action units) erlauben soll. Der Vollständigkeit halber sei erwähnt, daß Carroll Izard und sein Team ein analoges Kodierschema erarbeitet haben, das partiell als Ergänzung zum FACS gesehen werden kann, da es auf die Erfassung molarer Gesichtsbewegungen (Ausdruckskonfigurationen) zugeschnitten ist. Dieses sog. „Maximally discriminative facial movement coding system" (MAX, vgl. Izard & Dougherty 1982) hat in der Emotionsforschung jedoch relativ wenig Beachtung gefunden. Auch hat sich das MAX m. W. noch nicht hinreichend in empirischen Studien bewähren können. Wir wollen daher das MAX von der weiteren Erörterung aussparen (zu weiteren Kodierinstrumenten s. die Übersicht bei Ekman & O'Sullivan 1991, pp. 165 ff.).

Die im FACS definierten Beobachtungseinheiten (sog. actions units, Kürzel: AUs) leiten sich weitgehend aus der funktionellen Anatomie für Gesichtsbewegungen ab: Die Beschreibungen zu den AUs gehen nämlich auf neuroanatomische Studien des Schweden Carl-Hermann Hjörtsjö zurück, so daß viele der annähernd 100! verschiedenen, im Chiffrenschlüssel des FACS aufgelisteten Gesichtsbewegungen neuro-muskuläre Einheiten repräsentieren (vgl. Ekman & Friesen 1978). (Es liegt mittlerweile auch eine Kurzfassung des FACS vor („EMFACS"), bei der nur eine Auswahl emotionsspezifischer AUs ausgewertet werden muß, vgl. Ekman & O'Sullivan 1991, p. 171).

Ein wesentlicher Vorzug der FACS-Kodierung liegt in der methodischen Trennung von Deskription und Schlußfolgerung. Die zunächst differenziert und reliabel kodierten Muskelaktivitäten werden zu AU-Kombinationen zusammengefaßt und anhand vorliegender Interpretationstableaus bestimmten (Grund-)Emotionen (wie Freude, Überraschung, Ekel, Trauer) zugeordnet. Da bei diesem Kodierverfahren Beobachtung und Interpretation durch intersubjektiv nachvollziehbare Schritte vermittelt sind, läßt sich jederzeit ein diagnostizierter Emotionsausdruck bis auf die exakt definierten AUs zurückverfolgen. Allerdings ist kritisch anzumerken, daß die Aggregation der AUs zum emotionalen Ausdrucksverhalten noch nicht hinreichend operationalisiert wurde. Die Transformation der Beobachtungsprotokolle in die jeweiligen Emotionsmuster erfolgt nämlich weniger aufgrund empirisch gesicherter „Übersetzungsregeln" als vielmehr aufgrund von emotionstheoretisch begründeten Plausibilitätserwägungen.

Mit dem FACS-Leitfaden liegt nicht nur ein hoch auflösendes und damit reliables Instrument zur Analyse von Gesichtsbewegungen vor, sondern es sollten sich damit auch Divergenzen bzw. Konfliktanteile innerhalb ein und desselben Ausdrucksfeldes relativ zuverlässig aufspüren lassen. So konnten Ekman und Mitarbeiter eine neuromuskulär begründete Unterscheidung zwischen dem „spontanen" bzw. „echten" Lächeln („felt" bzw. „Duchenne smile") einerseits und dem „falschen" Lächeln („false smile") andererseits treffen (vgl. Ekman & Friesen 1982, Ekman, Friesen & O'Sullivan 1988, Ekman 1989, bes. Kap. 5; Ekman, Davidson & Friesen 1990). Die sorgfältigen, auf FACS-Protokollen basierenden Studien zum Lächeln zeitigten ein beeindruckend eindeutiges Gesamtresultat: Das spontane, unwillkürliche Lächeln ist demnach durch die Innervation von zwei Gesichtsmuskeln gekennzeichnet, nämlich durch den Jochbein- und den Augenringmuskel (M. zygomaticus major und M. orbicularis oculi, pars medialis et lateralis). Beim „falschen" bzw. aufgesetzten Lächeln ist zwar auch meistens der Jochbeinmuskel innerviert, jedoch fehlt dann in der Regel die Beteiligung des Augenringmuskels. Stattdessen finden sich beim „falschen" Lächeln oftmals Innervationen anderer Muskeln (z. B. M. risorius, M. buccinator, M. caninus), die beim „echten" Lächeln fehlen. Aufgrund derartiger neuromuskulärer Zusatzmerkmale kann ein „falsches" Lächeln leicht wie ein „breites Grinsen" wirken. Das „falsche" Lächeln soll insbesondere auch daran zu erkennen sein, daß die Augenbrauen nicht - wie beim „spontanen" Lächeln - leicht gesenkt sind.

Weitere, eher sekundäre und m. E. weniger eindeutige Kriterien zur Differenzierung zwischen mehreren Lächeltypen beziehen sich auf die Verlaufscharakteristika wie Einsetzen, Apex (Vollausdruck), Ausklingen oder Gesamtdauer der jeweiligen Muskelinnervationen (vgl. hierzu Ekman 1989, S. 119 f.).

Empirisch besser gesicherte Unterscheidungsmerkmale stellen gesichtsseitenspezifische Besonderheiten im gesamten Ausdruck dar. Beim „falschen" Lächeln wurde - wie bei anderen gekünstelten Emotionsausdrücken - eine sog. Asymmetrie der Mimik (vgl. Ekman 1988, S. 150 f.; 1989, S. 116 ff.; Hager & Ekman 1985) beobachtet, die darauf beruht, daß die paarigen, auf beide Gesichtshälften gleich verteilten Muskeln unterschiedlich stark kontrahieren. Die vor allem für den unteren Gesichtsbereich charakteristische Asymmetrie der Willkürmimik scheint mit den hemisphärenspezifischen, unilateral gekreuzten Innervationen des motorischen Kortex zusammenzuhängen, während sich die Symmetrie der spontanen Gesichtsbewegungen durch bilaterale Erregungen in subkortikalen Hirngebieten erklären läßt (vgl. Rinn 1984, 1991, s. auch Kap. 4.2.3). Eine neuromuskuläre Lateralität im Gesichtsausdruck läßt sich jedoch zumeist nur mit Hilfe einer hochwertigen Videotechnik (Nahaufnahme, Zeitlupenfunktion) erfassen. Extrem minimale, mit dem bloßen Auge nicht sichtbare Asymmetrien können nur mit dem Elektromyogramm (EMG) entdeckt werden, das selbst geringste neuromuskuläre Innervationen registriert.

Die von mir nur exemplarisch für das Lächeln aufgezeigten Entwicklungen auf dem Gebiet der nonverbalen Emotionsdiagnostik sollen genügen, um abschließend den Stellenwert der empirischen Emotionsforschung für unser neuroszenologisches Grundkonzept zu verdeutlichen.

Die empirische Emotionsforschung nutzt nicht nur „objektive" (neuro-)physiologische Meßverfahren, sondern sie stellt z. T. auch elaborierte Beobachtungsinstrumente zur Verfügung, auf deren Grundlage sich zuverlässige Indikatoren für neuroszenologisch bedeutsame Phänomene wie

- Diskrepanzen zwischen den Emotionsebenen (s. Kap. 3.4, 3.6),
- Divergenzen innerhalb einer Emotionskomponente wie z. B. Ambivalenzen im mimischen Ausdrucksbereich (s. o.)
- ungewolltes „Durchsickern" (s. o.) maskierter Affekte bzw. Affektmischungen

entwickeln lassen sollten.

Ungeachtet dieser Vorzüge ist freilich zu beachten, daß auch neuropsychologisch und psychophysiologisch orientierte Emotionskonzepte nicht weit genug reichen, um für unseren neuroszenologischen Zugang wegweisend sein zu können (s. auch Kap. 1.2). Ich will diesen Einwand am Beispiel der o. g. Lächelreaktion veranschaulichen.

Die Unterscheidungsmerkmale zwischen dem „echten" und dem „falschen" Lächeln (als Beispiel für intra-mimische Divergenzen) werden von der Ekman-Gruppe auf eine unterschiedlich starke Aktivierung der Gehirnhemisphären zurückgeführt. Ein relatives Überwiegen von kortikaler Erregung auf der rechten Hemisphäre sei für willkürlich kontrollierte Lächeltypen verantwortlich zu machen, beim „echten" (Duchenne-)Lächeln könne eine leichte Aktivitätserhöhung in linksseitigen Gehirnregionen nachgewiesen werden (vgl. Ekman & Friesen 1982, p. 246; Ekman 1984, p. 322, Ekman, Davidson & Friesen 1990, p. 351; die Maße für kortikale Erregung bzw. neuronale Aktivierung leiten sich u. a. aus der Spektralanalyse des Elektroenzephalogramms ab, s. hierzu Kap. 4.1.1).

Die neuro*szeno*logische Perspektive kann sich freilich nicht darin erschöpfen, neuro*psycho*logische Erklärungen für ausdrucksbezogene Asymmetrien bzw. für emotionelle Asynchronien zu liefern. Aus neuroszenologischer Sicht geht es vielmehr darum, die neuronalen Prozesse als Korrelate bzw. Äquivalente szenischen Geschehens zu identifizieren, bei dem sich die Selbstregulation von der Kommunikation entkoppelt hat, oder anders ausgedrückt: wo das (narzißtische) Bedürfnis nach Stabilisierung des Selbst zu Lasten der Beziehungsregulation im Vordergrund steht (s. hierzu bes. Kap. 5.5, 5.7, 5.8).

Die empirische Erforschung der emotionalen Mimik hat sich jedoch zumeist auf die Analyse individuellen Ausdruckverhaltens in restringierten Experimentalsituationen beschränkt. Wünschenswert wäre jedoch, daß mimische und/oder physiologische Emotionssignale in Interaktionssituationen studiert werden, die repräsentativ für spontanes Verhalten in bestimmten Alltagssituationen sind (wie z. B. in Prüfungen mit Selbstwert-Bezug, s. Kap. 2.5). Eine dyadenbezogene und vor allem ökologisch valide Analyse des Affektausdrucks stellt also ein Desiderat für künftige Forschung dar (vgl. Bänninger-Huber & v. Salisch 1994). Ebenso fehlen etwaige Operationalisierungen für „narzißtische“ Emotionen (wie Enttäuschung, Kränkung, Schamgefühle, Selbstwertbedrohung), die für die Selbst- und Beziehungsregulierung gleichermaßen wichtig sind.

In Bezug auf die neuroszenologische Relevanz der empirischen Emotionsforschung können wir resümieren: Die Indikatoren für unbewußtes, emotionales Verhalten sind sowohl auf der physiologischen Reaktionsebene als auch im nonverbalen Ausdrucksbereich zu erstellen. Etwaige Diskrepanzen zwischen den Emotionsebenen (Physiologie, Ausdrucksverhalten) bzw. Divergenzen innerhalb eines Reaktionsbereichs sind daraufhin zu prüfen, ob sie Hinweise auf unbewußt wirksame Interaktionsformen (sensu Lorenzer, s. Kap. 2.2) liefern können. Die gleichsam in die Körperlichkeit „eingeschmolzenen“ Interaktionsformen (i. S. somato-szenischer Selbstaspekte) sowie deren unbewußte Virulenz in der zwischenmenschlichen Kommunikation kann mit empirischen Methoden allein nicht begriffen werden. „Unbewußtes“ (vgl. auch Kap. 5.6) kann weder gemessen, noch beobachtet werden, es kann allenfalls (tiefen-)hermeneutisch erschlossen werden. Zu letzterem bedarf es eines tiefenpsychologisch ausgerichteten Verstehenshorizontes, wie ihn die Psychoanalyse bereitstellt.

Bevor wir uns jedoch diesem Aufgabenkomplex widmen (s. Kap. 5), sollen die bereits verschiedentlich zur Sprache gekommenen neurobiologischen Grundlagen unseres *neuro*szenologischen Rahmenentwurfs zusammenhängend dargestellt werden.

4. Zur Neurobiologie der Emotion

4.0 Im „Jahrzehnt des Gehirns“

Wenn man sich mit Emotionen bzw. Affekten beschäftigt, die im konzeptionellen Rahmen einer die Freudsche Trieblehre ablösenden „*Biologie des Unbewußten*“ verstanden werden sollen, so kommt man nicht umhin, den Aufbau und die Funktionsweise des Gehirns hinreichend zu studieren. Schließlich bildet die vorwiegend aus Eiweiß, Fett (jeweils etwa 10 %) und Wasser (80 %) zusammengesetzte Gehirnmasse, die etwa die Größe einer Pampelmuse erreicht, die zentrale Steuereinheit für das Nerven-, das Hormon- und das Immunsystem. Von diesen Systemen werden wiederum alle übrigen Körperfunktionen gesteuert bzw. koordiniert. (Das Nervensystem ist dabei auf eine besonders rasche Informationsweiterleitung in Form elektrischer Impulse spezialisiert; demgegenüber erfolgt die humorale, d. h. die über das Kreislauf- bzw. das Lymphsystem vermittelte Signalübertragung eher langsam). Des weiteren stellt das Gehirn eine sensomotorische Schaltstation dar, in der alle Sinnesreize zusammenlaufen und von der alle Verhaltensreaktionen ausgehen. Das Gehirn kann somit auch als ein neuronales Relais zwischen allen emotionalen Wahrnehmungserlebnissen (neuronalen Afferenzen) und den damit (rück-)gekoppelten Affektreaktionen (neuronalen Efferenzen) betrachtet werden.

Das menschliche Gehirn ist zweifellos das komplexeste und - auch für Mediziner - das geheimnisvollste Organ, das die Evolution bislang hervorgebracht hat. Gleichwohl kann die moderne Hirnforschung auf bahnbrechende Erkenntnisse verweisen, die sich nicht nur in der Fachwelt, sondern auch in der Öffentlichkeit mit der Hoffnung verbanden, daß sich auf die Jahrhunderte alte Frage nach dem Leib-Seele-Zusammenhang neue Antworten finden ließen. So hat man mittlerweile einen recht guten Einblick in die neurophysiologischen und biochemischen Abläufe gefunden, die einfachen sensorischen und motorischen Funktionen, aber auch komplexeren mentalen Leistungen (wie Lernen oder Erinnern, s. bes. Kap. 6.3) zugrundeliegen.

Die jüngsten wissenschaftlichen Errungenschaften auf dem Gebiet der Hirnforschung (s. exempl. Kandel, Schwartz & Jessel 1995) verdanken sich z. T. neuartigen Untersuchungsmethoden, vor allem aber der fruchtbaren Zusammenarbeit über Disziplingrenzen hinweg: Die angestammte Bezugsdisziplin der Hirnforschung ist die sog. Neurobiologie mit ihren Teildisziplinen der Neuroanatomie und -physiologie. Inzwischen hat sich die klassische Neurobiologie durch die Etablierung weiterer Bindestrich-Fächer (wie Neuro-Ethologie, Neuro-Pharmakologie, Neuro-Psychiatrie, Neuro-Chemie) zu einem interdisziplinären Verbund der sog. *Neurowissenschaften* ausgedehnt. In einen z. T. engen Dialog mit den biologisch/medizinisch geprägten Neurowissenschaften sind weitere Fachgebiete bzw. Forschungsprojekte getreten, die von anderen, z. T. geisteswissenschaftlichen Wissenschaftsdisziplinen herkommen (wie Neurophilosophie, Comuterwissenschaft, Neurolinguistik).

Es sind wohl die aufsehenerregenden neurowissenschaftlichen Erkenntnisse der vergangenen 10-15 Jahre, die für das in letzter Zeit stark angewachsene und über Fachkreise hinausweisende Interesse an der modernen Hirnforschung verantwortlich sind: Die unaufhaltsam und rasant wachsende Zahl populärer Beiträge und Bücher zum Thema „Gehirn und Geist“ sind hier ebenso ein beredtes Zeugnis wie die jüngsten programmatischen Bekundungen des US-amerikanischen Kongresses und des Europäischen Parlamentes, wonach die 90iger Jahre zur „*Dekade des Gehirns*“ ausgerufen wurden. (M. W. hat sich Japan dieser politischen Initiative ebenfalls angeschlossen).

Doch selbst wenn der Hirnforschung weltweit Priorität in der Wissenschaftsförderung eingeräumt werden sollte, so bleibt doch sehr fraglich, ob sich das eigentliche Geheimnis des Gehirns jemals entschlüsseln läßt (vgl. z. B. Bieri 1992). Fest steht jedenfalls, daß die Neurowissenschaften derzeit noch weit davon entfernt sind, ihre bislang entwickelten Funktionsmodelle bzw. Erklärungsversuche zu neuronalen Prozessen niederer Ordnung (wie sensorische Reizverarbeitung, motorische Steuerung) auf höhere Hirnleistungen auszuweiten. Die größte Faszination geht aber gerade von jenen Gehirnleistungen aus, die mit komplexen psychischen bzw. mentalen Funktionen (wie Personwahrnehmung, optischen Täuschungen, emotionalen Einschätzungen, Handlungsplanungen, Entscheidungsprozessen etc.) in Verbindung gebracht werden. Zur Gruppe dieser noch unzureichend verstandenen Hirnfunktionen zählen wir natürlich auch das Freudsche „Unbewußte“ und die projektiven, wirklichkeitserzeugenden bzw. -verzerrenden Übertragungsreaktionen (s. Kap. 2.1, 5.8.).

Wenn wir uns in den folgenden Abschnitten dieses Kapitels dem neuronalen Substrat oder besser gesagt: dem neuronalen Korrelat von Emotionen bzw. Affekten zuwenden, so werden wir uns nicht in der Vielfalt neurowissenschaftlicher Detailergebnisse und gewagter Forschungshypothesen verlieren. Vielmehr werden wir zum einen grundlegende, weitgehend anerkannte Einsichten über die Abläufe im Nervensystem darstellen (Kap. 4.1). Zum anderen werden wir unseren Exkurs zur Neurobiologie der Emotionen bzw. der Affekte (inkl. des „Unbewußten“) begrenzen, indem wir uns primär an den neuroanatomischen (Grob-)Strukturen des Zentralnervensystems (ZNS) orientieren (s. insbes. Kap. 4.2.3). Freilich soll dabei kein statisches, längst überholtes Bild des (emotionalen) Gehirns gezeichnet werden. Selbst die moderne Neuroanatomie ist längst nicht mehr ausschließlich mit der topographischen Analyse von Nervenzell-Strukturen (Nuclei, Ganglien) und deren Verbindungsfasern (Tracti, Axone) befaßt. Infolge der zunehmenden Verflechtung mit den übrigen neurowissenschaftlichen (Teil-)Disziplinen, insbesondere mit der Neurophysiologie und Neurochemie, ist die Neuroanatomie heute stärker *funktionell* ausgerichtet, d. h. an den dynamischen Zusammenhängen zwischen den morphologischen Einheiten des Nervensystems interessiert (vgl. hierzu u. a. Nauta & Feirtag 1990, Rohen 1994; Zilles & Rehkämper 1994).

Um etwaige Schwierigkeiten beim Nachvollziehen unserer funktionell-anatomischen Skizze gar nicht erst aufkommen zu lassen, erläutere ich zunächst einige ausgewählte neurophysiologische und neurochemische Aspekte der Gehirnaktivität. Diese vorangestellten Verständnishilfen stecken zugleich den globalen Gedankenhorizont ab, aus dem wir später (in Kap. 5 und bes. in Kap. 6) unsere weiterführenden, neuroszenologischen Überlegungen ableiten.

4.1 Neurophysiologische und neurochemische Aspekte von Gehirnaktivität

4.1.1 Das Nervensystem - ein bioelektrischer Mikrokosmos

Die funktionellen Bausteine des - knapp drei Pfund schweren - Gehirns sind die mikroskopisch kleinen Nervenzellen, genauer: die sog. Neuronen. Neuronen enthalten dieselben Gene wie alle übrigen Körperzellen. Auch ihr molekularbiologischer Aufbau und ihre biochemische Eigendynamik weisen gegenüber anderen Zellen keine prinzipiellen Besonderheiten auf. Neuronen heben sich jedoch in zweierlei Hinsicht deutlich von nicht-neuralen Zellen ab:

(1) Neuronen leiten elektrische Impulse an andere Neuronen oder an Muskel- sowie Drüsenzellen weiter.

(2) Neuronen sind nach Abschluß der Embryonalentwicklung nicht mehr teilungsfähig, d. h. das bei der Geburt vorhandene Reservoir an Nervenzellen muß gewissermaßen ein Leben lang reichen.

(Genau genommen, geht die postnatale Gehirnentwicklung sogar mit einem partiellen Absterben von Neuronen einher, vgl. Bloom & Lazerson 1988, pp. 66 ff.; s. auch Kap. 6.2).

Beide Aussagen werden wir in diesem Abschnitt nur insoweit erläutern, als dies für einen ersten Einstieg in neurowissenschaftliche Grundlagen erforderlich ist. In den späteren Kapiteln werden wir auf beide Punkte detaillierter zu sprechen kommen.

Die elektrophysikalischen Eigenschaften der Nerven- bzw. Gehirnaktivität sind vorzugsweise von der Neurophysiologie untersucht und mittlerweile auch nahezu aufgeklärt worden. Dieser beachtliche Fortschritt der Neurophysiologie ist nicht zuletzt einer Reihe untersuchungstechnischer Neuerungen (wie der Elektronen-(Raster-) Mikroskopie, der Mikroelektroden-Ableitung etc.) zu verdanken. Nach dem heutigen Wissensstand in der Neurophysiologie ist jedes Neuron (1) imstande, einen elektrischen Impuls selbsttätig auszulösen und an benachbarte Neuronen weiterzuleiten. Ebenso kann jedes Neuron (2) elektrische „Reize“ empfangen und sozusagen „verrechnen“, sprich: als „Signale“ für andere Neuronen „verarbeiten“. Die Funktionsweise des Nervensystems beruht also letztlich auf einer permanenten Aussendung, Weiterleitung, Aufnahme und Verarbeitung elektrischer Signale. Wenn man sich vergegenwärtigt, daß unser Gehirn aus etwa 100 Milliarden (bzw. 100 000 Millionen) Neuronen besteht, von denen jedes einzelne wiederum über mehrere tausend Nervenschaltstellen (sog. Synapsen, s. Kap. 4.1.2) mit anderen Neuronen verknüpft sein kann, so gewinnt man eine ungefähre Vorstellung von der astronomischen Zahl potentiell möglicher elektrischer Verschaltungen und damit von dem gigantischen bioelektrischen Signalfluß, der sich permanent im Gehirn abspielt.

Um zu verstehen, was das Attribut „elektrisch" im Zusammenhang mit der Nerven- bzw. Gehirnaktivität meint, müssen wir kurz den Begriff des *Membranpotentials* erläutern. Führt man unter Zuhilfenahme mikroskopischer Instrumente eine hauchdünne Mikroelektrode (mit einer Spitze von etwa 1/10 Mikrometer (!) Durchmesser) in den Zelleib eines Neurons ein, so läßt sich mit einer entsprechenden Verstärker- und Anzeigeapparatur direkt die Potentialdifferenz zwischen dem Zellinneren und dem Extrazellulärraum messen. Diese im Millivoltbereich liegende Spannung heißt Membranpotential. Diesem Membranpotential liegt eine ungleiche Verteilung von Ionen (positiv bzw. negativ geladenen Teilchen) zwischen der Innen- und der Außenseite der Zellmembran zugrunde. Die Zellmembran fungiert demnach wie ein bioelektrischer Kondensator, wobei das Neuron die eigentliche Spannungsquelle (biologische „Batterie") repräsentiert.

In der Nervenzelle sind neben negativ geladenen Eiweißkörpern (Anionen) vor allem Kalium-Ionen (K^+) lokalisiert, letztere sind intrazellulär wesentlich (nämlich etwa 30fach) höher konzentriert als außerhalb. Bei den Natrium-Ionen (Na^+) verhält es sich umgekehrt (Konzentrationsgefälle 1:10). Die Zellmembran enthält spezifische Kanäle („Poren") für diese beiden Elektrolyte.

Daneben bestehen Kanäle für weitere Ionen wie Calcium (Ca^{2+}) oder Chlor (Cl^-), die jedoch nicht maßgeblich am Aufbau des neuronalen Membranpotentials beteiligt sind. Die größeren intrazellulären Eiweißmoleküle ($Anionen^-$) können jedoch nicht durch die Membran hindurchtreten.

Im Ruhezustand, d. h. wenn die Nervenzelle nicht elektrisch erregt wird, sind vorwiegend die K^+-Kanäle geöffnet. Aufgrund des o. g. Konzentrationsgradienten für Kalium diffundieren die K^+-Ionen (passiv) aus der Zelle heraus, so daß das Zellinnere gegenüber der (Na^+CL^-)-Außenlösung im Zellzwischenraum negativ aufgeladen ist. Dieses negative Ruhemembranpotential, das in grober Annäherung einem sog. Kalium-Gleichgewichtspotential (K^+-Nettostrom = 0) entspricht, wird zudem durch aktive Austauschbewegungen von K^+ und Na^+ (sog. Natrium-Kalium-Pumpe mit ATP-Verbrauch, s. Glossar) konstant gehalten. Dieses Prinzip des ionenspezifischen „Fließgleichgewichts" ist übrigens nicht nur für Neuronen, sondern für nahezu alle Körperzellen charakteristisch, so z. B. auch für das Stützgewebe (Glia) im Nervensystem.

Die eigentlichen elektrischen Signale bzw. Impulse entsprechen bestimmten Potentialschwankungen an der Zellmembran. Ein bioelektrischer Reiz bzw. Nervenimpuls zeichnet sich dadurch aus, daß er das empfindliche Gleichgewicht zwischen den intra- und extrazellulären Ionenkonzentrationen stört. Die Ionenverteilung und deren Verschiebungen in der Gehirnflüssigkeit sind also die Vorbedingungen für die Fähigkeit von Neuronen, ihre spezifischen Aufgaben der Signalverarbeitung zu erfüllen. Das intra- wie extrazelluläre Gehirnwasser ist - vereinfacht gesagt - eine verdünnte (Salz-)-Lösung, in der der größte Teil der Moleküle in Ionen zerfällt. Wenn man diese wichtige Rolle der Ionenverhältnisse für die (elektrische) Funktionsweise von Neuronen verstanden hat, mag es auch weniger an unserem Stolz rühren, daß unser Gehirn zu etwa 80 % (s. o.) aus Wasser besteht.

Wirkt auf einen Nerv ein erregender Reiz ein, so öffnen sich kurzfristig einige der Na^+-Kanäle, so daß sich das Ruhemembranpotential durch den Einstrom der Na^+-Ionen in der Nervenzelle in Richtung Null verschieben kann (Depolarisation). Nur wenn die erregenden Zuflüsse (Depolarisierungen) groß genug sind, um einen bestimmten (noch negativen) Schwellenwert zu erreichen, kann ein lawinenartiger Prozeß mit massiver Natrium-Einwärtsdiffusion einsetzen, die das Zellinnere positiv aufladen läßt. Diese explosive Depolarisation hält nur kurz an (1-2 ms) : Zum einen werden die Na^+-Kanäle unmittelbar danach wieder inaktiviert (Refraktärphase), und zum anderen öffnen sich K^+-Kanäle, was den Ausstrom von K^+-Ionen (positiven Ladungen) ankurbelt und damit eine Rückkehr zum negativen Ruhepotential (Repolarisation) eingeleitet wird. Die überschießenden Umpolungen an der Nervenzellmembran bilden die eigentlichen neuronalen Signalgeber, nämlich die sog. Aktionspotentiale (APs), die - nach kurzen „Erholungspausen" (Refraktärphasen) von wenigen ms - vielfach aufeinander folgen können. Man darf sich unter dem dabei stattfindenden Ionenaustausch nicht eine nennenswerte Änderung der Konzentrationsverhältnisse vorstellen. Insgesamt gelangt bei einem AP nur ein äußerst geringer Teil der Ionen durch die Membran, ansonsten könnte sich dieser Vorgang nicht in schneller Folge wiederholen.

Wenn wir von der bioelektrischen Aktivität des Nervensystems sprechen, so ist diese - im Grunde genommen - nicht mit „normalem" Strom, d. h. mit Elektronenflüssen (wie in einem Kupferkabel oder Klingeldraht) vergleichbar. Neuronale (Gehirn-)Aktivität in Form impulsartiger Potentialschwankungen beruht letztlich auf kurzfristigen Ionen-Mechanismen bzw. lokalisierten Ladungsverschiebungen, die sich über die Nervenfasern blitzartig als Erregungswelle ausbreiten, so wie etwa der Funke an einer Zündschnur. Diese an der Nervenzellmembran entlang „schießenden" Impulse konstanter Form und Größe bilden sozusagen die Informationseinheiten, auf denen jegliche neuronale bzw. neuronal vermittelte Aktivität (Sensomotorik, Denken, Fühlen, Lernen) beruht. Die neuronalen Impulse heißen darum auch *„Aktionspotentiale"* (Abk.: APs, s. hierzu auch Kap. 6.3.2.1).

Das Gehirn erzeugt sozusagen bei sich selbst Potentialänderungen, und zwar ununterbrochen, also auch während des Schlafs (vgl. Hobson 1990). Mit Hilfe von gut leitbaren Oberflächen-Elektroden lassen sich die schwachen, im Mikrovolt-Bereich liegenden Spannungsänderungen an der (unverletzten) Kopfhaut ableiten und als sog. *Elektroencephalogramm* (EEG-Aufnahme bzw. „Hirnstrombild") aufzeichnen. Der Jenaer Psychiater Hans Berger legte bereits vor über sechzig Jahren das Fundament für die heute in aller Welt als diagnostische Routinemethode angewandte Elektroencephalographie (zur international standardisierten EEG-Registrierung s. z. B. Schmidt 1993 a, S. 143 f.). Berger fand nämlich heraus, daß die Frequenzen und die Amplituden der als EEG-Wellen ableitbaren Potentialschwankungen bei allen Menschen mehr oder weniger ähnlich sind. Abweichungen von diesem „Durchschnittsbild" bzw. von den „normalen" EEG-Kurven können daher wichtige Anhaltspunkte für neuronale und/oder vaskuläre Störungen des Gehirns (wie Epilepsie, ungenügende Durchblutung etc.) liefern. (Erst beim sog. Hirntod kommt es zu einem Erlöschen der EEG-Muster, zu einem sog. Null-Linien-EEG).

Das EEG ist freilich nicht nur eine wichtige diagnostische Hilfe im medizinisch-neurologischen Bereich, sondern es stellt auch ein schon als klassisch zu bezeichnendes Forschungsinstrument in Neuropsychologie sowie Psychophysiologie dar (vgl. Birbaumer & Schmidt 1991, S. 459 ff.; Guttmann 1982, S. 173-196; Schandry 1989, Kap. 6). Im Rahmen der jahrzehntelangen Encephalogramm-Forschung konnten einige Befunde zusammengetragen werden, die - vorsichtig formuliert - als Anhaltspunkte für die neuropsychologische Grundthese gelten können, daß bestimmte psychische Zustandsformen mit hirnelektrischen EEG-Parametern (wie Amplitude, Frequenz, Phasenlage der Potentialschwingungen) korrelieren. Ohne auf Einzelheiten der EEG-Forschung eingehen zu wollen, sei diese Korrelation zwischen psychischen Zuständen und EEG-Veränderungen exemplarisch veranschaulicht.

So beobachtet man (in der Regel) bei gesunden, erwachsenen (Versuchs-)Personen, die sich in einem wachen, entspannten Zustand befinden und dabei die Augen schließen, eine „langsame" (= niedrigfrequente) rhythmische Oszillation des elektrischen Potentials, den sog. *Alpha-Rhythmus*. Die Alpha-Wellen (mit einer Frequenz von durchschnittlich 10 Hertz und einer Amplitude von etwa 50 µV) sind nahezu gleichförmig über die gesamte Schädelform verteilt, d. h. sie treten an fast allen Ableiteorten (Elektrodenplazierungen) mit vergleichbarer Frequenz, Amplitude und Phasenlage auf. Bei Vorherrschen des Alpha-Rhythmus spricht man darum auch vom *„synchronisierten EEG"*.

Durch sensorische Reize (wie Augen öffnen, akustisches Signal etc.) und mentale bzw. psychische Aktivität (Nachdenken, Gefühlsregungen etc.) wird der Alpha-Rhythmus gestört („Alpha-Blockade"). Je nach dem Grad der mentalen Belastung bzw. der psychischen Erregung treten die Alpha-Wellen in unterschiedlichem Umfang zugunsten der „schnelleren" Beta-Wellen (14 - 30 Hertz bei vergleichsweise niedriger Amplitude: 2 - 20 µV) zurück. EEG-Phasen, die hauptsächlich Beta-Wellen-Anteile aufweisen, wirken bereits optisch unregelmäßig, und die Messungen von den einzelnen Elektrodenpositionen fallen recht unterschiedlich aus. Ein durch Beta-Wellen charakterisiertes Hirnstrombild, das sich letztlich aus vielen, sozusagen aus der Phase geratenen Einzelrhythmen zusammensetzt, bezeichnet man auch als *„desynchronisiertes EEG"*.

In der Neuro-Psychologie wie - Physiologe wird generell angenommen, daß ein „desychronisiertes" bzw. „schnelles" EEG-Muster mit psychischer Aktivierung einhergeht. Umgekehrt setzt man gewöhnlich ein „synchronisiertes" bzw. „langsames" EEG-Muster mit psychischer Ruhe bzw. entspanntem Wachzustand gleich. Diese Zuordnung des Ausmaßes der (De-)Synchronisation zu psychologischen Konstrukten wie „Aufmerksamkeit", „Anspannung" etc. kann jedoch nur als grobe (wenn nicht gar als unbrauchbare?) Faustregel gelten. Zum einen ist die auf Hans Berger, dem „Erfinder" des EEG, zurückgehende Modellvorstellung von mehr oder weniger klar unterscheidbaren Frequenzbändern im EEG heute nicht mehr haltbar. Verbesserte frequenzspektrographische Methoden haben zu der Erkenntnis geführt, daß die einzelnen periodischen Schwingungen (hirnelektrischen Wellen) nie in reiner Form, sondern immer als eine Gemisch mehrerer Frequenzen des Gesamtspektrums auftreten. Zum einen kann ein mit dem bloßen Auge als Alpha-Aktivität erscheinendes Wellenmuster durchaus z. B. Beta-Anteile enthalten, die erst mit Hilfe automatisierter Verfahren (Cluster- und Faktorenanalysen) identifiziert werden können (vgl. Rösler 1983, S. 340). Zum anderen ist ein simples, eindimensionales Erregungs- bzw. Desynchronisations-Konzept (im Sinne einer Beta-Dominanz über Alpha-Anteilen) eher skeptisch zu beurteilen. Beta-Wellen finden sich nämlich nicht nur im Wachzustand, sondern auch während bestimmter Schlafstadien. Aufgrund ihrer charakteristischen Form bezeichnet man diese desynchronisierten Frequenzanteile in der (Neuro-)Physiologie als „Schlafspindeln" (vgl. Schmidt 1993 a, S. 150). Zudem scheint es inter-individuelle Unterschiede hinsichtlich einer habituellen Alpha-Aktivität zu geben. Bei manchen Personen geht psychische Erregung sogar mit einer Erhöhung des Alpha-Anteils am Gesamtspektrum einher (vgl. Fahrenberg 1983, S. 35). Letzteres kann freilich aus Forschungsartefakten resultieren, indem bioelektrische Signale (wie Muskel- oder Hautpotentiale) in das EEG einstreuen und/oder (vaso-)motorische Reaktionen (wie Blinzeln, Pulsationsschwankungen in Blutgefäßen) die Elektrodenableitung stören (zu diesen Artefaktquellen s. u. a. Schandry 1989, S. 234 f.).

Die vom EEG aufgezeichneten „Hirnstrombilder" sind auch insofern schwer zu interpretieren, als sie kaum Anhaltspunkte über den Ursprungsort bzw. die Elektrogenese der jeweiligen Potentialschwankungen liefern. Eine exaktere neuroanatomische Lokalisierung der Gehirnaktivität läßt sich derzeit nur durch ingeniöse bildgebende Verfahren erreichen, die mittels radioaktiver (Markier-)Substanzen (wie Xenon 133, Fluor 18) die regionale Durchblutung oder gar die Stoffwechselrate im Gehirn registrieren (zu derartigen „Durchblutungs-" oder „Metabolismuskartierungen" s. u. a. Birbaumer & Schmidt 1991, S. 476 ff.; Changeux 1984, S. 208 ff.; Marvin, Brust & Hidal 1991; Raichle 1994; Schmidt 1993 a, S. 145 f.; Springer & Deutsch 1995, S. 118 ff.).

Von den modernen bildgebenden (brain imaging-)Techniken sei beispielhaft die sog. *Positronen-Emissions-Tomographie* (Abk.: PET) herausgehoben, die eine hoch auflösende Computer-Graphik zur Stoffwechselaktivität eines jeden gewünschten Gehirn(quer)schnittes liefert. Die PET-Technik liefert als einziges Verfahren auch Bilder zur Gehirnaktivität in tieferen, subkortikalen (s. Kap. 4.2.3) Hirnregionen. Salopp formuliert, handelt es sich bei der PET-Apparatur um eine - technisch sehr aufwendige - „Positronen-Kamera", die gleichsam einen Blick in das lebende, funktionierende Gehirn gestattet, ohne die Schädelwand zu verletzen.

Genau genommen, werden bei der PET-Technik nicht Positronen, sondern Gammastrahlen gemessen. Letztere entstehen beim (unwillkürlichen) Zusammenstoß der - von der radioisotopen Substanz emittierten - Positronen mit unmittelbar benachbarten Elektronen. Bei jeder dieser Teilchen-Kollisionen entstehen zwei im Winkel von 180 Grad verlaufende Gamma-Strahlen, die einen Meßpunkt bilden.

Diese Meßdaten werden von einem um den Kopf herum angeordneten Ring aus Detektoren registriert und computerunterstützt zu fertigen Schnittbildern verrechnet.

Die mit der PET verbundene Strahlenbelastung der Probanden bzw. Patienten gilt aus medizinischer Sicht als gering bzw. „zumutbar", zumal die als Stoffwechselindikatoren verwandten Radioisotope (wie z. B. positronenmarkierter Sauerstoff 0^{15}) eine sehr kurze Halbwertszeit haben. Neuerdings reüssiert in der Medizintechnik ein alternatives, ohne radioaktive Strahlung auskommendes Bildgebungs-Verfahren, das eine Weiterentwicklung der sog. Kernspintomographie (magnetic resonance imaging, MRI) darstellt. Bei der MRI werden starke Magnetfelder sowie hochfrequente Radioimpulse verwendet, die an das Resonanzverhalten bestimmter Moleküle im Nervengewebe angepaßt sind, um charakteristische Hirnstoffwechselprozesse aufzeichnen zu können (vgl. Birbaumer & Schmidt 1995, S. 139; Raichle 1994, S. 61 f.). Es wurden aber auch hier Zweifel angemeldet, ob die Beeinflussung des Gehirns durch magnetische Feldstärken grundsätzlich als gesundheitlich unbedenklich einzustufen sei (vgl. Schmidt 1993 a, S. 147).

Mit den PET-Bildern läßt sich sehr eindrucksvoll veranschaulichen, daß sich der fokale, d. h. auf bestimmte Hirnregionen begrenzte Metabolismus (wie Sauerstoff- oder Glukoseverbrauch) mit dem Wechsel der psychischen Aktivität (Sehen, Hören, Sprechen, Problemlösen, Fühlen) in reproduzierbarer Weise ändert. So wurde z. B. berichtet, daß Angstzustände durch eine besonders ausgeprägte metabolische Mobilisierung im Bereich der vorderen, rechten Gehirnhälfte gekennzeichnet seien (vgl. Wolf 1985, S. 389; s. auch Kap. 4.2.3). Freilich ist die neurowissenschaftliche Forschung damit noch nicht imstande, aus den PET-spezifischen Stoffwechselverteilungen im Gehirn auf die jeweiligen Gedanken und Gefühle des Betreffenden zurückzuschließen. Schließlich macht die „Positronen-Kamera" lediglich die Aktivität umgrenzter Neuronenansammlungen sichtbar (vgl. Springer & Deutsch 1995, S. 131) - so wie das EEG nur elektrische Potentiale, aber keine Bewußtseinsinhalte anzeigt (s. u.).

Die möglichen Zusammenhänge zwischen Stoffwechselaktivitäten des Gehirns einerseits und elektrischen Wellenmustern andererseits sind bislang noch ungeklärt. Obgleich man die genauen Ursachen der winzigen Potentialschwankungen im EEG noch nicht kennt, hat man wenigstens für die klassischen Frequenzbänder (wie die o. g. Alpha- oder Beta-Wellenmuster) ein wenig Licht in das Dunkel bringen können: Man geht heute mehrheitlich davon aus, daß die zeitlich synchronisierten EEG-Muster sich der (elektrischen) Entladung sowohl kortikaler als auch subkortikaler Neuronengruppen verdanken, d. h. daß die Spitzen bzw. Zacken im Hirnstrombild nicht nur von der oberen Hirnrinde, sondern auch von tiefergelegenen Hirnstrukturen generiert werden. Eindeutig ließ sich dies zumindest für den Alpha-Rhythmus nachweisen. Ausgeklügelte neurophysiologische Studien brachten nämlich zutage, daß der Alpha-Rhythmus nicht - wie ursprünglich angenommen wurde - in der Gehirnrinde selbst entsteht, sondern von der Aktivität sog. Schrittmacherneuronen im (subkortikalen) Zwischenhirn, genauer: im Thalamus-Gebiet (s. Kap. 4.2.3) abhängt. Fallen nämlich die thalamischen Schrittmacherneuronen aus, so läßt sich auch kein synchronisiertes EEG-Bild mehr registrieren. Die Schrittmacherfunktion des Thalamus scheint wiederum von Nervengeflechten im - phylogenetisch älteren - Hirnstamm gesteuert zu werden (vgl. Schmidt 1993 a, S. 141).

Im Grunde genommen ermöglichen erst die subkortikalen Neuronen (im Zwischenhirn und im Hirnstamm) die Ableitung elektrischer Potentialschwankungen von der Schädelwand. Schließlich entspricht das Hirnstrombild einer mehr oder weniger geregelten elektrischen Aktivität. Ohne die rhythmusbildenden bzw. synchronisierenden Gehirnaktivitäten wären nämlich überhaupt keine EEG-Wellen von der Schädeloberfläche ableitbar, da bei ungeordneten Entladungen, d. h. bei unabhängigen Impulssalven aus unterschiedlichen Nervenzell-Populationen höchstens ein diffuses, elektrisches „Rauschen" (ohne jedweden Signalcharakter) entstehen könnte. (Zum Teil würden sich die phasenverschobenen Potentialschwankungen wechselseitig aufheben).

Da das Gehirn unentwegt (im Wachen wie im Schlaf) aktiv ist, sollten die EEG-Muster nicht per se als Indikatoren für psychische Prozesse gewertet werden. Sofern die in subkortikalen Hirnregionen generierten, rhythmischen Potentialänderungen (offensichtlich) in keinem unmittelbaren zeitlichen Verhältnis zu äußeren Reizen (Anlässen) und/oder zu einem „inneren" Geschehen (Erwartungen, Gedanken etc.) zu stehen scheinen, spricht man vom *„Spontan-EEG"*. Dieses „Spontan-EEG" entspricht im wesentlichen den mit bloßem Auge erkennbaren Zacken und Kurven, wie sie vom Oszilliskop oder vom Schreibprotokoll festgehalten werden. Das klassische EEG bildet demnach nur grob die Summenpotentiale bzw. die Gesamterregung des Gehirns ab.

Erst die weitergehende Sondierung der EEG-Makroprozesse ermöglicht die Identifizierung *„evozierter"* bzw. *„ereigniskorrelierter* Potentiale", die entweder auf sensorische Reizungen hin erfolgen oder die mit bestimmten Versuchsbedingungen (mentalen Aufgabenstellungen, motorischen Anforderungen) einhergehen. Diese hirnelektrischen Korrelate der Reizverarbeitung bzw. des Verhaltens und Erlebens sind derart „schwach" (= niedrigamplitudig), daß sie von der spontanen „Hintergrundaktivität" des Gehirns überlagert werden, d. h. im „Spontan-EEG" nahezu unkenntlich bzw. verborgen sind. Erst mit dem Einsatz spezieller Verstärkungstechniken, Filterungsmethoden und moderner Laborcomputer gelingt es, die „evozierten" bzw. „ereigniskorrelierten Potentiale" als „Signale" von dem generellen (Hintergrund-)„Rauschen" zu trennen. Trotz intensivster Bemühungen auf dem Gebiet der Erforschung der „evozierten" bzw. „ereigniskorrelierten Potentiale" ist es bislang nicht gelungen, eindeutige Zusammenhänge zwischen bestimmten Spannungsverschiebungen (sog. Potentialkomponenten) und komplexeren, psychologisch relevanten Variablen (wie „appraisals", Emotionen etc.) herauszufinden. Als unstrittig kann derzeit nur gelten, daß sich sowohl für die kognitive Verarbeitung sensorischer Reize (wie Licht- oder Tonsignale) als auch für die vorstellungsmäßige Vorbereitung auf motorische Willkürbewegungen charakteristische Abfolgen von Wellenbergen und -tälern bestimmen lassen. Diese mit relativ einfachen sensorischen bzw. motorischen Funktionen verknüpften hirnelektrischen Erlebenskorrelate werden in der Fachliteratur dementsprechend als „optisches", „akustisches" bzw. „Erwartungs-" oder „Bereitschaftspotential" gekennzeichnet (vgl. als Überblick zu dem Themenkomplex der ereignisbezogenen Potentiale: Birbaumer & Schmidt 1991, S. 470 ff.; Guttmann 1982, S. 186 f.; 245 ff., 350 ff.; Rösler 1983, S. 343 ff.; Schandry 1989, S. 221 ff., 241 ff.).

Die frühen, in den ersten 90 msec nach der Stimuluspräsentation auftretenden Potential-Komponenten (elektrischen Negativierungen und Positivierungen) sind primär von den Reizeigenschaften determiniert und treten bevorzugt in den für die jeweilige Sinnesmodalität zuständigen Hirnarealen auf. Die „späteren" bzw. langsameren Potentialänderungen („slow waves"), deren topographische Verteilung über den Kortex vergleichsweise weitläufig ist, können als Indikatoren für endoorganismische d.h. vom Gehirn selbst induzierte Erregungsmuster angesehen werden, die nicht (mehr) direkt mit Außenreizen verknüpft sind. Beispielhaft sei die sog. *P 300-Komponente* genannt, d.h. eine positive Welle mit einer Latenzzeit von 300 msec. Diese Potentialverschiebung soll komplexere, kognitive Reizverarbeitungsprozesse repräsentieren. So wird u.a. berichtet, daß die P 300-Komponente bei der überraschenden Entdeckung eines Wunschobjektes erscheinen soll (vgl. Hernegger 1995, S. 324). Trotz inkonsistenter Forschungsergebnisse und Wissenslücken zur psychologischen Bedeutung von komplexeren ereigniskorrelierten Potentialen läßt sich - grob verallgemeinernd - festhalten, daß sich zumindest einige wenige elektrophysiologische Indizien für „Bewußtseinsphänomene" finden lassen, wie etwa die erwähnte P 300 Komponente (vgl. auch Roth 1995, S. 220). Es sei an dieser Stelle darauf hingewiesen, daß „Bewußtsein" nicht nur die Aktivierung des Kortex (durch die sog. Retikulärformation, s. Kap. 4.2.3) impliziert, sondern auch die Beteiligung emotions- und gedächtnisspezifischer neuronaler Korrelate erfordert (s. hierzu die Kap. 6.3, 6.4).

Die EEG-Ableittechnik kann m. E. zweierlei potentielle Untersuchungsperspektiven für einen neuro-szenologischen Forschungsansatz bereitstellen. Zum einen stellt sie eine schmerzfreie, nichtblutige bzw. nicht-invasive Methodik dar, um einen („oberflächlichen") Eindruck von jenen hirnphysiologischen Prozessen zu gewinnen, für die sich möglicherweise emotionale „Reaktions-" oder „Stimulusspezifitäten" finden lassen, wie sie für den vegetativ-physiologischen Bereich - zumindest teilweise - nachgewiesen werden konnten (s. Kap. 3.4, 3.6). Zum zweiten ist grundsätzlich denkbar, daß sich „unbewußte" oder „verdrängte" bzw. „abgeleugnete" Emotionen nicht (nur) im behavioralen und/oder physiologischen Ausdrucksbereich manifestieren, sondern (bevorzugt) in spezifischen EEG-Spektralmustern. Sofern diese Annahme zutreffen sollte, könnten hirnphysiologische Parameter zur empirischen Validierung neuroszenologischer bzw. tiefenhermeneutischer Phänomene herangezogen werden (s. u. a. Kap. 5.8.2.2, 7.1.2).

Erste, interessante Hinweise auf eine mögliche Validierung hermeneutisch-psychologischer Emotionsbeschreibungen mit Hilfe der EEG-Messung legten der Kölner Psychiater Wielant Machleidt und Mitarbeiter vor. Machleidt, Gutjahr & Mügge (1989) stellten in ihrer an 32 Probanden (23 „trockenen" Alkoholikern und 9 „normalen" Personen) durchgeführten EEG-Sprektral-Untersuchung fest, daß bestimmte „Grundgefühle" („Freude", „Trauer", „Angst" etc.) mit charakteristischen Hirnstromkurven einhergingen. Die Autoren leiten aus ihren statistisch signifikanten Ergebnissen eine neue Perspektive für die Diagnostik von Emotionen bzw. von emotionalen Störungen ab. Auf dem Hintergrund der empirisch gefundenen Entsprechungen von „Grundgefühlen" (sensu Machleidt et al.) wie „Angst", „Aggression", „Schmerz" oder „Freude" einerseits und charakteristischen EEG-Parametern (Spektralgrößen) andererseits glauben die Forscher auch „unbewußte", „abgewehrte" Emotionen über das Hirnstrombild erfassen zu können. So meinen Machleidt et al. (1989, S. 98 ff.) bei einer Probandin, einer zur „Normalgruppe" gehörenden Ärztin, so etwas wie „verdrängten Schmerz" bzw. „abgewehrte Aggressionen" in Form eines bestimmten spektralen EEG-Musters identifiziert zu haben. Die Ärztin, die im Rahmen der Untersuchung den „Seitensprung" ihres Partners nacherlebte, reaktivierte nur die bewußten Gefühle von „Niedergeschlagenheit", „Enttäuschung" und „Angst" (vor dem Partnerverlust). Machleidt et al. vermuten, daß die Probandin aufgrund ihrer starken Bindung an den Partner („symbiotische Beziehung") außerstande war, ihre Gefühle der Aggression bzw. der Wut, die mit der erlittenen „Kränkung" korrespondierten, bewußt wahrzunehmen bzw. sich selbst gegenüber einzugestehen.

An diesem von Machleidt et al. beschriebenen Fallbeispiel wird bereits deutlich, daß die Dechiffrierung des EEG-Codes hinsichtlich emotions- und beziehungsdynamischer Fragestellungen nicht gelingen kann, wenn man den (tiefen-)hermeneutischen Zugang ausschließt. Hirnphysiologie bzw. Neurobiologie und (tiefen-)hermeneutische Emotionsforschung bedürfen also unabdingbar des interdisziplinären Dialogs.

Die von Machleidt et al. (1989) aufgezeigte Forschungsperspektive im Sinne einer hirn- bzw. kortexphysiologisch begründeten und zugleich hermeneutisch ausgerichteten (Tiefen-)Psychologie, wie sie unserem neuro-szenologischen Grundkonzept recht nahe kommt, sollte allerdings nicht zu optimistisch bewertet werden. Zum einen stützt sich das von Machleidt et al. vorgelegte empirische Material auf eine viel zu kleine und nicht-repräsentative Untersuchungsgruppe, als daß man schon von einem entscheidenden Durchbruch auf dem Gebiet der emotionspsychologischen EEG-Forschung sprechen könnte. Zum anderen sollte beachtet werden, daß die von Machleidt et al. berichteten Ergebnisse sich nur auf die emotionsspezifische EEG-Grundaktivität beziehen, nicht jedoch auf die mit sensorischen und kognitiven Funktionen einhergehenden „evozierten" bzw. „ereigniskorrelierten Potentiale". Dies erklärt sich aus dem Umstand, daß letztere in den emotionsdifferenzierenden Summenpotentialen des EEG regelrecht „untergehen" (s. o.). Anders formuliert: Nur die emotionale Tönung und nicht die gedanklichen Inhalte (Kognitionen) scheinen die Verlaufsdynamik der EEG-Spektralparameter zu modulieren.

Überdies ist grundsätzlich noch näher zu klären, ob und inwieweit bestimmte EEG-Muster tatsächlich emotionale Qualitäten und nicht nur die mit Erlebnisschilderungen einhergehenden Erregungsintensitäten repräsentieren. Doch selbst wenn nur das letztere gelten sollte, so ist doch zumindest davon auszugehen, daß basale Emotionen die EEG-Grundaktivität indirekt beeinflussen. Unserem neuroszenologischen Denkansatz folgend, dürften nicht nur Mimik oder psychovegetative Ausdrucksmuster emotionsdifferenzierende Charakteristika aufweisen, sondern auch die neuronalen Funktionsabläufe im Gehirn. Schließlich ist das Gehirn wiederum die „oberste Schaltzentrale" für die affektmotorischen und vegetativen Ausdrucksphänomene.

Von der Weiterentwicklung der emotionspsychologischen EEG-Forschung wird es abhängen, ob und wann diese soeben angedeuteten Fragen geklärt werden können. Zur Zeit ist m. E. eher Skepsis als Euphorie am Platze, was die Zuordnung von emotionalen Erlebnisinhalten zu kortexphysiologischen (EEG-)Parametern anlangt. Streng betrachtet, müßte man einräumen, daß weder die reiz- bzw. ereignisspezifischen Potentialkurven noch die jeweils identifizierbaren EEG-Muster als zuverlässige und hinreichende Indikatoren für psychisch-emotionale Erlebenszustände zu betrachten sind. Aus den Zacken und Wellen des EEG lassen sich also (noch?) keine „appraisals" oder diskrete Emotionen „herauslesen". Von einer Analyse des EEG darf man (derzeit) lediglich Hinweise auf bestimmte Aktivierungs- bzw. Vigilanzstufen und Aufmerksamkeits- bzw. Orientierungsreaktionen erwarten. (Von der neurologisch-diagnostischen Relevanz des EEG sei hierbei abgesehen).

Diese begrenzte Interpretierbarkeit von „Hirnstromkurven" hängt m. E. auch damit zusammen, daß die eigentlichen „Signale" des Nervensystems, nämlich die extrem kurzen Impulse bzw. Aktionspotentiale, sich überhaupt nicht im EEG direkt niederschlagen. Wenngleich die neuroanatomischen Quellen und die neurophysiologischen Entstehungsmechanismen der „Hirnstrombilder" größtenteils unbekannt sind, so scheint man sich in der Fachwelt zumindest in einem Punkt sicher zu sein: Sowohl das „Roh-EEG" (mit seinen „Makroprozessen") als auch die „sensibleren", „ereignisbezogenen Potentiale" spiegeln keine kurzen neuronalen Entladungen (Impulse), sondern langsam ablaufende (Gleich-)Spannungsverschiebungen wider. Diese langsamen Potentialschwankungen ereignen sich vor allem an den zur Schädeloberfläche hin gerichteten Ausläufern (fachl.: Apikaldendriten) der kortikalen Neuronen. (Ungeklärt ist noch die Rolle des nicht-neuronalen Stützgewebes, der sog. Glia-Zellstruktur, für derartige Spannungsänderungen). Im EEG bilden sich also im wesentlichen Ionenkonzentrationsverschiebungen im Nervenzellgeflecht der Gehirnrinde ab, wobei die „Negativierung" einer bestimmten kortikalen Region (im allgemeinen) die gesteigerte Funktionsbereitschaft bzw. das erhöhte Erregbarkeitsniveau der betreffenden Neuronengruppen anzeigt (vgl. Birbaumer & Schmidt 1991, S. 473, 492; Guttmann 1982, 354 ff.; Schandry 1989, S. 226). Solche negativen Potentialverschiebungen können zwar eine Zunahme der neuronalen Impulsrate zur Folge haben, sie sagen aber nichts oder wenig über den tatsächlich stattfindenden Signalaustausch, sprich: über die „interneuronale Kommunikation" im Gehirn aus.

Was den Entwicklungsstand der neurobiologischen Diagnostik insgesamt anlangt, können wir vorerst festhalten: Die gängigen Verfahren, angefangen bei den eher klassischen (Mikro-)Elektrodenableitungen und EEG-Analysen bis hin zu den neueren brain-imaging-Techniken, erlauben mehr oder weniger verläßliche Aussagen darüber, welche Hirngebiete wie stark aktiviert sind. Die topographische Anordnung der jeweiligen elektrophysiologischen oder metabolischen Aktivierungszentren kann jedoch nur innerhalb bestimmter Grenzen Hinweise auf den momentanen „psychischen" Zustand des Probanden liefern. Da sich eine relativ geordnete Repräsentation (neuronale Zuordnung) nur für einfachere, sensomotorische Funktionen verläßlich nachweisen läßt, können neurobiologische Daten (noch) keinerlei Aufschluß über konkrete psychische Inhalte oder szenische Bedeutungen geben. Gleichwohl lassen sich Aussagen darüber treffen, welche der Sinnesmodalitäten (mitsamt den zugehörigen kognitiven Qualitäten) angesprochen sind und ob auf entsprechende (nicht ausgeführte) Bewegungsimpulse geschlossen werden kann. So läßt sich z.B. hypothetisch feststellen, ob der (stumme bzw. schweigende) Proband quasi still „spricht", ob er visuelle, akustische oder olfaktorische Vorstellungen hat (Bilder, Geräusche, Gerüche).

4.1.2 Zur Neurotransmission im Gehirn

Die sich langsam in den oberen Hirnrindenschichten aufbauenden Membranpotentiale (in negativer wie positiver Richtung) verweisen auf eine weitere Charakteristik neuronaler Aktivität, nämlich auf die *Biochemie* der synaptischen Erregungsübertragung. In der Neurobiologie ist seit etwa 40 Jahren bekannt, daß die (meisten) Neuronen keine direkten, „elektrischen" Verbindungen zu anderen Neuronen (und Effektor-Organen wie Muskeln, Drüsen) aufweisen. (Das Gehirn sollte man sich also nicht als eine Art „verkabeltes" Neuronennetz vorstellen). An den Nervenschaltstellen (Synapsen) kommen sich die Neuronen zwar sehr nahe, aber sie berühren sich nicht. Der synaptische Zwischenraum zwischen den Neuronen kann zwar (in der Regel) nicht „elektrisch", aber „chemisch" überwunden werden: An einer Synapse lösen die einlaufenden Impulse die Freisetzung sog. Botenstoffe (Neurotransmitter sowie Neuromodulatoren) aus, die auf das nachfolgende bzw. benachbarte Neuron einen elektrophysiologisch erregenden oder hemmenden Einfluß ausüben. Die chemischen Transmitterstoffe heften sich an für sie „maßgeschneiderte" Membranproteine („Rezeptoren") der Empfängerzelle an und lösen dort auf direktem (ionotropen) oder indirektem, stoffwechselvermitteltem (metabotropen) Wege eine Potentialverschiebung aus. Die (chemischen) Synapsen (s. hierzu auch Kap. 6.3, 6.4) sind sozusagen darauf spezialisiert, die ankommenden Elektrosignale in die Sprache der Moleküle zu „übersetzen", wobei zu beachten ist, daß die Neurotransmitter (zumeist) nur in Abhängigkeit vom „passenden" Rezeptortyp ihre jeweilige erregende oder hemmende Wirkung entfalten können. Die neurochemische „Botschaft", d. h. die Transmission der bioelektrischen Aktivität zwischen den Neuronen, liegt also nicht in den Molekülen an sich. Erst die quasi formgerechte Einpassung des Botenstoffes in seine Rezeptorproteine (wie das Gleiten der Hand in die entsprechenden Handschuhe) sorgt dafür, daß die neurochemische „Übersetzungsarbeit" vonstatten gehen kann.

Die neuronalen Transmitterstoffe sind - chemisch gesehen - verhältnismäßig einfach aufgebaute Verbindungen, die entweder vom Körper selbst synthetisiert oder mit der Nahrung aufgenommen werden. Viele der Nerven-Botenstoffe findet man nicht nur im Gehirn bzw. im neuronalen Gewerbe, sondern auch in den übrigen Teilen des Körpers. Diese Substanzen lassen sich grob in zwei Kategorien einteilen, nämlich in

- niedermolekulare Neurotransmitter und in
- Neuropeptide.

Zu den niedermolekularen, d. h. aus nur wenigen Molekülen zusammengesetzten Neurotransmittern zählt man traditionellerweise (1) die sog. *Amino(carbon)säuren* (wie Glutaminsäure/Glutamat; Gamma-Amino-Butter-Säure, Abk.: GABA; Asparaginsäure/Aspartat; Glycin) und (2) die sog. *biogenen Amine* (wie Dopamin, Noradrenalin, Adrenalin, Serotonin, Acetylcholin).

Bei Aminosäuren handelt es sich um die (organischen) Grundbausteine der Eiweiße (Proteine). (Alle Aminosäuren haben zwei sog. funktionelle Gruppen gemeinsam, nämlich eine basisch reagierende NH_2 (= Amino)-Gruppe und eine sauer reagierende COOH (= Carboxyl)-Gruppe. Der „Amin"-Begriff leitet sich vom „Ammoniak" (NH_3) bzw. vom „Ammoniumion" (NH_4^+) ab). Während die meisten der Aminosäuren-Neurotransmitter Bestandteile des „normalen" Nahrungseiweißes sind (Ausnahme: GABA), müssen die Amine vom Körper selbst synthetisiert werden, und zwar mittels geeigneter Enzyme, die wiederum aus Eiweißbausteinen zusammengesetzt sind. Die Amine sind für das Gehirn insofern leicht verfügbar, als sie sich größtenteils durch geringfügige Veränderungen (wie z. B. Abspaltung einer Carboxyl-Gruppe) aus den Aminosäuren ableiten. Dennoch scheint es von der Natur her so eingerichtet worden zu sein, daß die - biochemisch betrachtet - einfachsten Aminosäuren den Löwenanteil aller sog. Neurotransmitter stellen (vgl. Thompson 1994, S. 116). Hirngewebsanalysen lassen vermuten, daß auf eine aminerge (d. h. die Amine verwendende) Synapse etwa tausend Synapsen kommen, die mit den Aminosäuren als Transmitter reagieren (vgl. Nauta & Feirtag 1990, S. 39). Die wohl mengenmäßig am stärksten im Gehirn vertretene Aminosäure ist GABA, deren Anteil an der gesamten Neurotransmitter-Substanz auf 25 - 40 Prozent geschätzt wird (vgl. Snyder 1988, S. 30, 211; s. auch Thompson 1994, S. 123 ff.).

Die andere Gruppe der an der synaptischen Übertragung beteiligten Stoffe bilden die sog. *Neuropeptide.* Dies sind mehr oder weniger kurze Aminosäuren-Ketten. (Bei einer mehr als etwa 30 Aminosäuren umfassenden Sequenz spricht man von Polypeptiden. Sind über 100 Aminosäuren miteinander verknüpft, so verwendet man den Begriff des Proteins). Die Neuropeptide treten zumeist nicht allein, sondern in Ko-Existenz mit den o. g. Neurotransmittern auf. Die Wirkungen der Neuropeptide sind in der Regel langsamer, dafür aber auch andauernder als die der Neurotransmitter. Die spezifischen Funktionen der Neuropeptide bei der Ko-Transmission liegen noch weitgehend im Dunkeln. Nur soviel läßt sich heute schon sagen: Die Hauptfunktion der meisten Neuropeptide scheint darin zu bestehen, daß sie die synaptischen Transmissionsprozesse verstärken, abschwächen oder stimulieren, kurzum: diese modulieren. Neuropeptide werden darum auch *Neuromodulatoren* genannt. In den letzten 10 - 15 Jahren hat fast eine Art Neuropeptid-Revolution (vgl. Bradford 1986, pp. 265 ff.) stattgefunden: Binnen weniger Jahre wurden ca. 50 dieser neuroregulatorisch wirkenden Peptide isoliert, und es ist noch nicht abzusehen, wieviele weitere Funde in naher Zukunft dazukommen werden (vgl. Crapo 1987, S. 141 ff.; Elbert & Rockstroh 1993, S. 73; Snyder 1988, S. 28, 210).

Während man in der Neurobiologie bis Mitte der siebziger Jahre nur von den o. g. „klassischen" Neurotransmittern (Aminosäuren und biogenen Aminen) wußte, hat sich nunmehr die Grundvorstellung der neurochemischen Vorgänge im Gehirn grundlegend gewandelt. Das lange Zeit in der Neurophysiologie geltende Dalesche Prinzip (nach Henry Dale), wonach jedes Neuron nur einem einzigen Transmitter-System angehören sollte, muß heute angezweifelt, zumindest revidiert werden. (Mit „Transmitter-System" sind alle Neuronen und deren Synapsen gemeint, die für ihren Signalaustausch einen bestimmten interzellulären Botenstoff verwenden). Es dürfte zwar noch die allgemeine Regel gelten, daß die Transmittersysteme (zumeist) bestimmten Hirnkernen und Ursprungsgebieten sowie Nervenbahnen zugeordnet werden können (vgl. Nieuwenhuys 1985, Thompson 1994, S. 143 ff.). Die neu gewonnene Einsicht in die gemeinschaftliche (Ko-)Transmission verschiedener Neuroregulatoren erschwert aber eine Abgrenzung der verschiedenen Transmitter-Systeme voneinander.

Viele der Neurotransmitter und Neuropeptide finden sich nicht nur im Gehirn oder Rückenmark, sondern auch in den übrigen Körperzonen, besonders in der Darmmuskulatur, in Blutzellen und in verschiedenen Drüsen (wie Hirnanhangdrüse, Nebennieren, Bauchspeicheldrüse). Ein und derselbe (Boten-)Stoff kann freilich in den verschiedenen Organen bzw. Zellen differentielle Wirkungen entfalten. Für diese lokal unterschiedlichen Effekte derselben biochemischen Substanz sind im wesentlichen die sog. *Rezeptorkomplexe* verantwortlich: Darunter versteht man die jeweiligen, organspezifischen Vermittlungsprozesse zwischen der Transmitter- bzw. Peptidbindung an den Rezeptor einerseits und den molekularen Veränderungen in den eigentlichen Wirkzonen (Neuronen, Muskel- oder Drüsengewebe) andererseits. Vor allem für die neuroaktiven Peptide gilt, daß sie nicht nur im Zentralnervensystem Transmitterfunktion übernehmen, sondern auch als sog. Hormone (vgl. Kap. 6.5.2) von Drüsen sezerniert und in den Blutkreislauf eingeschleust werden. Peptide, die von Neuronen produziert werden und sich mit dem Blutstrom über den gesamten Körper verteilen können, nennt man gelegentlich auch *Neurohormone*. Die derzeit bekannten Neurohormone und peptidartigen Hormone werden bevorzugt in dem ventralen (unteren) Zwischenhirnbereich (Hypothalamus) und in der damit verbundenen Hirnanhangdrüse (Hypophyse) gebildet. Die Hypophysen-Peptide *Corticotropin* bzw. Adrenocorticotropes Hormon, (Abk.: ACTH) und *Beta-Endorphin* (ein körpereigenes Opiumalkaloid) sind insofern von psychologischen Interesse, als sie eine besondere Rolle bei der

Streßverarbeitung zu spielen scheinen (vgl. Crapo 1987, S. 148; Hellhammer, Kirschbaum & Lehnert 1989/1990, S. 19; Thompson 1994, S. 183 ff.; s. auch Kap. 6.5.2). Hierbei ist zu beachten, daß die als Hormone wirkenden Peptide ebensowenig bzw. ebenso schwer die sog. *Blut-Hirn-Schranke* passieren können wie die hirneigenen Neuropeptide: Die Kapillarwände der Gehirngefäße sind nur für einige ausgewählte Stoffe (wie Sauerstoff, Kohlendioxid, Wasser, Aminosäuren) leicht durchlässig, weshalb man in der Neurobiologie von der Blut-Hirn-Schranke spricht. (Eigentlich ist es nur ein „Filter"). Diese gleichsam natürliche Barriere gegenüber potentiell nervenschädigenden Substanzen darf man sich jedoch nicht als einen physikalischen, starren Filter vorstellen, da sich der Stofftransport durch die Hirngefäße im Zusammenspiel mit den übrigen metabolischen und immunologischen Prozessen reguliert (vgl. hierzu u. a. Elbert & Rockstroh 1993, Kap. 5; Kirchner, Kruse, Neustock & Rink 1993, S. 275).

Die immense Bedeutung der neurochemischen Rezeptorkomplexe für den emotionellen Aspekt von Persönlichkeit wird unmittelbar einsichtig, wenn man sich die stimmungsbeeinflussenden Effekte von Psychopharmaka (wie Neuroleptika, Antidepressiva, Tranquillanzien etc.) bzw. von psychoaktiven Substanzen (wie Alkohol oder andere Sucht- bzw. Rauschmittel) vergegenwärtigt. Die Wirkungen derartiger, psychochemischer Mittel beruhen insofern auf ähnlichen Mechanismen, als sie allesamt in den Rezeptorkomplex von Neuronen eingreifen bzw. deren Neurotransmitterhaushalt beeinflussen (vgl. Snyder 1988, S. 25 f.). Zur Veranschaulichung derartiger chemischer „Operationen" an der „Psyche" wollen wir eine Gruppe von Psychopharmaka kurz skizzieren, die für die Angstforschung bedeutsam ist. Wir meinen die sog. *Tranquilizer* (scherzhaft auch „happy pills") genannt, also Beruhigungsmittel, wie sie nach unserer Erfahrung auch ängstlichen Prüfungskandidaten häufig verschrieben werden.

Ein Großteil der „Tranquilizer" gehört - pharmakologisch gesehen - zur Gruppe der Benzodiazepine. (Dies sind, wie der Name sagt, Verbindungen aus dem Benzolring und einer Diazepin-Ringstruktur). Der anxiolytische (angstdämpfende) Wirkmechanismus der Benzodiazepine, die seit den sechziger Jahren weltweit zum Einsatz gelangen, konnte erst in den letzten zehn Jahren aufgehellt werden. Nachdem man in mehreren Gehirnabschnitten die entsprechenden Bindungsstellen (Rezeptoren) für die künstlich synthetisierten Benzodiazepine gefunden hatte, ließ sich die psychopharmakologisch bedeutsame Transmitter-Rezeptorkomplex-Reaktionsstufe weitgehend aufklären. Trotz einiger noch ungelöster Detailfragen scheint heute festzustehen, daß die Benzodiazepine durch Anbindung an ihre quasi natürlichen, weil hirneigenen Rezeptoren andere Membranproteine (d. h. andere Rezeptoren!) stimulieren, die bevorzugt mit dem Neurotransmitter GABA reagieren. (GABA ist - wie bereits erwähnt - als Aminosäure-Transmitter relativ hoch konzentriert über das gesamte Gehirn verteilt). Wenn die sog. GABAergen, d. h. die den Transmitter GABA verwendenden Synapsen gereizt werden, so hat dies in der Regel eine Unterbrechung bzw. Verminderung der Impulsrate zur Folge. Man bezeichnet GABA daher auch als einen „hemmenden" Neurotransmitter.

Binden GABA-Moleküle an ihren Rezeptor, verändern sich bestimmte Proteineinheiten (sog. Ionen-Kanäle) in der Nervenzellmembran dahingehend, daß sie für Chlor-Ionen durchlässiger werden. Durch ein elektrochemisch (nicht mechanisch) bewirktes „Öffnen" dieser membranständigen „Kanäle" kommt es aufgrund des chemischen Konzentrationsgradienten zu einer verstärkten Diffusion von Chlor-Ionen in das Zellinnere, was wiederum zur Hyperpolarisation des Membranpotentials und damit zur neuronalen Hemmung führt.

Die anxiolytischen Effekte der Benzodiazepin-Präparate basieren demnach auf einer Mobilisierung des elektrophysiologisch „dämpfenden" GABA-Transmitter-Systems (vgl. zusf. u. a. Barondes 1995, S. 216 ff.; Gray 1984, pp. 58 f.; Lüllmann, Mohr & Ziegler 1990, S. 208; Snyder 1988, S. 174; Thompson 1994, S. 127 ff.). Zu dieser Hypothese paßt auch die Beobachtung, daß es bei einer medikamentösen Blockierung des GABA-Transmitter-Systems zu Angstreaktionen kommt (vgl. Davison & Neale 1994, p. 149).

Die Benzodiazepin-Rezeptoren scheinen - auf eine bislang noch kaum bekannte Weise - am Angstgeschehen schlechthin beteiligt zu sein. So kennt man von einer unlängst entwickelten Gruppe von Pharmaka (den sog. Carbolinen), daß diese sich zwar auch an die Benzodiazepin-Rezeptoren heften können, aber anstelle einer erregungsdämpfenden eine angstauslösende Wirkung bis hin zu heftigsten Panikattacken entfalten (vgl. u. a. Strian 1995, S. 22). (Am Rande sei erwähnt, daß diese noch nicht zu erklärenden Beobachtungen an gesunden, freiwilligen Probanden angestellt wurden). Allein der Umstand, daß die Benzodiazepin-Rezeptoren eine maßgebliche Rolle bei der Angstgenese wie Anxiolyse zu spielen scheinen, spricht für die Annahme, daß es körpereigene Substanzen (Neurotransmitter oder -peptide oder ...?) gibt, die das Angsterleben steuern bzw. modulieren. Denn warum sonst sollten sich im Laufe der Evolution genau solche Rezeptoren im Gehirn entwickelt haben, die zu den synthetischen Benzodiazepin-Präparaten passen?

Schließlich hatte man nach der Entdeckung gehirneigener Opiatrezeptoren auch die dazu passenden natürlichen „Ansprechpartner" gefunden (vgl. Snyder 1988, S. 47 ff.): Als man nämlich Anfang der siebziger Jahre hirnspezifische Rezeptoren für die von außen zugeführten Opiate (wie Morphin, Codein etc.) identifiziert hatte, dauerte es nicht mehr lange, bis man die ersten körpereigenen (endogenen) Opioide, nämlich die sog. *Enkephaline* und *Endorphine* entdeckte. (Späterhin wurde der Begriff der Enkephaline als Synonym für Endorphine verwandt. Endorphin ist die zusammengesetzte Kurzform aus: Endo-genes M-orphin). Ein vergleichbar rascher Erfolg blieb zwar bei der Suche nach körpereigenen Benzodiazepinen bzw. deren Inversagonisten (= „Angstsubstanzen") aus. Neuere Forschungen haben jedoch bereits natürliche Benzodiazepine und ß-Carboline identifiziert (vgl. Wildmann 1995).

Freilich ist man z. Zt. noch weit davon entfernt, die neuronalen Grundlagen des Angsterlebens zu verstehen, zumal auch andere Psychopharmaka, die nicht über die Benzodiazepin-Rezeptoren wirken, anxiolytische Wirkungen zeitigen. Auch ist es fraglich, ob die Benzodiazepine ausschließlich mit dem GABA-ergen Rezeptor-Komplex zusammenwirken, um zur Erregungsdämpfung bzw. neuronalen Hemmung beizutragen. Neuere Untersuchungsergebnisse zeigen nämlich, daß die Benzodiazepine u. a. auch erfolgreich zur Behandlung stupuröser Symptome (Antriebs- und Bewegungsarmut, „Stumpfsinn") eingesetzt werden können (vgl. Benkert 1995, S. 99 f.). Im übrigen ist es zweifelhaft, ob GABA (als der häufigste Neurotransmitter im Gehirn !) nur bei der Emotion der Angst eine Rolle spielt. Vielmehr ist anzunehmen, daß GABA nicht nur bei der Angstregulation, sondern bei allen möglichen erregungssteuernden Hirnfunktionen (Vigilanz, Aufmerksamkeit, „Interesse" etc.) beteiligt ist. Da ferner die verschiedenen Transmitter-Systeme mehr oder weniger direkt miteinander verbunden sind, ist eine allein über GABA vermittelte Angstkontrolle ohnehin unwahrscheinlich.

Die Neurowissenschaften sind also noch lange nicht zum Kern des molekularen Angstgeschehens vorgestoßen, und wir sollten uns z. B. davor hüten, (starke) Prüfungsängste auf das Defizit bzw. Überangebot eines einzigen Botenstoffes zu reduzieren. Am ehesten wäre die spekulative Hypothese zu akzeptieren, daß Angstgefühle mit einer mehr oder weniger gestörten neuronalen Homöostase mehrerer Transmitter-Systeme korrespondieren.

Wir wollen unseren kleinen Streifzug durch die Neurochemie und Neurophysiologie beenden. Vor allem zweierlei sollte deutlich geworden sein: Erstens ist es für das Verständnis von Hirnfunktionen wichtig, nicht nur den Verlauf von Nervenfasern bzw. die elektrophysiologischen Signalleistungen zu kennen, sondern auch die jeweils beteiligten Botenstoffe und Rezeptor-Komplexe. Zweitens läßt sich das Thema der Emotion, geschweige denn das der „Psyche" auf einige bestimmte Hirngebiete oder neurochemische Systeme eingrenzen. Unsere Emotionalität, und erst recht unsere „Individualität" findet (vermutlich) weder auf dem makroskopischen Niveau der Gehirnanatomie noch auf der neurochemischen Ebene einzelner Transmitter-Systeme statt. Emotionen sind - und das sollten wir unbedingt in Erinnerung behalten - allemal das Resultat von Millionen, besser: von Milliarden von Neuronen, die in biochemischer wie elektrophysiologischer Hinsicht miteinander verschaltet sind. Wenn wir späterhin (s. Kap. 4.2.3) von den „emotionalen" Funktionen bestimmter neuroanatomischer Gebiete sprechen, so sollte nicht vergessen werden, daß unser Gehirn einen gigantischen, elektro-chemischen Kosmos repräsentiert, dessen schiere Größe und seine unvorstellbar komplizierte neuronale Vernetzung uns fragen lassen, ob wir ihn je in (emotions-) biologischer Hinsicht verstehen werden (s. hierzu das kunstvoll illustrierte Buch der beiden renommierten Hirnforscher Robert Ornstein und Richard F. Thompson 1986). Doch selbst bei aller Kenntnis der elektrophysikalischen und neurochemischen Prinzipien, nach denen das Gehirn funktioniert, hätten wir noch keinerlei Einsicht in die (tiefen-)psychologischen Bedingungen und Verhaltensweisen gewonnen, die der Emotionsregulation wie deren Störung (wie etwa im Falle massiver Prüfungsangst) zugrundeliegen. Schließlich kann auch der anxiolytisch wirksamste „Tranquilizer" allenfalls die „Symptome" der Emotionsstörung beseitigen. Mehr Selbstvertrauen oder Konfliktbereitschaft mag mit der Einnahme eines Psychopharmakons kaum zu erwerben sein!

Gleichwohl finden Emotionen - wie „Psychisches" überhaupt - ihr „materielles Substrat" im Gewebe des Gehirns, so daß jedwedes Schisma zwischen Sozial- bzw. Geisteswissenschaften einerseits und Natur- bzw. Neurowissenschaften andererseits als obsolet zu betrachten ist (s. Kap. 1.2, 1.3). Dies bedeutet freilich nicht, daß ein szenisches Verständnis von Emotionen ausschließlich mit Hilfe neurowissenschaftlicher Kategorien und Denkansätze zu gewinnen wäre. Worauf es uns ankommt, das ist die - zumindest partielle - Vermittlung zwischen szenologisch-psychoanalytischen Vorstellungen und neurowissenschaftlich-psychophysiologischen Konzepten.

4.2 Zur funktionellen Neuroanatomie der (menschlichen?) Emotion

In diesem Kapitel wollen wir uns einen groben, für unsere späteren Überlegungen hinreichenden Überblick über das Gehirn bzw. das Zentralnervensystem verschaffen. Ich werde dabei den Akzent auf die emotionalen bzw. affektiven Aspekte einiger ausgewählter neuroanatomischer (Makro-)Strukturen setzen.

Bevor ich zu der Grobskizze des „neuro-psychischen Gehirns" ansetze, (s. 4.2.3) seien noch einige Orientierungs- bzw. Lesehilfen vorausgeschickt.

4.2.1 Erläuternde Vorbemerkungen und (selbst-)kritische Hinweise

Bei meiner Darstellung zur Neuroanatomie der Emotion werde ich zwar weitgehend auf gängige Lehrmeinungen rekurrieren, man sollte aber berücksichtigen, daß praktisch alle derzeitigen Auffassungen über die emotionalen bzw. affektiven Funktionen einzelner Hirnkerne bzw. -abschnitte mehr spekulativer denn empirisch-wissenschaftlicher Natur sind. Diese Einschätzung trifft m. E. insbesondere für die Funktionsweise des menschlichen *und* gesunden Gehirns bzw. Zentralnervensystems zu.

Die neurobiologischen Forschungszweige versuchten bislang die neuronalen Grundlagen der Verhaltenssteuerung und der komplexeren psychischen Funktionen (wie Gedächtnis, Lernen, Emotionen) dadurch aufzuklären, daß sie im wesentlichen die Auswirkungen bzw. Schäden analysierten, die als Folge von experimentellen Manipulationen und/oder schicksalshaften Veränderungen an bestimmten Teilen des Nervensystems bzw. des Gehirns auftraten. Die zum Einsatz kommenden Experimentaltechniken können verschiedenster Art sein: Hirnreizung (Stimulation) mit Hilfe spezieller (Mikro-)Elektroden, Injektion neurochemischer/pharmakologischer Substanzen, thermische Ausschaltung (Koagulation) und Entfernung (Ablation, Exstirpation) von Nervengewebe oder Durchtrennung von Hirnarealen bzw. Verbindungsbahnen (Lobo- bzw. Leukotomien). Die in Kap. 4.1 erwähnten bildgebenden Verfahren spielen hierbei z. Zt. noch eine untergeordnete Rolle. Die o. g. invasiven Eingriffe sind aus naheliegenden ethischen Gründen beim (hirn-)gesunden Menschen nicht durchführbar, so daß eine planvolle und methodisch kontrollierte Hirnforschung auf Tierexperimente zurückgreifen muß. (Das Problem der ethischen Legitimation derartiger Tierversuche sei geflissentlich beiseite gelassen).

Da Experimenten am Menschen, wie gesagt, enge Grenzen gesetzt sind, stammt die humanbiologische Evidenz für die Korrespondenz von „Hirn und Geist“ weitgehend aus der klinischen Neurologie, d. h. aus relativ unsystematischen Beobachtungen an Patienten, bei denen durch Unfall, Infektion, Degeneration oder dergl. bestimmte Hirnareale funktionell gestört oder völlig ausgefallen sind.

Die klinisch-humanmedizinischen Fallstudien können schon deshalb nicht repräsentativ für den Menschen an sich sein, weil sie sich ausschließlich auf neurologische Patienten mit einem hirnorganischen Befund (wie Epilepsie, Tumor, Durchblutungsstörung etc.) beziehen. Das neurologische Wissen über die Funktion des Gehirns basiert notgedrungen auf den beobachteten Effekten von hirnorganisch bedingten und/oder neuro-chirurgisch herbeigeführten Läsionen (Funktionsausfällen): Seit über hundert Jahren ist aus der neurologischen Forschung bekannt, daß umschriebene Gehirnläsionen, wie sie durch einen Unfall, einen Apoplex („Hirninfarkt“) oder eine Gehirnoperation verursacht sein können, zu mehr oder weniger spezifischen Defiziten im sensomotorischen, kognitiven oder emotional-motivationalen Bereich führen.

Allerdings sollten derartige Läsions-Folge-Studien vorsichtig interpretiert werden. Zum einen läßt sich der jeweilige Erkrankungsherd bzw. Läsionsort nur selten exakt bestimmen, es sei denn, es handelt sich um einen sog. stereotaktisch gezielten, d. h. mittels Präzisionsvorrichtungen durchgeführten chirurgischen Eingriff. Zum anderen sind die zahlreichen Befunde, wonach genau lokalisierbare Hirnläsionen bei verschiedenen Menschen mit ähnlichen psychologischen Defiziten einhergehen, keine eindeutigen Belege für eine stringente Beziehung zwischen bestimmten Hirnstrukturen und psychischen Funktionen. Angenommen, es wird eine bestimmte Hirnstruktur durch eine Infektion, durch einen Tumor oder während einer Operation in Mitleidenschaft gezogen, und es läßt sich als Folge davon ein spezifischer Funktionsausfall (z. B. im Gedächtnis-, Antriebs- oder affektiven Bereich) feststellen, so kann daraus nicht zwingend abgeleitet werden, daß die betreffende Funktion mit der (lädierten) Hirnstruktur zu identifizieren ist. Es könnte u. a. nur einer der neuronalen Verbindungswege zu den eigentlichen funktionsspezifischen Hirnkernen bzw. -gebieten ausgefallen sein. So führt z. B. die Läsion in einem bestimmten Teil des sog. limbischen Systems (im Hippocampus, s. Kap. 4.2.3) zwar zu einer Beeinträchtigung des Kurzzeitgedächtnisses, was aber nicht impliziert, daß Erinnerungen in diesem Gehirngebiet auch gespeichert sind. Wie wir später sehen werden, sind spezifische Schlüsse über die Korrespondenz zwischen neuronalen Strukturen und psychischen Funktionen nur eingeschränkt möglich, da das Gehirn als ein hochgradig vernetztes Gesamtfunktions-System betrachtet werden muß, dessen Subsysteme parallel bzw. simultan (und nicht seriell bzw. sequentiell) aktiv sind.

Obgleich manche der aus neurobiologischen Beobachtungen abgeleiteten Lokalisationsvorstellungen allein von der logischen Gedankenführung her fragwürdig sind, scheinen sich derartige Fehlschlüsse zumindest implizit in der Fachliteratur zu behaupten. Ein Grund mag vielleicht darin liegen, daß diese Lokalisierungsversuche unseren alltäglichen Denkgewohnheiten bzw. unserem intuitiven Bedürfnis nach Zuordnung (hier: von psychischen Funktionen zu bestimmten Hirngebieten) entgegenkommen.

Die Problematik von Lokalisationsannahmen zeigt sich auch bei hirnkranken Patienten. In der Neurologie kennt man nämlich seit langem Fälle, bei denen es trotz bestehender Hirnläsionen zu keinen nennenswerten psychologischen Auffälligkeiten kam. Ebenso gibt es hirnphysiologische Dysfunktionen, die offenbar auf keiner morphologisch-strukturellen Veränderung des Gehirngewebes beruhen (vgl. hierzu zus. f. Wittling 1983, S. 198 ff.).

Doch auch die Befunde der tierexperimentellen Studien sind mit einer Reihe von Unstimmigkeiten, Widersprüchen und Defiziten behaftet. So wird seit Jahrzehnten generell davon ausgegangen, daß die (künstliche) Stimulation eines begrenzten Hirnteils eine Wirkung zeitigt, die gegenteilig zu der einer Läsion ist. Die darin implizit enthaltene und zunächst plausibel erscheinende Annahme, daß die experimentellen Hirnreizungen die normale physiologische Aktivierung sozusagen simulieren, ist mittlerweile jedoch in Zweifel zu ziehen. Wie in einer Studie (bezügl. der Reizung des Hippocampus beim Kaninchen) gezeigt wurde, können experimentelle Stimulationsreize sogar eine Blockierung des betreffenden Hirnareals bewirken und (einfache) Lernprozesse (Konditionierungen) stärker beeinträchtigen als es durch Läsionen zu erwarten wäre (vgl. Solomon, Solomon, Schaaf & Perry, 1983).

Die auf neurobiologischen Tierexperimenten basierenden Emotionskonzepte sind zudem nicht unmittelbar auf den Menschen übertragbar, zumal selbst stammesgeschichtlich miteinander verwandte Tierarten in neuronaler Hinsicht manches, aber eben nicht alles gemeinsam haben. Was nämlich für die eine Spezies nachweisbar ist, braucht für die andere nach lange nicht zu gelten. Dieser Einwand trifft in besonderem Maße für den Tier-Mensch-Vergleich zu. Tierexperimentell gestützte Emotionsmodelle sind insbesondere dann äußerst problematisch, wenn sie Gültigkeit für den Menschen beanspruchen, ohne die neokortikalen (Kontroll-)Strukturen (s. Kap. 4.2.3) genügend zu berücksichtigen, die für qualitativ neuartige (emergente) Funktionen (wie Sprache, Selbstbewußtsein, höhere kognitive Funktion wie z. B. Verursachungsdenken) verantwortlich sein sollen und die als typisch humane Eigenschaften angesehen werden. Aus neuroszenologischer Sicht ist davon auszugehen, daß diese neokortikalen (kognitiven)

Kontrollfunktionen mit psychodynamischen Mechanismen (wie z. B. Abwehrprozessen) und affektgetönten Personwahrnehmungsmustern (wie z. B. Übertragung) einhergehen, die sich im Tierversuch niemals finden lassen.

Auch wenn tierexperimentelle Befunde hinsichtlich ihrer Aussagefähigkeit über die Hirnvorgänge beim Menschen äußerst zweifelhaft sind, so finden sich doch auch verblüffende Ähnlichkeiten auf der Ebene der Stoffwechselvorgänge. So gibt es über viele stammesgeschichtliche Entwicklungsstufen hinweg vergleichbare neurochemische und elektrophysiologische Regelungsmechanismen, die eine Mensch-Tier-Analogie-Bildung zumindest auf zellbiologischem Niveau rechtfertigen.

Man steht allerdings noch am Anfang bei der Aufklärung der biochemischen und zellbiologischen Effekte, wie sie durch diverse Stimulations- und Ableitprozeduren an ausgewählten Hirnbereichen des Versuchstieres provoziert werden können. Bei dieser neurobiologischen Spurensuche auf elementarstem Zellniveau müssen sich die ForscherInnen noch mit den Hirnen bzw. Ganglien (= Ansammlungen von Nervenzellkörpern) einfachster Tierarten wie Insekten oder Meerestieren bescheiden. Das relativ leicht zu studierende Nervensystem des Seehasen („Aplysia") bietet ein spektakuläres Musterbeispiel zur Aufhellung von Lern- und Gedächtnisprozessen auf neurochemisch-molekularer Ebene (s. Kap. 6.3). Gelegentlich versucht man auch, einfachsten neurochemischen (Lern-)Prozessen des menschlichen Gehirns dadurch auf die Spur zu kommen, daß man Konditionierungen in vitro (d. h. anhand von in künstlicher Nährlösung gehaltenen Hirnschnitten) simuliert. Es versteht sich von selbst, daß man mit derartigen, chemisch-experimentellen Anordnungen nicht der Bedeutung individueller menschlicher Hirnstrukturen als Vermittler emotions- bzw. stimulusspezifischer Verhaltensweisen auf den Grund zu gehen vermag.

Aber gerade mit ihrer Bescheidung, mit der Beschränkung auf versuchstechnisch überprüfbare Tiermodelle und In-vitro-Studien kam die neurowissenschaftliche Forschung Schritt für Schritt voran. Die NeurowissenschaftlerInnen fanden nämlich heraus, daß sich die Zellarten und molekularen Prinzipien phylogenetisch unterschiedlich weit entwickelter Nervensysteme weitgehend gleichen. Die neuronale Evolution scheint somit weniger durch dramatische qualitative Veränderungen als vielmehr durch quantitative Komplexitätssteigerung gekennzeichnet zu sein (vgl. bes. Changeux 1984, S. 87 f., 102, 125, 337). Vom einfachen Seehasen bis zum höheren Säugetier, und womöglich auch bis zum vorläufigen Endpunkt der Neuro-Evolution, dem sog. homo sapiens sapiens, bedient sich die Natur offenbar ähnlicher neuronaler Bausteine und elektrochemischer Mechanismen. Ebenso scheint der evolutiv-phylogenetische Ausbau des Gehirns (mit seinen makroanatomischen Strukturen) nicht primär mit einer „inneren Wandlung", sondern eher mit einer Erweiterung der originären, gleichsam „primitiveren" Anlage einhergegangen zu sein (vgl. z. B. Oeser & Seitelberger 1988, S. 52 f.). Mit jeder neuen, „höheren" Stufe der Gehirnentwicklung wurden die älteren neuroanatomischen Strukturen (wie die Teile des sog. Stammhirns, s. 4.2.3) also nicht einfach ausgetauscht, sondern durch neue, komplexere Leistungssysteme erweitert bzw. ergänzt. Die Herausbildung des sog. Neokortex („Neugroßhirnrinde“) gilt gemeinhin als die letzte, unsere menschliche Seinsweise (unsere Denk-, Lern- und Sprachfähigkeiten) charakterisierende „Errungenschaft“ der neurobiologischen Evolution. Aus diesem Prinzip der Gehirnevolution kann man folgern, daß zumindest die Funktionen der phylogenetisch „älteren“ Hirnstrukturen (wie etwa des Stammhirns) bei Mensch und Tier annähernd gleich sind (vgl. u. a. Panksepp 1982, 1989).

Es gibt also durchaus Gründe dafür, daß wir uns - als SozialwissenschaftlerInnen - auf das Risiko ungesicherter, neurobiologischer Konzeptionen einlassen. Gleichwohl wollen wir unsere Darstellung auf einigermaßen anerkannte Lehrmeinungen beschränken, was beinhaltet, daß wir von manchen - zugestandenermaßen interessanten - Außenseiterstandpunkten absehen werden.

Ebenso werde ich nur am Rande auf die (Gehirn-)Chemie psychischer Befindlichkeiten bzw. Störungen eingehen. Die vergangenen zwanzig Jahre haben zwar auf dem Gebiet der Neurochemie und Psychopharmakologie eine Reihe fulminanter Detailbefunde und Hypothesen über die Zusammenhänge zwischen Hirnmetabolismen und „Psyche“ hervorgebracht, aber es ist letztlich bis heute unklar, ob man überhaupt schon den Kern des neuro-psychischen Geschehens berührt hat. Es hat vor allem innerhalb der biologisch orientierten Psychiatrie bzw. Psychosenforschung nicht an Versuchen gefehlt, aus den nachweislichen therapeutischen Effekten der verschiedenen Psychopharmaka (wie Neuroleptika, Antidepressiva, Tranquillanzien, Amphetamine, etc.) auf die vermeintlichen biochemischen Ursachen psychischer Erkrankungen zurückzuschließen. Alle diesbezüglichen „Einsichten“ liegen m. W. insofern noch im Bereich der vorläufigen Hypothetisierung, als die vielfältigen klinischen und experimentellen Befunde kein konsistentes Bild von dem Wechselspiel zwischen Gehirnchemie und „Psyche“ zu zeichnen gestatten (vgl. Barondes 1995, Snyder 1988). Auch der oben referierte Zusammenhang zwischen den Benzodiazepin-Rezeptoren, dem Neurotransmitter GABA und dem (psychologischen) Phänomen der Angst repräsentiert letztlich nur einen kleinen Mosaikstein aus einem „neurochemischen Puzzle“, das noch völlig unbekannt ist!

In Anbetracht des z. Zt. noch sehr spekulativen „Wissens“ über die psychologische(n) Funktion(en) der einzelnen, bislang aufgespürten Transmitterstoffe (s. hierzu den Überblick in Tab. 1) werden wir uns in den folgenden Abschnitten hauptsächlich mit den funktionellen Aspekten der topographischen Neuroanatomie bzw. der neuromorphologischen Gehirnarchitektur beschäftigen. Meine (eingegrenzte) Darstellung der hirnanatomischen Strukturen ist insofern mit Vorbehalt zu lesen, als ich die topographische Verteilung der Transmitter-System, sprich: die „Chemoarchitektur“ des Gehirns (vgl. bes. Nieuwenhuys 1985, Thompson 1994, Kap. 5) weitgehend außer acht lasse. Es sei lediglich darauf hingewiesen, daß die Topographie der neuroanatomischen Strukturen nicht mit der „Chemoarchitektur“ übereinstimmen: Die neuroanatomischen Kerne und ihre Verbindungen werden von den Verteilungswegen der Transmitter-Systeme größtenteils überlagert, wobei letztere zumeist größere Strecken umfassen und eine eigene Kartierung erfordern.

Grundsätzlich ist noch anzumerken, daß die folgende Aufgliederung des Gehirns in unterschiedliche neuroanatomische Abschnitte und neurofunktionelle „Verschaltungen" mehr oder weniger willkürlich ist. Eines sollte unbedingt beachtet werden: Das neuroszenologisch verstandene „Selbst" (mitsamt den neuronal verankerten Affekten und szenischen Ausdrucksformen) beruht erstens auf dem komplizierten Zusammenspiel aller Gehirnteile, und zweitens findet es sich weniger in den makroskopischen Hirnstrukturen selbst als vielmehr in den darin ablaufenden inter- bzw. subzellulären Erregungsprozessen (s. hierzu Kap. 6.3, 6.4).

TRANSMITTERSTOFF	ANGEBLICHE PSYCHOLOGISCHE FUNKTION
Acetylcholin	Lern- und Gedächtnisfunktion; Erregung der Muskulatur; Vermeidensverhalten/„Bestrafungsfunktion"; bei Mangel: Alzheimersche Demenz
Adrenocorticotropes Hormon (ACTH)	Lern- und Gedächtnisfunktion; Furchtverstärkung; „Hilflosigkeit"; Beteiligung bei „Streß"
Dopamin	Aufmerksamkeitsfunktion; „Lust-" bzw. „Verstärkungsfunktion"; Abstimmung von motorischen Abläufen/Bewegungskoordination; Förderung der Aggressionsbereitschaft und der Anschlußmotivation bzw. der Sozialbindung(sgefühle); bei Überangebot im Stirnhirnbereich: Schizophrenie
(β-)Endorphine	Beteiligung bei „Streß"; Beeinflussung der (emotionalen) Schmerzkomponente bzw. der subjektiven Schmerzverarbeitung; euphorische Funktion („Lustgefühle")
Gamma-Amino-Buttersäure (GABA)	Entspannung, Beruhigung; bei Mangel: bestimmte Formen der Epilepsi (= „Gewitter" im Gehirn) und Angst/Panik
Glutamat	Gedächtnisfunktion (förderlich)
Noradrenalin	„Lust-" bzw. „Verstärkungsfunktion"; Erregungs- bzw. Energiesteigerung; Förderung von Aggressionsneigung und Machtmotivation; angststeigernde Wirkungen
Serotonin	Förderung des „Wohlbefindens" und der Sozialbindung; bei Gray (1991): motorische Hemmung; aggressionshemmende Funktion; bedeutsame Rolle bei Schlaf(störungen) und Depressionen, Vermittlerfunktion bei Angst/Streß

Tab. 1: Überblick über die vermuteten psychologischen Funktionen der bekanntesten neurochemischen Botenstoffe (zus. gestellt nach: Barondes 1995, Kap. 6-8; Bradford 1986, Ch. 8; Birbaumer & Schmidt 1991; Gray 1991, Ch. 13, 14; Heckhausen 1989, hier bes. S. 314 f., 355 f. und 377 f.; Janke 1983, 1986; Snyder 1988; Thompson 1994; Wise & Rompre 1989; Zilles & Rehkämpfer 1994, Kap. 20).

4.2.2 Grundlegende anatomisch-funktionelle Gesichtspunkte

Bevor wir uns den einzelnen Hirnabschnitten selbst zuwenden, soll noch eine Grobgliederung des ZNS unter funktionellem Aspekt gegeben werden. In diesem und dem folgenden Abschnitt werde ich eine Reihe (lateinischer bzw. griechischer) Termini einführen, nicht zuletzt deshalb, um den interessierten LeserInnen ein vertiefendes Studium bzw. eine Nachprüfung in der entsprechenden Fachliteratur zu ermöglichen. Es erscheint mir empfehlenswert, diesen und den folgenden Abschnitt einfach durchzulesen, ohne sich unbedingt alle (neuen) Fachbegriffe merken zu wollen. Während der Lektüre des unmittelbar folgenden Abschnittes (4.2.4) sowie der späteren neuroszenologischen Ausarbeitungen (in Kap. 5 und 6) kann man dann - je nach Bedarf - auf die von mir erstellte „Navigationshilfe" für eine Reise durch das Gehirn zurückgreifen.

Das Gehirn (Cerebrum) bildet zusammen mit dem Rückenmark (Medulla spinalis) eine zentralnervöse bzw. cerebrospinale Funktionseinheit, nämlich das sog. *Zentralnervensystem* (ZNS). Nahezu alle der Hirnkerne (Nuclei) und Hirnrindenfelder (Cortexareale) des Gehirns sind durch sog. *afferente* (= svw. heranführende) bzw. sensible und durch sog. *efferente* (= svw. wegführend) bzw. motorische Fasern mit den (Schalt-) Neuronen im Rückenmark verbunden. Die afferenten Fasern leiten die Sinnesempfindungen aus der Körperperipherie (Haut, Muskeln, Gehör etc.) und aus den Eingeweiden zu den cerebrospinalen „Bearbeitungsstätten". Über die efferenten, absteigenden Fasern laufen vielfältige *supraspinale*, d. h. vom Gehirn ausgelöste Prozesse ab. So werden insbesondere Bewegungsimpulse, wie sie von der Großhirnrinde (Motorcortex), von den sog. Basalganglien und vom Kleinhirn (Cerebellum) kontrolliert werden, über das Rückenmark zu den dortigen *Motoneuronen* weitergeleitet, die wiederum mit den (Skelett-)Muskeln verschaltet sind (s. Kap. 6.4). Entsprechende senso-motorische Aufgaben werden im Kopf- bzw. Kranialbereich von den sog. Hirnnerven übernommen, die direkte afferente und efferente Verbindungen zu den untersten (basalsten) Gehirnabschnitten, dem sog. Hirnstamm, herstellen. Eine Ausnahme bildet der Geruchssinn, der aus entwicklungsgeschichtlichen Gründen direkten Zugang zum Gehirn (Bulbus olfactorius) hat.

Das Rückenmark bzw. die Hirnnerven sind nicht nur an der Verschaltung und Weiterleitung senso-motorischer Erregungen (inkl. der kurzen Reflexe) beteiligt, sondern sie stehen mittelbar auch im Dienste des sog. vegetativen Nervensystems (s. u. sowie 6.5.1).

Mit dieser Funktionsvielfalt sind zugleich zweierlei Gliederungsaspekte des ZNS angesprochen: In topographischer Hinsicht grenzt man das ZNS, das vom Schädel (Cranium) und von der Wirbelsäule vollständig umschlossen wird, vom sog. *peripheren Nervensystem* (PNS) ab. Unter letzterem versteht man all jene afferenten und efferenten Fasern (wie die Hirn- und Rückenmarksnerven), die das ZNS mit den übrigen Körperorganen (Haut, Muskeln, Eingeweiden, Blutgefäßen, Drüsen) verbinden. In funktioneller Hinsicht unterteilt man das (gesamte) Nervensystem in das cerebrospinale bzw. somatische (gelegentlich auch: animalische) Nervensystem einerseits und in das vegetative bzw. autonome (gelegentlich auch: viszerale) Nervensystem andererseits. Das *cerebrospinale* bzw. *somatische Nervensystem* dient vor allem senso-motorischen und komplexeren, „psychischen“ Funktionen (bes. kognitiven Verarbeitungsprozessen wie Lernen, Erinnern, Phantasieren). Das *vegetative* bzw. *autonome Nervensystem* (s. auch 6.5.1) ist demgegenüber für die innerorganische Selbstregulation (z. B. des Kreislaufs, des Elektrolythaushalts, der Körpertemperatur, der Atmung etc.) zuständig. Jedes dieser (funktionsbestimmten) Teil-Nervensysteme besteht sowohl aus zentralnervösen (cerebrospinalen) als auch aus peripheren Nerven bzw. Neuronengruppen. (Die funktionelle Aufteilung überschneidet sich also mit der topographischen Gliederung). Zudem kann man beide neuronalen Funktionssysteme als ein zusammengehöriges biologisches Substrat emotionaler Vorgänge betrachten: Während das vegetative Nervensystem quasi die „Physiologie der Emotion“ bestimmt, ist das cerebrospinale bzw. somatische Nervensystem an der emotionsgetönten Wirklichkeitsauffassung (s. Kap. 3.2) und an der Ausdrucksmotorik bzw. Mimik (s. Kap. 3.3, 3.5) beteiligt.

Das gesamte (cerebrospinale und vegetative) ZNS ist grundsätzlich symmetrisch angelegt, d. h. ein durch die mediane Sagittalebene (= die vertikale Mitte, s. Abb. 1) geführter neuroanatomischer Schnitt trennt das Präparat in zwei sich spiegelbildlich gegenüberliegende Teile bzw. paarige Hirnkerne (Ausnahme: die Epiphyse, s. Kap. 4.2.3).

Am auffälligsten ist diese Symmetrie bei den sog. *Hemisphären* des Großhirns, dies sind die konzentrischen, äußeren Schalen, die mit ihren charakterischen Windungen (Gyri) und Falten (Sulci) den supraspinalen Innenraum vollständig überdecken. Die moderne Hirnforschung hat in den letzten beiden Jahrzehnten nachweisen können, daß insbesondere die neokortikalen, d. h. die phylogenetisch jüngsten Hirnrindenschichten keine redundanten Verdoppelungen darstellen. (Die gängige Deutung des Neokortex als phylogenetisch jüngste Hirnschicht ist allerdings nicht unwidersprochen geblieben, s. z.B. Roth 1995, S. 52 f.). Es bestehen zwar zwischen der rechten und linken Hemisphäre nur minimale neuroanatomische Unterschiede (so z. B. im Bereich der primären Hörrinden, den sog. Heschl'schen Windungen, vgl. Kolb & Wishaw 1993, S. 164), aber dafür umso markantere Funktionsaufteilungen (s. Kap. 4.2.3; 5.8.2.2). Analoge funktionelle Hirn-Asymmetrien sind m. W. für die phylogenetisch älteren, subkortikalen Gehirnregionen erst ansatzweise untersucht worden.

Ein weiteres, anatomisch-funktionelles Merkmal des ZNS betrifft das Gehirn- bzw. Nervengewebe selbst. In neuroanatomisch präparierten Gehirnschnitten zeigt sich nämlich ein eigentümliches Farbmuster, eine charakteristische Verteilung von sog. grauer und weißer Substanz (Substantia grisea et alba). Die Anwendung der sog. Nissl-Anfärbemethode bei aldehyd- oder alkoholfixierten Präparaten läßt die Nervenzellkörper (exakter: die darin enthaltenen sog. endoplasmatischen Retikuli) „gräulich“

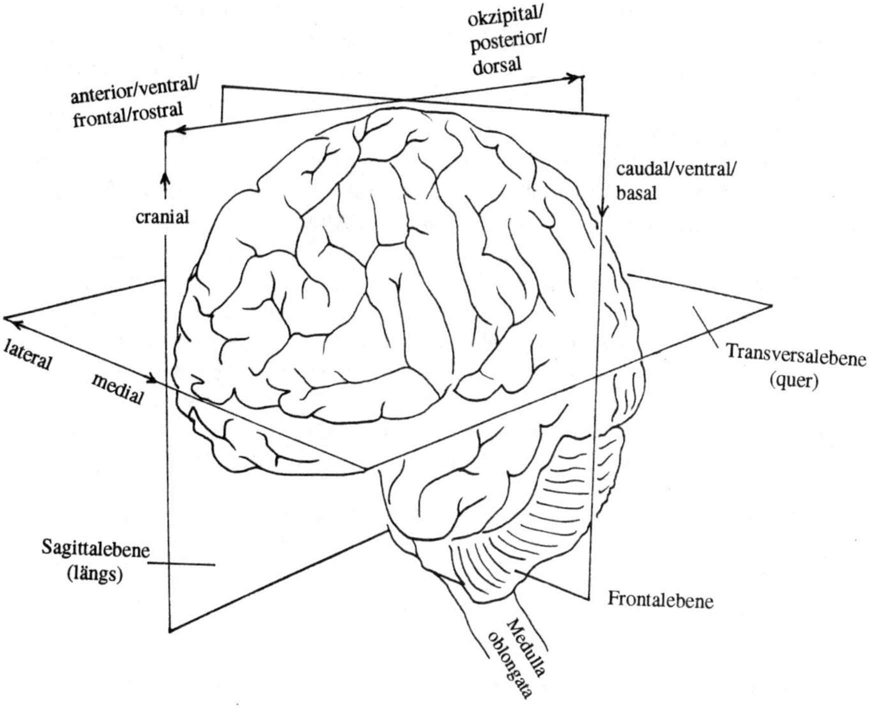

Abb. 1: Die (neuro-)anatomischen Lagebeziehungen und Schnittebenen. Viele der gebräuchlichen Termini wie caudal („zum Steiß hin"), ventral („zum Bauch hin"), rostral („zur Schnauze hin") dorsal („zum Rücken hin") oder cranial („schädelaufwärts") scheinen präzisere Richtungsbeschreibungen zu sein als allgemeine Präpositionen wie „nach vorne" (anterior) oder „nach hinten" (posterior). Wirklich eindeutig sind die spezifischen Lagebezeichnungen für bestimmte Hirnstrukturen jedoch nur beim Wirbeltiergehirn bzw. bei Vierbeinern, wo das Rückenmark und das Gehirn in etwa auf einer (imaginären) Geraden liegen. Im menschlichen Gehirn bilden die Längsachsen des Rückenmarks sowie des Hirnstamms einerseits und des „eigentlichen" (Vorder-)Hirns andererseits einen Winkel von ca. 60 Grad. Diese Abknickung im menschlichen Gehirn kann die topographische Benennung insofern erschweren, als die Lagebezeichnungen nicht für den Hirnstamm und das Vorderhirn gleichermaßen gelten können.

erscheinen. Bei der *„grauen Substanz“*, wie man sie im medialen (inneren) Kanal des Rückenmarks, in den äußeren Rindenschichten des Groß- sowie Kleinhirns und in den o. g. Kernmassen findet, handelt es sich demnach um die Ansammlung signal*verarbeitender* und *-erzeugender* Neuronen. Demgegenüber besteht das im (frischen) Hirnschnittpräparat weißlich-gelblich schimmernde Nervengewerbe vor allem aus signal*leitenden* Fasern (Axonen bzw. Neuriten), die weitgehend von sog. Myelinhüllen bzw. Markscheiden umschlossen sind. (Das Myelin setzt sich aus lamellenartigen Protein-Lipid-Schichten zusammen, die das Licht stark reflektieren und darum hell glänzen). Die *„weiße Substanz“* repräsentiert also im wesentlichen dicke Nervenbahnen (Tracti, Fasciculi) bzw. Faserschichten, die

- (1) den (Neo-)Kortex mit den darunter liegenden (caudalen) Abschnitten reziprok verknüpfen (= sog. Projektions-Systeme),
- (2) homologe, sich spiegelbildlich gegenüberliegende Hirnrindenareale zusammenführen (= sog. Kommissuren mit dem Corpus callosum, dem mächtigsten Steg zwischen den beiden Hemisphären (s. Abb. 2 (b) in Kap. 4.2.3),

oder

- (3) Kortexfelder auf derselben (ipsilateralen) Gehirnhemisphäre miteinander verknüpfen (= sog. Assoziationsfasern).

In Frontalschnitten, die das Hirn - quer zur Hemisphärengrenze (= medianen Sagittalebene) - in einen vorderen und in einen hinteren Abschnitt teilt, sieht man unterhalb der „grauen“ Außenrinde (Dicke: 3-5 Millimeter) das massive, „weiße“ Hirnmark, das sich aus cerebrospinalen bzw. Projektionsfasern, intra- und interhemisphärischen Faserplatten zusammensetzt. In diese, das (frontalgeschnittene) Hirn quasi auffüllende „weiße“ Masse („Kabelwald“) sind im unteren (basalen) Bereich wiederum die bereits genannten subkortikalen Kerne eingebettet.

In dem unteren (caudalen), stilförmigen Gebilde des Gehirns, in dem sog. *Hirnstamm* (s. auch nächsten Abschnitt) findet sich eine weniger klar abgegrenzte Verteilung von „grauen“ Hirnkernen und „weißen“ (myelinhaltigen) Fasersystemen. Besonders der zentrale Bereich des Hirnstamms bildet eine eigentümliche Mischung aus „grauer“ und „weißer Substanz“. Das geradezu tweedartige Aussehen dieses sich über den gesamten Hirnstamm ausdehnenden Gebiets beruht zum einen auf longitudinal und transversal verlaufenden Fasern und zum anderen auf diffus verteilten Kernen bzw. Nervenknoten, die zu unscharf umschriebenen „grauen Zentren“ (u. a. „Kreislaufzentrum“, „motorische (Mittelhirn-)Haube“, „Atmungszentrum“). zusammentreten. Entsprechend seiner vernetzten Struktur, bei der die absteigenden (efferenten) Bahnen kaum von den aufsteigenden (afferenten) zu unterscheiden sind, hat man dieses Hirnstammgebiet auf den Namen *Formatio reticularis* (auch: Retikulärformation; lat. reticulum: svw. Netz) getauft. Aufgrund dieser komplexen, vermaschten Cytoarchitektonik ist es nicht wenig verwunderlich, daß es über die Funktion der Retikulärformation mehr gewagte Hypothesen als gesicherte Ergebnisse gibt. Unbestreitbar scheint jedoch zu sein, daß diese Mischstruktur des Hirnstamms eine Art Integrativfunktion zwischen den vom Rückenmark herkommenden (afferenten) Impulsen einerseits und den vom Vorderhirn sowie vom Neokortex ausgehenden (efferenten) „Kommandos“ andererseits ausübt. So beeinflußt das retikuläre Geflecht über seine afferenten und efferenten Fasern sowohl die vorwiegend kortikal vermittelte Bewußtseinslage als auch die Erregung bzw. den Tonus (Spannungszustand) der Muskulatur (zur Funktion der Formatio reticularis s. auch Kap. 4.2.3).

Die neuroanatomische Unterscheidung zwischen „grauem“ und „weißem“ Nervengewebe liefert freilich nur eine grobe funktionelle Charakterisierung des Gehirns. Differenziertere Hinweise über die jeweilige Funktion der verschiedenen, stammesgeschichtlich unterschiedlich alten ZNS-Strukturen stammen aus den Befunden neurobiologischer und neuropsychologischer Forschungsansätze (elektrophysiologische Stimulations- und Ausschaltversuche, klinisch-neurologische Beobachtungen, EEG-Analysen).

Im folgenden Abschnitt soll eine Synopse dieser Forschungsdaten gegeben werden, wobei es weniger um anatomisch-funktionelle Details realer Hirnstrukturen als vielmehr um die grobe Skizze eines *„konzeptuellen“ Gehirns* gehen wird, um das sich unsere neuroszenologische Gedankenkette rankt.

4.2.3 Grobskizze des „neuro-psychischen“ Gehirns

Der Begriff des *„neuro-psychischen Gehirns“* soll zum einen auf die Einheit von neuronalen und psychischen Vorgängen (s. Kap. 2.3) verweisen und zum anderen soll er verdeutlichen, daß es sich bei der folgenden Darstellung um eine selektive Interpretation neuroanatomischer Kenntnisse, also um eine subjektiv gefilterte Sicht des Autors, handelt. Gleichwohl werde ich mich an die „harten“ Fakten der Neuroanatomie halten, die mit meinen späteren konzeptuellen, neuroszenologischen Gedanken zusammenzubringen sind.

Das Zentralnervensystem (= Gehirn plus Rückenmark) läßt sich grob in sechs Hauptabschnitte einteilen. Diese Abschnitte sind - in aufsteigender Reihenfolge (genauer: von „caudal nach cranial“, s. hierzu Abb. 1, Kap. 4.2.2) gelesen - (1) das *Rückenmark* (Medulla spinalis), (2) das *„verlängerte Mark“* (Medulla oblongata, auch: Myelencephalon), (3) das *„Hinterhirn“* (Metencephalon), worunter man zumeist das Brückenhirn (Pons) und das Kleinhirn (Cerebellum) versteht, (4) das *„Mittelhirn“* (Mesencephalon), (5) das *„Zwischenhirn“* (Diencephalon) und (6) das *„Endhirn“* (Telencephalon). Diese Grobgliederung erfolgt in Anlehnung an die Embryonalstadien der Gehirnentwicklung (vgl. Rohen 1994, S. 15 ff., 55 ff.; Zilles & Rehkämper 1994, S. 12 ff.). Die Bezeichnung „End-Hirn“ erklärt sich z. B. aus dem Umstand heraus, daß dieser betreffende Hirnabschnitt sich erst relativ spät (etwa ab dem vierten Lebensmonat) zu entwickeln beginnt, d. h. daß sich die (End-)Hirnhemisphären (= die von außen sichtbaren „Halbkugeln") von diesem Zeitpunkt ab langsam ausdehnen und in Falten legen, bis die übrigen Hirnabschnitte (= (1) bis (5)) fast vollständig bedeckt sind. (Lediglich das dorsal gelegene Kleinhirn wird nicht ganz überwachsen).

Gemäß einer noch gröberen Gliederung, die sich auf das allerfrüheste Neuro-Embryonalstadium (mit dem sog. Neuralrohr und den sog. primären Hirnbläschen) bezieht, faßt man einige der o. g. Hirnabschnitte zu noch größeren Einheiten zusammen. So stößt man in der Fachliteratur auch auf die Bezeichnungen „*Rautenhirn*" (Rhombencephalon = Myelencephalon plus Metencephalon) und „*Vorder-* bzw. *Großhirn*" (Prosencephalon = Diencephalon plus Telencephalon). Des weiteren werden die o. g. Hirnabschnitte (1) bis (4) aufgrund ihres gemeinsamen entwicklungsgeschichtlichen (phylogenetischen wie ontogenetischen) Ursprungs zum sog. *Hirnstamm* zusammengefaßt. (In der neuro-embryonalen Ontogenese spiegelt sich tendenziell die phylogenetische Evolution von Nervensystemen wider). Gelegentlich liest man auch von einem sog. *Stammhirn*, womit zumeist der um das „Zwischenhirn" erweiterte Hirnstamm gemeint ist.

Um eine ungefähre räumliche Orientierung zu erhalten, kann man die Gestalt des Gehirns mit einem Pilz(-hut) vergleichen: Vom Rückenmark her aufsteigend ragt der Hirnstamm wie ein - sich in cranialer Richtung hin verdickender - Stiel in das Vorderhirn hinein. Von außen betrachtet, imponiert das Vorderhirn durch die charakteristischen Wülste (Gyri) und Furchen (Sulci bzw. Fissuri) des Neokortexes. Unterhalb des ziehharmonikaartig gefalteten Neokortexes befinden sich - neben den myelinhaltigen Fasersystemen (s. Kap. 4.2.2) - eine Reihe von entwicklungsgeschichtlich älteren Hirnrindenmassen, u. a. der sog. limbische Kortex sowie subkortikale Kerngebiete (insbes. die sog. Basalganglien, der Thalamus und Hypothalamus; s. hierzu Abb. 2 (a) und (b).

Eine der wohl bedeutsamsten Umschaltstationen zwischen dem Nervensystem und dem Hormon- bzw. Drüsensystem (Endokrinium) stellt der Hypothalamus (s. u.) und die ihm funktionell untergeordnete *Hypophyse* (Hirnanhangdrüse) dar. Die Hypophyse ist an der Gehirnbasis als kleine, etwa kirschkerngroße Ausstülpung sichtbar, die über den Hyophysenstiel (Infundibulum) direkt mit dem Hypothalamus verbunden ist. Die Hypophyse teilt sich in Vorderlappen (Adenohypophyse) und Hinterlappen (Neurohypophyse) auf, wobei nur letzterer aus neuronalem Gewebe besteht. Der Vorderlappen ist eigentlich gar kein Gehirnteil, da er nur Drüsengewebe (Epithelzellen) und keine Neuronen enthält. Gleichwohl wird die Ausschüttung der lebenswichtigen Hypophysenvorderlappen-Hormone (s. Kap. 6.5.2) durch sog. Steuerungshormone (Liberine bzw. Statine) des Hypothalamus kontrolliert, und zwar über ein eigentümliches Blutgefäßnetz, das sog. Pfortader- oder Portalvenensystem. (Dieses spezielle neuro-humorale Kapillarsystem ist in der Abb. 2 (b) nicht dargestellt. Es wäre auch kaum maßstabsgerecht einzuzeichnen, zumal die Hypophyse bereits übergroß wiedergegeben wurde. Zur Verdeutlichung einige Vergleichswerte: Die Hypophyse wiegt insgesamt etwa 0,8 Gramm, der walnußgroße Hypothalamus etwa 5 Gramm, das Gehirn selbst etwa 1300-1400 Gramm).

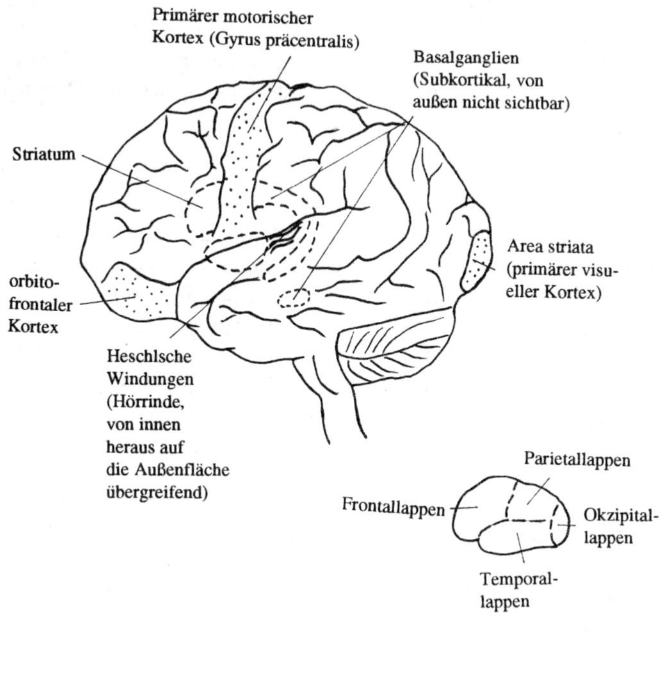

Abb. 2 (a): Seitenansicht des Gehirns mit Kennzeichnung einiger primärer kortikaler Funktionsfelder sowie einiger tieferliegender, von außen nicht sichtbarer Hirnstrukturen

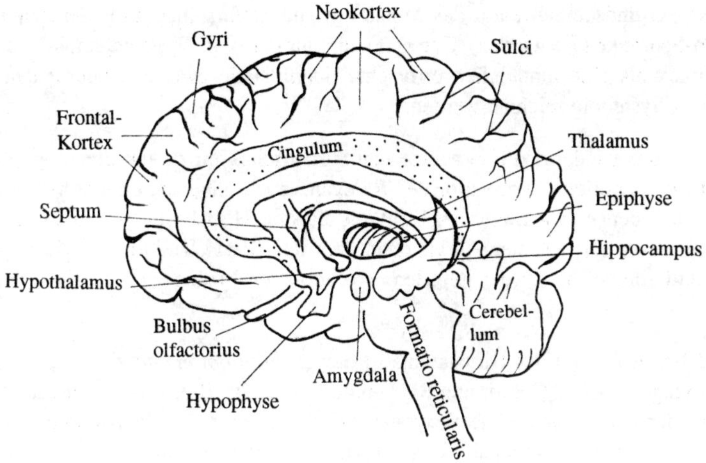

Abb. 2 (b): Seitenansicht des Gehirns mit Medianschnitt durch die subkortikalen Regionen

Ein weiteres, bislang noch wenig aufgeklärtes Verbindungssystem zwischen Gehirn und Endokrinium mag man auch in der *Epiphyse* („Zirbeldrüse" bzw. Pinealorgan) sehen. Da die Epiphyse nicht wie die übrigen Hirnkerne paarig angelegt ist, vermutete der französische Philosoph René Descartes (1596-1650) in diesem erbsengroßen Organ den „Sitz der Seele". Die dorsal des Thalamus gelegene Epiphyse weist jedoch keinerlei direkte Verbindungen zum Gehirn auf, sondern empfängt lediglich peripher-vegetative Nervenfasern vom sog. Sympathikus, der eine allgemein erregende (ergotrope) Funktion hat (s. Kap. 6.5.1). Diese peripheren Sympathikusfasern sind wiederum mit dem visuellen System verbunden. Auf dieser zweifachen bzw. gekoppelten Innervation durch visuelle und vegetative Afferenzen mögen die tagesperiodischen und die - vermutlich auch streß- bzw. emotionsabhängigen - Schwankungen der Epiphysenaktivität beruhen. Die Epiphyse bildet aus der Aminosäure Tryptophan zunächst Serotonin (= einen der „klassischen" Neurotransmitter s. Kap. 4.1), das sie dann weiter zu dem Pigment Melatonin umwandelt. Die Melatoninausschüttung unterliegt einem Hell-Dunkel- bzw. Tag-Nacht-Rhythmus (mehr Sekretion bei Dunkelheit bzw. in der Nacht), der durch Streßreize offenbar gestört werden kann (vgl. Crapo 1987, S. 72). Die tatsächlichen Funktionen und Wirkungsorte des Melatonins, das ausschließlich in der Epiphyse synthetisiert wird, sind jedoch bis heute fraglich. So ist m. W. noch völlig offen, ob und wie das Melatonin im Gehirn (etwa als Neuroregulator) wirkt. (Grundsätzlich kann das Melatonin - im Unterschied zum Serotonin - die Blut-Hirn-Schranke überwinden). Zur Zeit kann nur der o. g. Hypothalamus-Hypophysen-Komplex als eine hinlänglich erforschte Schnittstelle zwischen neuronalem und endokrinem System bezeichnet werden.

Wenden wir uns wieder den rein neuronalen Hirnabschnitten zu, um deren „psychologische“ bzw. „emotional-motivationale“ Relevanz noch näher zu erläutern. Beginnen wir dabei mit den entwicklungsgeschichtlich ältesten Hirnabschnitten, also mit dem Hirnstamm. Von dort aus steigen wir dann über das „Zwischenhirn“ und das „limbische System“ hinauf bis zu der jüngsten, evolutionären Errungenschaft, dem Neokortex.

Der caudalste Abschnitt des Hirnstamms ist die *Medulla oblongata*, die einen fließenden Übergang zwischen Gehirn und Rückenmark darstellt. Hier finden sich eine Reihe grundlegender (supraspinaler) Reflexzonen (z. B. für Herz-Kreislauf-Reaktionen, Atmung, Magen-Darm-Funktionen). Von der Medulla oblongata und von der cranial angrenzenden *Pons* gehen die meisten der zwölf paarigen Hirnnerven aus, die zum größten Teil den Kopfbereich versorgen (wie z. B. der für die Mimik mitverantwortliche „Gesichtsnerv“, N. facialis, s. Kap. 3.5) und die zu einem geringeren Teil auch in den Rumpf- bzw. Abdominalbereich (Herz, Eingeweide) ziehen (so der N. vagus, der Hauptnerv des Parasympathikus, s. Kap. 6.5.1). Im medullären und pontinen Hirnstammbereich kreuzen sehr viele der sensorischen (afferenten) und motorischen (efferenten) Projektionsfasern, welche die Körperperipherie mit der Gehirnrinde verbinden (bzw. vice versa), auf die jeweils gegenüberliegende (kontralaterale) Gehirn- bzw. Körperseite. Dieses Grundprinzip der „Kreuzung“ bedeutet beispielsweise, daß ein Schlaganfall („Hirninfarkt“, Apoplex) in der linken Gehirnhälfte zu einer Lähmung der (Skelett-)Muskulatur auf der rechten Körperseite führt. Da bei etwa 95 % aller Menschen die sog. Sprachzentren (sensu Broca und Wernicke) in der linken Hirnrinde liegen, ist in einem solchen Fall u. U. die (motorische) Artikulationsfähigkeit oder sogar das (sensorische) Wortverständnis mit betroffen.

Das Grundprinzip der Kreuzung senso-motorischer Bahnen gilt jedoch nicht ausnahmslos. Die neuronale „Hörbahn“ ist z. B. so angelegt, daß jedes Ohr mit den entsprechenden Hirnrindenarealen (= den „Heschlschen Querwindungen“ im Temporallappen) beider Gehirnseiten verbunden ist. Desgleichen wird ein Hirnkernteil des Gesichtsnerven (N. facialis) doppelseitig von der motorischen Hirnrinde (im Gyrus präcentralis) versorgt. Während die Gesichtsmuskulatur unterhalb der Augenlider kreuzweise und einseitig innerviert wird, ist die Stirn- und Augenmuskulatur zusätzlich mit derselben (ipsilateralen) Seite der motorischen Hirnrinde verbunden (vgl. Rinn 1991, p. 10, s. Abb. 3).

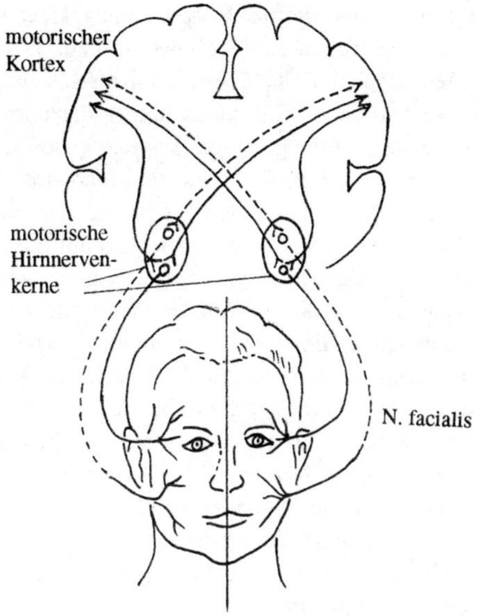

Abb. 3: Motorische Innervation des Gesichts

Deshalb erfolgen Lidschlußbewegungen z. B. synchron und die Stirn wird daher auch (zumeist) nicht einseitig „gekraust". Möglicherweise hängt diese differentielle Innervation der mimischen Muskulatur auch mit der Beobachtung Ekmans und seiner SchülerInnen zusammen, daß eine Emotion wie z. B. Angst, die durch ein sog. falsches Lächeln (s. Kap. 3.7) zu maskieren versucht wird, dennoch im Stirnbereich „durchsickert", z. B. durch angehobene und zusammengezogene Augenbrauen (vgl. Ekman 1989, S. 106 ff., 129). Für diesen vermuteten Zusammenhang gibt es aber m. W. noch keine stichhaltigen neuropsychologischen Belege.

Die craniale Fortsetzung des medullär-pontinen Bereiches und damit des obersten Abschnitts des Hirnstammes bildet das *Mesencephalon*. Während das Mesencephalon bei niederen Wirbeltieren die sensomotorische „Zentrale" darstellt, hat es beim Menschen eine Art Basisfunktion hinsichtlich unwillkürlicher, sensorischer und motorischer Aufgaben wie Regulation von Muskeltonus, Körperhaltung, Gehbewegungen, visuelle und akustische Reizanalyse, Koordination der Augenmuskeln bzw. der Blickmotorik. Der ventrale Teil des Mesencephalons (= Tegmentum mesencephali) enthält vorwiegend motorische Kerne (Nucleus ruber, Substantia nigra), der dorsale Teil (= Tectum mesencephali) enthält die sog. Vierhügelplatte (Lamina quadrigemina) mit jeweils zwei Umschaltkernen entlang der „Sehbahn" einerseits und der „Hörbahn" andererseits. Während die „Seh-" und „Hörbahn" in den entsprechenden neokortikalen Feldern enden, „projizieren" die tegmentalen Kerne vorwiegend auf die im Vorderhirn eingebetteten Basalganglien (s. u.), die zum sog. *extrapyramidalmotorischen System* (s. auch Kap. 6.4.2) zählen, das aus komplexen hirnstammvermittelten Rückkoppelungsschleifen zwischen der motorischen Hirnrinde („Motorcortex") und den motorischen Neuronen (auch: „Motoneuronen") des Rückenmarks besteht. Im Unterschied dazu verläuft die sog. *Pyramidalmotorik* über mehr direkte Bahnen vom Motorcortex zu den Motoneuronen des Rückenmarks. Die Pyramidalmotorik ermöglicht vor allem intendierte bzw. willkürliche Bewegungen, während die subkortikal-extrapyramidalen Leitungsschleifen eher das automatisierte Verhalten (inkl. Mimik, Gestik) steuern (vgl. u. a. Rohen 1994, S. 96 f.). Allerdings sollte eine allzu scharfe Trennung vermieden werden, da beide motorischen Systeme sowohl anatomisch als auch funktionell zusammenhängen (vgl. Zilles & Rehkämper 1994, S. 312 ff.).

Im mesencephalen Abschnitt des Hirnstammes liegen die bislang bekannten Ursprungskerne für die drei biogenen Amine Dopamin, Serotonin und Noradrenalin, die allesamt als klassische Neurotransmitter gelten (s. Kap. 4.1.2). Von hier aus verteilt sich der jeweilige neurochemische Botenstoff über viele, stark verzweigende „Projektionen" in verschiedene Regionen des Gehirns und z. T. auch in das Rückenmark. („Projektion" meint in der Neurobiologie nicht eine Art von psychologischem Abwehrmechanismus (s. Kap. 5), sondern so viel wie „neuronale Ausstrahlung", s. auch Kap. 4.2.2). Eine vielzitierte, aber neuroanatomisch schwer faßbare Verbindungsstrekke zwischen der Formatio reticularis (insbes. dem Tegmentum) und dem limbischen System (insbesondere dem lateralen Hypothalamus und dem Septum, s. Abb. 4) ist das sog. *mediale Vorderhirnbündel* (auch: Fasciculus telencephalicus medialis). Dieses doppelläufige, d. h. afferent-efferente Fasersystem ist zum einen der einzige Bereich, wo sich die drei obigen Neurotransmitter quasi mischen und es scheint zum anderen eine große Bedeutung für Emotionen, insbesondere „Lustempfindungen" zu haben (s. u.).

Cranial bzw. rostral vom Mesencephalon liegt das Diencephalon („Zwischenhirn") mit seinen beiden wichtigsten Kerngebieten, dem Thalamus und dem Hypothalamus. Obwohl sie entwicklungsgeschichtlich zusammengehören, bilden beide Strukturen zwei funktionell und anatomisch heterogene Teilsysteme. Der golfballgroße *Thalamus*, der etwa vier Fünftel des Zwischenhirns ausmacht, gilt als die wichtigste subkortikale Umschaltstation zwischen den meisten Sinnesorganen (Ausnahme: der Geruchssinn, vgl. Goldstein 1989, p. 36) und den jeweiligen sensorischen Bahnen zum Neocortex.

(Man bezeichnet den Thalamus darum auch salopp als „Tor zum Cortex“). Dabei ist jeder Sinnesmodalität ein bestimmtes Gebiet des Thalamus zugeordnet. Neben diesen sensorisch-spezifischen Kernen enthält der Thalamus auch sog. unspezifische Kerne, die u. a. mit dem Frontalcortex (s. u.) und dem „limbischen System“ verbunden sind. Es ist aufgrund dieser neuroanatomischen Verbindungen anzunehmen, daß der Thalamus nicht nur an der Weiterleitung sensorischer Signale beteiligt ist, sondern auch an deren emotional-motivationalen Verarbeitung („Anmutungsqualitäten“ bzw. emotionale Valenzen der Wahrnehmung, kognitive Einschätzprozesse/„appraisals“, der sog. erste Eindruck etc.). Ebenso scheinen die unspezifischen Thalamuskerne in Verbindung mit dem Kleinhirn, den übrigen extrapyramidalmotorischen Schleifen sowie dem limbischen System (s. u.) am Zustandekommen affektbetonter Schmerzäußerungen beteiligt zu sein. Sicher ist allerdings nur, daß der Thalamus zum einen die Motorik mit kontrolliert und zum andern ein wichtiges neuronales „Relais“ der Schmerzleitungen repräsentiert.

Im ventralen Bereich des Diencephalons liegt eine Ansammlung lebenswichtiger Kerne, die wegen ihrer Lage unterhalb des Thalamus als *Hypothalamus* bezeichnet werden. Diese etwa walnußgroße, trichterförmige Region ist zum einen das Regulationszentrum für alle vegetativen Funktionen und zum anderen die neuronale Schaltstation für nahezu alle endokrinen Prozesse (s. auch Kap. 6.5). Der Hypothalamus ist damit das wichtigste Integrationsorgan für die Regelung des „inneren Milieus“ im Körpers: Er ist quasi der Regler des Herz-Kreislauf-Systems, der Körpertemperatur, des Elektrolythaushaltes (bzw. der Osmolarität) und der endokrinen Aktivitäten. (Ein plötzlicher Ausfall des Hypothalamus ist also tödlich). Zugleich kontrolliert der Hypothalamus die mit den vegetativen und endokrinen Grundfunktionen zusammenhängenden motorischen Äußerungen (wie Angriffs-, Flucht- oder Sexualverhalten). Die verschiedenen elektrophysiologischen Reizungs- bzw. Ausschaltversuche haben u. a. ergeben, daß der im medialen Vorderhirnbündel (s. o.) liegende laterale Teil des Hypothalamus eher angenehme Empfindungen („Freude“, „Lust“) vermittelt. Tierstudien zur sog. *intrakraniellen Selbstreizung*, bei der das Versuchstier durch Tastendruck einer in seinem Gehirn implantierten Elektrode Strom zuführen kann, förderten Ergebnisse zutage, die es gerechtfertigt erscheinen lassen, von sog. *Lust-* oder *Belohnungszentren* zu sprechen. Das offenbar suchtartige Verlangen von z. B. Ratten oder Affen nach elektrischer Selbststimulation führte teilweise zu lebensbedrohlichen Erschöpfungszuständen. Von den Versuchstieren wird die intrakranielle Selbstreizung nämlich jedwedem anderen „belohnenden“ Verhalten (wie Nahrungszufuhr im Anschluß an Hungerperioden!) vorgezogen (vgl. zusf. Birbaumer & Schmidt 1991, S. 602 f.; Jänig 1993, S. 386 f.; Rosenzweig & Leiman 1989, pp. 593 ff., Thompson 1994, S. 253 ff.). Die Stimulation im medialen Bereich des Hypothalamus wird von den Tieren hingegen gemieden. Der mediale Hypothalamus scheint also eher nicht-belohnenden oder gar aversiven Charakters zu sein, so daß man dieses Gebiet als „Unlust-“ bzw. „Bestrafungszentrum“ betrachten kann. Der Begriff des „Zentrums“ sollte hierbei mehr als bildlicher Ausdruck verstanden werden, da die neurohistologisch bzw. neuroanatomisch fixierbaren Kerngebiete (Neuronenpopulationen) des Hypothalamus nicht vollständig mit den jeweiligen Arealen übereinstimmen, die zur intrakraniellen Selbststimulation oder deren Vermeidung führen.

Es ist bislang noch nicht endgültig geklärt, mit welchen neurochemischen Transmitter-Systemen die „Lust-" bzw. „Unlustzentren" korrespondieren. Die bis heute zusammengetragenen Befunde sprechen dafür, daß die („belohnende") intrakranielle Selbststimulation vor allem über das Dopamin- und das Noradrenalin-System vermittelt zu sein scheint (vgl. Jänig 1993, S. 386; Ploog 1990, S. 36 ff.; Thompson 1994, S. 254 f.; Zilles & Rehkämper 1994, S. 392; ausführlicher: Stellar 1990; Wise & Rompre 1989). Die Kerngebiete, von denen beide neurochemischen Systeme ausgehen, liegen jedoch nicht im Hypothalamus selbst, sondern im pontin-mesencephalen Grenzbereich (s. o.)

Die in Tierversuchsreihen erhobenen Befunde zur intrakraniellen Selbststimulation ließen sich grundsätzlich auch für den (hirnkranken) Menschen bestätigen. (Die Hirnstimulationen erfolgten hierbei im Rahmen eines ohnehin erforderlichen neurochirurgischen Eingriffs). Die vielfältigen Stimulationsversuche an Mensch und Tier zeigten, daß nicht nur der Hypothalamus (und das ihn durchziehende mediale Vorderhirnbündel) mit „emotionalen" Wirkungen zusammenhängt. Weitere „Lust-" bzw. „Unlustzentren" sowie mit Angriffs- bzw. Fluchtverhalten assoziierte neuronale Strukturen finden sich vor allem im *„limbischen System"* und in den mit ihm verbundenen Hirnstamm-Bereichen wie z. B. im Tegmentum mesencephali (vgl. hierzu die leicht zugänglichen Überblicksdarstellungen von: Krott, Poremba & Rauch 1990; Larbig 1983; Ploog 1990; Schneider 1992, S. 431 ff.; Wendt 1989, S. 65 ff.).

Unter dem Begriff des „limbischen Systems" wird eine neuroanatomisch schwer faßbare Funktionseinheit verstanden, die sich aus phylogenetisch alten Hirnrindenanteilen (wie Gyrus cinguli/Cingulum, Hippocampus/Gyrus parahippocampalis, „Riechhirnabschnitte"/Bulbus olfactorius) und den damit verbundenen subkortikalen Kerngebieten wie den Amygdala- und Septumkernen, dem vorderen Thalamuskern zusammensetzt. (Für eine differenzierte Betrachtung der „limbischen Strukturen" s. bes Isaacson 1982). Die komplizierte Struktur des „limbischen Systems" (s. Abb. 4) wurde früher vereinfachend bzw. fälschlicherweise als Rhinencephalon (= svw. „Riechhirn") bezeichnet. Man nahm nämlich seinerzeit an, daß das „limbische System" (genauer: die „limbischen Systeme", vgl. Isaacson 1982, p. 250), entwicklungsgeschichtlich zum Geruchssinn gehören. Beim höherentwickelten, menschlichen Gehirn ist die olfaktorische Funktion des „limbischen Systems" an sich vernachlässigbar, wenn man einmal von dem neuronalen Substrat des Riechsystems (wie Bulbus oflactorius, s. Abb. 2 (b)) einmal absieht. Gleichwohl liefert die anatomische Lage des Riechsystems einen Hinweis auf die Hauptfunktion des „limbischen Systems". Die vertraute Redewendung: „jemanden nicht riechen können" bringt nämlich den engen Zusammenhang zwischen dem Geruchssinn einerseits und der Emotionalität andererseits zum Ausdruck.

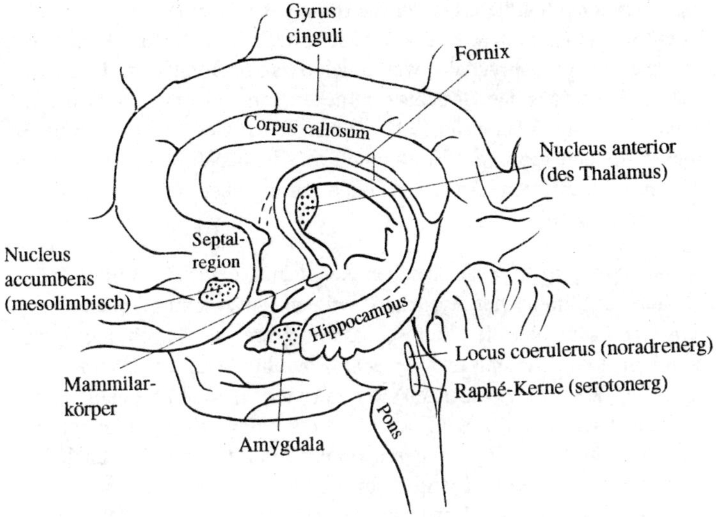

Abb. 4: Das limbische System

In der Tat ergaben zahlreiche hirnphysiologische Stimulations- und Ausschaltversuche, daß gewisse Teile des „limbischen Systems“ (so z. B. die Amagdala-Komplexe) für die emotionale Tönung des Verhaltens wesentlich sind. Eine beidseitige Zerstörung der *Amygdala* (svw. „Mandelkern“) verursacht bei Affen schwerste Verhaltensstörungen (sexuelle Abnormitäten, ungebremste Futtergelüste, Mangel an Angst und anderen Affektäußerungen etc.), die unter dem Begriff des *„Klüver-Bucy-Syndroms“* bekannt geworden sind. Das sozialpsychologische Charakteristikum dieser Verhaltens- bzw. Gehirnstörung zeigt sich in der Unfähigkeit der Tiere, die Bedeutung der von ihren Artgenossen ausgesandten Kommunikationssignale (Laute, Mimik, Gestik) adäquat zu erfassen. Die amygdala-ektomierten Tiere sind sozusagen von „psychischer Blindheit“ geschlagen, die eine Einfügung in den Sozialverband (die Tiergruppe) beträchtlich erschwert, wenn nicht gar unmöglich macht (vgl. zusf. z. B. Birbaumer & Jänig 1995, S. 177 f.; Rosenzweig & Leiman 1989, p. 591). Ähnliche, wenngleich nicht identische Effekte (wie „Affektverflachung“) werden von Patienten berichtet, die sich einer

Hirnoperation unterziehen mußten, bei der die (bilateralen) Kerne der Amygdalae mit betroffen waren (vgl. Aggleton & Mishkin 1986, pp. 293 f.). Neuere klinische Fallstudien legen nahe, daß die Amygdalae wesentlich daran beteiligt sind, die Emotionen (und zwar insbes. Angst) aus den Gesichtsausdrücken von anderen herauszulesen (vgl. Adolphs, Tranel, Damasio & Damasio 1994; Allman & Brothers 1994). Darüberhinaus liegen eindrucksvolle tierexperimentelle Befunde vor, die den Amygdalae eine Schlüsselfunktion beim Erwerb von Angstreaktionen zuschreiben (vgl. LeDoux 1995, pp. 214 ff.; Thompson 1994, S. 403 ff.)

Die elektrophysiologischen bzw. chemischen Reizungen sowie die Läsionen in verschiedenen Teilen des „limbischen Systems" zeitigten - insgesamt gesehen - zweierlei Befunde: Zum einen scheinen die „limbischen" Strukturen an der emotionsgetönten, symbolvermittelten Wahrnehmung und Gedächtnisbildung beteiligt zu sein. Die emotional-symbolische Valenz eines (sozialen) Reizes (wie z. B. sein „Neuheitswert" oder sein „Bedrohlichkeitscharakter") wird - dieser Vermutung nach - vorzugsweise im „limbischen System" bestimmt. Zum anderen können die Reiz- und Ausschaltversuche im „limbischen System" nahezu all jene Affektäußerungen („Kampf-" und „Fluchtreflexe", vegetativ-physiologische Mechanismen) hervorbringen, wie man sie bei der entsprechenden Manipulation des Hypothalamus beobachtet. Dieser zweite Effekt-Typ erklärt sich wohl nicht zuletzt aus der neuroanatomisch engen Verbindung des „limbischen Systems" mit dem Hypothalamus. So münden z. B. die meisten efferenten Bahnen der einzelnen „limbischen" Hirngebiete in den Hypothalamus ein. Der Hypothalamus kann von daher auch als ein - zum Körper bzw. zur Hypophyse hin gerichteter - „Ausgang" des „limbischen Systems" betrachtet werden.

Die aus hirnphysiologischen Stimulationsexperimenten und psychochirugischen Läsionsstudien gewonnenen Hinweise haben sich zu der heute allgemein akzeptierten Vorstellung verdichtet, daß die limbischen Strukturen gleichsam das neuronale Substrat von Emotion darstellen (vgl. Eccles 1985, 5. Vorlesung; Jänig 1993, S. 383 f.). Diese Konkordanz zwischen limbisch-neuronalen und emotionalen Prozessen wurde übrigens bereits in den dreißiger Jahren von dem Neuroanatomen James Papez postuliert. Papez betrachtete bestimmte limbische (Verbindungs-)Strukturen als einen geschlossenen Schaltkreis (den „*papez circuit*") der u. a. die Mammillarkörper (im caudalen Teil des Hypothalamus), den vorderen Thalamuskern, den Gyrus cinguli und den Hippocampus einschließt. Papez interpretierte diese limbischen Kreisstrukturen als funktionelle Einheit, in der sich über positive Rückkoppelungsprozesse affektive Erregungen aufbauen würden. Die generelle Bedeutung des limbischen System für die Entstehung von Emotionen ist zwar bis heute gültig geblieben, nicht aber Papez' Annahme eines auf das limbische System beschränkten emotionsspezifischen Erregungskreises.

Die grobe Charakterisierung des limbischen Systems im Sinne eines „emotionales Gehirns" sollte nicht wortwörtlich genommen werden, und zwar aus verschiedenen Gründen, von denen nur die wichtigsten genannt werden sollen. Zunächst ist es aus neuroanatomischer Sicht verfehlt, die neuronalen Äquivalente von Emotionen allein in den limbischen Strukturen zu suchen. Wenngleich das limbische System eine relativ gesonderte Neuronen-Konfiguration bildet, so hat es doch auch wichtige Verbindungsbahnen zum Hirnstamm bzw. zum Mittelhirn (= das sog. meso-limbische System), zu Vorderhirnteilen (Basalganglien, s. u.) sowie zum orbitofrontalen Bereich (Stirnlappen) des Neokortex (s. u. und vgl. z. B. Kupfermann 1991 a, p. 737 f.). Dementsprechend negieren neurobiologisch orientierte Emotionsforscher heutzutage auch nicht mehr die funktionelle Verflechtung des limbischen Systems mit weiteren (kortikalen wie subkortikalen) Hirngebieten und deren Verbindungsstrukturen.

So weist z. B. der renommierte Hirnforscher Jeffrey Alan Gray im Rahmen seiner neuropsychologischen Angsttheorie zwar weiterhin bestimmten limbischen Strukturen (Papez-Kreis, Septum, Subiculum) die zentrale Rolle bei der Angstentstehung und -verarbeitung zu. Mit Hinweis auf neuroanatomische Gegebenheiten und unter Berücksichtigung der psychischen Folgen neurochirurgischer Eingriffe spekuliert Gray aber auch über die Möglichkeit der kortikalen Steuerung des *septo-hippocampalen (Verhaltenshemm-)Systems*, das neben Septum und Hippocampus bestimmte Ein- und Ausgangszonen (entorhinaler Kortex, Subiculum) sowie weitere limbische Verbindungsstrukturen umfaßt. Gray mutmaßt, daß der präfrontale Kortex (s. u.) u. U. über seine descendierenden Projektionen (via cingulären Cortex, Striatum, Thalamus und Cerebellum) das septo-hippocampale System aktivieren und dadurch angstbezogene Verhaltenshemmungen bewirken könnte (vgl. z. B. Gray 1991, pp. 335 ff.).

Weitere nicht-limbische Einflüsse auf das septo-hippocampale System sollen nach Grays Angsttheorie von bestimmten Hirnstammarealen (Tegmentum, Pons, Retikulärformation) ausgehen. Er belegt diese Auffassung anhand hirnphysiologischer und neurochemischer Experimentalstudien, wonach die von tegmentalen bzw. pontin-mesencephalen (Hirnstamm-)Kernen aus ascendierenden Transmitterbahnen (insbes. Noradrenalin und Serotonin, aber auch Dopamin und Acetylcholin) die Funktion des septo-hippocampalen Systems zumindest mitregulieren. Nach Grays Interpretation der experimentellen Daten sollen z. B. die noradreneren Zuströme als eine Art Alarmglocke fungieren, indem sie die Sensibilität für unerwartete bzw. für persönlich bedeutsame Ereignisse erhöhen. Den serotonergen Projektionsbahnen schreibt Gray eine wichtige Funktion bei der angstbezogenen motorischen Hemmung zu, wie sie bevorzugt infolge von konditionierten Bestrafungsreizen auftreten soll (s. hierzu ausführlicher Gray 1982, pp. 346 ff., 1984, pp. 62 f., 1991, pp. 300-313).

Ungeachtet dieser kortikalen und subkortikalen Zuflüsse zum septo-hippocampalen System erscheint die Annahme plausibel, daß die für die unwillkürlichen (Ausdrucks-) Bewegungen zuständigen nicht-limbischen Hirnstrukturen ebenfalls mit Emotionen zu tun haben. Zu erwähnen sind hierbei weitere Hirnstammkerne (wie Nucleus ruber, Substantia nigra), die mit den im Vorderhirn angesiedelten Basalganglien (Striatum, Pallidum) verknüpft sind. (Die Verbindungen zu dem ebenfalls die (Fein-)Motorik bzw. die Bewegungsabläufe steuernden Kleinhirn will ich der Übersichtlichkeit halber aussparen). Die Basalganglien bilden die Hauptelemente des sog. extra-pyramidalen Systems, das - wie bereits gesagt - primär die unwillkürliche Motorik (wie ungeplante Muskelaktivierungen, automatisierte Bewegungsabfolgen oder spontane Gesichtsausdrücke) reguliert. (Das vom motorischen Kortex ausgehende sog. Pyramidalsystem soll demgegenüber vorzugsweise für die Willkür- bzw. Zielmotorik zuständig sein).

Wenn es stimmen sollte, daß über das limbische System soziale Reize mit affektiv-motorischen Reaktionen in Beziehung gesetzt werden, so könnte das afferente Zentrum der Basalganglien, der sog. Streifenkörper (Striatum) die maßgebliche Vermittlungsstation enthalten. Das um den Thalamus herum gelagerte und in mehrere Kompartimente untergliederte Striatum (vgl. z. B. Nauta & Feirtag 1990, S. 248 ff.) wird insbesondere für das Erlernen motorischer Stereotypien verantwortlich gemacht (vgl. Mishkin & Appenzeller 1990, S. 104). Den ventromedialen Teil des Striatums, den *Nucleus accumbens*, zählt man in der Neurobiologie zu dem dopaminergen Lust- bzw. Belohnungssystem (vgl. Zilles & Rehkämper 1994, S. 392). Im N. accumbens finden sich zudem anatomisch interessante und vielleicht auch funktionell bedeutsame Verbindungsbahnen zu limbischen Strukturen, insbesondere zur Amygdala (vgl. Birbaumer & Schmidt 1991, S. 253) und zum Subiculum, der Ausgangszone des septo-hippocampalen Systems (vgl. Gray 1991, p. 309). Es läßt sich daraus die Vermutung ableiten, daß sich im striato-limbischen Übergangsbereich (wie dem N. accumbens) die Steuerungen für Gefühl und Motorik (= E-Motion) kreuzen.

Bei dieser versuchsweisen Identifizierung neuronaler Strukturen mit affektiven Funktionen haben wir implizit einen weiteren Problempunkt berührt: Die nachweisliche funktionelle Spezialisierung bestimmter Neuronenpopulationen (z. B. für die Sensorik und Motorik des Sehens oder der Sprache) sollte nicht zu der (falschen) Vorstellung verleiten, daß das Gehirn insgesamt ein mehr oder weniger statisches Gefüge von arbeitsteilig differenzierten Strukturen und Bahnverknüpfungen bildet. Es ist nämlich allenfalls die Grundstruktur des Hirns angeboren. Die arbeitsteilige Differenzierung dieser neurogenetischen Grundausstattung erfolgt im Laufe der mit der Embryonalzeit einsetzenden Individualentwicklung, d. h. das Hirngewebe unterliegt einer relativ großen funktionellen Veränderung aufgrund lebensgeschichtlicher Erfahrungen (s. hierzu bes. Kap. 6.2 - 6.4). Neuropsychologische Lokalisierungsmodelle, in denen von strikt festgelegten Aktivierungsschleifen für Emotionen ausgegangen wird (s. hierzu z. B. Panksepp 1982 sowie dessen Revision 1989), können von daher nicht überzeugen.

Des weiteren sind die aus Stimulations- und Läsionsstudien abgeleiteten Lokalisierungsversuche insofern fragwürdig, als der jeweils untersuchte Hirnbereich u. U. nur einen Teilaspekt des Emotionsprozesses widerspiegelt. Diese Experimente lassen nämlich noch weitgehend offen, ob die jeweils als emotionsgenerierend identifizierten Neuronengruppen primär für die Aufnahme der Eingangsignale (Afferenzen), für die interne Reiz-Verarbeitung oder für den Ausgangsbereich (Efferenzen) zuständig sind.

Wie man in der Neurobiologie heute allgemein annimmt, arbeitet das Gehirn - anders als ein elektronischer Computer - nicht mit isolierten, hierarchisch aufgebauten Funktionselementen („Chips“). So ist man sich weitgehend darüber einig, daß alle Wahrnehmungsfunktionen des Gehirns nicht auf einer sequentiellen, sondern auf einer parallelen Signalverarbeitung durch räumlich zwar getrennte, aber hochgradig vernetzte Neuronenpopulationen basieren (vgl. Breidbach 1993; Engel, König & Singer 1993). Demnach könnte man sich emotionale (Reizverarbeitungs-)Prozesse bildlich als ein synchronisiertes Oszillieren kortikaler und subkortikaler Erregungswellen oder als ein kohärentes, rhythmisches „Feuern“ aus unterschiedlichen Aktivitätsherden vorstellen.

Eingedenk dieser kritischen Hinweise wollen wir unsere Expedition durch das vermeintlich „emotionale Gehirn“ nun fortsetzen und uns den Verbindungen des limbischen System mit den Temporal- und Frontallappen des Neocortex zuwenden. Um die Funktion dieser Regionen besser verstehen zu können, will ich zunächst den Neocortex mit seiner grundsätzlichen Aufgabenteilung erläutern.

Der tief gefurchte, mehrfach geschichtete und insgesamt nur wenige Millimeter dünne Neocortex stellt die phylogenetisch jüngste Hirneinheit dar. Hierin befindet sich der größte Teil (ca. 70 %) aller Neuronen (vgl. Nauta & Feirtag 1990, S. 95) des Nervensystems. Dem Neocortex werden gemeinhin die spezifisch menschlichen Fähigkeiten wie Sprache, (Selbst-)Bewußtheit, Kognition und dergl. zugesprochen. Der Neocortex wird häufig mit dem „selbstbewußten Geist“ bzw. dem „Ich“ gleichgesetzt (vgl. bes. Popper & Eccles 1989), während die darunter liegenden, phylogenetisch älteren Hirnabschnitte den mehr automatischen, unwillkürlichen Verhaltensaspekten zugeordnet werden. Diese funktionelle Aufteilung ist insofern berechtigt, als „Bewußtsein“, Wahrnehmung und willkürlich-geplante Handlungen von der Unversehrtheit des Neocortex abhängen. Wenn z. B. durch einen schweren Unfall die Verbindungen des Neocortex zu den übrigen, subkortikalen Hirnstrukturen unterbrochen werden, so tritt zunächst Bewußtlosigkeit, später ein scheinbarer, rein vegetativer „Wachzustand“ ohne (Selbst-)Bewußtheit ein. Dieses Phänomen wird in der Neurologie als apallisches Syndrom beschrieben (lat. pallium: (Gehirn-)Mantel).

Diese gängige Dichotomisierung in einen „(selbst-)bewußten“ Neocortex einerseits und in die „nicht-bewußten“ subkortikalen Hirnstrukturen andererseits verleitet m. E. jedoch zu einer allzu undifferenzierten Betrachtungsweise. So sprechen nämlich einige hirnphysiologische Befunde dafür, daß der Neocortex nicht allein für die „höheren“, geistig-symbolischen Funktionen verantwortlich sein kann (vgl. Birbaumer & Schmidt 1991, S. 248 f.). Schließlich unterliegt der Neocortex einer Vielzahl subkortikaler Einflüsse. Hiervon seien beispielhaft nur zwei Phänomene genannt. So wurden z. B. Sprachstörungen nicht nur bei Läsionen der (linken) Hemisphäre, sondern auch bei neurologischen Störungen bzw. Reizungen im linksseitigen Bereich des Thalamus berichtet (vgl. Springer & Deutsch 1995, S. 167 f.). Obgleich der (links-)hemisphärische Neocortex als das entscheidende neuronale Substrat der spezifisch menschlichen, kognitiven Fähigkeiten und der damit verbundenen Sprache angesehen werden kann, scheint der Thalamus diese Funktionen in sensorischer wie motorischer Hinsicht zu unterstützen.

Nicht minder bedeutsam für Bewußtseinsprozesse schlechthin ist die subkortikale „Unterstützungsfunktion" der Formatio reticularis (s. Kap. 4.2.2). Aus dem Neuronennetzwerk der Formatio reticularis fließen nämlich ständig aktivierende Ströme zum Thalamus und damit indirekt zum Neocortex. Die Formatio reticularis beeinflußt über ihr sog. aufsteigendes retikuläres aktivierendes System („ARAS") den Schlaf-Wach-Zyklus, indem sie rhythmusbildend (EEG-synchronisierend) oder -hemmend (desynchronisierend) auf dem Thalamus einwirkt (zur subkortikalen Genese des EEGs, s. Kap. 4.1). Demnach hängt es weitgehend von dem (Stärke-)Grad der „ARAS"-Aktivierung ab, wie vigilant („wach", „geistig anwesend", „aufmerksam" und dergl.) jemand ist. Die vigilanzsteuernden „ARAS"-Projektionen sind sozusagen daran beteiligt, daß Wahrnehmungsinhalte „bewußt" werden können. Derartige Einflüsse im Sinne einer Begünstigung von neurophysiologischen Funktionen werden in der Neurobiologie unter dem Begriff der „*Bahnung*" zusammengefaßt (s. hierzu auch Kap. 6.4).

Um eine undifferenzierte Gleichsetzung des Neocortexes mit „Bewußtsein" zu vermeiden, sollte ferner berücksichtigt werden, daß einige hemisphärische Felder offenbar rein sensorische und/oder motorische Aufgaben erfüllen. Diese - evolutionär betrachtet - „einfachen", nicht human-spezifischen Grundfunktionen des Verhaltens sind an fokale, d. h. eng umgrenzte Kortexgebiete gebunden (s. Abb. 2 a u. 2 b): Das an der Spitze des Hinterhaupts (bzw. des Okzipitallappens) gelegene Gebiet (namens Area striata) ist für die visuelle Sinnesmodalität zuständig, die vordere Zentralwindung (Gyrus präcentralis) kontrolliert die Willkürmotorik („Pyramidalsystem"), in der hinteren Zentralwindung (Gyrus postcentralis) laufen die somatosensorischen Signale (wie Tast-, Temperatur- oder Schmerzempfindungen) zusammen, im Schläfenbereich (Temporallappen) liegen die auf akustische Reize reagierenden Heschlschen Querwindungen (= der auditive Kortex).

Diese sog. primären sensorischen und motorischen Areale sind von weniger scharf abgegrenzten, sog. sekundären bzw. supplementären Zonen umgeben, in denen die jeweiligen modalitätsspezifischen Signale bzw. Impulse integriert und u. U. mit den weiteren Hirnbereichen abgestimmt werden. Der inferiore Temporalcortex repräsentiert z. B. eine derartige Region, in der sensorische (vor allem visuelle) Signale über komplexe, neuronale Verarbeitungsstufen zu bedeutungsvollen, symbolischen Bildern zusammengefügt werden (vgl. u. a. Mishkin & Appenzeller 1990, S. 96 f.). Die in inferotemporalen Kortexbereichen gebildeten Sinneseindrücke werden zu der Amygdala und zum Hippocampus weitergeleitet, wo sie - wie man heute annimmt - als Gedächtnisinhalte vorläufig aufgezeichnet (nicht jedoch: endgültig abgelegt) werden.

Dieses neuroanatomisch begründete (Stufen-)Konzept der sensorischen Verarbeitung stimmt recht gut mit den Beobachtungen an neurologischen Patienten überein. Patienten mit einer Läsion im Hinterhauptsbereich leiden nämlich an einem mehr oder weniger markanten Gesichtsfeldausfall. Im schlimmsten Fall sind die Betreffenden völlig blind, und dies, obwohl ihre Augen mitsamt den Nervenverbindungen zum Gehirn intakt sind (sog. Rindenblindheit). Liegen die Gehirnverletzungen in den nicht-primären, quasi komplex-visuellen Bereichen des Temporallappens, so ist mit einer optischen *Agnosie* („Seelenblindheit“) zu rechnen, bei der die Patienten ihre Umgebung zwar korrekt sehen, aber bedeutungsmäßig nicht oder nur schwer erfassen können (vgl. auch das o. g. Klüver-Bucy-Syndrom). Ein erstaunlicher, wenn auch seltener Sonderfall der Agnosie ist die *Prosopagnosie*, d. h. die Unfähigkeit, menschliche Gesichter (wieder-) zuerkennen, die dem Patienten an sich vertraut sind (von Familienangehörigen, Freunden, Ärzten etc.). Die Patienten sind in der Regel zwar imstande, die dem jeweiligen Gesicht zugehörigen Persönlichkeitsattribute (wie Alter, Geschlecht, mimischer Ausdruck) richtig zu erfassen, es scheint ihnen aber nicht oder nur mangelhaft zu gelingen, die betrachteten Personen als solche zu identifizieren (vgl. zusf. Kolb & Wishaw 1993, S. 83; Rosenzweig & Leiman 1989, pp. 747 f.; Springer & Deutsch 1995, S. 179 f.; s. auch die einfühlsam geschriebene Falldarstellung bei Sacks 1990, bes. Kap. 1).

Die sensorischen bzw. motorischen Kortexareale repräsentieren freilich noch nicht die eigentlich „psychischen“ bzw. „mentalen“ Funktionen wie Introspektion, abstraktes Denken, Phantasiebildung, Handlungsplanung etc. Derartige, von keiner besonderen Sinnesmodalität abhängigen Vorgänge versucht man in der Hirnforschung in den sog. Assoziationsfeldern bzw. in dem sog. *Assoziationskortex* (vgl. z. B. Kupfermann 1991 b; Nauta & Feirtag 1990, S. 245 f.) zu finden. Man nimmt an, daß im Assoziationskortex die verschiedensten sensorischen und motorischen Modalitäten auf bislang noch unbekannte Weise verknüpft („assoziiert“) werden. Es ist bis heute jedoch noch nicht gelungen, „psychische“ bzw. „mentale“ Funktionen, die weder an der Sinneswahrnehmung noch an der Steuerung von Bewegungen direkt beteiligt sind, mit bestimmten Teilgebieten des Assoziationscortexes in Beziehung zu setzen. Wenn man berücksichtigt, daß der im Laufe der phylogenetischen Hirnentwicklung (Kortikalisation) enorm expandierte Assoziationskortex beim Menschen etwa 75 % der gesamten Gehirnoberfläche einnimmt, so wird einem bewußt, wie wenig wir letztlich über die kortikalen Funktionen wissen.

Gleichwohl gibt es mancherlei Gründe für die These, daß der Assoziationskortex sozusagen den „Sitz“ des (Selbst-)Bewußtseins und der „höheren“, „psychisch-mentalen“ Funktionen verkörpert. Einer dieser Gründe der für uns von Interesse ist, leitet sich von dem sog. *Stirn-* bzw. *Frontalhirn-Syndrom* ab, das bereits seit der Jahrhundertwende anhand von Fallanalysen (Arbeitsunfällen, Kriegsverletzungen) ausführlich beschrieben wird. Wird nämlich das Stirnhirn (genauer: der prä- bzw. orbitofrontale Kortex), das praktisch nur aus Assoziationskortex besteht, durch einen Unfall oder sonstwie geschädigt, so treten in der Regel keinerlei sensorische oder motorische Auffälligkeiten (Agnosien, Bewegungsstörungen, Lähmungen etc.) auf. Auch ist die Intelligenz nicht sonderlich beeinträchtigt. Stattdessen sind gravierende Störungen im sozio-emotionalen bzw. Persönlichkeitsbereich zu beobachten: Die Patienten zeigen z. T. irreversible Charakterveränderungen bzw. Persönlichkeitsbeeinträchtigungen wie „Antriebslosigkeit", „emotionale Abstumpfung"/„Gleichgültigkeit", „komische Nonchalancen" („Witzelsucht", „Taktlosigkeiten" etc.), Probleme der Entscheidungsfindung sowie einen Verlust an situationsbezogenem Handeln (vgl. hierzu zus. f.: Atwood & MacKay 1994, S. 378, 390; Bloom & Lazerson 1988, pp. 214 f.; Koch 1994, S. 28 ff.; Nauta & Feirtag 1990, S. 100 f.; Rosenzweig & Leiman 1989, pp. 74 f.; Schmidt 1993 a, S. 173; für detailliertere Fallbeschreibungen s. Damasio 1994).

Diese Befunde an Stirnhirnverletzten lassen sich - zumindest aus neuroanatomischer Sicht heraus - relativ einfach erklären: Die (prä- bzw. orbito-)frontale Hirnregion ist nämlich der am engsten mit dem „limbischen System" verbundene Teil des Neo- bzw. Assoziationskortexes. Insbesondere der orbitofrontale (d. h. der oberhalb der Augen, auf der Unterseite des Frontallappens gelegene) Teil ist direkt mit dem Hypothalamus und den Amygdalae verschaltet (Atwood & MacKay 1994, S. 390). Die meisten Projektionen vom „limbischen System" zum (Prä-)Frontallappen werden allerdings im mediodorsalen Thalamuskern umgeschaltet. Lediglich die Amygdala entsendet ihre Projektionen direkt, d. h. ohne dazwischengeschaltete nicht-limbische Kerne zum (prä-)frontalen wie auch zum (infero-)temporalen Kortex. Sowohl im (prä-)frontalen Kortex als auch im mediodorsalen Thalamuskern konvergieren die Projektions- bzw. Assoziationsfasern aus den verschiedensten sensorischen Systemen (= visueller, auditiver, thermischer, olfaktorischer etc. Sinneskanal).

Während die Verbindung des Temporalkortexes mit dem „limbischen System" (insbes. mit Amygdala und Hippocampus) primär für die emotionale Tönung von Sinnesreizen verantwortlich sein könnte, dürfte die reziproke, thalamisch vermittelte Verschaltung zwischen dem Stirnhirn und dem „limbischen System" suprasensorische bzw. komplexe, emotionale Stellungnahmen (im Sinne der „appraisals" sensu Lazarus, s. Kap. 3.2) implizieren. Vereinfacht gesagt, stellt der Temporalkortex vermutlich eine Art Durchgangsstation von der Sensorik zur Emotion dar, und der (Prä-)Frontalkortex bzw. das Stirnhirn bildet sozusagen die persönlichkeitsrelevante Steuerungsinstanz des „limbisch-emotionalen Gehirns". Fällt dieses Kontrollorgan des „limbischen Systems" aus, so führt letzteres eine Art Eigenleben (i. S. des o. g. Papez-Kreises): Es kommt zu den für Stirnhirnverletzte typischen, schicksalshaften Stimmungs- und Charakterstörungen.

Mit dieser neuroanatomisch begründeten Funktionsbestimmung des (cortico-limbischen) Stirnhirns haben wir allerdings einen hirnphysiologisch bzw. neuropsychologisch bedeutsamen Aspekt noch unberücksichtigt gelassen, nämlich die funktionelle Differenzierbarkeit zwischen den Gehirnhemisphären („Lateralität", „Hemisphärenspezialierung"). Seit den aufsehenerregenden Forschungen des Neuropsychologen und Nobelpreisträgers Roger W. Sperry über die funktionelle Asymmetrie der Gehirnhemisphäre ist heutzutage hinlänglich bekannt, daß die linke und die rechte Kortexhälfte mehr oder weniger unterschiedliche Aufgaben erfüllen. Die von Sperry und seinen Mitarbeitern in den sechziger Jahren eingeleitete Forschungstradition korrigierte die bis dahin in der Neurologie geltende Lehrmeinung, daß lediglich die linke Hemisphäre für die humanspezifischen, evolutionär am höchsten stehenden Funktionen (Sprache, Bewußtsein etc.) zuständig sei. Diese jahrzehntelang vertretene Auffassung war hauptsächlich darin begründet, daß Läsionen in der linken Hirnhälfte mit besonders auffälligen Krankheitserscheinungen (wie Sprachverlust, Denkstörungen) einhergingen. Entsprechende Syndrome der rechten Hirnhälfte waren weitaus seltener nachzuweisen, oder sie waren weitaus schwächer ausgeprägt. Mit den Forschungen zur „Lateralität" bzw. Spezialisierung der Hemisphären setzte sich die Erkenntnis durch, daß die linke Gehirnhälfte stärker an der kognitiven Verarbeitung analytisch-serieller Aufgaben (wie Lesen, verbale Beschreibungen, Rechnen) beteiligt ist, während die rechte Gehirnhälfte bevorzugt für räumlich-geometrische Wahrnehmungsprozesse bzw. für ganzheitlich-parallele Reizverarbeitungen (wie z. B. beim Musik hören, Gesichter wieder erkennen) zuständig zu sein scheint. Dieser funktionellen Gehirnasymmetrie entsprechend nahm man bis in die achtziger Jahre hinein an, daß sich die rechte Hemisphäre sowohl auf die Verarbeitung von emotionalen Reizen als auch auf die Generierung des emotionalen Ausdrucks spezialisiert habe (vgl. Springer & Deutsch 1995, S. 114 f., 171 f., 201 ff.).

Im Verlauf der beiden letzten Jahrzehnte verbreitete sich - vor allem über das populärwissenschaftliche Schrifttum - ein regelrechter Mythos von einer vermeintlich intuitiv-kreativen und emotionalen rechten Gehirnhälfte. Die linke Gehirnhälfte wurde demgegenüber als eine Art (emotionsloser) „Computer" dargestellt, der nur nach streng logisch-rationalen Algorithmen funktioniere. Derartige, extrem vereinfachende Dichotomisierungen beruhten jedoch mehr auf eingängigen Spekulationen denn auf gut gesicherten Untersuchungsergebnissen (vgl. Gazzaniga 1989, bes. S. 63 ff.). Wenngleich die Forschung zur psychologisch-funktionellen „Lateralität" des Neocortexes noch viele Fragen offen läßt, so ist es heute doch unstrittig, daß beide Hemisphären sowohl bei kognitiven als auch bei emotionalen Prozessen beteiligt sind (vgl. Davidson 1984; Hellige 1990; Leventhal & Tomarken 1986, pp. 583 ff.; Levy 1986, 1989; Springer & Deutsch 1995). Vor dem Hintergrund klinisch-neurologischer Läsionsstudien und neuropsychologischer Wahrnehmungsexperimente (mit „gesunden" Probanden) kann von einer differenzierten Arbeitsteilung der Hemisphären hinsichtlich jeder (!) psychisch-neuronalen Aktivität ausgegangen werden.

Was den Aspekt der arbeitsteiligen „Lateralität" von Emotionen anlangt, so liefert der neuere Forschungsstand - trotz mancher noch bestehender Ungewißheiten (vgl. Gainotti & Caltagirone 1989) - ein relativ klares Bild: Die linke Hirnhälfte scheint sich demnach mehr auf „positive" (angenehme) Emotionen spezialisiert zu haben, die rechte Hirnhälfte scheint eher bei „negativen" (unangenehmen) Emotionen beteiligt zu sein. Diese Prinzip der emotional-funktionellen Arbeitsteilung leitet sich sowohl aus neurologischen Läsionsstudien als auch aus neuropsychologischen EEG-Analysen ab. Bei Patienten mit einseitiger Hirnverletzung, wobei die unversehrte Hemisphäre sozusagen die alleinige Führung übernimmt, zeigten sich nämlich tendenziell folgende emotionale Veränderungen: Patienten mit linkshemisphärischen Läsionen neigten zu „Katastrophenreaktionen" („Tränenausbrüchen", „Angst", „Verwirrtheitszuständen") sowie zu aggressiven und depressiven Reaktionen („Beschimpfungen", „pessimistischen Zukunftserwartungen", „Melancholie"). Rechtshemisphärische Läsionen waren demgegenüber eher von einer indifferenten Sorglosigkeit gegenüber der eigenen Behinderung und/oder von einer unangemessenen Euphorie (wie z. B. grundlosem Gelächter) begleitet. Diese Läsionsfolgen stimmen in etwa mit der asymmetrischen Hemisphärenaktivierung bei hirnorganisch gesunden Probanden überein: Die linke (anteriore) Hemisphäre ist demnach bei „positiven" Emotionen aktiver als die rechte, bei „negativen" Emotionen verhält es sich genau umgekehrt. Freilich darf dies nur als grobe Arbeitshypothese gewertet werden, da die Forschungen zur Lateralität der Emotionen noch in den Anfängen stecken.

Die emotionsdifferenzierende Hemisphärenaktivierung war zumeist im Frontallappenbereich am ausgeprägtesten. Dieser Befund erklärt sich aus der oben beschriebenen Verknüpfung des limbischen Systems mit dem (Prä-)Frontalkortex (zu diesen hier resümierten Lateralitätsstudien vgl. zusf. Birbaumer & Schmidt 1991, S. 616 f.; Davidson 1984; Kolb & Wishaw 1993, S. 369 f., 378 f.; Miller 1988; Rosenzweig & Leiman 1989, pp. 739 f.; Springer & Deutsch 1995, S. 203 f.; Tomarken, Davidson, Wheeler & Doss 1992). Die Hemisphärenasymmetrien für positive und negative Emotionen lassen sich übrigens bereits bei Neugeborenen nachweisen. Weinende Säuglinge zeigen z. B. einen Aktivierungsanstieg in der rechten Hemisphäre (vgl. Maier, Ambühl-Caesar & Schandry 1994, S. 103 f.).

Unter „Aktivierung" wird i.d.R. eine Reduktion des Alpha-Anteils zugunsten der Beta-Frequenzen im EEG verstanden (zur grundsätzlichen Problematik dieser Interpretation s. Kap. 4.1.1). Ein anderes Maß der asymmetrischen Aktivierung stellt die Stoffwechselrate dar, die einen genaueren Hinweis auf die Funktion des lokalen Nervengewebes liefert als die EEG-Spektren. Da alle Gehirnaktivität über Neurotransmitter gesteuert wird (s. Kap. 4.1.2), ist es nicht verwunderlich, daß die Hemisphärenasymmetrie sich auch auf biochemischer Ebene manifestiert (vgl. Springer & Deutsch 1995, S. 133 f.). Gray (1991, p. 333) berichtet von einer klinischen Studie, in der mittels des PET-Scannings („Positronen-Kamera", s. Kap. 4.1.1) der Hirnstoffwechsel bei einer Patientengruppe mit sog. Panikattacken untersucht wurde. Bei den Angstpatienten zeigte sich eine erhöhte rechtshemisphärische Aktivität im entorhinalen Kortex und im subiculärem Bereich (d. h. in den Eingangs- und Ausgangsbezirken zum septo-hippocampalen System), während in der Normalgruppe eine unauffällige, auf beiden Hirnseiten gleich starke Stoffwechselrate gemessen wurde.

Eine neuroszenologisch besonders interessante Eigentümlichkeit der funktionellen Gehirnasymmetrie betrifft die hemisphärenabhängige Form von emotionaler Bewußtheit, wie man sie bei sog. *split-brain-Patienten* festgestellt hat. Diese („Spalt-Hirn"-)Patienten hatten sich aus therapeutischen Gründen einer Gehirnoperation unterziehen müssen, bei der das Corpus Callosum, d. h. der aus ca. 200 Millionen Kommissurenfasern bestehende Verbindungssteg zwischen den Hemisphären, durchtrennt wurde. (Mittlerweile erzielt man mit kleineren neuro-chirurgischen Schnitten die gleichen therapeutischen Effekte). Nach der „klassischen" split-brain-Operation arbeiten sozusagen zweierlei Gehirne innerhalb eines Schädels. Jede Gehirnhälfte funktioniert unabhängig von der jeweils anderen, so daß die hemisphärenspezifischen Wahrnehmungs- und Bewußtseinsformen voll zum Tragen kommen. Blitzt man einem split-brain-Patienten mit Hilfe eine Tachistikops ein „witziges" oder „anstößiges" Bild (z. B. ein Aktfoto) in das Gesichtsfeld der rechten Hemisphäre, so zeigt er zwar entsprechende mimische und vegetative Reaktionen (wie „Kichern", „Erröten"), ohne daß er aber das Geringste über den Wahrnehmungsinhalt aussagen könnte (vgl. hierzu den vielzitierten Fall der Patientin N.G.: Bloom & Lazerson 1988, pp. 280 f.; Springer & Deutsch 1995, S. 51). Es scheint also so zu sein, daß die rechtshemisphärisch verarbeiteten Wahrnehmungen und Erlebnisse nicht sprach- bzw. bewußtseinsfähig sind. Es wäre zu fragen, ob „unbewußte" Erfahrungen bzw. Emotionen nicht nur in subkortikalen Hirnstrukturen (wie im Hirnstamm und besonders im „limbischen System"), sondern auch in der rechten Kortex-Hemisphäre verarbeitet würden. Ich will diese spannende Frage vorerst als solche stehenlassen und sie an späterer Stelle wieder aufgreifen, und zwar im Kontext psychoanalytischer Denkmuster (s. bes. Kap. 5.8.2.2).

4.2.4 Abschließende Diskussion des neuroanatomisch-funktionellen Kenntnisstandes oder: Wo bleibt das neuro-*szenische* Gehirn?

Unsere Exkursion durch das Gehirn beendend, können wir vorerst festhalten: Das „limbische System" und die direkt mit ihm zusammenhängenden Hirnstrukturen (wie Hypothalamus, (prä-)frontaler Kortex, Formatio reticularis) stellen möglicherweise das eigentliche „Substrat" unwillkürlicher Reaktionen bzw. unbewußter Erlebnisformen dar. Insbesondere die extrem raschen, unterschwelligen Reizverarbeitungen bzw. die „automatic appraisals" (sensu Ekman 1992, pp. 187 ff., s. auch Kap. 3.2) und die damit verknüpften (senso-)motorischen bzw. affektiven Reaktionen (Reflexe, Stereotypien etc.) scheinen auf den elektrophysiologischen und neurochemischen Schaltkreisen der mit dem „limbischen System" zusammenwirkenden Neuronenpopulationen zu beruhen. Es ist anzunehmen, daß hierbei die für die bewußtseinsfähigen und sensorisch-kognitiven Einschätzprozesse („cognitive appraisals" sensu Lazarus, ibid.) zuständigen Kortex-Areale weitgehend umgangen bzw. gehemmt sein dürften. Diese neuronale Okklusion kann als biologisches Korrelat der sog. Verdrängung (s. Kap. 5.8.2.1) bzw. der Desymbolisierung (sensu Lorenzer, s. Kap. 2.2) interpretiert werden. Tatsächlich gibt es erste empirische Hinweise für die affektbedingte Hemmung bzw. Umgehung kortikaler Schaltkreise: Nach der neurobiologischen Lehrmeinung empfängt die Amygdala zwar auf dem Umweg über den (infero-temporalen) Kortex die verschiedensten Sinneseindrücke, um diese quasi emotional zu tönen, doch es gibt auch neuere Hinweise dafür, daß emotio-sensorische (Lern-)Prozesse einen einfacheren Weg nehmen, indem sie eine Art „Kurzschluß" zwischen Thalamus und Amygdala (vgl. Birbaumer & Jänig 1995, S. 179; Kupfermann 1991 a, p. 747; Le Doux 1989, p. 274; 1994, S. 78 f.) bilden. Diese m. W. allerdings nur für das Säugerhirn nachgewiesenen direkten Verschaltungen zwischen Thalamus und Amygdala könnten die neuroanatomische Basis sowohl für die unkontrollierbaren „Vitalitätsaffekte" bzw. für die zumeist ungewollten Affektausbrüche (vgl. Kap. 2.1) als auch für die unbewußten „Übertragungsreaktionen" (vgl. Kap. 2.1, 5.8.1) bilden: Bei der quasi kurzgeschlossenen Reizleitung vom Thalamus zum Amygdala-Komplex stehen wahrscheinlich die lebensnotwendigen Aspekte der - unterschwellig - wahrgenommenen Situation im Vordergrund (wie „Gefahr im Verzuge" oder „Sicherheit"), und zwar auf Kosten einer differenzierten und flexiblen Eindrucksbildung, da die kortikalen Wahrnehmungsfilter (sensorischen Kortexareale) ausgeschaltet sind. Damit kann man sich - in neuroanatomisch-funktioneller Hinsicht - erklären, warum jemand auf einen bestimmten, situativen Reiz mit einer heftigen emotionellen Wallung reagiert, bevor er überhaupt kognitiv erfaßt hat, was sich gerade um ihn herum ereignet, geschweige denn, warum er so erregt ist. Die ungezügelten Entladungen (Affekte) wären also auf die phylogenetisch älteren, subkortikalen Hirnabschnitte beschränkt. Ebenso dürften die nur schwer abzubauenden „Übertragungsbereitschaften" bzw. „Wiederholungszwänge" (s. Kap. 5.6) sowie die habituellen, psychophysiologischen (Reaktions-)Stereotypien (sensu Lacey, s. Kap. 3.4) auf einer Art Schizophysiologie zwischen subkortikalen und kortikalen Neuronenpopulationen beruhen (s. auch Kap. 5.8.2.2).

Diese neuropsychologische Deutung affektiver Impulse ist allerdings noch unbefriedigend - und zwar in mehrfacher Hinsicht. Zum einen wurden Affekte als (neuro-)biologisch primitive, subkortikal vermittelte Reaktionsschablonen bewertet. Dies mag aber wohl nur für extrem starke und autonome Erregungsmuster zutreffen, wie sie wohl eher für Tiere, aber weniger für den Menschen charakteristisch sein dürften. Beim Menschen haben nicht nur die Kognitionen, sondern auch die Emotionen einen vergleichsweise hohen Entwicklungsstand erreicht, wonach neben limbischen Strukturen auch kortikale Areale (präfrontale Region, rechte Hemisphäre) an der Dekodierung und Produktion emotionalen Ausdrucks beteiligt sind (s. o.). Eine starre Trennungslinie zwischen (subkortikalen) Affekten und (kortikalen) „Gefühlen" ist neuropsychologisch ebensowenig aufrecht zu erhalten wie die traditionelle Unterscheidung von Emotionen und Kognitionen (s. Kap. 1.2, 3.2, 3.5).

Zum zweiten ist eine Warnung gegenüber einer neurobiologisch bedingten Blickverengung angebracht (charakteristisch hierfür ist z. B. die Angsttheorie von Gray 1982, 1991). Obwohl alle unsere Emotionen und Gedanken durch physikalische und chemische Prozesse im Gehirn hervorgebracht werden, die wir heute erst in Ansätzen verstehen, so sind dennoch psychische und neuronale Aktivitäten getrennt zu analysieren. Wenn dem nicht so wäre, müßten wir unsere Darstellung der Emotionen mit diesem Kapitel beenden. Nach unserem neuroszenologischen Hintergrundverständnis sind jedoch individuumsspezifische Erlebnis- und Verhaltensmuster die fundamentalen

Analyseeinheiten, die es im Kontext unbewußter Beziehungsregulationen (Szenen) zu verstehen, zu erklären und - wenn möglich - vorherzusagen gilt (s. hierzu bes. Kap. 5, passim).

Zum dritten ist die obige neurobiologische Betrachtungsweise von Affekten insofern bedenklich, als noch unklar ist, ob die subkortikal gesteuerten Erregungsprozesse per se einen persönlichkeits- oder sozialisationsspezifischen Bezug aufweisen. Nach gängiger hirnphysiologischer Auffassung repräsentieren die in subkortikalen Gebieten verankerten Affekte und Reaktionsmuster (inkl. der mimischen Ausdrucksformen) so etwas wie kulturübergreifende, phylogenetisch determinierte Universalien des Menschen (vgl. z. B. Panksepp 1982, 1989; Ploog 1990, S. 45; zur universellen „Gesichtsgrammatik" s. Kap. 3.3). Wir werden darum die Frage behandeln müssen, ob es überhaupt empirische Hinweise oder wenigstens plausible Argumente für die Lorenzersche Annahme einer interaktionsgeformten, d. h. sozialisationsbezogenen Neuroanatomie des „Unbewußten" gibt (s. hierzu Kap. 2.2, 6.2 - 6.4). Bevor wir uns jedoch dieser Aufgabe widmen können, muß noch der Bedeutungshorizont des tiefenpsychologisch gefaßten „Unbewußten" (sensu Freud) und der damit zusammenhängenden Begrifflichkeit (wie „Konflikt", „Narzißmus", „Verdrängung", „Übertragung" etc.) abgesteckt werden. (Dies soll in Kap. 5 geschehen, das sozusagen den „tiefenhermeneutischen Zweig" meiner neuroszenologischen Konzeption repräsentiert).

Resümee:
Die z. Zt. gültigen Konzepte zur funktionellen Neuroanatomie der Emotionen spiegeln einen dürftigen und bruchstückhaften Wissensstand wider, der sich weitgehend klinisch-neurologischen, tierexperimentellen und sog. post mortem-Untersuchungen verdankt. Aus den Befunden dieser traditionellen Forschungsansätze lassen sich freilich nur spekulative Schlußfolgerungen über die Funktionsweise des noch intakten menschlichen Gehirns ableiten. Die neueren spektroskopischen Untersuchungstechniken (s. Kap. 4.1.1) stellen nicht nur eine interessante Erweiterung der althergebrachten EEG-Technik dar, sondern sie leiten insofern eine vielversprechende Wende in der Hirnforschung ein, als es nunmehr möglich ist, systematisch und relativ differenziert die Beziehungen zwischen ausgewählten Hirnaktivitäten und bestimmten, menschlichen Verhaltensweisen zu eruieren, und zwar auch am gesunden Gehirn in vivo. Mit welchen neuronalen und biochemischen Funktionseinheiten die jeweiligen psychischen Funktionen korrespondieren, ist allerdings erst annäherungsweise bekannt. Die zukünftige Hirnforschung wird vermehrt auf die sich fortlaufend weiterentwickelnde Medizin-Technik zurückgreifen, um die verschiedenen, mit sensomotorischen, kognitiven, sprachlichen oder emotionalen Reaktionen gekoppelten Hirnfunktionsparameter (wie Durchblutung, Stoffwechselrate simultan erregter Gebiete) genauer untersuchen zu können. Diese Forschungsbemühungen stecken zwar noch in den Anfängen, es ist aber zu erwarten, daß sie in den nächsten Jahren noch enorm zunehmen werden (vgl. Posner & Raichle 1996).

Gleichwohl ist zu bezweifeln, ob medizintechnische Errungenschaften der Hirnforschung eo ipso zu einem paradigmatischen Durchbruch verhelfen. Wenn ich es recht einschätze, wird man z. B. mit Hilfe der neueren spektroskopischen Verfahren zwar noch viele interessante Zusammenhänge aufzeigen können, die man aber im Prinzip heute schon vermutet oder sogar schon weiß, wenngleich räumlich und biochemisch noch nicht so differenziert.

Wenngleich die Hirnforschung - trotz vieler noch zu bewältigender Hürden - in den letzten 20 Jahren unaufhaltsam vorangeschritten ist, so gibt es bis heute doch kaum Anhaltspunkte dafür, nach welchen neurophysiologischen und biochemischen Funktionsprinzipien sich ein individuumsspezifisches, durch genetische Ausstattung und biographische Erfahrung gleichermaßen geprägtes Gehirn („neuronales Selbst") ausbildet, das wiederum die Steuerzentrale für die organismisch verankerte szenische Kommunikation repräsentiert (für letzteres haben wir den Begriff des *„somato-szenischen Selbst"* reserviert, s. Kap. 5.7.2.3, 6.2 ff.). Unser neuro*szenologisch* orientierter Emotionsansatz ist gerade dadurch gekennzeichnet, daß er riskante Themen aufgreift (wie die „Sozialisierbarkeit des Gehirns" oder die „szenische Aktualisierung körpernaher Affekte"), die von der (neurobiologischen) Hirnforschung i.e.S. ausgespart werden.

5. Psychoanalyse - (neuro-)szenologisch gewendet

5.0 Vorbereitende Hinweise

In diesem Kapitel sollen die psychoanalytisch-szenologischen Akzente des neuroszenologischen Modells herausgearbeitet werden, d. h. wir werden uns vorrangig mit der (tiefenhermeneutischen) Gretchenfrage nach der Bedeutung von Emotionen bei der „unbewußten" Selbst- und Beziehungsregulation beschäftigen. So werden wir uns zunächst das szenologische Vorverständnis von Psychoanalyse verdeutlichen (Kap. 5.1). In den sich daran anschließenden Abschnitten werde ich darzulegen versuchen, welche psychoanalytischen Konzepte interessante Fingerzeige für die potentielle Ausarbeitung eines neuroszenologischen Emotionsmodells liefern könnten. Zur Konkretisierung der - notgedrungen - abstrakten Überlegungen werde ich einige Gedankenbeispiele zu der für Prüfungssituationen charakteristischen Selbstwertproblematik (s. Kap. 2.5) einstreuen.

Um den „roten Faden" dieser Arbeit nicht zu verlieren, möchte ich vorsorglich darauf hinweisen, daß die nachstehenden Ausführungen auf zweierlei neuroszenologischen Essentials aufbauen (s. auch Kap. 2.1 und 2.2), nämlich

(1) auf der psychoanalytischen Grundannahme von der „unbewußten" Determiniertheit sowohl der intra-psychischen Selbstverständigung als auch der inter-personellen Kommunikation und

(2) auf der metapsychologischen These von der Dialektik zwischen der (neuronalen) „Natürlichkeit" und der (szenischen) „Sozialität" der Emotion (s. Kap. 2.1).

Wenngleich ich mich in diesem Kapitel auf den erstgenannten Punkt (d. h. die psychoanalytisch-tiefenhermeneutischen Denkfiguren) konzentriere und neuronale Aspekte nur punktuell berühre, so sollte darüber nicht der Punkt 2 (das neuroszenologische Grundanliegen) aus dem Blick geraten: Es geht schließlich allemal um die Frage nach dem Zusammenwirken dessen, was im Menschen (neuro-)biologisch angelegt ist, und dessen, was von ihm (psycho-)szenologisch erworben wird.

5.1 Psychoanalyse als (tiefenhermeneutische) Sozialisations- und Beziehungslehre

Unter dem Etikett der „Psychoanalyse" mag jeder etwas anderes verstehen, zumal es für eine Vielzahl unterschiedlicher, z. T. weit auseinandergehender Lehrmeinungen und Traditionen steht. Die LeserInnen mögen sich an dieser Stelle ihre eigenen Assoziationen zum Psychoanalysebegriff vergegenwärtigen: Taucht z. B. das - von vielen Karikaturen und Witzzeichnungen her bekannte - Bild auf, in dem der „Patient" auf einer Couch liegt und der - für ihn weitgehend unsichtbare - Analytiker am Kopfende auf einem Sessel sitzt? Oder werden bekannte Namen, d. h. die BegründerInnen und HauptvertreterInnen der verschiedenen Richtungen der „Psychoanalyse" wachgerufen (wie z. B. neben Sigmund Freud dessen Tochter Anna, Wilhelm Reich, Melanie Klein, Heinz Hartmann, Karen Horney, René Spitz etc. oder „aktuellere" Namen wie Heinz Kohut, Otto Kernberg, Margaret Mahler)? Vielleicht werden auch eher die Autoren sozialphilosophischer/sozialpsychologischer Schriften (etwa die von Herbert Marcuse, Jürgen Habermas, Erich Fromm, Alexander (und Margarete) Mitscherlich(-Nielsen) oder Alfred Lorenzer) ins Bewußtsein gehoben? - Wie dem auch sei, wenn man den Begriff der „Psychoanalyse" nicht im Sinne eines „Allerweltswortes" gebrauchen will, so muß man seinen Theorie-Hintergrund und Bedeutungshof im Hinblick auf die eigenen Zielsetzungen und Fragestellungen spezifizieren bzw. eingrenzen. Wir wollen daher zweierlei Orientierungsgesichtspunkte herausstellen: Zum einen ist zu klären, wie wir den Psychoanalysebegriff fachwissenschaftlich zuordnen wollen, und zum anderen gilt es, in dem Mosaik psychoanalytischer Ansätze die für unsere szenologische Modellperspektive (s. Kap. 1.3) relevanten Anknüpfungs- bzw. Berührungspunkte aufzuspüren und zu benennen.

Wie an früheren Stellen (Kap. 1.3 sowie 2.1) bereits deutlich geworden sein dürfte, verstehe ich unter „Psychoanalyse" einen (interdisziplinären) Diskussionszusammenhang, den ich - wenngleich nur partiell und fragmentarisch - in den Dienst einer neurobiologisch akzentuierten Sozialwissenschaft zu stellen versuche. Nach diesem Verständnis läßt sich die Psychoanalyse nicht auf den klinisch-psychologischen Bereich reduzieren. In ähnlicher Weise hatte sich bereits Freud gegen eine Selbstbeschränkung seiner Lehre auf die (heilkundliche) Psychotherapie verwahrt.

Wenn man Freuds Schriften aufmerksam liest, so findet man verschiedene Stellen, an denen er die „Psychoanalyse" nicht nur im Sinne einer Neurosenpsychologie und Psychotherapie-Lehre verstanden wissen will. Freud trat entschieden gegen jedwede Entwicklungen an, die in neuerer Zeit als „Medizinalisierung" bzw. als „Medicozentrismus" der Psychoanalyse (vgl. Lohmann 1985; Mertens 1992 b, S. 14 f.) kritisiert werden. In seiner Streitschrift zur „Frage der Laienanalyse" (1926/1927, s. G. W., Bd. XIV, S. 209-296 bzw. St. A., Erg. Bd., S. 275-349), die Freud aus Anlaß eines gegen den Nicht-Mediziner Theodor Reik wegen „Kurpfuscherei" angestrengten Gerichtsverfahrens verfaßte, geht es beispielsweise nicht nur um berufspolitisch motivierte Auseinandersetzungen (Monopol-Anspruch des Ärztestandes auf psychoanalytische Kompetenz); die berufsständischen Querelen interpretierte Freud eher als oberflächliches Problem, das er als Indikator für eine tiefersitzende Schwierigkeit der Psychoanalyse insgesamt wertete. Freuds große Sorge galt nämlich der sich schon zu seinen Lebzeiten abzeichnenden Gefahr, „daß die Psychoanalyse von der Medizin verschluckt werde und dann ihre endgültige Ablagerung im Lehrbuch der Psychiatrie finde" (Freud 1926, G. W., Bd. XIV, S. 283 bzw. St. A., Erg. Bd., S. 338). Er befürchtete - wie wir inzwischen wissen, nicht zu Unrecht -, „daß die Therapie die Wissenschaft erschlägt" (1927, G. W., Bd. XIV, S. 291), wobei er mit „Wissenschaft" ein Konglomerat aus natur- und geisteswissenschaftlichen Fächern meinte:

> Der Unterrichtsplan für den Analytiker ist erst zu schaffen, er muß geisteswissenschaftlichen Stoff, psychologischen, kulturhistorischen, soziologischen ebenso umfassen wie anatomischen, biologischen und entwicklungsgeschichtlichen (1927, G. W., Bd. XIV, S. 288 f. bzw. St. A., Erg. Bd., S. 343).

Dieser - wie Freud selbst sagt - „Idealforderung" nach einem multiwissenschaftlich ausgelegten Grundstock psychoanalytischer Kompetenz ist freilich nur annäherungsweise und partiell nachzukommen. Einen bescheidenen Beitrag zur Realisierung der Freudschen „Idealforderung" wollen wir mit unserem neuroszenologischen Emotionsmodell insofern leisten, als wir die Methodik und Gesichtspunkte der Psychoanalyse auf unser Material - nämlich extra-klinische Szenen - anzuwenden versuchen, und zwar auf dem Hintergrund der bereits skizzierten interdisziplinären Matrix. Da wir Szenen nicht a priori in dem Feld der Psycho- und Sozialpathologie zu lokalisieren haben, betrachten wir die „Psychoanalyse" als ein metapsychologisches Instrumentarium zur beschreibend-hermeneutischen Analyse jener psycho-sozialen Sinn-Ebene („szenologisches Bühnenmodell", s. Kap. 1.3), die von der empirisch-experimentellen (Sozial-) Psychologie aus methodisch-methodologischen Gründen ausgeklammert wird.

Einen Vorschlag Krauses (1985, S. 267 f.) aufgreifend, wollen wir die Psychoanalyse - ungeachtet ihrer mannigfaltigen Hauptströmungen und feinen Verästelungen - in „mindestens vier relativ klar" (so Krause) abgrenzbare (Teil-)Bereiche gliedern: Nach Krause stellt die Psychoanalyse erstens eine Art von „psychologischer Theorie des menschlichen Funktionierens" dar, zweitens liefere die Psychoanalyse eine „Krankheitslehre", drittens sei die „Psychoanalyse" als ein „Behandlungsmodell (die sogenannte Theorie der Technik)" zu betrachten und viertens - der für uns wichtigste Punkt! - weise sich die Psychoanalyse als „sozialpsychologisches Aussagensystem" aus. Letzteres liegt m. W. jedoch nicht einmal in Ansätzen vor, wenn man von den (sozial-)psychologisch-politischen Versionen einer sog. Analytischen Sozialpsychologie einmal absieht (s. hierzu die von Helmut Dahmer (1980) herausgegebene, zweibändige Aufsatzsammlung). Gleichwohl beinhaltet die Psychoanalyse einige Ansatzpunkte für ein pädagogisch-psychologisch bedeutsames Beziehungs- und Sozialisationsverständnis: Gemeint sind zum einen vor allem die psychoanalytische *Selbst- und Objektbeziehungspsychologie* und die damit zusammenhängenden Vorstellungen über die Ausbildung intra-psychischer Repräsentanzen von einem selbst und den anderen („Selbst-" und „Objektrepräsentanzen"). Zum anderen sind die in der jüngsten Vergangenheit von einigen ErziehungswissenschaftlerInnen initiierten Bestrebungen zur (Neu-)Begründung einer sog. *Psychoanalytischen Pädagogik* zu nennen. Die Psychoanalytische Pädagogik soll wegen ihrer eher marginalen Bedeutung für die psychoanalytische Theoriebildung, aber auch wegen ihres starken handlungspragmatischen Bezugs (s. Kap. 2.4) in einem der Schlußkapitel (Kap. 7.2.1) diskutiert werden.

Die für unsere Betrachtung wichtigsten „Neuerungen" der in der Nachfolge Freuds hervorgegangenen Richtungen, die ich unter den o. g. Doppelbegriff der Selbst- und Objektbeziehungspsychologie rubriziere, betreffen zum einen die (triebunabhängigen)

Bedingungen der Selbstwertregulation („Narzißmus"-Thematik) und zum anderen den sozialisatorischen Aspekt der verinnerlichten Beziehungen (Repräsentanzen).

Wir werden in den folgenden Kapiteln genauer herausarbeiten, welche konzeptuellen Impulse die psychoanalytische Selbst- und Objektbeziehungspsychologie zum (neuro-)-szenologischen Emotionsverständnis beisteuert. Die Transformation der Selbst- und Objektbeziehungspsychologie in das neuro-szenologische Modell werde ich anhand kleiner, größtenteils fiktiver Prüfungsbeispiele (i. S. pädagogisch-psychologischer „Lehrstücke") zu konkretisieren versuchen. (Zur Erinnerung: Unter dem szenologischen Aspekt stellt die Prüfung eine affektbetonte, insbesondere das Selbstwertgefühl tangierende (Erprobungs)Situation dar, s.Kap. 2.5).

Wir werden also nicht das breite Spektrum affektiver Reaktionsmöglichkeiten in Betracht ziehen, sondern stattdessen auf Probleme des Selbstwertgefühls bzw. auf die (Sozialisations-)Schicksale der Selbstentwicklung fokussieren. In meine Darstellung werde ich überraschenderweise das von C. R. Rogers entwickelte „Selbstkonzept" einbeziehen (Kap. 5.4), da es m. E. zum einen Parallelen zur psychoanalytischen Narzißmusdiskussion aufweist, und es zum anderen eine prüfungspädagogisch relevante Gesprächshaltung impliziert (s. Kap. 7.2.2).

Wir wollen nun dazu übergehen, die den selbst- und objektbeziehungstheoretischen Ansätzen gemeinsame Grundposition darzustellen und (neuro-)szenologisch zu bewerten.

5.2 Der szenologische Duktus der Selbst- und Objektbeziehungspsychologie

5.2.1 Präliminarien zur psychoanalytischen Selbst- und Objektbeziehungspsychologie

Wir stellten im vorigen Kapitel fest, daß die Psychoanalayse alles andere als eine homogene, in sich geschlossene Disziplin darstellt. Nicht viel anders verhält es sich mit den zum Erscheinungsbild der modernen Psychoanalyse gehörenden Konzeptionen der Selbst- und Objektbeziehungspsychologie (vgl. Eagle 1988, Kap. 1-7; Kutter 1989, bes. S. 31 ff., 161 ff.; Mertens 1983, 1992 b, bes. Kap. 2.1, 2.3, 3.2, 3.4; v. Scheidt 1983). Hinter den Wortmarken „Selbstpsychologie" und „Objektbeziehungstheorie" verbergen sich jeweils unterschiedliche und größtenteils unverbundene Konzepte. Unterschiede bestehen auch hinsichtlich der Urheberschaft: Die „Selbstpsychologie" wird zumeist mit Heinz Kohut (1913-1981) und seinen Studien zum Narzißmus (s. bes. Kap. 5.3, 5.7.2) assoziiert, während sich für die Objektbeziehungstheorien sowohl Begründer aus früheren Jahrzehnten als auch eine Reihe zeitgenössischer Vertreter aufzählen ließen (u. a. Melanie Klein, William Fairbairn, Margaret Mahler, Otto Kernberg).

Da uns die psychoanalyseinternen Differenzen zwischen all den jeweils unter dem Titel „Selbstpsychologie“ und „Objektbeziehungstheorie“ subsumierbaren Konzeptionen nicht weiter beschäftigen sollen, sprechen wir weiterhin vereinfachend von der „Selbst- und Objektbeziehungspsychologie“. Worauf es uns nämlich ankommt, ist die Darstellung des szenologischen Bezugs dieser psychoanalytischen Neuerungen gegenüber der Freudschen Lehre.

Die selbst- und objektbeziehungspsychologischen Ansätze konvergieren - ungeachtet der verbleibenden Divergenzen in theoretischer wie therapeutischer Hinsicht - in der Relativierung des klassischen triebdynamischen Konfliktmodells (s. Kap. 5.7.1), indem sie die Bedeutung der frühkindlichen Interaktion für die Ausbildung psychischer Strukturen (Repräsentanzen) hervorheben. Bei aller thematischen und konzeptuellen Verschiedenheit ist diesen neueren, repräsentanzenpsychologischen Auffassungen gemeinsam, daß sie die psychische Struktur des Selbst im wesentlichen unter dem Aspekt internalisierter Beziehungen betrachten, die mit den Begriffen der *Selbst- und Objektrepräsentanzen* umschrieben werden. Der hierzu korrespondierende metapsychologische Begriff des Selbst meint quasi die gesamte Person und ist nicht mit der Freudschen Instanz des „Ichs“ zu verwechseln (s. Kap. 5.3). Mit dem Begriffspaar der Selbst- und Objektrepräsentanzen sind prototypische Repräsentationen früherer Beziehungserfahrungen gemeint, die sich i. S. intra-psychisch evozierbarer Erlebnis- bzw. Vorstellungsinhalte auf das Selbst und/oder die sog. Objekte (svw. emotional bedeutsame Mitmenschen) beziehen. „Repräsentanzen“ umfassen also keine objektivierbaren anamnestischen Daten, sondern allenfalls deren symbolisch verdichtete Verarbeitung. Dieser Repräsentanzenbegriff im Sinne subjektiv gefärbter Rekonstruktionen ist aus neurobiologischer Sicht insofern trivial, als es keine (umkehrbar) eindeutige Beziehung zwischen sensorisch-kognitiven Leistungen (von der einfachen Reizdiskriminierung bis hin zur komplexen Personwahrnehmung) einerseits und sinnes- bzw. neurophysiologischer Aktivität andererseits gibt. So kann das Gehirn „szenische“ Erlebnisqualitäten nur in elektrophysiologische und neurochemische Codes (Aktionspotentiale, Freigabe von Transmitterquanten, s. Kap. 4.1) übersetzen. Wahrnehmungsqualitäten (und erst recht deren Konsolidierung im Gedächtnis) muß das Gehirn mit Hilfe selbstgenerativer Vernetzungsprozesse erst „konstruieren“ (vgl. Roth 1995, S. 101 ff., s. auch Kap. 7.3). Wie bereits ausgeführt (Kap. 4.1.1), sind die angenommenen „gehirninternen Konstruktionen“ der neurophysiologischen Experimentiertechnik (wie Elektrodenableitung, EEG-Apparatur, „Positronen-Kamera“) nicht direkt zugänglich (s. hierzu auch Kap. 5.6).

Stark vereinfacht gesagt, hat die Selbst- und Objektbeziehungspsychologie Freuds biologistischer Trieblehre (mitsamt dem solipsistisch gefaßten Konfliktmodell) ein interaktionelles bzw. dyadisch ausgelegtes Sozialisationsverständnis der Selbstwerdung bzw. Identitätsbildung zur Seite gestellt. Seit den letzten 10-15 Jahren zeichnet sich - wenn ich recht sehe - innerhalb der psychoanalytischen Zunft die generelle Tendenz ab, Freuds Konflikt- und Trieblehre langsam aber stetig durch modernere, insbesondere auch durch selbst- und objektbeziehungstheoretische Konzepte nicht nur zu erweitern, sondern gänzlich aufzulösen (s. hierzu neben psychoanalytischen Fachjournalen die Lehrbuch-Reihe von Mertens 1991, 1992 a, 1993 sowie Thomä & Kächele 1989).

Die Hintergründe für die relative Verselbständigung der neueren psychoanalytischen Entwicklungen sind sicherlich vielschichtig und dürften von therapiespezifischen Erweiterungen wie die Einführung neuer, vom klassischen Einzel- und Couchsetting abweichender Verfahren (Paar-, Familien- und Gruppenbehandlung) bis zu den (seit der Jahrhundertwende eingetretenen) Veränderungen in sozialisatorischen und allgemeinen gesellschaftlichen Prozessen reichen. Entscheidenden Einfluß hatten m. E. jedoch zwei Faktoren:

- die Intensivierung der Säuglings- und Kleinkindforschung mit besonderer Berücksichtigung der Mutter-Kind-Interaktion und
- die Notwendigkeit der Erweiterung des Indikationsbereiches für die Behandlung neu entstandener Störungsformen.

Beide Aspekte sollen näher ausgeführt werden, da sie zum besseren Verständnis der späteren Abschnitte beitragen.

Zum einen verdankt sich die zunehmende Berücksichtigung sozialisatorisch bedingter Erfahrungsniederschläge (Selbst- und Objektrepräsentanzen) dem wachsenden Interesse an der realen, nicht nur phantasierten Mutter-Kind-Interaktion. Diese empirisch-sozialisatorisch akzentuierte Forschungsperspektive wurde zwar bereits vor Jahrzehnten durch die bahnbrechenden Studien von René Spitz eingeläutet, aber erst in neuerer Zeit bemühen sich die sog. baby watchers (wie Robert N. Emde, Joseph L. Lichtenberg, Margaret S. Mahler, Daniel N. Stern) nicht nur um eine stärkere Berücksichtigung empirisch-methodischer Standards, sondern auch um eine theoretische Neubegründung ihrer Beobachtungsdaten (vgl. zus. f. Dornes 1993; Köhler 1982; s. auch Kap. 7.2.1 sowie die Themenbände der Zeitschrift *Psyche* 9/1991, 12/1993). Die empirisch-sozialisatorische Neuorientierung in der psychoanalytischen Säuglings- bzw. Entwicklungsforschung legte den Blick frei für die - nota bene: prä- wie postnatalen! - affektmotorischen Sozialisationsprozesse, die den Grund für das körpernahe - oder wie wir sagen - für das *somato-szenische Selbst* (s. o. Kap. 4.2.4 sowie Kap. 5.7.2.3 und 6.2 ff.) legen. Die jahrzehntelang vertretene Position der psychoanalytischen Entwicklungslehre, wonach das Neugeborene in des ersten Lebenswochen einer sozialen Reizschranke („autistischen Schale“) unterworfen sei, kann aufgrund der neueren Forschungen nicht mehr aufrechterhalten werden.

Das mit dieser neuen Sicht korrespondierende, gleichsam szenologisch akzentuierte Körperverständnis hat m. E. Mertens (1992 b, S. 33) besonders treffend skizziert:

> Die anfänglich somato-psychischen, affektiven Beziehungen des Säuglings und Kleinkindes äußern sich in bestimmten Körperhaltungen, deren Regulierung und Kontrolle durch eine adäquate Verteilung des Muskeltonus garantiert werden. Im Tonus der kindli-

chen Haltungen, Gebärden, Mimik und Lautäußerungen kommen immer Affekte zum Ausdruck, die mit den mütterlichen Affekts- und Gefühlsäußerungen korrespondieren. Lange vor dem verbalen Dialog zwischen Eltern und Kind existiert somit ein *tonischer Dialog* (kursiv durch B. E.), der für die ersten Erfahrungen des körperlichen Erlebens in seinem tonischen Dynamismus maßgeblich wird. In diesem »tonischen Dialog« mit der Mutter, der immer mit Affektäußerungen gekoppelt ist, wird sich das kleine Kind seiner Körperlichkeit und damit auch seiner beginnenden Individualität bewußt.

Ergänzend sei hierzu festgehalten, daß diese somato-szenische „Abstimmung" zwischen Mutter und Kind primär über dynamische Aktivierungskonturen („Vitalitätsaffekte", s. Kap. 2.1) verläuft, deren neurobiologische Korrelate man sich als zeitliche Frequenzänderungen in den neuro- bzw. hirnphysiologischen Erregungsmustern („Feuerungsraten") vorstellen kann.

(Zur Veranschaulichung des z. T. sehr subtilen Charakters dieser tonischen bzw. „vital-affektiven" Dialoge s. u. a. die eindrucksvollen Schilderungen bei Brazelton & Cramer 1990, s. auch die Beispiele bei Schaffer 1982, S. 195 f., Schütze 1982, S. 212).

Im Zuge der Beschäftigung mit den affektiv-tonischen Aspekten der Primärsozialisation läßt die neuere psychoanalytische Entwicklungspsychologie (vgl. Kapfhammer 1995, S. 60 ff.) insgesamt eine Schwerpunktverlagerung erkennen: Mit dem vermehrten Bemühen um das Verständnis des Selbst und der internalisierten „Objektbeziehungen" verliert die Begrifflichkeit der Freudschen Metapsychologie und mit ihr das triebtheoretische Basiskonzept an Bedeutung. In der obigen Darstellung des tonischen Dialogs haben z. B. metapsychologisch gefaßte „Triebreize" ebenso wenig Platz wie ein biologistisches Entladen (lebens-)geschichtsloser Triebenergien.

Der zweite, wohl noch maßgebendere Grund für das Auseinanderlaufen von klassischer Psychoanalyse einerseits und der Selbst- und Objektbeziehungspsychologie andererseits hängt damit zusammen, daß Psychoanalytiker, aber auch Vertreter anderer Psychotherapie-Richtungen von epidemischen Veränderungen der psychischen Beschwerdebilder ausgehen. Während die Patienten Freuds und seiner Schüler noch unter relativ eng umgrenzten Störungen (namens Hysterie, Angstneurose, Phobie, Zwang) gelitten hätten, seien in den letzten Jahrzehnten Pathologien im Vormarsch, die sich durch ebenso schillernde wie „blande" Symptomkomplexe auszeichneten (vgl. Eagle 1988, S. 54 f., 95 ff., 241 ff.; Kohut 1981 a, S. 265 ff.; Moersch 1978; Mertens 1992 b, S. 44). So träten z. B. neben phobischen Reaktionen eine Vielzahl anderer Symptome (wie psychovegetative bzw. psychosomatische Störungen, depressive Episoden, Eßprobleme) simultan oder im Wechsel miteinander auf. Ein ständig wachsender Patientenkreis würde unter eher unspezifischen und „ausdrucksarmen" Beschwerden leiden wie chronischen Gefühlen der „inneren Leere", Orientierungslosigkeit oder regelmäßig wiederkehrenden Leistungshemmungen bei ansonsten erfolgreichem Berufsleben.

Derartige persönliche Probleme und Leidenszustände wurzeln nach Meinung vieler Psychoanalytiker in den ersten Lebensjahren (oder gar Lebensmonaten), weshalb sich im therapeutischen Jargon auch der Begriff der sog. *Frühstörungen* festgesetzt hat. Neben dem Schlagwort der Frühstörungen sind auch Bezeichnungen wie „Selbstpathologie", „ich-strukturelles Defizit", „narzißtische" oder „Borderline-Persönlichkeitensstörung" gebräuchlich, die aber nur z. T. besser operationalisiert sind. Auch wenn es keine einschlägigen Lehrbücher, geschweige denn ein einheitliches Behandlungsmodell für die sog. Frühstörungen gibt, so hat es doch den Anschein, daß die psychischen Störungen in unserer Zeit weniger Ausdruck triebdynamischer Konflikte sind, sondern vielmehr eine Identitäts- bzw. Selbstwertproblematik widerspiegeln, die vielfach als ein Mangel an hinreichend konturierten Selbst- und Objektrepräsentanzen gedeutet werden kann.

Wir wollen die an sich zu stellende Frage ausklammern, ob die (angebliche) Verschiebung von den neurotischen Konflikten zu den „frühen" Strukturmängeln des Selbst auf grundlegende Veränderungen der (Primär-)Sozialisation zurückzuführen sind, oder ob sich darin eher ein Wechsel in der diagnostischen Aufmerksamkeitsrichtung erkennen läßt (vgl. z. B. Reiche 1991).

Für uns genügt es festzuhalten, daß die Popularität des Konzeptes der „Frühstörungen" im Zusammenhang mit den neueren Entwicklungen in der Psychoanalyse zu sehen sind, insbesondere mit der Säuglingsforschung sowie mit der Selbst- und Objektbeziehungspsychologie. Bei unseren späteren Überlegungen werden wir die klinische Metapher der „frühen" bzw. der „narzißtischen Störung" insoweit aufgreifen, als sie die basalen sozialisatorischen Momente der affektiven Selbstentwicklung thematisiert, und sie somit ein szenologisch bedeutsames Korrektiv gegenüber triebtheoretischen und neurosenpsychologischen Deutungsversuchen darstellt (s. hierzu Kap. 5.7; es sei zugleich angemerkt, daß der Begriff der „Störung" in einem weiten Sinne zu verstehen ist, zumal die Grenzmarkierungen zwischen individuellen Personmerkmalen („Eigenarten") und klinisch definierten „Persönlichkeitsstörungen" kontext- bzw. kulturspezifisch und somit fließend sind, vgl. Fiedler 1994, S. 4 ff., 135 f., 451 ff.).

Wir wollen nun genauer untersuchen, wie es mit der Brauchbarkeit der Selbst- und Objektbeziehungspsychologie für unsere neuroszenologische Grundkonzeption bestellt ist, d. h. wo der Nutzen und wo die Grenzen zu sehen sind.

5.2.2 Selbst- und Objektbeziehungspsychologie: Chancen und Grenzen für ein neuroszenologisches Grundverständnis

Die selbst- und objektbeziehungstheoretischen Zugänge helfen einen szenologisch bedeutsamen Orientierungsrahmen abzustecken. Sie gehen nämlich insoweit mit dem szenologischen Grundanliegen konform, als sie den Grenzbereich zwischen „äußeren" und „inneren" Vorgängen, zwischen inter-personeller und intra-psychischer Kommunikation thematisieren und damit die alte Vorstellung vom Unbewußten als einer monadisch in sich abgeschlossenen Wunsch- bzw. Phantasiewelt und Triebspannung relativieren, wenn nicht gar ablösen. Die neueren, repräsentanzenpsychologisch akzentuierten Ansätze können - vorsichtig formuliert - Erklärungshilfen dafür nahelegen, wie sich über die pädagogisch-psychologische Gestaltung inter-personeller Situationen (z. B. von Prüfungsgesprächen) Einfluß auf die intra-personalen Repräsentanzen der beteiligten Individuen nehmen läßt. Ohne ein derartiges Grundverständnis des Übergangs vom kommunikativen (Real-)Verhalten zu innerpsychischen Prozessen dürfte nämlich ein verantwortungsvolles psychoanalytisch-pädagogisches bzw. pädagogisch-psychologisches Handeln kaum auskommen (vgl. hierzu bes. Kap. 7.2.1).

Die Selbst- und Objektbeziehungstheorien sind hierfür jedoch nur eingeschränkt verwertbar. Sie beinhalten nämlich kein empirisch gestütztes Entwicklungs- bzw. Sozialisationskonzept, das die vorsprachlichen bzw. präsymbolischen Selbstanteile thematisieren würde. Dementsprechend fehlen auch jegliche Bezüge zu neurobiologischen oder physiologischen Disziplinen. Die Selbst- und Objektbeziehungstheorien thematisieren sozusagen nur die (sprach-)symbolischen Aspekte der unbewußten Kommunikation (vgl. Kap. 2.2, 5.6).

Für die mit (pädagogischen) Interaktionskonzepten vertraute Leserschaft könnte man die Selbst- und Objektbeziehungstheorien daher als eine den Symbolischen Interaktionismus (sensu G. H. Mead, vgl. z. B. Gudjons 1993, S. 149 ff.; Kron 1994, S. 233) um den Aspekt der unbewußten Verständigung erweiternde Perspektive charakterisieren. Erziehung läßt sich somit unter Zuhilfenahme der Selbst- und Objektbeziehungspsychologie als Interaktion mit bewußten und unbewußten Symbolanteilen konzipieren (s. hierzu auch Kap. 7.2.1).

Es ist jedoch zu bedenken, daß die selbst- und objektbeziehungstheoretischen Konzepte sich eigentlich nur zur Darstellung der frühinfantilen Erziehungs- bzw. Sozialisationsabschnitte eignen dürften. Die VertreterInnen der Selbst- und Objektbeziehungspsychologie liefern nämlich keine Beiträge zur affektiven Persönlichkeitsentwicklung in späteren Altersstufen bzw. Lebensabschnitten (Schulkind-, Jugend- und Erwachsenenalter). Diese auf die ersten Lebensjahre begrenzte Perspektive ist für unsere neuroszenologischen Überlegungen insofern tolerabel, als wir uns bevorzugt mit dem zeitlebens wirksamen „affektiven Kern“ (s. Kap. 2.2) des somato-szenischen Selbst beschäftigen.

Auf ein weiteres grundlegendes Defizit der Selbst- und Objektbeziehungstheorien sei noch hingewiesen, ohne es späterhin noch thematisieren zu wollen: Die Beschränkung der selbst- und objektbeziehungstheoretischen Ansätze auf das Basisparadigma der „Mutter-Kind-Dyade“ wollen wir für unsere weiteren Betrachtungen insofern in Kauf nehmen, als wir uns in Absehung von größeren sozialen Aggregaten (Gruppen, Insitutionen etc.) auf das mikroanalytische Studium dyadischer Szenen beschränkten.

Es wäre allerdings übertrieben, wenn man behauptete, daß sich innerhalb der Psychoanalyse erst aufgrund der selbst- und objektbeziehungstheoretischen Ansätze eine sozialisatorische und kommunikative Perspektive habe entwickeln können. Schließlich sah bereits Freud - zumindest ansatzweise - die Psyche bzw. das Unbewußte in der Intersubjektivität menschlicher Beziehungen begründet. Mit seinem sog. zweiten topischen (Persönlichkeits-)Modell konstruierte Freud das „Ich" (Hauptfunktion: Realitätsbewältigung) und insbesondere das „Über-Ich" (Gewissensfunktion inkl. der Idealbildungen) als psychische Instanzen, die aus Internalisierungsprozessen hervorgehen, d. h. wo eine Transformation von inter-personellen Beziehungen zu intra-personalen Strukturen erfolgt (vgl. z. B. Freud 1923, G. W., Bd. XIII, S. 257 bzw. St. A. Bd. 3, S. 297; ders. 1940, G. W., Bd. XVII, S. 136-138).

Allerdings blieb es Freud und den sich auf ihn stützenden Nachfolgern versagt, die unter dem Kürzel „Es" rubrizierten unbewußten Leidenschaften („Triebe") entweder in sozialisationstheoretischer oder in (objekt-)beziehungstheoretischer Hinsicht zu konzipieren. In Freuds dreigliedrigem Instanzenmodell erscheint das - wenn man so sagen will - biologische Substrat des Selbst als eine dem Bewußtsein unzugängliche und sozusagen dämonisierte (Trieb-)Energie.

Trotz ihrer fruchtbaren Akzente (wie Öffnung für ein sozialisatorisches Emotionsverständnis, Anerkennung der Affekte als Signale für die unbewußte Kommunikation) läßt sich jedoch die Selbst- und Objektbeziehungspsychologie nicht umstandslos in den neuro-szenologischen Modellrahmen einpassen.

Als erstes ist zu beachten, daß der Repräsentanzenbegriff im psychologischen Bereich des Mentalen verbleibt und nicht - wie das Interaktionsformenkonzept (s. Kap. 2.2) - den organismischen Bereich der neurobiologischen Korrelate mit abdeckt.

Zum zweiten darf nicht übersehen werden, daß die psychoanalytisch verstandenen „Objektbeziehungen" nicht mit affektiver Kommunikation gleichzusetzen sind. Wie die übrige Psychoanalyse fokussiert die Selbst- und Objektbeziehungspsychologie nicht primär auf die reale, beobachtbare Kommunikation, sondern auf die intra-psychische Ebene der internalisierten (Objekt-)Beziehungen. Wenngleich den intra-psychischen Repräsentanzen interpersonelle Beziehungserfahrungen zugrundeliegen, so ist doch beides nicht identisch. Die Abweichungen der affektiven Repräsentanzen von den tatsächlichen Interaktionen sind in zweifacher Hinsicht bedeutsam: Zum einen stellen sie die Bedingungen für den Aufbau des übersituativen und zeitstabilen Selbst- bzw. Identitätsgefühls dar, zum andern können sie aber auch den Boden für Fehlwahrnehmungen (Übertragungsgefühle) und damit für grundlegende zwischenmenschliche Konflikte bereiten.

Zum dritten muß bedacht werden, daß die metapsychologischen Aussagen der Selbst- und Objektbeziehungskonzepte noch der Transformation in eine empirisch prüfbare Terminologie bedürften.

Die psychoanalytische Selbstbeschränkung auf die intra-psychische Welt der Repräsentanzen stellt uns vor die Frage, wie wir zugunsten der (neuro-)szenologischen Perspektive die Disparität zwischen den internalisierten (Objekt-)Beziehungen und dem inter-personellen (Affekt-)Austausch überbrücken können. Dieses (letztlich unlösbare) Problem versuchen wir dadurch zu umgehen, daß wir die psychoanalytischen Begriffe in ihrer kommunikativen bzw. inter-personellen Bedeutung erschließen, d. h. explizit als *Beziehungs*begriffe interpretieren. Vergleichbare Hinwendungen zu der „psychosozialen" Betrachtungsebene finden sich auch in manchen Verzweigungen der Psychoanalyse, wie etwa in der neueren Säuglingsforschung (vgl. z. B. Lichtenberg 1991 b, Stern 1986), in der Paar- und Familientherapie (vgl. z. B. Bauriedl 1984; Willi 1990), in der Psychoanalytischen Pädagogik (vgl. z. B. Muck & Trescher 1993) oder in der sog. Kurzzeitpsychotherapie (vgl. z. B. Strupp & Binder 1991). Diese generelle Tendenz zur Erweiterung des psychoanalytischen Erfahrungsraumes scheint sich - wenn ich recht sehe - beim Übertragungskonzept bereits durchgesetzt zu haben. Dies zeigt sich u. a. darin, daß in den neueren Standardwerken der Psychoanalyse explizit auf die „interaktionelle" Komponente der Übertragung hingewiesen wird (vgl. König 1991, S. 217 f.; Mertens 1993, S. 189 ff.; Thomä & Kächele 1989, S. 71 f.; s. auch Kap. 5.8).

Diese zaghaften Erweiterungen des psychoanalytischen Blickfeldes ändern freilich nichts daran, daß wir der Selbst- und Objektbeziehungspsychologie insofern Gewalt antun (müssen), als wir ihre Denkweise grundsätzlich auf die psychosoziale Beziehungsdynamik („szenische Bühne") anwenden, die wiederum in der „*(Neuro-)Biologie des Unbewußten*" verankert ist. Die damit verbundenen methodologischen Divergenzen zwischen unserem Ansatz und der Psychoanalyse wurden bereits aufgeführt (Kap. 2.4).

Des weiteren erscheinen mir die selbst- und objektbeziehungspsychologischen Konzepte insofern fragwürdig, als sie entweder unreflektiert an der klassischen Trieblehre festhalten oder diese ersatzlos streichen. Der an sich bestehende Widerspruch zwischen der dezidiert beziehungs- und sozialisationstheoretischen Perspektive der Selbst- und Objektbeziehungspsychologie einerseits und Freuds naturalistischer Sicht vom „Triebcharakter" aller psychischen Regungen andererseits wird damit jedoch nicht aufgehoben, sondern nur ignoriert. Aus neuro-szenologischer Sicht bedarf das Freudsche Triebmodell eines veränderten Bezugsrahmens, sprich: des Interaktionsformen-Konzeptes (sensu Lorenzer), in dem die Grenzbereiche des Dreiecks aus 1. intrapsychischen Repräsentanzen, 2. szenischer Verständigung („Objektbeziehungen") und 3. neuronal vermittelten (Trieb-)Impulsen kategorial faßbar sind.

Es ist also zu bedenken, daß die selbst- und objektbeziehungstheoretischen Konzepte z. T. noch der klassischen Psychoanalyse verhaftet bleiben und somit auch die Ungereimtheiten und Aporien der psychoanalytischen Denktraditionen widerspiegeln. Ich will diese Einschätzung anhand des psychoanalytischen Narzißmusbegriffes erläutern, und zwar insofern, als er - zumindest implizit - einen Bezug zu dem Zusammenhang zwischen Selbstwert(erleben) und unbewußter Kommunikation aufweist.

5.3 Narzißmus

Der Begriff des Narzißmus teilt das Schicksal vieler psychoanalytischer Fachausdrücke, d. h. er ist nicht nur in der Psychoanalyse selbst beheimatet, sondern er ist auch in anderen Wissensbereichen (wie Soziologie, Pädagogik, Kulturgeschichte) gebräuchlich, und er hat sogar in der Alltagssprache Einzug gehalten. Innerhalb psychoanalytischer Diskussionszirkel fungiert der Narzißmusbegriff vor allem als diagnostische Orientierungsmarke für symptomatische Verhaltensweisen und Persönlichkeitsstrukturen, die von den jeweiligen Schulen z. T. recht unterschiedlich bewertet und theoretisch erklärt werden. In den Sozialwissenschaften wird zumeist auf einen - mehr oder weniger schulenübergreifenden - Narzißmusbegriff zurückgegriffen, um (vermeintlich) epidemisch auftretende Charakterveränderungen bzw. „Sozialpathologien" zu kennzeichnen. Ein typisches Beispiel für derartige Kultur- bzw. Zeitdiagnosen bildet die in der Pädagogik seit den 70er Jahren entfachte und bis in die jüngste Vergangenheit anhaltende Diskussion um den sog. Narzißtischen Sozialisationstyp (vgl. zus. f. Roth 1990, S. 197 ff.). Die Bedeutung dieser sozialkritischen Argumentationen zur Begründung kultur- bzw. jugendtheoretischer Positionen kann und soll hier nicht eigens besprochen werden.

Weder Freud selbst noch seine NachfolgerInnen haben eine weithin akzeptierte und in sich geschlossene Narzißmuskonzeption erarbeitet. Angesichts der verwirrend vielen Versionen und Bedeutungsnuancen zum Narzißmusbegriff wollen wir lediglich einige neuroszenologisch bedeutsame Aspekte der Narzißmusdiskussion herauszustellen versuchen. Mit Blick auf die neueren Selbst- und Objektbeziehungstheorien werde ich mich darauf konzentrieren, die kommunikationspsychologischen Implikationen des psychoanalytischen Narzißmusverständnisses zu entfalten. Anstatt die jeweiligen, z. T. stark divergierenden psychoanalytischen Narzißmusversionen en détail zu besprechen (s. hierzu z. B. Roth 1990; Wahl 1985), soll abschließend das gegenwärtig in der modernen Psychoanalyse dominierende Begriffsverständnis expliziert werden, wonach triebenergetische Postulate einer erfahrungsnäheren Betrachtungsweise weichen mußten. Doch zunächst wollen wir damit beginnen, Freuds Grundauffassung zum Narzißmus zu skizzieren.

Da selbst Freud seine Überlegungen zum Narzißmus mehrfach ergänzt und revidiert hat (vgl. Breuer 1992, S. 2 ff.; Roth 1990, S. 33 ff.), wollen wir uns darauf beschränken, die in seinen Schriften wiederkehrenden und mehr oder weniger gleichbleibenden Kerngedanken zum Narzißmus darzulegen. Freuds Narzißmusverständnis basiert auf der triebökonomischen Annahme, daß sich libidinöse Energien auf das „Ich" und auf die „Objekte" verteilen. Freud unterschied grundsätzlich zwischen einem „primären" und einem „sekundären Narzißmus“. Unter primärem Narzißmus verstand Freud einen paradiesischen (Ur-)Zustand der Harmonie, wie er in dem von allen Störreizen abgeschirmten Intrauterinleben verkörpert sei. (Wie man aus der neonatalen Forschung mittlerweile weiß, ist diese Annahme hinfällig, s. auch Kap. 5.2.1; 6.2). Primärer Narzißmus bezeichnete bei Freud also eine biologisch begründete, normale Entwicklungsphase, in der alle verfügbare Libido noch objektlos sei. Erst im Zuge der Ich-Entwicklung bilde sich die Objektlibido heraus, von der sich wiederum der sog. sekundäre Narzißmus ableite. Zusammengefaßt läßt sich sagen, daß Freud das „Ich“ als den „Besetzungsort“ des (sekundären) Narzißmus ansah, dessen energetischer Betrag von der „Objektlibido“ abhängig sein sollte.

Späterhin legte der Freud-Schüler Heinz Hartmann (1964/65 a u. b) dar, daß Freud in seinen einschlägigen Abhandlungen zum Narzißmus den Begriff des „Ichs“ nicht im üblichen Sinne einer funktionalen Teilstruktur[1] (neben „Es“ und „Über-Ich“), sondern im Sinne einer leib-seelischen Ganzheit verwendet habe. Das Gegenstück zur „Objektlibido“ sei daher nicht die „Ich-Libido“ sondern die „Besetzung des Selbst“. (Bei dem Narzißmustheoretiker Heinz Kohut (s. Kap. 5.7.2) wird der Begriff des Selbst zur zentralen Kategorie seiner Konzeption). Dieser suprastrukturelle Selbstbegriff, der die Instanzen „Es“, „Ich“ und „Über-Ich“ mitumfaßt, ist in der modernen Psychoanalyse mittlerweile zur ebenso geläufigen wie unbestimmten Vokabel avanciert.)

Die triebenergetische Fassung des Narzißmus, wie sie von Freud 1914 erstmals vorgelegt und von Heinz Hartmann begrifflich revidiert wurde, enthält zwei zentrale Aspekte, die im Hinblick auf unser neuroszenologisches Grundkonzept zu erläutern sind. Zum einen wurzeln nach Freud die narzißtischen Erlebnisweisen bzw. die selbstbezogenen Empfindungen (wie „Selbstgefühl“, „Minderwertigkeit“, „Erfolgserlebnis“ und dergl.) in der somato-psychischen Natur der Libido. Abgesehen vom Sprachgebrauch, verträgt sich diese Annahme weitgehend mit unserem neuroszenologischen Vorverständnis, wonach das (neuronale) Selbst und die Emotionen immer auch von biologischen Faktoren (genetische Konstitution, Gehirnfunktion, Hormonsystem) determiniert sind.

Zum anderen sind Freuds libidoökonomische Annahmen zum Narzißmus m. E. nicht nur sprachlich veraltet, sondern auch inhaltlich problematisch: In Freuds Denkrahmen müßten nämlich „Objektbesetzungen“ und „narzißtische Besetzungen“ in einem vikariierenden Verhältnis zueinander stehen, d. h. je mehr narzißtische Libido quasi investiert würde, umso mehr Objektlibido müßte verbraucht werden (und vice versa). Freud verwandte hierfür das zwar biologisch eingängige, aber metapsychologisch fragwürdige Bild des „Protoplasmatierchens“, dessen Zellkörper sich „zu den von ihm

---

1 Hinweis: Auch in seinem noch biologisch akzentuierten „Entwurf einer Psychologie“ (s. Kap. 1.3) versuchte Freud das „Ich“ als Gruppierung spezialisierter Neuronen mit der Tendenz zu konstanter „Besetzung“ zu konzipieren, s. Freud 1895/1950, S. 407 bzw. G. W., Nachtragsband, S. 416.

ausgeschickten Pseudopodien" verhalte wie die unterschiedlichen „Libidobesetzungen" (vgl. Freud 1914, G. W., Bd. X, S. 141 bzw. St. A. Bd. 3, S. 43).

Diese - m. W. auch von Heinz Hartmann nicht kritisierte - Amöbenmetapher zur narzißtischen Energieverteilung wirft m. E. mehr Fragen auf, als daß sie zur Klärung der Selbstwertproblematik beiträgt. Wir wollen hier nur zwei der m. E. gewichtigsten Einwände erheben: Zum einen liefert die Amöbenmetapher keine schlüssigen Erklärungsfragmente für die ubiquitäre, d. h. nicht nur klinisch interessante Erscheinung, daß sog. Objektbeziehungen (darunter subsumieren PsychoanalytikerInnen primär frühinantile Bindungen, aber auch Partnerschaften, Freundschaften etc. bis hin zu sozialen Gruppen) oftmals aus überwiegend „narzißtischen" Bedürfnissen heraus gesucht, gepflegt und stabilisiert werden. Zum anderen ist das Freud-Hartmannsche Libidokonzept des umgekehrten Verhältnisses von „narzißtischer" (Selbst-)Besetzung und sog. anaklitischer, d. h. sich an (Trieb-)Objekte anlehnender Besetzung nicht vereinbar mit der Beobachtung, daß gerade Personen mit einem hohen Grad an Selbstwertgefühl sich mehr für ihre Mitmenschen interessieren (können) als umgekehrt. Desgleichen kann man „selbstunsicheren", unter „Minderwertigkeitsgefühlen" leidenden Personen begegnen, die sich von ihrer sozialen Umwelt eher zurückziehen und sich bevorzugt mit sich selbst beschäftigen. (Dieser zweite Haupteinwand gegen die libidotheoretische Fassung des „Narzißmus" wurde übrigens bereits in den sechziger Jahren von Joffe & Sandler (1967, S. 153 f.) in die psychoanalytische Diskussion eingebracht). Kurzum, es gibt berechtigte Zweifel an der Freudschen Annahme, daß ein „gehobenes" (bzw. erniedrigtes) Selbstgefühl mit einer „narzißtischen" (bzw. mit einer objektbezogenen) Grundhaltung einhergeht. (Freud spricht nicht explizit von Selbst*wert*gefühl, sondern bevorzugt Wendungen wie „gesteigertes" oder „herabgesetztes Selbstgefühl" , vgl. Freud 1914, G. W., Bd. X, S. 165-167 bzw. St. A., Bd. 3, S. 64-66).

Mit Blick auf diese beiden kritischen Gesichtspunkte des Freudschen Narzißmus-Konzeptes wollen wir nun der Frage nachgehen, welchen heuristischen Wert (aber auch: welche Grenzen) das Freudsche Narzißmusverständnis für unser neuroszenologisches (Emotions-)Modell im allgemeinen und zur Entwirrung der Selbstwert-Thematik im besonderen haben könnte. Als erstes wollen wir ausdrücklich feststellen, daß wir mit der kritischen In-Frage-Stellung des triebenergetischen Narzißmus-Konzeptes - bildlich gesprochen - nicht „das Kind mit dem Bade ausschütten" sollten, d. h. wir sollten trotz der berechtigten Bedenken nicht den heuristisch fruchtbaren Kern der Freudschen Denkweise übersehen. Was meinen wir mit letzterem?

Wir erinnern uns an die im zweiten Kapitel skizzierte Grundidee, wonach wir „Emotionen" (also auch: „Selbst(wert)gefühl") in zweifacher Weise verklammerten, nämlich mit den Begriffen der Persönlichkeit bzw. des Selbst und der (szenischen) Kommunikation. Ohne auf das strukturelle Persönlichkeitskonzept mit seinen drei „Instanzen" (Es, Ich, Über-Ich) Bezug nehmen zu müssen, wollen wir dem Freudschen Ansatz insoweit folgen, als wir in ihm unser (neuro-)szenologisches Schlüsselkonzept, konkret: die korrespondierende Begrifflichkeit von biologisch mitkonstituiertem Selbst(-Gefühl) und unbewußter Kommunikation bzw. Beziehung, bereits angelegt sehen.

Es war nämlich Freud (1914) selbst, der im Rahmen seiner Erörterung des Narzißmus-Themas auf den von uns genannten ersten Kritikpunkt (bezügl. der Amöbenmetapher) stieß, ohne diesen jedoch in terminologischer und/oder metapsychologischer Hinsicht weiterzuverfolgen. Hatte doch Freud selbst schon erkannt, daß man einen Menschen aus grundsätzlich zweierlei Motiven heraus „lieben" könne („Liebe" sei hier als Oberbegriff für das gesamte Spektrum „libidinöser" Strebungen wie „Zuneigung", „Sympathie", „Einfühlung" etc. gelesen). So spricht Freud (1914, G. W., Bd. X, S. 156 bzw. St. A., Bd. 3, S. 56) explizit von der „Objektwahl nach dem narzißtischen Typus", die sich dadurch auszeichne, daß man „liebe" bzw. schätze,

a) was man selbst ist (sich selbst)
b) was man selbst war,
c) was man selbst sein möchte,
d) die Person, die ein Teil des eigenen Selbst war.

Freud löst sich an dieser Stelle partiell von seiner Definition des Narzißmus als einer „libidinösen Besetzung" des „Ichs" (bzw. des Selbst). Besonders Teilpunkt d) der Freudschen Auflistung „narzißtischer" Objektbeziehungsmodi relativiert die Annahme eines Rückzuges von der Außenwelt im Falle der „ich-libidinösen" (auf das Selbst gerichteten) Grundeinstellung. Punkt c) weist ebenfalls darauf hin, daß andere, das eigene „Ich-Ideal" verkörpernde Personen eine besondere Anziehungskraft auf den „narzißtischen" Menschen ausüben (können). Auch unter seinen Musterbeispielen zum „Narzißmus" finden sich bei Freud deutliche Hinweise auf die Verschränkung von Person- bzw. Objektbezug und narzißtischer Einstellung. Neben dem sich von der Außenwelt abschirmenden „Paraphreniker" (svw. ein an schizophrener Psychose Erkrankter) und dem ewig mit seinem Körper beschäftigtem „Hypochonder" erwähnt Freud u. a. die (auch seines Erachtens nicht-pathologische) Überschätzung bzw. Idealisierung des Kleinkindes („His Majesty the Baby", G. W., Bd. X, S. 157 bzw. St. A., Bd. 3, S. 57) durch die Eltern.

„Narzißtische Objektbeziehungen", wie sie letztlich auch Freud verstand, sind - so können wir vorerst festhalten - weder pathologischer Natur, noch sind sie als Alternative zum „anaklitischen" Bindungstyp zu betrachten. „Narzißtische" Varianten der zwischenmenschlichen Beziehung bzw. Kommunikation, in denen bestimmte Aspekte des Selbst im Vordergrund stehen, sind im klinischen Raum ebenso häufig wie im (normalen?!) Alltag. Man denke beispielsweise an die Gruppen von Gleichgesinnten (Jugendcliquen, Parteien, Vereine, Projektgruppen, Wissenschaftler der gleichen theoretischen Schule etc.): In solchen Gruppenbildungen kann der einzelne in der Regel darauf vertrauen, daß seine Ansichten geteilt werden bzw. daß er keine grundsätzliche Kritik oder Entwertung (= „narzißtische Kränkung") erfährt. So mag sich z. B. ein junger Student, sobald er sich in den Universitätsbetrieb eingelebt hat, „sicher" und „aufgehoben" fühlen, und zwar nicht nur, weil ihn die „Alma mater" vor dem konkreten Berufsalltag schützt, sondern auch, weil er sich in seinen KommilitonInnen (identifizierend) wiedererkennen kann. Anders formuliert: Er kann sein „Selbstgefühl" stärken, indem er sich via studentische Kommunikationsmuster gleichsam „spiegelt".

Im Alltag können „narzißtische Objektbeziehungen", wie z. B. Henseler (1984, S. 83) betont, den zwischenmenschlichen Umgang erheblich erleichtern: Sie würden - so Henseler - „von den Beteiligten lange Zeit als ideal empfunden" und seien „durch raschen Kontakt, Unkompliziertheit, gegenseitige Bestätigung und das Fehlen von Aggression" gekennzeichnet. Die sich einstellende Selbstverständlichkeit bzw. eine gewisse unbefragte Sicherheit in der zwischenmenschlichen Kommunikation scheinen dabei auf einer mehr oder weniger starken Wahrnehmungsverzerrung (von der leichten Überschätzung bis hin zur illusionären Verkennung) des Mitmenschen zu beruhen.

Mit diesem Aspekt der Wahrnehmungstrübung (zugunsten eines „selbstsicheren" bzw. euphorisch getönten Erlebens) haben wir eine zweite, ebenfalls „narzißtisch" zu nennende Grundvariante der (Objekt-)Beziehung angesprochen. Außer den (narzißtischen) Bedürfnissen nach wohlwollender Anerkennung (Wertschätzung), Lob oder (beifälliger) Widerspiegelung persönlicher Qualitäten bzw. Tugenden (Intelligenz, Schönheit, Ehrlichkeit etc.) tragen die Wünsche nach Überhöhung bzw. Idealisierung der unmittelbaren oder symbolisch repräsentierten Beziehungspartner zur Regulation des Selbst(wert)gefühls bei. Während die erste Gruppe von (narzißtischen) Bedürfnissen eine mehr passive Erwartungshaltung beschreibt („narzißtische Zufuhr"), kommen bei den idealisierenden Realitätsentstellungen die eher aktiven Bemühungen um die Aufrechterhaltung eines optimalen Niveaus des Selbstwertgefühls („narzißtische Homöostase") zum Tragen. Beides, der Bedarf an „Spiegelung des eigenen (Größen-)Selbst" und die Wünsche nach Idealisierung des anderen, sind sozusagen die beiden Seiten der narzißtischen Medaille. Das eine definiert sich aus dem anderen (und umgekehrt). (Zu den „narzißtischen" Grundbedürfnissen nach „Spiegelung" und „Idealisierung" s. auch Kap. 5.7.2.1).

Verdeutlichen wir uns diese Wechselseitigkeit von Spiegelungsbedürfnis und Idealisierungstendenz wiederum am Beispiel des Studenten: Der junge Mann mag sich u. U. nicht damit zufrieden geben, in seiner unmittelbaren studentischen Umgebung akzeptiert bzw. „gespiegelt" zu werden (von Seiten seiner KommilitonInnen, DozentInnen); dieser Fall ist z. B. dann zu erwarten, wenn sich unser Student von vornherein als „unterlegen"/„minderwertig" gegenüber seiner Bezugsgruppe erlebt. Grundsätzlich stehen dem Studenten dann zwei Wege zur Stabilisierung seines Selbst(wert)gefühls offen: Er könnte die Bezugsgruppe wechseln (weniger „begabte" KommilitonInnen, weniger „anspruchsvolle" bzw. „hoch angesehene" DozentInnen), um auf diese Weise mehr „Sicherheit" bzw. Stabilität im Selbstwerterleben zu erreichen. Die andere Möglichkeit der Selbstwerterhöhung bestünde gerade darin, daß er den Kontakt mit gleichsam „höherwertigen“ (bzw. unrealistisch „überhöhten“) Personen als „narzißtische Zufuhr“ erlebt und auf diese Weise einen Gewinn von „Sicherheit“ erlangt. Dieser zweite Versuch, mittels Idealisierung das labile narzißtische System zu stabilisieren, kann sich ggf. auch auf nichtreale Kommunikationspartner wie z. B. bekannte Wissenschaftsautoren beziehen: Der Student mag z. B. durch die Lektüre eines von ihm bewunderten Theoretikers (i. S. einer positiven „Objektrepräsentanz“) sein Selbstwertgefühl zu steigern versuchen. Letzteres käme aber einer mehr oder weniger einsamen „Ein-Weg-Kommunikation“ gleich, sofern der Student keine Gelegenheit suchte, sich mit anderen von ihm „hochgeschätzten“ Personen über das Gelesene auszutauschen. (Man beachte, daß die hier angedeutete Gefahr des „narzißtischen Rückzugs“ durchaus mit der Freudschen These des Oszillierens von „Ich- und Objekt-Libido“ zu vereinbaren wäre).

Aus den bisherigen Überlegungen bzw. beispielhaften Erläuterungen läßt sich entnehmen, daß

- eine absolute Gleichsetzung von „Ich-Libido“ und „Selbstgefühl“, wie sie Freud noch vornahm, ein interaktionelles bzw. kommunikatives Verständnis der Selbstwertthematik verhindert,
- es sinnvoller ist, anstelle eines vikariierenden Verhältnisses von „Ich-Libido“ vs. „Objekt-Libido“ eine Art Mischungsverhältnis zweier psychischer Grundbereitschaften bzw. Motivsysteme („Triebdynamik“ bzw. Lustprinzip versus „narzißtische Homöostase“ bzw. Sicherheitsprinzip) zu postulieren,
- der in der Umgangssprache (und teilweise in psychoanalytischen Schriften) übliche abschätzige Beiklang des Begriffes „Narzißmus“ (i. S. v. egozentrischer Beschäftigung mit sich selbst) vermieden werden kann, wenn man das Attribut „narzißtisch“ beschreibend-funktional definiert als „die Selbstwertregulation und die persönliche Integrität“ betreffend.

Mit diesen drei Problempunkten haben wir bereits - vereinfacht gesagt - den aktuellen Diskussionsstand innerhalb der „Selbst- bzw. Objektbeziehungspsychologie“ zum Narzißmus-Thema gestreift. Anhand unserer alltagspsychologischen Beispiele zu „narzißtischen“ Bedürfnissen und Verhaltensweisen wurde deutlich, daß emotionale Aspekte der persönlichen Integrität (Wohlbefinden, Sicherheitsgefühl, Selbstwertregulation) schlechterdings nicht mit Hilfe des (energetischen) „Lustprinzips“ allein zu erklären sind, d. h. mit der vermeintlich universellen Tendenz, durch „Erregungsabfuhr“ Lustempfindungen zu erreichen bzw. Unlust zu vermeiden. Es ist äußerst zweifelhaft, ob selbstwertbezogene Emotionen (z. B. Stolz, Eitelkeit, Verlegenheit/Scham, Minderwertigkeit etc.) wie „Triebderivate“ funktionieren, die alle ein und demselben Prinzip der physikalischen Auf- und Entladung (einem Kondensator analog) genügen.

Der Narzißmusbegriff hat dementsprechend einen deutlich erkennbaren Bedeutungswandel im Laufe der psychoanalyseinternen Diskussionen erfahren (vgl. zum Überblick Pulver 1972; Psychoanalytisches Seminar Zürich 1983; Roth 1990; Wahl 1985).

Das in Anlehnung an den griechischen Mythos vom Knaben (namens Narziß) entwikkelte Libido-Konzept der Selbstliebe und die damit einhergehenden pejorativen Konnotationen wurden - wenn ich recht sehe - weitgehend ad acta gelegt. Unter Narzißmus subsumiert man heute nicht mehr eine gezielte Libido-„Besetzung" (auf das Selbst *oder* das „Objekt"), sondern eine besondere Qualität der Selbst- wie Beziehungserfahrung. Narzißtische Erlebnisweisen betreffen demnach die gefühlshaften und vorstellungsmäßigen Aspekte der Selbststeuerung (inkl. der Kontrolle über den eigenen Körper). Narzißmus stellt also einen Oberbegriff für Erlebnisdimensionen dar, die wir als „Selbstkontrolle", „Selbstachtung" oder „Selbstverwirklichung" bezeichnen können.

Vielfach wird jedoch unter Narzißmus nichts anderes verstanden als das, was wir im Alltag „Selbstwertgefühl" nennen. So können wir z. B. bei Kutter (1989, S. 164) lesen, daß „narzißtische Probleme" immer dann zu erwarten seien, wenn mehr oder weniger große Diskrepanzen zwischen Selbsteinschätzung (Realbild) und Idealvorstellungen zur eigenen Person (Idealbild) bestünden:

> In der modernen Psychoanalyse bezeichnen wir als ‚narzißtische' Probleme solche *Probleme, die um unser Selbstwertgefühl, um unsere Selbstachtung kreisen.* Sie bestehen dann nicht, wenn wir uns mit uns selbst in Einklang finden, uns, schlicht gesagt, wohl fühlen. Wir empfinden ein Gefühl ruhiger *Selbstsicherheit.* Zwischen unserem Selbstgefühl und unseren Idealen bestehen keine allzu großen Widersprüche. Auch von anderen Menschen fühlen wir uns hinreichend geachtet und geschätzt. Der damit verbundene affektive Zustand wäre dann der eines gesunden Selbstgefühls, das immer auch ein Gefühl vom eigenen Wert, ein gesundes Selbstwertgefühl einschließt (ibid.).

Narzißmus wird nunmehr als Synonym für Selbstwertgefühl benutzt und in der Perspektive eines „narzißtischen Regulationskreises" (Kutter) als Ist-Soll-Bilanz diskutiert. Diese Sichtweise entspricht unserer obigen Forderung nach einer mehr funktional-deskriptiven Analyse des Narzißmus.

Allerdings scheint der neuzeitliche Narzißmusbegriff seine Eignung als psychoanalytischer terminus technicus eingebüßt zu haben: Der narzißtische Triebaspekt bzw. die biologische (Co)-Determination des Selbst(wert)gefühls bzw. des Sicherheitsstrebens hat seinen zentralen Stellenwert verloren. Ebenso verschwindet die bei Freud angelegte, wenngleich nicht schlüssig durchdachte Spannung zwischen narzißtischer und objektbezogener Libido. Tatsächlich lebt aber die somato-psychische Subjektivität bzw. das (neuronale) Selbst gerade aus dieser Differenz. Letzteres entspricht unserer neuroszenologischen Fassung des in der Pädagogik weitgehend anerkannten Grundgedankens, daß Personalität bzw. Identität in dem balancierenden Verhältnis von Selbstzentrierung und Sozialorientierung gründen (vgl. Kap. 1.2, s. auch Roth 1990, S. 251).

Abgesehen von diesen Mankos bringt die moderne Lesart des Narzißmus aber auch den Vorteil mit sich, daß sich die Psychoanalyse gegenüber anderen Disziplinen zu öffnen beginnt und dadurch Parallelen zu nicht-analytischen Konzepten wie z. B. Rogers' Selbstpsychologie hergestellt werden können.

5.4 Das selbstpsychologische Präludium à la Rogers

Mit der zwar schleichenden, aber dennoch unaufhaltsamen Abwendung vom Freudschen Instanzenmodell (Über-Ich, Ich, Es) und mit der Entwicklung vom klassischen Narzißmuskonzept zu einer von libido- bzw. triebdynamischen Annahmen gereinigten Selbstbegriff rückt die moderne Psychoanalyse zumindest partiell in die Nähe anderer, an sich konkurrierender Psychologietraditionen. So zeigt der moderne, auf den Aspekt der Selbstwertregulation reduzierte Narzißmusbegriff eine bemerkenswerte Verwandtschaft mit der Vorstellung vom Selbst, wie sie Carl R. Rogers (1902 - 1987), der bekannte Mitbegründer der „Humanistischen Psychologie, bereits in den fünfziger Jahren im Rahmen seiner sog. clientcentered therapy" (auch: „Gesprächspsychotherapie") entwickelte (vgl. bes. Rogers 1959/1987).

Rogers sah den Kern psychischer Fehlanpassungen in der - wie er sagte - „Inkongruenz" zwischen dem „Selbstkonzept" und der „organismischen Erfahrung" (i. S. körperlicher Empfindungen und sinnlicher Bedürfnisse). Das „Selbstkonzept" (sensu Rogers) entspricht einer Art Idealbildung, aufgrund derer bestimmte körperlich-sinnliche Erfahrungen (z. B. Wut, Angst, Ungeduld etc.) verzerrt oder verleugnet werden („Ich bin nicht aggressiv, ängstlich, ungeduldig etc."). Die Diskrepanz zwischen „Selbstkonzept" und (abgewehrter) „organismischer Erfahrung" äußert sich nach Rogers in Form von Angst, Spannungsgefühlen, Unzufriedenheit und Verletzlichkeit, also im wesentlichen in einem - wenn man so will - narzißtisch geprägten Erlebnisspektrum. (Rogers benutzt auch den Begriff des „ideal self", das „unrealistisch" bzw. „unerreichbar" weit vom eigentlichen „self" entfernt sein könne (s. Rogers 1959, pp. 218 f.), aber im allgemeinen hat das „ideal self" eher die Bedeutung eines quasi optimalen Behandlungsabschlusses).

Das Rogersche „Selbstkonzept" läßt sich als ein szenologisches Konstrukt interpretieren, das die nach dem „Sicherheitsprinzip" gefilterten Sozialisationserfahrungen beschreibt: Das Kind lernt, daß nur bestimmte Gefühle, Wünsche und Verhaltensweisen („Triebimpulse") die Aufmerksamkeit und/oder den Beifall der Eltern finden; die Erfahrung, daß nur bestimmte Bereiche seiner Persönlichkeit bzw. Wesensart akzeptiert bzw. „geliebt" werden, nötigt das Kind - nach Rogers - schon recht früh zur Verleugnung eines Teiles seines „Selbst". Diese - man könnte sagen - partielle Selbstentfremdung beruhe letztlich auf dem Primat des norm- und wertbestimmten „Selbstkonzeptes" gegenüber dem sensorisch-viszeralen bzw. emotionalen Erleben (= svw. gefühlshafte Sinneseindrücke und Körpersensationen). Man beachte aber, daß Rogers - wie Freud - sich im wesentlichen mit dem „negativen" Gefühl der Angst befaßte und kein umfassenderes Emotionskonzept explizierte.

Auf der Basis des von Rogers als kongenital vestandenen Bedürfnisses nach (Selbst-)-Wertschätzung organisiere das Kind seine somato-psychischen Erlebnisse (z. B. Lusterfahrungen beim Vollzug aggressiver Handlungen, Bedürfnis nach taktiler Zuwendung, Traurigkeit, Ärger etc.) nach Maßgabe seines „Selbstkonzeptes", in dem sich die psychologischen „Werthaltungen" der Eltern bzw. der sozialen Mitwelt (z. B. ein „braves Kind", ein „selbständiger Junge" oder ein „beherrschter Mensch" zu sein) intrapsychisch verankerten. Alle mit den „introjizierten" Werthaltungen nicht kompatiblen „Erfahrungen" (man denke etwa an die befriedigende Lusterfahrung beim Vollzug aggressiver Akte oder an die Zuwendungsbedürfnisse des vermeintlich „selbständigen" Kindes) müßten zugunsten einer Stabilisierung des „Selbstkonzeptes" von dem Bewußtsein ferngehalten, d. h. über selektive oder verzerrende bzw. verleugnende Wahrnehmung abgewehrt werden. Rogers dachte seinerzeit auch an psychoanalytisch verstandene „Abwehrmechanismen" wie „Rationalisierung" oder „Projektion" (vgl. ibid., pp. 226-228). Je weniger „organismische Erfahrungen" (Rogers) bzw. somato-psychische Empfindungen in dem zwar nicht voll bewußten, aber potentiell bewußtseinsfähigen „Selbstkonzept" exakt „symbolisiert" („accurateley symbolized") würden, um so größer sei die Wahrscheinlichkeit dafür, daß die betreffende Person von für sie als „unerklärlich" bzw. „unsinnig" empfundenen Zuständen („innerer Konfusion", „diffusen Spannungen", „(Nerven-)Zusammenbruch"/„breakdown") heimgesucht würde (vgl. ibid., pp. 203 f., 226-230). Solche subjektiven Befindlichkeitsstörungen betrachtete Rogers als die bewußt erlebten Auswirkungen unterschiedlich starker „Inkonguenzen zwischen Selbst(konzept) und (organismischer) Erfahrung" („incongruence between self and experience"), die vom Individuum weitgehend „unbewußt" bzw. subliminal als „bedrohlich" wahrgenommen würden. Rogers verwendete hierbei den Begriff der „subception" i. S. des unterschwelligen Gewahrwerdens ohne Bewußtseinsprozesse (vgl. Rogers' Definition pp. 199 f.). Mit der zunehmenden „Inkongruenz zwischen Selbst und Erfahrung" würden daher die Selbstkontrolle („Was ich sagte, tat ..., wollte ich nicht") und das Selbstvertrauen („Ich traue mir selbst nicht, bin uneins mit mir ...") immer mehr schwinden.

Die von mir stark verkürzt wiedergegebene Selbst(konzept)-„Theorie" von Rogers hatte (noch) einen tiefenpsychologischen Anstrich. Zudem kann Rogers' Konzeption als eine - im Ansatz - sozialisationstheoretisch gefaßte Hypothese zur sozio-emotionalen (Persönlichkeits-)Entwicklung beurteilt werden. Beides erklärt sich nicht zuletzt durch Rogers' damalige intensive Auseinandersetzung mit der Psychoanalyse und sein Interesse an der von dem (abtrünnigen) Freud-Schüler Otto Rank begründeten „Beziehungstherapie". Die Charakterisierung seiner „Selbst-Theorie" als Hypothese stammt von Rogers selbst (vgl. ibid., pp. 190-192). Er distanzierte sich seit jeher von der „Dogmatisierung" theoretisch-wissenschaftlicher Konstruktionen (inkl. der von ihm selbst entworfenen). Dabei schwebte ihm u. a. das Schicksal der Thesen Freuds vor: Was Freud metaphorisch und heuristisch verstanden habe, was er späterhin erweitert, revidiert oder gar verworfen habe, sei letztlich - unter seiner Anhängerschaft - zum „eisernen Dogma" erstarrt („the gossamer threads became iron chains of dogma", p. 191). Wenngleich Rogers eine Reihe von metaphysischen, nicht prüfbaren Aussagen (anthropologische Grundannahme der „Selbstaktualisierungstendenz", existentialund erziehungsphilosophische Thesen) in seinen unter PsychologInnen und Pädagog-

Innen weithin bekannten Arbeiten zur sog. klientenzentrierten Beratung bzw. zur personorientierten Psychotherapie und Pädagogik (vgl. u. a. Rogers 1962, 1974, 1976 a, b; 1984) herausstellte, so war er doch von Anfang an ein „Anwalt“ der wissenschaftlich-phänomenologisch genauen Beobachtung. Schließlich war er es, der die sorgfältige Analyse der „Therapeut-Klient-Interaktion“ (mittels Tonaufnahmen und Verbatim-Protokollen!) in der Psychotherapieforschung inaugurierte. Allerdings blieben die empirischen und phänomenologisch-psychologischen Anstrengungen auf den engeren Bereich der (Gesprächs-)Therapie beschränkt, so daß die hypothetisch formulierte Selbsttheorie weder durch Rogers selbst noch von seinen Schülern grundlegend weiterentwickelt wurde. Nicht zuletzt wohl deshalb geriet die Rogersche Selbstpsychologie in Vergessenheit.

5.5 Vom personorientierten Narzißmuskonzept (sensu Rogers) zum szenologischen Kommunikationskreis

In diesem Abschnitt soll - an Rogers Selbstpsychologie anknüpfend - der szenologische Aspekt narzißtischen Erlebens herausgestellt werden. Dabei werden wir die Errungenschaften wie Mängel von Rogers' Selbstpsychologie im Hinblick auf unseren Modellentwurf diskutieren (zu den handlungspraktischen Konsequenzen dieser Bewertung s. Kap. 7.2.2), um abschließend das szenologische Kommunikationskonzept (Stichwort: Szeno-Kreis) zu umreißen. Das eigentliche (neuro-)szenologische Verständnis des dialektischen Zusammenhangs zwischen narzißtischer Affektlage und szenischer Beziehungsdynamik wird in den darauffolgenden Kapiteln erarbeitet (Stichwort: narzißtische Interaktionsform).

Ohne unsere Betrachtungen zu stark auf die (seit dem Jahre 1959 stagnierende) Selbstpsychologie (sensu Rogers) ausrichten zu wollen, verdienen einige Punkte festgehalten zu werden, die mit unserer Grundidee einer szenologischen Emotionsforschung kompatibel sind: Zum ersten wollen wir mit Rogers davon ausgehen, daß somato-psychische Erfahrungen sowohl „symbolischer“ als auch „nicht-symbolischer“ Natur sein können. Diese Unterscheidung findet sich auch in dem von uns rezipierten Interaktionsformen-Konzept sensu Lorenzer (s. Kap. 2.2). „Symbolisch“ heißen wir eine somato-psychische Erfahrung dann, wenn sie (a) bewußt wahrgenommen und (b) in Beziehung zum „Selbstkonzept“ gesetzt werden kann. „Nicht-symbolisierte“ somatopsychische Erfahrungen finden keine Repräsentanz im „Selbstkonzept“, d. h. sie bleiben unterhalb der Schwelle bewußten Erkennens. Hierbei sollten wir beachten, daß „nicht-symbolisierte“ Erfahrungen (etwa die psychovegetative Erregung während einer Prüfung) nicht notwendigerweise auf unbewußt bzw. unterschwellig wahrgenommener Bedrohung beruhen. Während z. B. der eine Prüfling diese Erregung aus seiner bewußten Wahrnehmung ausblendet, weil er sich voll auf die kognitiven Gesprächsinhalte konzentriert, mag bei einem anderen Prüfling die Wahrnehmung körperlicher Sensationen angstbesetzt sein, d. h. sein Selbst(wert)gefühl bedrohen (vgl. hierzu das

Repression-Sensitization-Konstrukt, Kap. 3.6). Im ersten Fall könnten wir von einer „Ignorierung" der Erfahrung sprechen, da sie für den Betreffenden zu dem gegebenen Zeitpunkt „ohne Bedeutung", d. h. ohne Bezug zu seinem „Selbstkonzept" ist. („Bedeutungslos" ist die psychovegetative Erregung also nur in dieser selbstzentrierten Perspektive, denn als „aktivierender Faktor" kann sie durchaus das Prüfungsergebnis beeinflussen). Im zweiten Fall liegt die von Rogers gekennzeichnete „Inkongruenz zwischen Selbst und Erfahrung" vor; wären die psychovegetativen Reaktionen so stark, daß sie der Prüfling nicht vor sich selbst verleugnen könnte, so treten vermutlich massive Angstgefühle auf, die den Gegensatz zwischen „Selbstkonzept" und „Organismus" noch verschärfen würden: Der Prüfling würde deutlich sein Herzschlagen spüren, sein hochfrequentes Luftholen etc., ohne daß er aber erkennen bzw. begreifen könnte, warum er so intensive Angst hat (zumal wenn er gut präpariert in die Prüfung gegangen ist). Die emotionale Erfahrung der Angst bliebe dem „Selbstkonzept" sozusagen fremd, äußerlich. Ließe sich die psychovegetative Erregung im ersten Fall eher als eine (leistungsfördernde) Aktivierung interpretieren, so handelte es sich im zweiten Fall um den (somato-psychischen) Ausdruck einer mißlungenen Selbstdarstellung, die in einer narzißtisch überhöhten Idealbildung (psychoanalytische Sicht s. Kap. 5.3) bzw. in einem erlebnisfernen Selbstkonzept (sensu Rogers s. Kap. 5.4) begründet wäre. (Man erinnere hierzu unser Prüfungsbeispiel aus Kap. 2.5).

Einen zweiten, für unsere weiteren Überlegungen zentralen Gesichtspunkt können wir aus der Rogersschen Selbsttheorie entlehnen: Das auf der Basis von Interaktionen, d. h. ausschließlich im sozialen Kontext sich entwickelnde „Selbst" bzw. „Selbstkonzept" ist nicht nur eine Art Ansammlung von selbstreferierenden Kognitionen oder Repräsentanzen, sondern ein konsistentes Wahrnehmungs- und Erfahrungszentrum. Die Wahrnehmungen und Erfahrungen werden - unspezifisch ausgedrückt - von „positiven" und „negativen" Emotionen begleitet, die sich etwa durch die Begriffspaare „Lust/Unlust", „angenehm/unangenehm" oder „Wohlbehagen/Unbehagen" charakterisieren lassen. Diese affektiven Bewertungsprozesse verdanken sich sowohl einer - in der frühen Kindheit vorherrschenden, da angeborenen - Tendenz zur Erhaltung bzw. Entwicklung „organismischer" Bedürfnisse (sensu Rogers bzw. entsprechend dem Freudschen „Lustprinzip") als auch einem - anthropologisch postulierten, da universellen - Grundstreben nach Selbstwerterhöhung bzw. Selbstschutz. Aufgrund des Umstandes, daß sich die „organismische Aktualisierungstendenz (sensu Rogers) bzw. die lustbetonte Bedürfnisbefriedigung (sensu Freud) einerseits und das (narzißtische) Selbstwert-Streben andererseits zumindest partiell antagonistisch zueinander verhalten, müssen wir zwischen „ akkurat symbolisierten" resp. „echten" und „falschsymbolisierten" resp. „unechten" Emotionen differenzieren. So mag z. B. ein Prüfling seine Emotion des Ärgers über das Verhalten des Prüfers (dessen Gebaren oder Anspruchshaltung) gleichsam „verdrehen" bzw. verzerren, etwa zu einem mehr oder weniger dumpfen Gefühl von Ängstlichkeit, Anspannung, Verstimmung oder Unbehagen. Die an sich positiv einzuschätzende Fähigkeit zur (aggressiven) Selbstbehauptung, d. h. seine emotional getönte Reaktionsbereitschaft im Sinne des „ad-gredi" (lat. =: svw. des

„Sich-an-etwas-Heranmachens") wäre durch eine ungenügend „symbolisierte" Selbsterfahrung substituiert worden. (Hierbei ist zu beachten, daß die wahrgenommene „Bedrohlichkeit" der Prüfungssituation nicht auf der Sanktionsgewalt des Prüfers, speziell seiner Notengebung, beruht, sondern auf dem intrapsychischen Prinzip der Anpassung der Selbsterfahrungen an das wertbezogene „Selbstkonzept", das z. B. Maximen wie „Ich finde aggressive Gefühle schlecht" oder „Ich schaffe jede Hürde" enthalten mag).

Das „Selbstkonzept" (sensu Rogers) hat damit den Charakter eines Wahrnehmungsfilters und eines Verhaltensorganisators gleichermaßen. Es werden nur solche Erfahrungen wahrgenommen, „exakt symbolisiert" und ggf. „zum Ausdruck gebracht" (mimisch, gestisch, verbal), die sich in das „Selbstkonzept" nicht integrieren lassen. Die unterschwellig abgewehrten, im „Selbstkonzept" nicht oder verfälscht „symbolisierten" Erfahrungen bleiben nicht einfach im Verborgenen, sondern brechen sich ebenfalls Bahn auf der Erlebnis- wie Verhaltensebene, und zwar in mehr oder weniger „entstellter" Form. Das „Selbstkonzept" können wir - auf das Bild vom „narzißtischen Regulationskreis" (s. Kap. 5.3) übertragen - mit einer Art „intrapsychischem Thermostat" vergleichen, der i. S. eines „Selbstwert-Reglers" jedwede Abweichung von der Führungsgröße („Sicherheitsgefühl") durch geeignete „Stellglieder" (wie selektive Wahrnehmung, Abwehrmechanismen der Verleugnung, Projektion etc.) zu beheben versucht. In der Metapher vom „*narzißtischen Thermostaten*" kommt das unbewußt-automatische Funktionieren des „Selbstkonzeptes" sehr treffend zum Ausdruck: Das Individuum sortiert wie selbstverständlich seine Erfahrungen nach der Gefahrendimension „für mein Selbstbild bzw. für mich bedrohlich vs. nicht bedrohlich" und reagiert ebenso unreflektiert bzw. reflexhaft auf psychophysiologischer und/oder nonverbaler (Ausdrucks-)Ebene („automatisierter Wahrnehmungs-Reaktions-Bogen").

Mit diesem selbstwertbezogenen „*Wahrnehmungs-Reaktions-Bogen*" haben wir einen weiteren, für die szenologische Forschungsidee entscheidenden Aspekt berührt, der allerdings bei Rogers nicht genauer verfolgt wurde, nämlich die Frage nach dem Zusammenhang zwischen Selbstwertgefühl und Kommunikation. Rogers hat zwar im Rahmen seiner „theory of interpersonal relationship" (vgl. Rogers 1959, pp. 235 ff.) bzw. mit seinen Vorstellungen von „hilfreichen Beziehungen" (vgl. Rogers 1976 a, S. 45-72) das Verhältnis zwischen Selbstwert(bedrohung) und (defensiver) Kommunikation thematisiert, er hat es aber versäumt, seinen Ansatz in Richtung auf eine Art Hypothese zur unbewußten Beziehungsdynamik (wie sie mit dem psychoanalytischen Übertragungskonzept vorliegt) weiterzuführen (s. Kap. 5.8). Rogers' „Theorie der interpersonellen Beziehung" ist - vereinfachend zusammengefaßt - ein Versuch, sein Konzept der sog. klientenzentrierten Psychotherapie auf alltägliche Kommunikations-Situationen (u. a. auf das Feld der Erziehung und Ausbildung) zu übertragen. Demnach sieht Rogers die Bedingung für eine kommunikationsförderliche Beziehung, d. h. für einen zuwendungsorientierten, von Einfühlungsbereitschaft und (ehrlichem) Gefühlsausdruck („Real-Sein", „Kongruenz" oder „Authentizität") getragenen Kontakt, bereits dann als erfüllt an, wenn nur einer der Gesprächspartner imstande ist, erstens seine (mitzuteilenden) Erfahrungen „akkurat" im Selbstkonzept zu „symbolisieren" und zweitens diese intra-psychischen Symbolisierungen bzw. Repräsentanzen in interpersonelle Ausdrucksmuster zu transduzieren. (Rogers differenziert entsprechend die „Kongruenz zwischen Selbst und Erfahrung" von der „Kongruenz zwischen Symbolisierung und ihrem Ausdruck in der Kommunikation"). Ein solcher einfühlsamer und „kongruenter" Mensch, bei dem man - volkstümlich formuliert - „weiß, woran man mit ihm ist", initiiere - so Rogers - bei seinem Gegenüber spontan ähnliche Kommunikationsbereitschaften bzw. reziproke Gefühlshaltungen. Die emotionale Anteilnahme und ehrlich-authentische Umgangsform bei dem einen wirkten gleichsam „anstekkend" auf den anderen, so daß es insgesamt zu einem sicherheitsspendenden Kommunikationsklima bzw. zu einer „heilsamen" Gesprächskultur kommen könne (vgl. auch Kap. 7.2.2). Auf dieser recht schlichten Idee der „Gefühlsansteckung" basiert letztlich das Konzept der klientenzentrierten bzw. personorientierten Therapie. Hier ermutigt der Berater bzw. Therapeut den Klienten zu vermehrter „Selbstexploration", d. h. zu einer schrittweisen Erforschung bislang unsymbolisierter Selbsterfahrungen. In der Geborgenheit der therapeutischen Situation/Beziehung könne der Klient sich langsam und versuchsweise zu seinen - das Selbstwerterleben bzw. das Sicherheitsgefühl bedrohenden - Erfahrungen vortasten. Mit der schrittweisen Integration bzw. „Assimilation" der ursprünglich verleugneten Wünsche und Affekte in das „Selbstkonzept" gewinne der Klient das notwendige Selbstvertrauen, um erstarrte Werthaltungen/Idealbildungen zugunsten eines fortlaufenden, grundsätzlich korrigierbaren Selbst- und Fremdwahrnehmungsprozesses aufzugeben (Alternative Erklärungen zum Phänomen der „Gefühlsansteckung" liefert sowohl die facial feedback-Forschung (s. Kap. 3.5) als auch das psychoanalytische Konzept der „projektiven Identifikation" (s. Kap. 5.8.2.3)).

Die von Rogers gemeinte Reorganisation des „Selbstkonzeptes" in Richtung auf die von ihm propagierte hypothetische Ideal-Person („fully functioning person" s. hierzu u. a. Rogers (1974, Kap. 14)) ließe sich etwa mit Merkmalen wie „Offenheit für alle Erfahrungen", „effektive Anpassung an wechselnde Lebensumstände", „realistische Beurteilung von Situationen", „Einfühlungsvermögen", „rasche Entscheidungsfindung/Entschlußkraft" und dergl. annähernd umschreiben. Zur Verdeutlichung sei ein - wiederum prüfungsbezogenes - Beispiel genannt: Der Autor lernte im Rahmen seiner gesprächstherapeutisch orientierten Studentenberatung einen Chemie-Studenten kennen, der - neben anderen Lebensproblemen - darunter litt, daß er eine Klausur nach der anderen „verhaute", obwohl er während der Vorbereitungsphasen dafür „ein sicheres Gefühl" gehabt hatte. Dieser Zyklus von „sicherem Gefühl" und anschließender „Ent"-Täuschung baute sich auf einer grundlegenden Verkennung der Situation auf. So mied der Student jedwedes Gespräch unter Kommilitonen, bei dem von „Prüfungen" die Rede war. Er begründete dieses Verhalten damit, daß er sich nicht „auch noch verrückt machen" wolle. Diese an sich plausible Erklärung traf jedoch nur insofern zu, als sich darin die vage Empfindung der Angst (vor sich selbst!) bzw. sein tiefes Mißtrauen den eigenen Fähigkeiten gegenüber widerspiegelte. Mit seinem - auch auf andere Hochschul-Kontakte (z. B. Sprechzeiten der Dozenten/Prüfer) ausgedehnten - Vermeidungsverhalten gelang es dem in seinem Selbstgefühl stark verunsicherten Studenten, die realen universitären Anforderungen aus seinem Wahrnehmungsfeld auszublenden, um sich - wenngleich nur kurzfristig - in einer illusionären Sicherheit zu wiegen. Der an sich begabte Student schien sich gleichsam psychologisch zu „betäuben", um sich vor einem Verlust seines Selbst(wert)gefühls („narzißtischer Kollaps") zu schützen. Erst im Verlaufe zahlreicher therapeutischer Sitzungen lernte der Student seine bislang abgewehrten (narzißtischen) Bedürfnisse nach einfühlender Zuwendung und Bestätigung zu akzeptieren und damit sein Selbstvertrauen zu stärken; auf der Basis dieser emotionalen Grunderfahrung begann er Schritt für Schritt, sich mit den selbstwertbedrohlichen Aspekten des Hochschul- und Prüfungsalltages auseinanderzusetzen (Eingeständnis von Wissenslücken, Verständnisschwierigkeiten, Grenzen der Belastbarkeit etc.) und seine psychischen Ressourcen realitätsgerechter zu nutzen. Sein sehr schwankendes, zwischen (unbewußten) Größenansprüchen und (bewußten) Mißerfolgserfahrungen pendelndes Selbstgefühl wich zunehmend einer wirklichkeitsgerechteren Selbstwahrnehmung und Erwartungshaltung. Je weniger er nach einem - das brüchige Selbstgefühl kompensierenden - Perfektionsideal, das ihm keineswegs bewußt war (!), sein Universitätsleben ausrichtete, umso mehr Freude verspürte er an der eigenen Leistung („gesunder Ehrgeiz") und umso eher war er am Erfahrungs- und Wissensaustausch unter den StudentInnen interessiert. Das ebenso trügerische wie kurzfristige „Sich-sicher-wähnen" konnte letzten Endes einem echten, auf vertrauensvoller Beziehungserfahrung ruhenden Selbst(wert)gefühl Platz machen.

An diesem Beispiel läßt sich der phänomenologische Zugang und damit zugleich die Begrenztheit des Rogersschen Ansatzes gegenüber unserem szenologischen Forschungsinteresse veranschaulichen: Um das oben beschriebene Verhalten des Studenten zu verstehen, muß sich der Berater von seinem eigenen subjektiven Standpunkt in gewisser Weise distanzieren, d. h. er muß seine persönliche Sicht der an ihn herangetragenen Probleme möglichst weit zurückstellen. Da die Verhaltensweisen des Studenten letztlich eine Reaktion auf seine (intra-psychische) Erfahrungs- und Wahrnehmungswelt darstellen, ist es für den Berater notwendig, eine empathische Grundposition einzunehmen: Nur wenn er das Verhalten des Studenten so zu betrachten versucht, wie dieser es selbst beurteilt, kann er es als eine *sinnvolle* Reaktion auf jene von dem Studenten perzipierte (bzw. unwillkürlich „subzipierte") Realität, d. h. dessen „innere Welt" begreifen lernen. Rogers hielt daher den - wie er sagte - „internen Bezugsrahmen" des Individuums für den günstigsten Ausgangspunkt zum Verständnis des (menschlichen) Verhaltens. Er wandte sich damit zugleich gegen die in anderen psychologischen Denkrichtungen (wie Behaviorismus und Psychoanalyse) vorherrschenden „externen Bezugssysteme", von denen aus das Verhalten beschrieben und interpretiert werde (vgl. Rogers 1959, pp. 210 ff.; 1976 b, S. 427 ff.). Dieses Plädoyer für eine phänomenologisch-verstehende Vorgehensweise würden wir zwar für eine Reihe psychologischer bzw. sozialwissenschaftlicher Fragestellungen (z. B. für die Analyse bewußtseinsfähiger Erlebnisinhalte) voll unterstreichen, nicht jedoch für den neuroszenologischen Ansatz.

Es sind im wesentlichen drei Gründe, die - aus neuroszenologischer Sicht - gegen einen rein phänomenologisch-hermeneutischen Zugang sprechen. Zum ersten entziehen sich neuronale Mechanismen (nicht zu verwechseln mit deren vegetativen und viszeralen Begleit- und Folgeprozessen!) grundsätzlich der introspektiven Selbstwahrnehmung (s. auch Kap. 7.3). Zum zweiten sollte bedacht werden, daß sich nicht nur die „unbewußten" Erlebniskomplexe (sensu Freud), sondern auch die „subliminalen" oder „verleugneten" Aspekte der organismischen Selbsterfahrung (sensu Rogers) gegen eine Bewußtmachung sperren. In diesem Punkt zeigt sich also eine Widersprüchlichkeit bei Rogers' selbst (s. u.). Zum dritten verträgt sich unsere szenisch-kommunikative Sichtweise nicht mit einer individuumszentrierten, erlebnispsychologischen Methodologie. Ich will auf die beiden zuletzt genannten Gründe näher eingehen. Beginnen wir mit der bei Rogers selbst angelegten Unstimmigkeit.

Es ergibt sich ein - theoretisch wie praktisch folgenreiches - Paradoxon, wenn man - wie Rogers - den „internalen Bezugsrahmen" des Individuums als dessen bewußt wahrgenommene Erfahrungswelt definiert („It includes the full range of sensations, perceptions, meanings, and memories, which are available to consciousness", Rogers 1959, p. 210). Denn die bewußten, und daher auch mitteilbaren (= „symbolisierten") Erfahrungen gehen - wie Rogers selbst meinte - nicht in der gesamten Wahrnehmungs- und Erlebniswelt des Individuums auf. Ein mehr oder weniger großer Anteil der „organismischen Erfahrung" wird bekanntlich nicht dem „Selbstkonzept" oder - wie Rogers es auch nannte - der „Selbststruktur" einverleibt. Letzteren Ausdruck reservierte Rogers für die von außen an das Individuum herangetragene *Beobachtungsperspektive* („external frame of reference"), wie sie für unseren neuroszenologischen Ansatz charakteristisch ist. Obgleich Rogers die Dilemmata bzw. die Grenzen eines rein phänomenologisch-verstehenden Zugangs sah (wie verzerrende Selbstaussagen, unsymbolisierte Erfahrungen, bewußte Täuschungsversuche; vgl. bes. Rogers 1976 b, S. 427 f.), beschäftigte er sich doch hauptsächlich mit den subjektiv-erlebnishaften Aspekten des „Selbst(konzeptes)", wie es sich via Fragebogen, explorativen Interviews oder ausgereiften Persönlichkeits-Skalen erheben läßt. Solche Selbstberichte können - aus unserer Sicht - allenfalls ergänzend für die eigentliche deskriptiv-interpretative Analyse „unbewußt" gesteuerter bzw. reflexhaft ablaufender Emotions- und Beziehungsdynamik herangezogen werden (s. hierzu das Methodenkapitel 7.1).

In dem letzten Satz deutete sich bereits unser zweiter Haupteinwand gegen eine - nach dem Rogersschen Diktum vom „internalen Bezugsrahmen" ausgerichtete - rein erlebnispsychologische Forschungsperspektive an. Bei der neuroszenologischen Forschung sollte es bekanntlich nicht (nur) um individuelles Verhalten bzw. selbst(konzept)bezogene Emotionalität gehen, sondern (auch) um das transindividuelle affektive Klima in der Vis-à-vis-Kommunikation. Wir sprachen im ersten Kapitel (Kap. 1.2) von der

„Dialektik zwischen intra-psychischer und inter-personeller Kommunikation". Mit dieser szenologischen Supposition (i. S. einer erkenntnistheoretischen Annahme) behaupten wir u. a., daß die wechselseitig aufeinander bezogenen - und partiell unbewußt gesteuerten - „Emotionen" bzw. emotionalen Reaktionsbereitschaften (wie Zuwendung, Vermeidung etc.; „Übertragungsformen" im psychoanalytischen Sinne) durch sog. *emergente Systemeigenschaften* gekennzeichnet sind.

Ohne auf die Vielzahl sog. systemtheoretischer Ansätze eingehen zu wollen (s. als Einführung z. B. Brunner & Huber 1989, S. 33 ff.), sei hier unter „System" per allgemeinster Definition eine aus „Elementen" geordnet zusammengesetzte „Ganzheit" bzw. „Gestalt" gemeint, die sozusagen mehr beinhaltet als die „Summe der Elemente". „*Emergente*", d. h. auf einer höheren Komplexitätsstufe „neu auftauchende" Eigenschaften (emergent qualities) sind erkenntnis- bzw. systemtheoretisch dadurch definiert, daß sie aus der Kenntnis ihrer Grundelemente abgeleitet werden können. Der von der kybernetischen Systemtheorie herkommende Philosoph und Kommunikationsforscher Paul Watzlawick hat in einem seiner neueren Beiträge die von uns gemeinte „Emergenz" der szenischen Kommunikation treffend zum Ausdruck gebracht:

> Während kaum Zweifel darüber bestehen können, daß Verhalten in der Gegenwart durch Erfahrungen in der Vergangenheit bestimmt wird, ist das Wesen einer menschlichen Beziehung - recht eigentlich im Sinne Wertheimers (einer der führenden Gestaltpsychologen, B. E.) - mehr und anders geartet als die Summe aller Einstellungen, Haltung(en), Anlagen, Erwartungen usw., die die Partner aus ihrem individuellem Vorleben in die Beziehung mitbringen. *Das Wesen einer Beziehung erweist sich als ein komplexes Phänomen sui generis*, das seine eigene Gesetzmäßigkeit und seine eigenen Pathologien hat und dessen Eigenschaften sich weder auf den einen noch den anderen Partner zurückführen lassen (Watzlawick 1988, S. 15 f.; Hervorh. durch B. E.; vgl. auch: Watzlawick, Beavin & Jackson 1974, S. 48 u. 119 ff.).

Die hier angesprochene „emergente Qualität" der inter-personellen Situation kann nicht aus den „internalen Bezugssystemen" der beteiligten Partner her aus (via Befragung oder Beobachtung) erschlossen werden, sondern dazu bedarf es eines „externen", transindividuellen Interpretationsrahmens. Der hier einzufordernde Interpretationsrahmen teilt mit der systemischen Kommunikationstheorie die Annahme der „*zirkulären Kausalität*" (vgl. Watzlawick, Beavin & Jackson 1974, S. 47 f., 93 f.), d. h. daß die Reaktionen jedes Kommunikanten zum Teil eine Funktion seines „Selbstkonzeptes" sind, wie umgekehrt sein (situativ aktualisiertes) „Selbstkonzept" zum Teil eine Funktion der Reaktionen seines Gegenübers ist. Nach diesem das „*lineal-kausale*"[2] Denken suspendierende Kommunikationsschema ist alle interpersonelle Wahrnehmung und

---

2 Den Begriff der Linealität im Sinne von Geradlinigkeit/Rekursivität bevorzuge ich gegenüber dem der Linearität, wie ihn Watzlawick et al. verwenden. Linearität ist in der empirischen Forschung ein feststehender Begriff, der eine mathematische Beziehung zwischen Variablen bezeichnet. So können zwei Variablen linear („gleichmäßig") oder nonlinear („unregelmäßig") miteinander korrelieren. Der ebenfalls doppeldeutige Begriff der Rekursivität meint innerhalb systemtheoretischer Ansätze svw. eine kreisförmige Verknüpfung, während er in der empirischen Sozialforschung auf Modelle mit kausalen Vorannahmen (so z.B. in der Pfadanalyse) verweist.

Kommunikation prinzipiell „kreisförmig“ (anstatt „kettenförmig“) angelegt: (Re-)Aktionen und Wahrnehmungen sind „Ursache“ und „Wirkung“ gleichermaßen bzw. Inter-Aktionen und Inter-Wahrnehmungen schließen sich zum - wie wir sagen - *Szeno-Kreis* (s. Abb. Nr. 5).

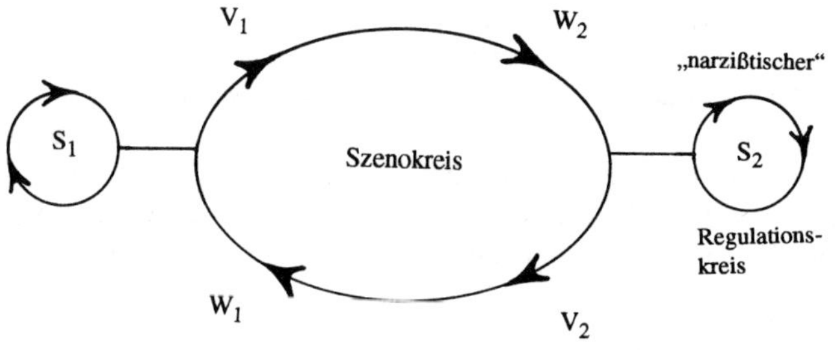

Abb. 5: Das systemische Schema des Szeno-Kreises. S, V, W: = *S*elbstkonzept (im „narzißtischen Regulationskreis“), *V*erhalten, *W*ahrnehmung der jeweiligen Person

Dieses zwar systemisch-emergent verstandene, aber die Dynamik intra-psychischer Prozesse (insbes. der selbstkonzeptbezogenen Wahrnehmungen bzw. „Symbolisationen“) keineswegs negierende Konzept des Szeno-Kreises hebt sich von der kommunkationstheoretischen Palo-Alto-Schule (sensu Watzlawick et al.) und der selbst- bzw. objektbeziehungspsychologischen „Repräsentanzen“-Lehre (sensu E. Jacobsen, O. Kernberg, H. Kohut etc.) gleichermaßen ab.

Die Palo-Alto-Schule der Kommunikationsforschung faßt m. E. den Zusammenhang von Interaktion und Verhalten zu konkretistisch, so als ob Verhalten der bloße Reflex auf situatives Reizgeschehen („Botschaften“, „Beziehungsformen“) sei. In Ermangelung eines Entwicklungs- bzw. Sozialisationskonzeptes bzw. aufgrund eines letztlich „geschichtslosen“ Persönlichkeitsverständnisses setzt die systemische Kommunikationstheorie die intra-psychische Eigendynamik mit dem Wechselverhältnis synchron ablaufender (Re-)Aktionen gleich. Wenn Watzlawick, Beavin & Jackson (1974, S. 28 f.) intra-psychische Termini wie „Einstellung“, „Extraversion“/„Introversion“ etc. als Reifikationen, d. h. Verdinglichungen menschlicher Beziehungen brandmarken, so können wir ihnen nur insofern folgen, als auch wir der Auffassung sind, daß ein Großteil des Vokabulars der akademischen Psychologie von einer „monadologischen“ bzw. „akommunikativen“ Sichtweise zeugt. Es hieße m. E. aber, das „Kind („Selbst“) mit dem Bade“ (der Systemtheorie) auszuschütten, wenn man leugnen wollte, daß interpersonelles Verhalten immer (auch) auf lebensgeschichtlich bedeutsame Signale hin in Gang gesetzt wird, und zwar entsprechend den - wie wir sagen - einsozialisierten Interaktionsformen (s. Kap. 2.2). Ein wichtiges Merkmal der „interaktionsgeformten“ Wahrnehmungs- bzw. Erlebnismuster, wie sie bei Rogers im Begriff des „Selbstkonzeptes“ und in der psychoanalytischen Selbst- bzw. Objektbeziehungspsychologie als sog. Selbst- und Objektrepräsentanzen gefaßt werden, ist ihre relative Eigenständigkeit gegenüber dem kommunikativen System bzw. der zirkulären Dyade als einer emergenten Dual-Einheit. Anders formuliert: Die internalisierten Sozialisationserfahrungen (die „inneren Verhältnisse“) haben sich teilweise gegenüber ihrer inter-personellen Genese verselbständigt und führen somit zu biographiespezifischen Wahrnehmungsstilen und (Handlungs)-Motiven, die den situativ-emergenten Szeno-Kreis (den „äußeren“ Verhaltenszyklus) mitkonstellieren. Stellten die „inneren Verhältnisse“ lediglich in intra-psychische Dispositionen transformierte Interaktionserfahrungen dar, so wären individuelle Wahrnehmungs- und Verhaltensmuster beliebig wandelbar, ein subjektives Gefühl der eigenen „Identität“ (i. S. einer raum-zeitlichen Erfahrung persönlicher Kontinuität) könnte sich wohl kaum ausbilden (vgl. Kap. 1.2, 2.2, 5.2.2) und das Phänomen des „Lebensschicksals“ als unbewußt herbeigeführter Abfolge immer gleicher bzw. sich wiederholender (Krisen- bzw. Konflikt-)Erfahrungen bliebe völlig unerklärlich.

Der zuletzt berührte Aspekt soll im nächsten Abschnitt ausführlicher erörtert werden.

5.6 Das Unbewußte aus neuroszenologischer Sicht

Mit der soeben angesprochenen Möglichkeit, daß sich grundlegende (Lebens-)Einstellungen und die daraus erwachsenen (Beziehungs-)Erfahrungen quasi schicksalhaft wiederholen können, rechnet die Psychoanalyse. Schließlich gibt gerade das (ubiquitäre) Phänomen der Übertragung ein beredtes Zeugnis davon ab, wie schwer die Vergangenheit wiegen kann. Ein weiteres Beispiel liefern die von Freud beschriebenen „Wiederholungszwänge“, die ebenfalls aus unbewältigten Affekterlebnissen der frühen Kindheit herrühren sollen.

Diese repetitiven bzw. vergangenheitszentrierten Tendenzen des „Seelenlebens“ versuchte Freud noch mit triebtheoretischen Argumenten (wie „Klebrigkeit der Libido“, Annahme eines „Todestriebes“) verständlich zu machen. Die neueren Schulrichtungen haben zu dieser schwierigen Frage weniger dezidierte Positionen eingenommen. Sie scheinen - wenn ich recht sehe - implizit einen nicht näher spezifizierten Konservativismus der sog. Repräsentanzen (i. S. prototypischer Repräsentationen vergangener Objektbeziehungen, s. Kap. 5.2.1) zu unterstellen.

Der gemeinsame Nenner von Freuds Psychoanalyse und deren späteren Entwicklungslinien stellt die Annahme von der lebensbestimmenden Wirkkraft des Unbewußten dar. Der Begriff des Unbewußten ist freilich Gegenstand zahlreicher Kritiken und psychoanalyseinterner Revisionen (vgl. Mertens 1992 c, S. 272 ff.; Weiss 1988). Ohne auf diese Diskussionen einzugehen, wollen wir unser an Freud und Lorenzer anknüpfendes Verständnis des (neuroszenologischen) Unbewußten (vgl. Kap. 2.2, 3.7) weiter explizieren, um die Grenzen der selbst- und objektbeziehungspsychologischen Repräsentanzenlehre zu verdeutlichen.

Für Freud war das Unbewußte nicht eine Art Pol „auf eine(r) Deutlichkeitsskala der Bewußtheit" (Freud 1923, G. W., Bd. XIII, S. 242, Anm. 1 bzw. St. A. Bd. 3, S. 286, Anm. 2), sondern ein dynamisch-motivbildendes Gefüge von „Triebrepräsentanzen", womit im wesentlichen die - aus somatischen „Quellen" gespeisten bzw. von endogenen Reizen ausgehenden - psychischen Phänomene der Wunschregungen bzw. der affektiven Vorstellungen gemeint sind. Ohne auf das (fragwürdige) Triebkonzept näher eingehen zu wollen, sei an dieser Stelle wenigstens darauf aufmerksam gemacht, daß Freud zeit seines Lebens den „Trieb" als etwas Somato-psychisches verstand, wie wir heute sagen würden: „Trieb" - das war für Freud ein „Grenzbegriff zwischen Seelischem und Somatischem" bzw. „ein Maß der Arbeitsanforderung, die dem Seelischen infolge seines Zusammenhanges mit dem Körperlichen auferlegt ist" (Freud 1915, „Triebe und Triebschicksale", G. W., Bd. X, S. 214 bzw. St. A. Bd. 3, S. 85). Entsprechend seinem Konzept des Triebes als somato-psychischem Grenzphänomen war Freud bis zuletzt davon überzeugt, daß große Teile seines Theoriengebäudes (insbes. seine Libidotheorie) sich nicht allein auf psychoanalytische Einsichten stützen könnten, sondern einer zusätzlichen Absicherung durch biologische, insbesondere neurophysiologische Erkenntnisse bedürften. Freud war sich nämlich des obskur-spekulativen Charakters seiner Trieblehre durchaus bewußt, wenn er z. B. in der „Neue(n) Folge der Vorlesungen zur Einführung in die Psychoanalyse" von „unsere(r) Mythologie" sprach und die Triebe als „mythische Wesen" kennzeichnete (vgl. Freud 1933, G. W., Bd. XV, S. 191 bzw. St. A., Bd. 1, S. 529). Freilich war Freuds triebpsychologisch gefaßtes Körperverständnis weniger neurobiologischer als vielmehr psychophysiologischer Natur; sein Interesse galt - entgegen seiner neurologischen Grundbildung - nicht dem zentralen Nervensystem, sondern den von der Körperperipherie (z. B. von den sog. erogenen Zonen) ausgehenden „Triebquellen".

Innerhalb der psychoanalytischen Selbst- bzw. Objektbeziehungspsychologie wird der Repräsentanzenbegriff nicht mehr im Sinne Freuds gebraucht, d. h. nicht als Bezeichnung für die psychische Repräsentation somatischer Reize bzw. Erregungen. Auch wenn es keine feststehenden Bedeutungen für die Begriffe *„Selbst- und Objektrepräsentanzen"* gibt, so läßt sich m. E. zumindest ein dem unterschiedlichen Sprachgebrauch gemeinsamer „kleinster Nenner" herausschälen: Demnach verstehen die prominenten VertreterInnen der Selbst- bzw. Objektbeziehungspsychologie unter „Repräsentanz" eine dauerhafte, intra-psychische Formation, die aufgrund von psychosozialen Erfahrungen mit Eltern- bzw. Außenfiguren (beobachtbare Ebene der Interaktion) zustande kommen und die sich quasi als nicht-beobachtbare Erinnerungsspuren der

Sozialisationsgeschichte niederschlagen (vgl. etwa die Monographien von: Blanck & Blanck 1980; Jacobson 1978; Kohut 1976, 1981 a; Kernberg 1983, 1988). In diese - wir würden sagen - szenisch geformten Erinnerungsspuren von einem selbst („Ich bin jemand, zu dem man so war" bzw. „Ich bin jemand, der zu den anderen so war") und den Bezugspersonen („Sie fühlten und handelten so und so, waren ‚stark', ‚streng', ‚klug', ‚liebevoll', ‚gesellig', ‚impulsiv' ...") gehen immer auch die mit den kognitiven Vorstellungen verbundenen emotionalen Reaktionsbereitschaften mit ein, die man als „übertragungsähnliche Beziehungsformen" bzw. als *„szenische Schablonen"* charakterisieren könnte. Die - größtenteils unbewußten - Erinnerungsspuren bzw. Erfahrungsniederschläge bezüglich der eigenen Person (= Selbstrepräsentanzen) und der andere (= Objektrepräsentanzen) dürfen - wie bereits erwähnt - nicht zu mechanisch als „Abbilder" der Sozialisationsgeschichte verstanden werden (vgl. Kap. 5.2.1). Die Repräsentanzen enthalten z. B. auch den aggressiven oder narzißtisch-bedürftigen „Eigenanteil" und können entsprechend dem jeweils verfügbaren kognitiv-symbolischen Entwicklungsniveau dynamisch umgestaltet werden (vgl. Kapfhammer 1995, S. 103). Selbst- und Objektrepräsentanzen eignet eher etwas, das man in der klassischen Psychoanalyse als *„Imago"* bezeichnete. Unter einer „Imago" verstand man so etwas wie ein „archaisches", nur schwach konturiertes Vorstellungsbild des Objektes. Von der „Mutter-Imago" sprach man z. B. immer dann, wenn man nicht die konkrete Mutter bzw. das scharf umrissene Bild von ihr meinte, sondern die intra-psychisch modellierte Vorstellung bzw. die realitätsverzerrende Phantasie von ihr.

Doch während die „Imagines" noch in dem Spannungsverhältnis zwischen psychischer Vorstellungswelt und somatischer Triebdynamik erörtert wurden, fehlt den Selbst- und Objektrepräsentanzen jedweder Bezug zum biologisch-organischen Substrat menschlichen Verhaltens. Anders ausgedrückt: Uns fällt an der Begriffsbestimmung von Selbst- und Objektrepräsentanzen auf, daß aus dem Verhältnis von Vorstellungswelt (bewußt wie unbewußt) und Triebimpulsen die Spannung gewichen ist, die in der Freudschen Annahme eines „dynamischen Unbewußten" steckt und die sich z. B. klinisch als *„Wiederholungszwang"* äußert. In dem nach Freud verstandenen „Wiederholungszwang", d. h. in dem quasi „inneren" Zwang zur Reproduktion lebensgeschichtlich bedeutsamer Beziehungserfahrungen tritt die Zweideutigkeit unbewußten Verhaltens sehr deutlich zutage, nämlich als die aktiv hergestellte und zugleich passiv erfahrene „Inszenierung". Der zweideutige Charakter des „Wiederholungszwanges" (mit u. U. unkontrollierten Impulsdurchbrüchen, Affekten etc.: = „Impulsneurose") müßte ohne Rückbezug zur biologischen Basis als ein ausschließlich auf Interaktionserfahrungen beruhendes Verhaltensmoment erklärt werden. Damit aber hätte das Unbewußte seine dynamisch-inszenierende Qualität verloren, d. h. es diente als hypothetisches Konstrukt nur noch zur Kennzeichnung eines unterhalb der Aufmerksamkeitsschwelle bzw. Bewußtseinsgrenze liegenden Wahrnehmungs- bzw. Erfahrungsbereiches.

Ein von „Triebdynamik" bereinigtes bzw. das somato-psychische Spannungsverhältnis suspendierende Verständnis des Unbewußten ist freilich auch ohne „Psychoanalyse" denkbar; spätestens seit Gottfried Wilhelm Leibniz und dem frühen 18. Jahrhundert ist die Kategorie des Unbewußten in das Gesichtsfeld der Philosophen (u. a. auch bei dem „großen“ Pädagogen Johann Friedrich Herbart) gerückt, und in der Piagetschen Entwicklungspsychologie ist die Wendung vom „kognitiven Unbewußten“ ein feststehender (wohldefinierter) Begriff. Nicht zuletzt seien die vielen beiläufigen, nicht bewußt registrierten Wahrnehmungen und die „unwillkürlichen“, reflex-gesteuerten Handlungsgewohnheiten (wie beim Autofahren, der Sprachmotorik etc.) genannt, die alle zum Phänomenbereich des „Unbewußten“ gezählt werden können.

Wenn wir vom *„Unbewußten“ im (neuro-)szenologischen Sinne* sprechen, so knüpfen wir explizit an das klassische Verständnis Freuds an, d. h. wir verstehen darunter nicht primär etwas „Dunkles“ (im Unterschied zu „bewußtseinshell“ oder dergl.), sondern etwas irgendwie „Unkontrolliertes“ (im Unterschied zu „beherrscht“ oder dergl.).

Von diesen beiden Varianten der Verwendung des Wortes „unbewußt“ haben bislang die Sozialwissenschaften (insbes. Psychologie, Pädagogik) vor allem die letztere, nämlich den Aspekt der „Unkontrolliertheit“, tunlichst aus ihrer Theoriebildung ausgeblendet. Der Mensch wird in der Pädagogik vorrangig als reflexionsfähiges und identitätsbildendes Subjekt entworfen (vgl. z. B. Mollenhauer 1972; Schweitzer 1985), und in der (Sozial-)Psychologie untersucht man den Menschen in einer heute weit verbreiteten Weise (Stichwort: „kognitive Wende“) als informationsverarbeitendes bzw. handlungsplanendes Person-System (vgl. Filipp 1984; Frey & Haußer 1987). Wenngleich der Aspekt der Bewußtseinshelligkeit in beiden Disziplinen nicht systematisch behandelt wird, so wird er doch nicht prinzipiell geleugnet (man denke insbes. an die experimental-psychologischen Studien zur subliminalen Wahrnehmung früherer Jahrzehnte) oder an die jüngsten kognitionspsychologischen Diskussionen zum Konzept des „unbewußten“ Lernens bzw. des „impliziten“ Gedächtnisses (vgl. z. B. Buchner 1993, Hoffmann 1993).

Die psychoanalytische Selbst- und Objektbeziehungspsychologie rechnet zwar konzeptionell mit einem „Unbewußten“, aber nicht - wenn wir recht sehen - im Sinne der Triebpsychologie Freuds. Das „dynamische Unbewußte“, das quasi naturhaft Drängende, die „Triebschicksale“ mit ihrem intermedialen Charakter, worin sich Menschennatur und Sozialisationsgeschichte (bei Freud: die „Objektbesetzungen“) gleichermaßen spiegelt, das, was den Gedächtnisspuren (den Repräsentanzen) ihre Virulenz verleiht - all dies sah Freud in der (intra-)psychischen Instanz des „Es“ vertreten, d. h. in jener biologischen Basis des Verhaltens, die - extensiv ausgelegt - „am Ende gegen das Somatische offen“ (Freud 1933, G. W., Bd. XV, S. 80 bzw. St. A., Bd. 1, S. 511) sei.

Freud wußte selbst von den Grenzen der Psychoanalyse als Procedere der Persönlichkeitsveränderung, wenn er in seinen Schriften zur Behandlungstechnik, etwa in „Die endliche und die unendliche Analyse“ (1937), davon sprach, daß man auf sozusagen biologisch „gewachsenen Fels“ stieße, sobald die tiefsten „psychologischen Schichtungen“ freigelegt bzw. durchanalysiert seien (vgl. Freud 1937, G. W., Bd. XVI, S. 99 bzw. St. A., Erg. Bd., S. 392).

Dieser Freudsche Gedanke kehrt auch in Lorenzers Konzept der „Interaktionsformen“ wieder: Die „Interaktionsformen“ sind keinesfalls i. S. eines beliebig „formbaren“ Konvoluts (neuronaler) Repräsentanzen mißzuverstehen. Die biologischen Grundbedürfnisse - so Lorenzer - stellten sich als „point de résistance“ jedwedem sozialisatorischen Prägungs- bzw. Formungsprozeß entgegen (vgl. Lorenzer 1981, S. 32 f.). In der Vielzahl klinisch-psychologischer „Symptome“ kommt letztlich - wenn man so will - der von Lorenzer gemeinte „point de résistance“ zum Vorschein, wenngleich in verzerrter Form (s. Kap. 5.7.1).

Obwohl wir nicht die metaphysischen Triebtermini Freuds übernehmen wollen, so halten wir es nichtsdestotrotz für sinnvoll, an der Idee des biologischen Kerns festzuhalten, der sich letzten Endes jedweder interaktionalen Beeinflussung - sei diese nun erzieherischer oder therapeutischer Art - weitgehend zu entziehen scheint. Psychodynamische Erklärungen allein scheinen hier zu versagen und sollten durch (neuro-)biologische Vorstellungen wenigstens ergänzt werden.

Beharrliche Übertragungen, Wiederholungszwänge oder ähnliche, unbewußt repetierte Reaktionspräferenzen müssen nicht mehr - wie noch bei Freud - auf eine eigentümliche, vom sog. Es bestimmte Verarbeitungsweise (Stichwort für Eingeweihte: „Primärprozesse“) und/oder auf einen „Todestrieb“ zurückgeführt werden. Die neurobiologischen Wurzeln für die unbewußte „Wiederkehr des Vergangenen“ liegen vielmehr in der mangelnden Integration von präverbalen, somato-szenischen Affekten und symbolisch-mentalen Repräsentanzen. Die unbewältigten bzw. verleugneten Affekte werden auf psychophysiologischem bzw. affektmotorischem Wege repetiert, weil sie anders (z. B. verbal, bildhaft, musikalisch) nicht ausgedrückt bzw. erinnert werden können. Dies schließt freilich nicht aus, daß die Betroffenen ihr szenisches Verhalten nachträglich mit Hilfe von Erklärungen, Phantasien bzw. Wunschvorstellungen zu „symbolisieren“ versuchen, um die agierten Affekte in bedeutungsvoller Weise als Teile des eigenen Selbst empfinden zu können.

Neurobiologisch formuliert, werden die aus präverbalen Entwicklungsstadien stammenden Affekterlebnisse in Form relativ konstanter Gedächtnisspuren niedergelegt, die auch durch spätere Lebenserfahrungen kaum veränderbar sind. Diese „umweltstabilen“, präverbalen Engramme sind nämlich entwicklungsbedingt (noch) keine Legierung mit den „plastischeren“ (= neuronal variableren) Schaltkreisen eingegangen, in denen die (mentalen) Selbst- und Objekt-Repräsentanzen quasi abgelegt sind. Je mehr somato-szenische Engramme in der Hirnphysiologie quasi konserviert sind, umso verfestigter und eingeengter ist im späteren (Erwachsenen-)Leben der Hintergrund, auf dem aktuelle Episoden symbolisiert, d. h. eingeschätzt und verarbeitet werden, und umso eher dürften modifizierende (z. B. pädagogische oder therapeutische) Bemühungen zum Scheitern verurteilt sein.

Nach unserer an Freud und Lorenzer orientierten neuroszenologischen Konzeption des „Dynamisch-Unbewußten" führen wir besonders vehemente, das narzißtische Gleichgewicht gefährdende Affekte und Handlungsimpulse auf die präverbale Entwicklungszeit zurück. In dieser etwa bis zum Alter von etwa 1½ Jahren reichenden Zeitspanne können szenische Erlebnisse noch nicht (sprach-)symbolisch, sondern nur (neuro-)physiologisch und (neuro-)motorisch encodiert werden (s. Kap. 2.2, 3.2-3.6). Das in diesen präsymbolischen Erfahrungen gründende Unbewußte stellt einen Bereich der conditio humana dar, der auf die neuro-biologischen Grundlagen der szenischen Kommunikation verweist und der in der selbst- und objektpsychologischen Repräsentanzenlehre allenfalls als „affektive Wertigkeit" von Erfahrungsniederschlägen angedeutet wird (vgl. hierzu bes. Sandler & Sandler 1978). Damit sind die Grenzen der Selbst- und Objektbeziehungstheorien auch abgesteckt: Sie verbleiben letztlich auf der Ebene des Mentalen und verfehlen daher die körperbezogenen Aspekte des Dynamisch-Unbewußten. Dies beinhaltet zudem, daß die psychoanalytischen Selbst- und Objektbeziehungstheorien sogar hinter Rogers' Position zurückfallen, der dem körperlichen Aspekt des Selbst im Begriff der „organismischen Erfahrung" Rechnung trug. Allerdings beinhaltet Rogers' Psychologie keine ausgearbeiteten Konzepte zur Selbstentwicklung oder zur emotionalen Sozialisation, so daß der (dialektische) Zusammenhang zwischen intra-personalem (Selbst-)Erleben und inter-personeller (Beziehungs-)Erfahrung (s. Kap. 1.2, 5.5) viel zu unbestimmt bleibt. Wie bereits erwähnt, reduziert sich in Rogers Psychologie das Verhältnis von Selbstwert und Kommunikation auf eine therapeutische Gesprächsführung bzw. auf einen daran ausgerichteten (therapieaffinen) zwischenmenschlichen Umgang (s. Kap. 5.4; zur neuroszenopädagogischen Relevanz dieses Gesprächskonzeptes s. Kap. 7.2.2).

Die Einsichten Freuds und Lorenzers bewahrend, können wir resümierend konstatieren: Zwischenmenschliche Äußerungen, in denen sich „Dynamisch-Unbewußtes" manifestiert (wie in affektgeladenen Impulsen, „unbesonnenen" Übertragungs-Reaktionen, „Wiederholungszwängen"), sind nicht allein auf der mentalen Ebene der Repräsentanzen verstehbar. Vielmehr gilt es, das Freudsche Triebkonzept im dialektischen Sinne „aufzuheben" (i. S. d. „Auflösens" und „Aufbewahrens" auf neuem disziplinären Niveau, s. Kap. 1.2), um sowohl die somatischen als auch die szenischen Aspekte von Selbst- und Objektrepräsentanzen zu berücksichtigen. Die somatischen Repräsentanzenanteile entspringen jedoch nicht einer libidinösen oder aggressiven „Energie", sondern sie bestimmen sich - wie ihre psychischen Gegenstücke - aus der Aktivität von Neuronen (s. Kap. 4.1, s. auch Abb. 6 in Kap. 5.7.1).

5.7 Zum (neuro-)szenologischen Verständnis von Selbstentwicklung und ihren Störungen

Die klassische wie die moderne Psychoanalyse soll nun näher daraufhin befragt werden, inwieweit sie unser Vorverständnis von Selbst(entwicklung) und szenischer Kommunikation zu vertiefen erlaubt. Die psychoanalytischen Konzepte verdanken sich allesamt klinischen Erfahrungen und/oder therapietheoretischen Überlegungen. Da die Psychoanalyse m. W. keine eigenständigen Ansätze zur „normalen" Selbstentwicklung und/oder zur „ungestörten" Beziehung ausgearbeitet hat, werden wir notgedrungen auf die wichtigsten pathogenetischen Grundmodelle rekurrieren. Wir wollen zunächst die Kernannahme der Freudsche Neurosenlehre und das pathogenetische Grundmodell der selbst- und objektbeziehungstheoretischen Ansätze einander gegenüberstellen (Kap. 5.7.1). Im darauffolgenden Unterabschnitt (5.7.2) werden wir ein heuristisches Verständnis für die Ausbildung „narzißtischer Interaktionsformen" zu entwickeln versuchen. Im Hinblick auf die mit unserer Modellszene der Prüfung verknüpfte narzißtische Grundthematik (Selbstwertbedrohung) werden wir dabei bevorzugt auf die Selbstpsychologie (sensu Kohut, Rogers) zurückgreifen.

Wie wir am Ende des vorherigen Kapitels festgehalten haben, geht es uns um die „dialektische Aufhebung" der psychodynamisch-szenologischen Kernaussagen in einer das Freudsche Triebkonzept ablösenden neurobiologischen Perspektive. Wir werden daher in diesem Kapitel, soweit dies möglich schien, erste Brückenschläge zur Hirnforschung herzustellen versuchen.

5.7.1 Neurotischer Konflikt versus narzißtisches Defizit

Anstatt den aktuellen Diskussionsstand zur psychoanalytischen Krankheitslehre zu resümieren, sei auf eine Klassifizierung von Hoffmann & Hochapfel (1995, S. 66 ff.) verwiesen, wonach man dreierlei Grundtypen der Symptom- bzw. Pathogenese unterscheiden könne:

1. Der re-aktualisierte Trieb-Abwehr-Konflikt als intrapsychische Kompromißlösung
2. Der erlittene und notdürftig kompensierte Entwicklungsschaden (i. S. einer „narzißtischen Narbe")
3. Die Verfestigung bzw. Chronifizierung fehlgeleiteter Lernprozesse (nach den Prinzipien der unwillkürlichen Konditionierung).

Überraschenderweise entstammt die dritte Variante der Pathogenese nicht der Psychoanalyse, sondern einer sie lange Zeit bekämpfenden Forschungsrichtung, nämlich der behavioristischen Lernpsychologie. Die Einbeziehung des Konditionierungsparadigmas in die psychoanalytische Pathologielehre verdankt sich wohl nicht zuletzt klinischen Erfahrungen (so bei Hoffmann & Hochapfel 1995, S. 75).

Eine (m. E. falsche) Dichotomisierung zwischen Behaviorismus und Psychoanalyse ist aber auch aus konzeptuellen Erwägungen zu vermeiden. Aufgrund des jahrzehntelangen Disputs zwischen diesen beiden Psychologie-Schulen wurde nämlich übersehen, daß gerade die Lernpsychologie im Rahmen ihrer (tier-)experimentellen Paradigmen des klassischen und operanten Konditionierens (sensu I. P. Pawlow, B. F. Skinner) empirisch begründete Erklärungen für die quasi unbewußt-automatische Genese emotionaler Reaktionen im weitesten Sinne (physiologische Angstreaktionen, Vermeidungs- bzw. Fluchtverhalten) entwickelte. Die Lernpsychologie machte damit zugleich auf potentiell auch beim Menschen wirksame Mechanismen aufmerksam, die dafür sorgen, daß es zu unkontrollierbaren und oftmals ungewollten Emotionen kommt. Wie wir später noch genauer diskutieren werden, stellt m. E. gerade die (neuro-)physiologische Konditionierung ein wichtiges Bindeglied zum neuroszenologischen Verständnis unbewußter Prozesse dar (s. bes. Kap. 6.4).

In diesem Abschnitt wollen wir uns darauf beschränken, 1. die Konfliktformel vom sog. intra-psychischen Kompromiß und 2. die These vom sog. Entwicklungsschaden zu erläutern, und zwar wieder mit besonderem Blick auf unser Paradebeispiel der Prüfung (s. Kap. 2.5).

Das erste der beiden pathogenetischen Konzepte fußt weitgehend auf den klassischen, von Freud entwickelten Vorstellungen zur Neurosenentstehung (vgl. zus. f. bei Freud 1917, St. A. Bd. 1, S. 245-471; s. dort bes. S. 342 f. und 350 ff.). In seinen allgemeinen Aussagen zur Genese der Neurosen betonte Freud von Anfang an die komplementäre (Wechsel-)Wirkung von inhärenten (ererbten) Dispositionen und äußeren Umgebungsfaktoren (Erziehungsverhalten inkl. der sozio-kulturellen Normen; vgl. ibid. s. 340 f. u. 352 ff.).[3] Diese Grundannahme sollte man immer mitdenken, wenn man sich die triebpsychologische Konzeption der Symptombildung zu vergegenwärtigen sucht. Diese Erbe-Umwelt-Interaktion wird m. E. in der aktuellen Psychoanalyse eher aufgespalten in eine die Triebpsychologie eskamotierende Selbstpsychologie (sensu Kohut) einerseits und eine biologistisch-triebtheoretisch unterlegte Objektbeziehungspsychologie (sensu Kernberg) andererseits.

Das Konzept der intra-psychischen Kompromißlösung besagt, daß unzureichend verarbeitete Konfliktkonstellationen (z. B. die sog. ödipale Situation) während der Kindheit im späteren Erwachsenenleben re-aktualisiert werden können. Dazu bedarf es zum einen der sog. auslösenden Situation (z. B. einer Prüfung) und zum anderen der sog.

3 Die für die klassische Psychoanalyse eher charakteristische einseitige Betrachtung der Eigenbeiträge von PatientInnen zu ihrer Symptomatik mag u. a. darauf beruhen, daß Freud sich selbst wenig mit den konkreten Einflüssen des Kindheitsmilieus beschäftigte. Dies mag wiederum damit zusammenhängen, daß Freud glaubte erkannt zu haben, daß die „Verführungsgeschichten" der von ihm behandelten „Hysterikerinnen" nicht reale Traumata, sondern Phantasieproduktionen widerspiegelten. Freud verwarf daraufhin seine sog. Traumatheorie und baute seine „Triebtheorie" weiter aus, in der die „inneren Motive" dominieren. Die Selbstpsychologien von C. R. Rogers und H. Kohut knüpfen - wenn man so will - an der ursprünglichen Freudschen „Traumatheorie" an.

Regression (im genetischen Sinne), d. h. dem „Zurückfallen" bzw. Ausweichen auf einen infantilen Entwicklungsstand mit den entsprechend „unreifen" Wahrnehmungs- und Erlebnismodi. So können beispielsweise die real mit der Prüfung verbundenen intellektuellen Vorgänge (Lernen, Nachdenken, Erinnern etc.) gleichsam durch die „Brille der Triebrepräsentanzen" gesehen werden. Worte bzw. Redewendungen wie „Arbeitswut", „mit der Wissenschaft/seinem Beruf verheiratet sein", „sich an einer Sache die Zähne ausbeißen" oder „von einem Fach ganz besessen sein" deuten die hier gemeinte Möglichkeit an, daß intellektuelle Leistung zum Repräsentanten unbewußter Triebimpulse werden kann. Die Person des Prüfers kann - aus der regrediert-infantilen Position heraus - als „übermächtige" Eltern-Figur erlebt werden: Ein geduldiges Anblicken von Seiten des Prüfers wird dann u. U. zum „verschlingenden" oder „bösen Blick", seine berechtigten und leidenschaftslos vorgetragenen Einwände dynamisieren sich im subjektiven Erleben des Prüflings womöglich zur vernichtenden, „oralen Attacke". Allgemein formuliert: Die regredierende Person (im Beispiel der Prüfling) versucht eine gegenwärtige Belastungssituation mit Mitteln zu lösen, die ihm als Kind zur Verfügung standen bzw. von denen er früher als Kind annahm (genauer: phantasierte), daß sie ihm helfen würden. Anstatt zu einem alloplastischen, auf die aktuelle Situation aktiv-gestaltend einwirkenden Bewältigungsverhalten führt die Regression zu einem autoplastischen, die Realitätswahrnehmung verzerrenden Abwehrverhalten (zum Begriff der Abwehr s. 5.8.1). Die Regression, von der sich der Betreffende unbewußt Erleichterung (z. B. durch die „beschützende Vater-Figur") verspricht, läßt die äußere Belastung vielmehr zu einer gravierenden inneren Konfliktdynamik anschwellen, und zwar gerade dadurch, daß die jeweils reaktivierte Eltern-Imago (s. Kap. 5.6) ambivalente Gefühle bzw. Reaktionsbereitschaften auslöst (im Beispiel: die als „allmächtig" phantasierte Vater-Figur kann sowohl beschützen als auch vernichten). Es resultiert somit ein „Kräftespiel" von infantilen Bedürfnissen und Befürchtungen einerseits und den Anforderungen der (Erwachsenen-)Realität (inkl. der Vernunft) andererseits.

Das (neurotische) Symptom, in unserem Beispiel die Prüfungsangst, oder besser: die Prüfungs-Phobie, stellt eine Art Kompromiß aus wiederstreitenden Tendenzen dar. (In der „Phobie" werden intra-psychische „Bedrohungen", deren Inhalt „verdrängt" ist, auf in der Außenwelt bewußt erlebte „Gefahren" bzw. Angst-Objekte „verschoben").[4] Das Symptom kommt insofern einem „unteroptimalen" Lösungs- bzw. Selbstheilungsversuch gleich, als es dem Betreffenden die für ihn bestmögliche Form der „Ersatzbefriedigung" bietet. Zum einen wird die „innere" phantasierte Bedrohung vom Bewußtsein ausgeschlossen, dies impliziert bereits eine erhebliche Entlastung. Zum anderen kommt es im Symptom zu einer „Wiederkehr des Verdrängten" (Freud 1915, St. A. Bd. 3, S. 115) und damit zu einer teilweisen (Pseudo-)Befriedigung. Die unbewußt herbeigeführte Symptomatik ist also - von außen betrachtet - mit unzureichenden und -

4 Man unterscheidet daher die sog. Phobien (wie „Höhen-, Schlangen-, Klaustro- oder Agoraphobie") von der „Hypochondrie" (svw. Krankheitsfurcht mit ausgeprägter Selbstbeobachtung), bei der die zwischenmenschliche, unbewußte Konfliktdynamik gleichsam „unter der Haut sitzt" bzw. bei der die „Verschiebung" der Angst von innen nach außen nicht gelungen ist.

aus der Perspektive des Betroffenen gesehen - mit optimalen Entlastungs- und Befriedigungsmöglichkeiten verbunden, die in der Psychoanalyse als „primärer Krankheitsgewinn“ zusammengefaßt werden. Mit diesem Ausdruck wird das dynamisch-motivierende Moment zu fassen versucht, das den „Neurotiker“ - trotz aller objektiven Nachteile - zu seinem „irrationalen“ Verhalten drängt. Vom „sekundären Krankheitsgewinn“ würde man dann sprechen, wenn mit der (neurotischen) Symptomatik soziale Vorteile bzw. Gratifikationen verbunden wären (man denke an die sog. Rentenneurose oder an die Möglichkeit, daß der Prüfer bei „ängstlichen“ Examinanden besondere Milde walten läßt).

Die psychische Auffälligkeit ist demzufolge mehr als die bloße Wiederspiegelung eines intra-personalen Wahrnehmungs- und Symbolisationsfehlers (sensu Rogers, s. Kap. 5.4). Die szenologische Relevanz der obigen Freudschen Konfliktformel ist darin zu sehen, daß individuelle, psychische Phänomene (wie der Affekt der Prüfungsangst bzw. -phobie) als sowohl trieb-dynamisch als auch sozialisatorisch bedingte *Beziehungs*prozesse begreifbar werden. Auf eine kurze Formel gebracht: *Der Affekt wird in szenische Kommunikation überführt.* So nimmt der Angst-Affekt z. B. in Prüfungen eine - wenn man so will - zweifache szenologische „Valenz“ an, zum einen dadurch, daß die intra-psychische Angstsymptomatik in einem unbewußten, „inneren Drama“ (mit den zugehörigen Selbst- und Objektrepräsentanzen) wurzelt, und zum anderen dadurch, daß der Angst-Affekt in der aktuellen Prüfungsszene als (bewußtes) Kommunikations-Signal und (unbewußtes) Beziehungsangebot (auf den Prüfer bezogen) gleichermaßen wirksam wird.

Aus pädagogisch-psychologischer Sicht impliziert das psychoanalytische Konfliktmodell zur Symptomgenese eine weitere Art der „Entlastung“, diesmal aber weniger für den Prüfling als vielmehr für den Prüfer bzw. für die „pädagogische“ Institution der Prüfung: Dem Prüfer kann wohl kaum die alleinige Verantwortung für den Angst-Affekt bzw. die Prüfungsphobie zugeschoben werden, zumal der Prüfling gleichsam als „Täter“, als unbewußter Akteur einer „unteroptimalen Inszenierung“ auftritt. Gleichwohl kann sich m. E. die Pädagogik bzw. die Pädagogische Psychologie nicht der Verantwortung entziehen, Überlegungen darüber anzustellen, wie man/frau „angemessen“ bzw. „hilfreich“ mit einmal inszenierten Affekt-Symptomatiken umgehen sollte (Aspekt der *Sekundär*prävention) bzw. wie man ihnen vorbeugen könnte (Aspekt der *Primär*prävention).

Wir werden auf Fragen der pädagogisch-psychologischen Prävention noch verschiedentlich eingehen, an dieser Stelle sei lediglich vermerkt, daß wir aufgrund unserer Forschungserfahrungen aus dem „PPF“ von vermeintlich „griffigen“ Interventionsprogrammen, wie etwa einer an Rogers' Kommunikationskonzept angelehnten „Prüferschulung“, abraten und dafür plädieren, ein tiefergehendes Verständnis von szenischen Prüfungsdialogen zu entwickeln (vgl. hierzu Kap. 7.2.2).

Zu diesem tiefergehenden Verständnis von Szenen trägt m. E. auch das zweite o. g. psychoanalytische Konzept der Symptombildung bei, das ich nun darstellen will:

Dieses zweite symptomgenetische Konzept korrespondiert stark mit der nosologischen Einheit der sog. Frühstörungen (s. Kap. 5.2.1), bei denen die Betroffenen in ihrer frühkindlichen Entwicklung quasi einen „irreparablen Schaden" erfahren haben sollen. Solche „Entwicklungsschäden" bzw. Sozialisationsdefizite gelten gemeinhin als umso wahrscheinlicher, je stärker das Erziehungsmilieu durch emotionale Kälte, ablehnendes und/oder vernachlässigendes Elternverhalten oder aber durch das genaue Gegenteil, d. h. durch „überhitzte" Familienatmosphäre („Treibhausklima"), „overprotection" und „In-Besitznahme" des Kindes geprägt ist. Chronische elterliche bzw. „äußere" Versagungen (Trennungserlebnisse, fehlende Empathie, Krankheit bzw. Tod der Eltern etc.) können demnach die Selbstentwicklung (Individuation) ebenso behindern wie exzessive Verwöhnung und Bevormundung. Beidesmal kann es zu partiellen Entwicklungsstillständen („Arretierungen") kommen, so daß sich die Selbst- und Objektpräsentanzen nicht vollständig ausbilden können, d. h. zu undifferenziert bzw. zu „schwach" bleiben, um eine von den „Objekten" (Beziehungsfiguren) klar abgrenzbare Vorstellung des eigenen Selbst bzw. der persönlichen Identität zu entwickeln. Man spricht gelegentlich auch davon, daß sich die sog. Repräsentanzenwelt der „Frühgestörten" nicht nur „reifen", sog. selektiven Identifizierungen (sensu Jacobson 1978) verdankt, sondern auch - und zwar in erheblichem Maße - sog. primitiveren Inkorporationen und Introjektionen. Identifizierung, Inkorporation und Introjektion beschreiben also so etwas wie unterschiedliche (Entwicklungs-)Niveaus der Internalisierung, d. h. der Verinnerlichung von „Objektbeziehungen" bzw. der „Verankerung" „innerer Objekte" in der Repräsentanzenwelt. Ohne auf die unterschiedlichen „Reifegrade" der Internalisierung näher eingehen zu wollen (vgl. u. a. Eagle 1988, S. 102 ff.; Hoffmann 1984, S. 68 f.; Hoffmann & Hochapfel 1992, S. 20 ff., 36 f.; Mentzos 1984 b, S. 44 f.), möchten wir zumindest zwischen identitätsbildenden Identifizierungen und selbstschädigenden Introjektionen differenzieren.

Die *Identifizierung* können wir uns so vorstellen, daß die „Bilder vom anderen" (Objektrepräsentanzen) selektiv, d. h. passend zu der eigenen Selbststruktur, „assimiliert" aufgenommen bzw. verinnerlicht werden. Zu beachten ist auch hier, daß diese selektiven Identifizierungen weitgehend unbewußt ablaufen, d. h. die verschiedenen (Teil-)-Objektrepräsentanzen werden späterhin in das Selbstbild und das Selbstgefühl integriert. Die selektiv „assimilierten" Teil-Repräsentanzen amalgamieren sich also zur persönlichen Identität, so daß wir von *identitätsbildender Identifizierung* sprechen können. (Die Begriffe des Selbst und der Identität verwenden wir zwar weitgehend synonym (s. Kap. 2.2), aber die Nuancierungen sind deutlich: Der Begriff des Selbst dient der Abgrenzung gegenüber dem anderen, dem sog. Objekt; der Identitätsbegriff verweist auf die selektive Verinnerlichung von Objektrepräsentanzen).

Für die *Introjektion* ist demgegenüber kennzeichnend, daß nicht abgrenzbare Teilaspekte des „Objektes" verinnerlicht werden, sondern das „Objekt" als Ganzes. Diese globale Form der Internalisierung (= Introjektion) schließt die Distanzierung des eigenen Selbst gegenüber den „inneren Objekten" weitgehend aus, d. h. daß sich Selbst- und Objektpräsentanzen kaum differenzieren können. Je weniger sich das heranwachsende Kind von ambivalent erlebten und sozusagen „unverdaulichen" bzw. nicht-assimilierten „inneren Objekten" (= Introjekten) zu lösen vermag oder anders formuliert: je häufiger sich Selbst- und Objektrepräsentanzen miteinander vermengen, desto stärker ist die Identitätsbildung beeinträchtigt und desto größer sind die zu erwartenden Selbst- bzw. Entwicklungsschäden. Während die selektiven Identifizierungen - gleichsam als Seelennahrung - zur Identitäts- und Selbstentwicklung beitragen, bleiben die Introjekte als „unverdauliche" Fremdkörper in der Selbststruktur zurück. Introjektionen haben somit keinen aufbauend-nährenden, sondern eher belastenden, selbstschädigenden Charakter. (Dem Modus der Introjektion eignet insofern etwas „Unreifes" bzw. „Frühgestörtes", als man ihn sich - wie aus unseren Redewendungen deutlich wird - analog zur „oral" geprägten Wahrnehmungsweise des Kleinkindes vorstellen kann).

Eingedenk der komplizierten Materie bzw. des schwer faßbaren, weil abstrakt-intrapsychischen Sachverhaltes will ich wenigstens zwei exemplarische Vorstellungshilfen geben: Stellen wir uns einen Prüfer an der Hochschule vor, der - via selektive Identifizierung mit früheren „Prüfer-Imagines" (Vater, Lehrer ..., Autoritätsfiguren, die durchaus weiblichen Geschlechts sein können) - einen „ihm gemäßen" Prüferstil entwickelt hat. Dieser Prüfer wird nicht unbedingt im einzelnen wissen, wann und von wem er die Teilaspekte seiner Gewohnheiten und Attitüden (als Prüfer) übernommen bzw. internalisiert hat, denn sie sind - mehr oder weniger unbewußt - mit seiner Identität (als Prüfer) verschmolzen. Gleichgültig, wie Erziehungswissenschaftler oder Pädagogische Psychologen sein Prüfverhalten beurteilen mögen, er würde sich „bei sich zu Hause" bzw. „mit sich selbst im reinen" fühlen. Dieses Grundgefühl schließt keineswegs aus, ja ermöglicht erst die Bereitschaft, sich mit eventueller Kritik an seinem Prüfer-Stil auseinanderzusetzen. Anders läge der Fall bei der Dominanz von introjektiven Vorgängen: Der Prüfer mag hier - wider besseres Wissen und gegen seine erklärten Absichten - in der gleichen herablassenden, bestrafenden oder impulsiven Weise seinen Studenten begegnen, wie er selbst früher von Autoritätspersonen behandelt wurde. Sein Verhalten erlebt er als ihm nicht zugehörig, denn der ehemals dem äußeren „Objekt" (der Autoritätsperson) geltende Haß richtet sich nun sowohl auf die Studenten als auch auf das eigene Selbst, weil seine Selbst- und Objektrepräsentanzen nicht klar voneinander abgegrenzt sind. Er ist sich gleichsam „fremd" (in diesem Aspekt) und dennoch kann er die ihm verhaßten Reaktionen (den bestimmten Tonfall, die jeweilige Gestik etc.) nicht einfach „abschütteln" - die Distanzierung gelingt nur auf der kognitiven Ebene, nicht auf der szenischen.

Die Fähigkeit zur selektiven Identifizierung setzt offensichtlich ein Mindestmaß (nicht wörtlich zu nehmen, da es hierfür kein Meßinstrument gibt!) an Differenzierung zwischen Selbst- und Objektrepräsentanzen voraus. Diese Differenzierungsfähigkeit kann wiederum nur im Zuge der (neuro-)biologischen Reifung des Wahrnehmungssystems entstehen. Denn der Aufbau von Repräsentanzen kann der Wahrnehmungskapazität nicht vorauseilen, die Eltern müssen zuerst als „Nicht-Selbst" bzw. als „Objekt" vom - anfangs noch stark körperlich erlebten - „Selbst" diskriminiert werden können. Wir nehmen an - und darin stimmen wir mit der empirischen Entwicklungspsychologie partiell überein -, daß die „Vorstellungswelt" des Kleinkindes (Säuglings) am Anfang nur die gröbsten Unterscheidungen zwischen Lust und Unlust, Wärme und Kälte, Selbst und Nicht-Selbst enthält und sich erst allmählich eine rudimentäre Form von Selbstbewußtsein herausbildet.

Dies bedeutet freilich nicht, daß der Säugling anfangs in einem „primär-narzißtischen" Stadium (s. Freud), in einer „objektlosen" Stufe (M. S. Mahler) oder in einer „autistischen Schale" verharrt. Die Ergebnisse der modernen Säuglingsforschung sprechen bekanntlich nicht für derartige radikale Positionen, die dem Neugeborenen jegliche kommunikative und affektdialogische Kompetenz absprechen (s. Kap. 5.2.1; 5.3).

Die Vorläufer der sog. *Objektpermanenz* (sensu Piaget), d. h. der Fähigkeit zur kognitiven bzw. symbolischen Repräsentation von Gegenständen (außerhalb des Gesichtsfeldes) lassen sich frühestens um den 6./7. Lebensmonat herum beobachten. Etwa um die gleiche Zeit beginnen die kleinen Kinder damit, sich selbst im Spiegel wiederzuerkennen (vgl. hierzu z. B. Mietzel 1989, S. 174 f.; Oerter & Montada 1987, S. 167 ff.; 195, 417). Diese kognitiven Diskriminationsleistungen können als die notwendigen, aber nicht hinreichenden Bedingungen für die Fähigkeit zur sog. *Objektkonstanz* verstanden werden. „Objektkonstanz" (im psychoanalytischen Sinne) meint nicht nur die kognitive, sondern vor allem die affektive Repräsentanz des (Liebes-)Objekts bei dessen Abwesenheit (vgl. z. B. Blanck & Blanck 1980, S. 71, 78; Mahler et al., 1982, S. 142 ff.). Nach den psychoanalytisch-empirischen Beobachtungsstudien von Mahler et al. ist mit der Fähigkeit zur emotionalen Objektkonstanz nicht vor dem dritten Lebensjahr zu rechnen. Der Begriff der Objektkonstanz ist jedoch nicht - wie Piagets „Objektpermanenz" - als wohldefiniertes, geschweige denn operationalisiertes Konstrukt zu betrachten. Die Parallele zur Gehirnreifung liegt m. E. aber nahe: Bis etwa zum dritten Lebensjahr findet (a) ein schnelles Wachstum der Nervenzellfortsätze (Dendriten und Axone) und (b) eine starke Vermehrung der Nervenzellverbindungen (Synapsen) statt (vgl. z. B. Birbaumer & Schmidt 1991, S. 540; Wendt 1989, S. 22; ausführlich: Oeser & Seitelberger 1988, S. 63 ff.; Rosenzweig & Leiman 1989, pp. 109 ff.; zur Veranschaulichung der Grundelemente neuronaler Verknüpfungen s. Abb. 6 mit den entsprechenden Erläuterungen).

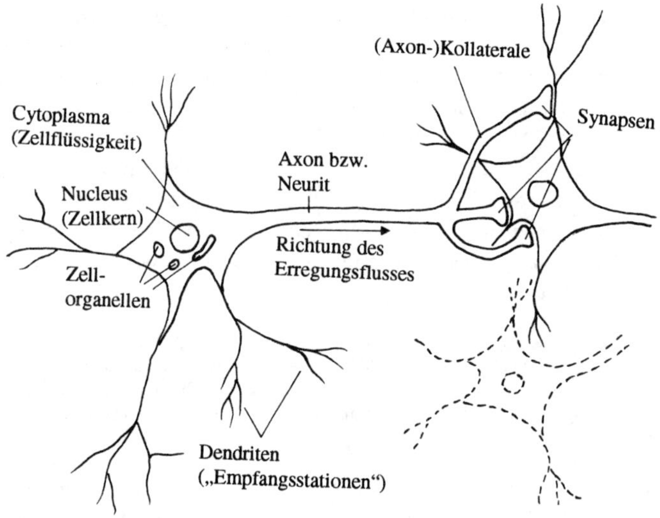

Abb. 6: Schema zur Lokalisation und Benennung der neuronalen „Bausteine“ und ihrer Verschaltung.

Erläuterungen: Nerven sind nicht nur - wie von Laien vielfach angenommen wird - fadenartige Gebilde, in denen elektrische Signale (Ströme) weitergeleitet werden. Ein Neuron besteht grundsätzlich aus drei Anteilen, und zwar aus dem eigentlichen Zelleib (= Perikaryon, das den Zellkern und das Cytoplasma mit den Zell-Organellen umfaßt), den meist kurzen und sich baumartig verzweigenden Dendriten und einem (einzigen) Axon. Während das Perikaryon und die Dendriten die „Signale“ von anderen Neuronen via synaptische Übertragungswege empfangen, dient das Axon mit seinen Kollateralen ausschließlich der Erregungs- bzw. Signalweiterleitung. Aufgrund seiner elektrophysiologischen und molekularbiologischen Eigenschaften, kann das Neuron Signale (kurze Spannungsänderungen, s. Kap. 4.1.1) nur in einer Richtung (im Axon) weiterleiten bzw. übertragen (an den chemischen Synapsen, s. Kap. 6.3.2.1). Die Stütz- bzw. Gliazellen, die nicht mit abgebildet sind, umgeben die Neuronen.

Mit der raschen, postnatalen Herausbildung des *Neuropils*, d. h. des Filzwerks aus Axonen (Nervenfasern) und Dendriten (Nervenzell-Auswüchsen), mag es zusammenhängen, daß der größte Wachstumsschub des Gehirns innerhalb der ersten drei Lebensjahre erfolgt. Mit etwa drei Jahren hat nämlich das menschliche Gehirn - und damit auch der es umschließende Schädel - seine Endgröße nahezu erreicht.

Bei dieser Größenzunahme müßte man streng genommen noch das Neuroglia-Gewebe berücksichtigen, das den weitaus größten Anteil an der Gehirnmasse stellt. Wir wollen die Gliazellen der Einfachheit halber vernachlässigen, da sie primär Ernährungs- und Stützfunktionen erfüllen sollen, wenngleich ihnen wichtige Funktionen bei der Hirnentwicklung sowie bei der Regelung des Transmitterhaushaltes zukommen (vgl. Kimelberg & Norenberg 1989).

Des weiteren zeigen sich - ebenfalls ab dem dritten Lebensjahr - die ersten, typischen Wellenmuster bzw. Rhythmen im Hirnstrombild des EEG (s. Kap. 4.1.1; zur Altersabhängigkeit der EEG-Muster s. u. a. Machleidt, Gutjahr & Mügge 1989, S. 187 f.; Schmidt 1993 a, S. 144). Die Ausreifung des Gehirns ist freilich mit dem dritten oder vierten Lebensjahr noch keineswegs abgeschlossen, sie reicht vielmehr bis ins Jugendalter (Spätpubertät: 14 - 16 Jahre) hinein. So bilden sich z. B. erst mit dem Schulalter die sog. ereigniskorrelierten bzw. evozierten Potentiale im EEG heraus.

An dieser Stelle sei bereits darauf hingewiesen, daß der Ausdruck der Gehirnreifung nicht im Sinne eines rein biologischen, lernunabhängigen Entwicklungsablaufs mißzuverstehen ist. In jüngster Zeit erleben wir nämlich einen dramatischen Wandel des „starren“, biologistischen Bildes, das die Neuroanatomie und -physiologie traditionellerweise vom Aufbau und von der Funktion des Zentralnervensystems zeichneten. Es hat sich herausgestellt, daß Nervenzellen ihre Eigenschaften und Kontakte (Synapsen) ändern können, und zwar in Abhängigkeit von längerfristigen Umgebungseinflüssen. An der - genetisch bedingten - Grundverschaltung des Gehirns, die mit der Geburt quasi mitgegeben ist, ändert sich zwar kaum noch etwas, aber die anatomisch-funktionellen Details in dem Nervenfilz (Neuropil) scheinen vor allem in den ersten Lebensjahren äußerst anpassungsfähig, man könnte auch sagen: „bildsam“, zu sein. Bei dieser erfahrungsabhängigen *„(Neuro-)Plastizität“* spielen offenbar die sog. chemischen Synapsen (s. Kap. 4.1.2, 6.3.2.1) eine maßgebende Rolle.

Auf das neurobiologische Konzept der synaptischen bzw. neuronalen „Plastizität“ werden wir später (in Kap. 6. passim) detaillierter eingehen. Vorerst wollen wir uns nur merken, daß die Entwicklung des Gehirns ein *epi*genetischer, d. h. ein über den genetischen Rahmen hinausgehender und damit ein „umweltmodulierter“ Vorgang ist.

5.7.2 „Narzißtische“ Interaktionsformen: ein somato-szenisches Verständnis von (Selbst-)Entwicklung

Verlassen wir nun wieder die neurobiologische Betrachtungsebene, und kehren wir zurück zur Untersuchung der szenologischen Frage nach dem Zusammenhang zwischen sozialisatorischer („Objektbeziehungs-“)Erfahrung einerseits und der (narzißtischen) Entwicklung des Selbst(wert)gefühls andererseits.

Wir werden hierfür zunächst (in Kap. 5.7.2.1) an dem aus klinischer Sicht zwar plausiblen, aber empirisch nicht belegten Konzept des sog. Entwicklungsschadens (s. Kap. 5.7.1) bzw. der sog. Frühstörungen (s. Kap. 5.2.1) anknüpfen und die speziellen Beiträge des Narzißmustheoretikers Heinz Kohut darstellen. In den folgenden Unterabschnitten (Kap. 5.7.2.2 ff.) schließen sich neuroszenologische Akzentuierungen an, d. h. die an sich klinischen Aspekte der Selbstpsychologie sollen durch empirienähere Konzepte sowie durch neurobiologische und szenologische Überlegungen spezifiziert bzw. revidiert werden. Es sei nochmals betont, daß der Begriff der Selbstpsychologie durchaus im erweiterten Sinne, d. h. unter Einschluß von Rogers' Konzeption (s. Kap. 5.4) verstanden werden darf.

5.7.2.1 Ausgewählte Teilaspekte der Selbstpsychologie

Im Lager der Psychoanalyse war es vor allem die Gruppe der sog. SelbstpsychologInnen (vgl. z. B. Köhler 1978, 1982; Kohut 1976, 1981 a, 1989; Miller 1979; Wolf, Ornstein, Ornstein, Lichtenberg & Kutter 1993), die am entschiedensten die herausragende Bedeutung der „mütterlichen" Empathie bzw. der emotionalen Präsenz für die (gesunde) Selbstentwicklung des Kindes betont haben. Mit empathisch-kindgemäßer Präsenz der „Mutter" ist eine *emotionale* Beziehungsqualität gemeint, die nicht allein durch gute pflegerische Betreuung und/oder durch ein hohes pädagogisches Reflexionsniveau gewährleistet ist. Fehlt das intuitive Eingestimmtsein auf die kindlichen Bedürfnisse und Affekte, so kommt dies einer „emotionalen Versagung" durch die „Mutter" gleich.

Tritt die fehlgeschlagene Einstimmung bzw. die „Verstimmung" nicht nur temporär, sondern kontinuierlich auf, so ist mit einer narzißtischen Entgleisung der Affektbildung zu rechnen: Das Kind gelangt u. U. zu der Überzeugung, daß nicht nur sein Bedürfnis nach verständnisvoller Aufmerksamkeit, sondern auch bestimmte Bereiche seines Selbsterlebens (z. B. sein „Übermut", seine freudige Erregtheit, sein Ärger etc.) verpönt sind. Dabei werden diese schambesetzten Aspekte des Selbstgefühls nicht nur intrapersonal „verdrängt" bzw. verleugnet (s. Kap. 5.4), sondern bleiben fortan auch von den weiteren Sozialisations- und Kommunikationsbeziehungen ausgesperrt. Unter diesen restringierten Bedingungen der affektiven Sozialisation kann sich beim Kind nur schwer ein modulierter Ärger bzw. ein dosierter Schamaffekt herausbilden. Vielmehr ist im ungünstigen Fall damit zu rechnen, daß der heranwachsende Mensch letztendlich in „blinder" Wut, in „kalter" Verachtung oder in „stummer" Verzweiflung verharrt.

Der in der Selbstpsychologie gängige Fokus auf die „Mutter" sollte m. E. als symbolisches Kürzel für die affektiv bedeutsamen Betreuungspersonen gelesen werden, die den Vater, die Geschwister etc. mit umfassen können (zur fragwürdigen Selbstbeschränkung der Psychoanalyse auf die sog. Mutter-Kind-Dyade, s. auch Kap. 5.2.2).

Die von der Schule Kohuts beeinflußten AutorInnen gehen grundsätzlich davon aus, daß dem Kind sein anfängliches („archaisches") Selbst- und Sicherheitsgefühl von der „Mutter" zunächst garantiert werden müsse (die Bedeutung des Vaters wird zumeist in die späteren Lebensjahre verlegt). Erst wenn dieses basale Selbst- bzw. Sicherheitsgefühl sozusagen von der „Mutter" gespendet worden sei, könne - so die SelbstpsychologInnen - das Kind durch eine sog. *umwandelnde Verinnerlichung* („transmuting internalisation") die „positiven" Beziehungserfahrungen in selbststärkende Innenrepräsentanzen transformieren. Der auf Kohut zurückgehende Begriff der „umwandelnden Verinnerlichung" (s. Kohut 1975, S. 140-172; 1976, S. 46 f., 69 f., 334-368; 1981 a, S. 55 ff.; 1989, S. 110 f., 265 f.; Kohut & Wolf 1978, p. 416) ist in der Selbstpsychologie zwar eine feststehende Wendung, der Verinnerlichungsprozeß als solcher wird m. W. aber nirgends exakt beschrieben.

Eine wichtige Konsequenz der „umwandelnden Verinnerlichung" sehen die SelbstpsychologInnen darin, daß so etwas wie „innere" (psychische) Strukturen im Kind aufgebaut würden (Kohut spricht von dem schwer zu fassenden „Kernselbst"). Diese allerersten Selbststrukturen, die man sich vereinfacht als nach „innen" verlegte Selbst- und Beziehungserfahrungen (Selbst- und Objektrepräsentanzen) vorstellen kann, leiteten die Entwicklung zur Selbständigkeit (inkl. zur Selbstregulation) ein: Die ehemals von den Betreuungspersonen ausgeübten psychischen Funktionen (wie Empathie, Ermutigung, Tröstung, Spürenlassen der eigenen (Körper-)Grenzen etc.) werden schrittweise von dem heranwachsenden Kind selbst übernommen. Es setze sich also via „umwandelnde Verinnerlichung" in den Stand, sein Selbstwertgefühl bzw. die damit korrespondierenden Schamaffekte (Erröten, „Kränkungen" etc.) und Motivationslagen (Interessen, Ansprüche, Stimmungen) zunehmend besser zu regulieren.

Um den für die Selbstentwicklung bedeutsamen Prozeß der „umwandelnden Verinnerlichung" frühinfantiler Selbst- und Beziehungserfahrungen wenigstens in metapsychologischer Hinsicht verstehen zu können, ist es notwendig, auf das Entwicklungskonzept der Kohut-Schule näher einzugehen.

Es sei ausdrücklich darauf hingewiesen, daß wir - in vielleicht unzulässiger Weise - lediglich einige entwicklungspsychologische (Teil-)Aspekte aus der Kohutschen Gesamtkonzeption herausgreifen, um ein szenologisch gerichtetes Verständnis „*narzißtischer Interaktionsformen*" zu entwickeln.

Eine weitergehende Erörterung der Kohutschen Psychologie würde womöglich zu einer (unnötigen) Begriffsverwirrung beitragen. So wird der Selbstbegriff in den Schriften Kohuts und seiner SchülerInnen in einer eigenwilligen und vieldeutigen Sprache umschrieben („Kern-Strebungen", „Selbst-Kerne" und dergl.), die m. E. bar jeglichen empirischen Forschungsbezuges ist. Der Einfachheit halber könnte man vielleicht sagen, daß der Kohutsche Begriff des Selbst eine rein (meta-)psychologische Kategorie darstellt, die - analog zum Identitätsbegriff - so etwas wie ein Wahrnehmungs- und Handlungszentrum mit raumzeitlicher Kontinuität kennzeichnen soll (vgl. z. B. Kohut 1976, S. 14 f.; 1981 a, S. 95, 156 f.; 1982 b, S. 184 f.). Darüber hinaus versteht Kohut das Selbst (des Erwachsenen) als eine „bipolare Struktur": Zwischen dem „Pol" der („treibenden") Strebungen einerseits und dem „Pol" der („leitenden") Ideale andererseits meint er den Bereich der „Begabungen und Fertigkeiten" ansiedeln zu können (vgl. z. B. Kohut 1975, S. 146; 1981 a, S. 156 f.; 1989, S. 287; Kohut & Wolf 1978, p. 414). Die Analogie dieses Pol-Konzeptes zu dem Freudschen „Instanzenapparat" (mit „Es", „Ich" und „Über-Ich") drängt sich einem förmlich auf. - Wer sich mit den insgesamt schwer verständlichen Arbeiten Kohuts näher beschäftigen möchte, dem sei als Einführung die bündige und vergleichsweise klare Darstellung von Kohut & Wolf (1978) empfohlen.

Da wir also die Kohutsche Selbstpsychologie nicht in toto behandeln wollen (und dies auch gar nicht könnten, zumal Kohut - wie Rogers - auf die Methoden der Introspektion und Empathie setzt, d. h. Direktbeobachtungen ablehnt (vgl. bes. Kohut 1977, 1982 a), werden wir uns in den folgenden Ausführungen nur lose an den Sprachgebrauch der Kohut-Schule anlehnen.

Es war ein erklärtes Ziel der Kohutschen Selbstpsychologie, die Freudsche Triebpsychologie im allgemeinen und die Lehre von der psycho-sexuellen Stufenabfolge im besonderen zu relativieren, wenn nicht gar völlig in Zweifel zu ziehen. Es war m. E. vor allem das Verdienst Heinz Kohuts, die aus der (vermutlich!) frühinfantilen Sozialisation erwachsenen Persönlichkeitsdefizite des „narzißtischen Typs" („Entwicklungsschäden") außerhalb des konfliktzentrierten, triebpsychologischen Denkrahmens (sensu Freud) zu diskutieren. Kohuts besondere, den triebpsychologischen Rahmen sprengende Leistung sehe ich darin, daß er die orthodox-psychoanalytische Vorstellung von einer Art Reifungslinie vom sog. primären Narzißmus zur „Objektlibido" ablöste durch sein Konzept einer separaten, d. h. nicht psychosexuell zu begreifenden Entwicklungslinie vom „archaischen" (frühinfantilen) Selbstempfinden zum „gesunden" (oder „gestörten") Narzißmus des Erwachsenen.

Kohut unterscheidet sich jedoch in Bezug auf die These vom „autoerotischen" Beginn der Narzißmusentwicklung nicht wesentlich von Freuds Version: Im traditionellen wie im Kohutschen Konzept wird behauptet, daß auf eine mehr biologische Phase des „Autoerotismus" die psychische Phase des „primären" bzw. „archaischen" Narzißmus folge.

Mit seinem Grundgedanken einer zwar separaten, aber mit der „Triebentwicklung" durchaus assoziierten narzißtischen Entwicklungslinie schärfte Kohut den Blick für die wechselvolle Geschichte der (nicht nur) frühkindlichen „Objektbeziehungen". Die in der frühen Kindheit (aber auch späterhin) erfahrene empathische Resonanz seitens der „Mutter" (bzw. deren Versagen i. S. mangelnder Empathie) wird nach Kohut weitgehend mit bestimmen, ob und inwieweit das betreffende Kind bzw. der Heranwachsende zu einem stabilen Selbstwertgefühl, zu einer realistischen Selbsteinschätzung, zur Freude an sich selbst, zu Initiative, Ausdauer und Kreativität, kurzum: zu einem „gesunden" Narzißmus findet (oder in Beschämung, Selbsthaß, „aufgeblähter" Selbstherrlichkeit etc., d. h. im „pathologischen" Narzißmus endet).

Kohuts Grundverständnis der narzißtischen (Selbst-)Entwicklung erschließt sich einem am besten, wenn man sich den von ihm selbst kreierten Begriff des *„Selbstobjektes"* genauer anschaut. Der Begriff des „Selbstobjektes" verdeutlicht zunächst die enge Beziehung zwischen der Selbstwert- und Beziehungsregulation: Das Selbst wird als Teil des „Objektes" (gemeint ist freilich kein Gegenstand, sondern eine lebendige Person) und das „Objekt" als Teil des Selbst betrachtet. Mit dem Begriff des „Selbstobjektes" wird, wenn man so will, eine Art intermediärer Bereich zwischen dem Selbst und dem „Objekt" gekennzeichnet. Der Begriff des „Selbstobjektes" stand in Kohuts früheren Arbeiten vor allem für eine spezifische, auf die frühe Kindheit bezogene Grundmodalität der „Objektbeziehung". Erst späterhin dehnte Kohut die Bedeutung des interaktionellen Konzeptes vom „Selbstobjekt“ auf die Erwachsenenwelt aus (vgl. hierzu bes. Kohut 1989).

„Selbstobjekte“ sind sozusagen Bezugspersonen, die als Teil des eigenen Selbst erlebt werden. Der zeitlebens aufrechterhaltene Modus der sog. Selbstobjekt-Beziehung nimmt freilich seinen („unreifen“) Ausgang in der frühen Kindheit. Die „Selbstobjekt“-Modalität sei sogar - so Kohut - die einzige Form der Beziehungsaufnahme des Kleinstkindes zu seinen Eltern. (Leider fehlen bei Kohut jegliche, entwicklungspsychologisch interessante Zeitangaben). In seiner hypothetisch-spekulativen Entwicklungslehre geht Kohut von der impliziten Annahme aus, daß die Selbst- und Objektrepräsentanzen in der frühen Kindheit noch undifferenziert und instabil seien. Kohut mutmaßt deshalb, daß das Kleinstkind seine Eltern als zu sich selbst gehörig erlebe, und zwar im spezifisch narzißtischen Sinn, d. h. das Kind phantasiere zum einen seine Eltern als innerhalb seiner Selbstgrenzen liegend, und es versuche zum anderen die Eltern in einer Weise zu kontrollieren, wie es seinen Körper zu beherrschen „erwarte“ (vgl. Kohut 1976, S. 14, 45, 52, 71 f.; 1981 a, S. 83; 1989, S. 81, 140 ff.; Kohut & Wolf 1978, p. 414). (Mit dieser Begriffsbestimmung ist m. E. in etwa das umschrieben, was in der psychoanalytischen Literatur heute mit „narzißtischer Besetzung“ eines „Objektes“ gemeint wird).

Nach Kohut dienen „Selbstobjekte“ nicht primär der „Triebbefriedigung“, sondern sie sollen vor allem eine selbstregulatorische Funktion für das Kind haben. Die Entwicklung einer selbstregulatorischen Kapazität des Kindes sei - so Kohuts Grundgedanke - von zweierlei Typen von „Selbstobjekten“ abhängig: Es gäbe (1) „Selbstobjekte“, die auf das dem Kind angeborene (?!) Gefühl von Lebenskraft, Größe und Vollkommenheit reagierten. (Freuds Konzept des „primären Narzißmus“ beim Kleinkind scheint hierbei Pate gestanden zu haben). Diese von Kohut u. a. als *„spiegelnde Selbstobjekte“* („mirroring selfobjects“) bezeichneten Eltern-Figuren bestätigten das infantile „Größen-Selbst“. Dieses grandiose Selbst des Kleinkindes ließe sich - was seinen Vorstellungsinhalt anlangt - in der verbalen Formel: „Ich bin vollkommen und allmächtig“ zusammenfassen. Szenologisch betrachtet, sollte mit diesem Omnipotenzgefühl des Kindes die (Selbstobjekt-)Erfahrung einhergehen, daß es „der ganze Stolz“ seiner Eltern sein kann.

Kohut diskutiert ferner die „exhibitionistischen“ (svw. energetisch-narzißtischen)Komponenten des kindlichen Bedürfnisses nach „Spiegelung“. Für unsere Betrachtungen können wir auf dieses unklare Konzept der „exhibitionistischen Libido“ verzichten.

Daneben existierten - so Kohut - (2) jene „Selbstobjekte“, zu denen das - realiter abhängige bzw. ohnmächtige - Kind sozusagen „aufblicken“ wolle oder in Kohuts Prosa formuliert: mit deren Ruhe, Stärke und Unfehlbarkeit es „verschmelzen“ könne. Diesen Typus von „Selbstobjekten“ nennt Kohut *„idealisierte Elternimagines“*, die - wenn man so will - den Gegenpol zu den „spiegelnden Selbstobjekten“ auf der narzißtischen Skala von „grandios-stark“ bis „hilflos-schwach“ verkörpern.

Für den weiteren (narzißtischen) Sozialisationsverlauf können wir - weiterhin an Kohut anknüpfend - davon ausgehen, daß schwere kindliche Traumata, d. h. längerwährende Deprivationen der affektiv-selbstzentrierten Bedürfnisse des Kindes nach „Spiegelung“ und „Idealisierung“ den Weg für die Entwicklung eines „pathologischen“ Narzißmus bahnen. Unter „pathologischem“ Narzißmus rubriziert Kohut - wenn ich recht sehe - zum einen die landläufig als „narzißtisch“ verpönten Persönlichkeitsmerkmale wie „Geltungssucht“, „Machthunger“, „Arroganz“, „Besserwisserei“, „Imponiergehabe“ / „Extravaganzen“ etc. und zum anderen die sichtbaren Anzeichen mangelnder Selbstwertschätzung wie generalisierte Ängstlichkeit, Neigung zu Schamreaktionen, Schüchternheit, depressive „Leergefühle“ etc. Vor allem das chaotische Nebeneinander von sozusagen „ungezähmten“, aus der frühkindlichen Entwicklungsphase stammenden Größen- und Verschmelzungsphantasien hält Kohut für das Charakteristikum der (narzißtischen) Selbststörungen („self disorders“). Im Unterschied zu den „neurotischen“ Störungen, bei denen konfliktuöse Wunschregungen „verdrängt“ würden, träten die beiden narzißtischen Grundtendenzen (Grandiosität vs. Depressivität/-Ängstlichkeit) mehr oder weniger offen zutage. Grandios-selbstverherrlichende Attitüden einerseits und depressiv-ängstlich getönte Stimmungen andererseits könnten sich in unterschiedlich langen Zeitzyklen (von wenigen Minuten bis zu mehreren Monaten Dauer) abwechseln.

Für einen „gesunden“ narzißtischen Sozialisationsverlauf sei es - nach Kohut - von grundlegender Bedeutung, ob und inwieweit die frühinfantilen Selbstobjekt-Phantasien (bezüglich der Eltern) sukzessiv in „reifere“ Beziehungsmodi überführt würden. Starke Frustrationen bzw. schwere Traumen (wie Abwesenheit der Mutter zu ungünstigen Zeitpunkten oder chronisch mangelnde Einfühlung in die kindliche Erlebniswelt) würden nach Kohuts Verständnis die „Zähmung“ des infantilen Größenwahns sowie die „Ent-Idealisierung“ der Eltern-Imagines in Frage stellen. Demgegenüber hält er *mittlere* Grade von „Frustration“ als unerläßlich für eine optimale narzißtische Entwicklung, bei der sich das „grandiose Selbst“ in sog. reifere Ambitionen bzw. Strebungen (wie „Initiative“, „Kreativität“, „Begeisterungsfähigkeit“, „Empathie“, „Humor“, „Weisheit“, „Toleranz“) umwandeln könne und bei der an die Stelle der Vergötterung der Eltern realistische Zielsetzungen bzw. Ideale treten würden (wie „Hingabe zu wertvollen Aufgaben“, „berufliche Interessen“ etc.). Die - wie Kohut sagt - *„optimalen Frustrationen“* (im Gegensatz zu selbstschädigenden Traumen) stellen demnach einen notwendigen Anreiz für die Transformation der narzißtischen Phantasmen in die - ein „gesundes Selbst(-Gefühl)“ konstituierenden - „Strebungen“ und „Idealbildungen“ dar. (Zur möglichen Unterscheidung zwischen „optimal-frustrierenden“ und „traumatischen“ Prüfungserfahrungen, s. Kap. 7.2.2).

Kohut vergleicht die „Mutter“ mit einem Spiegel, über den sich das kindliche Selbst freudig erfahren könne, wenn es den „Glanz im Auge der Mutter“ (vgl. Kohut 1976, S. 141 oder 1981 b, S. 103) erblicke. Nach Auffassung Kohuts hätten sog. narzißtische Persönlichkeiten eine nur unzureichende „Spiegelung“ ihres frühinfantilen, noch präverbalen Selbst (wir würden vom „somato-szenischen Selbst" sprechen) erlebt, d. h. diese PatientInnen litten letztlich an einer „Unterstimulierung" (Kohut) ihres Selbst. Für die Psychoneurosen würde - so Kohut - das Gegenteil gelten, hier läge eher eine „Überstimulierung" des Selbst vor (vgl. Kohut 1981 a, S. 268 f.). Die conditio sine qua non der Therapie von narzißtisch gestörten Persönlichkeiten sei daher nicht die klassische Deutung (von Übertragung, Widerstand etc.), sondern eine empathisch-spiegelnde Grundhaltung.

Mangelnde empathische „Spiegelung" ließe sich demnach (ebenso wie fortlaufende Verwöhnung) als „unteroptimale Frustration" kennzeichnen, die den (narzißtischen) Schamaffekt aktivieren kann. Doch was heißt eigentlich „optimale Frustration"? Auch der Hinweis auf die Bedeutung der schrittweisen Frustration für die „umwandelnde Verinnerlichung", d. h. für die Entwicklung der selbstregulatorischen Kapazität des (kindlichen) Selbst, liefert noch keine beobachtungs- bzw. untersuchungsanleitende Gesichtspunkte. Die *empirische* Entscheidung darüber, was als „(unter-)optimal frustrierend" wirkt, müßte letztlich in sorgfältig angelegten Forschungsstudien getroffen werden - die klinischen Schriften Kohuts helfen bei dieser Frage nicht weiter.

Einen zwar nicht empirisch-entwicklungspsychologischen, aber konzeptuell-kommunikationspsychologischen Fingerzeig zum konkreteren Verständnis des Konzeptes der „optimalen Frustration" findet man in der Kohutschen Therapeutik. Nach Kohut (und seiner Schule) wird ein Patient mit einer sog. narzißtischen Persönlichkeitsstörung (unbewußt) versuchen, seine quasi „ungestillten" Selbstobjekt-Bedürfnisse (nach Bewunderung seiner Selbst, „Verschmelzung" mit der Allmacht des anderen etc.) in der therapeutischen Übertragungsbeziehung zu reaktivieren: Es wird sich nach Kohut eine sog. *narzißtische* oder *Selbstobjekt-Übertragung* einstellen, wobei der Therapeut nicht - wie im Fall der Psychoneurose - als Vater-, Mutter- oder Geschwisterfigur erlebt wird, sondern in seiner potentiellen Bedeutung als „bewunderndes", „spiegelndes", „mächtiges" oder „beschützendes" Selbstobjekt. (Je nachdem, welche der narzißtischen Selbstobjekt-Facetten aktualisiert würden, könnten sich - wie Kohut sagt - „Spiegel"-, „Zwillings"- oder „idealisierende Übertragungen" herausbilden, zur „Spiegelübertragung" s. auch Kap. 5.8.2.3). Da Kohut die Bedeutung dieser Teilgruppen der Selbstobjekt-Übertragung fortlaufend revidierte bzw. erweiterte, wollen wir nicht näher darauf eingehen; s. hierzu den Überblick bei Mertens 1992 b, S. 184 ff. sowie die letzte Darstellung bei Kohut 1989, Kap. 10). Bei Vorliegen dieser narzißtischen Übertragungsformen würde der Patient wie selbstverständlich annehmen, daß der Therapeut für ihn jene selbstregulatorischen Funktionen (Verarbeitung von Enttäuschungen, Tröstung, Selbstbestätigung etc.) übernimmt, die er im Laufe seiner (emotional) „unterstimulierten" Kindheit nicht hat aufbauen können. Für den Therapeuten steht daher im Umgang mit dem narzißtischen gestörten Patienten die Frage im Vordergrund: „Wozu braucht er mich?" (Beim Neurotiker würde eher danach gefragt, was der Patient mit dem Therapeuten „mache"). Der Therapeut (sensu Kohut) habe sich via Einfühlung in den Patienten hineinzuversetzen, um daran anschließend sein Verstehen durch entsprechende Äußerungen zum Ausdruck zu bringen. Dieses Verstehen kann insofern als „optimale Frustration" interpretiert werden, als es dem Patienten zwar emotionale Nähe signalisiert, aber die Selbstobjekt-Bedürfnisse nicht realiter befriedigt.

Unter dem entwicklungspädagogischen Aspekt der präverbal-narzißtischen Sozialisation betrachtet, würde das Prinzip der „selbstobjekthaften" Aufmerksamkeit (sensu Kohut) beinhalten, daß die im Erziehungsalltag letztlich unvermeidlichen, z. T. in berechtigter Fürsorge begründeten Versagungen durch die „Mutter" (resp. die Betreuungspersonen) in einer von „tonischen Dialogen" (s. Kap. 5.2.1) getragenen somatoszenischen Beziehung eingebunden sind, d. h. daß die vom Kind erfahrenen Enttäuschungen, Grenzsetzungen und Zurückweisungen grundsätzlich temporärer bzw. nicht traumatischer Natur sind. Bei dieser Form der Sozialisation mit wohl dosierten Schamaffekten (Erröten, Blickvermeidung, Rückzugsverhalten) ist es eher wahrscheinlich, daß der heranwachsende Mensch auch in späteren Lebensabschnitten „narzißtische Kränkungen" zumindest insoweit verkraften kann, als er nicht in dem jeweils aktualisierten Beschämungs- bzw. Versagensgefühl verharren muß. (Tritt letzteres ein, so ist damit zu rechnen, daß das narzißtische Kränkungserleben - je nach biographischer Vorerfahrung - u. U. in explosive Wutattacken umschlägt oder in „stummer Verzweiflung" endet). Im günstigen Fall ist anzunehmen, daß die Schamaffekte Signalcharakter haben und den Anstoß zu einer veränderten Selbst- und Beziehungsregulation geben, die sich wiederum der Evozierung neuronaler Engramme (positiv getönter Selbst- und Objektrepräsentanzen) verdankt. So betrachtet, können frühkindliche Schamaffekte selbstwertstabilisierend wirken, indem sie dazu beitragen, daß ungezügelte Bedürfnisse und Erwartungen im Interesse der szenischen Beziehungsgestaltung modifiziert werden. Auf den prüfungspädagogischen Kontext übertragen, besagt dies, daß es weniger darum geht, den Prüfling vor Beschämungserlebnissen als solchen zu bewahren. Viel wichtiger ist nämlich die Frage, ob und inwieweit die Schamreaktionen in den darauffolgenden, vom Prüfer/Pädagogen „selbstobjekthaft" modulierten Kommunikationssequenzen aufgefangen bzw. kompensiert werden können (s. hierzu Kap. 7.2.2).

Wenngleich diese Überlegungen einleuchten mögen, so gälte es dennoch, sie in empirisch überprüfbare Aussagen zu überführen. Davon sind wir allerdings weit entfernt. Mit der Verwendung des Selbstobjekt-Begriffs bleiben wir nämlich der abstrakten Sprache der Kohutschen Metapsychologie verhaftet. Es ist daher zu klären, ob sich verwandte, aber erfahrungs- bzw. beobachtungsnähere Konzepte finden lassen.

5.7.2.2 Das „Übergangsobjekt“ - eine szenologisch bedeutsame Variante des Selbstobjektes?

Einen anderen, vielleicht empiriebezogeneren Zugang zum Konzept der „optimalen Frustration“ (und dem der „umwandelnden Verinnerlichung“) liefert der Begriff des „*Übergangsobjektes*“ (bzw. des „Übergangsphänomens“), wie er von seiten der psychoanalytischen Kinderpsychologie (sensu Donald Woods Winnicott) entwickelt wurde (vgl. zus. f. neben Eagle 1988, S. 249 f.; Mahler et al. 1982, S. 130 f.; Schlösser 1990; Winnicott 1985, bes. S. 300 ff.). „Übergangsobjekte“ sind (konkrete) Gegenstände (wie das „Schmusetuch“, der Teddy, ein bestimmtes Möbelstück etc.), die für Kinder eines bestimmten Altersabschnittes (etwa vom 6. Lebensmonat bis zum 6. Lebensjahr) eine spannungsreduzierende, beruhigende oder tröstende Wirkung für das Kind zeitigen können. Handelt es sich bei diesen vom Kind aktiv konstituierten „Helferobjekten“ bzw. Trostspendern um weniger konkrete, eher mental-symbolische Gegenstandsformen wie z. B. innere Bilder, eine Melodie, ein bestimmter Raum mit entsprechender Atmosphäre etc., so spricht man von sog. *Übergangsphänomenen.*

Innerhalb der psychoanalytischen Entwicklungs- bzw. Kinderpsychologie scheint Einigkeit darüber zu bestehen, daß „Übergangsobjekte“ zur „normalen“ psychischen Entwicklung von Kindern gehören; „Übergangsobjekten“ haftet demnach also nichts Pathologisches an, soweit sie nicht bis ins Jugend- und Erwachsenenalter persistieren. (Die empirische Entwicklungspsychologie macht hierzu keinerlei Aussagen, da sie die „Übergangsobjekte“ im psychoanalytischen Sinne nicht untersucht). Aus psychoanalytisch-entwicklungsdynamischer Sicht markieren die „Übergangsobjekte“ vorübergehende Brücken bzw. Durchgangsstadien auf dem Weg von der symbiotischen Mutter-Kind-Dyade zur kindlichen Selbständigkeit („Individuation“). „Übergangsobjekte“ verkörpern den Aufbau der Selbstgrenzen und damit der emotionalen Objektkonstanz (s. Kap. 5.7.1), indem sie zum einen Aspekte der mütterlich-beschützenden Umgebung repräsentieren und zum anderen nur bestimmte mütterliche Qualitäten ersetzen. Das „Übergangsobjekt“ kann beispielsweise nicht die taktilen und coenästhetischen Empfindungen des Getragen- bzw. Gewogenwerdens imitieren (zum Begriff der coenästhetischen (= svw. sinnlich-gesamtkörperlichen) Empfindung s. bes. Kap. 7.1.2). Während das „Übergangsobjekt“ die Nähe zur Mutter bewahrt, ermöglicht es zugleich die Loslösung von ihr. Die „Übergangsobjekte“ bieten dem Kind somit einen neuen, zwischen Phantasietätigkeit und realer Frustration angesiedelten Erfahrungsbereich, der als frühkindliche Stufe der präverbalen Symbolisierung bzw. der „umwandelnden Verinnerlichung“ (sensu Kohut) betrachtet werden könnte.

Diese Deutung von „Übertragungsobjekten“ als „präverbal-symbolische Vehikel“ der „umwandelnden Verinnerlichung“ sei durch eine m. E. brillante Szenenbeschreibung Freuds (in „Jenseits des Lustprinzips“ 1920, G. W., Bd. XIII, S. 11 f. bzw. St. A., Bd. 3, S. 224 f.) illustriert. Freud beobachtete bei seinem damals anderthalbjährigen Enkel ein sonderbares „*Garnrollenspiel*“. Der Junge bot dem psychologisch geschulten Beobachter ein eindrucksvolles - und wie Freud sagte - „selbstgeschaffenes" Kinderspiel: Er warf die fadenumwickelte Holzspule

> mit großem Geschick über den Rand seines verhängten Bettchens, so daß sie darin verschwand, sagte dazu sein bedeutungsvolles o-o-o-o (was soviel wie „fort" bedeutete, Einf. d. B. E.) und zog dann die Spule am Faden wieder aus dem Bett heraus, begrüßte aber deren Erscheinen jetzt mit einem freudigen ‚Da'. (G. W., Bd. XIII, S. 12 bzw. St. A., Bd. 3, S. 225).

Dieses im psychoanalytischen Schrifttum verschiedentlich zitierte, u. a. auch von Lorenzer (1983, S. 106 f. 1984 b, S. 158 f.) besprochene „Garnrollenspiel" können wir als das Resultat (nicht: als den Prozeß) einer „optimalen Frustration" interpretieren: Freud erkannte scharfsinnig, daß sein Enkel mit dem „Fort-Da"-Spiel das Weggehen und Wiederkommen der Mutter „selbst in Szene setzte" (Freud, ibid.). Freud sah in dem kindlichen Spiel den (gelungenen) Versuch der psychischen Bewältigung von Trennungssituationen (Abwesenheit der Mutter über mehrere Stunden hinweg). Diese Deutung des Spiels als Umwandlung von Passivität (erlittener Trennungsangst) in Aktivität (Übernahme der mütterlichen Rolle mit Hilfe der Holzspule) ist m. E. dahingehend zu ergänzen, daß hierbei die sensorische Wahrnehmung mit der motorischen Reaktion zentralnervös zu einer „sinnlich-symbolischen Interaktionsform" (Lorenzer) bzw. zu einem somato-szenischen Wahrnehmungs-Reaktionsbogen zusammengeschlossen wurden.

Zu beachten ist hierbei, daß letztlich nur post hoc, d. h. nach der Beobachtung des kindlichen Spiels mit dem „Übergangsobjekt" (im Freudschen Beispiel: mit der Holzspule) darüber entschieden werden kann, ob das Kind „optimalen" (selbststärkenden) oder „unteroptimalen" (selbstschwächenden) Frustrationen ausgesetzt war. Um es am Freudschen Enkel zu erläutern: Die Fähigkeit, mit Hilfe des (beschwichtigenden) „Übergangsobjektes", also der Garnrolle, die erlittenen Trennungserlebnisse gleichsam „durchzuspielen", setzt bei dem Jungen bereits ein mehr oder weniger gefestigtes „inneres Bild" (Objektrepräsentanz) von der „guten" (beschützenden, beruhigenden etc.) Mutter voraus. Nur wenn das jeweils gebrauchte „Übergangsobjekt" die sensomotorischen bzw. coenästhetischen (Vor-)Erfahrungen mit der Mutter, d. h. die zuvor in „tonischen Dialogen" intra-personal „eingespielten" somato-szenischen Interaktionsformen zu evozieren imstande ist, kann es zu jener (dialektischen) Einheit aus Passivität und Aktivität kommen, die selbständiges (Bewältigungs-)Verhalten und Identitätsbildung überhaupt erst ermöglicht. Andernfalls, d. h. wenn zwischen dem „Übergangsobjekt" und den basalen, somato-szenischen Erfahrungsniederschlägen kein Ähnlichkeitsverhältnis (keine „symbolische Gleichung") bestünde, bliebe das Kind passiv an ein zwar „tröstendes", aber nicht entwicklungs- bzw. persönlichkeitsförderndes „Ersatzobjekt" gebunden. In ähnlicher Weise unterschied Winnicott (1985, S. 308 f.) zwischen den „besänftigenden" (svw. förderlichen) „Übergangsobjekten" und den entwicklungshemmenden „Tröstern".

Die hier implizit unterstellte Beziehung der „Übergangsobjekte“ zu den Kohutschen „Selbstobjekten“ und damit zur (narzißtischen) Entwicklung des Selbst(wertgefühls) läßt sich ebenfalls am Freudschen „Garnrollenspiel“ verdeutlichen: In einer (m. E. viel zu wenig beachteten) Fußnote hält Freud nämlich fest, daß die spielerische Inszenierung der Trennungsangst mit der Selbstbespiegelung des kleinen Jungen korrespondierte:

> Als eines Tages die Mutter über viele Stunden abwesend gewesen war, wurde sie beim Wiederkommen mit der Mitteilung begrüßt: ‚Bebi o-o-o-o!‘, die zunächst unverständlich blieb. Es ergab sich aber bald, daß das Kind während dieses langen Alleinseins ein Mittel gefunden hatte, sich selbst verschwinden zu lassen. Es hatte sein Bild in dem fast bis zum Boden reichenden Standspiegel entdeckt und sich dann niedergekauert, so daß das Spiegelbild ‚fort‘ war (Freud, G. W., Bd. XIII, S. 13 bzw. St. A., Bd. 3, S. 225, jeweils Fußnote).

Wenn wir die spielerische Selbstinszenierung bzw. den (proto-)symbolischen Umgang mit „Übergangs“- und „Selbstobjekten“ als empirische Hinweise auf - die für eine „gesunde“ narzißtische Entwicklung unabdingbaren - „optimalen Frustrationserlebnisse“ werten, so gilt diese Aussage freilich nicht mehr für das Erwachsenenalter. Im Zuge der schrittweisen Frustrierung bzw. der allmählichen Desillusionierung des Kindes (bezüglich seiner Allmachtsphantasien und totalen Versorgungswünsche) werden die „Übergangsobjekte“ (sensu Winnicott) aufgegeben, und zwar zugunsten eines erweiterten und z. T. hochdifferenzierten Interessenspektrums, wie es z. B. in der Religion, der Kunst oder der Wissenschaft zum Ausdruck kommt (vgl. hierzu auch Winnicotts (1985, S. 317) Auffassung). Freilich können diese kulturellen Leistungen bzw. Bereiche nicht nur den zeitlebens bestehenden, an sich „normalen“ Selbstobjektcharakter aufweisen, sondern sie können ggf. die Funktion des passiven „Trösters“, des fetischartigen „Ersatzobjektes“ übernehmen. Letzteres ist z. B. dann zu erwarten, wenn die frühkindliche Trennungsproblematik nicht dialektisch „aufgehoben“, d. h. in den sprach-symbolischen Interaktionsformen (s. Kap. 2.2) sowohl aufbewahrt als auch aufgelöst ist. Die betreffenden Kulturbereiche bzw. Sachobjekte „symbolisieren“ dann nicht die „normalen“ Selbstobjekte (sensu Kohut), sondern ersetzen sie. Hierzu sei ein Beispiel aus unserem Forschungsprojekt zur Prüfungsangst (PPF) gegeben: Von einem Studenten erfuhren wir, daß er seine Angst vor schriftlichen Prüfungsarbeiten und seine Aufregung in bestimmten Situationen (wie z. B. in dem von uns durchgeführten Gruppenseminar für Prüfungsängstliche) nur dadurch einigermaßen bewältigen könne, daß er ein besonders teures und exklusives Schreibutensil benutze bzw. mit sich trüge.

5.7.2.3 (Neuro-)szenologische Spezifikationen zur Selbstpsychologie

Bei den im vorigen Abschnitt aufgeführten Beispielen für „Übertragungsobjekte“ handelte es sich - genau betrachtet - nicht nur um ein „symbolisches Hantieren“ mit bestimmten Gegenständen, die gleichsam in den Dienst der Selbstwertstabilisierung gestellt wurden. Der Gebrauch der jeweiligen „Übertragungsobjekte“ war zugleich mit einer somato-psychischen Erfahrung verbunden: Bei Freuds Enkel wurde die Beziehung zur Mutter auf sensomotorischer Ebene verarbeitet, bei unserem Probanden aus dem PPF-Projekt verhalf ein Federhalter buchstäblich zur physiologischen Beruhigung in der als bedrohlich erlebten Gruppensituation. Weitergefaßt, können wir davon ausgehen, daß der (handfeste) Gebrauch von „Übergangsobjekten" mit einer Inszenierung „sinnlich-symbolischer Interaktionsformen" (s. Kap. 2.2) einhergeht, die Lorenzer (1984 b, S. 163) als die „Schaltstellen der Persönlichkeitsbildung" deklariert.

Da diese persönlichkeitsbildenden Schaltstellen in dem neuro-psychischen Gehirn (Kap. 4.2.4) bzw. in dem neuroszenologisch gemeinten, konzeptuellen ZNS (nicht zu verwechseln mit dem realen ZNS!) verankert sind, können wir auch von dem *„neuroszenischen*" oder besser: von dem *„somato-szenischen Selbst*" sprechen. (Letzteres verweist auf die enge Verzahnung von zentralnervösen, vegetativen, motorischen, viszeralen und endokrinen, kurzum: organismischen Prozessen). Dieses hypothetische Konstrukt hat den zweifachen Vorteil, daß es erstens den somatischen bzw. neuronalen Bezug des Selbstbegriffs verdeutlicht (s. bes. Kap. 6.2), und daß es zweitens eine methodologische Abgrenzung gegenüber jedweder Befragungsform beinhaltet: Bei der Aktualisicrung des neuro- bzw. somato-szenischen Selbst, das bevorzugt an Verhaltensimpulsen, affektmotorischen und vegetativen Reaktionen erkennbar ist, sind vor allem sog. limbische Hirnstrukturen (wie Hypothalamus, N. accumbens, septo-hippocampale Formation, Cingulum, Amygdalae, s. Kap. 4.2.3) beteiligt. Diese den Neokortex z. T. umgehenden subkortikalen Innervationen erzeugen in der Regel keine bewußtseinsfähigen Gedankeninhalte (wie z. B. die in der Psychologie untersuchten „Selbstkonzepte"). Empirische Befragungsmethoden sind daher untaugliche Mittel zur Erfassung des „somato-szenischen Selbst". Besser geeignete Verfahren hierfür sind tiefenhermeneutisch akzentuierte Verlaufsanalysen (neuro-)motorischer und (neuro-) physiologischer Reaktions-Zyklen (s. Kap. 7.1.2, 7.1.3).

Unter dem Gesichtspunkt des somato-szenischen Selbst können wir dann von narzißtischen Störungen bzw. „Entwicklungsschäden" ausgehen, wenn der averbale, d. h. über neuromuskuläre, psycho-vegetative oder vokale Signale (wie Hautfärbung, Muskelspannung, Strampeln, Schreien, Lächeln/Lachen, Lallen etc.) vermittelte „tonische Dialog" (s. Kap. 5.2.1) zwischen Betreuungsperson und Kind quasi „entgleist", um eine Wendung von René Spitz aufzugreifen (vgl. Spitz 1982, bes. Kap. 4; s. hierzu auch Krauses (1983) Modell der „Affektsozialisierung").

Um eine ungefähre Vorstellung von solch einer „Entgleisung" des zwar vorsprachlichen, aber nicht unbedingt sprachlosen „Dialogs" (die Betreuungsperson „spricht" bekanntlich zum Kind) zu entwickeln, sei ein Beispiel aus der Säuglingspflege gegeben: Neben wir an, das Kind würde schreien. Dieses Schreien wollen wir nicht als Triebderivat (sensu Freud) auffassen, sondern als eine (somato-szenische) Kommunikationsform, die verstanden oder mißverstanden werden kann. Gesetzt den Fall, der Betreuungsperson gelänge es nicht, die Schrei-Signale zu diskriminieren, d. h. sie einmal als

Ausdruck somato-psychischer Schmerzen bzw. Spannungen zu deuten und sie ein andermal als physiologisches Hungerbedürfnis wahrzunehmen, so müßte damit gerechnet werden, daß der Säugling späterhin verzerrende bzw. widersprüchliche Botschaften aussendet, die ein empathisches Verstehen zusätzlich erschweren, wenn nicht gar verhindern. Wenn sich ein solcher Circulus vitiosus wechselseitigen „Mißverstehens" erst einmal etabliert hat, so besteht eine relativ große Wahrscheinlichkeit, daß die das somato-szenische (hier: das rudimentäre) Selbst des Kindes schädigenden Erfahrungen (Traumen im Sinne der „emotionalen Versagung") nicht mehr durch spätere „positive", verbal vermittelte Dialogformen quasi „ungeschehen" bzw. rückgängig gemacht werden können.

Auch die Kohutsche Selbstpsychologie geht - bildlich gesprochen - davon aus, daß die „narzißtischen Wunden" allenfalls „vernarben" können mit Hilfe besonderer „Kompensationsstrukturen" (ein bei Kohut nicht näher definierter Begriff), die sich angeblich während der späteren Entwicklungsphasen (Kindergarten-, Schulkindalter, Jugendzeit ... bis hin zum fortgeschrittenen Erwachsenenalter) ausbilden könnten.

Obgleich es in unserem Begriff des somato-szenischen Selbst bereits implizit zum Ausdruck kommt, sei es explizit festgehalten: Im szenologisch verstandenen Konzept des „Entwicklungsschadens" geht es immer um eine entweder unzureichende oder ungeeignete *zirkuläre* Kommunikation im Sinne unseres Szeno-Kreises (s. Kap. 5.5). Diesem zirkulär-szenologischen Blickwinkel gemäß wäre es wenig sinnvoll, von der „pathogenen" Mutter zu sprechen, wie dies etwa bei Spitz der Fall ist. (Zur Erinnerung: Wir vermieden ebenso die Zuschreibung der alleinigen Verantwortlichkeit für emotionale Störungen in Prüfungen an einen der Beteiligten).

Störungen des somato-szenischen Selbst kommen späterhin - im Jugend- und Erwachsenenalter - nicht nur auf der körperbezogenen Ausdrucksebene zum Vorschein, sondern sie gehen mit sozial-kognitiv vermittelten Kommunikationsgewohnheiten einher, die man als *„infantil-verdinglichende Modi der Objektbeziehung"* charakterisieren könnte. Auch bei dieser Wendung hat uns das Konzept des „Übergangsobjektes" (sensu Winnicott s. Kap. 5.7.2.2) Pate gestanden.

Man könnte die „infantil-verdinglichende Objektbeziehung" näherungsweise als den zwar „erwachsenen", aber emotional „unreifen" Umgang mit Mitmenschen qua „Übergangsobjekten" kennzeichnen. Die Partner-„Objekte" des narzißtisch gestörten Menschen haben demnach eine ähnliche Funktion wie die „Übergangsobjekte" kleiner Kinder. Beidemal sollen die „Objekte" dabei helfen, ein verunsicherndes Gefühl zu mildern bzw. beidesmal stellen sie eine Art Überbrückungsfunktion zwischen symbiotischer Dyade und personaler Autonomie dar. So wie die totale Verfügbarkeit über das „Übergangsobjekt" das Kind für den - bestenfalls allmählichen - „Rückzug" der Mutter quasi „entschädigt", so sucht der in seinem somato-szenischen Selbst beeinträchtigte Erwachsene (Mit-)Menschen, die er - unbewußt - als Garanten seines eigenen Sicherheits- und Selbstwertgefühls wahrnehmen kann (im Sinne der narzißtischen oder Selbstobjekt-Übertragung, Kap. 5.7.2.1). Salopp formuliert, „hantiert" der narzißtisch fehlentwickelte Mensch mit seinen Beziehungspartnern so, wie es in seiner wenig differenzierten und instabilen, d. h. von äußerer Stützung abhängigen „Welt der Selbst- und Objektrepräsentanzen" zugeht.

Zu beachten ist hierbei wieder, daß sich die „infantil-verdinglichende" Wahrnehmungs- bzw. Erlebniswelt der „(Innen-)Repräsentanzen" auf die affektiv-emotionale Verhaltensdimension (der „narzißtischen" Interaktionsformen) bezieht und nicht auf die sozial-kognitiven Aspekte der Informationsverarbeitung (Bewußtseinsdimension). Würde man also die Betreffenden im Hinblick auf ihr Erleben zwischenmenschlicher Beziehungen befragen, so könnten sie ihren Mitmenschen durchaus eine mehr oder weniger eindeutige Außenreferenz zuweisen („er ist anders als ich", „ich erlebe mich als einzigartig gegenüber den anderen" etc.). Die obige Redeweise von „undifferenzierten" bzw. „instabilen" Repräsentanzen impliziert also keineswegs, daß gleichzeitig die kognitiven und intellektuellen Kapazitäten in irgendeiner Weise in Mitleidenschaft gezogen sind. Im übrigen „wissen" auch viele der im „Übergangsobjekt"-Stadium sich befindenden (Klein-)Kinder, daß ihr „Teddy", ihr „Wolltuch" etc. nicht die „Mutter" sind. Gleichwohl reagieren sie auf diese „Übergangsobjekte" in einer Weise, als ob diese die „besänftigende" und das Selbstgefühl stärkende „Mutter" wären. Ihre gefühlsmäßigen Gewohnheiten sind also - wie bei den narzißtisch Gestörten - nicht mit sozial-kognitiven Einsichten in Übereinstimmung zu bringen. Doch während das („normale") Kind sich mittels der „Übergangsobjekte" emotional von der „Mutter" abzunabeln versucht (Mahler et al. prägten dafür den Begriff der „psychischen Geburt"), bleibt der narzißtisch „gestörte" Erwachsene an „mütterliche" (= svw. „nährende", „stützende") Ersatzobjekte fixiert. Bei letzterem hat sich - bildlich gesprochen - die „Lücke" im Selbst, die von der „traumatisierenden" Abwesenheit der „Mutter" herrührt, (noch) nicht schließen können. Oder anders formuliert: Jene Aspekte des somato-szenischen Selbst (z. B. sensomotorische Reaktionen/Gesten, Bewegungsdrang, spezifische Neigungen und Vorlieben), die niemals eine einfühlsame Aufmerksamkeit bzw. eine emotionale Resonanz erfahren haben, bleiben quasi als „*stumme Zonen*" im späteren, mit sozial-kognitiven Kompetenzen „überformten" Erwachsenen-Selbst zurück. Die damit verbundene Einschränkung des emotionalen Erlebnisbereiches kann u. a. zu (sub-)depressiven Leeregefühlen, suchtartigem Verhalten, psychosomatischen Erkrankungen oder extrem ausgeprägter Ängstlichkeit und Kränkbarkeit führen.

Während die zuletzt genannten Störungsformen mehr oder weniger typisch für „Entwicklungsschäden" (Selbst-Pathologien) sind, galt die „Angstneurose" z. B. lange Zeit als (psychoanalytisches) Paradebeispiel für die triebdynamische „Kompromißbildung" (s. Kap. 5.7.1). In neuerer Zeit versucht man von psychoanalytischer Seite her gerade auch die nicht im engeren Sinne zu den Selbststörungen zählenden Symptombilder vor dem Hintergrund der (Selbst-)Objektbeziehungen besser zu verstehen. Ein hervorstechendes Beispiel finden wir bei der Interpretation der „Angstneurose", wie sie Mentzos (1984 a) und seine Mitarbeitergruppe vorstellten. Die klinischen Symptome der „Angstneurose" (wie exzessive, psycho-vegetative Erregungszustände, Herzschmerzen, Schwindel etc.) treten nach den Beobachtungen der AutorInnen vor allem dann auf, wenn die Betroffenen - nach ihrer subjektiven Wahrnehmung - den Beistand bzw. die sicherheitsspendende Nähe der unmittelbaren Bezugspersonen (neben den Familienangehörigen sind dies häufig auch die behandelnden ÄrztInnen) vermißten. „AngstneurotikerInnen" hätten nur „schwache" Selbst- und Objektrepräsentanzen ausgebildet, die quasi zu verschwinden drohen, wenn das (äußere) Objekt (= der Ehepartner, Arzt etc.) nicht real verfügbar sei. Die Angstattacken stünden demnach nicht unbedingt mit „Trieb-Abwehr-Konflikten" in Zusammenhang, sondern seien eine direkte Folge mangelhaft ausgebildeter, zu „blasser" Repräsentanzen.

Ebenso lassen sich alltägliche, „narzißtische" Angstformen (wie Versagungs-, Bewertungs- oder Prüfungsangst, Angst vor freier Rede, vor Publikum etc.) als mißlungene Versuche der Kompensation einer mangelhaft differenzierten Repräsentanzenwelt deuten. Die ansonsten mit Hilfe geeigneter Selbstobjekt-Beziehungen (sensu Kohut) stabilisierten Selbst- und Objektrepräsentanzen neigen in selbstwertrelevanten Belastungssituationen gleichsam zur Fragmentierung, die wiederum als unteroptimale Abwehr der Repräsentanzenschwäche gewertet werden kann (s. hierzu Kap. 5.8.2). Narzißtische Ängste beziehen sich also auf ein „brüchiges" Selbst mit mangelnder „Objektkonstanz" (sensu Mahler, s. Kap. 5.7.1). Kohut (z. B. 1981 a, S. 98 f., 123 ff.) prägte daher den Begriff der „*Desintegrationsangst*", um die existentielle Bedrohung des Selbstgefühls zu betonen. (Für die klassischen, triebdynamisch verstandenen Angstformen werden in der Psychoanalyse Bezeichnungen wie „Libidogefahr", „Kastrationsangst" oder Angst vor „Objektverlust" verwendet). In ähnlicher Weise wie Kohut beschrieb letztlich auch Rogers (1959, pp. 203 f., 228 f.) den narzißtischen Grundtypus von Angst, indem er annahm, daß sich die Inkongruenz zwischen Selbstkonzept und organismischer Erfahrung (s. Kap. 5.4) in den subjektiven Gefühlen der „Bedrohung", „Verletzlichkeit" und „Desorganisation" widerspiegele.

Neuroszenologisch weitergedacht, können wir auch von einer Störung der *(neuro-)physiologischen Homöostase* sprechen, womit auf die elementaren organismischen Regulationsprozesse des somato-szenischen Selbst verwiesen werden soll: Der aus der Physiologie entlehnte Begriff der Homöostase beinhaltet die Konstanthaltung der Zusammensetzung und Konzentration der Gase, Salze und Nährstoffe in der sog. Extrazellulärflüssigkeit (= dem „inneren Milieu" sensu Claude Bernard), von der praktisch alle Körperzellen umspült und daher gleichmäßig versorgt werden (vgl. z. B. Birbaumer & Schmidt 1991, S. 22 f.). Die erstaunlichen Regelleistungen des Organismus zur Aufrechterhaltung der physiologischen Homöostase erfolgen wiederum durch neuronale sowie neuroendokrine Steuerungsprozesse. Letzteres werden wir in den Kap. 6.2 ff. ausführlicher erörtern.

An dieser Stelle sei lediglich festgehalten, daß die Redeweise von narzißtischen Störungen sowohl szenologische Aspekte (Repräsentanzen, Selbstobjektbeziehungen) als auch (neuro-)physiologische Korrelate einschließen sollte. Oder nicht pathologisch, sondern neuroszenologisch formuliert: Die Homöostase der „*narzißtischen Interaktionsformen*" ist vom „inneren Milieu" der Nerven- bzw. Körperzellen ebenso abhängig wie von der „inneren Welt" der Repräsentanzen.

Wir wollen nun unsere Erörterung der psychoanalytischen Störungsmodelle in einer zusammenfassenden Diskussion beschließen.

5.7.2.4 Abschließende Betrachtungen

Dieses Kapitel resümierend, wollen wir zu einer abschließenden Bewertung des psychoanalytischen bzw. selbstpsychologischen Symptomverständnisses kommen. Das Freudsche triebdynamische Konfliktmodell (Symptom = ein suboptimaler Kompromiß zwischen „Ich“, „Es“, „Über-Ich“) verbleibt zum einen dem intra-psychologischen Gesichtspunkt verhaftet, und zum anderen spart es den Bereich der Selbstwertproblematik (Narzißmus) weitgehend aus. Obgleich die Freudsche Psychologie (und deren neo-psychoanalytische Weiterentwicklungen) im Kern ein sozialisations- bzw. szenogenetisches (Ätiologie-)Modell psychischer Störungen enthält, so behandelt sie letztlich (nur) die intra-psychische „Dramatik“ zwischen einer quasi „unpersönlichen“ (blinden) Triebenergie (daher der Name „Es“) und dem eigentlichen Persönlichkeitszentrum (dem - energielosen? - „Ich“), das als Pontifex oppositorium die Gegensätze zwischen „Es“ und „Über-Ich“ (zwischen Trieb und Kultur) zu überwinden habe.

Zu der hier gemeinten anthropomorphisierenden - und empirisch wertlosen - Verwendung der drei Instanzenbegriffe des „Es“, des „Ichs“ und „Über-Ichs“ sei beispielhaft auf Freuds bekannte Metapher von „Roß und Reiter“ (Freud 1923, G. W., Bd. XIII, S. 253 bzw. St. A., Bd. 3, S. 294) hingewiesen. Hier beschreibt er sehr plastisch den „inneren Konflikt“ bzw. die intra-psychische Dramatik zwischen dem vermeintlich chaotischen Trieb (der Leidenschaft) einerseits und den vernunftsmäßigen „Ich-Funktionen“ (Denken, Lernen etc.) bzw. der Besonnenheit des „Ichs“ andererseits (vgl. u. a. auch: G. W., Bd. XIII, S. 277-289 bzw. St. A., Bd. 3, S. 315-325 sowie G. W., Bd. XV, S. 83 bzw. St. A., Bd. 1, S. 514).

Ungeachtet des diffusen Triebbegriffs und der Anthropomorphisierung des dreigliedrigen Instanzenkonzeptes wird die Beziehung der Teile (Triebe, Instanzen, Konflikte) zum Ganzen (Selbst, Identität, Person) nicht stringent analysiert, oder anders formuliert: im triebpsychologischen Konfliktmodell kommt die phänomenale, konkret beobachtbare Seite des „Ichs“ (der Person) nicht so recht zum Vorschein.

Erst mit der stärkeren Akzentuierung des innerhalb der Psychoanalyse weiterentwickelten Repräsentanzen-Konzeptes und der parallel dazu verlaufenden Begründung der sog. Selbst- bzw. Objektbeziehungspsychologie traten die Selbstwertprobleme und die dazu korrespondierenden „Objektbeziehungsmodi“ in den Fokus einer phänomennäheren, wenngleich nicht empirischen Betrachtungsweise. Der leicht mißverständliche und - zugestandenermaßen mechanistisch anmutende - „Objektbegriff“ wird nunmehr nicht auf die triebbefriedigende Qualität einer Person reduziert, sondern er meint das Gegenstück zum „Selbst“. „Selbst“ und „Objekt“ bilden eine zusammenhängende, funktionelle Einheit.

Im Kontext narzißtischer, das Selbst(wert)gefühl tangierender Konflikte bzw. Störungen scheint der Begriff des „Selbstobjektes" (sensu Kohut) besonders erhellend zu sein. Das Charakteristikum von Selbstobjekt-Beziehungen besteht darin, daß einer der KommunikantInnen bzw. - im geschlossenen Szeno-Kreis - beide Dialog-Partner sich in einer Weise erleben und verhalten, „als ob" sie den anderen nicht als von sich selbst abgegrenzte, eigenständige Person mit idiosynkratischen Bedürfnissen und Neigungen perzipieren (können). Die szenische, wechselseitige Abhängigkeitsbeziehung vollzieht sich (a) auf der intrapsychischen Ebene der Selbst- und Objektrepräsentanzen und (b) auf der Ebene der sichtbaren Kommunikation zwischen „Selbstobjekten", die in einem komplementären Verhältnis (hier „Schwäche", dort „Stärke", hier der „Bewunderte", dort der „Bewundernde" etc.) zueinander stehen. Selbstobjekt-Beziehungen sind als hochsensible bzw. fragile Szeno-Kreis-Systeme aufzufassen, deren Gefährdungsmomente nicht auf „Triebängsten" bzw. konfliktdynamischen Spannungen basieren, sondern auf „Verlust-" und „Verschmelzungsängsten" gleichermaßen: Bei zu viel Distanz droht das eigene Selbst zu „zerfallen" bzw. „verloren zu gehen", bei zuviel Nähe droht es „zusammenzubrechen" bzw. zu „verschwimmen" mit dem andern (Selbst-)Objekt. In solchen „*narzißtischen Szenen*" herrschen - in ihren destabilisierten bzw. überkompensierten Zuständen - „Desintegrations-" bzw. „Desorganisationsängste" vor, deren situative Auslöser zugleich deren aktuelle „Ursachen" sind. Während die sog. psychoneurotischen Angstsymptome „symbolhafte Darstellungen" einer zeitlich-biographisch zurückliegenden Szene(nfolge) widerspiegeln mögen, sind die narzißtischen Desintegrationsängste (sensu Kohut bzw. Rogers) primär Anzeichen von „unverarbeiteten", sozusagen infantil gebliebenen Geborgenheitswünschen und Omnipotenzphantasien (Selbstobjekt-Bedürfnissen). Da die narzißtischen Desintegrationsängste in frühinfantilen, entgleisten „tonischen" (präverbalen) Dialogen wurzeln, sind späterhin - im Erwachsenenalter - oftmals nur noch die zu den Selbstobjekt-Bedürfnissen (psychische Komponente) zugehörigen motorischen und physiologischen Bereitstellungsfragmente (wie Verkrampfung, Tachykardie, hormonelle Dysfunktionen etc.) bewußt erfahrbar bzw. empirisch erfaßbar.

Dieses somato-szenische Vorverständnis von narzißtischen (Selbstwert-)Störungen steht im übrigen in Übereinstimmung mit einer - in der modernen Psychosomatik weithin akzeptierten - Auffassung, wonach die auf einer Selbstpathologie (im psychoanalytischen Sinne) beruhenden Organerkrankungen weniger „symbolische" Schlüssel für Kindheitsszenen als vielmehr *physiologische Korrelate aktueller Spannungen bzw. Enttäuschungen* repräsentieren (vgl. hierzu exemplarisch: Janssen 1987; Overbeck 1984; sowie den Beitrag von M. von Rad & S. Zepf in: von Uexküll 1990, bes. S. 87 f.).

Die in der modernen Psychoanalyse verbreitete, von uns rezipierte und szenologisch interpretierte Dichotomisierung in klassische Psychoneurosen („Trieb-Abwehr-Konflikte") einerseits und Selbstpathologien („ich-strukturelle Defizite") andererseits sollte allerdings nicht zu strikt gehandhabt werden. Wir verstehen diese Zuweisung von psychischen Phänomenen bzw. Symptomen zu zweierlei ätiologischen Hauptfaktoren lediglich als eine Orientierungshilfe für einen (noch zu entwickelnden) szeno-diagnostischen Forschungsansatz (s. Kap. 7.1).

Die beiden pathogenetischen Ätiologie-Modelle sind nicht als Alternativen, sondern als Komplemente zu begreifen: Bei jedem „emotionalen" Entwicklungsstillstand („i. S. einer Arretierung bei kognitiver Weiterentwicklung") bzw. bei jeder narzißtisch getönten Grundstörung gibt es - nach meiner eigenen Berufserfahrung in Beratung und Psychotherapie - immer auch konfliktdynamische Momente. Und umgekehrt - bei jeder (scheinbar) klassischen Neurose liegen nicht nur „verinnerlichte", symbolträchtige Konflikte vor, sondern es bestehen zumeist auch entwicklungsbedingte „Selbstdefekte" bzw. chronische „Empfindlichkeiten".

Eine vergleichbar relativistische Position nimmt Eagle (1988, Kap. 12) ein, die er aber nicht mit empirischen Forschungsdaten erhärtet, sondern lediglich auf widersprüchliche Aussagen innerhalb der Neu-Konzeptionen zum sog. Entwicklungsschaden bzw. zur Renaissance der „Traumatheorie" in der Psychoanalyse aufmerksam macht.

Die Aufspaltung in neurotische Konflikte und narzißtische Defekte bedarf m. E. einer weiteren Relativierung. Ich will zu bedenken geben, daß die klinische Redeweise von „Schäden" bzw. „Defekten" oder „Frühstörungen" nicht zu der Vorstellung verleiten sollte, man habe es bei Selbst(wert)störungen in jedem Falle mit immensen Beziehungsproblemen bzw. starken sozialen Beeinträchtigungen zu tun. Eine solche Auffassung dürfte sich aus volkstümlichen und professionell-therapeutischen Überzeugungen gleichermaßen speisen, die man vielleicht zu der „Faustregel": „Je früher die Störung/das Trauma, desto schlimmer die Folgen/der Schaden" verdichten könnte. Zu dieser (Fehl-)Einschätzung ist erstens zu sagen, daß selbst ein „schwer gestörter" Patient sich weder in psychologischer noch in physiologischer Hinsicht in der Situation eines Säuglings, eines zwei- oder dreijährigen Kindes befindet. Trotz mancher oberflächlicher Ähnlichkeiten in bestimmten Aspekten (wie z. B. Bewältigung von Konflikten nicht auf psychischer, sondern psychosomatischer Ebene, „Sprachlosigkeit" in emotionaler Hinsicht etc.) sollte eine derartige „Infantilisierung" der PatientInnen vermieden werden, da deren Pathologie des Selbst nicht bzw. nur in äußerst seltenen Fällen mit den Entwicklungszuständen von Kleinstkindern vergleichbar ist.

Zum zweiten sollte man m. E. nicht dem (durchaus naheliegendem) Trugschluß erliegen, daß sich die im Konzept des „Entwicklungsschadens" (bzw. der „Frühstörungen") enthaltenen Gesichtspunkte (Angstverständnis, Selbstobjekt-Beziehungen, narzißtische Entwicklungslinie) ausschließlich auf den klinisch diagnostizierten Personenkreis beziehen ließen. Würde man die drastische Ausdrucksweise der klinisch-psychoanalytischen AutorInnen ernst nehmen, müßte es letztlich ein Rätsel bleiben, wie die „geschädigten" bzw. „selbstgestörten" PatientInnen sich in ihrem sozialen Lebensbereich überhaupt zurechtfinden und durchsetzen können. Kohut z. B. behandelte zum größten Teil sozial unauffällige und beruflich erfolgreiche Menschen wie Künstler, Wissenschaftler etc., die allesamt wegen ihrer „Selbst-Pathologie" in Therapie kamen.

Für den Bereich der narzißtischen Störungen hatten wir festgehalten, daß die zugehörigen Angstsymptome nicht nur affektiv-sozialer Natur sind, sondern auch in organismisch-physiologischen Fehlsteuerungen wurzeln. Mit den Begriffen des *„somatoszenischen Selbst“* und der „(neuro-)physiologischen Homöostase“ haben wir diesen Zusammenhang von affektiv-tonischer Sozialisation einerseits und organismisch-biologischen „Durchschlagsstellen“ andererseits anzudeuten versucht. Die Selbst- und Objektbeziehungspsychologie hat demgegenüber kein spezifisch szeno-*bio*-logisches Verständnis der Selbstwertthematik entwickelt.

Einen ersten, allerdings sehr vagen Anhaltspunkt für die (empirische) Analyse der o. g. „Durchschlagsstellen“ lieferte m. E. René Spitz mit seinen mittlerweile legendären Untersuchungen zum sog. *Hospitalismus*. Spitz hat mit seinen (Beobachtungs-)Studien auf die z. T. verheerenden Folgen mangelhafter bzw. „gestörter“ Mutter-Kind-Beziehungen aufmerksam gemacht. Kinder, die in sog. Findelhäusern aufgezogen wurden, erlitten gravierende „Hospitalismus“-Schäden (von geistiger und psychischer Retardierung über körperlichen „Marasmus“ bis hin zum Säuglingstod) - und zwar bei optimaler Betreuung in pflegerisch-medizinischer Hinsicht (Ernährung, Hygiene, Wärmeschutz, ärztliche Versorgung). Die betroffenen Kinder erkrankten bzw. starben buchstäblich vor „Hunger“ an *emotionaler* Aufmerksamkeit. Eine nicht minder verhängnisvolle Folge fehlender „Nestwärme“ und/oder traumatischer Trennung (von der leiblichen Mutter) stellt das frühinfantile Bild der sog. anaklitischen Depression dar (mit Symptomen wie Weinerlichkeit, „gefrorene“ Mimik, Schlaflosigkeit, Eßstörungen, erhöhte Infektanfälligkeit). Des weiteren wies Spitz in seinen Untersuchungen auf - jedoch nicht hinreichend empirisch - untermauerte - Beziehungen zwischen „mütterlichem“ (Fehl-)Verhalten einerseits (wie z. B. „ängstlich übertriebener Besorgnis“, (verdrängter) „Feindseligkeit in Form manifester Ängstlichkeit“) und psychosomatischen Störungen des Kindes andererseits (wie der „Dreimonatskolik“, dem „Säuglingsekzem“) hin (vgl. zu diesen Befunden zusf. Spitz 1983, Kap. 13 und 14).

Die Hospitalismusschäden, wie sie als Folge eines Mangels an affektiver Zufuhr auftraten, interpretierte Spitz als Parallelen zu den physiologischen und hormonellen Streßfolgen, wie sie der Endokrinologe Hans Selye unter dem Begriff des „Allgemeinen Adaptationssyndroms“ erstmals in den fünfziger Jahren ausführlich beschrieb (zum dreiphasigen Streßkonzept Selyes mit „Alarmreaktion“, „Widerstands-“ und „Erschöpfungsstadium“ s. zusf. Levitt 1987, S. 106; Selye 1982, s. 45 ff.). Wir wollen an dieser Stelle daher festhalten, daß sich Empathie-Mängel bzw. Fehlsynchronisierungen im affektiv-tonischen Dialog als physiologisch und neuro-endokrinologisch faßbare „Streßfolgen“ beschreiben lassen müßten (Details hierzu in Kap. 6.5).

Die Spitzschen Untersuchungen lassen sich zugleich als indirekte empirische Belege für das Kohutsche Postulat von der Vorrangigkeit der (narzißtischen) Selbstobjekt-Bedürfnisse gegenüber den sog. Triebbedürfnissen (im Sinne der Freudschen psychosexuellen Wunschregungen) lesen. Schließlich hatten Spitz' Beobachtungen eindeutig nachgewiesen, daß die Befriedigung bloß „oraler“ Bedürfnisse (ohne gleichzeitige affektive Zufuhr) keineswegs für das psychische - und letztlich für das physische! - Gedeihen kleiner Kinder ausreicht. (Am Rande sei vermerkt, daß Spitz seine Arbeiten noch - dem Freudschen Ansatz folgend - „triebpsychologisch“ zu interpretierten versuchte).

Eine direktere, empirische Stützung des Kohutschen Primats der narzißtischen Regungen liefern tierexperimentelle Studien. Wir wollen hier nur an die mittlerweile klassisch zu nennenden Laborversuche Harry Harlows erinnern, der Rhesusaffen mit Hilfe (künstlicher) Surrogat-Mütter „aufzog“ (vgl. u. a. den mit Originalfotos illustrierten Überblick bei Immelmann & Keller 1988, S. 174 f. oder die Besprechung bei Eagle 1988, S. 12 ff.). Harlow verwandte zweierlei Surrogate, zum einen ein der Affengestalt ähnliches Drahtgestell mit Milchflaschen und zum anderen eine mit weichem Frottee-Tuch überspannte Attrappe (inkl. nachgebildetem „Gesicht“). Auf diese Weise ließ sich das Nahrungsbedürfnis und das Bindungsbedürfnis (Harlow sprach von „contact comfort“) experimentell voneinander trennen. Eines der vielen eindrucksvollen Ergebnisse aus Harlows Studien war, daß die Äffchen, wann immer ihnen die Gelegenheit gegeben wurde, die „Frottee“-Mutter aufsuchten, insbesondere auch bei Gefahr-Reizen. Die schutzgewährende und „Kontaktbehaglichkeit“ spendende „Frottee-“Mutter wurde gegenüber der bloß den Hunger stillenden „Eisendraht“-Mutter durchgängig bevorzugt. Darüberhinaus zeigten sich bei den von dem Muttertier getrennten Affen späterhin gravierende, irreparable Folgeschäden wie Verhaltensstörungen (Apathie, Haare ausreißen, ungehemmte Zerstörungswut etc.) und fehlende bzw. nicht artgerechte Sexualität. Letzteres mag als Hinweis dafür dienen, daß soziale Deprivation auch beim Menschen zu einer „Fehlentwicklung“ bzw. Störung der Sexualität führen kann oder: anders gesagt, daß die (passiven) Anhänglichkeits- und (narzißtischen) Sicherheitsbedürfnisse Vorrang haben vor dem Sexualitätstrieb bzw. der Freudschen „Libido“.

Es gibt also neben psychoanalyseinternen und klinischen Argumenten auch einige empirische Hinweise dafür, daß die in selbstwertbezogenen Situationen (narzißtischen Szenen) auftauchenden - und wohlgemerkt „irrational“ anmutenden - Angstformen nicht nur unter dem symptomgenetischen Aspekt der psycho-neurotischen „Kompromißbildung“ zu beleuchten bzw. zu deuten sind, sondern auch - und m. E. primär - unter dem Aspekt des sog. Entwicklungsschadens (s. Kap. 5.7.1).

Auf die durch starken Selbstwertbezug („narzißtische Potenz“) ausgezeichnete Situation der (Leistungs-)Prüfung bezogen, bedeutet dies, daß massive, (zunächst) schwer einfühlbare bzw. nachvollziehbare Prüfungsängste als Indikatoren für die Irritation eines sensiblen bzw. „zerbrechlichen“ „somato-szenischen Selbst“ zu werten sind. Die in der psychoanalytisch orientierten Literatur vorherrschende Deutung von (neurotischen) Prüfungsängsten als Zeichen „sexueller“ bzw. „aggressiver“ Versuchungs- und Bestrafungssituationen (vgl. z. B. Prahl 1979, S. 102 ff.) sollte m. E. wenigstens erweitert werden zugunsten einer neuroszenologisch-narzißtischen Betrachtungsweise. Demnach würde es nicht genügen, die Prüfung bzw. den Prüfling nach Kriterien der Selbstwertbedrohung (wie „Kränkung", „Trennung" etc.) zu beurteilen; vielmehr gälte es, die Prüfungsszene unter dem tiefenhermeneutischen Aspekt der zirkulären Selbstobjekt-Beziehungsdynamik zu analysieren, und zwar unter besonderer Berücksichtigung der empirischen bzw. beobachtbaren Affektkorrelate auf neurophysiologischer und nonverbaler Reaktionsebene. (Die Verwendung des Konjunktivs soll nochmals klarstellen, daß wir diese Aufgabe im Rahmen dieser Studie nicht leisten können, wir uns auch in den folgenden Kapiteln mit exemplarischen Hinweisen begnügen müssen).

Nachdem wir uns bei dem Streifzug durch die psychoanalytische Krankheitslehre ein neuroszenologisch akzentuiertes Vorverständnis des Zusammenhanges von Selbstwert und Kommunikation entwickelt haben (Stichworte: „somato-szenische" Doppelnatur von Selbst- und Objektrepräsentanzen, „Selbstobjektbeziehungen" i. S. v. „narzißtischen Interaktionsformen"), befassen wir uns im folgenden Kapitel mit dem konzeptuellen Problem der Anwendbarkeit psychoanalytisch-szenologischer Begriffe auf den (beobachtbaren) Bereich der (neuro-)physiologischen und nonverbalen Reaktionen.

5.8 Übertragungs- und Abwehrprozesse in neuroszenologischer Sicht

Bei der vorangegangenen Redeweise von „Selbst(objektbeziehung)", vom „somatoszenischen Selbst" oder von „Selbst-" und „Objektrepräsentanzen" haben wir stillschweigend vorausgesetzt, daß sich diese Begriffsvarianten von der introspektiven Ebene des intra-psychisch Unbewußten auf die extrospektive Ebene des neuro-szenisch Unbewußten transponieren ließen. Nicht wenige PsychoanalytikerInnen würden sich im übrigen gegen eine derartige Wendung ihrer Disziplin ins „Sozialpsychologische" verwahren - so z. B. auch Kohut (1977, 1982 a).

Anstatt die Kompatibilität von (vermeintlich) introspektiver Psychoanalyse und extrospektiven Wissenschaften zu diskutieren, werden wir uns darauf beschränken, einige ausgewählte konzeptuelle „Umschlagplätze" zwischen dem intra-psychisch Unbewußten einerseits und dem Neuro-Szenischen andererseits herauszuarbeiten versuchen.

5.8.1 Übertragung-Gegenübertragungsdynamik als „szenisches Rollenverhalten"

Fragen wir uns zunächst, welche der innerhalb der Psychoanalyse entwickelten Konzepte am ehesten eine „metapsychologische Brücke" zwischen Intra-Psychischem und Inter-Personellem zu schlagen versprechen. Wir stoßen - ohne allzu langes Nachdenken - auf den Begriff der *Übertragung*, wie wir ihn bereits (in Kap. 2.1) skizzierten. Unter diesem Begriff verstanden wir die Re-Aktualisierung frühinfantiler (aber ggf. auch „späterer") Sozialisationserfahrungen, und zwar im Sinne eines situativ bezogenen Abrufens habitueller Beziehungsmuster mitsamt den zugehörigen (szenischen) Affekten.

Den Vorgang der Übertragung(sreaktion) können wir nunmehr - repräsentanzenpsychologisch umformuliert - als szenisch gebundene Externalisierung ehemals internalisierter bzw. introjizierter Selbst- und Objekt- bzw. Selbstobjekt-Repräsentanzen definieren. So mag sich z. B. ein Prüfling im Angesicht eines als stark-beschützend phantasierten Prüfers „anlehnungs-“ bzw. „hilfsbedürftig“ fühlen. Nimmt der Prüfling den Prüfer vor seinem „geistigen Auge“ als „mächtig-bedrohliche“ Gestalt (i. S. der Imago, s. Kap. 5.6) wahr, so wird er vermutlich eher ängstlich bzw. verzweifelt reagieren. Der Prüfling würde in jedem Fall sein Selbstgefühl, wie er es vielleicht als Vierjähriger (als real „Schwacher“, „Hilfloser“) einst erlebte, auf die Prüfungsszene sozusagen „übertragen“. Es handelte sich hierbei um eine Art von psychischem Anachronismus, um ein wie Greenson sagt: „Mißverstehen der Gegenwart gemäß der Vergangenheit“ (Greenson 1986, S. 44, s. dort auch S. 184). Es läge insofern eine Repräsentanzenverschiebung vor, als affektiv bedeutsame Beziehungsqualitäten von früheren Bezugsperson(en) dem Prüfer in der gegenwärtigen Szene zugeschrieben würden. (Die früheren Bezugspersonen müssen nicht unbedingt auf den Vater oder die Mutter beschränkt sein).

Es sei darauf hingewiesen, daß das repräsentanzenpsychologische Übertragungskonzept mit wahrnehmungspsychologischen und neurobiologischen Postulaten verträglich ist. Aus der Wahrnehmungsforschung ist hinlänglich bekannt, daß ein und dieselbe Reizkonfiguration beim Betrachter unterschiedliche Bedeutungen gewinnen kann. Paradebeispiele hierfür wären z.B. die sog. Kippfiguren bzw. Umspringbilder (vgl. z.B. Wendt 1989, S. 151 f.). Des weiteren ist das Gehirn in der Lage, aus relativ wenigen Reizfragmenten (z.B. Strichen, Konturen) ein vollständiges „inneres“ Bild (etwa eines Gesichtes) zu konstruieren. Das Gehirn erzeugt offensichtlich in seiner neuronalen Repräsentation etwas, was auf der Wahrnehmungsseite nicht unbedingt gegeben ist (vgl. hierzu u.a. die Ausführungen in: Kandel, Schwartz & Jessel 1995, pp. 388 ff.). Die Tendenz des Gehirns zur Komplettierung bruchstückhafter Sinnesreize bildet die neuronalen Bedingungen für Wahrnehmungsfehler und ähnliche Irrtümer, zu denen wir auch (Freudsche) „Fehlleistungen“ sowie die o.g. Repräsentanzenverschiebung zählen können.

Lernpsychologisch formuliert, handelt es sich bei der - psychoanalytisch verstandenen - Übertragung um eine sog. (Reiz-)Generalisierung, die sich dadurch auszeichnet, daß gleichartige bzw. in wichtigen Merkmalen übereinstimmende Reizkonfigurationen dieselbe Reaktion bewirken. Der „Gründungsvater“ der klassischen Konditionierungsforschung, der russische Physiologe I. P. Pawlow (s. Kap. 6.4.1) hat das Phänomen der Generalisierung mit der neuronalen „Irradiation“, d.h. mit dem Übergreifen von reizspezifischen Erregungen auf benachbarte Zonen des Kortex zu erklären versucht (vgl. z.B. Wendt 1989, S. 182).

Zu der Frage, wie das Gehirn seine (u.U. fehlerhafte) „Wirklichkeit" erzeugt, gibt es in der gegenwärtigen Neurobiologie noch keine allgemein gültige Erklärung (vgl. Bieri 1992, Chalmers 1996). Nach einer der vorherrschenden Auffassungen kann jedoch angenommen werden, daß zu den direkt reizgekoppelten Hirnarealen weitere Neuronenverbände in eine sog. synchron-oszillierende Gesamterregung treten (vgl. Crick & Koch 1993; Roth 1995, S. 242 ff.). Analog dazu kann man sich die Übertragung als Koinzidenz neuronaler Aktivität verdeutlichen: Die Verdichtung von „psychischen" Repräsentanzen zur „Übertragungsfigur" könnte dadurch zustande kommen, daß bestimmte kortikal-sensorische Felder (quasi die Lieferanten der Wahrnehmungsfragmente) und subkortikal-limbische Strukturen (mit abrufbaren affektiven „Erinnerungsbildern") simultan und ggf. im gleichen Takt feuern. Dies ist zwar auch eine kühne Annahme, die sich aber gegenüber psychoanalytischen bzw. szenologischen Formulierungen dadurch auszeichnet, daß sie grundsätzlich in empirisch prüfbare Hypothesen überführbar ist. Nach diesen Zwischenbemerkungen wollen wir - an das obige Prüfungsbeispiel anknüpfend - wieder zur psychodynamischen (Betrachtungs-)Ebene zurückkehren, um den szenologisch bedeutsamen Gehalt des Übertragungskonzeptes weiter herauszuarbeiten.

Nach dem lernpsychologischen Prinzip der (Reiz-)Generalisierung (s.o.) ist anzunehmen, daß die relative Häufigkeit für (reizgeneralisierende) „Übertragungsreaktionen" mit dem Grad der Ähnlichkeit zwischen der aktuellen Szene einerseits und der internalisierten „Repräsentanzenwelt" andererseits zunimmt. Vom realen Verhalten des Prüfers wird es daher entscheidend mit abhängen, ob es tatsächlich zu einer - zumindest partiellen - „Wiederholung" vergangener Szenen im Prüfungszimmer kommt. Geht der Prüfer womöglich nicht in die „Rolle" des „Starken" bzw. „Strengen", so laufen die re-aktivierten Selbstrepräsentanzen des Prüflings gleichsam ins Leere, oder aber sie rufen sozusagen weitere Objektrepräsentanzen ab, die dem realen Prüferverhalten eher entsprechen. Hieraus ist leicht zu ersehen, daß Übertragungsszenen im Sinne von Freuds „Neuauflagen" (Freud 1905, St. A. Bd. 6, S. 180) nur dann eintreten können, wenn die jeweils mobilisierten Repräsentanzen ihre Widerspiegelung im (realen) Kommunikationsverhalten der Beteiligten finden.

Übertragungsreaktionen erwachsen demnach nicht einseitig aus den Illusionen bzw. Fehl-Apperzeptionen *eines* Kommunikationspartners. Wie bereits der Name sagt, stellen die Übertragungs-Re-Aktionen nur die individuenbezogenen Anteile der interindividuellen, unbewußten Beziehungsdynamik dar (zu einer inter-aktionellen Erweiterung des Übertragungskonzeptes s. auch Mertens 1993, S. 189 ff.). Wenn wir also von Übertragungsreaktionen bzw. -bereitschaften sprechen, so haben wir immerfort das dazugehörige Ergänzungs- bzw. Gegenstück mit zu berücksichtigen. Letzteres wird in der Psychoanalyse unter dem Begriff der Gegenübertragung (des Analytikers) beschrieben. Nach der klassischen Auffassung ist damit die zwar unbewußte, aber in der Regel nichtneurotische Reaktion des Psychoanalytikers auf die Übertragung des Analysanden gemeint. In neuerer Zeit wird dieses Ideal eines absolut neutralen, über der Beziehungsdynamik erhabenen und von jeglichen neurotisierenden Verhaltenstendenzen freien Psychoanalytikers zunehmend in Frage gestellt (vgl. Kutter 1989, S. 282 ff.; bes. Mertens 1991, Kap. 13).

Das Thema der Gegenübertragung wurde in der Psychoanalyse lange Zeit eher stiefmütterlich behandelt (vgl. Krüger-Zeul 1985; Thomä & Kächele 1989, S. 83 ff.). Erst in den letzten 10 - 15 Jahren hat man begonnen, die (therapeutische) Gegenübertragung nicht nur im Sinne zu beseitigender „blinder Flecken" zu bewerten, sondern sie auch als diagnostisches Instrumentarium zu schätzen (vgl. König 1992). Die eigenen Gegenübertragungs-Gefühle vermögen dem Therapeuten nämlich interessante Hinweise auf die Übertragungsmodi des Patienten und damit auf die Qualität der therapeutischen Beziehung zu geben. (Bezügl. der klinisch relevanten Gegenübertragungs-Gefühle des Psychoanalytikers bei den sog. narzißtischen Persönlichkeitsstörungen s. bes. Kohut 1976, S. 296-333, sowie zusf. die Tabelle bei Mertens 1992 b, S. 190).

Die verschiedenen psychoanalyseinternen Diskussionsbeiträge zu dem im therapeutischen Beziehungsfeld unvermeidlichen Phänomen der Gegenübertragung sollen uns nicht weiter beschäftigen. Erwähnenswert erscheint mir aber eine - wohl auch auf das extra-klinische Feld übertragbare - Differenzierung der Gegenübertragungsreaktion hinsichtlich des Selbst- und Objektaspektes (vgl. hierzu u. a. Kutter 1989, S. 283, Thomä & Kächele 1989, S. 96; Trescher 1990, S. 124 f.).

Es wird gemeinhin zwischen zwei Grundtypen der Gegenübertragung unterschieden, die als Folgen zweier verschiedener (unbewußter) Identifizierungen des Therapeuten mit dem Patienten interpretiert werden (zum Identifizierungsbegriff s. Kap. 5.7.1): Bei der sog. *konkordanten Gegenübertragung* glaubt der Therapeut sich in einer ähnlichen Weise zu erleben („ärgerlich", „gedemütigt", „kontrolliert" etc.), wie der Patient empfindet. Man könnte auch sagen, der Therapeut identifiziere sich mit der Selbstrepräsentanz des Patienten. Man sollte m. E. jedoch dieses unbewußte Eingestimmtsein des Therapeuten auf die Erlebniswelt des Patienten nicht mit einem einfühlenden Verstehen bzw. mit der willentlichen Empathie (sensu Kohut oder Rogers) verwechseln. (Die psychoanalytischen AutorInnen äußern sich zu diesem Punkt leider nicht sehr eindeutig). Die „konkordante Gegenübertragung" stellt - anders als die Empathie - eine mehr oder weniger spezifische Re-Aktion („szenische Antwort") auf die Übertragung („Inszenierung") des anderen (des Patienten) dar.

Wenn z. B. ein Prüfling (oder auch: ein Prüfer) seine Unsicherheit bzw. sein geringes Selbstwertgefühl dadurch zu bewältigen versucht, daß er sein Gegenüber zu entwerten bzw. zu blamieren trachtet, so wird letzter ggf. tatsächlich Selbstzweifel bekommen bzw. sich verunsichert fühlen. Das eigene psychische Leid bzw. das „negative" Gefühl wird dann nicht über *intra*-personale Symbolisationsleistungen zu bewältigen versucht (vgl. das Freudsche Garnrollenspiel, wo eine Umwandlung von passivem Erleben in aktives „Manipulieren" stattfand, Kap. 5.7.2.2), sondern es wird via *inter*-personelle *Übertragung-Gegenübertragungs-Dynamik* bei dem andern sogar aktiv „induziert" (s. hierzu ausführlich Kap. 5.8.2.3).

Der andere Grundtypus von Gegenübertragung, die sog. *komplementäre Gegenübertragung*, kann als unbewußte Identifizierung des Analytikers mit der Objektrepräsentanz bzw. mit dem Übertragungsobjekt des Patienten gekennzeichnet werden. In diesem Falle wird der Therapeut mittels der Übertragungs-Gegenübertragungs-Dynamik in die „Rolle" einer klassischen Übertragungsfigur („Vater", „Mutter" etc.) oder eines Selbstobjektes gedrängt, die den jeweils re-aktivierten Objektrepräsentanzen („beschützend", „allmächtig", „verächtlich" etc.) des Patienten entspricht. Allgemein gefaßt, setzt die eine Person komplementär jene Objektrepräsentanz(en) in Szene, die zu der (den) von der anderen Person re-aktivierten Selbstrepräsentanz(en) „paßt" („passen"). So mag z. B. ein sich ängstlich zeigender Prüfling u. U. bei dem Prüfer entsprechende „positive" oder „negative" Komplementärreaktionen und -gefühle wecken wie Hilfsbereitschaft, Mitleid, „mildere" Beurteilung etc. oder auch das genaue Gegenteil wie Strenge, Ungeduld, Kritik etc..

„Positiv" getöntes Komplementärverhalten haben wir recht häufig im Rahmen unserer PPF-Studien (s. Kap. 1.1) beobachten können. Insbesondere sahen wir diese Komplementär-Konstellation in Prüfungsdyaden unterschiedlichen Geschlechts, wo ein weiblicher Prüfling den männlichen Prüfer zu einem eher „milden", nachsichtigen Verhalten „bewegen" konnte. Bei ebenfalls ängstlich-aufgeregten, aber männlichen Prüflingen gingen dieselben (!) Prüfer zuweilen in eine eher (sub-)aggressiv getönte Komplementäreinstellung (Ungeduld, Gereiztheit, „emotionale Kälte") oder auch - wie in Kap. 2.5 skizziert - in die konkordante Gefühlslage (Angst, Unsicherheit). Aus diesen anekdotischen Beobachtungen kann man zumindest mutmaßen, daß die Übertragung-Gegenübertragungs-Dynamik von geschlechtsspezifischen bzw. soziokulturellen Rollenmustern mit beeinflußt wird. Leider gibt es m. W. hierzu kein empirisches Material.

In der sozialpsychologischen Selbstkonzeptforschung wird das oben angesprochene Phänomen z. T. unter dem Schlagwort des „self handicapping" untersucht. Unter diesem Begriff der „Selbstbehinderung" versteht man das bewußte, strategische Herausstellen von persönlichen Beeinträchtigungen (wie Müdigkeit, Nervosität, Angst), um von anderen, das Selbstwertgefühl stärker tangierenden Defiziten (wie z. B. Intelligenz, Kompetenzen) abzulenken. „Self handicapping" wird jedoch als ein die experimentelle Forschung anleitendes Konstrukt verwendet und bezieht sich nicht auf szenische Alltagskommunikation i. S. unbewußt eingespielter Komplementärreaktionen. Zudem hat der „self handicapping"-Ansatz die ihm gebührende Beachtung in der Angst- und Prüfungsforschung noch nicht erfahren (vgl. Laux & Weber 1993, S. 132).

Die in der neueren Psychoanalyse gewonnene Sicht von Gegenübertragung als einem therapeutisch-diagnostischen Agens hatte implizit auch Lorenzer sich zu eigen gemacht, als er bereits Anfang der siebziger Jahre seine Idee des szenischen Verstehens i. S. eines tiefenhermeneutischen Beobachtungsansatzes zu entwickeln begann (vgl. Kap. 2.4). Wir können nun, an Lorenzers globaler Konzeptualisierung anknüpfend, das szenische Verstehen noch genauer charakterisieren als eine gegenübertragungsspezifische Grundhaltung, die nicht nur für die psychoanalytisch-teilnehmende, sondern grundsätzlich auch für die „szenographische", nicht-teilnehmende Beobachtung kennzeichnend sein sollte: In dem probeweisen, quasi „mit-inszenierenden" Nachvollzug des interaktiven Geschehens kann sich der Forscher sowohl die Selbst- als auch die Übertragungs- bzw. (Selbst-)Objektanteile der jeweils beobachteten Personen vergegenwärtigen. Während der zeitweiligen Konzentration der Aufmerksamkeit auf einen der an der Szene Beteiligten bedeutet dies, daß der Forscher teils so empfindet, wie der betreffende Kommunikant sich selbst erlebt und darstellt (Aspekt der Selbstrepräsentanzen) und teils so, wie der Kommunikant den bzw. die übrigen Akteure wahrnimmt und wie er mit dem anderen umgeht bzw. wie er diese „behandelt" (Aspekt der Objektrepräsentanzen). Das methodisch geschulte Oszillieren zwischen der konkordanten und der komplementären Gegenübertragung könnte man als die Schlüsselaktivität des szenischen Verstehens kennzeichnen.

Im Unterschied zum psychologischen Verstehen, wo die Einfühlung in die Selbstaspekte der jeweiligen Person im Vordergrund steht, zeichnet sich das szenische Verstehen nach unserer Auslegung dadurch aus, daß die Selbst- und Objektrepräsentanzen sowie die damit korrespondierenden affektiven Signale als funktionelle „Beobachtungseinheit" erfahren werden.

Unter behandlungs- wie forschungsmethodischen Aspekten bedürfte der Gegenübertragungsbegriff freilich noch der weiteren Klärung, damit sich beim Vorgang des szenischen Verstehens nicht ungebremst Fehleinschätzungen und Wahrnehmungstäuschungen herausbilden können. Insbesondere wäre zu erörtern, ob und inwieweit die Gegenübertragung

- die bloße Re-Aktion des „Beobachters" (Therapeuten/Pädagogen, Forschers) auf die Übertragungsangebote der jeweiligen zu verstehenden Person (des Patienten, Klienten oder Probanden) darstellt, und/oder

- die generelle (nicht situative) Erlebnis- bzw. Verhaltenstendenz des „Beobachters" widerspiegelt, und/oder

- von spezifisch „neurotischen" bzw. „destruktiv-narzißtischen" Selbstaspekten (vgl. Kap. 5.7.1) des „Beobachters" sozusagen getrübt wird.

Wir wollen auf diese differenzierenden Gesichtspunkte nicht näher eingehen, zumal sie ohnehin nur unter handlungspragmatischer Perspektive diskutiert worden sind (für den klinischen und pädagogischen Bereich vgl. zusf. Mertens 1991, Kap. 13, 14, 1992 b, S. 176 ff.; Moeller 1977; Trescher 1993). Freilich stellt sich das Problem der neurotischen oder narzißtischen Wahrnehmungsselektion auch bei der neuroszenographischen, nicht-teilnehmenden Beobachtung, wenngleich weniger dringlich. Im nichtteilnehmenden Forschungssetting sind die methodischen Vorkehrungen gegen Beobachtungs- bzw. Beurteilungsfehler leichter einzuhalten und auch anders zu gewichten, als in klinischen oder pädagogischen Handlungsfeldern, wo der psychoanalytische Therapeut oder Pädagoge nicht nur unmittelbar in die Übertragung-Gegenübertragungsdynamik involviert ist, sondern ihm zugleich auch ein verantwortbarer Umgang mit den Patienten bzw. mit den ihm Anvertrauten abverlangt wird (s. auch Kap. 7.1.2).

Die dem szenischen Verstehen zugrundeliegende Vorstellung des rekursiven Verhältnisses von Übertragung und Gegenübertragung impliziert eine szenologisch bedeutsame Überlegung: Übertragung ist weder als eine bloße Regression auf frühkindliche Sozialisationstufen noch als ein reines Faksimile infantiler Erlebnismuster aufzufassen (s. auch Kap. 1.2). Die (individuelle) Übertragung ist letztlich nur zusammen mit ihrem szenischen Komplement der Gegenübertragung verstehbar. Übertragungsreaktionen bilden zusammen mit ihren Gegenstücken der Gegenübertragung ein unbewußtes „Zusammenspiel" (Kollusion), die sich aus einer wechselseitigen Induktion „szenischer Rollen" aufbaut und perpetuiert. Mit „Rolle" ist nicht ein Bündel von gesellschaftlichen Erwartungen gemeint, wie sie der Inhaber einer sozialen Position (z. B. „Student" oder „Prüfer" an einer Universität) glaubt erfüllen zu müssen. Ich verwende den Rollenbegriff vielmehr in seiner spezifisch psychoanalytischen Fassung, wie er m. W. von Horst-Eberhard Richter (1969) erstmals im deutschen Sprachraum eingeführt wurde und wie er sich implizit in Jürg Willis sog. Kollusionskonzept zur (Ehe-)-Paardynamik wiederfindet (vgl. Willi 1990/1975).

Mit Hilfe des „Rollenbegriffs" typisierte Richter (1969) seinerzeit bestimmte familiendynamische Muster, bei denen das Kind als „Bündnisgenosse", als „Partnerersatz", als „Sündenbock" oder als „idealisiertes Selbst" zu fungieren hatte, um das Selbstwertgefühl eines Elternteils zu stabilisieren oder um die Spannung zwischen den Familienmitgliedern bzw. Eltern zu kompensieren. Willi (1990/1975) entwickelte eine Art Typologie der „unbewußten" Zweierbeziehung, bei der die Partner sich wechselseitig in starre, komplementäre „Rollen" drängen (wie der „Beschützer" - die „Hilfsbedürftige", der „Bewunderer" - die „Bewunderte", der „Aggressive" - die „Sanftmütige" etc.). Die mangelnde Flexibilität der Rollenaufteilung gründet hierbei weniger in sozio-kulturellen Normvorstellungen als vielmehr in einer gemeinsamen Abwehrdynamik (s. Kap. 5.8.2), bei der es darum geht, ungestillte Wünsche, verleugnete Bedürfnisse oder angstbesetzte Leidenschaften quasi in Schach zu halten.

Die Wendung „szenische Rolle" ist nicht zu verwechseln mit dem Begriff der „sozialen Rolle", wie er in der Soziologie und Sozialpsychologie verwendet wird. Mit „szenischer Rolle" soll ein zirkuläres Kommunikationsverhalten (i. S. des Szenokreises, Kap. 5.5) umschrieben werden, das aufgrund eines unbewußt-affektiven Erwartungsdrucks hervorgerufen wird (s. hierzu Kap. 5.8.2.3).

Zu beachten ist hierbei, daß der Begriff der „szenischen Rolle" ein tiefenhermeneutisches Konstrukt darstellt, das zwar eine bestimmte Blickrichtung vorgibt, mit der sich aber keine empirischen Phänomene umschreiben lassen. Die „szenischen Rollen" lassen sich - wie das „somatoszenische Selbst" - nicht als solche operationalisieren, sondern nur hypothetisch konstruieren, und zwar mit Hilfe des wechselseitigen Bezugs von szenologischen Konzepten (wie Übertragung-Gegenübertragungs-Dynamik) und den entsprechenden Affektkorrelaten (wie mimischen und physiologischen Signalen). Genau genommen, müßten wir von „*somato*-szenischen" Rollen sprechen, da es gerade die neuro-muskulären und psycho-physiologischen Affektkorrelate für Sympathie,

Zuneigung, Interesse, Ablehnung, Langeweile, Ungeduld etc.) sind, die als „unbewußte“ Botschaften die „Symphonie“ aus Übertragungs- und Gegenübertragungsreaktionen konstituieren.

Wenngleich die somatisch-affektiven Reaktionsmuster als die eigentlichen Botschaften zu begreifen sind, können „somato-szenische Rollen“ nicht als vom übrigen Sozialverhalten losgelöste Kommunikationsaspekte konzeptualisiert werden. In konkreten Situationen treten - wenn man so will - „somato-szenische“ und „soziale“ Rollen immer gemischt auf. Das jeweilige Mischungsverhältnis von szenischen und sozialen Rollenanteilen verdankt sich - psychoanalytisch formuliert - den sog. Abwehrmechanismen. Diese wollen wir im nächsten Kapitel ausführlicher besprechen.

5.8.2 Abwehrmechanismen in neuroszenologischer Sicht

5.8.2.1 Grundmodi der Abwehr: Verdrängung und Spaltung

Vor allem Freuds Tochter Anna kommt m. W. das Verdienst zu, erstmals die sog. Abwehrmechanismen systematisch und in ihrer komplexen Wirkung auf das betreffende Individuum beschrieben zu haben (A. Freud 1936/1966). Die *„Abwehrmechanismen“* sind - wie ihr Name sagt - unbewußt in Gang gesetzte bzw. gehaltene Automatismen, die dem einen Ziel dienen, nämlich die „unlustgetönten“ oder „selbstwertbedrohlichen“ Erlebnisse bzw. Emotionen vom Bewußtsein fernzuhalten. Wir wollen auf die Abwehrmechanismen selbst nicht in toto eingehen, da es erstens leicht zugängliche Überblicksdarstellungen hierzu gibt (vgl. Brenner 1984, S. 81-95; Amelang & Bartussek 1990, S. 354 ff.; Mentzos 1983) und es zweitens uns nicht um die intrapsychischen Feinheiten der Abwehrdynamik geht, sondern um die exemplarische Veranschaulichung unseres (neuro-)szenologischen Ansatzes. Wir werden daher nur ausschnitthaft zwei Grundtypen von Abwehrmechanismen diskutieren, und zwar unter besonderer Betonung des *neuroszenologischen* Aspektes der narzißtischen Interaktionsformen (s. Kap. 5.7.2), überdies werden wir - in pauschalisierender Redeweise - den Begriff der Angst (inkl. Selbstwertbedrohung) als pars pro toto für letztlich alle „negativen“ Emotionen wie „Wut“, „Haß“, „Verzweiflung“, „Trauer“, „Scham“ etc. gebrauchen. (In ähnlicher Weise ging übrigens auch Freud vor).

Betrachten wir zunächst den Prototyp aller Abwehrmechanismen, die *„Verdrängung“* (im engeren Sinne). Hier werden (angeblich) Bewußtseinsinhalte (wie Vorstellungen, Erinnerungen, Wünsche) und (Trieb-)Regungen in das sog. Unbewußte „abgedrängt“ bzw. „vergessen“. (Nach der klassischen Lehrmeinung sind alle weiteren Abwehrmechanismen wie „Rationalisierung“, „Affektisolierung“, „Projektion“, „Verschiebung“ etc. Unterformen bzw. Spielarten der „Verdrängung“). Die Verdrängung zeitigt dementsprechende Ausfälle in der (Selbst-)Wahrnehmung (Skotome bzw. „blinde Flekken“) sowie amnestische Lücken. In die Sprache Lorenzers transponiert, würden wir die Verdrängung als Paradebeispiel der *De-Symbolisierung* charakterisieren (vgl. Kap.

2.2). Diese De-Symbolisierung ließe sich weiterhin - in neurobiologischer Hinsicht - als eine Unterbindung von zentralnervösen Erregungen zwischen dem Cortex (insbesondere des Frontalhirns) einerseits und diencephalen sowie limbischen Hirnstrukturen andererseits interpretieren. Man beachte, daß diese Vermutung im Unterschied zu den gängigen psychoanalytischen Umschreibungen eine potentiell prüfbare empirische Hypothese darstellt. Allerdings könnten die derzeit verfügbaren neurophysiologischen Techniken (inkl. der neueren bildgebenden Verfahren, s. Kap. 4.1) hierfür nur vage Anhaltspunkte liefern.

Im Rahmen der Selbst- und Objektbeziehungspsychologie (s. Kap. 5.2) - und hier wiederum im Zusammenhang mit den sog. Frühstörungen werden Abwehrmechanismen diskutiert, deren Prototyp als „*Spaltung*" („splitting") bezeichnet wird (vgl. als Überblick: Kernberg 1983, S. 45 f., 375 f.; Kohut 1976, S. 101 (FN 1), 205, 215; 1981 a, S. 154, 222; 1981 b, S. 104; 1989, S. 89; Kutter 1989, S. 173 f.; Rhode-Dachser 1989, S. 92 ff.).

Das Charakteristikum eines wohl jeden Spaltungsvorganges ist - wie der Name vermuten läßt - die (intra-psychische) Dissoziation konträrer, genauer: persönlich als widersprüchlich erlebter Repräsentanzen des Selbst und/oder des Objektes. Die Spaltung sorgt also dafür, daß (subjektiv) unvereinbare bzw. stark ambivalente Vorstellungen über einen selbst und/oder den/die anderen (Beispiele: „Ich bin begabt" vs. „Ich kann nichts", „Sie helfen mir" vs. „Sie lassen mich im Stich") voneinander getrennt werden. (Im pathologischen Fall ist dies freilich ein chronischer Zustand). Spaltungsvorgänge könnte man auch als Hinweise auf mangelnde Ambivalenz- bzw. Frustrationstoleranz begreifen. Mit anderen Worten: Die als inkompatibel erlebten Repräsentanzen können nicht „synthetisiert" (= zusammengebracht und zusammengehalten) werden, bzw. Frustrationen können nicht ertragen werden.

Zur Verdeutlichung unserer Vorstellung einer passageren, nicht unbedingt pathologischen Spaltung wollen wir eine Erfahrung aus unserem Prüfungsforschungsprojekt heranziehen:

Ein (durchschnittlich erfolgreicher) Pädagogik-Student möchte bei einem von ihm hoch geschätzten Psychologie-Professor eine Diplomarbeit schreiben. Er kommt voller Ideen und mit einem kleinen Exposé in die Sprechstunde des Hochschullehrers. Der Student muß jedoch zu seinem Leidwesen erfahren, daß der Professor an diesem Tag nicht die notwendige Zeit findet (er muß einer hochschulinternen Verpflichtung nachkommen), um sich ausführlicher mit dem Exposé zu beschäftigen. Die „kurze Abfertigung" erlebt der Student - vor dem Hintergrund seiner narzißtischen Anspruchshaltung - als „Kränkung": Er ist „empört" darüber, wie man mit ihm „umgesprungen" sei und findet eine Reihe abschätziger Bemerkungen über den Professor; dies alles drückt er nicht dem Professor selbst gegenüber aus, sondern gegenüber anderen Unbeteiligten. Einige Zeit später, nach einer „gelungenen" zweiten Zusammenkunft, „idealisierte“ unser Student den Professor wie gewohnt. Es waren nur noch „positive Töne“ über den Professor zu hören, ohne daß der Student die vorausgegangene „Abwertung“ desselben bewußt revidiert bzw. relativiert hätte. Die beiden konträren Einschätzungen („Idealisierung“ vs. „Abwertung“) standen zwar scheinbar konfliktlos, aber auch „psychisch unverarbeitet“, d. h. ohne jedwede Einsichtsfähigkeit nebeneinander. Ein Außenstehender hätte meinen können, der Student hätte zwei verschiedene Prüfer beschrieben!

An diesem Beispiel tritt eine weitere Besonderheit von Spaltungsvorgängen hervor, die zugleich als ein wichtiges Unterscheidungsmerkmal gegenüber den klassischen Abwehrmechanismen (vom Verdrängungs-Typus) gelten kann. Die inkompatiblen Erfahrungs- bzw. Abwehrinhalte bleiben grundsätzlich bewußt- (seinsfähig); sie werden nicht „de-symbolisiert“, sondern alternierend, d. h. je nach Bedarf und Situation aktualisiert bzw. „verleugnet“. Die gegensätzlichen Erfahrungsaspekte beherrschen sozusagen abwechselnd die jeweilige Szene. Die blande Verleugnung bzw. Abspaltung des jeweiligen „Gegenstücks“ bzw. Teil-Aspektes eines Erfahrungskomplexes sorgt u. a. für eine Reduktion der emotionalen Betroffenheit (als subjektives Gefühl, ggf. nicht bezüglich der psychophysiologischen Parameter, s. Kap 3.6) über die eigene Widersprüchlichkeit. Die Spaltung dient also nicht nur - wie bei der Verdrängung - der Abwehr „unangenehmer“ Erfahrungen bzw. Emotionen. Man kann die Spaltung deshalb im Sinne eines existentiellen, für das „psychische Überleben“ notwendigen „Selbstschutzes“ interpretieren.

Innerhalb der psychoanalytischen Selbst- und Objektbeziehungspsychologie scheint Einigkeit darüber zu bestehen, daß die Spaltung für das Kleinkind einen notwendigen und somit „normalen“ Abwehrmechanismus darstellt (vgl. z. B. Rhode-Dachser 1989, S. 93). Wenn man sich vergegenwärtigt, daß die Grenzen zwischen den Selbst- und Objektrepräsentanzen beim Kleinkind noch nicht deutlich ausgebildet sind, so erscheint diese - unempirische, grundsätzlich nicht prüfbare - Annahme zumindest plausibel: Für den Aufbau „innerer“ psychischer Struktur (Repräsentanzenwelt) bedarf das Kleinkind der Spaltung bzw. der vorläufigen Trennung gefährlicher, schmerzlicher, ängstigender etc. Erlebnisse von freudvollen tröstenden, besänftigenden, beruhigenden etc. Erfahrungen; andernfalls drohte das heranwachsende Kind „innerlich zu verschwimmen“, d. h. seine Repräsentanzen blieben in der Selbst- und Objektdimension nebulös, undeutlich voneinander abgegrenzt.

Von Seiten neonatologisch orientierter Theoretiker wird allerdings eingewandt, daß sich bereits beim Säugling recht komplexe und differenzierte Affekte beobachten ließen, und die Spaltung daher nicht als entwicklungspsychologischer Ausgangspunkt der kindlichen Lebensbewältigung betrachtet werden dürfe (vgl. Dornes 1993, S. 97 ff.; Lichtenberg 1991 b, S. 113 f., 171 f.; Stern 1986, p. 251 f.; s. auch Kap. 5.2.1, 5.7.1).

Gleichwohl hält die Mehrzahl der PsychoanalytikerInnen an der (Lehr-)Meinung fest, daß die Spaltung einen entwicklungsspezifischen, in der begrenzten (Bewältigungs-)-Kapazität des Kleinkindes wurzelnden Abwehrmechanismus darstellt, der erst mit seiner Fortdauer (bis ins Jugend- und Erwachsenenalter) eindeutig pathologische Züge aufweist. Diese Auffassung läßt sich mit der Überlegung rechtfertigen, daß sich im Gefolge einer chronischen bzw. habituellen Spaltung der Repräsentanzen schlechterdings kein stabiles Selbst und keine „verläßliche“ Objektwelt aufbauen könnten. Die - auch für den Außenstehenden - beobachtbaren Folgen andauernden (Auf-)Spaltens sowohl der Selbst- als auch der Objektrepräsentanzen sind u. a. Selbstwert- bzw. Stimmungsschwankungen, (soziale) „Unzuverläßlichkeit“, strikte Entweder-Oder-Haltung bzw. „Schwarz-Weiß-Zeichnen“, geringe Impulskontrolle bzw. episodische „Durchbrüche“ bei gleichzeitiger „Flachheit“ in den emotionalen Beziehungen, mangelnde Fähigkeit zur Empathie, häufiger Partnerwechsel und dergl. - alles Hinweise auf eine schwere Selbstpathologie (s. Kap. 3.1).

Man sollte m. E. jedoch in Betracht ziehen, daß - wie für alle Abwehrmechanismen - auch für die Spaltung gilt, daß sie u. U. auch im Erwachsenenalter eine passagere Notwendigkeit darstellen kann, so z. B. wenn man sich „Zeit geben“ muß, um Veränderungen des Selbst(bildes) oder einschneidende Lebensetappen bzw. „kritische Lebensereignisse“ (Berufseintritt, Familiengründung, Wohnungswechsel, körperliche Gebrechen etc.) zu bewältigen, die nicht sofort in das Selbst bzw. in den Lebensplan integriert werden können. Spaltung wäre insofern eine nicht-pathologische, universelle Erfahrung.

Gleichwohl müssen - wie beim Kleinkind - die zeitweilig separierten Selbst- und Objektrepräsentanzen späterhin miteinander verknüpft werden, wenn es nicht zu ständig wechselnden und durchbruchhaft gelebten „Introjektionen“ (s. Kap. 5.7.1, bezügl. der Selbst-Dimension: mal „grandios“, dann wieder „minderwertig“ etc. und/oder „Projektionen“ (s. Kap. 5.8.2.3, bezügl. der Objekt-Dimension: „Idealisierung“ vs. „Entwertung“ des anderen) kommen soll. Im Alltag spräche man dann von der nicht überwundenen „Krise“. Wenn z. B. eine Prüfung eine derartige narzißtische Krise auslöst, so ist dies - nicht zuletzt - aus einer „traumatischen“ Primärsozialisation heraus zu verstehen, in der die „Imago“ eines „guten“, versorgenden und Wärme ausstrahlenden Selbstobjekts und dessen „Gegen-Imago“ („böse“, „kalt“, „zerstörerisch“) nicht in eine - „Zwischentöne“ zulassende - Einheit aufgehen konnten. (Aussagen dieser Art sind freilich nicht wissenschaftlich belegbar, sie sind - vorerst - nur von heuristischem Nutzen).

Die Spaltung gilt in der Psychoanalyse als ein „primitiver“ bzw. „unreifer“ Abwehrmechanismus (auf „präödipalem“ Niveau), wie er für ein noch „unentwickeltes“ bzw. „schwaches“ Selbst charakteristisch sei. Den klassischen Abwehrmechanismen, die sich um den Verdrängungstypus herum gruppieren, bescheinigt man demgegenüber ein „reiferes“, „ödipales“ bzw. „neurotisches“ Niveau, das sowohl ein „integriertes“ Selbst als auch das Stadium der „emotionalen Objektkonstanz“ (sensu Mahler, s. Kap. 5.7.1) voraussetze. Ungeachtet der empirischen Belegbarkeit sowie der inhaltlichen Probleme einer solchen Dichotomisierung von Abwehrprozessen in „primitive“ und „reife“ Niveaustufen, sollte man beachten, daß es sich hierbei oftmals um tautologische Aussagen handelt. „Emotionale Objektkonstanz" z. B. ist per definitionem das Resultat der „Integration" von „guten" und „bösen" mütterlichen Qualitäten.

Auf einen Vorschlag Kohuts (1976) zurückgreifend, läßt sich die Zweiteilung der Abwehrformen in einen Verdrängungs- und in einen Spaltungstyp auch primär unter dem Aspekt des Selbstwertbezugs betrachten: Bei der für Selbststörungen charakteristischen „*vertikalen Spaltung*" komme es - so Kohut - zu einer Dissoziation der Persönlichkeit in „entwertete" Selbst- und Objektrepräsentanzen einerseits („bewußte Minderwertigkeitsgefühle", „Versagensängste" etc.) und pathologisch verzerrte Selbstobjekt-Bedürfnisse andererseits („unersättliches" Bedürfnis nach Spiegelung/Bewunderung, „Idealisierung" des anderen als „grandios" und „omnipotent"). Zusätzlich zu dieser Spaltungsform postuliert Kohut eine „*horizontale Spaltung*", die den „entwerteten" Persönlichkeitssektor von unbewußt „verdrängten" Impulsen und Wünschen (etwa von dem „normalen" narzißtischen Streben nach Bewunderung und Bestätigung) abkoppelt. Die „horizontale Spaltung" kann am ehesten mit der klassischen Verdrängung („De-Symbolisierung") verglichen werden, weshalb Kohut auch von der (horizontalen) „Verdrängungs-Grenze" spricht (vgl. bes. Kohut 1976, S. 101, 169 ff., 204 f., 215 f.; Kohut 1981 b, S. 104; s. auch Kutter 1989, S. 174 f., der eine ausgefeiltere Variante dieses Spaltungs-Schemas vorstellt).

Bei unseren weiteren Überlegungen wollen wir der Sprachregelung Kohuts folgen und der Einfachheit halber alle selbstwertbezogenen Abwehrvorgänge unter den Spaltungsbegriff subsumieren. Im folgenden Abschnitt werde ich versuchen, die neuroszenologischen Nuancierungen der beiden o. g. „Spaltungsformen" herauszuarbeiten, wobei die selbstwertbezogene Prüfung erneut im Fokus der veranschaulichenden Darstellung stehen soll.

5.8.2.2 Neuroszenologische Revisionsvorschläge

Die im letzten Abschnitt vorgestellte Differenzierung nach „vertikaler" und „horizontaler Spaltung" ist in neuropsychologischer Hinsicht insofern interessant, als hiermit eventuell unterschiedliche zentralnervöse Blockierungs- bzw. Hemmungswege beschrieben werden. Der Mediziner und Psychoanalytiker Klaus D. Hoppe (1975) stellte interessante Parallelen zwischen sog. split-brain-Patienten (= zumeist Epileptikern, denen die Gehirnhälften operativ getrennt wurden, s. Kap. 4.2.3) und psychosomatisch Kranken fest. Beiden Gruppen bescheinigt Hoppe eine emotionsarme Sprache, Mangel an Phantasie und „präsentativer Symbolik". Letzteres ist ein aus Susanne K. Langers „Philosophie der symbolischen Formen" entlehnter Begriff, der - in Abhebung von den „diskursiven", verbalen und streng definierten Symbolen (Sprachzeichen) - den Bereich der wortlosen, ästhetisch-emotionalen Ausdrucksmittel in Kunst, Musik, Religion, Architektur etc. kennzeichnet (vgl. Langer 1984, bes. S. 88, 100 ff.).

Angesichts der klinischen Auffassung, daß psychosomatische Störungen häufig mit narzißtischen Störungen einhergehen, wagt Hoppe die Analogiebildung zwischen der „vertikalen Spaltung“ (sensu Kohut) und einer (angenommenen) *inter*-hemisphärischen Blockierung. Aufgrund der festgestellten Ähnlichkeiten zwischen psychosomatischen und split-brain-Patienten bezeichnet Hoppe diese psychogene, aber im Zentralnervensystem quasi materialisierte Spaltung als „funktionelle Kommissurotomie“. (Kommissurotomie = operative Trennung der Kommissurfasern bzw. des Corpus callosum, d. h. der Verbindungen zwischen den Hemisphären).

Die (neurotische) Verdrängung resp. die (narzißtische) „horizontale Spaltung“ begreift Hoppe als eine *intra*-hemisphärische Blockade. Diese Vorstellung ist mit der von uns früher formulierten Annahme, daß „Hemmungen“ zwischen kortikalen und „tiefergelegenen“ Hirnstrukturen für die „De-Symbolisierung“ charakteristisch sein könnten (s. Kap. 4.2.4), zwar nicht identisch, aber zumindest kompatibel. Bedauerlicherweise ist der m. W. vorerst einmalige Versuch Hoppes, neurophysiologische Kenntnisse mit psychoanalytischen Konzepten zu verbinden, nicht stringent weitergeführt worden.

Wir wollen versuchen, die neuroszenologischen bzw. neuropsychologischen Korrelate der beiden sozusagen quer zueinander stehenden Spaltungsformen genauer herauszuarbeiten. Bei der „horizontalen Spaltung“ bleibt das betreffende Individuum - szenologisch formuliert - „blind“ für sein „inneres Drama“ bzw. für seine „interaktionsgeformte“ Perturbation - und dies, obgleich die dazu passenden externalisierten Repräsentanzen „leibhaftig“ (körpernah) erlebbar sein können (z. B. als Muskelspannung, Herzklopfen, Kopfschmerz etc.). Oder mit anderen Worten: Die „somato-szenischen Rollen“, die dem Individuum quasi „auf den Leib geschrieben“ sind, gehören zu dessen „innerem Ausland“ (vgl. Freud 1933, St. A. Bd. 1, S. 496). Gleichwohl sind diese Affektkorrelate pathetisch formuliert - dem „wahren“ Selbst, den somatoszenischen Grundelementen der Persönlichkeit (s. Kap. 5.7.2.3) am nächsten.

Bei der „vertikalen Spaltung“ erlebt das Individuum seine narzißtisch gefärbten Repräsentanzen ebenfalls „hautnah“ mit - allerdings weniger im Sinne des Freudschen „inneren Auslands“ als vielmehr in Form zweierlei Welten, d. h. nach einem „Alles-Oder-Nichts“-Prinzip. Neurophysiologisch formuliert, dominiert (im EEG) entweder die rechte oder die linke Hirnhemisphäre. Nicht alles was erlebt wird, kann sprachlich artikuliert werden und vieles, was gesagt wird, bleibt quasi abgespalten von der affektiven Erfahrung (s. hierzu auch die Darstellung zur split-brain-Forschung in Kap. 4.2.3); letzteres bedeutet, daß das betreffende Individuum selbst auf die größtenteils (vor-)bewußten affektiven Repräsentanzen nur „sprachlos“ und „unverständig“ re-agieren kann - ein scheinbar paradoxer Umstand, der sich (a) aus der *prä*-verbalen Szenogenese und (b) aus der periodisch alternierenden Verleugnung von Repräsentanzen-Anteilen erklären läßt.

Diesen recht schwierigen Sachverhalten bzw. das nicht unmittelbar eingängige Bild der sozusagen senkrecht aufeinander stehenden Spaltungsformen (vertikal vs. horizontal) wollen wir am Beispiel der Prüfungsangst zu exemplifizieren versuchen, und zwar unter besonderer Berücksichtigung der szeno-emotionalen Beziehungsregulierung zwischen Prüfer und Prüfling.

Stellen wir uns einen Prüfling vor, der obwohl bestens präpariert, mitten im Prüfungsablauf eine „Denkblockade" bekommt. Eine bestimmte Thematik bzw. ein situativer Schlüsselreiz führt dazu, daß eine zwar unbewußte, aber im Moment re-aktivierte (Kindheits-)Szene den Prüfling vollkommen „in Anspruch nimmt". Diese „Prüfungsblockade" mag flüchtiger Natur sein oder den weiteren Gesprächsablauf bestimmen. Das Angstsymptom ist in diesem Fall der Wegweiser zum „inneren Ausland" (s. o.) des Prüflings. Hier wäre also eine „horizontale Spaltung" bzw. eine „De-Symbolisierung" zu vermuten. Der Gedankenblock wäre als unbewußte Hemmung eines als „schädlich" bzw. „verpönt" phantasierten Übertragungsangebotes (wie Wünsche nach Zuneigung oder auch aggressive Tendenzen) zu werten.

Ein nachträgliches, psychoanalytisch orientiertes (Tiefen-)Interview könnte am ehesten Aufschluß darüber geben, ob der Prüfling sich vielleicht - aus ihm unerklärlichen Gründen - von Angst buchstäblich „übermannt" fühlt (→ Angst als „unbewußter Kompromiß", s. Kap. 5.7.1) oder ob er auf bestimmte narzißtische Aspekte der Prüfungssituation hin mit seiner intellektuellen Hemmung reagierte.

Wäre letzteres der Fall, müßte - zumindest auch - an die Möglichkeit der „vertikalen Spaltung" gedacht werden. (Ebenso wäre z. B. mit dem Abwehrmechnismus der Rationalisierung zu rechnen, d. h. mit einer Angabe von „Scheinmotiven" zur Begründung bzw. Rechtfertigung der blamablen Prüfungsleistung). Eine „vertikale Spaltung" schiene dann als wahrscheinlich, wenn der Prüfling in einen Zustand der (narzißtischen) Kränkung geraten sein sollte. Diese narzißtische Kränkung kann unterschiedlicher Natur sein: Der Prüfer kann z. B. zu „leichte" Fragen gestellt haben, woraus der Prüfling vielleicht eine ihn enttäuschende, zu niedrige (Fremd-)Einschätzung seiner Fachkompetenzen schlußfolgert (s. hierzu Kap. 3.2). Es mag aber auch sein, daß der Prüfer ein abweisend-kaltes und schroffes Verhalten an den Tag legt. Dies wären zwei Beispiele für - wie wir sagen - „äußere Kränkungen", die durch das jeweilige Selbstobjekt (zumindest) (mit-)bewirkt worden sind. Davon abzuheben wären „innere Kränkungen", bei denen das Individuum vor sich selbst versagt bzw. an seinen eigenen Ansprüchen scheitert. In unserem angenommenen Fallbeispiel könnte die „innere Kränkung" darin bestehen, daß der Prüfling sich selbst daran behindert, sein vorhandenes Wissen „an den Mann zu bringen" (unzureichende Ausdrucks- bzw. Selbstdarstellungsfähigkeit).

Diese beiden Falldarstellungen nahmen nur auf den Prüfling Bezug. Für die (neuro-)-szenologische Perspektive ist es jedoch zentral, die Qualität der Beziehung, der „(somato-)szenischen Rollen“ zu beleuchten. Nehmen wir der Einfachheit halber an, daß der Prüfer mit wenig Anteilnahme bzw. mangelnder Wertschätzung („emotionaler Kälte“) auf des Prüflings Denkhemmung reagiere. Welche unterschiedlichen szenischen „Rollenmuster“ wären bei der „horizontalen“ gegenüber der „vertikalen Spaltung“ zu erwarten?

Im Fall der „horizontalen Spaltung“ leitet sich das Symptom aus widerstreitenden Wünschen/Strebungen (z. B. Bedürfnis nach Wertschätzung vs. Bedürfnis nach Unabhängigkeit) ab, d. h. die Denkhemmung wäre als ein unbewußter Bewältigungsversuch zu verstehen. Wir können also davon ausgehen, daß der Prüfling seinen inneren Widerstreit wahrnimmt und dadurch sich selbst auch als (Mit-)Verursacher eines gestörten Kontaktes zum Prüfer erlebt, dies alles freilich nur unbewußt. Je nach den Erwartungen des Prüflings an die „pädagogischen Qualitäten“ des Prüfers sind wenigstens zweierlei Interaktionssequenzen vorstellbar: (1) Der Prüfling spürt intuitiv, daß er den Prüfer mit seiner Denkblockade verunsichert bzw. in menschlicher Hinsicht „überfordert“. Mit seinem „Unbewußten“ begreift der Prüfling sozusagen seine Leistungshemmung als ein aktuell mißlungenes „Übertragungsangebot“, mit dem der Prüfer mangels psychosozialer Kompetenzen nicht umzugehen vermag. Der Prüfling hätte also - wenn man so will - „Verständnis“ für das Prüferverhalten. Diese „unbewußte Toleranz“ ließe sich u. a. daran erkennen, daß der Prüfling trotz seiner Denkstörung und der damit verbundenen somato-szenischen Reaktionsstereotypien darum bemüht wäre, den (emotionalen) Gesprächskontakt aktiv wiederherzustellen (durch Fragen, Blickkontakt, körperliche Zuwendung und dergl.). Der Prüfer könnte daraufhin erleichtert sein - mit der Folge, daß er sich ebenfalls dafür einsetzt, das ins Stocken geratene Gespräch wieder in Bahnen zu lenken, die der Prüfungssituation angemessen sind.

Wie wäre es aber, wenn der „narzißtisch gekränkte“ Prüfling das „unempathische“ Verhalten des Prüfers nicht „akzeptieren“ könnte? Dann ließe sich folgender Kommunikationsverlauf vorstellen: Der Prüfling erlebt sich zunächst ebenfalls als gedanklich blockiert. Da er seine intellektuelle Verstörtheit unwillkürlich auf das „Fehlverhalten“ des Prüfers zurückführt (Kausalattribution, s. Kap. 3.2), reagiert er zusätzlich mit „sozialem Ärger“.

Dieser „Ärger“ (nicht über sich selbst, sondern über den anderen) mag offen ausgedrückt werden, z. B. in der Mimik, oder er mag - was nach unseren PPF-Erfahrungen wahrscheinlicher zu sein scheint - durch ein „positives“ Gefühl, z. B. ein „falsches Lächeln“ (sensu Ekman z. B. Innervation der Mm. zygomatici majores ohne Beteiligung von Mm. orbicularium oculorum) überblendet werden. Auch wäre daran zu denken, daß sich divergierende affektive Tendenzen (Ärger zeigen vs. sich einschmeicheln wollen) in einer asymmetrischen Innervation der Gesichtsmuskulatur manifestieren. (Man erinnere, daß es für solche „Gefühlsbekundungen“ objektive Parameter, z. B. die „action units“/ Muskelinnervationen nach dem FACS-Codiersystem von Ekman & Friesen gibt; s. Kap. 3.7). Eine weitere, schwerer zu überprüfende Möglichkeit bestünde darin, daß die Ärgeremotion schlichtweg „unterdrückt“ bzw. nach außen hin nicht sichtbar würde und höchstens über apparative Techniken (wie EMG-Potentialableitungen, computerunterstützte Videoanalysen und dergl.) identifizierbar wäre.

In den zuletzt genannten Reaktionsformen findet sich - trotz ihrer Verschiedenartigkeit - eine für die „narzißtische“ Beziehungsregulation zentrale Gemeinsamkeit: Sie haben allesamt das Ziel, den Kontakt zum anderen (hier: den Prüfer) aufrecht zu erhalten bzw. die verlorengegangene Resonanz zum „Selbstobjekt“ wiederherzustellen. Sollte allerdings das „Selbstobjekt“ (Prüfer) auf diese Formen der Kontaktaufnahme wiederum „beleidigt“ reagieren und sollte er das ärgerüberblendende Lächeln aufrechterhalten (quasi „liegenlassen“), so wäre in einer bereits „angespannten“ Szene (wie in unserer fiktiven Prüfungssituation) nicht auszuschließen, daß der Prüfling in einen Zustand der (inneren wie äußeren) „narzißtischen Kränkung“ geriete. Diese durch Versagung (von Selbstobjektbedürftigkeit) ausgelöste Prüflingsreaktion ließe sich u. u. durch Signale des Kontaktabbruches (Kopf abwenden, Lidschluß) bzw. der Kontaktvermeidung (Schweigen, Hand vor den Mund) erschließen. Eine „narzißtische Kränkung“ induziert nämlich einen affektiv-emotionalen Zustand, der zunächst „intra-psychisch“ (hier: im Sinne von „mit sich allein“) verarbeitet werden muß. Die fortwährende Abweisung seitens des anderen und das eigene „liegengelassene Lächeln“, die als soziales und faziales (neuromuskuläres) feedback (s. Kap. 3.5) eine gleichsinnige Wirkung auf sog. Bestrafungszentren im Gehirn (s. Kap. 4.2.3) zeitigen dürften, könnten u. U., d. h. bei entsprechender „narzißtischer Vulnerabilität“, in einem Interrupt des ohnehin schon „gestörten“ Kontaktes enden. Das „pikierte Gesicht“ bzw. das stereotyp „gereizte“ Verhalten des „kränkenden“ Kommunikanten wäre hierbei unter dem Gesichtspunkt der „Gegenübertragung“ näher zu untersuchen. Ohne darauf im einzelnen eingehen zu wollen, sei nur eine der möglichen Gegenübertragungsreaktionen benannt: Im obigen Beispiel könnte der Prüfer es selbst als „Kränkung“ seiner selbst erleben, daß der Prüfling (evtl. „sein“ Examenskandidat) eine „schlechte Figur“ (= des Prüfers „Zwilling“) abgibt: Das „negative“ Image des Prüflings würde vom Prüfer gleichsam als „Spiegel“ des eigenes Versagens erlebt (zum Konzept der „Spiegelübertragung“ s. Kap. 5.8.2.3).

Wenn der zuletzt angedeutete Aspekt der szenischen Verschränkung zweier „narzißtischer Rollen“, d. h. der reziproken Selbstobjekt-Beziehung, noch stärker in den Vordergrund rücken sollte, so wären Abwehrvorgänge vom Typ der „vertikalen Spaltung“ wahrscheinlich beteiligt. Eine derartige tiefenhermeneutisch konstruierte Hypothese gälte es freilich zu „validieren“ mit Hilfe der o. g. neurophysiologischen und nonverbalen Indikatoren (wie z. B. Dominanzen der rechten Hemisphäre, „falsches“ Lächeln, Asymmetrien in der Mimik).

Vom forschungsmethodischen Standpunkt aus betrachtet, wäre ferner danach zu fragen, woran man eine reziproke, sich quasi im „Szeno-Kreis“ (s. Kap. 5.5) bewegende „vertikale Spaltung“ erkennen könnte. Zur Beantwortung dieser szenodiagnostischen

Frage wollen wir wieder von der oben beschriebenen Situation ausgehen, daß der Prüfer „unempathisch" auf die „Denkhemmung" des Prüflings reagiert habe.

Wenn Kohuts Annahme stimmen sollte, daß „vertikale Spaltungen" für Selbststörungen kennzeichnend sind, so können wir daraus für das o. g. Prüfungsbeispiel ableiten, daß der Prüfling von Beginn an mit einer „narzißtischen Kränkung" auf das „unempathische" Prüferverhalten reagiert. Der Ärger träte dann als solcher, d. h. als emotionaler Ausdruck gar nicht auf, sondern schlüge sofort in eine Störung der Selbstwert-Regulation um, die mit einer Negierung der Beziehung korrespondiert. Um dies zu verstehen, muß man sich vergegenwärtigen, daß eine Labilisierung der „narzißtischen Homöostase" mit einer tiefgreifenden, organismisch erlebbaren Irritation („Desintegrationsangst") verbunden ist (vgl. 5.7.2.3), die wiederum den Wunsch nach einem absolut konfliktfreien Schonraum aufkommen läßt. Narzißtische Reaktionen auf „kränkende", „irritierende" etc. Erfahrungen laufen daher letztlich darauf hinaus, den anderen oder sich selbst aus der Szene auszublenden bzw. zu „verbannen": Je nachdem, welcher der narzißtischen Sektoren gerade „verletzt" bzw. mobilisiert wird (das „grandiose", „omnipotente" Selbst oder der „minderwertige", „schwächlich-abhängige" Anteil), davon wird es abhängen, ob das betreffende Individuum eher mit narzißtischer Aggression (von der kalten Verachtung bis zur „rasenden Wut"/„Jähzorn") oder eher mit narzißtischem Rückzug (Beschämung, Verlegenheit, Ausweichversuchen) reagiert. Hierbei ist zu beachten, daß narzißtische Wut nicht einfach eine heftige Ärgeremotion (als affektives Kommunikationssignal) darstellt. Während die („soziale") Ärgeremotion grundsätzlich einen Veränderungswunsch an den anderen, und zwar bei gleichzeitiger Aufrechterhaltung der Beziehungsbereitschaft signalisiert, entspringt die narzißtische Aggression von vornherein aus dem Bedürfnis nach „Entwertung" bzw. „Entfernung" des Beziehungspartners.

Obgleich die narzißtischen „Kränkungssignale" auf den Wunsch nach Beendigung des Kontaktes verweisen, ist es grundsätzlich nicht möglich, nicht „in Beziehung" zu stehen. Selbst bei extremen Dekompensationen einer narzißtischen Kränkung (z. B. abrupter Weinanfall mit Herauslaufen aus dem Prüfungszimmer) wird dem anderen Beteiligten eine „Beziehungsbotschaft" („ich halte es hier nicht mehr aus") übermittelt. In weniger zugespitzten Prüfungsszenen, wo der Gesprächskontakt formal aufrechterhalten bleibt, tritt nach unseren Beobachtungen (und Interpretationen!) eine - wie man sagen könnte - „Dissoziation der Beziehung" ein: Die intra-psychischen Spaltungen spiegeln sich nämlich als inter-personelle, „(somato-)*szenische Spaltungen*" wider. Dies will freilich näher erläutert sein.

Nehmen wir den häufigeren Fall an, daß der Prüfling aufgrund seiner inferioren sozialen Position gegenüber dem Prüfer ein eher subalternes „Kränkungsverhalten" an den Tag legt (Schweigen, Blickmeidung, leise und zaghafte Äußerungsversuche etc.). Psychoanalytisch formuliert, wird hierbei also der „minderwertige" Sektor des Narzißmus präsentiert. Der Prüfer kann auf dieses „ge-spaltene" Beziehungsangebot wiederum mit eigenen Spaltungstendenzen reagieren, und zwar je nachdem, welche seiner „narzißtischen Sektoren“ mobilisiert werden.

Zur Veranschaulichung sei nochmals auf unsere PPF-Erfahrungen zurückgegriffen. Die Teilnehmer des Gesprächstrainings sensu Rogers (vgl. Kap. 1.1) unterschieden sich von ihren „nichttrainierten“ Kollegen u. a. darin, wie sie mit den Minderwertigkeitserlebnissen ihrer Prüflinge umgingen. Bei Nicht-Teilnehmern des Prüferworkshops, die, sozusagen weniger „vorbelastet“ mit pädagogisch-psychologischer Selbstreflexion, ungezwungener auf ihre Verhaltensroutinen bzw. Prüfungsgewohnheiten rekurrierten konnten, beobachteten wir zumeist ein zum Prüflingsverhalten komplementäres Beziehungsangebot: Einige Prüfer zeigten (vor allem gegenüber weiblichen Prüflingen) eine eher „väterlich-akzeptierende“ bzw. „stark-beschützende“ Attitüde, so daß sich gegenüber dem „schwachen“ bzw. „kleinen“ Prüfling ein mehr oder weniger stabiles „sozio-emotionales Gefälle“ (in der Art einer Eltern-Kind-Beziehung) einstellte. Hier handelte es sich um eine szenisch-emotional kalibrierte Komplementarität der „(somato-)szenischen Rollen“, die in ihrer synergistischen Wechselseitigkeit eine eher „spannungspuffernde“ bzw. angstreduzierende Wirkung zeitigten. (Diese atmosphärischen Einschätzungen ließen wir seinerzeit von unabhängigen „Ratern“ vornehmen, die in Gesprächspsychotherapie ausgebildet waren).

Diese „*szeno-emotionalen Kalibrationen*“ (im Sinne von „unproblematischen“ interpersonellen Spaltungen) sind jedoch u. E. nur dann zu erwarten, wenn der Prüfer über genügend eigene „innere Sicherheit“ (Selbstvertrauen) verfügt, um die Ängste bzw. Minderwertigkeitsgefühle der Examinanden nicht vor sich selbst „abwehren“ bzw. von sich abspalten zu müssen. Andernfalls, so ergaben unsere Videoanalysen, ist die Wahrscheinlichkeit dafür erhöht, daß der Prüfer sich völlig auf seine superiore *soziale* Position „zurückzieht“, wobei er die *emotionale* Resonanz zum Prüfling („väterlich“ oder dergl.) verliert bzw. nicht herzustellen vermag.

Letzteres entspricht einer „*szeno-emotionalen De-Kalibration*“, die dadurch gekennzeichnet ist, daß der sozial superiore Partner (hier: der mit Sanktionsgewalt/Bewertungskompetenz ausgestattete Prüfer) die sozio-emotionale „Schwäche“ des anderen (hier: der von der Bewertung/Notengebung abhängige Prüfling) nicht ertragen kann. Psychoanalytisch gesprochen, würde der superiore Prüfer seine verleugnete eigene „Schwäche“ auf den Prüfling „projizieren“ („Nur Du bist schwach, ich dagegen bin stark“). Eigene intra-psychische Ambivalenzen, die nicht „toleriert“ werden können, bilden sich somit in einer Form von szenischer Spaltung ab, die einer emotionalen Kontaktabwehr gleichkommt. Ein „lebendiger“ (Gesprächs-)Kontakt kann sich insofern nicht einstellen, als die zwischenmenschliche Spannung zwischen den Gesprächspartnern nicht dialektisch „aufgenommen“, sondern „abgespalten“, absolut gesetzt wird: Die „entdialektisierte“ Spannung polarisiert sich nach dem Entweder-Oder-Prinzip, indem der eine Partner im anderen das „bekämpft“, was er bei sich selbst nicht „ertragen“ kann (wie z. B. Angst, Schwäche erleben, Spannungen „aushalten“). Anstelle des „Ich-*und*-Du“ tritt das „Ich-*oder*-Du“, bei dem der eine zu wissen meint, wie der andere ist, was für ihn gut ist und dergl. Zugespitzt formuliert, verwendet der sozial superiore Prüfer sein Gegenüber zur emotionalen Entlastung, zur Stabilisierung seiner „narzißtischen Homöostase“. (Diese emotionale Funktionalisierung des sozial schwächeren Parts stellt letztlich eine Grundsatzfrage in der Pädagogik dar; s. hierzu u. a.: Mollenhauer 1972, S. 120 f.).

Diese (de-kalibrierte) Form der komplementären szenischen Spaltung in einen „geängstigten“ Prüfling auf der einen Seite und einen (scheinbar) „angstfreien“, starken Prüfer auf der anderen Seite beobachteten wir besonders bei gleichgeschlechtlich-männlichen Prüfungsszenen.

Man könnte mutmaßen, daß männliche Prüflinge aufgrund ihrer Sozialisation weniger gut darin geübt sind, ihre „Schwäche“ in einer „entwaffnenden“ Weise (Lächeln, „Charme“) darzustellen. Ihnen ermangelt es i. d. R. wohl jener „weiblichen Koketterie“ mit der eigenen Schwäche, die ggf. eine resonanzfördernde Funktion gegenüber dem Prüfer hat.

Eine anderer De-Kalibrationstyp von „szenischer Spaltung“ kann sich ausbilden, wenn der Prüfer nicht die komplementäre, sondern die konkordante (Gegenübertragungs-)-Position (s. Kap. 5.8.1) einnimmt. In diesem Fall re-aktiviert der Prüfer bevorzugt seinen „ängstlich-schwachen“ bzw. „minderwertigen“ Narzißmus-Sektor, indem er sich mit dem Prüfling (über-)identifiziert. (Bei der Komplementärreaktion projiziert der Prüfer diesen Selbstanteil auf den Prüfling).

Diese konkordante szenische Spaltung, bei der beide Partner sich „ängstlich“ bzw. „schwach“ erleben, haben wir vergleichsweise häufig bei Prüfungsszenen feststellen können, an denen von uns (in Gesprächsführung) „trainierte“ Prüfer beteiligt waren. Die Gründe hierfür mögen vielfältig sein: So ist u. a. anzunehmen, daß die Trainingsteilnehmer von vornherein stärker verunsichert waren, da sie auf gewohnte Gesprächsstile verzichten wollten, um ein neues „prüflingsorientiertes“ Verhalten zu realisieren. Ebensogut ist es denkbar, daß bevorzugt jene Dozenten an dem Prüfer-Workshop teilnehmen, die zur konkordanten Identifizierung mit den StudentInnen neigten. Eine Selektion von Prüfern hinsichtlich des Alters bzw. der Berufsjahre kann jedoch ausgeschlossen werden.

Das gemeinsame Prinzip der konkordanten und komplementären szenischen Spaltung ist darin zu sehen, daß die intra-psychischen Dissoziationen mit einer inter-personellen Erstarrung der „(somato-)szenischen Rollen“ verschränkt sind, die aufgrund ihrer dichotomisierten und zwanghaften („entdialektisierten“) Natur keine Relativierung (= Sich-in-Beziehung-Setzen) gestatten. In einer solchen sozio-emotionalen de-kalibrierten Szene scheint die Kommunikation auf die automatenhaft-rigide Projektion bzw. Identifizierung/Introjektion von bestimmten Selbstrepräsentanzen beschränkt zu sein, denn das Beziehungsarrangement beläßt den Beteiligten nur noch wenig Handlungsspielraum. Sie wirken wie fixiert auf zwei Pole innerhalb eines - bildlich formuliert - „engen“ Szeno-Kreises. Entwicklungs- bzw. Veränderungsmöglichkeiten hinsichtlich des individuellen (Streßbewältigungs-)Verhaltens werden auf ein „lineal-kausales“ (Interpunktions-)Schema (vgl. Kap. 5.5, sowie bes. Watzlawick, Beavin & Jackson 1974, S. 92 ff.) beschränkt. Dahinter steckt die mehr oder weniger unbewußte Denkweise, daß der eine (Kommunikant) warten muß, bis sich der andere verändert („ich kann nicht anders ..., weil er ...“).

Eine derartige emotionale Kommunikationsstörung hatten wir bereits mit unserem Prüfungsbeispiel in Kap. 2.5 kennengelernt. Hier ließ sich der Prüfer sozusagen von der (über-)ängstlichen Reaktion des Prüflings „anstecken“ (konkordante De-Kalibration). Vereinfachend ausgedrückt, „zirkulierte“ der Prüfer unbewußt mit dem Spaltungsangebot des Prüflings mit, ohne jedoch den Kontakt zu letzterem zu gewinnen. Es schien so, als ob der Prüfer nur dann (innerlich) frei sei und dementsprechend reagierte, wenn es dem Prüfling gut ginge. Eine paradoxe Besonderheit dieser „folie à deux“ bestand darin, daß der Prüfling in jenen Momenten seine „Angst“ und Denk- bzw. Sprechhemmung zu überwinden schien, in denen der Prüfer Anzeichen von „Hilflosigkeit“/ „Verunsicherung“ zeigte. Oder repräsentanzenpsychologisch formuliert, schien es beim Prüfling gerade dadurch zu einer kurzfristigen Positivierung seiner Selbstrepräsentanzen (mit den entsprechenden emotional-narzißtischen Erlebensaspekten wie „Hoffnung“/„Zuversicht“, „Gefühl eigener Kompetenz“) gekommen zu sein, daß der Prüfer zeitweilig ein „schwaches“/„hilfloses“ Objekt verkörperte. Sobald der Prüfer sich selbst wieder gefangen hatte, und somit Objektrepräsentanzen der „Stärke“/ „Selbstbeherrschung“ oder dergl. vermittelte, glitt der Prüfling erneut in sein negatives Selbstwertempfinden zurück.

Über diese inter-personell bedingten Wechselfälle in der (somato-)szenischen Rollenbeziehung ließen sich verschiedene tiefenpsychologische Spekulationen anstellen. Ich werde im folgenden Abschnitt zwei der m. E. interessantesten Erklärungsmöglichkeiten aufzeigen.

5.8.2.3 Projektive Identifikation oder: wie sich unbewußte Repräsentanzen über inter-personelle Korrelate mitteilen

Die soeben nochmals mit Hilfe des (tiefenhermeneutischen) Repräsentanzenkonzeptes interpretierte Prüfungsszene (s. Kap. 2.5) stellt u. a. einen paradigmatischen Fall für die dialektische Verschränkung des Intra-Psychischen mit dem Inter-Personellen (s. Kap. 1.2, 2.1) dar. Wir hatten an früherer Stelle die beiden psychoanalytischen (bzw. szenologisch gefaßten) Begriffe der Übertragungsreaktion und der „somato-szenischen Rollenbeziehung“ herangezogen, um die Transformation körpernaher, narzißtischer „Interaktionsformen“ in die nonverbale Kommunikation zu verdeutlichen.

Wir wollen nun gezielter der Frage nachgehen, wie sich intra-psychische Repräsentanzen (i. S. „symbolischer Interaktionsformen“, s. Kap. 2.2) aus inter-personellen Verhaltensweisen erschließen lassen. Dabei wollen wir zunächst kurz das Konzept der sog. Spiegel-Übertragung (sensu Kohut) aufgreifen und anschließend ausführlicher das Konzept der projektiven Identifikation zu Rate ziehen.

Zum einen könnte man das oben beschriebene Prüfungs-Phänomen als einen speziellen Fall von narzißtischer (Selbstobjekt-)Übertragung betrachten, bei der sich die „schlechten“ Selbstanteile des Prüflings im Objekt (dem Prüfer) sozusagen spiegeln bzw. wiederfinden können. In Anspielung und zugleich Erweiterung der selbstpsychologischen Terminologie könnte man von einer „negativen“ Spiegel- bzw. Zwillings-Übertragung sprechen, bei der sich das „beschämte“ und „minderwertige“ Selbst sozusagen „verstanden“ und „angenommen“ fühlt. Das Attribut „negativ“ meint also kein aversiv getöntes Erleben, sondern die Umkehrung des „grandiosen“ Narzißmus. (Zur Erinnerung: Bei den sog. Zwillings- bzw. Spiegelübertragungen sensu Kohut wird das „grandiose“ Selbst wiederbelebt, s. Kap. 5.7.2.1). Ich will unberücksichtigt lassen, ob das hier angesprochene narzißtische Bedürfnis nach einem Alter-Ego (i. S. eines zwillingshaften Mitmenschen) eine Unterform der sog. Spiegelübertragung (vgl. hierzu Kohut 1976, S. 139 f.) oder - wie Kohut (1989, S. 275 ff.) späterhin annahm - einen eigenständigen Typus von Selbstobjekt-Übertragung darstellt.

Ungeachtet dieser Frage haben wir für unser Prüfungsbeispiel nunmehr eine erste Interpretationshilfe gewonnen: Der Prüfer dürfte nämlich bei der soeben unterstellten „negativen“ narzißtischen Übertragung insofern eine wichtige Selbstobjekt-Funktion übernommen haben, als er sich dem Prüfling als ein menschliches Wesen mit ähnlichen - und darum auch verzeihlichen ! - Schwächen bzw. Ängsten präsentierte. Möglicherweise verhalf dem Prüfling gerade die elementare (Alter-Ego-)Erfahrung von Gleichartigkeit mit den „negativen“ Selbstaspekten des Prüfers zur passageren Selbstberuhigung.

Allerdings liefert diese Annahme der (negativen) Spiegelübertragung noch kein rechtes Verständnis für die mehrfachen Repräsentanzenwechsel, die wiederum mit einer durchgängigen Aufspaltung in die beiden komplementären Haltungen der „Hoffnung“/ „Kompetenz“ vs. „Angst“/„Hilflosigkeit“ korrespondieren.

In diesem Punkt hilft vielleicht das in der neueren psychoanalytischen Literatur engagiert diskutierte Konzept der sog. *projektiven Identifikation* weiter (vgl. zusf. bes. Mertens 1991, S. 30 ff; Trescher 1993, S. 176 ff.; Zwiebel 1988). Dieser erstmals in den vierziger Jahren von Melanie Klein geprägte Terminus meint eine Verschränkung zweier an sich gegenläufiger Abwehrmechanismen, nämlich von Projekten (Verschiebung von Selbstaspekten auf Objektrepräsentanzen) und Identifizierung (Hereinnahme von Objektrepräsentanzen in das Selbstbild). Der Doppelbegriff der projektiven Identifikation wird häufig unter die sog. primitiven, d. h. ontogenetisch früh entwickelten Abwehrmechanismen rubriziert oder er wird als Hilfsmechanismus der Spaltung spezifiert (vgl. Mentzos 1984b, S. 12 ff.; Rhode-Dachser 1989, S. 101 f.). Trotz seiner Popularität in der neueren Psychoanalyse verbindet sich mit dem Begriff der projektiven Identifikation kein klar umrissenes und einheitlich verwendetes Konzept (vgl. König 1993, S. 19 ff.; Mertens 1992 c, S. 183 f.). Gleichwohl erscheint mir das Konzept der projektiven Identifikation insofern bemerkenswert, als es die in der (klassischen) Psychoanalyse vernachlässigten Zusammenhänge von intra-psychischer Repräsentanzenwelt einerseits und interpersoneller Einflußnahme andererseits explizit thematisiert. Dieser für unseren (neuro-)szenologischen Ansatz zentrale Gesichtspunkt der Vermittlung von intra-psychischen und inter-personellen (externalisierten) Repräsentanzen wurde m. E. erstmals und am deutlichsten von dem Psychiater Thomas H. Ogden (1982) herausgearbeitet. Ogden betrachtet die projektive Identifikation nämlich nicht nur als einen (intra-psychischen) Abwehrmechanismus, sondern auch als einen speziellen Kommunikations- und Beziehungsmodus, der nicht nur von therapeutischer Relevanz sei, sondern auch einen ubiquitären Bestandteil aller (unbewußten) zwischenmenschlichen Kommunikation darstelle (vgl. Ogden 1982, pp. 70 f.). Zu bedenken ist freilich, daß Ogdens konzeptueller Entwurf aus der Rekonstruktion subjektiv ausgewählter therapeutischer Fallbeispiele erwachsen ist. Eine empirisch belegte Aufklärung szenologischer Kommunikationskreise (s.. Kap. 5.5) dürfen wir also auch von Ogdens Beitrag nicht erwarten. Gleichwohl halte ich Ogdens Sichtweise für richtungsweisend genug, um sie auch für den pädagogisch-psychologischen Bereich der szenischen Kommunikation zu erörtern.

Nach Ogden (1982, pp. 12 ff.) verläuft die projektive Identifikation über mindestens drei Phasen: 1) In einem ersten Schritt versucht einer der Interaktionspartner (der Projektor) sich von innerer Spannung zu befreien, indem er die ihm unangenehmen Selbstanteile dem anderen (dem Rezipienten der Projektion) zuschreibt. (Nach Ogden findet sich die Neigung zur Projektion nicht nur beim Patienten; auch der Therapeut gerate notgedrungen in die Rolle des Projektors, die es freilich analytisch zu reflektieren gälte). Diese erste Phase spielt sich noch weitgehend intra-psychisch, d. h. in der Vorstellungswelt der Repräsentanzen („Phantasie“) ab, so daß der reale Kommunikationspartner noch nicht unmittelbar involviert wird. Auf das Prüfungsbeispiel bezogen, könnte es sein, daß der Student seine (unbewußten) selbstaggressiven Regungen, etwa in Form eines überhöhten Anspruchsniveaus, an den Prüfer delegiert. Dieser Vorgang ist allerdings noch rein intra-psychisch zu verstehen.

Dies ändert sich in der darauffolgenden (Induktions-)Phase, in der die eigentliche Besonderheit der projektiven Identifizierung zum Ausdruck kommt. In dieser zweiten Phase übt der Projektor nämlich via (beobachtbare) Kommunikationssignale einen unmittelbaren Handlungsdruck auf den Rezipienten aus. Es geht dabei um den subtilen Vorgang der Induktion, wonach der Rezipient nicht nur entsprechend der Projektion gesehen werden soll (dies entspräche noch der Phase 1), sondern sich letztlich auch so fühlen und verhalten soll.

Man braucht wohlgemerkt nicht die Psychopathologie bemühen, um derartige interpersonelle Abwehrmanöver zu veranschaulichen. Man denke z. B. an eine jedermann bekannte Szene, in der von einem Kommunikanten (dem Projektor) subtile Provokationen (wie spitzfindige Bemerkungen, mehrdeutige „Sticheleien“) ausgehen, die erst dann ihr Ende finden, wenn der betreffende Adressat (= Rezipient) sich mit den induzierten Aggressionen identifiziert hat (d. h. wenn dieser tatsächlich „aus der Haut fährt“). Für die hier gemeinten Induktionsvorgänge lassen sich ebenso leicht Beispiele aus dem Prüfungsalltag finden: Angenommen, der Prüfungskandidat sei (fälschlicherweise) davon überzeugt, daß der Prüfer ihn beschämen oder bestrafen wolle. Im Falle einer projektiven Identifikation würde der Prüfling in der sog. Induktionsphase durch ein bestimmte Verhalten (z. B. provokante Bemerkungen, „nörgelnder" Tonfall) bzw. durch eine bestimmte Grundhaltung (wie z. B. mangelnde Arbeitsmotivation, fehlendes Interesse für das jeweilige Fach) den Prüfer möglicherweise so weit reizen, daß sich dieser tatsächlich zu schikanösen oder verunglimpfenden Reaktionen hinreißen ließe. Freilich dürfte eine derartige Affekt-Induktion nur insoweit stattfinden, wie der Prüfer aufgrund einer latenten Aggressivität und/oder Ängstlichkeit dazu neigt, mit weit über das Ziel hinausschießenden Reaktionen/Sanktionen auf recht banal erscheinende Provokationen bzw. „Kränkungen" zu reagieren (zu der hier berührten Identifizierungs-Gegenübertragungsdynamik s. u.). In jedem Falle würden massive Aggressionen bzw. die damit korrespondierenden Ängste freigesetzt, und zwar dadurch, daß unbewußte Repräsentanzen den (symbolischen) Stellenwert gravierender (äußerer) Bedrohung oder Quälerei gewinnen. Nach dem Störungsmodell der Selbstpsychologie (s. Kap. 5.7.1) wäre anzunehmen, daß das Ausmaß der jeweiligen „Empörung" bzw. „Kränkung" in direktem Verhältnis zur Stärke der eigenen projizierten Aggressivität bzw. zum Grad der eigenen Selbstwertproblematik stünde.

In der dritten Phase der projektiven Identifikation schließlich kommt es auf Seiten des Rezipienten tatsächlich zur Internalisierung der projizierten Repräsentanzen. Nach Ogden fällt hierbei dem Analytiker die schwierige Aufgabe zu, die in ihm induzierten Affekte und z. T. destruktiven Phantasien auf einem „reiferen" Funktionsniveau weiterzuverarbeiten, um dem Patienten späterhin eine Re-Internalisierung der sozusagen „entgifteten" Projektionsanteile zu ermöglichen (vgl. u. a. Ogden 1982, pp. 23 f., 62 ff.).

Zum Verständnis der projektiven Identifikation ist es wichtig, sich klarzumachen, daß der (initialen) Projektionsphase eine zweifache Funktion zukommt: Zum ersten befreit sich der Projektor von inneren Spannungen, indem er sich von den eigenen für ihn unerträglichen Repräsentanzen distanziert. Zum zweiten bleibt der Projizierende in Kontakt mit seinen nach außen verlagerten bzw. abgespalteten Selbstaspekten, indem er diese - nunmehr weniger bedrohlich - im Rezipienten wahrzunehmen meint. Der zweite funktionale Aspekt ist für den Mechanismus der projektiven Identifikation insofern kennzeichnend, als die projizierende Person den Rezipienten nicht - wie bei der reinen Projektion - als anders- bzw. fremdartig erlebt, sondern sich mit diesem eher verbunden bzw. verwandt fühlt (vgl. Ogden 1982, pp. 34 f.). Diese projektive Tendenz könnte daher auch als ein Teilaspekt der narzißtischen Spiegelübertragung (s. o.) gewertet werden.

Versuchen wir nun, das soeben skizzierte Konzept der projektiven Identifikation auf unser pädagogisch-psychologisches Exempel der Prüfung anzuwenden. Wir wollen also davon ausgehen, daß sich die sonderbaren Affektwechsel (im Angsterleben) zwischen Prüfer und Prüfling als Resultat einer kommunikativ induzierten projektiven Identifikation deuten lassen.

Bevor wir dieser Annahme weiter nachgehen, sei zunächst betont, daß man sich den Induktionsvorgang (Phase 2) nicht im Sinne einer einseitigen, vom Projektor ausgehenden „Affektansteckung" vorstellen sollte. Für angemessener halte ich es, die Induktionsphase vor dem Hintergrund des szenischen Dialogmodells (Stichworte: Szeno-Kreis, Übertragungs-Gegenübertragungs-Dynamik, kollusive Verstrickung), zu verstehen, wo sich letztlich weder Anfang noch Ende der interpersonellen Kommunikation angeben läßt (s. Kap. 5.5, 5.8.1).

Für das Prüfungsbeispiel sei dies hier noch einmal in Bezug auf die projektive Identifikation verdeutlicht. So würde die unidirektionale (Kausal-)Aussage, daß der Prüfling beim Prüfer Angstgefühle „geweckt" bzw. induziert habe, nur einen Ausschnitt der zirkulären Affektdynamik erfassen. Der Prüfer wird nämlich nicht zwangsläufig durch die Angstsignale des Prüflings in einen Zustand der Verstörtheit gedrängt. Vielmehr setzt die - nota bene! - unbewußte und unfreiwillige Identifizierung des Prüfers mit den negativen Selbstrepräsentanzen des Prüflings mindestens zweierlei voraus: Erstens muß der Prüfer selbst durch sein Verhalten „Projektions-" bzw. „Übertragungsauslöser" anbieten, z. B. durch geringfügige, nonverbal „durchsickernde" Signale von Angst bzw. Unsicherheit (zum Begriff des „Durchsickerns"/„nonverbal leakage", s. Kap. 3.7.). Zweitens muß der Prüfer die Reaktionsbereitschaft zur Identifizierung mit den Projektionsanteilen bzw. zur konkordanten Gegenübertragung mitbringen (s. Kap. 5.8.1), etwa dadurch, daß er sich selbst unter hohen Erwartungsdruck stellt. An dieser Stelle sei angemerkt, daß ein emotional nicht sensitiver, rein sachzentrierter oder gar „feindseliger" Prüfer wohl kaum der Versuchung zur projektiven (Gegen-)Identifizierung erliegen dürfte, da er sich z. B. von vornherein durch inneren Rückzug („Langeweile", „emotionale Kälte") oder aggressive Abwehr („Ungeduld", „Mißmut", „Verunglimpfungen") vor jedweden projektiv-introjektiven Tendenzen zu schützen verstünde - dies freilich auf Kosten der „pädagogischen Kommunikation".

Wenn - wie im Prüfungsbeispiel geschehen - der Rezipient (Prüfer) sich aufgrund eigener Gegenübertragungsbereitschaften dem situativ entstandenen Druck vollkommen beugt, so wird er sich - zumindest zeitweilig - in Wesensart und Temperament, d. h. besonders hinsichtlich des nonverbalen Ausdrucks (Stimmführung, Sprechgeschwindigkeit, Blickverhalten etc.) und der physiologischen Aspekte (Aktivierungsgrad, hormonelle und vegetative Streßzustände, s. Kap. 3.4, 6.5) angleichen.

Dieser totalen Identifizierung (i. S. einer Introjektion, s. hierzu Kap. 5.7.1) haftet an sich noch nichts Konfliktträchtiges an. Sie könnte nämlich auch zu jener freudvollen Verhaltenssynchronizität und quasi-telepathischen Affektabstimmung zwischen den Kommunikanten führen, die für den (gelungenen) „tonischen Dialog" in der Mutter-Kind-Dyade charakteristisch sind (vgl. Kap. 5.2.1, s. auch Ogden 1982, 70 ff.). Die nonverbal vermittelte und tonisch/neuromuskulär erlebbare Identifizierung verleiht dem Prüfling die unschätzbare Gewißheit, vom Prüfer tatsächlich, und zwar unmittelbar sinnlich, sozusagen leibhaftig verstanden worden zu sein. Dieser somato-szenische Aspekt der Prüfungskommunikation ist insofern fundamental, als das Prüfungsarrangement (zumindest in der Regel) keinen Raum für die Verbalisierung der evozierten Affekte zuläßt.

In unserem Prüfungsfall zeitigte die Identifizierung aber offenbar keine positiven Wirkungen. Der Prüfer schien dem affektiven Druck aus induzierter Projektion und konkordanter Gegenübertragung wenig entgegensetzen zu können. Dies wiederum beinhaltet, daß der Prüfer nicht mehr die für seine Gesprächsführung notwendige emotionale Distanz zum Projektor einhält. Dadurch kann im Prüfer (als dem Projektionsrezipienten) auch nicht jener „metabolisierende" (Entgiftungs-)Prozeß stattfinden, der nach Ogden dem Projektor zu einer Re-Internalisierung seiner unerwünschten Selbstanteile verhelfen könnte.

Ungeachtet seiner pädagogisch engagierten und wohlwollenden Grundhaltung wird es dem Prüfer erst dann gelingen, einigermaßen empathisch mit seinem (problematischen) Kandidaten zu bleiben, wenn er dem eigenen Gegenübertragungsdruck standhält bzw. wenn er sich von dem projektiven Sog sozusagen „nicht ins Boxhorn jagen läßt". Ansonsten besteht die Gefahr, daß sich der Prüfer (wie im obigen Prüfungsfall) resignativ (oder gar masochistisch) der Affektdynamik überläßt. (Zu dem hier berührten Aspekt der pädagogisch-psychologischen Gesprächkompetenz für Prüfer s. Kap. 7.2.2).

Für unseren Prüfungsfall ist weiterhin anzunehmen, daß der Prüfer ebenfalls versucht hat, sich der induzierten Projektionsinhalte zu entledigen, und zwar wiederum mittels projektiver (Gegen-)Identifikation bzw. mittels kommunikativen Gegendrucks. Die Rezipienten- und Projektorrolle wäre demnach fortlaufend zwischen Prüfer und Prüfling hin- und hergewechselt. Unsere Prüfungsszene könnte sich aus derartigen Spiralen rollentypischen Identifizierungs- und Gegenidentifizierungsdrucks aufgebaut haben.

Weiterblickend sei die Frage gestattet, ob die für die projektive Identifikation spezifische Induktionsphase, d. h. die Transmission vom individuellen zum kommunikativen Unbewußten, nicht auch für andere Abwehrmechanismen gültig ist. Einen ersten und m. E. viel zu wenig diskutierten Vorschlag in dieser Richtung hat Mentzos (1988) mit seinem breit angelegten Konzept zur „psychosozialen Abwehr" unterbreitet. Wir wollen aber aus Raumgründen nicht näher darauf eingehen, sondern stattdessen die szenologische Relevanz der projektiven Identifikation abschließend erörtern.

Der von uns unternommene Versuch, unsere paradigmatische Prüfungsszene mit Hilfe des Konzeptes der projektiven Identifizierung zu interpretieren, steckt freilich noch in den Anfängen, und er zeigt - aus neuroszenologischer Sicht - eigentlich mehr Probleme und Fragen als Lösungen und Antworten auf. Abgesehen von dem heuristischen

Aspekt der Induktionsphase führt das Konzept der projektiven Identifizierung nicht prinzipiell über den bereits skizzierten psychoanalytisch-hermeneutischen Rahmen hinaus: Zum einen ließen sich, wie oben bereits angedeutet, für die in Rede stehenden Phänomene mühelos alternative Deutungen im Sinne der Übertragungs-Gegenübertragungs-Dynamik finden. Zum anderen entbehrt das begrifflich ohnehin unscharfe Konzept der projektiven Identifikationen der empirischen Evidenz. Wie die übrigen psychoanalytischen Konzepte verbleibt es im Bereich einer zwar anregenden, aber auch eher literaturnahen Erzählkunst ohne empirische Geltungskriterien. Für eine empirisch-tiefenhermeneutische Weiterentwicklung des Konzeptes müßte die methodische Minimalbedingung der intersubjektiven Überprüfbarkeit erfüllt werden. So müßten erstens nonverbale und physiologische Indikatoren für projektive Identifikationen festgelegt bzw. entwickelt werden, und zweitens wären sorgfältig aufgezeichnete Kommunikationsabfolgen vonnöten.

Die u. U. äußerst subtilen Phasen der „szenischen Rolleninduktion“ ließen sich mit den modernen Techniken der nonverbalen Kommunikationsforschung (vgl. Kap. 3.7) aufschlüsseln, und die (angebliche) Ähnlichkeit der Emotionszustände beider Kommunikanten könnte anhand physiologischer und neuronaler Parameter bestimmt bzw. überprüft werden. Der behauptete Wechsel von Selbstrepräsentanzen müßte - unserer neuroszenologischen Grundauffassung nach - in entsprechenden Veränderungen der neuronalen Erregungskreise bzw. der psychophysiologischen Reaktionen zum Ausdruck kommen: Die „negativen“ Selbstaspekte wären demzufolge mehr in der rechten Gehirnhälfte und in den subkortikalen „Bestrafungszentren“ repräsentiert, die „positiven“ Selbstaspekte eher in der linken Gehirnhälfte und in den subkortikalen „Lustzentren“ (vgl. Kap. 4.2.3).

In methodischer Hinsicht ist zu bedenken, daß es für den szenologischen Forscher, d. h. für den außenstehenden Betrachter letztlich unmöglich ist, die sog. Repräsentanzen einzelner Personen allein aus den Kommunikationssequenzen heraus zu erschließen. Denn anders als im therapeutischen setting, wo der „Diagnostiker“ in der unmittelbaren Teilhabe am szenischen Ablauf das Wechselspiel der einzelnen Repräsentanzen zu erfassen versucht, gewährt die neuroszenologische Beobachtung keinen direkten Zugang zu den unbewußten „Innenwelten“ der Kommunikanten. Des weiteren stellt sich das Problem des „tiefenhermeneutischen Zirkels“, d. h. der zweifachen Frage danach, wie die Einzelphänomene sich vom Szeno-Kreis her verstehen lassen und wie umgekehrt der Szeno-Kreis sich durch die Einzelphänomene bestimmt. Die Erörterung derartiger methodischer Fragen will ich zurückstellen (s. Kap. 7.1), um das neuro-szenologische Modell noch weiter auszuarbeiten (Kap. 6).

5.9 Kritische Zusammenfassung

Die insgesamt sehr inhomogene Disziplin der sog. Psychoanalyse zeichnet sich seit geraumer Zeit durch eine Reihe von „Metamorphosen“ aus, die sich von klassischen triebpsychologischen Grundgedanken ebenso abheben wie von rein monadologischen Persönlichkeitsauffassungen (im Sinne einer „Ein-Personen-Psychologie“).

Mit der schrittweisen, aber unaufhaltsamen Demontage klassischer triebtheoretischer Konzepte (psychosexuelles Lustprinzip, Libidoökonomie, Trieb-Abwehr-Dynamik) traten „neuere“ Strömungen wie die sog. Selbst- und Objektbeziehungspsychologie in den Vordergrund, die eine stärker sozial-psychologisch akzentuierte Sicht des Menschen und seiner (emotionalen) Persönlichkeitsentwicklung begünstigten. Dieser u. a. von René Spitz eingeleitete Forschungstrend mündete in konzeptuelle Weiterentwicklungen ein, die den intra-psychischen Erfahrungsniederschlägen aus der frühinfantilen Sozialisation besondere Aufmerksamkeit schenken. Das sich aus sog. Selbst- und Objektrepräsentanzen zusammensetzende „Sozialisationskondensat“ der frühen Kindheit bildet sozusagen den sozio-emotionalen Grundstock der (späteren) Persönlichkeit.

Diese neuere, repräsentanzenpsychologische Sicht aufgreifend, entwickelten wir ein szeno-somatisches Verständnis des Selbst und seiner Störungen (Narzißmusthematik). Am Musterbeispiel der Prüfung als einer selbstwertrelevanten bzw. -bedrohlichen Situation diskutierten wir die (denkbaren) Zusammenhänge zwischen den intra-personalen, unbewußten Repräsentanzen einerseits und der interpersonellen, szenischen Kommunikation andererseits. Im Rekurs auf das psychoanalytische Störungsmodell des sog. Entwicklungsschadens (Selbstpathologie) wurden (Prüfungs-)Ängste weniger unter dem Aspekt des „Trieb-Abwehr-Konfliktes“ als vielmehr unter dem der „Repräsentanzenschwäche“ betrachtet. Aus narzißtischer bzw. selbstpsychologischer Sicht (sensu Kohu, partiell auch sensu Rogers) stellen die Angstsymptome nicht so sehr eine Wiederbelebung infantiler Dramen dar (diachroner Aspekt), sondern sie sind sozusagen die szenisch aktivierten Anzeichen einer chronischen Vulnerabilität gegenüber selbstwertrelevanten Ereignissen (synchroner Aspekt). Gleichwohl gründet diese aktualisierte narzißtische Vulnerabilität in frühinfantilen Fehlentwicklungen („entgleisten Dialogen“), die nicht nur den Aufbau einer differenzierten und stabilen Repräsentanzenwelt behindern, sondern auch die neurophysiologische Basis der Selbstregulation („narzißtische Homöostase“) in Mitleidenschaft ziehen. Beide Störungsmomente beziehen sich auf einen einheitlichen Komplex des Selbsterlebens, den wir „somato-szenisches Selbst“ nennen.

Die narzißtische Vulnerabilität kann - grob schematisiert - mit zweierlei Grundtypen des Kontakt- bzw. Kommunikationsverhaltens (Selbstobjekt-Beziehungen bzw. -übertragungen) einhergehen. Zum einen kann das an sich schwache, künstlich aufgeblähte Selbst ein übersteigertes Bedürfnis nach Bestätigung, Wertschätzung, Bewunderung etc. durch andere zum Ausdruck bringen („Spiegelübertragung“). Zum zweiten können die anderen als eine Art Garanten des eigenen Sicherheits- bzw. Selbstgefühls erlebt werden, so wie es einmal für das Kleinstkind (bis etwa zum dritten Lebensjahr) notwendig und adäquat war („idealisierende Übertragung"). In Abhängigkeit vom Ausmaß der Vulnerabilität und von den narzißtischen „Befriedigungsmöglichkeiten", die die jeweiligen Kommunikationspartner zu gewähren bereit bzw. imstande sind, kann das „szenische Spektrum" von ungestörten (symptomfreien) Dialogen über kleinere „Irritationen" (Gereiztheiten, Kränkungen, Mißverständnisse) bis hin zu massiven Selbstobjekt-Übertragungen mit entsprechender „narzißtischer Wut" oder mit Angstattacken reichen.

Der unschätzbare Vorteil der Repräsentanzenlehre gegenüber dem vagen Konzept der Interaktionsformen (sensu Lorenzer) ist m. E. darin zu sehen, daß sich der „tiefere Sinn" aktueller Szenen als die situationsspezifische Externalisierung von Selbst- und Objektrepräsentanzen erschließen läßt. Diese Transmission vom Intra-Psychischen zum Inter-Personellen läßt sich unter den Gesichtspunkten der Übertragungs-Gegenübertragungs-Dynamik bzw. der „(somato-)szenischen Rollenbeziehung" (inkl. deren Abwehraspekte wie z. B. der „projektiven Identifizierung" versuchsweise präzisieren. Nach dem (neuro-)szenologisch reinterpretierten Repräsentanzen-Konzept erklären sich die aktuellen (somato-szenischen) Übertragungsreaktionen zwar z. T. aus den persönlichen Vorgeschichten der jeweils Beteiligten heraus („lineal-kausale" Denkweise). Aber letztlich ist das Manifestwerden der individuellen Übertragungsreaktionen im wesentlichen von der überindividuellen Qualität der „somato-szenischen Rollenbeziehung" bestimmt (zirkulär-szenologische Sicht). Für den Fall der „irrationalen", sachlich kaum gerechtfertigten Prüfungsangst bedeutet dies, daß der Grad der affektiven (Über-)Erregung beim Prüfling (und damit das Ausmaß seiner kognitiven Verstörtheit) weitgehend durch das „verstärkende" oder „dampfende" (Gegenübertragungs-)Verhalten des Prüfers beeinflußt wird.

Allerdings sollte bedacht werden, daß sich die Unterscheidung in Selbst- und Objektrepräsentanzen nur schwer in den szenologischen Denkrahmen einfügt. Denn so wenig sinnvoll es ist, die szenische Kommunikation als die Summe individueller (Übertragungs-)Reaktionen zu betrachten, so wenig läßt sich die Genese der einzelnen Selbst- und Objektrepräsentanzen von ihrem szenischen Hintergrund isolieren. Es wäre von daher präziser, von *szenischen* Selbst- und Objektrepräsentanzen zu sprechen.

Die szenischen Repräsentanzen spiegeln zum einen die verdichteten Erfahrungen bzw. einen bestimmten Typus vergangener (Beziehungs-)Episoden wider, und zum anderen enthalten sie die (unbewußten) Erwartungen hinsichtlich zukünftiger Beziehungssituationen (= Übertragungsbereitschaften).

Die szenischen Repräsentanzen entsprechen in etwa den Interaktionsformen (sensu Lorenzer, s. Kap. 2.2), wobei letztere eher die Abstraktionen bzw. Generalisierungen der ersteren darstellen. Dies entspricht in etwa dem Vorschlag Sterns (1986, pp. 97 f., 114 ff.), der den Begriff der „Repräsentanz generalisierter Interaktionen" einführte. Anders herum formuliert, lassen sich die szenischen Repräsentanzen als die Grundeinheiten der Interaktionsformen und somit als die „Invarianten des Selbsterlebens" (vgl. Stern 1986, p. 98) charakterisieren.

Eine grundlegende Schwierigkeit, die mit dem bisher dargelegten Konzept verbunden ist, besteht darin, daß die neuronale Basis bzw. das „neuronale Korrelat" der szenischen Repräsentanzen nicht berücksichtigt wird. Das unübersehbare Manko des psychoanalytischen Repräsentanzen-Konzeptes liegt nämlich in seiner Beschränktheit auf den psychischen Bereich der (unbewußten) Symbolik. „Unbewußtes" wird hierbei - in allzu scharfer Abhebung von der Triebpsychologie - vom körperlich-physiologischen Substrat des Selbst losgelöst. Die Einheit des „ somato-szenischen Selbst" wird sozusagen „aufgespalten" i. S. d. dualistischen Leib-Seele-Konzeptes (s. Kap. 2.3). Dies wiederum bedeutet, daß das „Unbewußte" als rein „tiefenhermeneutische" Kategorie keinerlei neurowissenschaftliche bzw. humanbiologische Zugänge gestattet. Eine empirische Validierung tiefenhermeneutischer Hypothesen wird somit von vornherein desavouiert. Diese Schwäche gründet freilich in einer (bereits mehrfach genannten) grundsätzlichen Problematik, die mit dem Versuch einer (szenologischen) Re-Interpretation psychoanalytischer Denkansätze notwendigerweise verbunden ist: Trotz ihres unbestreitbaren heuristischen Wertes bedürfen die zu rezipierenden psychoanalytischen Konzepte nicht nur der begrifflichen Präzisierung, sondern auch einer darauf aufbauenden, wissenschaftlich konsensfähigen Forschungsmethodologie.

Nach unserem neuroszenologischen Emotionsmodell wird postuliert, daß affektiv-szenische Prozesse mit neuronal-biologischen Regulationsmechanismen zusammenfallen. So haben wir für präsymbolische und de-symbolisierte Affekte, verstanden als Zustände des somato-szenischen Selbst, mögliche neuronale Äquivalente aufgezeigt. Zu denken ist hierbei insbesondere an:

- die Hemmung kortikaler bzw. präfrontaler Assoziationsfelder (z. B. mit dem Resultat eines thalamisch-amagdylären „Kurzschlusses", s. Kap. 4.2.4),
- die gleichzeitige oder nachfolgende Prävalenz bestimmter subkortikaler Erregungskreise (z. B. innerhalb der sog. Papez-Schleife bzw. des septo-hippocampalen Systems) und/oder
- eine hemisphärenspezifische Imbalance i. S. einer halbseitigen kortikalen Aktivitätssteigerung oder -minderung (s. hierzu bes. Kap. 4.2.3 sowie 5.8.2.2).

Was wir bisher noch weitgehend offengelassen haben, betrifft die für unser neuroszenologisches Emotionsmodell zentrale Frage, wie psychoanalytisch-szenologische Vorstellungen (z. B. zur Übertragung-Gegenübertragungs-Dynamik, zur projektiven Identifikation) mit neurobiologischen Annahmen (insbes. hinsichtlich der Genese und Aktualisierung von Erinnerungsspuren, sog. Engrammen) zur Konkordanz zu bringen sind. Erst wenn es uns gelingen sollte, dafür Hypothesen zu entwickeln, können wir davon ausgehen, daß es sich lohnt, den Brückenschlag zwischen Neuro-Biologie und Szenologie, sprich die Neuro-Szenologie in Aussicht zu stellen.

Dieses zugestandenermaßen hochfliegende Unterfangen wollen wir im nächsten Kapitel wenigstens versuchsweise in Angriff nehmen.

6. Zur Neurobiologie der „narzißtischen“ Interaktionsformen ab ovo

In diesem Kapitel wollen wir erste Anhaltspunkte dafür erarbeiten, wie man sich die ermergent-monistische Einheit (s. Kap. 2.3) aus neuronalen Steuerungssystemen einerseits und rekursiv-dyadischen Verhaltensregulierungen andererseits vorzustellen hat oder - auf eine griffige Formel gebracht - wie „neuronale Kurzschlüsse“ sich zum Szeno-Kreis schließen.

Wir stoßen hier jedoch auf ein Grundproblem: es versteht sich von selbst, daß die präkognitiven und präsymbolischen Affektformen bei älteren Kindern und erst recht bei Erwachsenen zumeist nur noch in verstellter bzw. in symbolisch verkleideter Form erscheinen, d. h. daß sie i. d. R. vielerlei bewußten wie unbewußten Verarbeitungsprozessen (Abwehrmechanismen, Phantasien, kognitiven Einschätzungen, reflexiven Selbstdeutungen) unterworfen sind. Dadurch wird freilich das Aufspüren der potentiellen Verknüpfungspunkte zwischen Neuronalem und Szenischem enorm erschwert.

Angesichts der vielfältigen symbolischen Überarbeitungen von neuronal-präsymbolischen Erfahrungen und zur Vereinfachung unserer diffizilen Thematik werden wir unser bisheriges Anschauungsbeispiel der Prüfer-Prüfling-Dyade suspendieren und zu einem „Umschlagsplatz“ überwechseln, wo Neuronales und Szenisches (noch) am unmittelbarsten verbunden sind: Gemeint ist jene einmalige „somato-szenische Einheit“, wie sie die schwangere Frau und das fötale Kind bilden. Hier lassen sich beim Kind gleichsam die affektiven Vorläufer des präsymbolischen „Unbewußten“ nachzeichnen, das rein neuronal bzw. sensomotorisch enkodiert wird.

Vorsorglich sei darauf verwiesen, daß sich die (neuro-)physiologischen Korrelate von präsymbolisch dekodierten Affekten durchaus auch bei Erwachsenen empirisch auffinden lassen (man denke insbesondere an die Forschungen zu den physiologischen „Reaktionsspezifitäten“ sowie an die neueren Befunde zur neuro-motorischen Kodierung von Emotionen, s. bes. Kap. 3.2-3.6). Die enorme Kluft zwischen den pränatalen Anfängen des „somato-szenischen Selbst“ und der (narzißtischen) Prüfungskommunikation wird - so gesehen - zwar nicht geringer, aber sie erscheint auch nicht mehr als unüberwindliche Differenz.

In den folgenden Abschnitten behandeln wir nicht mehr wie in dem vorangegangenen Kapitel etwas primär Tiefenhermeneutisches, sondern etwas genuin Neuroszenologisches. Wir werden - gleichsam in „gemischter Rede“ - neurobiologische Einsichten mit sozialisationstheoretischen Vorstellungen zu verknüpfen suchen. Wir werden die neuronalen Substrate bzw. Korrelate von Wahrnehmungs-, Lern- und Erinnerungsleistungen erörtern (Kap. 6.2, 6.3), um anschließend das neuroszenologische „Proprium“, nämlich die neuronalen und physiologischen Grundlagen des neuro- bzw. somatoszenischen Selbst herausarbeiten zu können. Dabei werden wir anhand einer Skizze zur neuromotorischen Konditionierung eine plausible Vorstellung davon vermitteln, daß sich die Selbstentwicklung ggf. bis zur Gestationsphase (im mütterlichen Uterus) zurückverfolgen läßt (Kap. 6.4 - 6.6).

Doch zunächst wollen wir uns mit der Problematik der o. g. „gemischten Rede“ befassen, ohne die das Konzept der Interaktionsformen ebensowenig auskommt wie unser darauf aufbauendes neuroszenologisches Emotionsmodell.

6.1 Zum (Miß-)Verhältnis der Blickwinkel: neurobiologische, psychologische und szenologische (System-)Ebene

Der Begriff der Interaktionsform beinhaltet - wie bereits mehrfach erläutert (s. u. a. Kap. 2.2) - einen zweifachen Zugang zum Verständnis der Selbstentwicklung, nämlich einen biologisch-organismischen und einen szenologisch-sozialisatorischen. Hierbei stellt sich die Frage, wie diese zwei unterschiedlichen Betrachtungsweisen zu einer einheitlichen, neuro- bzw. somato-szenologischen Perspektive zu verschweißen sind. Ohne dieses erkenntnisphilosophische Problem letztlich lösen zu können, seien einige über Lorenzers Ansatz hinausgehende Überlegungen zum Begriff der Interaktionsformen angestellt.

Die physiologischen Ursprünge des „interaktionsgeformten“ Selbst wurzeln zweifelsohne in den neurogenetischen (Erb-)Anlagen, ohne freilich ganz aus diesen hervorzugehen. Da Lorenzer nicht, zumindest nicht deutlich genug, den Aspekt der Vererbung bei der Interaktionsformung berücksichtigt hat, wollen wir explizit den an sich kaum noch bestrittenen Globalbefund der Molekular- und Verhaltensgenetik ernst nehmen, daß auch sog. komplexe psychische Funktionen (wie Intelligenz, Gedächtnis, Emotionen) des Menschen zu einem gewissen Anteil von seinem Genom abhängen (vgl. z. B. Plomin, Owen & McGuffin 1994, s. auch Kap. 7.3).

Nach der Erkenntnissen der modernen Molekularbiologie kann angenommen werden, daß auch die von uns betrachteten szenischen Verhaltensphänomene (wie Affekte oder Übertragungen) letztlich so etwas wie die sichtbaren Endglieder vieler biochemischer Reaktionsketten bilden. Die einzelnen dabei beteiligten Reaktionsschritte bzw. Stoffwechselprozesse werden von Enzymen (Eiweißen) gesteuert, für deren Bildung wiederum eine Reihe verschiedener Gene und deren Zusammenspiel untereinander verantwortlich sein dürfte.

In den Genen befindet sich sozusagen die Bauanweisung für die Produktion eines bestimmten Eiweißkörpers bzw. Enzyms. Ein Gen entspricht - in biochemischer Hinsicht - einem bestimmten Abschnitt der als „*D*esoxyribo*n*ukleins*säure(n)“ (DNS, international: DNA, wegen *a*cid = Säure) bekannten Kettenmolekülen aus sog. Nukleotiden. (Ein Nukleotid ist aus einem stickstoffhaltigen Ring (= einer „Base“), einem Zuckeranteil (= „Desoxyribose“) und einem Phosphatsäurerest zusammengesetzt). Die „genetische Information“ zur Produktion von Aminosäuren (= organische Säuren mit einer Amino-(= NH_2) - und einer Carboxyl-(= COOH)-Gruppe), d. h. von Eiweißbausteinen, steckt - vereinfacht gesagt - in der Abfolge von (nur!) vier Basen, nämlich Adenin, Guanin, Cytosin und Thymin. Diese vier Purin- bzw. Pyrimidinabkömmlinge bilden in Dreiergruppen (Tripletts) angeordnet die Informations- bzw. Steuereinheiten zur Produktion von Aminosäuren, den Eiweißbausteinen. (Die Basen sind also in etwa mit den Buchstaben unseres Alphabetes vergleichbar). Bemerkenswerterweise ist diese genetische Codierung (ein Basen-Triplett = eine Aminosäure) nahezu „universell", wie man in der Biologie sagt, d. h. fast alle Lebewesen verwenden einen einheitlichen DNA-Code.

Die an sich recht einfache DNA-Codierung ermöglicht eine schier unvorstellbar große (Arten-)Vielfalt. Da die DNAs aus Millionen und Abermillionen Nukleotiden bestehen (je nach phylogenetischem Stand der Organismus), könnte sogar - rein theoretisch betrachtet - jedes einzelne Lebewesen sein einzigartiges Genom in sich tragen. (Bei nur 100 Nukleotiden, gäbe es bereits 4^{100} viele verschiedene Nukleotidketten). Die „Einmaligkeit" des (menschlichen) Individuums ergibt sich - aus (human-) genetischer Sicht - bereits auf der Supraebene der Chromosomen, wo die DNA zu größeren Einheiten zusammengefaßt ist.

Jede (menschliche) befruchtete Eizelle erhält von der Mutter und vom Vater jeweils 23 solcher Chromosomen. Jedes Elternteil kann entweder seine mütterlicherseits oder väterlicherseits geerbten Chromosomen an die Nachkommen weitergeben. Da die Chromosomen unabhängig voneinander vererbt werden, gibt es 2^{23} mal 2^{23} viele mögliche Kombinationsmöglichkeiten aus zwei großväterlichen und zwei großmütterlichen Chromosomen. Die 4^{23} vielen denkbaren Chromosomen-Mischungen übersteigen z. B. die derzeitige Weltbevölkerung von etwa 4^{16} Menschen. (Für Einzelheiten müssen wir auf die einschlägigen Lehrbücher zur Humangenetik und Populationsbiologie verweisen).

Die molekularbiologische Idee von einer gemeinsamen Strecke, die von den Genen zum beobachtbaren Verhalten führt, korrespondiert mit unserer (neuro-)szenologischen Grundauffassung, daß alle szenischen Äußerungen (Motorik, Affekte, physiologische Reaktionen mitsamt den zugehörigen Repräsentanzen) letztlich biochemische Vorgänge im Gehirn bzw. im neuronal gesteuerten (Gesamt-)Organismus *sind* (nicht nur „darstellen"). Diese erkenntnisphilosophisch-monistische Sicht (Szenisches = Neuronales bzw. Somatisches) ist aber dahingehend zu ergänzen, daß die (neuro-)genetische Steuerung nicht starr ist, sondern durch Umwelteinflüsse beeinflußbar bzw. kanalisierbar. Äußere Faktoren (wie z. B. frühkindliche Interaktionserfahrungen) können zwar die Genstruktur (in etwa vergleichbar mit Freuds „biologischen Fels" bzw. mit Lorenzers „point de résistance", s. Kap. 5.6) nicht verändern, aber sie können die prägende („interaktionsformende") Wirkung der biochemischen (DNA-)Lebensprogramme fördern und/oder unterdrücken.

In unserer neuroszenologischen Konzeption der „Interaktionsformen" interessieren wir uns bevorzugt für die neurophysiologisch beschreibbaren „*Prägungen*" und die damit verbundenen Veränderungen im (neuro-)motorischen (Ausdrucks-)Verhalten, wie sie durch szenische Interaktionen ausgelöst bzw. begünstigt werden. Die Orientierung an der *Neuro*physiologie (neben der Humanbiologie an sich) verdankt sich nicht zuletzt der Überlegung, daß - in somatischer Hinsicht - nichts so sehr der individuellen Persönlichkeit und der emotionalen Erfahrung nahe kommt wie die Vorgänge im Nervensystem im allgemeinen und im Gehirn im besonderen (vgl. Kap. 1.3, 2.3, 4.2.3).

Begriffe wie „Psyche“, „Selbst“, „Identität“ und dergleichen (im Sinne der szenischen Repräsentanzen) sind freilich auf die *zelluläre Ebene* der biochemischen und neurophysiologischen Vorgänge kaum übertragbar. Ein an der (Neuro-)Biologie ausgerichtetes sozial-psychologisches (Erklärungs-)Modell, wie es die Neuro-Szenologie darstellt, muß jedoch zumindest ein ungefähres „Bild“ davon enthalten, wie der Zusammenhang zwischen neuronal-somatischen und affektiv-kommunikativen Prozessen aussehen könnte. Es geht hierbei also um die Vermittlung der (neuro-)biologischen Betrachtungsebene mit der (psycho-)szenologischen Sichtweise. In methodischer, szeno-*graphischer* Hinsicht heißt dies, danach zu fragen, wie man sich die „*szenischen Daten*“, d. h. die Verbindungen zwischen den (neuro-)biologischen Befunden und den tiefenhermeneutischen Deutungen vorstellen kann (s. Kap. 7.1).

Diesen Fragenkomplex nach der Vermittlung unterschiedlicher Untersuchungsebenen bzw. Forschungsperspektiven meinen wir am ehesten dadurch beantworten zu können, daß wir ihn „systemtheoretisch“ (um-)formulieren, d. h. daß wir überlegen, wie die „Aufwärts-“ bzw. „Abwärtsbewegungen“ innerhalb *eines* hierarchischen Systems zustandekommen (könnten). Vor dem Hintergrund unserer neuroszenologischen Grundkonzeption von Persönlichkeit („somato-szenisches Selbst“, s. Kap. 5.7.2.3) kann man sich vorstellen, daß - quasi von „unten“ aufsteigend - die „einfachsten“ (Sub-)Systeme auf der zellulären bzw. molekulargenetischen Ebene in komplexere (Sub-)Systeme (etwa auf der Ebene des Organismus bzw. der Körperbewegungen) „integriert“ sind, die wiederum als „Elemente“ (Sub-Systeme) für - hierarchisch gesehen - noch „höhere“ Systemstufen (bis hinauf zur sozial-psychologischen bzw. szenischen Ebene) fungieren.

Mit der Verwendung des Begriffes „(Sub-)System“ und mit der Betonung neuartiger Komplexitätsstufen rekurrieren wir letztlich auf einen - an gestaltpsychologische Traditionen erinnernden - Leitsatz, wonach ein Ganzes (System) mehr ist als die Summe seiner Teile (Elemente oder Sub-Systeme). Systemtheoretisch formuliert, meint dieses (Gestalt-)Kriterium der „Übersummativität“, daß mit dem Übertritt von einer „einfacheren“ zu einer „komplexeren“ Systemstufe (Untersuchungsebene) Eigenschaften entstehen („neu auftauchen“), die es in dem jeweiligen Sub-System noch nicht gab. (Zu diesem Aspekt der systemischen „Emergenz“ s. auch Kap. 2.3 sowie die Ausführungen zum „Szeno-Kreis“, dem „Umschlagplatz“ zwischen intra-personalen Repräsentanzen und interpersonell-szenischem Verhalten in Kap. 5.5).

Die interdependenten Beziehungen innerhalb eines Gesamt-Systems erlauben freilich nicht nur - wie bisher erläutert - „Aufwärtsbewegungen“ vom „einfachen“ zum nächstkomplexeren (Sub-)System. Ebensogut kann sich der Fokus der (wissenschaftlichen) Analyse vom „höheren“ zum „tieferen“ Systemniveau verschieben („Abwärtsbewegung“). Zwischen den (Integrations- bzw. Sub-)Systemen bestehen - nach unserem Modell - Rückkoppelungen, so daß „Aufwärts-Effekte“ zu „Abwärts-Effekten“ führen (können) und vice versa.

„*Abwärts-Effekte*“ kann man sich an den psychosomatischen Störungen (im engeren Sinne) verdeutlichen: Szenisch „einsozialisierte“ Konflikte bzw. Traumen „materialisieren“ sich buchstäblich im Körper (in den Nervenprozessen, in der „Blutchemie“ etc.). „*Aufwärts-Effekte*“ beinhalteten die Auswirkungen körperlicher Prozesse (z. B. Blutdruckabfall, Herzjagen, Muskelverkrampfungen etc.) auf das (psychische) Erleben und auf das (szenische) Verhalten. Wir können auch davon sprechen, daß die „Aufwärts- und Abwärts-Effekte“ ein zirkuläres, regelkreishaftes (System-)Geschehen bilden, das sich in unser Konzept des Szeno-Kreises (s. Kap. 5.5) einfügt.

Entsprechend der beschriebenen Hierarchie interdependenter Systemebenen kann der *szenodiagnostische Fokus* zwar immer wieder wechseln („aufwärts“ und „abwärts“ gerichtet), aber er bleibt letztlich immer auf das Gesamtsystem bezogen. So läßt sich einerseits ein - biologischer oder gar biochemischer - „Reduktionismus“ vermeiden, und andererseits kann man sich systemspezifischen Detailproblemen zuwenden, ohne die neuro-szenologische Grundperspektive desavouieren zu müssen. An dieser Stelle sei ausdrücklich festgehalten, daß diagnostische Befunde, wie sie selbst auf „unterstem“ bzw. „tiefstem“ Niveau (Neurobiologie, Molekularbiologie bzw. Zellbiologie) erstellt sein mögen, letztlich (auch) als „szenische Daten“ (im o. g. Sinne) zu werten sind. Die systemtheoretische Sicht ist nämlich - wenn man so will - dem szenologischen Primat der Interaktionsformen unterzuordnen, da - genau betrachtet - die realen Interaktionen jeglicher Selbstbildung vorangehen. Auch die allerfrühesten präsymbolischen, rein physiologischen Selbstaspekte verdanken sich - zumindest partiell - affektiv-szenischen (Körper-)Erfahrungen. (Stichworte: „bestimmte Interaktionsformen“, Kap. 2.2, „tonischer Dialog“, Kap. 5.2.1). Sowenig das „somato-szenische Selbst“ in einem beziehungslosen Vakuum wirksam werden kann, sowenig kann das (neuronal) Unbewußte in einem isolierten Gehirn existieren. Beides kann nicht losgelöst von der szenischen Kommunikation beurteilt werden, in der sich die zum Selbstausdruck gehörenden neuronalen Affektprogramme und übrigen Körperregulationsysteme aktualisieren.

Vor dem Hintergrund dieser Grundgedanken wollen wir nun die Selbstbildung gleichsam von ihren neuro-szenischen Ursprüngen her betrachten.

6.2 Die neuronalen Frühstufen des somato-szenischen Selbst

Wir wollen nun darangehen, die neuronalen und verhaltensbezogenen Frühstufen der (somato-szenischen) Selbst- und Objektrepräsentanzen zu rekonstruieren. Dabei stoßen wir erneut auf das begrifflich-konzeptuelle Problem, daß der psychoanalytische Repräsentanzenbegriff sich nur schwer in den neuroszenologischen Modellrahmen einfügt. Zur Erinnerung: In loser Anlehnung an die Selbst- und Objektbeziehungspsychologie und in partieller Erweiterung der zugehörigen repräsentanzenpsychologischen Sicht sind wir bislang davon ausgegangen, daß die „somato-szenischen“ Repräsentanzen weder als Derivate ominöser Triebe noch als mental-symbolische Inhalte (Bilder, Phantasien, Wünsche) zu verstehen sind, sondern vielmehr als neuro-physiologisch bzw. neuro-motorisch enkodierte Engramme. Die weitere Überlegung machte jedoch deutlich, daß die Repräsentanzen (i. S. der Selbst- und Objektbeziehungspsychologie) rein mentalen Vorstellungsinhalten (wie „inneren Bildern", Phantasien, Wünschen) entsprechen (Kap. 5.6). Dies wiederum bedeutet, daß die Repräsentanzen mittels symbolisch enkodierter Affekterlebnisse verbunden sein müßten.

Die Fähigkeit zur Symbolisierung kann sich jedoch nach den Erkenntnissen der kognitiven Entwicklungspsychologie frühestens mit dem Ausklingen der sog. sensomotorischen Stadien, d. h. ab Mitte des zweiten Lebensjahres, herausbilden (vgl. z. B. Oerter & Montada 1987, S. 416 ff.). Zudem haben selbst psychoanalytisch orientierte Säuglingsforscher die klassische Entwicklungslehre der Psychoanalyse angezweifelt, wonach bereits dem Neugeborenen die Fähigkeit zur symbolischen Affektrepräsentation (Halluzinationen, Verfolgungsängste, Neid- und Haßgefühle mitsamt den zugehörigen Phantasien) zugesprochen wird. Schließlich gibt es keinerlei empirische Hinweise dafür, daß der Säugling zu einem rein symbolischen, phantasiebedingten Affekterleben imstande ist (vgl. Dornes 1993, Lichtenberg 1991 b, Stern 1985).

Vielmehr ist anzunehmen, daß es sich bei den allerfrühesten somato-szenischen Repräsentanzen um prä-symbolische Erfahrungsniederschläge handelt, die noch völlig wahrnehmungs- und handlungsgebunden sind. Damit ist gemeint, daß die Repräsentanzen nicht intra-psychisch, sondern nur bei Anwesenheit von konkreten, sinnlich erfahrbaren „Objekten" wie z. B. (Betreuungs-)Personen oder Spiegeln (zum Selbsterkennen) evozierbar sind.

Es ist daher eine die psychoanalytische Repräsentanzenlehre korrigierende Perspektive erforderlich, wie wir sie potentiell in Lorenzers Interaktionsformenkonzept angelegt sehen.

Wie an früherer Stelle bereits kurz dargestellt (Kap. 2.2), kennzeichnet Lorenzer die (noch) völlig bewußtlos „einsozialisierten" Erfahrungen in der „Mutter-Kind-Dyade" als „bestimmte" Interaktionsformen. Darunter versteht Lorenzer das „Resultat" eines bereits in der Embryonalzeit beginnenden „organismischen Zusammenspiels" zwischen „Mutter" und Kind. In seiner sozialisationstheoretischen Re-Interpretation des Freudschen „Triebschicksals" beschreibt Lorenzer (z. B. 1984 b, S. 85) bereits das intrauterine Wechselspiel zwischen mütterlichem und fötalem Organismus geflissentlich als „(reale) Interaktion" und erinnert daran,

> daß um die Zeit des 5. Monats das Klopfen auf die Bauchdecke der Schwangeren eine sensomotorische Reaktion des Kindes hervorruft. Doch schon vorher hat sich dasselbe Wechselspiel von Aktion und Reaktion - Aktion des Embryos und Reaktion der Mutter, Aktion der Mutter und Reaktion des Embryos - in vielen feinen, unmerklichen und unablässigen Einzelschritten abgespielt, war ein systematisches Wechselspiel zwischen d i e s e m Embryo und d i e s e r Mutter in Gang gekommen (ibid.).

Aus der pränatalen Forschung ist bekannt, daß der Fötus bereits mit Beginn der 9. Schwangerschaftswoche auf Berührungsreize - vor allem in der Mundregion - mit Bewegungen des Gesamtorganismus reagiert. Am Ende des dritten Monats reagiert der größte Teil des kindlichen Organismus (reiz-) empfindlich auf z. B. Geräusche, Druck (auf den Mutterleib) oder Lageveränderungen (der Schwangeren). Erst mit Beginn etwa der 20. Woche kann die Mutter diese „Anpassungsreaktionen" des mittlerweile ca. 30 cm groß gewordenen Föten auch wahrnehmen. Für weitere Details vgl. hierzu Bürgin 1982, 1991; Brazelton & Cramer 1990, S. 38 ff.; Chamberlain 1990; Flanagan 1988; Schenk-Danzinger 1993, S. 53 ff.; Verny & Kelly 1991; Zimmer 1984.

Die primären, quasi sozio-organismischen Aspekte der Selbst- bzw. Identitätsentwicklung sind demnach bereits in dem intra-uterinen Wechselspiel zwischen Mutter und Kind aufzuspüren. In den vielen ineinandergreifenden physischen Reiz-Reaktions-Zyklen (zwischen Mutter und Kind) bilden sich nach Lorenzer die ersten (sensorischen) Eindrücke und (motorischen) Reaktionsmuster, die sich in dem embryonalen (m. E. wohl eher im fötalen) Gehirn als *„sensomotorische Engramme"* (Lorenzer) niederlegen, d. h. zu sensorisch-motorischen Schaltkreisen verknüpfen (können). Diese intrauterin gebildeten sensomotorischen „Erinnerungsspuren" sind nach Lorenzer

> Engramme, die nicht erst zentralnervös zu existieren beginnen, sondern schon in der Körperperipherie sich ‚einzeichnen', um als ‚Spur', angefangen von peripheren Eintragungen in den Sinnes- und Muskelapparaten, über Reflexbögen, Stammhirnschaltungen nach ‚oben' (gemeint sind die höheren Gehirn-Abschnitte, B. E.) zu laufen. Diese Abfolge von Registrierungen bildet eine mehrgliedrige ‚Hierarchie' von Zusammenschaltungen, die im Zuge des Aufbaus des kindlichen Organismus zentralnervös zusammengefaßt und damit auf höchster Stufe organisiert werden (Lorenzer 1983, S. 101).

Diese „sensomotorische Engrammbildung" sei aber weder eine entwicklungsbedingte Reifung (im Sinne einer genetisch festgelegten „Entfaltung") noch ein einseitiger, von der Mutter (als Repräsentantin der Gesellschaft schlechthin) ausgehender „Formungsprozeß". Bei dem mehr oder weniger sensibel regulierten „sensomotorischen Austausch" (Lorenzer) zwischen Mutter und Kind handele es sich vielmehr um einen dialektischen Formungsprozeß, den Lorenzer sich als wechselseitige „Einigung" auf bewußtlos-reizreaktiver Verhaltensebene (dem Tierreich vergleichbar) vorstellt (vgl. Lorenzer 1976 b, S. 118 f., 254; 1981, S. 29 ff.). In der „Einigung auf Interaktionsformen" würden - so Lorenzer - nicht einfach Spannungen zwischen Mutter und Kind „abgebaut", sondern sozusagen dialektisch „aufgehoben" in „inneren" Lösungsformeln, deren „biologisches Substrat" (Lorenzer) die Engramme bildeten.

Die Annahme der pränatalen Engrammbildung wird des weiteren durch eine Reihe entwicklungspsychologischer Beobachtungen gestützt: So ließ sich beispielsweise empirisch nachweisen, daß schon Neugeborene eine Art „Vorliebe" für Tonaufnahmen zeigen, die Geräusche bzw. Hörreize aus den letzten Schwangerschaftswochen enthalten (wie Herzschlag oder Stimme der Mutter). In ähnlicher Weise beobachtete man die beruhigenden und entwicklungsfördernden Wirkungen solcher - aus der Schwangerschaft stammenden - Tonbandaufzeichnungen auf Säuglinge bzw. Neugeborene (vgl. Dornes 1993, S. 41; Mietzel 1989, S. 100 f.; Zimmer 1984, S. 62). Auch sind die nachteiligen Folgen einer emotionalen Instabilität bzw. Ambivalenz der Schwangeren für die Affektlage des Säuglings (erhöhte Reizbarkeit, Erbrechen, Überaktivität etc.) hinlänglich bekannt, wenngleich hierfür noch systematisch-emprisches Material fehlt (vgl. Immelmann & Keller 1988, S. 151 u. 156; Mietzel 1989, S. 77 f.; Zimmer 1984, S. 67 f.).

Ungeachtet der insgesamt noch äußerst defizitären Forschungslage zur pränatalen Sozialisation wollen wir an den Gedanken Lorenzers anknüpfen, daß die Affektbildung weitgehend in der sensomotorischen Engrammbildung bzw. in der sozio-physischen „Einigung" auf „bestimmte Interaktionsformen" wurzelt (vgl. Lorenzer 1983, S. 101; 1984 b, S. 86, 162 Fußnote).

Neuroszenologisch formuliert, wären die Anfänge der Affektbildung mit erfahrungsbedingten, sensomotorischen Verschaltungen im fötalen Gehirns zu identifizieren. Die darin implizit enthaltene Vorstellung vom intra-uterinen Ursprung des somato-szenischen Selbst läßt sich - neurobiologisch betrachtet - insoweit stützen, als die Gesamtzahl der Neurone (Nervenzellen), d. h. der „eigentlichen" Informationsvermittler innerhalb des (menschlichen) Organismus, nach der Geburt nur noch unwesentlich erhöht wird (vgl. z. B. Rosenzweig & Leiman 1989, p. 111; Vester 1985, S. 31). Ein fortlaufende Proliferation von Neuronen wäre insofern problematisch, als mit jeder Zellteilung Informationen, die in der DNA gespeichert sind (s. Kap. 6.3.2.2), verloren gehen können.

Neuere Studien an Tier-Gehirnen scheinen das bislang noch gültige „Dogma" von der frühzeitigen Beendigung der Neuronenbildung („Neurogenese") zu erschüttern: So konnte beispielsweise die Forschergruppe um Fernando Bottebohm (1989) schlüssige Hinweise dafür liefern, daß sogar im Gehirn ausgewachsener Vögel eine Neubildung bzw. Erneuerung von Neuronen stattfindet. Bislang fehlt jedoch ein gesicherter Hinweis auf „neurogenetische" Vorgänge im ZNS des Menschen. Im übrigen sollte man bedenken, daß die sog. Neurogenese (i. S. eines progressiven Entwicklungsaspektes) von Beginn an von gegenläufigen, entwicklungsregressiven Vorgängen (wie „Zelltod" bestimmter Neuronen, Degeneration von Axonen und Synapsen) begleitet ist (s. hierzu z. B. Bloom & Lazerson 1988, pp. 67 f.; Changeux 1984, S. 273 ff.).

Da es nach der Geburt offenbar nur noch zu einer partiellen, auf bestimmte Nervenzelltypen und Gehirnareale begrenzten Neurogenese kommt, läßt sich davon ausgehen, daß der Säugling/das Neugeborene sozusagen über eine „einmalige Ausstattung" (Oeser & Seitelberger 1988, S. 67) mit Neuronen verfügt, die wir als *„neuronale Identität"* des Menschen interpretieren können:

> Die lebenslange morphologische Identität der Nervenzellen und ihre Unaustauschbarkeit scheint für die funktionale Stabilität von Zellverbänden und neuronalen Netzen sowie für die Kontinuität des Gedächtnisses und die individuelle Geschichtlichkeit des psychischen Erlebens von Bedeutung zu sein (Oeser & Seitelberger, ibid.).

Zugespitzt formuliert, fußt das Denken und Fühlen jedes Erwachsenen quasi auf seinem Säuglings-Gehirn. Diese Aussage trifft freilich nur insoweit zu, als die - vermutlich zeitlebens (vgl. Rosenzweig 1996) - ablaufenden Prozesse der Neu- bzw. Rückbildung von Synapsen (und wahrscheinlich auch: von Dendriten und Axonen) an den durch die „neuronale Identität" vorgegebenen biologischen Rahmen gebunden sind. Zum Zeitpunkt der Geburt bestehen nämlich nur sehr wenige Verbindungen zwischen den nicht mehr teilungsfähigen Neuronen, so daß sich die funktionell-neuronale Cytoarchitektur aus Nervenbahnen (Axonen), Nervenzellfortsätzen (Dendriten) und Neuralverbindungen (Synapsen) erst noch ausbilden muß (s. Abb. 6 in Kap. 5.7.1 sowie bes. Kap. 6.3).

Unter dem Aspekt der systemischen Emergenz (Kap. 2.3, 5.5, 6.1) betrachtet, läßt sich das Prinzip der „neuronalen Identität" auch auf die Entwicklung der narzißtischen Interaktionsformen übertragen: So kann von sukzessiven Transformationen senso-motorischer Basisfähigkeiten sowie (neu auftretender) symbolischer Integrationsleistungen ausgegangen werden, die ihr je spezifisches Potential zur Selbstwertregulation beisteuern. Die sensomotorischen Interaktionsformen stellen dabei nicht nur die „bahnbrechenden" Entwicklungsstufen für die präverbalen (sinnlich-symbolischen) und sprachsymbolischen Interaktionsformen (Kap. 2.2) dar, sondern auch so etwas wie lebenslang fortwirkende präsymbolische, rein „materialisierte" Engramme.

So gesehen, bilden die sensomotorischen Engramme buchstäblich die „Formen", in die das symbolisch vermittelte Wechselspiel von Selbstwert- und Beziehungsregulation quasi „eingelassen" ist. Affektives bzw. szenisches Rollenverhalten, wie wir es am Beispiel der - mit Übertragungsgefühlen und projektiven Phantasien verquickten - Konversation in der Hochschulprüfung beschrieben haben (s. Kap. 5.8), wird demnach nicht nur von sensomotorischen Abläufen „begleitet".. Die sensomotorischen Engramme sind nicht nur als Aufzeichnungen im neuronalen Netzwerk zu verstehen, sondern auch als „einsomatisierte Verhaltensentwürfe" (Lorenzer 1983, S. 101). Die sensomotorischen Engramme können somit als konstitutiv für die szenisch-symbolischen Repräsentanzen und das damit korrespondierende Rollenverhalten angesehen werden. Diesen Aspekt werden wir später (Kap. 6.4) vertiefend behandeln.

Bedauerlicherweise liefert Lorenzer selbst keine Hinweise auf die neuronale Beschaffenheit der hypothetischen Engramme, geschweige denn auf den neurophysiologischen Prozeß der Engrammatisierung selbst. Wenn die Rede von Interaktionsformen bzw. -engrammen nicht nur eine metapsychologische façon der parler sein soll, so sollten wenigstens die bislang gewonnenen Erkenntnisse zur

- umweltspezifischen Hirnentwicklung (Neuro-Plastizität) sowie
- zur Neurobiologie des Lernens und des Gedächtnisses

berücksichtigt werden.

Der Forschungsstand zu den beiden o. g. Aspekten der Engrammbildung soll nun - in jeweils getrennten Unterabschnitten - ausführlicher erörtert werden. Um keine „falschen“ Hoffnungen zu wecken, sei vorab betont, daß wir keine empirisch gestützten Erklärungshilfen, sondern lediglich Plausibilitätsargumente für unsere Annahme der neuronalen Genese somato-szenischer Repräsentanzen anführen können.

6.3 Neuronale Bedingungen der Engrammbildung

6.3.1 Neuronale Plastizität

Nach heutigem neurobiologischen Kenntnisstand basieren Lern- und Gedächtnisprozesse (= Einspeichern und Wiederabrufen von kognitiven Inhalten und sensomotorischen Reaktionsmustern gleichermaßen) in erster Linie auf der sog. *Plastizität* des zentralen Nervensystems, d. h. auf der potentiellen Modifikation neuronaler Schaltkreise durch spezifische Umwelterfahrungen.

Die neuronale Plastizität, zeigt sich u. a. bei der Regeneration sog. Aphasien (Sprachverluste). Beim Ausfall z. B. der Brocaschen (motorischen) Sprachregion (im Frontallappen), wie er durch einen Tumor oder einen Gehirnschlag (Apoplex) verursacht sein kann, kommt es im Laufe der Zeit zu einer Rückgewinnung der motorischen Sprachfähigkeit. (Das Ausmaß der Regeneration hängt freilich vom Umfang der Hirnschädigung und der Dauer bzw. Intensität der logopädischen Förderung ab).

Eindrucksvolle Hinweise auf die neuronale Plastizität lieferte bislang auch die tierexperimentelle Gehirnforschung. So konnte mehrfach gezeigt werden, daß Ratten, die in einer „psychologisch“ stimulierenden (Käfig-)Umgebung („enriched conditions“ mit mehr Spielmaterial, Zusammensein mit Artgenossen etc.) gehalten wurden, dickere und schwerere Hirnrinden (Kortizes) aufwiesen als die Kontrolltiere, die unter isolierten und „eintönigen“ Aufzuchtsbedingungen („impoverished conditions“) leben mußten. Zudem fand man zwischen den beiden Vergleichsgruppen (alle Tiere stammten aus demselben Wurf und waren gleichen Geschlechts) deutliche Unterschiede in den Stoffwechselaktivitäten der Kortizes (vgl. zusf. Bloom & Lazerson 1988, pp. 240 f.; Krech & Crutchfield et al. 1985, S. 87 f.; Rosenzweig & Leiman 1989, pp. 664 f.; Vester 1985, S. 87 f.).

Es kann als weitgehend gesichert angesehen werden, daß die neuronale Plastizität, d. h. die (umweltbedingte) Veränderbarkeit des Gehirns (bei Tieren und beim Menschen gleichermaßen) in den frühen Entwicklungsstadien am stärksten ausgeprägt ist (vgl. Rosenzweig 1996, pp. 10, 22 ff.).

In der ersten, durch (schnelles) Dendriten- bzw. Axonwachstum und (starke) Synapsenbildung gekennzeichneten Reifungsphase, die beim Menschen bis etwa zum Ende des 3. Lebensjahres anhält, ist das Gehirn ausgesprochen anfällig („sensibel“) für „Fehlbildungen“, wie sie durch äußere („epigenetische“) Faktoren hervorgerufen sein können. Man nennt diese frühe Entwicklungszeit daher auch die *„kritische Phase“*

oder die „*sensible Periode*". Vor allem für den Bereich der sensorischen (Gehirn-)-Funktionen, und hier wiederum besonders für den Gesichtssinn, gibt es zahlreiche Hinweise für das Wechselspiel zwischen „deprivierenden" Umwelteinflüssen einerseits und morphologischen Veränderungen im Gehirn andererseits. Visuelle „Deprivation" (z. B. Aufzucht von Tieren im Dunkeln, Einschränkung der „natürlichen" Reizeinflüsse) kann, wenn sie während der sog. kritischen Phase erfolgt, zu einschneidenden und dauerhaften (Seh-)Schäden führen, die jedoch nicht als „Augenfehler", sondern als „Hirnstörungen" zu bewerten sind.

In sog. Deprivationsstudien mit Tieren (insbesondere mit Katzen, aber auch mit Primaten/Affen) ließ sich der massive und größtenteils irreversible Einfluß mangelnder Reizzufuhr während der kritischen Entwicklungsphase auf die Gehirnleistungen eindeutig nachweisen. So fanden sich „deprivierte" Katzen, die während ihrer ersten Lebenswochen in einer an sich anormalen (Labor-)Umgebung (massive Käfigwände mit senkrechten Farbstreifen) aufgezogen wurden, späterhin in einer davon stark abweichenden (Käfig-)Umwelt (mit z. B. nur horizontalen Linien) nicht mehr zurecht: Die derart „deprivierten" Kätzchen verloren offenbar ihre Raumorientierung ebenso wie ihren Gleichgewichtssinn, d. h. sie „torkelten" unbeholfen umher. Wie man mit Hilfe elektrophysikalischer Ableitungstechniken (Mikroelektroden)[1] feststellte, lag diesem „abnormen" Verhalten der Katzen (vielleicht sollte man besser von dem „normalen" Verhalten als Reaktion auf abnorme Laborbedingungen sprechen) eine Fehlsteuerung der für den Sehvorgang verantwortlichen Gehirnzellen zugrunde. Die Forscher registrierten eine verstärkte Aktivität jener Cortex-Zellen in der „primären Sehrinde" (auch: „Area striata", im Hinterhauptslappen), die sozusagen von Natur aus auf (Licht-)-Reize mit einer bestimmten Linienführung (im obigen Beispiel: vertikale Konturen) ansprechen. Diese vor allem mit dem Namen Colin Blakemore verbundene Forschungstechnik (vgl. zusf. Popper & Eccles 1989, S. 483; Rosenzweig & Leiman 1989, p. 132; Vester 1985, S. 34 f.) erbrachte insgesamt Ergebnisse, die darauf hindeuteten, daß die - nach der visuellen Deprivationszeit feststellbare - Hypersensibilität bzw. Hypererregbarkeit einzelner Neuronen-Gruppen zu Lasten der übrigen, unzureichend stimulierten Zellansammlungen in der Area striata erfolgte. Es zeigte sich nämlich in nachfolgenden Prüfstudien, daß die Anteile jener Neuronen deutlich zurückgegangen waren, die „normalerweise" auf andere Reizkonfigurationen reagieren als auf die im Deprivationsversuch exponierten Streifenmuster. Die selektive Erregbarkeit bzw. die Präferenz verschiedener Neuronen-Populationen (in der Area striata) für distinkte Reizmuster (wie Kanten, Winkel, Bewegungsrichtungen) ist an sich nichts Außergewöhnliches: während die Neuronen in der Retina (Netzhaut des Auges) und im Thalamus auf Lichtpunkte und/oder globale Helligkeitsänderungen ansprechen, haben

1 Um die Aktivität eines einzelnen Neurons ableiten zu können, benötigt man sehr feine Elektroden. Solche Mikroelektroden sind an ihrer Spitze u. U. so dünn (1/10 µm), daß man sie nur mit einem Elektronenmikroskop erkennen kann. Zum Vergleich: Sensorische Nervenfasern haben in der Regel einen Durchmesser von 3 - 5 µm.

sich die Sehrindenzellen sozusagen spezialisiert auf die Wahrnehmung von (länglichen) Konturen mit einer bestimmten Orientierung bzw. Bewegungsrichtung. In der Neurobiologie (des Sehens) spricht man daher auch von der „*Orientierungsspezifität*" der Sehrinden-Neuronen. Aus den o. g. Deprivationsstudien läßt sich ableiten, daß die neurogenetisch vorgegebenen, d. h. DNA-gesteuerten „Orientierungsspezifitäten" der einzelnen Neuronen-Typen sich offenbar nur dann ausbilden können, wenn in der sog. kritischen Phase auch die entsprechenden Wahrnehmungsreize auf den visuellen Kortex einwirken.

Die neurophysiologischen Zusammenhänge bei der visuellen Deprivation konnten vor allem durch die bahnbrechenden Forschungen von David H. Hubel und Torsten N. Wiesel, die 1981 gemeinsam mit dem Nobelpreis für Medizin ausgezeichnet wurden, weiter aufgeklärt werden. Hubel und Wiesel untersuchten in der Area striata u. a. binokulare (svw. „zweiäugige") Zellen, die auf die visuelle Reizung beider Augen ansprechen und die somit für die Tiefenwahrnehmung bzw. das räumliche Sehen („Stereopsis") bedeutsam sind. (Andere Sehrindenzellen, die nur auf die Reizung eines der Augen reagieren, heißen dementsprechend monokular). Bei normal aufgezogenen Kätzchen reagiert der größte Anteil der binokularen Sehrindenzellen in gleich starkem Maße auf eine Reizung vom linken und rechten Auge aus. Bei Kätzchen hingegen, denen die Forscher die Lider eines Auges zunähten, fanden sich nach Abschluß der Deprivationszeit bzw. der „kritischen Phase" (bei Katzen: etwa vom zweiten bis vierten Lebensmonat) fast nur noch monokulare Rindenzellen. Die meisten Zellen in der Sehrinde, also auch die binokularen Neuronen, waren nur noch von dem offen gebliebenen Auge aus erregbar. Der zeitlich begrenzte, über die sog. kritische Phase hin sich erstreckende Augenverschluß hatte die an sich bestehende Gleichverteilung der „Augendominanzsäulen" (das sind die jeweils einem Auge zugeordneten Kortex-Schichten) zugunsten des offenen Auges verschoben. Obwohl der Prozentsatz der visuell erregbaren Kortexzellen weitgehend konstant blieb, führte die nur etwa dreimonatige Deprivation zu tiefgreifenden Veränderungen für den Gesichtssinn der Katzen: Die Tiere blieben für den Rest ihres Lebens auf dem einst verschlossenen Auge blind! Dieser schwerwiegende Sehdefekt konnte weitgehend rückgängig gemacht werden, wenn die chirurgische Naht noch vor Ablauf der „kritischen Phase" geöffnet wurde. Innerhalb dieser Phase ließ sich der Augenschluß-Effekt sogar umkehren, wenn man zum Zeitpunkt der Nahtöffnung das andere, bislang „normale" Augenlid verschloß (vgl. zusf.: Hubel 1989, S. 199 ff.).

Wenn es - wie bei den visuell deprivierten Kätzchen - zu einer Atrophie bzw. Anomalie in den kortikalen „Augendominanzsäulen" oder in den zuleitenden Nervenfasern kommt, so sind Sehschäden die unvermeidlichen Folgen. Das eigentliche „Sehen", d. h. die (neuronale) „Verarbeitung" von physikalischen bzw. elektrophysiologischen Signalen zu visuellen Wahrnehmungen („Eindrücken") wird nämlich vom Gehirn, und nicht vom Auge bewerkstelligt. (In ähnlicher Weise „hören" wir letztlich mit bestimmten Abschnitten in unserem Gehirn, obgleich es dort absolut ruhig zugeht). Reizt man (mittels Elektroden) z. B. die Sehrindenzellen in einer der sog. Augendominanzsäulen, so löst dies optische Empfindungen in dem zugehörigen Auge aus. Die Area striata enthält also eine geordnete Repräsentation des Gesichtsfeldes („Punkt-zu-Punkt-Verbindung"). Die Area striata bildet keineswegs die einzige, sondern - hierarchisch betrachtet - nur die einfachste Stufe in der visuell-corticalen Reizverarbeitung. Die sozusagen „komplexeren", neurobiologisch noch kaum erforschten Sehrindenareale (z. B. Area 18 und 19 sensu Brodmann) liegen in unmittelbarer Nachbarschaft der Area striata.

Beim Menschen tritt bei Ausfall der „höheren" Sehrindenfelder eine visuelle Agnosie („Seelenblindheit") auf, d. h. die Patienten können zwar Gegenstände oder Gesichter wahrnehmen, aber nicht in ihrer Bedeutung erfassen oder wiedererkennen. Zur Störung des Gesichtererkennens („Prosopagnosie") s. u. a. Rosenzweig & Leiman (1989, pp. 747 f.).

Mit der von Hubel und Wiesel inaugurierten Forschungsserie zur Neurobiologie des Sehens konnte erstmals der Nachweis erbracht werden, daß die gravierenden Folgen des Augenverschlusses weniger auf dem Nicht-Gebrauch bzw. dem mangelnden „Training" der jeweiligen Neuronen(verbindungen) beruhen als vielmehr auf einer Art Konkurrenz zwischen potentiell angelegten „Verdrahtungen" im Gehirn. Wie sich in weiteren (Teil-)Studien zeigte, verschlechtert sich bei der visuellen Deprivation zunächst die Erregungsübertragung, und zwar entlang der gesamten Übertragungsstrecke vom (verschlossenen) Auge über den Thalamus bis zum visuellen Kortex. Mit der Dauer der Deprivation schrumpfen die vom (verschlossenen) Auge versorgten Gehirnbereiche, insbesondere die thalamischen „Schaltzellen" (im Corpus geniculatum laterale) und die Sehrindenneuronen. Die Augenfunktion selbst bleibt hingegen voll erhalten.

Die eigentliche Ursache für die experimentell erzeugte (Stereo-)Blindheit der Tiere bzw. für die Verschiebung der Augendominanz liegt jedoch nicht in der Atrophie der visuell deprivierten Hirnbereiche allein. Vielmehr bilden - wie man später herausfand - die Axone der vom „normalen" Auge erregten „Schaltzellen" (im Thalamus) zusätzliche Endverzweigungen (zum Kortex) aus. Während die thalamischen Axone, die normalerweise die vom verschlossenen Auge empfangenen Elektrosignale weiterleiten (müßten), sich quasi vom Kortex abkoppeln, erweitern die vom anderen (offenen) Auge innervierten Axone ihren Einflußbereich; letztere verdrängen u. U. bereits ausgebildete Nervenkontakte des deprivierten Auges.

Dieses sog. *Konkurrenz-Modell* der neuronalen Verschaltung wird indirekt auch durch die Beobachtungen an im Dunkeln aufgezogenen Katzen bestätigt: Ihre Sehrindenzellen und thalamischen „Schaltzellen" zeigen zwar auch degenerative Erscheinungen, aber die damit verbundenen Beeinträchtigungen für den Gesichtssinn sind sehr gering; die Katzen verhalten sich dementsprechend unauffällig (vgl. z. B. Kalil 1990, S. 98). Als Hubel und Wiesel die Möglichkeit der „Konkurrenz" zwischen den lateralisierten, d. h. je einem Auge zugehörigen „Augendominanzsäulen" auszuschalten versuchten, indem sie den Katzen beide Augen zunähten, mußten sie zu ihrer Überraschung feststellen, daß sich der zuvor beobachtete Deprivationseffekt keineswegs verdoppelte, sondern deutlich verminderte! (vgl. Hubel 1989, S. 208 f.).

Vor dem Hintergrund dieser und weiterer - hier nicht erwähnter - Arbeiten zur visuellen Deprivation läßt sich die These widerlegen, daß (frühkindliche) Erfahrungen angeborene Fähigkeiten (Wahrnehmungsleistungen) lediglich fördern bzw. stabilisieren oder - schlimmstenfalls - be- bzw. verhindern könnten.

Wie die skizzierten Deprivationsstudien gezeigt haben, können sich genetisch vorgegebene neuronale Verbindungen lösen, um gleichzeitig alternative, an (restringierte) Umwelterfahrungen adaptierte Nervenbahnen zu konsolidieren bzw. zu stärken. In „sensiblen", d. h. in frühinfantilen und reifungsintensiven Entwicklungsphasen, wenn die Deprivationsanfälligkeit des Gehirns besonders ausgeprägt ist, können Reizentzug bzw. (emotionale?) „Entbehrungen" den neuronalen Reifungsprozeß tiefgreifend stören und sogar zum Stillstand bringen. Die Rolle sozialisatorischer (bzw. „epigenetischer") Faktoren scheint vor allem darin zu bestehen, aus dem (neuro-)genetisch vorgegebenen Repertoire modifizierbarer Nervenverbindungen jene auszuwählen und zu konsolidieren, die zu den sensorischen (Umwelt-)Einflüssen „passen". Wie sich anhand der „Dunkelaufzucht" sowie des zweifachen Augenverschlusses in den o. g. Tierexperimenten zeigen ließ, zeitigt der Erfahrungsentzug nur dann massive Folgen für das visuelle System, wenn dieser mit den genetischen Antworteigenschaften der corticalen Sehrindenzellen korrespondiert. Anders formuliert: sensorische Signale bewirken (vermutlich) nur dort selektive (und z. T. dauerhafte) Veränderungen im Gehirn, wo sie den „neuronalen Erwartungen" entsprechen. Ist dies nicht der Fall, so sind zwar selektive und zugleich einschneidende Konsolidierungsprozesse weniger wahrscheinlich, dafür aber ist mit einer generellen, wenngleich geringfügigeren Beeinträchtigung der synaptischen Verschaltungen zu rechnen. (Letzteres trat bei den in Dunkelheit bzw. mit doppeltem Augenverschluß aufgezogenen Jungtieren auf).

Eine gewisse Parallele zu den besprochenen Deprivationsstudien ist in einer bestimmten Form des kindlichen *Strabismus* („Schielen") sehen. Da es beim Strabismus durch Fehlstellung der Augen zum Doppeltsehen kommt, neigen manche (nicht alle) betroffenen Kinder dazu, ihre Augen ungleich zu gebrauchen. Die Signale eines Auges werden - wie man sagt - funktionell supprimiert, um die störende Wahrnehmung von Doppelbildern zu vermeiden. Wird der kindliche Strabismus (dieses Typs) nicht rechtzeitig, d. h. während der ersten Lebensjahre (noch vor Schuleintritt) chirurgisch oder durch eine entsprechende „Sehschulung" behandelt, so kann es zu der in den Tierversuchen beobachteten (Stereo-)Blindheit kommen: Die funktionelle Suppression verhindert die erfahrungsabhängigen Reifungsvorgänge in den mit dem betreffenden Auge verbundenen thalamischen und corticalen Neuronen. Wird ein Auge während der sog. kritischen Phase, die beim Menschen etwa bis zum 6. Lebensjahr reicht (vgl. Thompson 1994, S. 360), ständig supprimiert, so verschlechtert sich dessen Sehleistung zusehends, und schließlich kann es seine Sehtüchtigkeit vollends verlieren zugunsten des (anderen) sog. Führungsauges. Diese entwicklungsbedingte Erblindung ohne jedwede organische Schwäche des Auges ist in der Medizin unter der Bezeichnung Amblyopie, genauer: „Amblyopia ex anopsia" bekannt (vgl. hierzu u. a. die Darstellung bei Hubel 1989, S. 210 f.). Da man die neuronalen Reifungsprozesse im kindlichen Gehirn nicht studieren kann, ist es freilich unklar, ob die Amblyopie auf denselben „konkurrierenden“ Verschaltungen zu den Augendominanzsäulen beruht, wie sie in den Tierstudien beschrieben wurden.

Es bedarf m. E. keines allzu großen Gedankensprunges, um zu fragen, ob nicht auch sozio-emotionale Deprivationen (etwa im Sinne des Spitzschen Hospitalismus oder des Kohutschen Empathiemangels (s. Kap. 5.7.2.4) reale, morphologische Veränderungen im Gehirn von Kleinkindern zeitigen können (vgl. hierzu auch die entwicklungspsychopathologischen Überlegungen bei Kusch & Petermann 1995, S. 71 ff.). Es hat sich m. W. zwar noch niemand unter den NeurowissenschaftlerInnen mit dieser Fragestellung systematisch befaßt, aber sie erscheint deshalb keinesfalls abwegig. Was für das visuelle System gilt, gilt u. U. auch für andere Teile des Gehirns, insbesondere für solche, die mit der Reizaufnahme im allgemeinen und mit der „emotionalen Wahrnehmung“ im besonderen verbunden sind. Mit dem Begriff des *„emotionalen Sensoriums“* (s. Kap. 3.2) hatten wir bereits zu verdeutlichen versucht, daß (so gut wie) jede Sinnesempfindung - sei sie vom Gesichtssinn, vom Gehör oder der Haut abgeleitet - von einer mehr oder weniger starken „Affektfärbung“ bzw. „emotionalen Tönung“ begleitet ist. Diese Annahme läßt sich neuroanatomisch dadurch stützen, daß (fast) alle Sinneskanäle mit Gehirnstrukturen (direkt oder indirekt) verschaltet sind, die allenthalben mit Funktionen der unspezifischen „Aktivierung“ („arousal“), mit der Affektgenerierung oder der „emotionalen Bewertung“ in Verbindung gebracht werden.

So ziehen beispielsweise die Sehnervenfasern, nachdem sie (im Chiasma opticum) sich gekreuzt haben, nicht nur über das Corpus geniculatum (im Thalamus) zum visuellen Kortex, sondern sie verzweigen sich ebenso zu jenen mesencephalen bzw. diencephalen und limbischen Gehirnstrukturen (insbesondere Formatio reticularis, Tectum, Hypothalamus, septo-hippocampale Formation, Amygdala-Komplex), die - grob gesagt - für die (sensorische) Aufmerksamkeit, das allgemeine Wachheitsniveau sowie die vegetativ-emotionalen Befindlichkeiten verantwortlich sind (vgl. hierzu u. a. Mishkin & Appenzeller 1990, S. 90, 102 f.; Singer 1990, S. 52 f.; sowie Kap. 4.2.3).

Resümee: Anhand der o. g. tierexperimentellen Deprivationsstudien sowie am humanmedizinischen Musterbeispiel der Amblyopie ließ sich die Hypothese veranschaulichen, daß das Gehirn (genauer: der visuelle Kortex) seine volle Funktionstüchtigkeit nicht nur mangels „Übung“ einbüßt, so wie etwa ein „untrainierter“ Muskel atrophiert. Wie gezeigt werden konnte, basieren markante Veränderungen von Neuralverbindungen (Plastizität) auf künstlich beschnittenen Reizangeboten (experimentellen Manipulationen) bzw. auf der lateralisierten Aktivierung der Augendominanzsäulen im visuellen Kortex. Allgemein formuliert, kann davon ausgegangen werden, daß die neuronale Plastizität des Gehirns auf der Korrespondenz zwischen sensorisch-afferenten (Reiz-)-Signalen und cerebral-efferenten (Antwort-)Mustern basiert. So gesehen, ist es unwahrscheinlich, daß nur während der sog. sensiblen Entwicklungsphasen eine erfahrungs- bzw. erregungsabhängige Selektion aus dem genetischen Repertoire potentieller Nervenverschaltungen erfolgt. Es ist zwar richtig, daß viele Gehirnstrukturen ab einem bestimmten (Reife-)Stadium ihre Plastizität, also ihre selektive (Ver-)Formbarkeit, verlieren (so z. B. die visuellen Hauptbahnen), aber dies kann nicht für das gesamte Gehirn gelten. Manche Gehirnstrukturen müssen sozusagen plastisch bleiben - schon aus dem (einfachen) Grund, daß ansonsten kein (Um-)Lernen möglich wäre. Neue „Inhalte“ oder „Erfahrungen“ ließen sich weder „speichern“ noch „umorganisieren“. Kurzum, die neuronale Plastizität sollte als eine lebenslang erhaltene Grundeigenschaft des (menschlichen) Gehirns betrachtet werden.

6.3.2 Neuronale Mechanismen von Lernen und Gedächtnis

Wir wollen uns nun mit den neurobiologischen Korrelaten von letztlich lebenslang stattfindenden (Um-)Lernprozessen, genauer: mit deren Konsolidierung im „Gedächtnis“ befassen. In Abgrenzung zur Reifung sei unter neuronalem Lernen die generelle Fähigkeit lebender Organismen verstanden, aufgrund gespeicherter Erfahrungen (Gedächtnisinhalte) in neuer Weise zu reagieren.

Nach dem gegenwärtigen neurobiologischen Forschungsstand basieren Lern- und Gedächtnisprozesse weitgehend auf der spezifischen Funktionsweise der Synapsen *zwischen* den Neuronen (inter-zelluläres Lern- bzw. Gedächtnismodell).

Darüberhinaus wurden neurobiologische Arbeitshypothesen entwickelt, die den Lern- bzw. Gedächtnisprozeß auf Veränderungen *innerhalb* der Neuronen zurückführen (intra-neuronale Konzepte). Letztere haben - wenn ich recht sehe - ihre einstige (aus den sechziger und siebziger Jahren stammende) Aktualität eingebüßt. In den folgenden Abschnitten werde ich beide Ansätze darstellen, da sie sich m. E. eher ergänzen als einander ausschließen.

6.3.2.1 INTER-ZELLULÄRES (SYNAPSEN-)MODELL

Zum besseren Verständnis der inter-zellulären Konzepte will ich zunächst - unter Vernachlässigung neurobiologischer Details - die basale Funktion der sog. chemischen Synapse herausstellen. (Der für das menschliche Gehirn weniger bedeutsame „elektrische“ Synapsentyp, die sog. gap junction, bleibt unberücksichtigt).

Die neurochemische Synapse besteht prinzipiell aus einem verdickten Axonende des einen Neurons (präsynaptischer Endknopf) und der post-synaptischen (Empfangs-)-Seite des benachbarten Neurons. Prä- und post-synaptische Zellmembran sind durch einen mikroskopisch kleinen Freiraum (den sog. synaptischen Spalt) voneinander getrennt. Die Erregungsleitung erfolgt über Neurotransmitter bzw. - modulatoren (s. Kap. 4.1.2), die von dem präsynaptischen Ende freigesetzt werden und über den synaptischen Spalt zur post-synaptischen Membran diffundieren.

Da der synaptische Spalt eine Unterbrechung der axonalen Erregungsleitung bedingt und der Neurotransmitter (inkl. weiterer an der synaptischen Übertragung beteiligter Botenstoffe) nur von der prä-synaptischen Seite aus entleert wird (bzw. werden), haben die Synapsen eine wichtige *Ventilfunktion* in den neuronalen Erregungskreisen des gesamten Nervensystems: Die „erregenden" Synapsen leiten Nervenimpulse nur in einer Richtung weiter und die „hemmenden" Synapsen tragen dazu bei, eventuelle Übererregungen zu „dämpfen" bzw. die neuronale Aktivität zu „verfeinern", quasi zu „tunen". Die Synapsen sorgen somit dafür, daß es trotz der „pulsierenden" Vielfalt und der „spontanen" Entladungen im Gehirn normalerweise zu einer geordneten Signalübertragung kommt. Die Neuronen „reagieren" nämlich nicht nur auf (Reiz-)Signale (mit einer Entladung), sondern sie sind - als „kleine Spannungsquellen" bzw. „Stromgeneratoren" auch imstande, selbsttätig sog. Aktionspotentiale (s. Kap. 4.1.1) auszusenden oder - wie man im neurobiologischen Jargon sagt - spontan zu „feuern".

Ob ein afferenter Nervenimpuls synaptisch weitergeleitet wird, hängt jedoch nicht nur von der biochemischen Natur einer Synapse ab, sondern auch von den elektrophysiologischen Eigenschaften der postsynaptischen Membran. Die synaptische Impulsübertragung richtet sich nämlich nicht zuletzt (auch) nach der Größe - und natürlich nach dem elektrischen Vorzeichen - der post-synaptischen Potentiale (PSPs), wie sie infolge der Transmitterwirkung an den Membranrezeptoren entstehen. Entsprechend der Aufteilung in „erregende" und „hemmende" Synapsen unterscheidet man (depolarisierende) „*exzitatorische post-synaptische Potentiale*" (EPSPs) von (hyperpolarisierenden) „*inhibitorischen post-synaptischen Potentialen*" (IPSPs). Diese PSPs sind - wie man in der Neurophysiologie sagt - „graduiert" bzw. „graduierbar", d. h. ihre Größe (Amplitude) variiert in Abhängigkeit von der Reiz(strom)stärke.

Ein einzelner afferenter Nervenimpuls generiert in der Regel lediglich ein sog. unterschwelliges EPSP, d. h. die Depolarisierung bleibt unterhalb des Schwellenpotentials, das für die Generierung eines *Aktionspotentials* (AP) erforderlich ist. (Eine Ausnahme von dieser Regel stellt die neuromuskuläre Endplatte dar: Hier löst jedes afferente AP ein überschwelliges EPSP und damit eine Zuckung der zugehörigen Muskelfaser aus). Ein einzelnes EPSP kann zwar keine für das AP charakteristische „explosive" Erregungswelle bewirken, aber es erhöht durch die „lokale" (d. h. nicht axonal weitergeleitete) Depolarisation die Erregbarkeit („Feuerungsbereitschaft") des Neurons, so daß mehrere simultane oder kurz aufeinanderfolgende EPSPs durch („räumliche" oder „zeitliche") Summation das Schwellenpotential für ein AP zu überschreiten vermögen. Ein Neuron muß also gewöhnlich von mehreren Orten, sprich: Synapsen gleichzeitig oder durch eine AP-Salve innerviert werden, bevor es an der post-synaptischen Membran zu einer „explosiven" Entladung (AP) kommen kann, die sich wellenförmig am (post-synaptischen) Axon fortpflanzt.

Die inter-neuralen Synapsen sind somit nicht nur - wie z. B. bei der neuromuskulären Endplatte - an der Signal-Weiterleitung, sondern auch an der Signal-Verarbeitung maßgeblich beteiligt. Ein Neuron (des ZNS) gleicht einer Art Saldiermaschine, die positive und negative Eingangssignale miteinander „verrechnet". Den Synapsen im ZNS kommt damit auch eine *„Verrechnungs-" bzw. Signalverarbeitungsfunktion* zu.

Wenngleich die (Neuro-)Wissenschaften noch weit davon entfernt sind, den Weg von der Gehirnaktivität zum (sozialen) Verhalten detailliert zu beschreiben, so ist doch kaum zu bezweifeln, daß die o. g. Ventil- und die „Verrechnungsfunktion" der neuronalen Synapsen maßgeblich an der Differenzierung „psychischer" Funktionen (Emotionen, Wahrnehmung, Lernen etc.) beteiligt sind. In der Neurobiologie gilt als weitgehend unstrittig, daß insbesondere die Ergebnisse von „Lernprozessen", d. h. die „Erinnerungs-" bzw. „Gedächtnisspuren" („Engramme") ihr neuronales Substrat in den mikro-strukturellen Veränderungen der Synapsen finden (inter-zelluläre Konzepte). Diese mikrobiologischen bzw. biochemischen Mechanismen der „Engrammbildung" liegen zwar noch weitgehend im Dunkeln, aber eine Vielzahl experimenteller Befunde spricht dafür, daß längerfristige „Lernprozesse", d. h. regelmäßig wiederkehrende „neuronale Übungen" mit der sog. Plastizität der biochemisch-synaptischen Schaltstellen korrespondieren (vgl. zusf. Birbaumer & Schmidt 1991, S. 5 f., 237 ff., 540 ff.; Bloom & Lazerson 1988, pp. 76 ff., 265 ff.; Changeux 1984, S. 309 f.; Eccles 1989, S. 181 ff.; Eccles 1990, S. 226 ff.; Guttmann 1982, S. 409 ff.; Kalil 1990; Vester 1985, S. 31 ff.; zur biochemischen Aufklärung der synaptischen Plastizität s. u. a. Aoki & Siekevitz 1989; Matthies 1989; Vogel 1989; Woody 1986): Die Befunde weisen übereinstimmend darauf hin, daß wiederholte „Benutzung" bzw. die rasch aufeinanderfolgende (sog. tetanische) „Reizung" einer Synapse zu einer erheblichen Vergrößerung der PSPs führen kann. In der Neurophysiologie spricht man von der *„tetanischen Potenzierung"* oder auch von der *„synaptischen Bahnung"*. Häufig überdauern diese synaptischen Potenzierungen die (tetanische) Nervenreizung oder sie setzen erst deutlich nach Beendigung der Reizserie ein - in diesen Fällen spricht man von *„post-tetanischer Potenzierung"*. Wenn die post-tetanischen Reizantworten nicht wieder bis zum Ausgangswert absinken, sondern längerfristig erhöht bleiben, so spricht man auch von der sog. *Langzeitpotenzierung* (LTP, long term potentation, vgl. als aktuelles review: Martinez & Derrick 1996).

An den Langzeitpotenzierungen ist vor allem die als erregender Neurotransmitter wirkende Aminosäure (L-)Glutamat beteiligt, die sich an dafür spezifische Rezeptoren bindet, von denen wiederum nur ein bestimmter Typ, nämlich der sog. NMDA-Rezeptor eine entscheidende Rolle zu spielen scheint (NMDA = Abk. für: *N-M*ethyl-*D-A*spartat, ein Nachweismittel für Glutamat). Erst wenn die über andere Glutamat-Rezeptoren vermittelten Depolarisierungen an der postsynaptischen Membran (EPSPs) einen kritischen Wert erreicht haben, wird der NMDA-Rezeptorkomplex durch Bindung von Glutamat aktiviert: Der bislang geschlossene NMDA-Kanal öffnet sich, es kommt u. a. zu einem Ca^{2+}-Einstrom in die (vorerregte) Zelle, wodurch weitere intrazelluläre Enzyme aktiv werden und die letztlich dafür sorgen, daß die Transmitterausschüttung auf der präsynaptischen Seite aufrechterhalten bleibt, auch wenn diese nicht mehr elektrochemisch gereizt wird. Diese äußerst komplexen Mechanismen sind freilich noch nicht endgültig aufgeklärt. Nach neuesten Untersuchungen wird angenommen, daß die Langzeitpotenzierungen u. a. durch den Neurotransmitter Noradrenalin und möglicherweise sogar durch das - an sich giftige Stickoxid (!) - mit bewirkt werden (vgl. hierzu ausführlicher Birbaumer & Schmidt 1993 a, S. 413 f.). Ein weiterer, offensichtlich auch an der Langzeitpotenzierung beteiligter Glutamat-Rezeptor-Typ, der sog. AMPA-Rezeptor (= Abk. für „α-*a*mino-3-hydroxy-5-*m*ethyl-4-isoxazolepi*p*ropionic-*a*cid“) sei nur der Vollständigkeit halber erwähnt (s. hierzu Thompson 1994, S. 177 ff., 437 f.), zumal seine biochemische Funktion vom Prinzip her mit dem NMDA-Rezeptor vergleichbar ist.

Auf das Phänomen der LTP stieß man verständlicherweise vor allem in Hirnregionen, die sowohl eine hohe Konzentration von Glutamat als auch eine dichte Versorgung mit entsprechenden NMDA-Rezeptoren aufwiesen. Hier sind insbesondere zwei zum limbischen System gehörende Verschaltungen zu nennen, nämlich die Amygdala mit ihren Afferenzen aus dem Thalamus und dem Temporalkortex sowie die Hippocampus-Formation mit ihren neokortikalen Verbindungen (s. Kap. 4.2.3, 4.2.4). Möglicherweise sind der Hippocampus und die Amygdala arbeitsteilig an der Gedächtnisbildung beteiligt. LeDoux zieht aus zahlreichen, z. T. von seinem Team selbst durchgeführten Tierstudien zur Angst-Konditionierung (sensu Pawlow) den Schluß, daß die Langzeitpotenzierungen in der Amygdala primär zur Speicherung emotionaler Erfahrungen beitrügen, während der Hippocampus eher für das Erinnern kognitiver und autobiographischer Sachverhalte („deklaratives Gedächtnis“) verantwortlich sei (vgl. LeDoux 1989, pp. 276; 1994, S. 83).

Wenngleich diese Auffassung mit Grays Studien zur Funktion des sog. septo-hippocampalen (Angst-)Systems (s. Kap. 4.2.3, vgl. auch Gray 1990) konfligiert, so gibt es doch eine Fülle empirischer Belege dafür, daß die Amygdala insbesondere bei der emotional getönten Wahrnehmung und Gedächtnisbildung eine herausragende Rolle spielt (s. Kap. 4.2.3; vgl. Aggleton & Mishkin 1986). Unbestritten ist auch, daß dem Hippocampus eine zentrale Aufgabe für die Merkfähigkeit und die Gedächtnisbildung zukommt. Bei operativer Entfernung dieser Gehirnstruktur kommt es zu einem bleibenden Verlust der Fähigkeit, sich „Neues“ zu merken (anterograde Amnesie). „Vergangenes“ aus der präoperativen Zeit hingegen bleibt vollständig erhalten. Die Gedächtnisbildung ist allerdings auch von der Unversehrtheit weiterer Hirnareale (wie Amygdala, Temporallappen) abhängig. Es wird daher angenommen, daß der Hippocampus zwar nicht das (Kurzzeit-)Gedächtnis (s. hierzu Kap. 6.5.2) als solches repräsentiert, aber sicherlich an der Aufzeichnung von Engrammen mitbeteiligt ist. Aufgrund neurochirurgischer Beobachtungsreihen sowie tierexperimenteller Wahrnehmungs- und Läsionsstudien hat sich die Auffassung durchgesetzt, daß die „Gedächtnisspeicher“ weniger an eng umschriebene Hirnstrukturen gebunden sind, sondern wahrscheinlich über weite Regionen (insbesondere über das limbische System und den temporalen Neo-Kortex) verteilt sind (vgl. Birbaumer & Schmidt 1991, S. 548 ff.; Bloom & Lazerson 1988, pp. 252 ff.; s. bes. Kolb & Wishaw 1993, Kap. 15; Oeser & Seitelberger 1988, S. 92 f.). Die neurobiologische Forschung ist aber - streng genommen - noch weit davon entfernt, den Schlüssel zur Lokalisation neuronaler Gedächtnissysteme zu finden.

Da die operative Entfernung bzw. der anderweitige Ausfall der verschiedensten Hirnabschnitte zumeist keinen drastischen Verlust von Gedächtnisbildung bzw. Lernfähigkeit nach sich zieht, wird gelegentlich auch postuliert, daß sich das neuronale Gedächtnis möglicherweise über das gesamte Gehirn erstreckt. Wenn dies stimmen sollte, so müßten die einzelnen Neuronen durch einen - noch unbekannten - elektro- bzw. neurochemischen Code so miteinander verknüpft sein, daß „Gedächtnisspuren" über weite Distanzen festgelegt werden können. Von manchen Hirnforschern (z. B. dem Engländer Karl Pribram) wird gemutmaßt, daß die Gedächtnisfunktion mit der sog. Holographie vergleichbar sei, wonach *in* jedem Neuron quasi alles gespeichert sein müßte (s. Kap. 6.3.2.2).

Weitaus besser ist der Kenntnisstand über die langfristigen Auswirkungen der o. g. Langzeitpotenzierungen, d. h. über die neuronalen Mechanismen der Erhöhungen der sog. synaptischen Effizienz (Übertragungsstärke). In tier- bzw. in-vitro-experimentellen Versuchsreihen konnte wiederholt nachgewiesen werden, daß LTPs neuro-morphologische Veränderungen an den Synapsen hervorrufen können. Diese gleichsam handfesten Effekte der LTPs auf die Neuroanatomie zeugen ebenfalls davon, daß die Synapsen keine statischen Gebilde im Sinne einfacher (elektrochemischer) Schalter darstellen, sondern plastische, durch vorausgegangene Stimulierungen wandelbare Strukturen (s. Kap. 6.3.1). So ließ sich z. B. im Anschluß an länger andauernde posttetanische Potenzierungen ein vermehrtes Wachstum von sog. dendritischen „Dornen" (engl. „spines") beobachten, an denen die prä-synaptischen Anteile der (afferenten) Neuronen anliegen. Die repetetive Aktivierung bereits bestehender „spines" (vom exzitatorischen Typ) zeitigt eine Hypertrophie (Größenzunahme) der post-synaptischen Dendritenfortsätze. Der Nicht-Gebrauch führt hingegen zu einer Degeneration („Verödung") der synaptischen Struktur inkl. des zugehörigen Transmittersystems. Letzteres steht im Einklang mit den Studien zur visuellen Deprivation (s. Kap. 6.3.1), bei der ebenfalls eine Degeneration der Synapsen zwischen thalamischen Axonterminalen und kortikalen Sehzellen beobachtet wurde (zu dem hier knapp skizzierten Phänomen der synaptischen Plastizität i. S. der morphologischen Veränderbarkeit s. bes. die Illustrationen bei Birbaumer & Schmidt 1991, S. 541, 543; Eccles 1989, S. 184 f.; Rosenzweig & Leiman 1989, p. 686).

Eine bemerkenswerte Spezifizierung der „Synapsen-Theorien" des (neuronalen) Lernens diskutieren Angermeier, Bednorz & Schuster (1991, S. 125 ff.). Im Rückgriff auf die Arbeitsergebnisse einer biologischen Forschungsgruppe (an der Universität Hohenheim) stellen die Autoren die (mögliche) Bedeutung einer an den Synapsen besonders reichlich zu findenden Stoffgruppe heraus, nämlich die sog. *Ganglioside* (chemisch exakt: Glykosphingolipide). Nach dieser - zu den „inter-zellulären" Lern- bzw. Gedächtniskonzepten zählenden - „Gangliosid-These" fallen synaptische Bahnungsprozesse (= „Lernen") mit einem Umbau bzw. mit einer Neubildung von Gangliosiden zusammen.

Die Ganglioside sind langkettige Großmoleküle mit einem Zucker- und einem Lipid (= Fett)-Anteil. Mit ihren Lipidteilen können sich die Ganglioside in die Synapsenmembranen einbauen, während die Zuckerglieder in die synaptischen Spalten hineinragen. Die Zuckermoleküle binden bevorzugt Ca^{++}-Ionen; dies stellt für alle neuronalen Funktionen, insbesondere aber für die synaptische Übertragung, eine unerläßliche Voraussetzung dar.

Wie eine - tierexperimentelle - Versuchsserie zu belegen scheint, sind die Ganglioside maßgeblich an der synaptischen Transmitterfunktion und somit an der Erregungsübertragung beteiligt. Zugleich ließ sich zeigen, daß die Gangliosid-Synthese stoppt, sobald der Lernprozeß bzw. die sensorische Reizung abgeschlossen bzw. abgebrochen wird.

Für diese „Gangliosid-These" sprechen u. a. die Beobachtungen an den Gehirnpräparaten alter Menschen: Die bei alten Menschen recht häufig anzutreffende Gedächtnisschwäche scheint mit einer entsprechend veränderten Gangliosid-Synapsen-Struktur zusammenzuhängen, wodurch die Nervenzellmembranen „undurchlässiger", sprich: weniger leicht erregbar geworden sind (vgl. Angermeier, Bednorz & Schuster 1991, S. 130).

Zu den synaptischen bzw. gangliosidären Lern- bzw. Gedächtniskonzepten sollte jedoch kritisch angemerkt werden, daß Veränderungen an Synapsen bzw. Gangliosiden womöglich eine allgemeine (Begleit-)Erscheinung neuronaler Aktivität, d. h. kein lern- bzw. gedächtnisspezifisches Korrelat sind. Sowenig im Hippokampus das „Gedächtnis" an sich lokalisiert werden kann, sowenig gut gestützt ist die Annahme, daß die z. T. jahrzehntelangen Erinnerungen in den „spines" oder in den Calcium-Gangliosid-Molekularfilzen sozusagen konserviert sind. Mit Sicherheit sind weitere neurobiologische Faktoren, wie die Bildung engrammspezifischer Erregungsmuster oder die (chronische) Veränderung bestimmter Neurotransmitter- bzw. Hormon-Konzentrationen (im Gehirn bzw. im Blut) in Betracht zu ziehen. Man mutmaßt bereits seit längerem, daß chronische Lern- bzw. Gedächtnisstörungen mit einem Mangel oder Überschuß an bestimmten Neurotransmittern bzw. Hormongruppen einhergehen (vgl. zusf. bes. Birbaumer & Schmidt 1991, S. 559 ff.; Nelson 1995, Ch. 11). Unter den insgesamt noch sehr spekulativen Daten zur Neuropharmakologie des „Lernens" bzw. des „Gedächtnisses" scheinen die Befunde zur Wirkung des *Adrenocorticotropen Hormons* (ACTH) einigermaßen verläßlich zu sein. Das von der (Adeno-)Hypophyse (Vorderlappen) ausgeschüttete und allgemein an Streßreaktionen beteiligte ACTH wirkt sich bei einem zu hohen und zu niedrigen Plasmaspiegel gleichermaßen nachteilig auf die (Um-)Lernfähigkeit aus. Es ist jedoch sehr fraglich, ob diese im Tierversuch bestätigte Form der ACTH-bedingten „Engstirnigkeit" auf den Menschen übertragbar ist (vgl. hierzu bes. Vester 1984, S. 218 f.; ders. 1985, S. 79). Da das (neuronale) Lernen ein multifaktorielles Geschehen ist, wird das ACTH allenfalls einen Teilaspekt der beteiligten Prozeßqualitäten widerspiegeln (können). Insbesondere wären die Wechselwirkungen des ACTH mit weiteren potentiellen Neuromodulatoren der Gedächtnisbildung (wie z. B. Acetytcholin, Glutamat, Vasopressin, Cholecystokinin, vgl. Birbaumer & Schmidt 1991, S. 560 f.; Nelson 1995, pp. 489 ff., 504 f.) zu diskutieren.

Die in den inter-zellulären (synaptischen) Lern- und Gedächtniskonzepten angenommene Vergrößerung und/oder Zunahme von neuronal-stofflichen Strukturen („spines",

Ganglioside oder dergl.) setzt - konsequent weiter gedacht - wiederum Veränderungen des intra-neuralen Hirnstoffwechsels voraus.

6.3.2.2 Intra-neuronales Gedächtnismodell

Vor dem Hintergrund der Entwicklungen der (modernen) Molekulargenetik, kam es bereits in den fünfziger und sechziger Jahren zu einer wahren Flut von Untersuchungen, die in Anlehnung an des „genetische Gedächtnis" der DNA ein quasi neuronales Gedächtnis hypostasierten, das in den Nukleinsäuren bzw. Basensequenzen verschlüsselt sei. Wir können die verschiedenen Forschungsbefunde hier nicht näher darstellen und beschränken uns deshalb darauf, den Kerngedanken dieser „intra-zellulären" Lern- bzw. Gedächtniskonzepte zu veranschaulichen.

Unter den Molekularstrukturen, die für eine Gedächtnisspeicherung in Frage kamen, schieden extrem kurzlebige Moleküle ebenso aus wie die doch recht (umwelt-)stabilen DNA-Strukturen. Hingegen sprachen weitergehende Überlegungen für die Hypothese, daß die sog. *Ribonukleinsäuren* (RNA) als eine Art Gedächtnisvermittler fungierten. Die RNA-Produktion (Biosynthese) ist zum einen in keinen anderen Körperzellen so intensiv wie in bestimmten Neuronen, und sie spielt zum anderen eine eminent wichtige Rolle bei der (zeitlebens ablaufenden) Synthese von (Zell-)Eiweißen (Polypeptiden, Enzymen). Aus alledem entstand die Vermutung, daß die „Erinnerungen" (Engramme) in Form von Proteinmolekülen gespeichert seien - ähnlich wie die DNA alle vererbbaren Eigenschaften eines Organismus enthält.

Die Biosynthese der Eiweiße erfolgt nicht im Zellkern, wo sich die chromosomalen DNAs befinden, sondern in den sog. *Ribosomen*, die im Cytoplasma liegen. Die Übertragung (Transkription) der genetischen (DNA-)Informationen zu den ribosomalen „Eiweiß-Fabriken" erfolgt mit Hilfe einer bestimmten RNA-Gruppe, der sog. messenger-(= „Boten-")-RNA. Ein weiterer RNA-Typ, die sog. transfer-(= „Überträger-")-RNA, bindet Aminosäuren und trägt sie zu den Ribosomen, wo sie gemäß der - in die „messenger-RNA"-Basen umcodierten -DNA-Matrize zu Polypeptiden verknüpft werden (Translation). (Bis auf den Zuckerbaustein, die „Ribose", und die Base Uracil, die - gegenüber der DNA - an die Stellen der „Desoxyribose" und der Base Thymin treten, stellen DNA und RNA ähnliche Nukleotid-Kettenmoleküle dar).

Die Fülle der Forschungsberichte zur Hypothese des intra-neuronalen „Gedächtnisses" erlaubt die ziemliche gesicherte Aussage, daß „Lernprozesse" sowohl eine Veränderung in den Basen-Sequenzen der RNA als auch eine insgesamt erhöhte Um- bzw. Einbaurate der RNA nach sich ziehen (vgl. als guten forschungshistorischen Rückblick die Darstellungen von Becker-Carus 1981, S. 169 ff.; Schmidt 1993 a, S. 171 f.). Die Gehirne von Tieren (wie Planarien, Goldfischen oder Säugern), die zuvor etwas „gelernt" hatten, unterschieden sich von den Gehirnen „naiver" Kontrolltiere durch Veränderungen im RNA- und damit auch im Eiweißstoffwechsel. Umgekehrt bewirkte die neuropharmakologisch herbeigeführte Hemmung der Eiweiß-Synthese, daß Lernerfahrungen nicht langfristig gespeichert werden konnten. Die Hemmung der Eiweiß-Synthese scheint das „Kurzzeitgedächtnis" jedoch nicht zu beeinflussen. Bereits „Gelerntes" (wie z. B. einfache Vermeidensreaktionen auf einen Elektroschock) kann durch spätere Gaben des pharmakologischen Hemmstoffes nicht (mehr) gelöscht werden.

Die Eiweißsynthese scheint demnach eine wichtige Rolle bei der Engrammbildung zu spielen, ohne daß die Eiweißkörper selbst als „Gedächtnismoleküle" in Betracht kommen. Zum einen ist zu berücksichtigen, daß strukturelle Veränderungen an den Synapsen auch ohne (genbestimmte) Proteinsynthesen zustande kommen können, da Proteine allein durch metabolische Prozesse ihre Gestalt und damit auch ihre synaptische Funktion verändern können (vgl. Thompson 1994, S. 436). Zum andern bleibt das „Langzeitgedächtnis" bekanntlich über Jahre und Jahrzehnte erhalten, die meisten Makromoleküle (wie die Proteine) haben aber - mit Ausnahme der DNA - eine wesentliche kürzere „Lebensdauer" (Halbwertszeit neuronaler Proteine: maximal einige Wochen!). Da die RNS-Kettenmoleküle noch wesentlich kurzlebiger als die Eiweiße sind, scheiden sie erst recht als potentielle Engrammkorrelate aus. Aufgrund des raschen Zerfalls von Eiweißen und RNA-Matrizen hat es in der Vergangenheit nicht an Bemühungen gefehlt, nach neuroaktiven „Gedächtnisstoffen" zu forschen, die analog zu den Genen in Form molekularer Einheiten gespeichert würden.

Zur Verdeutlichung dessen, was man sich unter „Gedächtnismolekülen" vorstellen kann, sei die in den sechziger Jahren von dem Amerikaner George Ungar durchgeführte Studie mit Ratten kurz beschrieben. In einer seinerzeit aufsehenerregenden Versuchsreiche hatte Ungar Ratten mit Hilfe von Bestrafungsreizen (Elektroschocks) darauf dressiert (= operant konditioniert), daß sie das Dunkel meiden und die Helligkeit suchen. Dieses „andressierte" Verhalten widersprach also der natürlichen, angeborenen Vorliebe dieser Tiere für eine dunkle Umgebung. Aus den Gehirnen der konditionierten Tiere ließ sich ein Polypeptid isolieren, daß bei Kontrolltieren ebenfalls eine Art Dunkelfurcht erzeugte, wenn man es ihnen injizierte. Dieses via „Lernen" gebildete Polypeptid wurde späterhin als „*Scotophobin*" bekannt (vgl. Becker-Carus 1981, S. 275).

Spätere Prüfstudien erbrachten jedoch keine eindeutige Bestätigung, so daß die Annahme von „Gedächtnismolekülen" skeptisch zu beurteilen ist. Im übrigen stellte sich heraus, daß das Scotophobin in seiner chemischen Struktur dem ACTH sehr verwandt ist. Es ist demnach nicht ganz auszuschließen, daß die Wirkungen des Scotophobins letztlich auf einem allgemeinen, lern- bzw. engrammneutralen „Streßzustand" beruhten. (Das ACTH erhöht den Aufmerksamkeits- bzw. Erregungsgrad und über diesen Mechanismus erleichtert es vermutlich das Lernen, und zwar in Abhängigkeit von der Dosierung (s. Kap. 6.3.2.1).

Nicht weniger vorsichtig sind die Ergebnisse der pharmakologischen Versuche zur Eiweiß-Synthesehemmung zu interpretieren. Eine Blockierung des RNA- und Eiweißstoffwechsels stellt im Grunde genommen einen derart schweren Eingriff in den Zellstoffwechsel dar, daß damit eventuell eine allgemeine, nicht lern- bzw. engrammspezifische Funktionsstörung hervorgerufen wird.

Kritische Einwände dieser Art betreffen freiliche auch die „interzellulären" Lern- bzw. Gedächtniskonzepte. Es bleibt nämlich bis heute (noch) sehr fraglich, ob die „synaptischen Bahnungen" oder die Gangliosid-Molekularfilze das neuronale Substrat der Engramme abgeben. Diese plastischen Veränderungen könnten - wie die RNA-Matrizen und die Eiweißsynthese - lediglich unspezifische, d. h. von Lern- und Einprägungsprozessen unabhängige Aktivierungs- bzw. Stoffwechselphänomene widerspiegeln.

6.3.2.3 Vorläufige Synopse

Trotz der offensichtlichen Defizite und Ungereimtheiten in der neurobiologischen Gedächtnisforschung liegen einige eindrucksvolle Zwischenbefunde vor, die in der Gesamtschau eine hypothetische Vorstellung von den Stufen der Engrammbildung nahelegen. Demnach dürften neuronale (Langzeit-)Potenzierungen bzw. sonstige Effizienzsteigerungen an den Synapsen bestimmte Proteinveränderungen bewirken oder neuronale DNA-Codes aktivieren (Genexpression), die mit Hilfe der Transkription in (m)RNA die „Vorlagen" für die Synthese von verschiedenen Eiweißklassen (wie Rezeptorproteinen, aminergen Transmittern, Kinasen) bilden. Die synaptischen Veränderungen bzw. die in den Ribosomen synthetisierten Eiweiße verkörpern selbst zwar keine „Gedächtnismoleküle". Es ist jedoch evident, daß die aktivierten bzw. genexprimierten Proteine - über vielerlei Vermittlungsprozesse (u. a. die sog. Protein-Phosphorylierung) - maßgeblich an mikrostrukturellen Neubildungen (Synapsen, Rezeptoren) und Umbauvorgängen (an den Zellmembranen) beteiligt sind, von denen man annimmt, daß sie den neuronalen Code für die Langzeiterinnerungen (Engramme) beinhalten.

Spekulativ weitergedacht, besticht die obige Annahme der molekulargenetisch vermittelten Sequenz (LTPs - DNA - RNA - Zelleiweiße - Engrammstrukturen) durch ihren Plausibilitätswert für die Wirkweise des Dynamisch-Unbewußten: Die Langlebigkeit bzw. Resistenz szenischer Engramme könnte möglicherweise auf DNA-vermittelten, neuronalen Bahnungen beruhen. Insbesondere von frühinfantilen „Lernerfahrungen", die sich während der sog. sensiblen Hirnreifungsphasen ereignen (s. Kap. 6.3.1), kann gemutmaßt werden, daß sie das somato-szenische (Rollen-)Verhalten auf analoge Weise „prägen", wie die vererbten Merkmale in den Nukleotidsequenzen der DNA gespeichert sind.

Aber bis zur Klärung dieser gewagten These dürften wir einen z. Zt. noch unermeßlich langen Weg vor uns haben. Im folgenden Abschnitt wollen wir uns daher darauf beschränken, erste Anhaltspunkte für die neuro- bzw. somato-szenische Affektsozialisation zu gewinnen.

6.4 Zur Genese sensomotorischer Interaktionsformen

Die zuvor beschriebene neuronale Plastizität gilt nicht erst für die Lernentwicklung des geborenen, sondern auch des pränatalen Lebens.

Lorenzers extreme Sicht des Sozialisationsbeginns in utero wieder aufgreifend (s. Kap. 2.2, 6.2), wollen wir uns in diesem Kapitel mit der Frage beschäftigen, wie man sich die Bildung der allerfrühesten somato-szenischen Repräsentanzen vorstellen könnte. Wir rekurrieren mit unseren Überlegungen auf die pränatale Entwicklungszeit, um das Grundprinzip der präsymbolischen Engrammbildung zu verdeutlichen, das - zumindest theoretisch betrachtet - bereits in der somatischen Dualunion der Schwangeren mit ihrem (fötalen) Kind wirksam sein dürfte. In einer Art Gedankenexperiment zur intrauterinen Konditionierung des Schreckreflexes werden wir uns zunächst sozusagen die „tiefsten Szenen" (Lorenzer 1988 a, S. 8) der Affektsozialisation zu vergegenwärtigen versuchen (Kap. 6.4.1). Anschließend sollen die neuroszenologischen Implikationen dieses fiktiven Beispiels herausgestellt werden (6.4.2).

Es sei vorweg darauf hingewiesen, daß die folgenden Darlegungen nicht direkt in den Arbeitsbereich der Neurobiologie fallen. Wir orientieren uns nämlich an neuroszenologischen Modellvorstellungen, die sich mit dem von der Neurobiologie anerkannten Wissensfundus nicht vollständig zu decken brauchen. Unsere Überlegungen fußen also weniger auf dem „realen" ZNS als vielmehr auf einem konzeptuellen Entwurf davon (vgl. Kap. 4.2.3). Ich meine damit, daß man nicht grundsätzlich auf die Erkenntnisfortschritte der Neuro- und Entwicklungsbiologie warten muß, bis man sich an die Aufgabe heranwagen darf, heuristische Überlegungen zur pränatalen Engrammbildung bzw. Affektsozialisation anzustellen. Dies entbindet uns freilich nicht von dem „Bewährungskriterium", daß neuro-szenologische Spekulationen - zumindest auf lange Sicht - mit der Neurobiologie kompatibel sein müssen. So werden auch die nachstehenden Ausführungen - trotz manch gewagter Extrapolation - sich weitgehend an dem einschlägigen „Lehrbuchwissen" orientieren.

6.4.1 Sensomotorische Engrammbildung in utero - dargestellt am Beispiel der bedingten Schreckreaktion

In der physiologisch orientierten Lernpsychologie ist seit den ersten Studien zur pränatalen Konditionierung aus den 40er und 50er Jahren bekannt, daß menschliche Föten zum „Reflexlernen" fähig sind, d. h. daß sie mit bestimmten motorischen und vegetativen Veränderungen auf „bedingte" Reize (i. S. der klassischen Konditionierung, s. u.) reagieren können (vgl. z. B. Angermeier, Bednorz & Schuster 1991, S. 19,

225). Die pränatale bzw. neonatale Forschung hat insbesondere bestätigen können, daß der Fötus ab etwa der 28. Schwangerschaftswoche konditionierte Reflexe auf Hörreize zeigt. Insbesondere ist auch der Schreckreflex in den letzten Schwangerschaftswochen neuronal weitgehend ausgereift bzw. ausgebildet (vgl. z. B. Bürgin 1991, S. 14, 17). Es bietet sich daher an, die sensomotorischen Vorstufen der Repräsentanzenbildung anhand der neurophysiologischen Konditionierung der Schreckreaktion nachzuzeichnen. Doch zuvor ist noch zu erläutern, was wir mit „Schreck" meinen.

Der Schreckreflex zeigt sich insbesondere in einer gesamtorganismischen, vom Kopf aus abwärts verlaufenden Kontraktionswelle über die Flexormuskulatur hinweg (mit Augen schließen/blinzeln, Kopf einziehen, Rippen anspannen/Luft anhalten, „Zusammenzucken"). Die angeborene, kulturinvariante Schreckreaktion wird durch abrupte bzw. intensive Reizänderungen ausgelöst, die alle Sinnesmodalitäten betreffen können (akustische, visuelle, taktile Stimuli etc.).

Es ist sicherlich strittig, ob man Schreck als Affekt bzw. als präaffektive Vorstufe (etwa für Angst oder Überraschung, so z. B. Tomkins 1984, pp. 170 f.) betrachten kann, zumal er eine „blitzschnelle", rein reflektorische Reizantwort zu sein scheint, die sich weder unterdrücken noch (korrekt) simulieren läßt (vgl. Ekman 1984, pp. 323, 328 f.; Ekman, Friesen & Simons 1985; s. auch Kap. 3.3).

Es spricht m. E. jedoch einiges dafür, die Schreckreaktion als potentiellen Affektvorläufer der narzißtischen Interaktionsformen zu deuten. Als erstes ist zu nennen, daß der Schreckreflex ein automatisches, wenngleich ungerichtetes Abwenden von aversiven Reizeinflüssen ermöglicht. In der Psychophysiologie wird unter dem Konzept der Orientierungsreaktion (sensu Y. N. Sokolow) die sog. *Defensivreaktion* (DR) beschrieben, die wie der Schreckreflex bei intensiven Reizfeldänderungen sowie sonstigen aversiven Reizen auftritt (vgl. Schandry 1989, S. 60 ff.; Velden 1994, S. 58 f.). Im Gegensatz zum aufmerksamkeitsbezogenen Orientierungsreflex klingt die DR bei wiederholter Reizabfolge nicht ab (Habituation), sondern es kann vielmehr zu einer verstärkten Reaktion bei gleichzeitig herabgesetzter Auslöseschwelle (Sensitivierung) kommen. Die physiologischen Kennzeichen der Defensivreaktion sind u. a. Anstieg der Herzrate, Erhöhung der Hautleitfähigkeit sowie Konstriktion der Gefäße des Kopfes. Die DR ist damit der physiologischen Angstreaktion i. S. eines sympathikotonen Erregungsmusters recht ähnlich (vgl. Schandry 1989, S. 290, s. auch Kap. 6.5.1). Die Konstriktion der Kopfgefäße und die dadurch bedingte Minderdurchblutung des Gehirns kann nach Zajoncs vaskulärer Emotionstheorie (s. Kap. 3.5) als neurophysiologische Bedingung für eine negative Gefühlstönung gewertet werden. So gesehen, kann man den Schreck weniger mit kognitiv-orientierenden Emotionen (wie Überraschung, Interesse) als vielmehr mit defensiven, selbstzentrierten Erlebniszuständen (wie Angst, Kränkung) in Verbindung bringen.

Der Schreckreflex hat aber nicht nur den Charakter des defensiv-narzißtischen Rückzugs. Die Schreckreaktion stellt auch ein überlebensnotwendiges, somato-szenisches (Affekt-)Signal dar: Für den Neugeborenen spielt der Schreckreflex nämlich eine ähnlich vitale, sozialadaptive Rolle wie bei der „tonischen Dialogregulierung" (s. Kap. 5.2.1), die anfangs weitgehend über angeborene Affektäußerungen bzw. deren Vorläufer (Unmutsschrei, Ekelreaktion, erste Lächelreaktionen etc.) erfolgen muß. Mit der Schreckreaktion macht der Säugling eindringlich auf seine aktuelle Irritation des organismischen Selbsterlebens aufmerksam, wodurch die Eltern - womöglich selbst „aufgeschreckt" - unwillkürlich ihr Betreuungsverhalten ändern.

Ein weiteres für unsere Überlegungen zentrales Merkmal der Schreckreaktion ist seine neuronale Modifizierbarkeit. Die Schreckreaktion setzt sich - genau betrachtet - aus einem Komplex sensomotorischer und neuro-vegetativer Schaltkreise (sog. polysynaptischer Fremdreflexe) zusammen, die von bestimmten Hirnstammgebieten (wie dem ventromedialen Abschnitt der Retikularformation zwischen Medulla oblongata und Pons, s. Kap 4.2.3) aus gesteuert werden. Diese hirnstammvermittelten Reflexe können jedoch auch von „höhergelegenen" ZNS-Strukturen wie den motorischen Mittelhirnkernen, den Basalganglien und dem Neokortex beeinflußt bzw. gehemmt werden. Diese deszendierenden Kommandosignale bzw. efferenten Zuströme zum Hirnstamm bilden zusammen mit tiefergelegenen (z. B. spinal-motorischen) Reflexwegen die Voraussetzungen für die lern- bzw. erfahrungsabhängige Modifikation (wie Sensitivierung, Konditionierung) des Schreckreflexes. Eine Konditionierung des angeborenen (unbedingten) Schreckreflexes wäre nämlich nicht denkbar, wenn die durch bedingte Reize ausgelöste bioelektrische Aktivität nicht zu dauerhaften Engrammen in affekt- und gedächtnisspezifischen ZNS-Strukturen (z. B. in der Amygdala, im Hippocampus oder im orbitofrontalen Kortex) führen würde.

Die neuronale Modifizierbarkeit des Schreckreflexes wollen wir uns an dem einfachen Lernmechanismus der Konditionierung (sensu Ivan P. Pawlow) klarmachen. Die klassische Konditionierung ist zum einen der in der Neurophysiologie am besten erforschte Lernmodus und zum anderen stellt sie ein wichtiges Erklärungsprinzip zur unwillkürlich-bewußtlosen Ausbildung emotionaler Reaktionen dar. Das Prinzip des Pawlowschen Signallernens wird als weitgehend bekannt vorausgesetzt, so daß es nicht explizit dargestellt wird (vgl. ansonsten z. B. Lefrancois 1986, S. 17 ff.). Stattdessen soll anhand eines fiktiven Beispiels die neurophysiologische Konditionierung des Schreckreflexes skizziert werden. Der Einfachheit halber werden wir uns dabei auf die Koppelung akustischer Reize mit motorischen Reaktionen beschränken, d. h. wir werden von den komplexen reflektorischen Verschaltungen auf Rückenmarks- und ZNS-Ebene ebenso absehen wie von den zahlreichen Konvergenzen von sensomotorischen, vegetativen und endokrinen Steuerungen. (Zu den vegetativen und endokrinen Affektkomponenten s. Kap. 6.5).

Machen wir uns zunächst klar, welche Minimalbedingungen erfüllt sein müßten, damit sich beim Fötus eine (hörreiz-)bedingte Schreckreaktion ausbilden könnte: Es wäre ein bedingter Stimulus (CS) sowie ein unbedingter, den Schreckreflex (UCR) stereotyp auslösender Reiz (UCS) erforderlich. Es sei ferner eine hinreichende Kontiguität (Reizpaarung in kontigenter Abfolge) von CS und UCS angenommen, so daß die bedingte Wahrscheinlichkeit für das Auftreten des UCS bei Anwesenheit des CS (p(UCS/CS)) größer ist als die unbedingte Ereigniswahrscheinlichkeit für den UCS (p(UCS)). Ebenso sei das zeitliche Interstimulus-Intervall zwischen CS und UCS bestens dafür geeignet, daß es zu einer stabilen Verknüpfung von CS und UCR und damit zu einer konditionierten Schreckreaktion (CR) kommt.

Die intrauterine Konditionierung des Schreckreflexes könnte z. B. dadurch zustandekommen, daß auf einen an sich „neutralen" Reiz (z. B. eine bestimmte Vokalisation der Mutter) relativ häufig eine massive affektive Erregung der Mutter (UCS) folgt, die sich u. a. in „Streßreizen" wie einer schallintensiven Stimme, Tachykardie und heftigen Beckenbewegungen ausdrückt. Das fötale Kind, daß ursprünglich nur aufgrund der UCS die Schreckreaktion zeigte, könnte - bei korrelativer Wiederholung der o. g. „Streßereignisse" - einen bedingten Schreckreflex entwickeln, wobei die bloße Vokalisation nunmehr als bedingter Reiz (CR) für die Auslösung der bedingten Schreckreaktion (CR) fungieren würde. Zusätzlich zur Konditionierung könnte auch eine Sensibilisierung (i. S. eines sog. nicht-assoziativen Lernprozesses) eintreten, bei dem es allein aufgrund der sich wiederholenden „Streßreize" (UCS) zu einer Erniedrigung der Reizschwelle zur Auslösung des Schreckreflexes (UCR) käme. In neurophysiologischer Hinsicht müßte in jedem Fall die synaptische Effizienz auf den jeweiligen Verbindungsstrecken vom Hörapparat zum reflexvermittelten Hirnstamm verändert worden sein, damit es zur neuronalen Konditionierung (des CS auf die UCR) bzw. zur Sensibilisierung (auf den UCS) kommen könnte.

Über die Frage, wie die neuronale Koppelung vonstatten gehen mag, können wir freilich nur spekulieren. Nach allem, was uns an neurophysiologischen Erkenntnissen bislang vorliegt (s. Kap. 4 sowie 6.3), können wir von folgender Grundvorstellung ausgehen: Es müßte im Bereich der Synapsen unter dem Einfluß zusammengeschalteter elektrochemischer Erregungskreise zu Langzeitpotenzierungen (LTPs) mit raumzeitlich geordneten Entladungsmustern gekommen sein, die wiederum über eine Kaskade biochemischer bzw. molekularer Mechanismen zur Neubildung von Eiweißkörpern beigetragen hätten. Die Eiweißsynthese bildet schließlich die Voraussetzung für die längerfristige Engrammbildung, d. h. für die Sprossung („sprouting") von Synapsen und für das Aufzweigen („branching") dendritischer Strukturen. Während die LTP-vermittelten und sich über Rückkopplungsprozesse wechselseitig verstärkenden Verschaltungen (von der cerebralen „Hörbahn" über den Hirnstamm bis hinunter zum spinal-motorischen Reflexapparat) nur von begrenzter Dauer (maximal bis einige Wochen oder Monate) sein können, hat man sich die langfristige Konsolidierung des

Konditionierungsprozesses eher in Form neuro-struktureller Veränderungen, den sog. Engrammen vorzustellen (s. Kap. 6.3.2).

Das Grundprinzip der LTP-spezifischen „synaptischen Bahnung“ zwischen simultan erregten Schaltkreisen konnte in den letzten Jahren weitgehend aufgeklärt werden. Neben dem Glutamat-NMDA-Mechanismus (s. Kap. 6.3.2) liegt der LTP-vermittelten Konditionierung eine Kaskade molekularer Reaktionen an den prä- und postsynaptischen Bereichen der jeweils beteiligten Neuronengebiete zugrunde. Auf einen erregungsbedingten Ca^{++}-Einstrom in das prä-synaptische Neuron erfolgt über verschiedene Zwischenschritte letztlich eine verstärkte Transmitterfreisetzung: u. a. Bindung von Ca^{++}-Ionen an das „Speicherprotein“ Calmodulin, das sich daraufhin an das Enzym Adenylatcylase anlagert; dadurch verstärkte Bildung von cyclischem Adenosinmonophosphat (cAMP), das seinerseits eine Proteinkinase aktiviert und über die Phosphorylierung des K^{+}-Kanals zu einer Verlängerung des Aktionspotentials führt (vgl. Bingmann 1994, S. 235 ff.; Birbaumer & Schmidt 1991, S. 544 ff.; Birbaumer & Schmidt 1993 a, S. 409 ff.; Kandel 1991, pp. 1012 f., 1020 ff.; Kandel & Hawkins 1992, S. 71 ff.). Neuere Studien stützen die Annahme, daß Angstkonditionierungen in der Amygdala auf LTP-bedingten Prozessen beruhen (vgl. LeDoux 1995, p. 218 f.). Es ist jedoch zu bedenken, daß diese molekularen Reaktionsabläufe im wesentlichen bei In-vitro-Präparaten und einfachen Tierarten wie z. B. dem Seehasen („Aplysia“) aufgedeckt werden konnten.

Was die an der LTP beteiligten Transmitter anlangt, so besteht noch ein erheblicher Forschungsbedarf. So werden z. B. neben Glutamat Noradrenalin und - das an sich giftige - Stickoxid als potentielle LTP-Vermittler erwogen (vgl. Birbaumer & Schmidt 1993 a, S. 414). In bezug auf den (bedingten) Schreckreflex käme für den Übergangsbereich von den spinalen Motoneuronen auf die muskulären Synapsen als einziger Transmitter das Acetylcholin in Frage. Allerdings ist m. W. die LTP nur im Di- und Telencephalon und noch nicht in spinalmotorischen Segmenten nachgewiesen worden.

Zur vollständigen Aufklärung der LTP müßten insbesondere auch die rückwärts ablaufenden, d. h. die auf das prä-synaptische Neuron gerichteten (Verstärkungs-)Prozesse enträtselt werden. Schließlich ist die Rückkoppelung vom post-synaptischen (Moto-)Neuron auf die prä-synaptische Seite vonnöten, damit die Transmitterfreisetzung in einem sich selbst verstärkenden Regelkreis auch über die ursprüngliche Reizung hinweg anhält. Als ein möglicher „retrograder“ Botenstoff, der die neurochemische Transmission verlängern hilft, wird das o. g. Stickoxid diskutiert (vgl. Dudel 1995, S. 62 f.; Kandel & Hawkins 1992, S. 72 f.).

Ein weiteres Forschungsdesiderat betrifft die Zusammenhänge zwischen vorübergehender und andauernder Konsolidierung von Lernprozessen. Die für die eigentliche Engrammbildung verantwortlichen Mechanismen, nämlich die Vermittlungsprozesse von sich selbsttätig verstärkenden Erregungskreisen zur vermehrten Eiweißbildung, liegen noch weitgehend im Dunkeln. Entsprechend unklar ist auch der Gedächtnisabruf, d. h. die Rückführung der molekular gespeicherten Engramme in elektrophysikalische Impulsmuster. Diese Wissenslücken stellen jedoch eher eine Herausforderung für die neurobiologische Forschung dar, als daß sie an dem Grundsatz rütteln könnten, wonach die dauerhafte, gegenüber neuen Umwelteinflüssen resistente Engrammbildung sich in morphologischen Änderungen an den funktionellen Schaltstellen des ZNS (v. a. an den dendritischen „Dornensynapsen", s. Kap. 6.3.2) widerspiegelt.

Es gibt lediglich Anzeichen dafür, daß bei den für die Eiweißbildung notwendigen molekularen Umbauvorgängen wie Genexpression (Aktivierung bestimmter DNA-Sequenzen) und Translation (RNA-abhängige Peptidbildung) z. T. die gleichen Zwischenprodukte (z. B. das o. g. cAMP) entstehen wie bei der LTP-initiierten Steigerung der Transmitterfreisetzungsrate (vgl. Birbaumer & Schmidt 1993 a, S. 415; Kalil 1990, S. 101 f.; Kandel 1991, p. 1014). Dies läßt vermuten, daß die Engrammbildung kein eigenständiger Vorgang ist, sondern grundsätzlich ähnlichen Stoffwechselprozessen unterliegt wie die synaptische Effizienzsteigerung.

Der Vollständigkeit halber sei noch darauf verwiesen, daß die dem Reflexlernen zugrundeliegenden neuronalen Mechanismen vermutlich auch beim Aufbau beliebig veränderbaren sensomotorischen Verhaltens (operante Konditionierung) eine zentrale Rolle spielen. Neuere, an Invertebraten vorgenommene Tierstudien deuten nämlich darauf hin, daß einige der o. g. subzellulären Mechanismen (Beeinflussung von K^+-Membrankanälen, cAMP-gesteuerte Zwischenschritte) auch beim operanten Lernen beteiligt sind (vgl. Hörster 1994, S. 353 f.).

Wir wollen uns nicht weiter in die bioelektrischen und -chemischen Grundlagen der sensomotorischen Engrammatisierung vertiefen, da es uns in dieser Arbeit lediglich um das Aufzeigen der neuroszenologischen Perspektive geht, d. h. um die Vermittlung von neurobiologischen Arbeitshypothesen mit dem szenologischen Vorverständnis von repräsentanzenbezogener Affektsozialisation. Wir wollen daher noch einige neuroszenologisch bedeutsame Schlüsse aus unserer fiktiven Skizze der konditionierten Schreckreaktion ziehen.

6.4.2 Neuroszenologische Implikationen zur fiktiven Konditionierung des Schreckreflexes

Unser holzschnittartig wiedergegebener Grundgedanke der sensomotorischen Engrammbildung ist in neuroszenologischer Hinsicht noch sehr ungenügend ausformuliert, und zwar aus zweierlei Gründen. Der Schreckreflex ist allenfalls als Vorläufer für einige der kulturinvarianten „Basisemotionen" (s. Kap. 3.3) wie Angst oder Überraschung zu interpretieren und weist noch keinen erkennbaren Bezug zur szenischen Affektrepräsentanz auf. Zudem spiegelt das Konditionierungsparadigma lediglich eine Art passive Einzeichnung in das neuronale Netzwerk wieder, so daß die aktiven Momente des Dynamisch-Unbewußten (s. Kap. 5.6), das „In-Szene-Setzen" der Repräsentanzen bzw. die Induktion „(somato-)szenischer Rollen" (s. Kap. 5.8.1, 5.8.2.3) unberücksichtigt bleiben.

Zur Klärung dieser Punkte sollten wir uns zunächst vor Augen führen, was die hypothetische neurophysiologische Konditionierung bewirkt hat: Durch die simultane Erregungssteigerung in akustisch-sensorischen Hirnregionen einerseits und in reflektorisch-motorischen Zellverbänden andererseits wurde eine neuronale Verbindung hergestellt, für die es keinen (Reifungs-)Plan gibt, die also „normalerweise“ nicht existiert. Unter Beachtung der Plastizität des ZNS (Kap. 6.3.1) sollte die neu geschaffene sensomotorische Verschaltung (CS-CR) nicht im Sinne starrer, anatomisch lokalisierbarer „Gespinste“ von Nervenleitungen verstanden werden. Die neuronal „gebahnten“ Engramme stellen vielmehr *funktionelle* Verbindungen dar, die sich durch eine erhöhte Durchgangswahrscheinlichkeit für neuronale Impulse auszeichnen. („Impulse“ steht hierbei als Kürzel für ein - die Reizleitung kennzeichnendes - kompliziertes Zusammenspiel von „feuernden“ und „stummen“ Neuronen, von „erregenden“ und „hemmenden“ Synapsen). In dem Wahrscheinlichkeitsmaß spiegelt sich sozusagen der Grad des Konditionierungserfolgs wieder: Die Stärke der neuronalen Reizassoziationen entscheidet darüber, ob und wie lange die ursprünglich getrennt „feuernden“ Zell-Ensembles der „Hörbahn“ einerseits und der reflexmotorischen Einheiten andererseits durch sozusagen gemeinsame Schwingkreise verknüpft werden. Mit „Hörbahn“ ist nicht nur die Verbindung vom Hörnerven (N.cochlearis) zu den Hörrindenregionen im Temporallappen (sog. Heschlche Querwindungen) gemeint, sondern auch eine Reihe von Kerngebieten und interneuralen Verschaltungen im Hirnstamm (z. B. sog. Olivenkomplex), in der mesencephalen „Vierhügelplatte“ (mit den Colliculi inferior), im sensorischen Thalamus (Corpus geniculatum mediale) sowie im limbischen System (insbesondere Mamillarkörper des Hypothalamus, Amygdala, Septum, Hippocampus). Diese Hirnstrukturen tragen durch verschiedene Vergleichs- bzw. „Verrechnungsprozesse“ dazu bei, daß die einlaufenden akustischen Signale in ein „Hörerlebnis“ umgewandelt werden. Durch synaptische Effizienzsteigerung in der „Hörbahn“ einerseits und in den damit verschalteten subkortikal-spinalen bzw. extrapyramidalen Reflexschleifen (s. Kap. 4.2.3) und motorischen Schaltstationen im ZNS andererseits kommt es zur lernbedingten Veränderung in der funktionellen Mikrostruktur des ZNS (Engrammbildung). Was die motorischen Korrelate der Konditionierung betrifft, so ist neben den betreffenden Hirnstammkernen insbesondere die motorische Region des Cerebellums zu nennen. Experimentalbefunde am Säugetier haben recht eindeutig zeigen können, daß für elementare sensomotorische Konditionierungen (wie des Lidschlußreflexes) ein intaktes Cerebellum erforderlich ist (vgl. Birbaumer & Schmidt 1991, S. 550). Es wäre aber auch noch an andere Hirngebiete zu denken (wie motorischer Thalamus, Basalganglien, Kerne im Hirnstamm und Mittelhirn), die ebenfalls bei unwillkürlichen Bewegungen involviert sind (Kap. 4.2.3).

Nach dem gegenwärtigen Stand der Hirnforschung dürften der Thalamus, die Amygdala und evtl. der septo-hippocampale Komplex eine herausragende Rolle bei der emotionalen Bewertung der Reizzufuhr spielen. Dabei kann den bilateralen Amygdala-Kernen eine wichtige Mittlerrolle zwischen der affektiv gefärbten Sensorik (s. Kap. 3.2) und der entsprechenden Effektorik (s. Kap. 3.3) zugesprochen werden. Die Amygdalae sind u. a. maßgeblich an der Furchtkonditionierung beteiligt (vgl. LeDoux 1995, s. auch Kap. 4.2.3), und sie weisen bemerkenswerte anatomische Verbindungen zum Hypothalamus (vegetative und endokrine Reaktionen), zum ventralen Striatum (affektmotorische Innervationen) sowie zum orbitofrontalen Kortex (affektive „appraisals") auf (vgl. hierzu auch Birbaumer & Jänig 1995, S. 179 f.; Kandel & Kupfermann 1995, pp. 608 ff.).

Die soeben aufgezeigte neuronale Verbindungsstrecke müßte jedoch nicht die einzige sein, über den die (reflexneutralen) „Schallereignisse" zum „erschreckenden Hörerlebnis" verarbeitet würden. Ein weiterer Schaltkreis, der simultan mit beteiligt sein dürfte, würde von der Formatio retikularis über den Thalamus zum Hypothalamus und von dort weiter zum präfrontalen Kortex verlaufen. Auch hier handelte es sich im wesentlichen um affektspezifische Kerngebiete und Hirnbahnen.

Diese knappen funktionell-anatomischen Hinweise sollen genügen, um deutlich zu machen, daß eine emotions- bzw. affektfreie sensomotorische Engrammbildung nur schwer vorstellbar ist. Diese an sich banale Aussage ist freilich insofern zu relativieren, als das Gehirn genügend ausgereift sein muß, damit sich die o. g. sensomotorisch-affektiven Verknüpfungen bilden können. Die jeweiligen Hirnabschnitte weisen zudem ein unterschiedliches Reifungstempo auf (s. u.).

Nach dem gegenwärtigen Wissensstand ist es eher auszuschließen, daß beim pränatalen Hirn die limbischen und kortikalen Hirnabschnitte bereits hinreichend entwickelt sind, um die affektive Färbung sensomotorischer Konditionierungsprozesse zu bewerkstelligen. Unter dem Aspekt der Gehirnreifung ist auch an die Möglichkeit der Löschung bzw. Überlagerung neuronal konditionierter Reflexe zu denken. Schließlich verlieren sich selbst angeborene Reflexe des Säuglingsalters (wie der Saug-, Schreit- oder Mororeflex) mit der Reifung von Gehirn (und Markscheiden). Von einem hinreichenden Reifestadium, bei dem alle der o. g. Hirnabschnitte voll funktionstüchtig sind, kann wohl erst gegen Ende des dritten Lebensjahres ausgegangen werden, zu einem Zeitpunkt bzw. Zeitraum also, der mit der „psychischen Geburt" bzw. mit der Objektkonstanz (s. Kap. 5.7.1) zusammenfällt und der - sicherlich nicht zufällig - das Eintrittsalter in den Kindergarten darstellt.

Was die Reifungsunterschiede zwischen den affektbezogenen Hirnstrukturen anlangt, so sind insbesondere die Amygdala und der Hippocampus zu erwähnen. Einige neurophysiologisch orientierte Emotionsforscher gehen davon aus, daß der für die kognitive Gedächtnisfunktion bedeutsame Hippocampus etwa im Alter von 3 Jahren voll entwickelt sei, während die an der emotionalen Reizverarbeitung beteiligte Amygdala wesentlich früher ausgereift sein soll (vgl. LeDoux 1989, p. 279 f.; 1994, S. 80; Izard 1991, p. 294). Diese zeitverschobene Ausreifung von Hippocampus und Amygdala liefert eine ebenso einfache wie plausible Erklärung für das (neuro-)szenologisch interessante Phänomen, daß in bestimmten Streß- oder (Selbstobjekt-)Übertragungs-Situationen affektive Erlebnisse (re-)aktiviert werden, ohne daß den Betreffenden dabei kognitive Erfahrungsinhalte präsent sind. Allerdings sollte daran erinnert werden, daß dem Hippocampus wohl nicht nur kognitive, sondern auch affektive, insbesondere angstspezifisch-verhaltenshemmende Funktionen zugesprochen werden können (vgl. Gray 1990 u. s. Kap. 4.2.3).

Der Aspekt der Gehirnreife ist jedoch für unseren Grundgedanken der somato-szenischen Engrammbildung eher von untergeordneter Bedeutung und kennzeichnet vielmehr eine Aufgabe für die prä- und neonatale Entwicklungsbiologie bzw. -physiologie. Sozialisatorisch modifizierte Affekte bzw. auf bedingte Reize konditionierte „Basisemotionen" (s. Kap. 3.1) sowie die damit verknüpften szenischen (sinnlich-symbolischen) Repräsentanzen sind nämlich in die Gesamtfunktion des Organismus eingebettet und bilden damit emergente Formen der präsymbolischen, sensomotorischen Aktivität. Es ist zwar davon auszugehen, daß die allerfrühesten sensomotorischen Konditionierungen über relativ früh ausgereifte ZNS-Strukturen (wie Hirnstamm- und Mittelhirn, Cerebellum etc., s. o.) vermittelt werden. Aber allein die empirisch beobachtbare Konditionierung in utero (s. o.) läßt darauf schließen, daß es bereits pränatal zu einer irgendwie gearteten sensomotorischen Gedächtnisbildung mit synaptischer Neu- bzw. Rückbildung kommen kann. Selbst wenn man aufgrund der regen Entwicklungs- und Umbauprozesse im pränatalen Hirn mit der Löschung von Konditionierungen zu rechnen hat, ändert dies nichts an der grundsätzlichen Abhängigkeit der sog. übergeordneten Hirngebiete von „primitiveren", d. h. phylogenetisch älteren ZNS-Strukturen. So ist z. B. die sich über den Hirnstamm ausbreitende neuronale Vernetzung (Formatio reticularis) zeitlebens an der Erregungssteuerung jener (striato-)limbischen Schaltkreise (u. a. mit Amygdala, septohippocampalem System, ventralem Striatum/N.accumbens) und (präfronto-)kortikalen Bezirke beteiligt, die für die eigentliche Affektgenese verantwortlich gemacht werden können (s. Kap. 4.2.3).

Andererseits ist zu bedenken, daß die in der Entwicklungshierarchie höher stehenden motorischen Hirnabschnitte (motorische Anteile des Kortex, des Thalamus, des Cerebellums etc.) selbst mit einfachsten ZNS-Einheiten ein unlösbares Ganzes bilden. Aus der Sicht der modernen Neurophysiologie sollten (senso-)motorische Reflexe des Erwachsenenalters nicht mehr wie früher als isolierte Reiz-Reaktions-Bögen betrachtet werden, da sie weitgehend unter der efferenten Kontrolle der „höheren" Groß- und Kleinhirnstrukturen stehen („cerebrale Dominanz"). Reflexe bilden daher eher ein Reservoir an motorischen Programmustern, die sich - außer in pathologischen Fällen - in umfassende Bewegungsentwürfe einpassen (vgl. Illert in Deetjen & Speckmann 1994, S. 183; Schmidt & Wiesendanger 1993, S. 89).

Nicht nur die spinale Motorik, sondern auch somatosensorische Innervationen unterliegen diesem Prinzip der cerebralen Dominanz, d. h. der deszendierenden Beeinflussung durch cerebrale Hirnzentren. Die efferenten Signale aus dem Cerebrum können nämlich die Meßeigenschaften der jeweiligen Rezeptoren (wie z. B. in den Muskeln oder im Innenohr) modulieren (vgl. Handwerker 1993, S. 194, 231 f.). Von daher gibt es auch eine neurophysiologische Beschreibung für unbewußt gesteuerte, selektive Wahrnehmungen, wie sie für Übertragungsreaktionen und psychodynamische Abwehrprozesse charakteristisch sind (s. Kap. 5.8.2; s. hierzu auch das Repression-Sensitization-Konstrukt, Kap. 3.6).

Das Grundprinzip der cerebralen Dominanz macht auch plausibel, daß sich Affekte aus elementaren sensomotorischen Reaktionen differenzieren. Auf unser obiges Demonstrationsbeispiel der sensomotorischen Konditionierung bezogen, kann zunächst davon ausgegangen werden, daß die Schreckreaktion auch Stimuluscharakter hat, d. h. daß die Re-Afferenzen (Rückkoppelungen) aus den innervierten Rezeptoren (in der Gesichtshaut, in den mimischen und skelettalen Muskeln) im Gehirn verarbeitet werden. Nach der facial (bzw. Körper-)feedback-Hypothese (s. Kap. 3.5) wäre anzunehmen, daß die Re-Afferenzen aus den Haut- und Muskelinnervationen die für den Schreck charakteristische, aversive Empfindung intensivieren. Des weiteren kann die Schreckreaktion zu Fluchttendenzen bzw. Vermeidensreaktionen veranlassen. Wenn diese lokomotorischen Impulse aufgrund soziokultureller Normen bzw. „Darstellungsregeln" s. Kap. 3.3, 3.7) nicht mehr ausgeführt werden können, muß sich die Spannung im Körper sozusagen anstauen. Schreckimpulse können somit zu (konditionierten) Auslösern für generalisierte „Abwehrhaltungen" bzw. Affektblockierungen (muskuläre Verspannung, motorische bzw. mimische Hemmungen) werden. Die Folge könnte sein, daß der Betreffende später als Jugendlicher bzw. Erwachsener, „versteinert", „hölzern", „unecht" oder dergl. wirkt. Parallel hierzu dürfte die Affektencodierung erschwert sein: Der Angst-Affekt z. B. könnte von anderen, „falschen" Affekten (z. B. Ärger) bzw. Emotionsausdrücken (z. B. „aufgesetzte Freundlichkeit") maskiert werden. Kurzum, in jedem Fall würde der konditionierte Schreck späterhin in (szenische) Affekte bzw. Affektbereitschaften (s. Kap. 3.3) übergehen, die in blockierter bzw. verstellter Form in Erscheinung treten.

So gesehen, wäre der konditionierte Schreck ein denkbarer sensomotorischer Prototyp für die präsymbolisch-szenische Affektsozialisation, die sich u. a. dadurch auszeichnet, daß narzißtische Reaktionen kein symbolisch-vermitteltes Ausdrucksgeschehen sind, sondern ein unmittelbar-körperliches Leiden an der Realität (i. S. einer somatoszenischen Verletztheit) widerspiegeln. Dabei ist es letztlich unerheblich, wann die präsymbolische Konditionierung tatsächlich erfolgt. Für die prä- wie postnatale, sensomotorische Entwicklung gilt gleichermaßen, daß die in den Engrammen gespeicherten Erfahrungen noch nicht frei evozierbar sind. Schließlich kann es vor Einsetzen der Symbolentwicklung (d. h. vor etwa 1½ Jahren, s. Kap. 6.2) noch keine aktive Decodierung (mental-)szenischer Repräsentanzen (wie „böser Blick", „wütende Stimme") geben, geschweige denn ein wunschbezogenes Umphantasieren der „schlechten" Realität.

Trotzalledem verkörpern die konditionierten sensomotorischen Engramme nicht bloß erlittene Interaktions-„Formen“, die sich passiv in den neuronalen Netzwerken „einzeichnen“, sondern auch so etwas wie basale (Überlebens-) „Formeln“, also Erwartungsmuster und Verhaltensentwürfe. Die angeborene wie konditionierte Schreckreaktion gründet letztlich in der Inkompatibilität zwischen einem sozusagen organismischen Erwartungshorizont (sensu Rogers, s. Kap. 5.4) und der konkreten Wahrnehmung. Dieser akute Erwartungsbruch verknüpft sich günstigenfalls mit postnatal-sozialisatorischen Erfahrungen (z. B. der empathischen Resonanz), die das neurophysiologische Gleichgewicht wiederherzustellen vermögen. In diesem Fall könnte das Kind langfristig die Kompetenzerwartung aufbauen, daß es seine neurophysiologischen Imbalancen sowie die später auftauchenden selbstwertbezogenen Affekte selbst zu regulieren lernt („narzißtischer Thermostat“, s. Kap. 5.5).

Schlimmstenfalls ist damit zu rechnen, daß es anstelle sporadischer, reversibler Konditionierungen zu einer dauerhaften und möglicherweise generalisierten „Schreckhaftigkeit“ (auf verschiedene CS) kommt. Mit Einsetzen der symbolischen Affektsozialisation tritt zu dem sensomotorisch enkodierten „Erwartungsbruch“ die kognitiv-affektive Bewertung („appraisal“) der (konditionierten) Reize als „gefährlich“ hinzu. Das Spektrum des jeweiligen Bedrohtheitserlebens kann von der Sorge um die körperliche Unversehrtheit bis hin zu rein selbstreflexiven Aspekten der „Selbstwertbedrohung“ (wie Versagensangst, Beschämung, Verlegenheit und dergl.) reichen. Die nunmehr zweifach enkodierte „Schreckhaftigkeit“ gründet in einer eigentümlichen Spannung des somato-szenischen Selbst: Entweder bilden sich die szenischen Repräsentanzen durch Anpassung an die bestehenden, realitätsverzerrenden sensomotorischen Engramme (Assimilation) heraus, oder die Neubildung emotional-kognitiver Schemata (Akkomodation) bleibt von den sensomotorischen Engrammen gleichsam abgekoppelt. Beidemal entwickeln sich kompetenzsenkende Antizipationen und negativ gefärbte, affektive Erwartungen, die eine den Erfordernissen der jeweiligen Situation gerecht werdende Personwahrnehmung und Kommunikation beeinträchtigen. Gleichwohl können sich diese inadäquaten „Realitätsmodelle“ u. U. bis ins Erwachsenenleben bewahren.

Der soeben überraschend gezogene Bogen von der präsymbolischen Entwicklungsphase zum Erwachsenenstadium sei wieder anhand unseres Prüfungsbeispiels verdeutlicht: Aus dem o. g. sensomotorischen „Erwartungsbruch“ dürfte beim (mittlerweile erwachsenen) Prüfling ein defizitäres Selbstwertgefühl erwachsen sein, das in szenischer Hinsicht mit einer intensiven Selbstobjektübertragung (s. Kap. 5.7.2.1) korrespondieren könnte. Das Selbstobjektbedürfnis kann sich z. B. in der tiefen Sehnsucht manifestieren, vom anderen präverbal vollständig verstanden zu werden. So kann z. B. der Prüfling eine ihm selbst verborgene (Riesen-)Erwartung an die Feinfühligkeit des Prüfers hegen, obgleich sein eigenes affektmotorisches Ausdrucksverhalten spärlich ist.

Mit dieser exemplarischen Andeutung des möglichen Zusammenhangs zwischen präsymbolischer Engrammbildung und affektsymbolischer Übertragungsszene wollen wir es bewenden lassen, zumal all die vorstehenden Überlegungen nicht allzu wörtlich, geschweige denn als empirisch widerlegbare Hypothesen verstanden werden dürfen. Es sei darin erinnert, daß es uns lediglich darum ging, das Prinzip der neuro- bzw. somatoszenischen Einheit für die (narzißtische) Affektsozialisation aufzuzeigen.

Anstatt die obigen Spekulationen noch weiter zu treiben, soll nun der bislang - aus didaktischen Gründen - ausgesparte Bereich der vegetativen und endokrinen Affektkorrelate in neuroszenologischer Perspektive beleuchtet werden.

6.5 Neurovegetative und -endokrine Korrelate der (somato-szenischen) Selbstregulation

Die vom vegetativen Nervensystem und vom endokrinen (Hormon-)System vermittelten Körperreaktionen sind i.d.R. zu diffus und zu unspezifisch, als daß man sie - wie die mimischen Ausdrucksmuster - als Indikatoren für distinkte Affekte bzw. Basisemotionen heranziehen könnte. Gleichwohl sind das Vegetativum und das Endokrinium maßgeblich an der Regulierung der (neuro-)physiologischen Homöostase des somatoszenischen Selbst (s. Kap. 5.7.2.3) beteiligt. Wenn man z. B. aus Verlegenheit bzw. Scham errötet (ein narzißtischer Affekt), so ist dies z. B. durch das neurovegetative System bedingt (s. u.) und es ist ebenso allgemein bekannt, daß die Hormone einen enormen Einfluß auf die „affektiven Stimmungen“, d. h. auf die um das Selbst(wert)-gefühl herum zentrierten „Gemütslagen“ haben. Vegetative und endokrine Prozesse können daher als unbestimmte affektive Korrelate der Selbstwert- und Beziehungsregulation betrachtet werden.

In den folgenden Kapiteln werde ich ausschnitthaft und neurozenologisch akzentuierend einige der wichtigsten physiologischen Reaktionsmuster bei „Streß“ skizzieren. Mit Streß seien unwillkürliche Bewältigungs- bzw. Abwehrroutinen gemeint, die aufgrund szenisch aktualisierter Selbstwertbedrohungen (wie z. B. in einer Prüfung) einsetzen.

6.5.1 Das Zweizügelprinzip von Sympathikus und Parasympathikus

Das vegetative NS besteht, genau genommen, aus einem zentralen Hauptganglion, nämlich dem Hypothalamus und den zum peripheren NS zählenden Zweigen des Sympathikus und Parasympathikus. Wenn vom vegetativen NS gesprochen wird, sind jedoch zumeist nur die peripheren Anteile (s. Kap. 4.2.2) gemeint. Sympathikus und Parasympathikus bilden zwei funktionell wie anatomisch weitgehend getrennte Regelungseinheiten, die maßgeblich zu den psychophysiologischen Varianten der individual- und/oder situationsspezifischen Reaktionsstereotypien beitragen (s. Kap. 3.4,

3.6). Ohne auf die funktionell-anatomischen und transmitterspezifischen Aspekte des vegetativen NS einzugehen, seien die unterschiedlichen Wirkprinzipien von Sympathikus und Parasympathikus hervorgehoben, da sie als zweierlei Grundvarianten des (somato-szenischen) Selberlebens interpretiert werden können:

Der Sympathikus fördert alle Organfunktionen, die für ein aktives, leistungsbezogenes Verhalten wichtig sind. Der Aktivationsgrad bzw. der Tonus des Sympathikus ist daher am Tage bzw. im wachen Zustand zumeist höher als in der Nacht bzw. während des Schlafes. Man spricht daher auch von der durch den Sympathikotonus vermittelten „*ergotropen Reaktionslage*". Der Parasympathikus mit seinem Hauptzweig, dem Vagusnerv, regt dagegen alle Vorgänge an, die aufbauend-regenerierenden und entspannenden Charakters sind (Verdauungstätigkeit, geruhsame Erholung); der Parasympathikus steht somit im Dienste einer „*trophotropen Reaktionslage*".

Neuerdings versuchen einige Neurobiologen die klassische Untergliederung des vegetativen Systems um einen dritten Anteil, nämlich das sog. Darmnervensystem zu erweitern, so z. B. Jänig (1993, S. 349, 359 ff.). Dieses „Darmnervensystem" weist organeigene Nervengeflechte mit myogenen Automatismen auf.

Vereinfacht läßt sich sagen, daß die beiden Subsysteme des Vegetativums in einem funktionellen Antagonismus zueinander stehen, d. h. daß Sympathikus und Parasympathikus bei vielen (nicht allen!) Körperorganen als eine Art Gegenspieler fungieren. Fast jedes Organ bzw. jede Drüse wird also zweifach, und zwar antagonistisch innerviert („Zweizügel-Prinzip").

Die Schweiß- und Talgdrüsen, die (glatten) Haarmuskeln, die Blutgefäße in der Haut und in der Körperperipherie (Arteriolen, Venolen) und das Nebennierenmark stellen Ausnahmen von diesem „Zweizügel-Prinzip" dar - sie werden nämlich nur vom sympathischen System versorgt (vgl. Samandari 1984, S. 103). Andere Organe, so z. B. die Tränendrüsen und die Drüsen des Nasen-Rachenraumes, werden wiederum nur parasympathisch innerviert. Einen weiteren Spezialfall stellt das Herz dar: Hier werden die Vorhöfe von beiden vegetativen Strängen gegensinnig erregt, die Herzkammern jedoch nur vom Sympathikus. Dies bedeutet, daß die Herzfrequenz nach dem „Zweizügel-Prinzip" geregelt wird (Sympathikus: frequenzerhöhend, Parasympathikus: frequenzsenkend), die Steigerung der Herzkraft (Schlagvolumen) dagegen primär auf sympathikotoner Innervation beruht (vgl. bes. Jänig 1993, Tab. 16-1, S. 352).

Aufgrund der innigen Verknüpfung von sympathischen und parasympathischen Nerven kommt es im Organismus (in der Regel) nicht zu einem völligen Überwiegen des einen vegetativen Anteils über den anderen. Beide vegetative Komponenten sind immer, d. h. sowohl bei „ergotroper" als auch bei „trophotroper" Reaktionslage wirksam - freilich mit jeweils unterschiedlicher Gewichtung. Dementsprechend betreffen vegetative Funktionsstörungen immer beide Systeme.

Die mancherorts diskutierten Krankheitseinteilungen bzw. Persönlichkeitsklassifizierungen in „*Sympathikotoniker*" (u. a. mit Neigung zu Herz-Kreislaufschäden wie Angina pectoris, Herzinfakt, Hypertonie) und in „*Vagotoniker*" (mit Gefährdungen des Magen-Darm-Traktes und der Atmungsorgane, z. B. Ulcus duodeni und Asthma bronchiale) haben sich in der angewandten und psychosomatischen Medizin deshalb auch nicht durchsetzen können; dort spricht man lieber von der „vegetativen Dystonie". (Zu dem typologischen Konzept der „Vagotonie"/„Symathikotonie" siehe z. B. Krohne & Kohlmann 1990, S. 489; Schandry 1989, S. 71 ff.; Vester 1984, S. 64 f., 106 f.).

Emotionale Erregung bzw. psychische (An-)Spannung sollte daher nicht - wie auch in der Fachliteratur (leider) immer wieder zu lesen ist (z. B. Erdmann 1983, S. 120; Schneider 1992, S. 416) - allgemein mit einer sympathikotonen (Über-)Aktivierung gleichgesetzt werden. Dementsprechend können emotionale Entspannung bzw. Beruhigung nicht (nur) im Sinne einer parasympathischen Umstellung des Körpers verstanden werden. Erregung bzw. Spannungsgefühle sind nach unserem Grundverständnis (von vegetativen Prozessen) Ausdruck eines „narzißtischen", das somato-szenische Selbst betreffenden Ungleichgewichts. Zur empirischen Bestimmung der vegetativen Imbalance lassen sich relativ zuverlässige Indikatoren angeben.

Als parasympathikotone „Spannungsanzeichen" können z. B. gelten:

- Erniedrigung des Blutdrucks (Normalwerte: 120/80 mm Hg, systolisch/diastolisch) und der Pulsrate (normal: 60 - 80 Schläge/pro Minute bei körperlicher Ruhe); mit Begleiterscheinungen wie „Abgeschlagenheit", „Müdigkeit", evtl. Schwindel oder gar Ohnmacht, kühle (trockene) Hände

- Verengung der Bronchien und der Trachea (Luftröhre), u. U. an verlangsamter, schwerer Atmung beobachtbar („tief Luft holen")

- Übererregungen im Gastrointestinal- und des Urogenitaltraktes (Magen, Darm, Galle, Niere, Bauchspeicheldrüse etc.); bemerkbare Anzeichen: „Magenglucksen", „Übelkeit"/„Erbrechen", (vermehrter) Harndrang

- Kontraktion bestimmter glatter Augenmuskeln (Sphincter pupillae), die für die Verengung der Pupillen sorgen. Bei starker parasympathischer Erregung treten daher die sog. Stecknadelpupillen (Miosis: Durchmesser ≤ 2 mm) auf

- Hypersekretion der Speicheldrüsen (Glandula submandibularis, Parotis), wie sie sich evtl. an einer buchstäblich „flüssigen" Aussprache zeigen mag, d. h. an „sprühenden" Speicheltröpfchen und/oder feuchten Mundwinkeln und Lippen.

Hinweise auf sympathikotone (An-)Spannung bzw. (Über-)Erregung wären demgegenüber:

- Blutdruck- und Pulsratenanstieg, allgemeine Stoffwechselmobilisierung: Eindruck der „Nervosität", „Agitiertheit", verstärkte Atemtätigkeit etc.; (Parasympathikus: keine Stoffwechselfunktionen)

- Drosselung der Durchblutung in den Eingeweiden (Viszera) und in den Hautgefäßen zugunsten einer verbesserten Blutzufuhr zu der Arbeitsmuskulatur (Skelettmuskeln, Herzmuskeln); sichtbare folgen: „blasses Gesicht"; motorische Impulse („Bewegungsdrang", „auf dem Stuhl hin und her rutschen" etc.) und/oder Hemmung der (Ausdrucks-)Motorik (Eindruck der „Anspannung" bzw. „Beklemmung")

- Kontraktion bestimmter, radiär gestellter Augenmuskelzellen (M. dilatator pupillae), wodurch es zur Pupillenerweiterung (Mydriasis: Durchmesser ≥5 mm) kommt

- (Hyper-)Sekretion der Schweiß- und Talgdrüsen („kalter Angstschweiß", „glänzendes Gesicht"); Speichelsekretion: schwach mukös = „trockener Mund"

- Kontraktion der glatten Haarbalgmuskeln (Mm. arrectores pilorum), die für die besagte „Gänsehaut" verantwortlich sind.

Diese exemplarische Auflistung vegetativer Reaktionen stützt sich auf die (psycho-)physiologische Fachliteratur. Die hier aufgezählten vegetativen Symptone mit der entsprechenden Interpretation finden sich in der von mir zusammengestellten Form aber in keinem der von mir herangezogenen Fachbücher.

Ein neurovegetatives „Spannungsanzeichen" muß nicht unbedingt in der Dominanz zu Gunsten des Sympathikus *oder* des Parasympathikus gründen. Es kann nämlich auch durch Schwächung eines Subsystems entstehen. Das (emotionale) „*Erröten*" wäre hierfür ein anschauliches Beispiel: Das „Erröten", also die vermehrte Blutzufuhr zum Gesicht (inkl. der Dilatation der Hautgefäße), verdankt sich keinem aktiven vegetativen Vorgang i. S. einer (Über-)Erregung, sondern es beruht letztlich darauf, daß die (normale) sympathikotone Innervation der Gesichtshaut plötzlich zurücktritt bzw. abgeschwächt wird. Der Parasympathikus hat nämlich - außer im Urogenitaltrakt - keine Verbindungen zu den peripheren Blutgefäßen. (Gleichwohl wird in manchen Fachbüchern das „Erröten" als parasympathische Reaktion fehlinterpretiert). Da die Hautgefäße des Gesichts vom Parasympathikus nicht mit versorgt werden, kommt es bereits bei nachlassender Sympathikusaktivität automatisch zum Erröten, d. h. zu einer durch den Blutdruck verursachten Gefäßerweiterung.

Nach der früher beschriebenen Emotionstheorie der vaskulären Efferenz (sensu Waynbaum und Zajonc, s. Kap. 3.5) hätte das „Erröten" eine den Blutfluß im Gehirn steuernde Funktion. Zajonc (1985, p. 20) interpretiert die „Blushing"-Reaktion als einen selbstregulatorischen Vorgang zugunsten einer ausgewogenen Blutzufuhr im Gehirn. Wenn wir davon ausgehen, daß das „Erröten" eine spezifisch narzißtisch-vegetative Reaktion darstellt, in der es zu einer plötzlichen und unerwarteten Beschämung bzw. zu einem abrupten Verlust der Selbstachtung kommt, so könnte man sich diesen Vorgang wie folgt vorstellen: Die mit dem „Erröten" verbundenen und z. T. unterschwelligen Affekte und Handlungsimpulse (wie massive Scham, Wut, Schmerz, Angst, Flucht- und Angriffsreflexe) führen zu einer Blutwelle in das Gehirn. Wenn der Beschämte seinen Impulsen wie Weglaufen, Verstecken oder Gegenangriff nicht folgen kann (so z. B. in der Prüfung), muß sich die im Gehirn bereitgestellte Blutfülle einen anderen (efferenten) Ausweg suchen. In diesem Fall sorgen die bei der Schamreaktion (wie Kopfsenken, Augenrollen, Lider schließen) beteiligten Gesichtsmuskeln möglicherweise dafür, daß über die Gesichtsarterie das überschüssige Blut aus dem Gehirn abfließen kann und die Gesichtshaut sich entsprechend rötet.

Interessanterweise ist das (schambezogene) Erröten bei Kindern unter drei Jahren noch nicht zu beobachten, obwohl sie zu dieser physiologischen Reaktion durchaus imstande wären. Das Erröten scheint demnach zwar unwillkürlich, aber nicht präkognitiv bzw. präsymbolisch abzulaufen. Es ist anzunehmen, daß die efferente Gesichtsrötung weitgehend über kognitiv-symbolische Prozesse wie Ereignis- bzw. Ressourceneinschätzungen (s. Kap. 3.2) oder selbstzentrierte Wahrnehmungsstile wie „objektive Selbstaufmerksamkeit" (s. Kap. 2.5) vermittelt wird (vgl. hierzu auch Schwarzer 1993, S. 120).

Das „Erröten" ist unter neuro-szenologischem Aspekt insofern interessant, als es eine Analogiebildung zwischen vegetativ-unwillkürlicher (Spontan-)Reaktion und szenischem Verhalten nahelegt: Die (narzißtische) Schamreaktion entspricht einem neurovegetativen Zurückweichen des (leistungsfördernden bzw. abwehrsteigernden) Sympathikus. In der Redewendung: „vor Scham im Erdboden versinken (zu wollen)" spiegelt sich daher, wenn man so will, die szenisch aktualisierte „Vermeidenstendenz" des Sympathikus.

Vegetativ-affektive Signale weisen also generell auf Sollwert-Verstellungen innerhalb der funktionell-antagonistischen Einheit von Sympathikus und Parasympathikus hin. Diese Verschiebungen in der vegetativen (Selbst-)Regulation basieren aber in den wenigsten Fällen auf einem Dominanzgefälle zwischen Sympathikus und Parasympathikus oder auf der De-Aktivierung eines der Subsysteme (wie beim Erröten). In der Regel kommt es zu einer simultanen Erregungssteigerung beider vegetativer Komplexe. Diese gekoppelte Übererregung sei an einem weiteren, narzißmusbezogenen Beispiel zur vegetativen Fehlsteuerung illustriert: Beim sog. nervösen (vasomotorischen) Schnupfen tritt die Verengung der Gefäße in der Nasenschleimhaut (sympathikoton) in Verbindung mit der Hypersekretion im Nasenraum (parasympathikoton) auf. Im Sprachgebrauch ist bereits implizit der Zusammenhang zwischen „Kränkungserfahrungen" bzw. (leichter) „Kränkbarkeit" einerseits und Anfälligkeit für rhinogene Irritationen („verschnupft sein") enthalten. Dazu paßt auch die Beobachtung Kohuts, daß seine „narzißtischen" Patienten gehäuft unter „nervösem" Schnupfen litten (vgl. Kohut 1976, S. 85 f., Anm. 1). Ohne darauf näher eingehen zu wollen, sei der Vollständigkeit halber darauf hingewiesen, daß sich direkte (!) Verbindungen des vegetativen NS mit dem Immunsystem nachweisen ließen, deren streßspezifische Bedeutung von der Psychoneuroimmunologie (vgl. Ader & Cohen 1993, Felten 1994, Schedlowski 1994, s. auch Kap. 3.6) aufzuklären versucht wird.

Resümee: Eine „vegetativ-affektive Erregung" (z. B. in einer Prüfung) kann zum einen Ausdruck einer aktuellen neurophysiologischen Fehlregulation i. S. einer passageren, szenisch bedingten Imbalance von ergotropen und trophotropen Anteilen sein. Zum anderen kann eine transsituativ auftretende vegetative Labilität als das Resultat einer Fehlentwicklung des somato-szenischen Selbst (s. Kap. 5.7.2) gewertet werden. Ungeklärt ist hierbei noch, inwieweit genetische und sozialisatorische Faktoren zusammenwirken. Die psychophysiologische Emotionsforschung und insbesondere die Studien zu den sog. Reaktionsspezifitäten liefern jedoch keinerlei Anhaltspunkte zu dem Verhältnis von genetischen und biographischen Komponenten. (Zu dem Problem der Abschätzung von Erbe-Umwelt-Interaktionen s. Kap. 7.3). Gesichert ist bislang nur, daß die inter-individuell abweichenden vegetativen Reaktionsstärken auch vom Lebensalter abhängen (vgl. Janke & Hüppe 1990, S. 240 f., Mietzel 1992, S. 95 f.).

6.5.2 Neuroendokrine Korrelate von Streßaffekten und unbewußter Abwehr

Das endokrine System besteht wie das (vegetative) Nervensystem aus sehr sensiblen, nach dem Homöostase-Prinzip funktionierenden Regulationskreisen. Die Hormone kommen im nicht-stimulierten Zustand in äußerst geringen Konzentrationen vor (im Bereich zwischen 10^{-6} bis 10^{-12} mol/l; ein Mol = Maßeinheit für Stoffmengenkonzentrationen, bezogen auf 1/12 der Masse des Kohlenstoffatoms). So wirkt z. B. das Adrenalin (s. u.) noch bei einer Plasmakonzentration von 10^{-9} mol/l (= 1 ppb). Es ist daher notwendig, daß die Tätigkeit der Hormondrüsen einer sehr fein regulierten Kontrolle unterliegen. Dies geschieht vor allem dadurch, daß immer mehrere endokrine und vegetative (Sub-)Systeme gleichzeitig auf eine Hormondrüse einwirken, und zwar indem hemmende und fördernde Prozesse aufeinander abgestimmt werden. Die simultane Mehrfachregulation aus endokrin-biochemischen und vegetativ-neuronalen „Regelstrecken" bzw. „Schaltungen" steht weitgehend unter der Kontrolle des Hypothalamus (s. Kap. 4.2.3), der zum einen die „Steuerungszentrale" des vegetativen Nervensystems ist, und der zum anderen über die Hypophyse die endokrinen Prozesse steuert. Das hypothalamo-hypophysäre System stellt somit die entscheidenden Naht- bzw. Umschaltstellen (das neuroendokrine „Interface") zwischen den hormonellen und neuronalen Regelprozessen dar (vgl. bes. Jänig 1993, S. 376). Wir beginnen mit der Darstellung der hypothalamisch-vergetativ kontrollierten Katecholamine und erörtern dann die hypothalamisch-hypophysär gesteuerten Hormonfreisetzungen.

Aus der psychophysiologischen Streß- und Emotionsforschung ist hinlänglich bekannt, daß in Belastungs- oder Gefahrensituationen die Nebennieren in besonderer Weise involviert sind. Die *Nebennieren* sitzen kappenförmig auf den Nieren, ohne funktionell mit letzteren zusammenzuhängen. Die Nebennieren lassen sich anatomisch und funktionell in das Nebennieren*mark* (Medulla glandula suprarenalis) und in die Nebennieren*rinde* (Cortex glandula suprarenalis) gliedern. Das Nebennierenmark, das keine eigentliche Drüse, sondern umgewandeltes sympathisch-neurales Gewebe darstellt, wird direkt vom Hypothalmus gesteuert. Die drüsenartige Nebennierenrinde wird hormonell über das von der Hypophyse sezernierte (Adreno-)Corticotropin (ACTH) beeinflußt.

In „Notfall-" bzw. Streßsituationen, kommt es zunächst zu einer physiologischen „Alarmreaktion", bei der das hypothalamisch-sympathisch innervierte Nebennierenmark vermehrt die Katecholamine *Noradrenalin* und *Adrenalin* ausschüttet. Die Sekretionsmengen stehen normalerweise im Verhältnis von 80 % Adrenalin zu 20 % Noradrenalin (vgl. Birbaumer & Schmidt 1991, S. 443), weshalb man im Volksmund wohl auch vom „Adrenalinstoß“ spricht, wenn jemand in plötzliche Erregung tritt. Gleichwohl können sich diese Mengenverhältnisse von Adrenalin und Noradrenalin bei starker Erregung verschieben (s. u.). Die sympathikoton vermittelte Ausschüttung von Noradrenalin und Adrenalin, die hierbei nicht als Neurotransmitter im Nervensystem, sondern als im Blut kreisende (Amino-)Hormone fungieren, führen generell zu einer Steigerung jener physiologischen und biochemischen Vorgänge (Herz- und Muskelaktivierung, Glukosefreisetzung, Stoffwechselmobilisierung etc.), die den Organismus in einen Zustand der erhöhten „Wachheit“, der „Kampf- und Fluchtbereitschaft“ versetzt („emergency“- bzw. „fight-or-flight-reaction“, vgl. Bloom & Lazerson 1988, p. 215; von Faber & Haid 1980, S. 141; Gray 1991, pp. 55 f.).

In den vergangenen Jahrzehnten gab es vielerlei Versuche, Noradrenalin und Adrenalin mit differentiellen psychologischen Wirkungen in Zusammenhang zu bringen. Im Anschluß an experimentelle Humanstudien aus den fünfziger und sechziger Jahren wurde die Grundhypothese aufgestellt, daß Angst- bzw. Furchtreaktionen vor allem auf der Wirkung des Adrenalins beruhten, während Ärger- bzw. Wutreaktionen auf die Wirkung des Noradrenalins bzw. auf den Simultaneffekt beider Hormone hinwiesen (vgl. zusf.: Berger 1983, S. 73 f.; Fröhlich 1983, S. 257, 266, Izard 1994, S. 424; Krohne 1975, S. 30; Wendt 1989, S. 99). Eine Variante dieser hormonellen Zuordnung zu (Streß-)Emotionen besagt, daß Adrenalin vorwiegend in Situationen auftritt, die subjektiv als „neu“, „unkontrollierbar“ oder „auswegslos“ erlebt werden, während Noradrenalin eher als Indikator für ein Bewältigungsverhalten zu interpretieren ist, das in einer höchste Aufmerksamkeit erfordernden und grundsätzlich kontrollierbaren Belastungs- bzw. Gefahrensituation auftritt (vgl. Netter & Matussek 1995, S. 169; Whybrow 1984, p. 64; kritisch hierzu Gray 1991, pp. 66 ff.; Schedlowski 1994, S. 37 f.).

Die über die Hypothalamus-Nebennieren*mark*-Achse ausgeschütteten Katecholamine sorgen vor allem für die sekundenschnelle Anpassung des Organismus an belastende bzw. als bedrohlich apperzipierte Reize (Stressoren). Verschwindet der jeweilige Stressor, so kehrt der Organismus alsbald in seine Ruhelage zurück, indem die Katecholamine binnen weniger Minuten enzymatisch abgebaut oder aus der Blutbahn wegresorbiert werden. Dauern die Stressoren jedoch an, so tritt das Hypothalamus-Hypophysen-Nebennieren*rinden*-System in Aktion: Über verschiedene hypothalamische (Peptid-)Hormone, insbesondere über das Corticotropin-Releasing-Hormon (CRH; Syn.: Corticoliberin) und über das (Arginin-)Vasopressin, wird der Hypophysenvorderlappen (Adenophypophyse) zur Synthese und Freisetzung des Corticotropins (ACTH) veranlaßt, das wiederum die Nebennierenrinden zur Ausschüttung von sog. Glucocorticoiden anregt. Darüberhinaus werden in jüngster Zeit weitere Mechanismen der Glucocorticoid-Sekretion diskutiert, so z. B. die Beeinflussung der Nebennierenrinde über sog. parakrine Verbindungen zum Nebennierenmark (vgl. Fehm-Wolfsdorf 1994, S. 26 f.). Andererseits wirken die Glucocorticoide und das Corticoliberin (CRH) vermittels enzymatischer Zwischenstufen auf den Katecholaminstoffwechsel zurück (Netter & Matussek 1995, S. 178 f.).

Die Glucocorticoide zählen zu den sog. Steroid-Hormonen (Ausgangsstoff: Cholesterin), die wegen ihrer lipophilen (fettlöslichen) Eigenschaften die sog. Blut-Hirn-Schranke (s. Kap. 4.1.2) passieren können und somit direkt die Hirnfunktionen beeinflussen. Diese direkte Wirkung können die Peptid-Hormone nicht entfalten, da sie von der Blut-Hirn-Schranke zurückgehalten werden.

Die neuronalen Rezeptoren für die Glucocorticoide hat man bislang vor allem in limbischen Arealen aufgespürt, die bekanntlich eine zentrale Rolle bei Emotionen bzw. Affekten spielen (vgl. Fehm-Wolfsdorf 1994, S. 37 f.). Über die Wirkmechanismen der Glucocorticoide im Gehirn selbst ist noch so gut wie nichts bekannt. Neuere Studien legen jedoch die Vermutung nahe, daß die im Hippocampus besonders zahlreich lokalisierten Glucocorticoid-Rezeptoren eine Hemmung der Nebennierenrinden-Aktivität bewirken (vgl. Fehm-Wolfsdorf 1994, S. 34 f.).

Die Glucocorticoide üben im übrigen Organismus eine Vielzahl von Stoffwechselfunktionen aus, die - vereinfachend und grob formuliert - zum einen der Mobilisierung von Energiereserven (durch Glukosebildung und Eiweißabbau) dienen und zum anderen zur Drosselung von Immun- sowie Entzündungsreaktionen beitragen. (Die immunsupressive, d. h. die abwehrschwächende Wirkung ist jedoch erst bei pharmakologisch oder streßbedingt hohen Dosen zu beobachten, niedrigeren/physiologischen Corticoid-Konzentrationen wird eher eine abwehrstärkende Wirkung nachgesagt, vgl. z. B. Klosterhalfen & Klosterhalfen 1990, S. 196). Der physiologisch bedeutsamste Vertreter der Glucocorticoide ist das sog. Cortisol (Syn.: Hydrocortison), das z. T. mit den Katecholaminen eine synergistische Wirkung auf die Gefäße in der Haut, im Darm und in der Skelettmuskulatur zeitigt (vgl. Wuttke 1993, S. 409). Von physikalischen und physiologischen Stressoren abgesehen, gilt ein erhöhter Cortisolspiegel (im Blut, Urin oder Speichel) als charakteristischer psychobiologischer Indikator für eine emotionale Belastung bzw. Überforderung des Organismus (vgl. bes. Fehm-Wolfsdorf 1994; Silbernagel & Despopoulos 1991, S. 240).

An dieser Stelle sei jedoch ausdrücklich darauf hingewiesen, daß die hormonellen Signalstoffe nicht nur aufgrund sozialer bzw. externer Reize in das Blut ausgeschüttet werden. Richtig ist vielmehr, daß die Hormonproduktion ebenso von organismischen Faktoren (wie körperliche Anstrengung, Einnahme von Mahlzeiten) und insbesondere von der „inneren“, biologischen Uhr abhängt. Die *„innere“, biologische Uhr* bestimmt zum großen Teil die für das endokrine System charakteristischen circadianen und monatlichen Schwankungen. So hängen z. B. die Sexualhormone der Frau bekanntlich vom Monatszyklus ab. Die (Streß-)Hormone Adrenalin und Cortisol hingegen unterliegen einem (circadianen) Tag-Nacht-Rhythmus. Für die Adrenalin-Ausschüttung wird eine circadiane Periodik mit einem Minimum in den Nachtstunden und einem Maximum in den Morgenstunden berichtet, bei den Corticoiden verhält es sich annähernd umgekehrt (vgl. hierzu u. a. v. Faber & Haid 1980, S. 70; Fehm-Wolfsdorf

1994, S. 25, 30 f.; McKinnon, Baum & Morokoff 1988, p. 48 f.; Whybrow 1984, p. 67).

Diese rein biologisch vorgegebenen Tages- bzw. Monatsrhythmen interessieren uns freilich aus neuroszenologischer Sicht heraus weniger. Gleichwohl sollte man sie berücksichtigen, um sich vor möglichen Fehlinterpretationen der Korrespondenz zwischen endokrinen und szenischen Reaktionen zu hüten.

Es sind vor allem psychologische Faktoren wie subjektive „Ungewißheit" (über den Ausgang des Streßereignisses), mangelnde „Kontrollierbarkeit" und „Vorhersehbarkeit" (der Belastung) sowie Gefühle der „Hilflosigkeit" bzw. der „Hoffnungslosigkeit", die zu gesteigerten Cortisol-Sekretionsraten führen (vgl. Fehm-Wolfsdorf 1994, S. 80 ff.; Hellhammer, Kirschbaum & Lehnert 1989/90, S. 18; Voigt & Fehm 1990, S. 192; Whybrow 1984, pp. 66 f.). Spontane Angstanfälle scheinen demgegenüber eher durch das hypothalamische Neuropeptid CRH (s. o.) vermittelt zu sein (vgl. Strian 1995, S. 20 ff.).

Aus Tierversuchen ist zudem bekannt, daß ein dauerhaft erhöhter Cortisolspiegel zu Zellschäden im Hippocampus führen kann (vgl. Kalin 1993, S. 76). Sollte dieser Zusammenhang auch für den menschlichen Organismus zutreffen (s. bes. Sapolsky 1996), so würde chronischer Streß - über seine allgemein gesundheitsschädigenden Wirkungen hinaus - eine dauerhafte, u. U. irreparable Beeinträchtigung kognitiver und emotionaler Funktionen zur Folge haben: Bei hippocampalen Schäden dürften insbesondere das Kurzzeitgedächtnis und das „emotionale Sensorium" (Verarbeitung emotionaler Reize, s. Kap. 3.2) in Mitleidenschaft gezogen werden.

Das Cortisol sowie die übrigen, in geringeren Mengen gebildeten Glucocorticoide (wie Corticosteron, Cortison) sind in tiefenpsychologischer Hinsicht insofern interessant, als sie (vermutlich) mit den in Streßsituationen verwendeten „Abwehrmechanismen" sensu Freud (s. Kap. 5.8.2.1) korrespondieren. In einer Reihe älterer psychoendokrinologischer Studien, in denen das Konzept der „unbewußten Angst" und der „Abwehrmechanismen" noch herangezogen wurde, ließ sich zeigen, daß nur „manifeste", d. h. bewußt erlebte bzw. direkt erkennbare Ängste mit einem Anstieg der Glucocorticoide-Konzentration korrelierten. Bei ProbandInnen, die dazu neigten, ihre Ängste zu „verleugnen" oder zu „verdrängen", ließen sich zumeist keine erhöhten Glucocorticoide-Konzentrationen registrieren (vgl. zusf.: Berger 1983, S. 77, 79 ff.; Voigt & Fehm 1990, S. 192).

Diese z. T. Jahrzehnte zurückliegenden endokrinologischen Untersuchungen mit psychoanalytischem Duktus, wie sie sich m. W. heute kaum noch finden, sind jedoch vorsichtig zu beurteilen, und dies aus wenigstens sechs Gründen: Zum ersten ließen sich die Glucocorticoide seinerzeit nicht direkt messen und auch nicht voneinander differenzieren. Die Konzentration der Glucocorticoide konnte nur indirekt über einen Summenindikator für die (metabolischen) Abbauprodukte der einzelnen Glucocorticoide, nämlich den sog. 17-Hydroxycorticosteroid-(= 17-OHCS)-Spiegel erfaßt werden. (Mittlerweile verfügt man über sensitivere Immunoassay-Verfahren zur direkten Bestimmung z. B. des Cortisolgehalts im Speichel, vgl. z. B. Fehm-Wolfsdorf 1994, S. 41 ff.). Zum zweiten ist das tiefenpsychologische Konzept der „unbewußten Angst" viel zu vage, um eine eindeutige Differenzierung zwischen „erfolgreicher Angstabwehr" und „Angstfreiheit" vornehmen zu können. (Niedrige 17-OHCS-Werte könnten „verdrängte Angst" ebenso widerspiegeln wie nicht vorhandene/sehr schwach ausgeprägte „Angst"). Zum dritten ist m. E. eine neurobiologische Reformulierung des psychoanalytischen Gedankengebäudes vonnöten, um das Konzept der „unbewußten Affekte" (mitsamt ihrer „Abwehr") mit endokrinologischen Befunden in Beziehung setzen zu können. Zum vierten ist es sehr unwahrscheinlich, daß (psychische) „Abwehrprozesse" mit nur einem endokrinologischen Parameter (wie z. B. der Cortisol-Konzentration) zusammenhängen. Neben dem endokrinen Wechselspiel zwischen dem Hypothalamus-Nebennierenmark-System (Katecholamin-Exkretion) und dem Hypophysen-Nebennierenrinden-System (ACTH- und Glucocorticoid-Exkretion) finden sich bei praktisch jedem psycho-physiologischen Streßgeschehen noch weitere endokrinologische (Rückkoppelungs-)Systeme, an denen u. a. die Schilddrüsenhormone (Thyroxin und Trijodthyronin) und einige von der Hypophyse freigesetzte Peptidhormone (wie Prolaktin, Oxytocin, Somatotropin, Endorphine) beteiligt sind (vgl. Berger 1983, S. 78, 82 ff.; Fehm-Wolfsdorf 1994, S. 58 ff.; McKinnon, Baum & Morokoff 1988, pp. 53 f.; Whybrow 1984, pp. 65 f.). Ohne auf Einzelheiten einzugehen, gibt es empirische Hinweise dafür, daß sich die psychosoziale Bedeutung von Streßereignissen u. U. in spezifischen, multihormonellen Konzentrationsveränderungen widerspiegelt (s. u. a. Hinton 1988).

Des weiteren sollte - fünftens - nach zusätzlichen neurobiologischen Indikatoren für „Abwehrprozesse" gesucht werden. So wird z. B. im Rahmen der Hemisphären-Forschung die Hypothese diskutiert, ob die Bevorzugung linksseitiger Augenbewegungen („Left Movers") mit der Neigung zu „Verleugnung" oder „Projektion" korrespondiert (vgl. Krohne & Kohlmann 1990, S. 493).

Bedauerlicherweise sind die neueren Erkenntnisse über die verwickelten endokrinologischen Systeme (inkl. der ins Blut abgesonderten Neuropeptid-Gruppen) jedoch noch nicht schlüssig mit psychoanalytischen Konzepten in Beziehung gesetzt worden. Gleichwohl halte ich es für lohnenswert, die weitere Forschung auf dem noch jungen, entwicklungsfähigen Gebiet der Psychoendokrinologie zu verfolgen, um ggf. heuristische Hypothesen über den Zusammenhang zwischen komplexen Hormon-Profilen und psychodynamischen (Angst-)Verarbeitungsprozessen postulieren zu können. Es bleibt zu hoffen, daß die früheren, psychoanalytisch akzentuierten Arbeiten zu einer endokrinologisch faßbaren - und damit empirisch überprüfbaren - „Abwehrtätigkeit" auf gleichsam höheren Kenntnis- und Methodenniveau fortgesetzt werden.

Eine derartige Fortschreibung eines psychoanalytisch-endokrinologischen Angst- bzw. Streßkonzeptes wäre - sechstens - dahingehend zu ergänzen, daß zusätzlich zu den jeweiligen Hormon- bzw. Neuropeptid-Parametern die neurovegetativen Erregungsmerkmale (Kap. 6.5.1) mit berücksichtigt würden. Diese Forderung erklärt sich allein daraus, daß - wie eingangs betont - die (meisten) endokrinen Reaktionsketten und die vegetativen Erregungsmuster einen zusammenhängenden neuro-endokrinen Komplex bilden.

6.5.3 Weiterführende Überlegungen

Die vom Hypothalamus gesteuerte Ko-Aktivierung des vegetativen und endokrinen Systems wird wiederum von weiteren affektgenerierenden ZNS-Regionen (des striatolimbischen Systems, des Präfrontal- und Temporalkortexes) reguliert bzw. moduliert. Es liegt daher nahe, das Konzept der präsymbolisch-affektiven Engrammbildung, wie ich es paradigmatisch für das sensomotorische Reflexsystem verdeutlicht habe, auf den komplexen Bereich der vegetativen und endokrinen Regulation auszudehnen. Da sich das vegetative NS in seiner Arbeitsweise nicht grundsätzlich vom übrigen ZNS unterscheidet (Aufbau von postsynaptischen Potentialen, neurochemische Transmission an den Synapsen, frequenzmodulierte APs), läßt sich das bereits behandelte Paradigma der neurophysiologischen Konditionierung (Kap. 6.4) auch als Illustration für die neuronale Konsolidierung vegetativer bzw. viszeraler Reaktionsstereotypien verwenden. Von einigen Spezifika des vegetativen NS abgesehen (wie herausragende Stellung des Hypothalamus als Hauptganglion, relativ zum ZNS erniedrigte Impulsgeschwindigkeiten), ließe sich die neurovegetative Engrammbildung analog zu unserer Skizze der sensomotorischen Konditionierung nachzeichnen. Es erübrigt sich daher, diese im Prinzip vergleichbaren Vorgänge nochmals vorzustellen.

Etwas anders verhält es sich bei potentiellen neuroendokrin vermittelten Sozialisationseinflüssen. Schließlich werden die endokrinen Botenstoffe bzw. (Neuro-)Hormone nicht in Form schneller, elektrischer Impulse (APs), sondern über den „langsameren" Blutkreislauf zu den einzelnen Effektororganen (Gefäße, Drüsen, Eingeweide) transportiert. Ich will daher einige spekulative Hinweise zum Verständnis neuroendokrin generierter Bedrohlichkeitseinschätzungen (i. S. einer affektiv-neuronalen Hyperreagibilität) geben.

Erhöhte (Streß-)Hormonspiegel könnten ggf. zu Enzymdefekten und/oder zu langfristigen Sollwert-Verschiebungen im neuronalen Transmitterhaushalt (wie Mangel an „hemmender" GABA, Überangebot an „erregendem" Noradrenalin oder Dopamin) führen, die ihrerseits mehr oder weniger bleibende Veränderungen an den Rezeptorkomplexen und letztendlich an der synaptischen Feinarchitektur des vegetativen und cerebrospinalen Nervensystems bewirken würden.

Für derartige neuroendokrin initiierte Reaktionskaskaden gibt es m. W. zwar noch keine schlüssigen Belege, es lassen sich aber einige Anhaltspunkte anführen. Bei der Erforschung der psychischen Folgen von traumatischen (Streß-)Erlebnissen (wie Naturkatastrophen etc.) hat man u. a. auch die dabei hinterlassenen Spuren bis ins Gehirn zurückzuverfolgen versucht. Dabei deckte man u. a. eine Verminderung von sog. alpha-2-Rezeptoren auf (vgl. Perry, Southwick, Yehuda & Giller 1990, pp. 90 f.). Diese stellen einen bestimmten Subtyp von Rezeptoren dar, die spezifisch mit den („erregenden") Katecholaminen Adrenalin und Noradrenalin reagieren. (Zur Erinnerung: Die Wirkung der Transmitter hängt nicht nur von ihrer Konzentration ab, sondern auch von dem Verteilungsmuster und der Aktivierungsschwelle der entsprechenden Rezeptoren). Da die alpha-2-Rezeptoren (im Kontakt mit dem jeweiligen Katecholamin) zu einer Dämpfung der Erregungsübertragung beitragen, läßt sich verständlich machen, daß der Dichteverlust mit einer erniedrigten Schwelle für die Auslösung massiver Erregung bei an sich „milden" Streßreizen einhergeht. Der Schwund des besagten Rezeptor-Typs ist also ein erster Fingerzeig zur Aufklärung der neurobiologischen Korrelate postraumatischer Emotions- bzw. Persönlichkeitsstörungen (u. a. mit hartnäckigen Panikattacken, diffusen Lebensängsten, extremen Konzentrationsschwächen), die selbst einer therapeutischen Beeinflussung nur schwer zugänglich sind. Freilich wird die Verteilung(sdichte) der alpha-2-Rezeptoren lediglich eines der vielen Mosaiksteine darstellen, aus denen sich eine befriedigende Erklärung für derartige, im Gehirn sich manifestierende Streßschäden zusammensetzen dürfte (vgl. Perry et al. 1990, pp. 105 f.; s.u.a. auch Strian 1995, S. 97 ff.).

Des weiteren stützen vereinzelte Forschungsbefunde die Annahme, daß sich Streßhormone direkt auf die Hirnaktivität auswirken können. Thompson (1994, S. 232) berichtet von einer Studienreihe, in der ein Zusammenhang zwischen streßbedingtem Cortisol-Anstieg im Blut einerseits und der Transmitter-Freisetzung in einem bestimmten Hypothalamuskern (N. paraventricularis) andererseits nachgewiesen werden konnte. Dabei reagierten die einzelnen Neuronentypen im N. paraventricularis unterschiedlich auf Streß: Während es bei einer Neuronengruppe zu einem Anstieg der CRH-Produktion kam, fand sich bei einer anderen Zellpopulation eine gedrosselte Ausschüttung dieses Neuropeptides.

Es ist allerdings noch ungeklärt, wie die jeweiligen Streßhormone die neuronalen Rezeptorkomplexe beeinflussen können. Die Katecholamine z. B. können die Blut-Hirn-Schranke nicht überwinden, so daß sie als mögliche Kandidaten für eine direkte neuroendokrine Hirnstimulation ausscheiden. Die im Blut zirkulierenden Katecholamine, die von den zwar gleichnamigen, aber nicht austauschbaren Transmittern im NS zu unterscheiden sind, könnten allenfalls indirekt, nämlich über Wechselwirkungen mit den Glucocorticoiden (bzw. mit der hypothalamo-hypophysären Streßregulations-Achse s. Kap. 6.5.2) auf den Hirnstoffwechsel einwirken. Zudem dürfte die immunologische Abwehr tangiert sein, da die sog. Cytokine bzw. Interleukine („Hormone der

Immunzellen“) in komplexer Wechselwirkung mit dem Nervensystem stehen (vgl. Kirchner, Kruse, Neustock & Rink 1993, S. 274 ff.).

Für die Glucocorticoide sowie die Cytokine stellt die Blut-Hirn-Schranke nämlich kein Hindernis dar (s. Kap. 3.6., 6.5.2), und die höchste Konzentration von Rezeptoren für Cortisol sowie die Cytokine befindet sich bezeichnenderweise in limbischen Hirngebieten wie Hippocampus und Amygdala (vgl. Kirchner, Kruse, Neustock & Rink 1993, S. 276; Thompson 1994, S. 232), die bekanntlich für affektive und gedächtnisbildende Prozesse gleichermaßen bedeutsam sein sollen (Kap. 4.2.3, 6.4.2).

Eine neuronal konditionierte Übererregbarkeit des somato-szenischen Selbst könnte nicht nur durch traumatische Streßereignisse eingeleitet werden. Ebenso ist denkbar, daß insbesondere chronische Affektspannungen, wie sie z. B. von massiven Beziehungskonflikten, aber auch von einer affektarmen, unempathischen Atmosphäre herrühren können, letztlich zu einer Rückbildung oder zumindest geminderten Reagibilität von Cortisol-Rezeptoren im limbischen System führen. Die sozusagen „desensibilisierten“ limbischen Hirngebiete würden nicht mehr zur hinreichenden Hemmung der Nebennierenrinden (s. Kap. 6.5.2) beitragen, so daß es bereits bei an sich neutralen bzw. leicht aversiven Reizen zur affektiven Bedeutungsüberschätzung (i. S. eines neuronalen overinvestments) minimaler Streßreize kommen könnte. In selbstwertthematischen Situationen wie Prüfungen wäre dementsprechend mit einer niedrigen Schwelle für „Desintegrationsängste“, „Verletztheiten“ bzw. „Kränkungen“ zu rechnen (s. u. a. Kap. 5.7.2.3).

Diese cortisolvermittelte Störanfälligkeit des somato-szenischen Selbst könnte - theoretisch betrachtet - bereits im Mutterleib entstehen. Die sog. Plazenta-Schranke kann das Kind zwar vor großmolekularen Fremdkörpern (u. a. Bakterien) schützen. Aufgrund des intensiven Gas- und Stoffwechselaustausches zwischen der Schwangeren und dem Kind (vgl. Uvnäs-Moberg 1989) ist jedoch davon auszugehen, daß die maternalen Streßhormone in den Blutkreislauf des Fötus gelangen. Für die Annahme eines streßbedingten Zuwachses von cortisolspezifischen Rezeptoren während der pränatalen Entwicklung gibt es m. W. zwar keine empirische Belege, aber dies ist für unsere konzeptuellen Überlegungen ohnehin sekundär (vgl. Einleitung zu Kap. 6.4; Gesichertere Befunde zur endokrinen Beeinflussung des fötalen Gehirns liegen jedoch für die Sexualsteroide (Östrogene, Androgene) vor, vgl. Kimura 1992; Moir & Jessel 1990, bes. S. 47 ff.; Verny & Kelly 1991, S. 51 f.). Entscheidend ist vielmehr die prinzipielle Überlegung, daß sozialisatorische Erfahrungen potentiell zu langfristigen Veränderungen an den transmittergebundenen Rezeptorkomplexen führen können. Nach allem, was bislang über die neuronale Plastizität und die Engrammbildung bekannt ist (Kap. 6.3), dürften es vor allem die frühinfantilen, mit den sog. sensiblen Hirnreifungsphasen zusammenfallenden Sozialisationsabschnitte[2] sein, in denen es zu

2 Die Redeweise in der Pluralform erklärt sich daraus, daß die Hirngebiete z. T. unterschiedlich schnell heranreifen.

lebenslang wirksamen, neuroendokrinen Konditionierungen (i. S. prägungsverwandter Prozesse) kommen kann.

Als die Resultate einer defizitären affektiven Selbstentwicklung verstanden, könnten prägungsanaloge, neuroendokrine Konditionierungen für eine Reihe von „narzißtischen“ Störanfälligkeiten verantwortlich gemacht werden, wie sie entweder direkt in Erscheinung treten (als „Kränkbarkeit“, „Ängstlichkeit“, Bedeutungsüberschätzung potentieller Stressoren, vegetative Labilität etc.) oder wie sie sich in „symbolisch verarbeiteten“ Abwehrhaltungen („Arroganz“, „Unnahbarkeit“, „Gereiztheit“ etc.) äußern.

6.6 Zusammenfassende Bewertung

Es wurden ausgewählte Aspekte der somato-szenischen Affekt- bzw. Selbst(wert)entwicklung aufzuzeigen versucht. Dabei wurden die physiologischen Zusammenhänge vereinfacht und unvollständig (ohne besondere Berücksichtigung des Immunsystems) dargestellt, um die Prinzipien der neuronalen Engrammbildung sowie der neuro-endokrinen Sensibilisierung stringent herausarbeiten zu können.

Es wurde von der Annahme ausgegangen, daß die Proliferationsphase (Zellteilung) des Gehirns mit der Geburt weitgehend abgeschlossen ist. Somit besitzt das Gehirn eines Neugeborenen eine ganz bestimmte Anzahl unverwechselbarer Neuronen („neuronale Identität“, Kap. 6.2), die anfangs kaum durch Synapsen, Dendriten und Axone miteinander verbunden sind. Dem durch Wahrnehmung, Lernen und Erfahrung hervorgerufenen Sprossen von Synapsen sind insofern Grenzen gesetzt, als sie der genetischen Anlage folgen müssen. In den Veränderungen an den Synapsen bzw. Zell-Appendizes spiegeln sich daher keine grundlegenden Umstrukturierungen, sondern biographiespezifische Ausgestaltungen der „neuronalen Identität“ wider.

Die synaptischen Schalt- bzw. Kontaktstellen wurden als die grundlegenden anatomischen und funktionellen Einheiten für Lernen und Gedächtnisbildung vorgestellt (Kap. 6.3.2). Die synaptischen Strukturen mitsamt den transmitterspezifischen Rezeptorkomplexen unterliegen sowohl biochemischen als auch morphologischen Veränderungen (wie z. B. Langzeitpotenzierung, Protein-Phosphorylierung, Synapsenwachstum, Rezeptorenschwund etc.), die sich zum größten Teil den durch externe Stimulation (Sozialisationseinflüsse, Lernangebote etc.) initiieren Reizverarbeitungsprozessen verdanken.

Die Konsolidierung von Lern- bzw. Sozialisationserfahrungen im Langzeitgedächtnis (Engrammatisierung) wurde mit Hilfe zweierlei, sich ergänzender Modellvorstellungen plausibel gemacht: Die Engramme stellen zum einen erhöhte Wahrscheinlichkeitsdichten für neuronale „Feuerungsraten“ innerhalb komplex vernetzter Nervenbahnen dar. Zum anderen gründen die Engramme in DNS-vermittelten Aktivierungen mit entsprechenden RNS-Matrizen für neuronale „Baustoffe“ bzw. Funktionseinheiten (Vorstufen für Enzyme, Membranproteine etc.). Die Gene haben hierbei nicht - wie bei der Zellteilung - die Funktion der Vererbung, sondern die der Kontrolle von Zellfunktionen (wie Eiweißsynthese, Enzymaktivierung durch z. B. Protein-Phosphorylierung).

In der radikalen Schau auf die intrauterine Entwicklungszeit (Kap. 6.2, 6.4, 6.5.3) wurde beispielhaft erörtert, wie die das somato-szenische Selbst gleichsam „prägenden“ neuronalen Engrammbildungen bzw. neuroendokrinen Sensibilisierungen vonstatten gehen könnten. Dabei handelte es sich weniger um potentiell prüfbare Spekulationen, als vielmehr um die Veranschaulichung des neuroszenologischen Postulats, daß es - streng genommen - kein „(neuro)biologisch Früheres“ und kein „(neuro)szenologisch Späteres“ gibt. Wie Gehirn und Geist (Kap. 2.3), so bilden auch Somatisches und Szenisches gleichsam ab ovo eine Einheit, wenngleich die neurobiologisch-präsymbolischen Aspekte die frühen Entwicklungsstadien kennzeichnen und späterhin zugunsten der szenischsymbolischen Anteile in den Hintergrund treten (Standpunkt des „neuroszenologischen Monismus“, s. Kap. 6.1).

Die Lernbereitschaft bzw. das synaptische Wachstum ist besonders ausgeprägt während der sog. *sensiblen Hinreifungsphasen*, die sich beim Menschen bevorzugt über die frühe Kindheit hin (bis etwa zum Ende des 3. Lebensjahres) erstrecken dürfte. Es kann daher angenommen werden, daß es gerade während dieser für die Gehirnentwicklung besonders empfindlichen Zeiträume zu schicksalshaften, bis in das Erwachsenenleben hinein wirkenden neuronalen Bahnungen kommen kann. Im ungünstigen Fall sind nur schwer korrigier- bzw. kompensierbare Fehlschaltungen und neuroendokrine Sollwert-Verstellungen zu erwarten, die mit vielfältigen somato-szenischen Beeinträchtigungen der Selbstwertregulation (Verlegenheit, Ängstlichkeit, vegetative Dysfunktionen) einhergehen können.

Das psychoanalytische Postulat von der frühinfantilen Genese der „narzißtischen“ Übertragung kann also insoweit neurobiologisch gestützt werden, als anzunehmen ist, daß die während der sog. sensiblen Phasen ausgebildeten Reaktionsstereotypien und Wahrnehmungsschemata auch noch für die affektive Selbstwert- und Beziehungsregulation im Erwachsenenalter bestimmend bleiben.

Auf unser Musterbeispiel der narzißtischen Prüfungsszene bezogen, würde dies implizieren, daß die zwischen Prüfer und Prüfling aktualisierte Übertragung-Gegenübertragungs-Dynamik in der Evozierung neuronaler Engramme und neuroendokriner Bereitstellungsreaktionen wurzelt, deren perseverativer Charakter sich aus dem evolutionsbiologisch bedingten Phänomen der „sensiblen Hirnreifung“ erklären läßt.

Allerdings sollten derartige Analogiebildungen zwischen Übertragungsprozessen und Hirnveränderungen nicht überstrapaziert werden, zumal die Erklärungskraft neurobiologischer Arbeitshypothesen nicht überschätzt werden darf. Zunächst ist kritisch anzumerken, daß die „neuronale Plastizität" (Kap. 6.3.1) nicht mit einem bestimmten Entwicklungsalter beendet ist. Schließlich bleibt der Mensch bis ins hohe Lebensalter lernfähig und man kann daher vermuten, daß die Herstellung neuer Nervenverknüpfungen das ganze Leben über fortschreitet. Irreguläre bzw. defizitäre synaptische Verbindungen, die aus frühkindlichen Sozialisationserfahrungen herrühren mögen, sollten somit - zumindest potentiell - auch im Erwachsenenleben noch korrigierbar sein, etwa durch professionelle Hilfestellungen (neben Psychotherapien u. a. in Form pädagogisch-psychologischer Gesprächshilfen, s. Kap. 7.2.2), aber wohl auch durch kompensatorische Lebenserfahrungen (Freundschaften, „glückliche Umstände" etc.).

Im übrigen sollte man beachten, daß eine *retro*spektive Zuordnung frühinfantiler, geschweige denn vorgeburtlicher Erfahrungen zu späteren Erwartungshaltungen und emotionalen Grundbefindlichkeiten nicht möglich ist. Hierfür sind sorgfältig angelegte, *pro*spektive Langzeitstudien vonnöten.

Die in dieser Arbeit postulierte Isomorphie von neuronaler und szenischer Sozialisation dürfte sich auch in absehbarer Zeit kaum untermauern lassen: Es kann zwar angenommen werden, daß mentale bzw. psychische Funktionen mit neuronalen bzw. organismischen Steuerungsprozessen korrespondieren. Es steht aber noch der eigentliche Nachweis dafür aus, daß jede Form von mental-psychischer Aktivität sich in dafür charakteristischen Zustandsänderungen im Gehirn sowie im Gesamtorganismus widerspiegelt. Das aus neuroszenologischer Sicht gravierendste Versäumnis der Neurowissenschaften betrifft jedoch die biographie- und kommunikationsspezifischen Aspekte der Affektbildung. Die Neurowissenschaften untersuchten bislang nur ein isoliertes Einheitsgehirn bzw. einen abstrakten, gleichsam geschichts- und beziehungslosen Durchschnittsmenschen (vgl. Meccaci 1986). Dies ist umso erstaunlicher als selbst monozygote Zwillinge feine Unterschiede in der Morphologie ihrer Gehirne aufweisen (vgl. Gazzaniga 1989, S. 28). Salopp formuliert, unterscheiden sich die Gehirne so voneinander wie kein Gesicht dem anderen gleicht. Für die Hirnforschung bildet jedoch nicht einmal die genetisch präformierte „neuronale Identität" (Kap. 6.2) ein eigenes Forschungssujet, vom lebensgeschichtlich geprägten somato-szenischen Selbst (Kap. 5.7.2.3) ganz zu schweigen.

Die zuletzt angeführten Probleme bzw. Mankos kennzeichnen neurobiologische und methodische Forschungsdesiderate, die durch die bloße Rezeption psychoanalytisch-tiefenhermeneutischer Sozialisationsansätze nicht ausgeglichen werden können, zumal diese noch völlig unverbunden den Neurowissenschaften gegenüberstehen, was die (notwendige) Weiterentwicklung der neuroszenologischen Perspektive zusätzlich erschwert.

7. Fazit: Ergänzende Gesichtspunkte und Ausblick

Zur abschließenden Klarstellung sowie zur Abrundung der vorangegangenen Überlegungen möchte ich im folgenden noch auf die Grenzen und Möglichkeiten des neuroszenologischen Ansatzes zu sprechen kommen.

Zunächst will ich versuchsweise eine potentielle *neuroszeno-graphische* Forschungsperspektive skizzieren, indem ich einige Ansatzpunkte für eine empirisch-tiefenhermeneutische Modelltestung erörtere (Kap. 7.1). Im Anschluß daran werde ich das neuroszenologische Modell unter dem Aspekt seiner handlungspraktischen Konsequenzen beleuchten (Kap. 7.2). Zu guter Letzt werde ich (in Kap. 7.3) rückblickend auf zentrale, neuroszenologische Kernaussagen Bezug nehmen, einige übergreifende Aspekte hervorheben und die damit verbundenen offenen Fragen anschneiden.

7.1 Implikationen für die Forschung

7.1.1 Das Prodromalstadium des neuroszenologischen Ansatzes

Wie bereits mehrfach angedeutet (s. bes. Kap. 1), verbleiben die obigen modellhaften Skizzierungen noch im Bereich der vortheoretischen Episprache und der metatheoretischen Hypothetisierung. Die empirisch-wissenschaftliche „Unreife" des neuroszenologischen Modells hängt zum einen mit dem defizitären neurobiologischen Forschungsstand zusammen (s. Kap. 4.2.1, 7.3). Zum anderen habe ich mit der Rezeption psychoanalytischer bzw. metapsychologischer Schlüsselbegriffe (wie Übertragung, Interaktionsform, Selbstrepräsentanz) notwendigerweise einen Mangel an empirisch gehaltvollen Aussagen in Kauf nehmen müssen. Die psychoanalytische Terminologie ist nicht nur vage und mehrdeutig, sondern sie spiegelt zugleich ein interpretatives, tiefenhermeneutisch angelegtes Methodenverständnis wider, das sich mit den klassischen Kriterien der empirischen Forschung (wie Operationalisierbarkeit der Untersuchungsmerkmale, statistische Hypothesenformulierung, Reliabilitäts- und Validitätsbestimmungen etc.) nur schwer, wenn überhaupt vereinbaren läßt.

Damit ist zugleich das methodologische Grunddilemma der vorliegenden Untersuchung angeschnitten. Die Überlegungen und hypothetischen Annahmen, mit denen wir uns in den zurückliegenden Kapiteln beschäftigten, sollten nämlich - in methodologischer Hinsicht - darauf hinauslaufen, das Phänomen der „unbewußten" und emotionsbestimmten Dialogregulierung auch für empirisch orientierte Nicht-PsychoanalytikerInnen (damit sind VertreterInnen aus dem sozial- bzw. erziehungswissenschaftlichen und neuro- bzw. biowissenschaftlichen Bereich gleichermaßen gemeint) transparent, nachvollziehbar und überprüfbar zu machen. Meiner methodologischen Grundannahme zufolge (s. Kap. 1.3, 2.4) ließe sich die Immunität psychoanalytischer Aussagen gegenüber empirischen Überprüfungen dadurch aufheben oder zumindest abschwächen, daß neurowissenschaftliche und empirisch-emotionspsychologische Konzepte in das metapsychologische Modell der Psychoanalyse eingebaut würden. Mit der Rückbindung der subjektiven Impressionen (Deutungen) des neuroszenologischen Beobachters (Interpreten) an empirisch gewonnene Daten kann der - letztlich nicht hintergehbare - (tiefen-)hermeneutische Zirkelschluß (s. Kap. 7.1.3) zwar nicht vermieden werden, wohl aber ließe sich dadurch der Gefahr wirksam begegnen, daß sich die szenische Bedeutung des Beobachtbaren ausschließlich über die subjektive „Deutungskunst" des jeweiligen Interpreten erschließt und damit möglicherweise ins Beliebige abgleitet.

Mein neuroszenologischer Versuch einer empirischen Re-Interpretation psychoanalytischer Schlüsselbegriffe (wie „Übertragung", „Abwehrmechanismen", „Unbewußtes" etc.) ist allerdings noch nicht einmal ansatzweise eingelöst. Ebensowenig kann davon gesprochen werden, daß ich die neuroszenologischen Kernannahmen empirisch „begründet" hätte. Schließlich habe ich willkürlich nur jene Forschungsarbeiten bzw. -traditionen herangezogen, die sich in das neuroszenologische Rahmenmodell einpassen. Die in den verschiedenen Kapiteln formulierten (Teil-)Hypothesen dienten somit nur der heuristischen Illustration und nicht der „verifikativen" Begründung des Modells.

Wenngleich ich mich bewußt auf das Risiko spekulativer und unscharfer Aussagen eingelassen habe, so bin ich doch davon überzeugt, daß sich der neuroszenologische Ansatz zu einem empirisch bedeutsamen und zugleich tiefenhermeneutisch akzentuierten Forschungsprogramm weiterentwickeln ließe. Zur Verdeutlichung dieser potentiellen empirisch-hermeneutischen Doppelperspektive will ich wenigstens einige Anregungen für einen wissenschaftlichen Dialog zwischen neurobiologischer sowie emotionspsychologischer Empirie einerseits und psychoanalytischer (Tiefen-)Hermeneutik andererseits aufzeigen.

7.1.2 „Neuroszenographische" Forschungsperspektive: Anspruch und offene Fragen

Vorweg sei das von mir verwendete Attribut „*neuroszenographisch*" (s. auch Kap. 2.4) kurz erläutert: Mit diesem Ausdruck soll ein psychoanalytisch ausgerichteter, „szeno-"logischer Verstehensansatz (sensu Lorenzer) eingeklagt werden, der unter Berücksichtigung neurowissenschaftlicher und (neuro-)emotionspsychologischer Gesichtspunkte in eine empirisch-beschreibende („-graphische") Tiefenhermeneutik einmünden sollte.

Nachdem wir das neuroszenologische Modell in groben Zügen skizziert haben, können wir nun hypothetisch annehmen, daß sich die szenisch re-aktivierten Verhaltens- bzw. Dialogmuster über die neuronalen Netzwerke im kortikalen, subkortikalen und peripheren Bereich sowie über humoral-endokrine und neurochemische Transmittersysteme manifestieren. Daraus läßt sich die methodologische Forderung ableiten, daß biologisch-funktionelle Abläufe und tiefenhermeneutische Aussagen zur wechselseitigen

Validierung für ein und dasselbe Phänomen (namens „Übertragungsreaktion", „unbewußtes Gefühl" etc.) dienen könnten.

Angewandt auf unser Musterbeispiel der Prüfungsszene (s. Kap. 2.5) hieße dies, daß die tiefenhermeneutisch gewonnene Hypothese einer (narzißtischen) Übertragungs-Gegenübertragungs-Dynamik der sorgfältigen Konkretisierung auf der behavioral-emotionspsychologischen und auf der neuronal-emotionsphysiologischen Ebene bedürfte. So wäre es z. B. völlig ungenügend, lediglich einige psychophysiologische Standardmaße (wie etwa die Herzrate, die elektrodermale Aktivität oder den Katecholaminspiegel) als Indikatoren für ein szenisch bedingtes, vegetatives Ungleichgewicht heranzuziehen. Stattdessen wäre eine differenzierte, neuronal begründete Forschungsstrategie zu entwickeln, die mindestens zweierlei Kriterien genügen sollte: Zum einen gälte es, ein physiologisch-endokrinologisches Instrumentarium zu entwickeln, das zwischen rein mentaler Beanspruchung und emotionaler Belastung (wie z. B. zwischen kognitivem und emotionalem Prüfungsstreß) zu diskriminieren gestattet. Dies kann freilich nur gelingen, wenn die ausgewählten Parameter überhaupt valide Indikatoren für „emotionalen" Streß sind. Diese Bedingung ist aber nicht generell erfüllt. So wäre z. B. in jedem Einzelfall gründlich abzuwägen, ob ein in den Vormittagsstunden gemessener Cortisolanstieg tatsächlich ein szenisches Erleben oder bloß eine circadiane Periodik (s. Kap. 6.5.2) widerspiegelt. Erste Anhaltspunkte zur Bewältigung dieser Differenzierungsproblematik ließen sich aus dem aktuellen, allerdings noch unbefriedigenden Forschungsstand der psychophysiologischen Arbeitswissenschaft (vgl. z. B. Boucsein 1991, bes. Tabelle 1, S. 131) entnehmen.

Zum zweiten wäre eine empirisch angelegte, neuroszenographische Validierungsstrategie dadurch ausgezeichnet, daß sie ein breites Spektrum potentieller Reaktionen umfaßt. Die emotionsspezifischen, peripher-physiologischen und endokrinologischen Parameter dürften demnach nur in der Zusammenschau mit zentralvernösen und ausdruckspsychologischen Indikatoren (wie EEG-Spektren, hemisphärischen Dominanzen, ereigniskorrelierten Potentialen, mimischen Muskelbewegungen sensu Ekman et al.) bewertet werden. Erst mit der simultanen Erhebung all dieser biologischen und behavioralen Meß- bzw. Beobachtungsebenen eröffnet sich die Perspektive, neben den offenkundigen Affekten auch die „unbewußten" bzw. „verdrängten" Emotionen bzw. Gefühlshaltungen empirisch zu validieren. Andernfalls würden nicht nur bestimmte, z. B. kortikal im EEG repräsentierte „unbewußte" Emotionen übersehen, sondern man begäbe sich auch der diagnostischen Möglichkeit, etwaige Diskrepanzen zwischen den einzelnen Beobachtungs- bzw. Reaktionsebenen zu identifizieren. Gerade divergente Reaktionsprofile könnten als potentielle Hinweise für „unbewußte" Abwehrprozesse gewertet werden (s. Kap. 3.6). Dies gälte freilich nur dann, wenn sich weitere Abwehr-Indikatoren (wie z. B. Linkslastigkeit in den Augenbewegungen bzw. Dominanz der rechten Hirn-Hemisphäre oder Änderung des Kortikoid-Titers) finden ließen. Leider sind die hierzu vorliegenden neuro- bzw. psychobiologischen Befunde noch recht spärlich und keineswegs eindeutig. Es bleibt also abzuwarten, was die zukünftige neurowissenschaftliche Forschung zur Aufklärung unbewußter Abwehrprozesse beizusteuern vermag.

Grundsätzlich sollte beachtet werden, daß ein einziges, vermeintlich valides physiologisches Maß ohnedies keine suffizienten Aussagen zuläßt. Dies sei am Beispiel des EEGs kurz verdeutlicht. Langsame negative Hirnpotentiale interpretieren z. B. Birbaumer & Schmidt (1991, S. 473) als Hinweis auf eine Aktivierung der betreffenden Hirnrindenfelder durch subkortikale (thalamische) Strukturen. (Der Kortex wird hierbei als - ein senkrecht zur Schädeldecke stehender - Dipol aufgefaßt, so daß sich die subkortikalen Erregungsflüsse im EEG als elektrische Negativierung niederschlagen). Die Negativierung an sich sagt aber noch nichts über die beteiligten Hirnstrukturen aus. Schließlich können zwei gleichartige Hirnwellen zum einen von verschiedenen (subkortikalen) Quellen herrühren; zum anderen können analoge EEG-Kurven unterschiedlich entstanden sein, indem etwa die Gesamtaktivität größerer neuronaler Strukturen minimal gesteigert wurde oder indem sich die Erregung in einer kleinen Neuronenpopulation (z. B. in einem Hirnstammkern) stark erhöht hat. Vielleicht können die neueren, mittlerweile aus dem experimentellen Stadium herausgetretenen sog. bildgebenden Verfahren (Kap. 4.1) dabei helfen, diese Wissenslücken zu schließen. Insbesondere Techniken wie die Positronen-Emissions-Tomographie, durch die erstmals die Möglichkeit gegeben ist, auch im gesunden menschlichen Gehirn lokale Stoffwechselvorgänge zu dokumentieren, können hierbei als Hoffnungsträger gelten.

Die neuroszenographische Perspektive stellt aber nicht nur hohe Anforderungen an die Bandbreite des Reaktionsstromes, sondern auch an die Detailgenauigkeit des zu interpretierenden szenischen Verhaltens. Denn die zu untersuchenden szenischen Kommunikationsprozesse präsentieren sich dem Untersucher als ein vielschichtiges Geschehen, in dem die einzelnen emotionalen und kommunikativen Signale auf dem komplexen Wechselspiel von Persönlichkeitsmerkmalen (wie genetische Grundausstattung, Sozialisationsgeschichte, Übertragungsbereitschaften) einerseits und situativen Variationsquellen (wie aktualisierte Kognitionen, Gesprächsinhalte, mimische Aktivitäten etc.) andererseits beruhen. Verbale Äußerungen, deren Intonation und Lautstärke, die begleitenden mimischen und gestischen Aktivitäten etc. verdichten sich zu Momentkonstellationen, die u. U. nur sekundenlang bestehen und im weiteren Verlauf der szenischen Kommunikation nicht wieder auftreten, die aber dennoch über den Erfolg bzw. Mißerfolg der gesamten kommunikativen Bemühungen zu entscheiden vermögen.

Ein profundes Verständnis des subtilen Zusammenwirkens der multiplen Kommunikationskanäle erfordert demnach auch eine aufwendige Protokollierung der Zeitstruktur des szenischen Geschehens. Denn die Bedeutung einer verbalen, para- oder nonverbalen Äußerung hängt entscheidend

a) vom Zeitpunkt ab, zu dem sie erfolgt,
b) von den vorangegangenen Äußerungen des Gesprächspartners sowie
c) von der zeitlichen Koordination aller szenischen Aktivitäten.

Doch selbst dann, wenn sich auf der Grundlage sorgfältiger Datenprotokolle neurobiologische und nonverbale Indikatoren für tiefenpsychologische Konstrukte (wie Abwehr, Übertragung) finden ließen, würde man m. E. bald an die Grenzen einer neurobiologischen Validierung von szenisch bedeutsamen Erlebnis- bzw. Verhaltensformen stoßen, und zwar aus zweierlei Gründen. Zum ersten können die - hypothetisch angenommenen - biologischen und behavioralen Korrelate „unbewußter" Emotionen nicht mit Hilfe empirischer Befragungen abgesichert werden. Schließlich können „unbewußte" Emotionen bzw. Gefühlshaltungen weder erinnert noch sonstwie benannt werden, sonst wären sie per definitionem nicht unbewußt. Die empirische Validierung „unbewußter" Emotionen muß daher auf die tiefenhermeneutische Sinnexplikation bzw. auf das szenische Verstehen (s. Kap. 2.4, 5.8.1) rückbezogen werden. Zum zweiten trägt die auf biologische und behaviorale Indikatoren zugeschnittene Emotionsdiagnostik zu einer extremen Vereinfachung subjektiv-sinnlichen Erlebens bei. Ebensowenig kann man mit Hilfe der „nüchternen" Empirie die in szenischen Begegnungen sich verdichtende Atmosphäre beschreiben. Es wäre in jedem Fall eine zu enge Sicht des Menschen und seiner „unbewußten" Persönlichkeitsanteile, d. h. seines „somato-szenischen Selbst", wenn man nur noch das glauben wollte, was in neurobiologischen, psychophysiologischen und ausdruckspsychologischen Studien bestätigt würde. Alle diese empirischen Forschungsstränge dürften von psychoanalytisch inspirierten SozialforscherInnen letztlich nur cum grano salis genommen werden, da manche Aspekte des „unbewußten" Verhaltens (wie Übertragungs- oder Abwehrprozesse) nicht allein mit neuronalen, physiologischen, endokrinologischen oder emotionspsychologischen Begriffen zu erfassen sind.

Dies läßt sich an dem tiefenhermeneutischen Phänomen der Übertragungsreaktion (s. Kap. 2.1 u. 5.8.1) leicht verdeutlichen. Zunächst sei kurz wiederholt, wie wir den Begriff der Übertragungsreaktion explizierten. Hierunter verstanden wir eine situativ eingepaßte Externalisierung von intrapsychischen Repräsentanzen des „Selbst", des „Objekts" sowie der interpersonellen Beziehung. So mag sich ein Prüfling hilflos und verzweifelt fühlen wie einst als Dreijähriger (Aspekt der Selbstrepräsentanz), und zwar nur in der Begegnung mit einer bestimmten Prüferpersönlichkeit, die partielle Ähnlichkeit mit dem ehemals als „mächtig" und „kaltherzig" erlebten Vater aufweist (Aspekt der Objektrepräsentanz). Auf der Folie derartiger - wohlgemerkt „unbewußter" - „innerer Bilder" verläuft die weitere Begegnungsgestaltung über zahlreiche, ineinandergreifende Prozesse der Abrufung lebensgeschichtlich ausgebildeter sowie ad hoc generierter (Person-)Wahrnehmungen und entsprechender (Verhaltens-)Erwartungen (Aspekt der Beziehungsrepräsentanzen). Die spontan und geradezu zwangsläufig reaktivierten Repräsentanzen bilden einen dyadenspezifischen Wahrnehmungs-Reaktionsbogen, über den sich ggf. eine sog. Übertragungs-Gegenübertragungs-Dynamik „in Szene setzen“ kann. (Erinnere hierzu auch das Bild des „Szeno-Kreises“, Kap. 5.5).

Die eigentlichen „Umschlagplätze“ zwischen den afferenten Reizverarbeitungen (Wahrnehmungsschemata) einerseits und den dazugehörigen efferenten Reaktionen (Affekten, Stereotypien) andererseits sind weder auf der molekularen (Zell-)Ebene noch auf der molaren (Verhaltens-)Ebene zu lokalisieren. Vielmehr verweisen sie auf eine tiefenhermeneutische *Sinndimension*, die nicht in zellulären bzw. hormonellen und/oder behavioralen Ereignissen aufgeht. „Sinn“ bzw. „Sinnhaftigkeit“ ist hierbei spezifisch „*tiefen*-hermeneutisch“ gemeint, d. h. der „Sinn“ eines jeden, auch noch so obskur oder „ver-rückt“ anmutenden Verhaltens ist nach den psychodynamisch-neuroszenologischen Gesichtspunkten der Symptomgenese und der somato-szenischen „Rollenbeziehung“ (s. Kap. 5.7, 5.8.1) zu entschlüsseln. Das forschungslogische Grundprinzip eines doublierten, empirisch-tiefenhermeneutischen Ansatzes kann sich demnach nicht auf die formale Explikation methodisch standardisierter Einzelschritte (wie Hypothetisierung, Variablenauswahl, Designplanung, Festlegung der Prüfstatistiken etc.) beschränken. Die für die Neuroszenographik bedeutsamen (Interpretations-)-Konstrukte (wie „Übertragungsreaktion“, „Affekt“ etc.) sind nämlich nicht in eine Anzahl von empirischen (Zufalls-)Variablen zerlegbar, da sie bedeutungsmäßig integrierte, „szenische“ Phänomene kennzeichnen. (Hinweis: Unter einer sog. (Zufalls-)-Variablen versteht man gemeinhin ein zwar zufällig veränderliches Merkmal, das sich aber einer bestimmten Verteilungsform bzw. mathematischen Funktion anpaßt). So können beispielsweise gleiche (neuro-)physiologische und/oder (neuro-)motorische Reaktionen je nach situativem Kontext und je nach dem subjektiven „Wahrnehmungsfilter“ des Beobachters (Neuroszenographen) unterschiedlich registriert bzw. beurteilt werden. Einmal be-„deutet“ ein Herzratenanstieg und die Aktivierung der Jochbeinmuskeln so etwas wie „freudige Erregtheit“, ein anderes Mal gilt das Gleiche als Ausdruck von „überspielter Verlegenheit“. Umgekehrt kann sich ein und dasselbe szenische Phänomen (z. B. die Emotion der „Angst“) in unterschiedlichen Reaktionsvariablen (stimmliche Frequenz, EEG-Spektren, Vasomotorik, Mimik etc.) realisieren.

Die soeben exemplarisch benannte Uneindeutigkeit der Relation zwischen beobachtbaren bzw. meßbaren Daten einerseits und zu erschließenden szenischen Phänomenen andererseits erfordert eine Re-Konzeptualierung des traditionellen, metrisch gefaßten Variablenbegriffes, und zwar in zweifacher Hinsicht. Zum ersten sind unter dem Variablenbegriff auch all jene qualitativen Merkmale zu rubrizieren, die sich nicht - wie z. B. physiologische Parameter - auf einer kontinuierlichen Skala metrisieren lassen. Das szenische Phänomen der „Übertragungsreaktion“ ließe sich z. B. versuchsweise auf einer sog. Nominalskala mit den diskreten Klassen „vorhanden“ (Wert = 1) und nicht vorhanden (Wert = 0) abbilden. Dieser weit gefaßte Variablenbegriff korrespondiert im übrigen mit einem in der neueren Meß- und Testtheorie sich langsam durchsetzenden Vorverständnis von „Messung“, wonach die herkömmlichen quantitativen

Modellannahmen um den Aspekt der qualitativen Klassifikation zu ergänzen seien (vgl. bes. Rost 1988).

Zum zweiten hat sich ein tiefenhermeneutisch erweiterter Variablenbegriff dadurch auszuzeichnen, daß er mit einer spezifischen, neuroszenographischen Diagnostik korrespondiert. Aufgabe der hier eingeklagten *neuroszenographischen Diagnostik* wäre die empirisch-tiefenhermeneutische Erfassung szenischer Phänomene (wie z. B. Übertragungsreaktionen). Auf welche Weise ließe sich eine derartige - methodisch doublierte - Diagnostik realisieren? Dies wollen wir uns wieder am Beispiel der Übertragungsreaktion vor Augen führen.

Die für eine Übertragungsreaktion als charakteristisch unterstellte Re-Aktivierung von (intrapsychischen) Repräsentanzen bzw. Interaktionsformen ist durch bloße Außenbeobachtung oder psychologische Einfühlung nicht erfahrbar. Wenn wir zudem voraussetzen, daß der Betroffene seine (unbewußten) Übertragungsreaktionen in der Regel nicht als solche wahrnimmt, geschweige denn darüber zu reden imstande ist, so stellt sich die diagnostische Frage, woran man Übertragungsreaktionen eigentlich „erkennen" kann. Einen wichtigen Fingerzeig hierfür liefert die Überlegung, daß die szenisch sich durchsetzenden Übertragungsreaktionen zwar kommunikativ eingepaßt, aber nicht situativ „angemessen" bzw. „stimmig" sind.

Damit knüpfe ich an eine klassische Auffassung der psychoanalytischen Lehre an. Ralph R. Greenson (1986, S. 164 ff.) stellt in seinem Therapie-Handbuch zwei charakteristische Merkmale von Übertragungsreaktion heraus, nämlich (1) die „Wiederholung" (einer früheren Objektbeziehung) und (2) deren situative „Unangemessenheit". (Der Ausdruck „Wiederholung" ist freilich insofern unzutreffend, als es sich bei Übertragungsreaktionen im szenologischen Sinne nicht um reine Sozialisationskopien bzw. Faksimiles früherer Beziehungsmuster handelt; s. Kap. 5.8.1). Der erstgenannte Prüfstein erfordert das szenische Verstehen des Zusammenhanges zwischen dem biographischem Hintergrund einerseits und dem aktuellem Geschehen andererseits. Das szenische Verstehen (sensu Lorenzer) wiederum setzt eigentlich ein Training in tiefenpsychologisch fundierter Interview-Technik, wenn nicht sogar eine psychoanalytische Ausbildung voraus.

Das zweite Kriterium für Übertragungsreaktionen, die sog. Unangemessenheit oder - wie man auch sagen könnte - die *Situationsdystonie* beansprucht demgegenüber nicht unbedingt ein psychodynamisch schlüssiges Verständnis szenischer Abläufe. Die situative „Unangemessenheit" stellt eine Art groben Indikator für Übertragungsreaktionen dar, der auch dann anwendbar ist, wenn den ForscherInnen keinerlei biographisches Material zur Verfügung steht. Die Situations-Dystonie eines Verhaltens läßt sich allein aus der sorgfältigen Betrachtung der aktuellen Beziehungsregulation ableiten. Situationsdyston sind nämlich nicht die biographiespezifischen Repräsentanzen an sich, sondern deren „Inszenierung" in der konkreten „Hier-und-jetzt"-Situation. Übertragungsreaktionen heben sich - bildlich gesprochen - wie die Farbe auf weißem Grund von durchschnittlich erwartbarem Verhalten ab. Übertragungsreaktionen fallen z. B. durch ihre „Übertreibungen", ihre „Einseitigkeiten", ihre „Agitiertheit" oder ihre „Rigidität" bzw. „Stereotypie" auf. Übertragungsreaktionen zeichnen sich also u. a. dadurch aus, daß sie zu dem allgemeinen sozialen Erwartungshorizont nicht „passen", d.h. dyston zur Situation sind.

Zur Illustration der Situationsdystonie sei auf unser früheres Prüfungsbeispiel (in Kap. 2.5) verwiesen: Hier wird ein „wohlwollender", sich redlich um den Prüfling bemühender Prüfer beschrieben, von dem zumindest keine unmittelbare Bedrohung ausgeht. Gemessen am „gesunden Menschenverstand" ist die ängstliche Gespanntheit des Prüflings eher verwunderlich als erwartbar, d. h. sie deutet - vorsichtig formuliert - möglicherweise auf eine (situationsdystone) Übertragungsreaktion hin. In dem konkreten Beispiel müßte jedoch berücksichtigt werden, daß der Prüfungsdialog im Rahmen einer Forschungsstudie audiovisuell aufgezeichnet wurde. Allein die Tatsache, daß sich Prüfling wie Prüfer ständig beobachtet bzw. kontrolliert fühlen, könnte erklären, weshalb über der Prüfungssituation insgesamt eine angstgetönte Atmosphäre liegt. Mit der erhöhten (kognitiven) „Selbstaufmerksamkeit" (s. Kap. 2.5) ginge demnach eine psychologisch leicht nachzuvollziehende „Publikumsangst" einher. Allerdings stellt sich auch in diesem Fall die Frage, ob die beobachteten Tendenzen zur „Selbstaufmerksamkeit" bzw. zur „Publikumsangst" als übertrieben bzw. als „unangemessen" zu beurteilen sind. In unserem Prüfungsbeispiel könnten wir das Kriterium der „Unangemessenheit" insofern als erfüllt betrachten, als die Betroffenen sich nicht einer kritischen (Fach-)Öffentlichkeit stellen mußten. Der Autor hatte sich seinerzeit als der verantwortliche Leiter der Studie zur Anonymisierung der Beobachtungsprotokolle verpflichtet, so daß die wissenschaftlich gebotene Verschwiegenheit gewahrt blieb. Vor dem Hintergrund dieser verbindlichen Zusage ließe sich die stark ausgeprägte „Selbstaufmerksamkeit" bzw. „Publikumsangst" durchaus als situationsdystone Selbstwertthematisierung interpretieren. Bei genauerer Kenntnis der individuellen Lebensgeschichten könnte man u. U. Hinweise auf eine (narzißtische) Selbstobjekt-Übertragungsreaktion erhalten. Diese selbstwertzentrierte Übertragungsreaktion würde sich weniger direkt auf die realen Beobachter bzw. Forscher beziehen, als vielmehr auf die eigenen, internalisierten Repräsentanzen. Die Mitarbeiter des damaligen Forschungsprojekts wären dabei als die externalisierten Stellvertreter (Projektionsfiguren) einer idealisierten, allmächtigen Eltern-Imago (s. hierzu Kap. 5.7.2.1, 5.8.2.3) zu begreifen.

Anhand dieses kleinen Beispiels wird evident, daß die tiefenhermeneutische Methoden-Variante der Neuroszenographik primär darauf abzielt, die empirisch beobachtbaren Reaktionen zur „unbewußten" köhärenten Szene, d. h. zu bedeutungsmäßig geschlossenen Sinnzusammenhängen zu strukturieren. Diese Zielvorgabe verlangt eine der herkömmlichen Empirie fremde Beobachtereinstellung, nämlich eine *gleichschwebende, coenästetisch orientierte Explorationshaltung*. In dieser Wendung sind zwei verwandte Konzepte zusammengeführt: Zum einen knüpfe ich an Freuds Begriff der

„gleichschwebenden Aufmerksamkeit“ an, und zum anderen greife ich auf die Spitzsche Unterscheidung zwischen zweierlei Wahrnehmungstypen (coenästetisch vs. diakritisch) zurück.

Die als *„gleichschwebende Aufmerksamkeit“* (vgl. bes. Freud 1912, in: Erg. Bd., S. 171 f.; Lüders 1988; Thomä & Kächele 1989, S. 243 ff.) beschriebene und durch Theodor Reiks Wendung vom „Hören mit dem dritten Ohr“ (Reik 1976) popularisierte Wahrnehmungshaltung läßt sich als eine passive, ungelenkte Aufnahmebereitschaft für die Mitteilungen des Patienten charakterisieren. In der klinischen Behandlung solle der Therapeut sich nicht von prägnanten Patientenäußerungen beeindrucken lassen, damit er dessen versteckte, „unbewußte“ Botschaften beim quasi anstrengungslosen, „gleichschwebenden“ Zuhören entdecken kann.

Genau betrachtet, kann sich die „gleichschwebende Aufmerksamkeit“ nicht in der psycho-logischen, kognitiv gesteuerten Wahrnehmung erschöpfen. Die Sensibilität für die gleichsam tieferliegenden, emotionalen Bedeutungen läßt sich m. E. nur unter Einbeziehung körperbezogener Wahrnehmungskanäle gewinnen, die man vielleicht als die via regio zu den präverbalen sowie „de-symbolisierten“ Interaktionsformen (sensu Lorenzer) betrachten kann. Zu dieser Frage der sinnlich-körpernahen Wahrnehmung habe ich bei René Spitz einen interessanten Fingerzeig gefunden. Den Wahrnehmungsaspekt der sinnlich-symbolischen Verständigung, wie sie sich in der affektgesteuerten Mutter-Kind-Dyade ereignet (s. auch Kap. 5.2.1, Stichwort: „tonischer Dialog“), hat Spitz (1983) schärfer herauszuarbeiten versucht, indem er die von ihm so genannte *„coenästhetische Rezeption“* von der *„diakritischen Perzeption“* abhob (vgl. Spitz 1983, S. 62 f., 90 ff., 151 ff.). Diese Differenzierung der Wahrnehmungsmodi leitete Spitz aus seinen entwicklungspsychologischen Beobachtungen ab. Für unsere Zwecke mag es genügen, den diesbezüglichen Grundgedanken von Spitz mit knappen, eigenen Worten wiederzugeben.

Das Neugeborene ist nach Spitz mit einer relativ hohen „Reizschwelle“, d. h. mit einer neurogenetisch bedingten Schranke gegenüber Außenreizen ausgestattet (vgl. Spitz 1984, S. 54, 60). Seine Gehirnrinde sowie die Nervenbahnen zu den Telerezeptoren (in Augen und Ohren) seien noch viel zu unreif, als daß es bereits zur diskriminativen Wahrnehmung oder - wie Spitz sagt: zur diakritischen Perzeptbildung - fähig wäre. Erst in den späteren Lebensmonaten seien die neuro- bzw. sinnesphysiologischen Voraussetzungen dafür geschaffen, daß der Säugling z. B. Gesichter unterscheiden und mit dem Blick gezielt nach der Schallquelle suchen kann (detailliertere Angaben hierzu sind aus der Literatur zur Entwicklungsneurologie zu entnehmen, vgl. z. B. Flehmig 1990 b). Stattdessen würde der „junge“, d. h. bis zu drei Monate alte Säugling von einer eher diffusen, ganzheitlichen Körperwahrnehmung (viszeralen Sensibilität, Tast- und Gleichgewichtssinn) geleitet. Diese coenästhetische Wahrnehmung (sensu Spitz) entspricht einer (passiven) Aufnahmebereitschaft für „innere“ Empfindungen, die zu einer sinnlich-gesamtkörperlichen Erlebnisfähigkeit konvergieren. Nach den Befunden der neueren Säuglingsforschung (s. Kap. 5.2.1, 5.8.2.1) ist die von Spitz vorgenommene Aufspaltung in Reifungsstadien (sog. psychische Organisatoren) fragwürdig geworden. Gleichwohl wird die prinzipielle Unterscheidung von zweierlei Wahrnehmungsorganisationen damit nicht hinfällig.

Worin liegt nun die mögliche Bedeutung des coenästhetischen Wahrnehmungsmodus für die neuroszenographische Forschung? Die von wissenschaftlich geschulten Beobachtern zu erwartenden Wahrnehmungsleistungen sind wohl kaum mit denen eines Säuglings vergleichbar. Es mag darum auf den ersten Blick so erscheinen, als sei die obige Forderung nach einer coenästhetischen Explorationshaltung eine contradictio in adjecto. Die (scheinbare) Paradoxie löst sich auf, wenn man sich vergegenwärtigt, daß der für die ersten Sozialisationsphasen charakteristische „tonische Dialog“ nur dann gelingen kann, wenn die erwachsene Betreuungsperson auf ontogenetisch frühere Grundfähigkeiten wie eben die coenästhetische Rezeption zurückgreift. Psychoanalytisch betrachtet, könnte man von einer *„Regression im Dienste der coenästhetischen Empathie“* sprechen: Erst das temporäre, „regressive Abtauchen“ in die Wahrnehmungs- und Erlebniswelt des Säuglings ermöglicht jene - in Worten kaum faßbare - fein synchronisierte, gleichsam telepathische Wechselseitigkeit zwischen „Mutter“ (die u. a. auch der Vater sein kann) und Kind.

Diesen (psychodynamischen) Regressionseffekt zugunsten einer coenästhetischen Wahrnehmung gälte es auch im Rahmen neuroszenographischer Forschungssettings zu nutzen. Die neuroszenographischen BeobachterInnen hätten eine kognitiv ungelenkte („gleichschwebende“), aber dafür affektbezogene und gesamtorganismisch wirksame („coenästhetische“) Wahrnehmungshaltung einzunehmen. Ich will es dahingestellt sein lassen, ob man für ein etwaiges Beobachtertraining nur Personen auswählen sollte, die über Erfahrungen im Umgang mit Säuglingen verfügen.

Mit der coenästhetischen Wahrnehmung geht letztlich auch die Fähigkeit einher, eine der Gegenübertragung (s. Kap. 5.8.1) analoge Reaktionsbereitschaft zu entwickeln. Dies würde bedeuten, daß die neuroszenographischen BeobachterInnen sich darauf einlassen, ihre eigenen psychovegetativen und neuromuskulären Reaktionen im Hinblick auf das szenische Forschungsmaterial zu registrieren. Sie könnten somit - bei „gleichschwebender, coenästhetisch-regressiver Aufmerksamkeit“ - sozusagen am eigenen Leibe erfahren, welche unausgesprochenen bzw. unaussprechlichen Affektsignale und Beziehungsbotschaften in der jeweiligen Szene ausgetauscht werden.

Die coenästhetische Rezeption und die gegenübertragungsanaloge Reaktionsbereitschaft wären freilich nach den Maßstäben der empirischen Verhaltensbeobachtung (vgl. z. B. Hasemann 1983, bes. S. 463 ff.) als subjektive Beurteilungstendenzen zu betrachten, die es zugunsten einer zuverlässigen und objektiven bzw. neutralen Diagnostik zu eliminieren gälte. Es ist in der Tat richtig, daß die via Regression gewonnenen Urteile keine „unverfälschten“ Aussagen über die intersubjektiv prüfbaren Reaktionen darstellen können. Schließlich hängt die Zuverlässigkeit der tiefenhermeneutischen Aussagen direkt von der Selbsterkenntnis der neuroszenographischen BeurteilerInnen ab. Man denke nur an die Möglichkeit, daß die methodisch gewünschten regressiven Einstellungen zur „Projektion" eigener Selbstanteile (Vorlieben, Bedürfnisse, Konflikte) auf das Beobachtungsmaterial verleiten. Die jeweils abgegebenen Einschätzungen würden in diesem Fall u. U. mehr über den Beobachter als über das Beobachtete aussagen.

Dieses Grundproblem der Validität tiefenhermeneutisch gewonnener Aussagen trifft für das neuroszenologische Forschungsmodell nur bedingt zu: Im Unterschied zum psychoanalytischen Behandlungssetting richten sich die coenästhetische und die gegenübertragungsanaloge Forschungshaltung nicht auf ein lebendiges, unmittelbares Gegenüber, sondern auf einen unveränderlichen Interpretationsgegenstand, der in Form von filmtechnisch aufgezeichneten Szenen und protokollierten Bio-Kennwerten (Hirnströmen, Hormonkonzentrationen, vegetativen Funktionsmaßen) quasi konserviert ist. Die jeweiligen empirisch erhobenen Beobachtungs- bzw. Meßdaten können also ggf. mehrfach mit den jeweiligen szenischen Kommentaren über das affektive bzw. „unbewußte" Regulierungsgeschehen konfrontiert werden. Entsprechend dem amphibischen Methodenstatus (s. Kap. 2.4) des neuroszenologischen Modells wären die mittels regressiver Beobachterhaltungen gewonnenen Einschätzungen anhand von empirischen Daten (mimischen Ausdrucksmustern, Videostandbildern, biologischen Verlaufskurven) zu belegen. Sinnvollerweise sollte die zweigleisige Analyse der Datenprotokolle und Videokonserven nach einem - möglichst auf Zehntelsekunden genauen - Zeitraster erfolgen, um eine ggf. computerunterstützte Simultanaufzeichnung von empirischen Kodierungen einerseits und tiefenhermeneutischen Wahrnehmungserlebnissen andererseits zu erhalten. Die regressiven Zustände der neuroszenographischen BeobachterInnen ließen sich u. U. mittels des EEG validieren: Nach Machleidt et al. (1989, S. 187 ff.) soll regressives bzw. kleinkindliches Erleben im Hirnstrombild durch eine Dominanz niederfrequenter Theta-Wellen sowie durch einen insgesamt hohen Anteil langsamer Frequenzkomponenten gekennzeichnet sein.

Diese Hinweise sollen genügen, um zu verdeutlichen, daß sich so etwas wie eine neuroszenographische Methodik im Sinne eines fortwährenden Interferierens zwischen empirischer, intersubjektiv überprüfbarer Beobachtung einerseits und tiefenhermeneutisch-explorativer „Eingebung" andererseits potentiell entwickeln ließe. Auf der Grundlage einer derartigen doublierten Forschungsstrategie ließen sich ausdruckspsychologische, emotionsphysiologische und neurobiologische Daten computerunterstützt graphisch aufbereiten und mit den neuroszenologischen Modellvorstellungen (wie Übertragung-Gegenübertragungsdynamik, Szeno-Kreis etc.) derart verknüpfen, daß daraus empirisch prüfbare und zugleich tiefenhermeneutisch plausible Hypothesen über das szenische Geschehen in einer ausgewählten Kommunikationssequenz formuliert werden können.

7.1.3 Probleme der Realisierung des neuroszenographischen Forschungsansatzes

Allerdings würde die in den vorausgegangenen Überlegungen vermittelte Erwartungshaltung letztlich im Euphemismus stecken bleiben, wenn man sich nicht auch die Hürden auf dem Weg zu einer empirisch-tiefenhermeneutischen Neuroszenographie vor Augen führte. Abgesehen von den bereits erwähnten Validierungsproblemen (s. o.) und den interdisziplinären Verständigungs- bzw. Kooperationsschwierigkeiten (s. Kap. 1.3) will ich mich darauf beschränken, auf zwei weitere mir als wesentlich erscheinende Hindernisse hinzuweisen, von denen das erste mehr technischer und das zweite mehr methodischer Natur ist.

Der erste kritische Punkt ergibt sich unmittelbar aus der umfassenden Dokumentation der para- bzw. nonverbalen und (neuro-)physiologischen Reaktionskomponenten und der dabei anfallenden ungeheuer großen Datenfülle. Ohne den Einsatz moderner Beobachtungs- und Meßinstrumente (audiovisueller Medien, medizinphysikalischer und psychophysiologischer Apparaturen) und ohne die Verfügbarkeit entsprechender finanzieller und personeller Ressourcen wäre der Versuch einer exakten Datenprotokollierung sicherlich illusorisch. Zur Bewältigung der enormen, zeitlich aufeinander abzustimmenden Verhaltensdaten wäre es sicherlich ratsam, die neuesten Entwicklungen auf dem Computersektor zu berücksichtigen. Dies alles wären elementare Voraussetzungen dafür, daß der komplexe Datenstrom erfaßt und konserviert werden kann, um in nachfolgenden neuroszenographischen Analysen den versteckten szenischen Zusammenhängen auf die Spur zu kommen.

Ein zweites, methodisches Dilemma der Neuroszenographik betrifft die zwar anzustrebende, aber schwer einlösbare Korrespondenz zwischen empirischen Daten und tiefenhermeneutischen Einschätzungen. Machen wir uns dies am Begriff der situationsdystonen („unangemessenen") Übertragungsreaktion klar. So ist z. B. grundsätzlich zwar anzunehmen, daß die situativ „unangemessenen" Übertragungsreaktionen mit über bzw. unter der Norm liegenden neurobiologischen Parametern bzw. emotionspsychologischen Extremwerten korrelieren. Die Verwendung der wertenden Begriffe „Unangemessenheit" bzw. Situationsdystonie, die eine Abweichung vom durchschnittlich erwartbaren Sozialverhalten implizieren, lassen sich jedoch nicht auf die Auswertung mimischer Mikroplots oder physiologischer Normkurven reduzieren. Vielmehr beinhaltet jedwede hypothetische Bezugnahme quantitativer Größen auf qualitativ-szenologische Begriffe (wie „Unangemessenheit") bereits ein tiefenhermeneutisches Verhältnis, das sich wiederum nur mit Hilfe psychodynamisch-szenologischer Kategorien nachvollziehen läßt.

So läßt sich ein Affekt wohl mit Hilfe geeigneter Beobachtungs- bzw. Meßparameter wie FACS-Gesichtskodierung (s. Kap. 3.7), peripher-physiologische und neurovegetative Indikatoren (s. Kap. 3.4, 6.5.1), Hormontiter (s. Kap. 6.5.2) oder Metabolismuskartierungen, EEG-Spektren (s. Kap. 4.1.1) sinnvoll operationalisieren, aber das eigentlich Tiefenhermeneutische daran wäre die *Deutung* der jeweiligen Daten z. B. als szenische „Übertragungsreaktion“ oder als psychodynamischer „Spaltungsmechanismus“ (vgl. Kap. 5.8.2). Die tiefenhermeneutische Deutung resultiert aber nicht direkt aus den Beobachtungen bzw. Messungen. Vielmehr erfordert sie ein psychoanalytisches Hintergrundverständnis bzw. ein verwandtes konzeptuelles Gerüst wie z. B. das mit der vorliegenden Arbeit entwickelte neuroszenologische Emotionsverständnis.

Salopp formuliert, kommt man auch bei der Neuroszenographik um das (tiefenhermeneutische) Deuten selbst nicht herum. Beim Deuten kann man sich bekanntlich leicht irren. Doch gerade dieser Fallibilismus verleiht dem tiefenhermeneutischen Deuten seine Dignität. Denn nur das, was die empirischen Einwände überdauert, kann Geltung im Sinne der neuroszenologischen Erkenntnisgewinnung beanspruchen. Die neuroszenographische Programmatik hat gegenüber der geisteswissenschaftlichen und psychoanalytischen Hermeneutik also nur den Vorteil, daß die Regeln der Deutung präziser festzulegen sind, indem sie auf eine differenzierte Deskription von behavioralen und physiologischen Zeitreihenmaßen (s. u.) rückgebunden werden sollen.

Es wäre sicherlich eine lohnende Aufgabe, den von den modernen Sozialwissenschaften bereitgestellten Fundus an empirisch-qualitativen Forschungskonzepten (vgl. u. a. Flick, v. Kardoff, Keupp, v. Rosenstiel & Wolff 1991) daraufhin zu befragen, ob und was diese ggf. zur Ausarbeitung einer neuroszenographischen Methodik beisteuern könnten. Diese Sondierungsarbeit würde freilich eine weitere wissenschaftliche Arbeit erfordern und kann hier nicht (mehr) geleistet werden. Ein erster Fingerzeig soll daher genügen: Unter den mir bekannten qualitativen Ansätzen beinhaltet die von Ulrich Oevermann und MitarbeiterInnen begründete „objektive Hermeneutik“ mit ihrer sog. sequentiellen Feinanalyse (s. bes. Oevermann, Allert, Konau & Krambeck 1979, S. 412 ff.) eine methodisch ähnlich akzentuierte, wenngleich inhaltlich gänzlich anders gelagerte Forschungsposition. (Wenn ich recht sehe, beschäftigt sich Oevermann jedoch seit Anfang der 80er Jahre weniger mit der methodischen Elaboration der „objektiven Hermeneutik“ als vielmehr mit ihrer (erkenntnis-)theoretischen Fundierung i. S. eines („struktur“-)analytischen Forschungsparadigmas, das für jegliche sozialwissenschaftliche Analyse als verbindlich reklamiert wird.)

Zum dritten werden die Grenzen der neuroszenologischen Forschungsidee sichtbar, sobald man darangeht, die szenologisch-psychodynamischen Konzepte (wie z. B. die Übertragungs-Gegenübertragungs-Dynamik oder die Metapher vom Szeno-Kreis) - wenigstens annäherungsweise - an empirisch-methodische Designs anzupassen. Ich will dies der Einfachheit halber anhand eines der bekanntesten Auswertungspläne, nämlich anhand der sog. Varianzanalyse (ANOVA) aufzeigen, ohne auf die statistischen Details einzugehen. Es sei ausdrücklich darauf hingewiesen, daß die folgenden Überlegungen grundsätzlich auch für die Aufbereitung qualitativer Daten aus komplexen (Mehrfelder-)Designs mit Hilfe sog. log-linearer Modelle (vgl. Langeheine 1980,

Kurzfassung: Hays 1994, pp. 887 ff.) gelten. Das qualitative Analogon zur Varianzanalyse ist die sog. logit-Analyse, bei der eine nominalskalierte Variable in Abhängigkeit von den übrigen Variablen untersucht wird. Die logit-Analyse wurde innerhalb der empirischen Forschung jedoch noch viel zu wenig beachtet, so daß sie gegenüber den statistischen Routineverfahren ein Schattendasein führt.

Kehren wir zurück zu dem in der empirischen Forschung prominenteren ANOVA-Auswertungsmodell. Zunächst sei daran erinnert, daß ich den Emotionsbegriff als eine dreistellige Relation (E = f (S, K, R) definierte (s. Kap. 1.2, 3.6). Diese Formel enthält noch keinen direkten empirischen Bezug. Sie müßte daher empiriebezogen unformuliert werden. Zu diesem Zweck bietet es sich an, den abstrakten Funktionszusammenhang (f) als bedingte Wahrscheinlichkeit zu spezifizieren: Demnach wäre die Wahrscheinlichkeit p für das Auftreten einer Emotionszuordnung E abhängig von (1) dem Selbst(wert) S der betroffenen Person, (2) dem Kommunikationspartner K und (3) von der (tiefenhermeneutischen) Interpretation I der jeweils gezeigten Reaktionen R_i als Aspekt eines Übertragungsgeschehens (in Kurzform: $p(E/S, K, I(R_i))$. Dieses sozusagen stochastische Pendant zu unserem dreistelligen Emotionsbegriff ließe sich wiederum als sog. dreifaktorielle Varianzanalyse begreifen, wobei die Emotionszuordnung E als die sog. abhängige Variable zu begreifen wäre, deren Ausprägung von den drei Faktoren bzw. „unabhängigen Variablen" (S, K, $I(R_i)$ und/oder von deren möglichen „Interaktionen" (s. u.) beeinflußt wird.

Diese Übersetzung der bedingten Wahrscheinlichkeit in die varianzanalytische Lesart ist allerdings nur insoweit zulässig, als man annehmen kann, daß die abhängige Variable auf einem Kontinuum mit äquidistanten Größen metrisierbar ist (z. B. 0 = keinerlei Übertragungsanzeichen, 1 = zu 50 % realisierte Übertragungsreaktion, 2 = voll ausgebildete Übertragungsreaktion). Diese idealistische Voraussetzung wollen wir als erfüllt betrachten, um den eigentlichen Grundgedanken zuende führen zu können. Von weiteren an sich notwendigen Voraussetzungen wie z. B. Normalverteilung der abhängigen Variablen sei hier der Einfachheit halber abgesehen.

Die Erklärungsversuche der empirisch-statistischen Forschung beruhen letztlich auf Aussagen über Varianzanteile, indem die Gesamtvarianz der „abhängigen Variablen" auf verschiedene Effekte bzw. Komponenten wie „Haupteffekte", „Interaktionen", „Störvariablen" oder „Fehler" zurückgeführt wird (vgl. u. a. Sarris 1990).

Unser Ausdruck von der bedingten Wahrscheinlichkeit entspricht - varianzanalytisch betrachtet - weitgehend den sog. Interaktionseffekten, wie man sie im Rahmen der Varianzanalyse statistisch prüfen kann. In der Varianzanalyse unterscheidet man zwischen den sog. Haupt- bzw. Treatmenteffekten einerseits und den sog. „Interaktionseffekten" (auch: „Wechselwirkungen" genannt) andererseits. Unter ersteren versteht man die in varianzanalytischen Designs erfaßbaren direkten Auswirkungen der Faktoren auf die „unabhängige Variable", so z. B. die Wirkung des Kommunikationsfaktors K (ein bestimmter Prüfer-Typ) auf den Ausprägungsgrad der Übertragungsreaktion (0, 1 oder 2). Von Interaktionseffekten oder „Wechselwirkungen" spricht man dann, wenn sich die Faktoren hinsichtlich der „abhängigen Variable" wechselseitig beeinflussen.

Wie sich leicht nachprüfen läßt, können bei einer dreifaktoriellen Varianzanalyse sieben verschiedene Effekte auftreten, nämlich drei Haupteffekte, drei durch Zweierkombinationen (z. B. S x K lies: „S Kreuz K") bedingte „Interaktionseffekte erster Ordnung" sowie ein auf allen drei Faktoren (S x K x I(R_i)) beruhender „Interaktionseffekt zweiter Ordnung". Es erübrigt sich, das varianzanalytische Konzept in toto darzustellen. Für uns ist nur der Aspekt wesentlich, daß sich die Interaktionseffekte nicht aus der Summe der Haupteffekte erklären lassen. Dies ist insofern interessant, als nach unserem Szeno-Kreis-Konzept (s. Kap. 5.5) das emotionale Verhalten (inkl. der Übertragungsreaktion) als emergente, d. h. übersummative (s. Kap. 2.3., 6.1) Größe aus dem Wechselspiel beider Kommunikanten hervorgehen soll. Gesetzt den Fall, man hätte in einer Untersuchung eine (statistische) Interaktion bzw. „Wechselwirkung" zwischen den Variablen S und K (S x K), aber keinerlei Haupteffekte nachweisen können, so ließe sich dieser Befund als empirischer Hinweis für das Emergenzphänomen interpretieren.

Doch was hier auf den ersten Blick wie eine empirisch-methodische Einlösung des Emergenzgedankens aussehen mag, stellt sich bei genauerem Hinsehen als trügerisches Vorgehen heraus. Die Logik der Varianzanalyse läßt nämlich kein „Wechselspiel" zwischen den Faktoren („unabhängigen Variablen") und der „abhängigen Variablen" zu. Ein varianzanalytischer Interaktionseffekt erfaßt letztlich nur die Auswirkungen von simultanen Änderungen der quasi erklärenden Variablen (wie S und K) auf die „abhängige Variable" (wie E). Wollte man der Zeitdimension Rechnung tragen, so wären *Meßwiederholungspläne* (spezielle Varianten der ANOVA-Prozedur) durchzuführen, mit denen sich Veränderungshypothesen prüfen lassen. So ließe sich z. B. die im Verlauf einer Prüfung sich verändernde Befindlichkeit des Prüflings dadurch nachweisen, daß die statistische Interaktion zwischen dem Meßwiederholungs- bzw. Zeitfaktor mit einem der übrigen (zeitkonstanten) Faktoren (z. B. Gesprächsstil des Prüfers) signifikant wäre. Doch auch das varianzanalytische Denkmodell enthält eine unidirektionale Erklärungslinie (von den Faktoren zur „abhängigen Variablen"), so daß es z. B. keine Aussagen über etwaige reziproke Effekte zwischen (intra-)personalem Faktor und inter-personellem Faktor (d. h. zwischen S und K), sprich: zwischen den Kommunikanten gestattet.

Gleichwohl sei hierzu angemerkt, daß das varianzanalytische Design möglicherweise für einseitig gerichtete Kommunikationsformen (wie z. B. für eine autoritär-autoritativ strukturierte Prüfer-Prüflings-Dyade) ein probates, methodisches Hilfsmittel darstellt.

Wenn man von extrem einseitig strukturierten, rigiden Kommunikationsabläufen einmal absieht, so wäre eine zukünftige neuroszenographische Forschungsperspektive also nicht mit Hilfe sog. Dependenzanalysen (wie ANOVA-Designs oder log-linearen Modellen) zu entwickeln, bei denen das Abhängigkeitsverhältnis zwischen planmäßig variierten Situationsfaktoren („unabhängigen Variablen") einerseits und beobachtbaren Reaktionen („abhängigen Variablen") andererseits eine Art von „lineal-kausaler Erklärung“ (s. Kap. 5.5) nahelegt. Bei der Neuroszenographie liegt der Forschungsakzent demgegenüber auf der empirisch-tiefenhermeneutischen Erfassung natürlich vorgefundener, d. h. nicht experimentell kontrollierter Reaktionsvariablen. Die starre Unterscheidung zwischen „unabhängigen“ und „abhängigen“ Variablen ist hierbei insofern hinfällig, als es primär um das Erfassen wechselseitiger Abhängigkeiten (sog. Interdependenzen) geht.

Das statistische Hilfsmittel für Interdependenzanalysen stellen für Nominaldaten sog. Kontingenztabellenanalysen und für quantitative Daten die Korrelations- bzw. Regressionsrechnung dar. Korrelations- bzw. regressionsstatistische Befunde beinhalten im übrigen auch Aussagen über Varianzanteile bzw. über bedingte Wahrscheinlichkeiten. Für Details bezüglich der zwar eindeutigen, aber nicht leicht vermittelbaren Zusammenhänge zwischen bedingter Wahrscheinlichkeit, Korrelation und Regression muß auf die entsprechende Fachliteratur (z. B. Hays 1994) verwiesen werden.

Für Interdependenzanalysen, die den Zeitfaktor mit berücksichtigen, empfehlen sich insbesondere (multivariate) Zeitreihenanalysen, mit denen sich potentiell die dynamischen Einflüsse zwischen zeitgleichen bzw. zeitverschobenen Datenserien (von z. B. physiologischen Reaktionen, neuromotorischen Affekt- bzw. Ausdruckssignalen) analysieren lassen, indem die von seriellen Abhängigkeiten bereinigten Kreuzkorrelationen zwischen zwei oder mehreren Meßreihen erhoben werden. Ungeachtet der restriktiven Anwendungsbedingungen (wie „Stationarität“ der Veränderungen, Ausschluß serieller Effekte) und der sonstigen versuchsplanerischen Voraussetzungen (wie hohe Anzahl äquidistanter Meßzeitpunkte) bieten m. E. multivariante Zeitreihenanalysen (sog. Transferfunktions-ARIMA-modelle, vgl. Schmitz 1989, S. 118 ff.) adäquatere Verfahren zur Auswertung von dyadisch-zirkulären Kommunikationssequenzen. Alle anderen mir bekannten Ansätze zur Veränderungsmessung (wie die o. g. Meßwiederholungsdesigns oder die in der Entwicklungspsychologie viel diskutierten Sequentialmodelle s. Trautner 1992, S. 258 ff.) bleiben dem lineal-kausalen Denkmuster verhaftet.

Allerdings sind auch Zeitreihenanalysen, die wiederum nur eine ausgefeilte Variante der Korrelations- bzw. Regressionsrechnung darstellen, von begrenztem Nutzen für neuroszenographische Studien: Wie alle übrigen statistischen Verfahren beinhalten sie erstens keinerlei forschungslogische Prinzipien, aus denen sich Kennwerte für die emergente Qualität von interdependenten, nicht-linealen Beziehungen ableiten ließen. Zum zweiten können zeitreihenanalytische Modelle für die szenographische Analyse nur insoweit in Betracht kommen, als es gelingen sollte, globale tiefenhermeneutische Konstrukte (wie Selbstobjekt-Übertragung, Gegenübertragungsreaktion) in operationalisierte (Zufalls-)Variablen zu transformieren. Eine weitere Schwierigkeit ergibt sich aus der Notwendigkeit, die Datenerhebung nach einem formalen Zeitraster vornehmen zu müssen. Diese methodisch bedingte Vorgabe konterkariert das szenographisch akzentuierte Prinzip einer kontinuierlichen Verlaufsanalyse im Sinne der „gleichschwebenden Aufmerksamkeit“ (s. Kap. 7.1.2).

Da wir für beide o. g. Probleme z. Zt. noch keine Lösungsperspektiven entwickeln können, wollen wir uns nolens volens mit vorläufigen Hinweisen und Denkanregungen begnügen.

Bei dem zuerst genannten Emergenzproblem könnte möglicherweise die in den letzten Jahren popularisierte „*Chaosforschung*" wegweisende Hilfestellung leisten. Die sog. Chaosforschung hat sich der Untersuchung komplexer dynamischer Systeme verschrieben, deren Eigenschaften (a) mannigfaltiger sind als die Summe ihrer Teile („Übersummativität") und bei denen (b) geringste Abweichungen von den Ausgangsbedingungen zu drastischen Veränderungen bzw. Instabilitäten des Gesamtsystems führen. Dieses neue Paradigma der Physik beinhaltet also interessante Bezüge zu unserem Verständnis eines ermergenten und zirkulär (nicht-lineal) angelegten Kommunikationssystems. Allerdings ist die Bedeutung der naturwissenschaftlichen Chaostheorien für die psychologische bzw. pädagogische Forschung (vgl. z. B. Schmidt-Denter 1992) z. Zt. nur schwer abzuschätzen. Das „Liebäugeln" mit der Chaosforschung verbindet sich mit der (vielleicht trügerischen?) Hoffnung, daß man das „Chaos" von sozialen Systemen (wie z. B. von neuroszenographisch dokumentierten Kommunikationssequenzen) quasi in eine „geordnete Unordnung" transformieren könnte, indem sich die empirischen Daten in Form von nicht-linearen Funktionsgleichungen (mit nicht-rekursiven Modellannahmen) reproduzieren ließen (zum Rekursivitätsbegriff und zur Unterscheidung zwischen kommunikativer Linealität und mathematischer Linearität, s. o., Kap. 5.5, FN 1).

Ungeachtet derartiger, z. Zt. noch illusorisch erscheinender Überlegungen würde uns dies freilich nicht der eigentlichen neuroszenographischen Aufgabenstellung, nämlich der (tiefen-)hermeneutischen Interpretationsarbeit, entledigen. Damit ist der zweite o. g. Problempunkt berührt, nämlich die Schwierigkeit, wie die neuroszenologische Begrifflichkeit, mit der sich keine empirisch faßbaren Phänomene beschreiben lassen, in intersubjektiv prüfbare bzw. der Beobachtung zugängliche Begriffe übersetzt werden kann. Dies ist zwar ein neuroszenographisches Desiderat, das aber kein unüberwindbares Dilemma darstellt.

Bei einer lückenlosen Videoprotokollierung oder bei einer Zeitreihenanalyse mit hoher Dichte der Meßzeitpunkte türmen sich schnell Datenkolonnen auf, und aus der Fülle des Videomaterials mit seinen vielfältigen affektiven Reaktionen ist nicht unmittelbar die szenische Strukturierung der emotionalen Kommunikation zu erschließen. Dazu bedarf es zunächst der tiefenhermeneutischen Sondierung der protokollierten Verhaltensströme, um diese in inhaltlich bedeutsame Sequenzen zu gliedern.

Empirische Versuche zur Analyse des Affektausdrucks in der dyadischen Kommunikation stecken noch in den Anfängen (vgl. Bänninger-Huber & v. Salisch 1994), und allgemeingültige Verfahrensvorschläge zur Identifizierung unbewußt-affektiver Szenen sind noch zu erarbeiten.

Tiefenhermeneutische Konstruktionen wie „somato-szenisches Selbst", „(neuro-)szenische" Kommunikation oder Sozialisation sind jedoch grundsätzlich operationalisierbar, d. h. in qualitative Verhaltens- bzw. Beobachtungseinheiten oder quantitative Datensätze überführbar. Hierzu haben wir verschiedentlich Anregungen gegeben, indem wir beispielhaft auf mögliche neuronale bzw. neuroendokrine und mimische Äquivalente zu den jeweilen Konstrukten hingewiesen haben. Die Klärung der Frage, ob der jeweilige Operationalisierungsvorschlag eine vertretbare Informationsreduktion darstellt, ist freilich nicht von einem einzelnen (Fach-)Wissenschaftler zu leisten. Die Bewältigung der mit neuroszenographischen Forschungsimpulsen verbundenen Operationalisierungsprobleme sollte im günstigen Fall interdisziplinären Forschergruppen überlassen werden, in denen die relevanten Fachkompetenzen zusammentreffen, um konsensfähige und intersubjektiv nachvollziehbare Operationalisierungsschritte einzuleiten.

So wie uns die Neurobiologie des Sehens lehrt, daß das Gehirn bei jedem sinnlichen Wahrnehmungsakt zugleich immer auch Interpretationsarbeit leistet (vgl. Zeki 1993), so weist jedes empirische Material auf sinngebende und informationsreduzierende Strukturierungen zurück. Um das Deuten kommt man - wie bereits gesagt - nicht herum. Für das Deuten kennen wir freilich keine statistischen Signifikanzprüfungen oder Modelltestungen, d. h. hier kann man sich irren, ohne ein intersubjektiv nachvollziehbares Maß für die Irrtumswahrscheinlichkeit angeben zu können.

Doch könnte gerade dieses scheinbare Manko dem neuroszenographischen Deuten seine tiefenhermeneutische Dignität als das apriori der Erkenntnisbildung verleihen: Zum einen haben die empirischen Wissenschaften keine intersubjektiv überprüfbaren Regeln dafür entwickelt, wie ihre Daten in sprachlich repräsentierte Resultate (rück-)übersetzt werden können. Zum anderen kann nur das, was die empirischen Einwände überdauert, Geltung im Sinne neuroszenologisch begründeter Erkenntnis erlangen. Das rein empirische Erkenntnisideal hat letztlich keinen substantiellen, sondern nur einen graduellen Vorteil, nämlich den, daß die Regeln der Informationsreduktion eindeutiger festgelegt sind.

7.2 Neuroszenopädagogische Aspekte

Wenn man Wissenschaft auch als ein Stück reflektierter Lebenspraxis begreift bzw. als professionelle Tätigkeit zum Wohle des Menschen, so reicht es nicht aus, die neuroszenologischen Modellannahmen mit Hilfe interdisziplinär getragener Forschungsprojekte empirisch-tiefenhermeneutisch zu überprüfen und ggf. zu modifizieren. Bei einem darüber hinausgehenden, praxeologisch gerichteten Verständnis von „empirisch-tiefenhermeneutischer Modellprüfung" rückt die Frage in den Vordergrund, ob und inwieweit sich aus den neuroszenologischen Annahmen pädagogisch-psychologische

Handlungsprinzipien bzw. Orientierungshilfen ableiten lassen, die sich wiederum in der (professionellen) Praxis zu bewähren hätten.

Wenngleich es noch keine neuroszenologisch gesicherten Hypothesen gibt, die sich in praxeologische Leitsätze übersetzen lassen, so will ich wenigstens versuchen, die potentielle Brauchbarkeit neuroszenologischer Annahmen für pädagogisch-psychologische (Handlungs-)Praxis anzudeuten.

Dabei werde ich zunächst die Bezüge der sog. Psychoanalytischen Pädagogik zu unserem Grundkonzept herausstellen (7.2.1), um anschließend einige „neuroszenopädagogische" Implikationen herauszuarbeiten (Kap. 7.2.2).

7.2.1 Psychoanalytische Pädagogik: ein (neuro-)szenopädagogischer Baustein?

Ich hatte an früheren Stellen (z. B. Kap. 1.2, 1.3, 2.1, 2.4) betont, daß der szenologisch-tiefenhermeneutische Aspekt meiner Modellskizze weitgehend durch psychoanalytisch orientierte Denk- bzw. Sichtweisen bestimmt wird, und zwar zugunsten pädagogisch-psychologischer Problemstellungen (wie z. B. Prüfungsangst). Eine vergleichbare Zielsetzung verfolgt die sog. *Psychoanalytische Pädagogik,* die sich neuerdings als relativ eigenständiges Arbeitsgebiet zu etablieren begonnen hat.

Die Psychoanalytische Pädagogik scheint sich also einem Anliegen verschrieben zu haben, das - bei allen verbleibenden Divergenzen (s. u.) - mit unserer neuroszenologischen Grundidee kompatibel, wenn nicht gar partiell identisch ist. Es drängt sich unmittelbar die Frage auf, in welchem (Verwandtschafts-)Verhältnis der (neuro-)szenologische Ansatz zur sog. Psychoanalytischen Pädagogik steht.

Diese Problemstellung setzt eigentlich eine gewisse Klarheit darüber voraus, was man unter den Wortmarken Psychoanalyse, Pädagogik bzw. Pädagogische Psychologie sowie Psychoanalytische Pädagogik zu verstehen hat (s. hierzu u. a. Kap. 1.2, 5.1). Da mir primär an der Darstellung des (neuro-)szenologischen Psychoanalyseverständnisses gelegen war, habe ich es unterlassen, definitorische bzw. kategoriale Abgrenzungen zwischen Pädagogik und Psychoanalyse oder zwischen Pädagogischer Psychologie und Psychoanalytischer Pädagogik vorzunehmen.

Zum Verständnis des Zwitterbegriffs Psychoanalytische Pädagogik soll es genügen, folgende Ausgangssituation zu beachten: Ohne Grundsatzfragen nach der Standortbestimmung der beiden Fachgebiete zuvor ausgiebig erörtert zu haben, postulieren die Befürworter der Psychoanalytischen Pädagogik in der Regel eine potentielle Anwendbarkeit psychoanalytischer Konzepte auf pädagogische Handlungsfelder. Psychoanalytische Pädagogik bezeichnet dabei jedoch weder ein handlungsbezogenes Schnittfeld zweier (Nachbar-)Disziplinen noch ein interdisziplinär ausformuliertes Arbeitsprogramm, sondern eine engagiert und z. T. auch kontrovers geführte Diskussion unter psychoanalytisch orientierten ErziehungswissenschaftlerInnen.

Die Psychoanalytische Pädagogik unterscheidet sich in zwei wesentlichen Aspekten von unserem neuroszenologischen Grundkonzept: Sie bleibt erstens in konzeptueller wie methodischer Hinsicht dem psychoanalytischen Denkrahmen verhaftet, ohne diesen transdisziplinär ergänzen zu wollen. So gibt es kaum Anleihen bei anderen psychologisch-sozialwissenschaftlichen oder neurowissenschaftlichen (Sub-)Disziplinen. Zweitens wird von Seiten der Psychoanalytischen Pädagogik weniger das Verhältnis von Theorie und Empirie als vielmehr das von Theorie und Praxis in den Blick genommen (vgl. Kap. 2.4).

Von einer weitergehenden Begriffserklärung wollen wir absehen und auf einen minimalen Sprachkonsens vertrauen, der von all den unterschiedlichen Theorien, Strömungen, Untersparten und Anwendungsfeldern zu abstrahieren gestattet, die unter dem jeweiligen Disziplinnamen subsumiert werden.

Wir wollen damit beginnen, die Grundposition und den Selbstanspruch der Psychoanalytischen Pädagogik grob zu umreißen, um sie sodann aus (neuro-)szenologischem Blickwinkel heraus zu beurteilen. Ich werde dabei auch methodologische Aspekte berühren, ohne allerdings die erziehungswissenschaftliche Diskussion um das Wissenschaftsverständnis und die Methodologie der Pädagogik berücksichtigen zu können. Insbesondere muß die immer wieder auflebende Diskussion um die hermeneutische Pädagogik und ihre methodologischen Prämissen ausgeklammert bleiben.

Ungeachtet der ohnehin fließenden Übergänge zwischen Erziehung und Therapie (vgl. z. B. Böhm 1988, S. 172; Pallasch 1990) gehen exponierte Vertreter der Psychoanalytischen Pädagogik davon aus, daß die Unterschiede zwischen psychoanalytisch-pädagogischem und psychoanalytisch-therapeutischem Handeln weniger grundsätzlicher, d. h. erkenntnistheoretischer und methodologischer Natur seien, sondern vielmehr aus disparaten Praxisfeldern und Arbeitsanforderungen erwachsen würden (vgl. hierzu bes. Figdor 1989; Trescher 1990).

Vom abstrakten Standpunkt einer auf Selbstbestimmung gerichteten Erziehungs- bzw. Bildungstheorie (vgl. auch Kap. 1.2) aus betrachtet, bewegt sich Therapie insofern im pädagogischen Grenzbereich, als sie Prozesse bzw. Maßnahmen einleitet, die den Menschen zur Selbstreflexion hinführen und ihm dazu verhelfen, seine Persönlichkeit zu entwickeln bzw. zu „bilden“. Auf dieser Grundauffassung baut auch die Argumentation einiger Autoren auf, die der (psychoanalytischen) Therapie - entgegen dem medizinalisierten Selbstverständnis - eine „pädagogische“ Grundstruktur zu bescheinigen versuchen (vgl. Datler 1988, 1995; Randolph 1990; als Gegenposition hierzu s. bes. Körner 1990). Ungeachtet der noch ungeklärten Grenzziehungen zwischen Psychoanalyse und Pädagogik betrachten die zeitgenössischen Proponenten einer Psychoanalytischen Pädagogik ihr Fachgebiet als Bestandteil der (nicht-klinischen) Psychoanalyse, die sie wiederum dem Gesamtbereich des Pädagogischen zurechnen.

Ohne auf den aktuellen Diskussionsstand um die Psychoanalytische Pädagogik einzugehen (vgl. hierzu bes. die ersten beiden Ausgaben des „Jahrbuchs für Psychoanalytische Pädagogik" (1989 u. 1990) sowie Körner 1992), könnte m. E. jede Pädagogik „psychoanalytisch" genannt werden, die sich mit der Wirkung unbewußter Kommunikationsprozesse und insbesondere mit den unbewußten Regungen des pädagogisch verantwortlich Handelnden beschäftigt. Schließlich ist jeder Pädagoge gehalten, sich der tatsächlichen Folgen seines Verhaltens zu vergewissern, um nicht der bloßen Situationsdynamik anheimzufallen oder in ein beziehungsblindes Reagieren abzugleiten (vgl. hierzu Mollenhauers (1972, S. 120 f.) Begriff der pädagogischen Meta-Intentionalität).

Die moderne Psychoanalytische Pädagogik, die sich nicht mehr wie ihre Vorläufer in den zwanziger und dreißiger Jahren auf die Neurosenprophylaxe beschränkt sehen will, vertritt dezidiert den Anspruch, den tiefenhermeneutischen bzw. szenischen Verstehenszugang mit einem darauf abgestimmten pädagogischen Handeln zu verschränken. Auf dem Weg dahin wären freilich noch eine Reihe von Hürden zu nehmen. Ich will diesen Problemkreis in seinen wesentlichen Aspekten zu umreißen versuchen.

Zunächst ist zu bedenken, daß die psychoanalytischen Konzeptionen aus der klinischen Praxis, genauer: aus der therapeutischen Arbeit mit Erwachsenen hervorgegangen sind. Dies heißt, daß die psychoanalytischen Hypothesen nicht auf der Grundlage konkreter Kommunikations- und Ausdrucksforschung entwickelt wurden, sondern sich ausschließlich aus der notgedrungen spekulativen Rekonstruktion der Kindheitserfahrungen von (erwachsenen) Psychotherapie-Patienten ableiten. Es versteht sich von selbst, daß das für die „Theoriebildung" herangezogene Fallmaterial, d. h. die Reminiszenzen der Analysanden, wiederum allen denkbaren Selektionen, Verzerrungen und phantasievollen Ausschmükkungen unterworfen sind (vgl. Kap. 2.4).

Dies gilt auch für den von der Psychoanalytischen Pädagogik zumindest implizit rezipierten Grundkonsens der neueren Psychoanalyse, wonach Gedächtnisspuren in Form von affektiv gefärbten Selbst- und Objektrepräsentanzen aufgezeichnet werden (s. Kap. 5.2, 5.6), denen frühkindliche, im Medium nonverbaler Affektsignale stattfindende Kommunikationsprozesse zugrunde liegen sollen.

Die potentielle Bedeutung der Selbst- und Objektbeziehungstheorien für das pädagogisch-kommunikative Handeln braucht hier nicht nochmals erläutert zu werden. An dieser Stelle soll der Hinweis genügen, daß auch die selbst- und objektbeziehungstheoretischen Konzepte zur (pathogenen sowie „gesunden") Persönlichkeit(entwicklung) letztlich über induktive Schlüsse aus klinischen Erfahrungen mit Erwachsenen gewonnen wurden. Die Erfahrungen aus der Säuglingsforschung und der Kinderanalyse hatten für die Herausbildung der Selbst- und Objektbeziehungstheorien allenfalls marginalen Charakter.

Die aus der Erwachsenenanalyse abgeleiteten Aussagen können freilich weder statistische Repräsentativität (für die Durchschnittsbevölkerung) noch ökologische Validität für die kindliche Selbstentwicklung beanspruchen. Manche der als „Theorien" deklarierten psychoanalytischen Hypothesen fußen ohnehin noch viel zu häufig auf einigen „handverlesenen" Behandlungsfällen des jeweiligen Autors.

Die von der Psychoanalytischen Pädagogik übernommenen psychoanalytischen Grundkonzepte bedürfen m. E. nicht nur der (neuro-)szenologischen Re-Interpretation (zugunsten der empirisch-hermeneutischen Analyse der über affektiven Signalaustausch vermittelten Szenen), sondern auch der entwicklungspsychologischen Validierung (zugunsten pädagogischer Handlungsprinzipien).

Ein notwendiges Korrektiv gegenüber den gewagten Rekonstruktionen frühkindlicher Erfahrungen aus Erwachsenenanalysen könnten die stärker empirisch orientierten Studien aus dem Bereich der psychoanalytischen Säuglings- bzw. Kleinkindforschung bilden (Paradebeispiele: René Spitz 1965/1982, Daniel N. Stern 1986, s. zusf. Mertens 1992 b, S. 43 ff.). In ähnlicher Weise hoffte auch Freud, daß sich mit Hilfe der direkten Kinderbeobachtung die psychoanalytische Erkenntnisbildung verbessern ließe (s. z. B. Freud 1905, St. A. Bd. 5, S. 106; erinnere hierzu Freuds bekannteste Kinderbeobachtung, nämlich das Garnrollenspiel seines anderthalbjährigen Neffen, s. Kap. 5.7.2.2).

Die neueren psychoanalytischen Arbeiten zur Säuglings- bzw. Kleinkindforschung stützen sich nämlich auf Experimente und Beobachtungsprotokolle, und sie zeichnen sich insbesondere durch ihre luziden Beschreibungen der reziproken Einflußnahme i. S. eines „emotionalen Dialogs" zwischen Mutter und Kind aus. Allerdings ermangeln diese Publikationen m. E. weitgehend einer selbst- bzw. objektbeziehungstheoretischen Fundierung, da sie zwar den psychoanalytischen Erfahrungsraum in empirischer Hinsicht erweitern, aber nicht auch schon den entsprechend revidierten Denkrahmen mitliefern, innerhalb dessen die neuen Beobachtungen zu interpretieren wären. Dieses Manko ist wiederum in einem zweifachen Problem begründet: Zum einen wurden die theoretischen Konzepte den empirischen Ergebnissen mehr oder weniger unvermittelt aufgestülpt werden (so bes. bei René Spitz und Margaret Mahler), und zum anderen müßte manche Lehrmeinung, die innerhalb der klinischen Psychoanalyse jahrzehntelang als unumstößlich galt (wie z. B. die Charakterisierung der ersten beiden Neugeborenen-Stadien als „primär autistisch" und „symbiotisch", s. Kap. 5.3) aufgrund der neueren entwicklungspsychologischen Erkenntnisse aufgegeben werden (s. Kap. 5.2.1, 6.2, 5.8.2.1).

Auch angesichts dieser Disparitäten zwischen klinisch-psychoanalytischen Auffassungen und entwicklungspsychologischen Beobachtungen ist der mögliche Beitrag der

Selbst- und Objektbeziehungspsychologie für die (Psychoanalytische) Pädagogik bzw. die (Pädagogische) Psychologie eher skeptisch zu beurteilen. Es ist daher ausdrücklich festzuhalten, daß die selbst- und objektbeziehungstheoretischen Ansätze der Psychoanalyse derzeit (noch) keine empirisch bedeutsamen Aussagen über den sozusagen intermediären Raum zwischen szenischen bzw. pädagogisch-kommunikativen Arrangements einerseits und intra-psychischer Repräsentanzen- bzw. Persönlichkeitsbildung andererseits bereitstellen können.

Wie eingangs erwähnt, ist die Grundidee der Anwendung psychoanalytischer Konzepte und Methodik auf das pädagogisch-kommunikative bzw. pädagogisch-psychologische Arbeitsfeld geradezu konstitutiv für die sog. Psychoanalytische Pädagogik. Dabei stellt sich allerdings das grundlegende Problem, daß die psychoanalytische Methodik an ein festgelegtes Setting bzw. an eine therapiespezifische Kommunikationsform gebunden ist. Bei dem sog. Standardverfahren der Psychoanalyse handelt es sich um eine sozusagen künstliche Gesprächssituation, in der die informellen (Alltags-)Regeln der zwischenmenschlichen Kommunikation weitgehend suspendiert sind (vgl. hierzu bes. Schröter 1974). Das Therapiegespräch gleicht eher einem Monolog des Analysanden, während der Analytiker vorwiegend zuhört und gelegentlich seine therapeutischen Kommentare (die sog. Konfrontationen, Klarifikationen und Deutungen) abgibt. Zudem ist die Möglichkeit der nonverbalen Kommunikation stark eingeschränkt. So besteht z. B. kein wechselseitiger Blickkontakt zwischen Patient und Analytiker: Der Patient liegt („frei assoziierend“) auf der Couch und kann dabei den hinter seinem Kopfende sitzenden Analytiker nicht sehen. Doch auch der Analytiker befindet sich oftmals in einer Sitzposition, die ihm keinen vollständigen Blick auf das Gesicht des Patienten gestattet (vgl. König 1991, S. 134; Kutter 1989, S. 276). Gleichwohl ist davon auszugehen, daß in den Therapiegesprächen zumindest paralinguistische bzw. prosodische Affektsignale wirksam sind (vgl. König 1991, S. 146). Auch ist daran zu denken, daß die settingspezifischen Kommunikationsbeschränkungen dadurch kompensiert werden, daß die nonverbalen Affektsignale während der Begrüßungs- und Abschiedsszenen besonders verdichtet zutage treten (vgl. z. B. Mertens 1993, S. 11, 178). Die im Kontext der psychoanalytischen Behandlung bedeutsamen non- bzw. paraverbalen Kommunikationskanäle wurden m. W. bislang nicht systematisch untersucht (s. hierzu auch die an Satire grenzende Kritik Mosers 1987 an dem psychoanalytischen Standardverfahren).

So wenig pädagogische (Beziehungs-)Situationen mit dem restringierten Therapiesetting zu vergleichen sind (vgl. Trescher 1990, S. 158 ff.), so wenig hat es die Pädagogik nur mit intrapsychischen Erfahrungsniederschlägen bzw. subjektiven Phantasien zu tun. Pädagogik ist immer auch auf nonverbale Kommunikation sowie auf konkretes inter-aktives Handeln angewiesen (vgl. Kap. 1.2).

Man könnte daher erwarten, daß gerade die Psychoanalytische Pädagogik bestrebt ist, den auf intra-psychische und verbalisierbare Sinnzusammenhänge eingegrenzten

Blickwinkel der Psychoanalyse in kommunikationstheoretischer Perspektive zu erweitern. Bedauerlicherweise ist es der Psychoanalytischen Pädagogik - wenn ich recht sehe - noch nicht gelungen, eine für die Pädagogik bzw. die Pädagogische Psychologie relevante Interaktions- bzw. Kommunikationspsychologie zu entwickeln (vgl. auch die Einschätzung von Figdor 1989, S. 152 ff., 167 f.).

Ein weiteres Desiderat bildet die auf Lorenzer zurückgehende Idee vom „szenischen Verstehen" (s. Kap. 2.4), die innerhalb der neueren Psychoanalytischen Pädagogik engagiert diskutiert wird. Die Wahrnehmung und Analyse der Übertragung-Gegenübertragungs-Dynamik (s. Kap. 5.8.1) wird zwar allgemein als konstitutiv für szenisches Verstehen betrachtet, ohne daß dieser Anspruch bereits zugunsten richtungsweisender Perspektiven für die Erforschung und Anleitung pädagogisch-kommunikativen Handelns ausgearbeitet worden wäre (vgl. Petrik 1992, S. 173 ff.). Auch unser Vorschlag zur Reflexion der Gegenübertragung während der szeno-graphischen Beobachtung (Kap. 7.1.2) mußte notgedrungen noch recht abstrakt bleiben. Der Entwicklungsstand zum Konzept des szenischen Verstehens ließe sich derzeit dahingehend charakterisieren, daß die in der Psychoanalyse relativ klar faßbaren Konzepte der Übertragung und Gegenübertragung gleichsam zerfließen, sobald sie sich im pädagogischen bzw. pädagogisch-psychologischen Handlungs- oder Forschungskontext konkretisieren sollen.

Diese Versäumnisse liegen m. E. in zwei, einander bedingenden Umständen begründet. Zum ersten kann die Psychoanalytische Pädagogik derzeit noch nicht auf eine eigenständige Praxis (nicht-klinische Anwendungsfelder) zurückgreifen, auf deren Basis professionsbegründende Handlungskonzepte zu entwickeln und zu überprüfen wären. Zum zweiten scheint mir die Psychoanalytische Pädagogik (noch) zu stark an der Psychoanalyse (als ihrer „Mutterdisziplin") ausgerichtet. Beide Problemaspekte bedürfen der näheren Erläuterung.

Der Psychoanalytischen Pädagogik fehlen insbesondere jene heuristischen Kommunikationskonzepte, welche im pädagogisch-psychologischen Handlungsfeld dadurch wirksam werden könnten, daß sie einen orientierungsstiftenden Bezugsrahmen für die Beeinflussung innerpsychischer Prozesse beim Edukanden bereitstellten. Es versteht sich von selbst, daß die hier angedeutete Verschränkung von tiefenhermeneutischer Diagnostik und pädagogischem Handeln nicht im Sinne einer verhaltenstechnologischen Anwendung der Psychoanalyse zu verstehen ist. Schließlich steht gerade die Psychoanalyse für die These ein, daß bewußte Intentionen bzw. Zielvorstellungen von unbewußt wirkenden Kräften unterlaufen werden bzw. von ihnen gebrochen werden. Im übrigen ist auch von Seiten der pädagogischen Wirkungsforschung hinlänglich bekannt, daß pädagogisches Handeln nicht als nebenwirkungsfreie Verhaltenstechnik zu realisieren ist (vgl. z. B. Fromm 1988).

Das nicht-instrumentelle, psychoanalytisch-pädagogische Handeln bestünde in nichts anderem, als in dem reflektierten Umgang mit dem sich unbewußt einstellenden Beziehungsgeschehen in pädagogischen Situationen (s. hierzu die Fallbeispiele in Trescher 1990, S. 134 ff., 177 ff.). Während es in der klinischen Psychoanalyse um die szenische Rekonstruktion infantiler Beziehungswünsche und das kunstgerechte „Durcharbeiten" der damit einhergehenden Konflikte geht, steht die Psychoanalytische Pädagogik vor dem Problem, professionelle Formen der Situations- und Beziehungsgestaltung zu entwickeln, mit deren Hilfe aktuelle Beziehungskonflikte entkrampft und massive Kommunikationsstörungen, wie sie etwa in Unterrichts- oder Prüfungssituationen auftreten, aufgelöst werden können. In Anlehnung an Trescher ließe sich diese psychoanalytisch-pädagogische Handlungsorientierung als „Arbeit an den (Übertragungs-)Beziehungen" umschreiben (vgl. Trescher 1990, S. 53, 173). Damit ist freilich zunächst nur eine vage Leitvorstellung formuliert, noch kein Handlungsprinzip im Sinne der Psychoanalytischen Pädagogik. So ist z. B. noch unklar, was an die Stelle der deutungszentrierten Interventionen treten soll, die in den meisten pädagogischen Arbeitsfeldern (außer in der Beratung) nicht möglich sein dürften.

Es sei in diesem Zusammenhang die - m. E. heute noch gültige - Einschätzung des Erziehungswissenschaftlers und Psychoanalytikers Günther Bittner (1973, S. 86) in Erinnerung gerufen:

> Ich möchte behaupten, daß Handlungen im sozialen Felde genauso eine psychoanalytisch faßbare Struktur und „Grammatik" besitzen wie die verbalen Deutungen, nur mit dem Unterschied, daß wir von der „Grammatik" des sozialen Handelns kaum etwas wissen. Dieses Nichtwissen wiederum erschwert eine konsequente Anwendung der Psychoanalyse in sozialen Praxisfeldern, weil vor jeder sinnvollen Anwendung die gesamte Blickrichtung sich ändern müßte: aus einer *deutungszentrierten* müßte eine *handlungszentrierte Reflexion* werden.

Aus all dem Gesagten ist zu schließen, daß das für die Generierung eines professionellen Handlungswissens so wichtige Bemühen um ein dem pädagogischen Feld entsprechendes psychoanalytisches Instrumentarium wohl noch einige Zeit auf sich warten läßt (vgl. hierzu auch Datler 1995, S. 108 f.). Der von Bittner eingeklagte Wechsel der „gesamten Blickrichtung" müßte m. E. jedoch auch beinhalten, daß der für das aktuelle Beziehungsgeschehen eminent bedeutsame Bereich der nonverbalen Kommunikation (vgl. Ellgring 1986, 1987) und des unbewußten Gefühlsausdrucks (s. Kap. 3.3) in die weiteren Überlegungen einbezogen werden müßte. Des weiteren halte ich es für fraglich, ob die notwendige Blickänderung allein durch eine Art von subsumptionslogischer „Anwendung" der klinischen Psychoanalyse auf die - noch zu erforschende - „Grammatik des sozialen Handelns" zu bewerkstelligen wäre. Damit haben wir bereits den zweiten o. g. Problempunkt berührt, nämlich das (einseitige) Ausrichten der Psychoanalytischen Pädagogik an der Psychoanalyse.

Aus der sozusagen kindlichen Abhängigkeitsbeziehung zur Psychoanalyse erwachsen der Psychoanalytischen Pädagogik m. E. zweierlei Grundprobleme: Zum einen kolportiert die Psychoanalytische Pädagogik eine selbstgerechte, aber darum umso fragwürdigere methodologische Grundposition (vgl. Kap. 2.4), wonach empirische, sozialwissenschaftliche Verfahren kategorisch auszuschließen sind, um das „Psychoanalytische" nicht zu verwässern. Zum andern zieht die Psychoanalytische Pädagogik einen aus der therapeutischen Praxis heraus entwickelten Begriffsapparat mit sich im Schlepptau, wodurch sie - wenngleich ungewollt - einer Klinifizierung ihrer Arbeitsweisen Vorschub leisten könnte.

Da ich die methodologische Position der Psychoanalyse bzw. der Psychoanalytischen Pädagogik bereits an früherer Stelle (s. Kap. 2.4) bemängelt habe, will ich mich hier darauf beschränken, auf den zuletzt genannten Problempunkt näher einzugehen.

Das Problem der Klinifizierung ist für uns insofern grundlegend, als es nicht nur die Selbstlegitimation der Psychoanalytischen Pädagogik berührt, sondern auch das (neuro-)szenologische Konzept in Frage stellt: Die Aussagen der Psychoanalyse mitsamt den klinischen Arbeitsbegriffen (wie Unbewußtes, Übertragung, Abwehr, Konflikt), sollen zwar prinzipiell auch für das pädagogisch-psychologische Arbeits- bzw. Forschungsfeld gelten. Es steht aber - streng genommen - noch die empirische Prüfung dafür aus, ob und inwiefern sich die - eigentlich nur vom therapeutischen Setting her legitimierten - (klinisch-)psychoanalytischen Konzepte überhaupt für die Beschreibung und das Verständnis pädagogischer (Konflikt-)Szenen eignen. Es wäre demnach fraglich, ob die (klinifizierende) Psychoanalyse überhaupt etwas zur Untersuchung szenischer Kommunikation und zur Bewältigung pädagogisch-psychologischer Handlungsprobleme beisteuern könnte.

Zur Entkräftung dieses Einwandes lassen sich zumindest einige Plausibilitätserwägungen anführen. Zum ersten betonen nicht nur psychoanalytisch orientierte Pädagogen, sondern auch klinische Psychoanalytiker unisono, daß viele psychoanalytische Kategorien (wie z. B. das Übertragungskonzept) ubiqitäre, nicht auf die therapeutische Situation begrenzte Phänomene beschreiben würden (s. beispielhaft: Kutter 1989, S. 284; Thomä & Kächele 1989, S. 53). Es wird allenfalls geltend gemacht, daß z. B. die Übertragungsgefühle im Alltag nicht so intensiv bzw. nicht so prägnant wie in der Therapie zutage treten würden (vgl. z. B. König 1991, S. 65; Mertens 1993, S. 186; Muck 1977, S. 1114; Trescher 1990, S. 76).

Des weiteren läßt sich erkenntnismäßig herleiten, daß die zentralen Arbeitsbegriffe der Psychoanalyse (wie Unbewußtes oder Abwehr) transzendenten bzw. apriorischen Konstruktionen gleichen, die bereits vor aller empirischen Einsicht und therapeutischen Erfahrung bestanden haben müssen (s. hierzu bes. Figdor 1989, S. 142 ff.): Nach Figdor begründet sich die psychoanalytische Therapie letztlich aus der empirisch nicht entscheidbaren Annahme, daß jedes noch so „unerklärliche" Phänomen einen „unbewußten" Sinn hat: So stelle z. B. das Konzept der Abwehr - (erkenntnis-)logisch betrachtet - lediglich die Kehrseite des Abgewehrten, sprich des „Unbewußten" dar. Aus dem unbewußten Widerstreit zwischen dem Abgewehrten und der Abwehr würden - so Figdor - wiederum die klinischen Symptome abgeleitet.

Die klinischen Symptome entwickeln sich aber bekanntlich nicht erst in der Therapie (wenngleich hier die sog. Übertragungsneurose angestrebt wird), sondern in der (extraklinischen) Lebenswelt der Patienten. Schließlich geben die Symptome zumeist den Anlaß für den Beginn einer psychoanalytischen Therapie. Figdor zieht aus dieser Überlegung den Schluß, daß die psychoanalytischen Basiskonzepte nicht an das therapeutische Setting gebunden sein können. In methodologischer Hinsicht würde dies für die Psychoanalytische Pädagogik bedeuten, daß unbewußte Prozesse mitsamt deren Abwehr und Konflikthaftigkeit auch im pädagogischen Feld mit Hilfe psychoanalytischer (Tiefen-)Hermeneutik erschließbar sein müßten.

Gleichwohl lassen sich mit dieser Argumentation nicht etwaige Zweifel an der Grundannahme ausräumen, daß übertragungsbedingte Beziehungsmuster auch außerhalb des Therapiesettings „bearbeitbar" seien (vgl. Körner 1990, S. 132).

Es wäre ferner erst noch zu prüfen, ob und inwieweit sich die herkömmlichen Kategorien der Psychoanalyse überhaupt zur Beschreibung und Analyse von (affektiven) Konfliktszenen in pädagogischen Feldern eignen. Die Grundbegriffe der Psychoanalyse beziehen sich nämlich - genau genommen - auf die innerhalb des Individuums lokalisierten (Trieb-)Wünsche, Phantasien, Konflikte und auf die damit verbundenen (intra-psychischen) Repräsentanzen. Dies gilt auch für die sog. Objekt*beziehungs*psychologie insgesamt. Dementsprechend richten sich die traditionellen Methoden der Psychoanalyse (wie Introspektion, Empathie, Deutung), aber auch das szenische Verstehen auf die nicht-sichtbare Innenwelt des Individuums (vgl. Kohut 1975, 1982 a; Mertens 1992 a, S. 117). Es ist von daher zu bedenken, ob das kategoriale Rüstzeug der Psychoanalyse überhaupt auf den Bereich des beobachtbaren Verhaltens ausgedehnt werden sollte. Derartige Einwände lassen sich m. E. vorerst zwar nicht ausräumen, aber doch abschwächen.

Einwendungen gegenüber den Versuchen zur Begründung einer dem psychoanalytischen Verfahren gleichwertigen pädagogischen Kommunikationsform lassen sich zum einen durch die erkenntnislogisch begründbare (Plausibilitäts-)Erklärung entkräften, daß psychoanalytisches Handeln nicht auf die therapeutische Situation begrenzt sei (s. o. bzw. Figdor 1989, 1993). Zum andern scheinen eine Reihe von Erfahrungsberichten diese Grundthese zu stützen (s. z. B. Reiser & Trescher 1987; Trescher 1990; siehe auch die entsprechenden Beiträge in Muck & Trescher 1993 sowie in den Bänden des seit 1989 erscheinenden „Jahrbuchs für Psychoanalytische Pädagogik"). Allerdings gibt es hierzu - wenn ich recht sehe - noch keine systematischen Studien. In Anbetracht des noch jungen Entwicklungsstadiums der Psychoanalytischen Pädagogik (mit Desideraten wie: einschlägige, praxisanleitende Grundbegriffe, spezifische Forschungsmethodik, professionstypische Anwendungsbereiche) müssen wir uns wohl noch geraume Zeit mit dieser Petitio principii der Psychoanalytischen Pädagogik begnügen.

7.2.2 Handlungspragmatische Orientierungen

In diesen Abschnitt sollen ausgewählte (neuroszeno-)pädagogische Schlußfolgerungen aus unserem Modellentwurf abgeleitet werden. Dabei will ich zunächst kurz auf einen *gesundheits-* bzw. *neuro-pädagogischen* Aspekt aufmerksam machen. Anschließend werde ich - mit dem exemplarischen Fokus und Skopus auf den Prüfungsdialog - *kommunikations- bzw. szeno-pädagogische* Überlegungen anstellen.

Beginnen wir mit einigen eher banalen "Einsichten", die jedoch weder in den bereichsspezifischen (Miniatur-)Theorien der Emotionsforschung noch in der oftmals feingesponnenen Modellvorstellungen der Psychoanalyse berücksichtigt werden. Die vielleicht naheliegendste pädagogische Implikation des neuroszenologischen Modells betrifft den Aspekt einer „gesunden Lebensweise", die letztlich die Grundvoraussetzung für ein normales Funktionieren des Gehirns bzw. der „(neuro-)physiologischen Homöostase" (s. Kap. 5.7.2.3) darstellt. Ohne ausreichenden, regelmäßigen Schlaf kann sich das neuronale System nicht „erholen", ohne eine mineralstoffreiche und eiweiß- bzw. aminosäurehaltige Ernährung können Störungen im neuronalen Erregungsleitsystem sowie im Neurotransmitterhaushalt und damit im psychischen Befinden entstehen. Es sei lediglich erwähnt, daß ein ausgewogenes Verhältnis von bestimmten Mineralien (wie Natrium-, Kalium-, Calcium- und Magnesium-Ionen) die Grundvoraussetzung für elementare neurophysiologische Abläufe (wie Aufbau und Weiterleitung von Aktionspotentialen, Rückkehr zum Ruhepotential) darstellt. Ebenso soll nur darauf verwiesen werden, daß viele Neurotransmitter bzw. deren chemische Vorstufen (insbesondere Aminosäuren) über die Nahrung dem Körper zugeführt werden müssen (zu dem generellen Zusammenhang zwischen Ernährung und „Psyche" s. z.B. Calatin 1991).

Ferner ist zu beachten, daß chronischer Bewegungsmangel u.U. eine ungenügende Sauerstoffversorgung des Gehirns zur Folge hat, was sich wiederum ungünstig auf die neuronalen Mechanismen auswirken dürfte und was von affektiven Störungen und/oder kognitiven Beeinträchtigungen (wie Depression, Leistungsabfall) begleitet sein könnte.

Man sollte das Gehirn nicht - wie in der Neuropsychologie üblich - als isoliertes Organ betrachten, das allein mit „psychischem" Erleben korrespondiert; schließlich stellt das Gehirn ein mit dem gesamten Organismus vernetztes (Supra-)System dar. Wie ich bereits ausführlich dargestellt habe, spielen sich Emotionen bzw. Affekte mitsamt den intra-psychischen Bedeutungsgehalten (Symbolen, Beziehungsrepräsentanzen) keineswegs nur im Kopf ab (wenngleich sie dort erzeugt werden). Emotionen stellen nach meinem Modell komplexe, somato-szenische Phänomene dar, die sowohl zentralnervöse bzw. mentale Steuerungsmechanismen umfassen als auch vegetative und viszerale Veränderungen, die wiederum alle (neuro-)hormonell vermittelt sind. Aufgrund dieser neuro-organismischen Verwobenheit können Emotionen buchstäblich „unter die Haut" gehen, den „Atem rauben", „das Herz höher schlagen" lassen etc.

Der o. g. Aspekt des Zusammenhangs zwischen gesundheitsbezogenem Verhalten einerseits und neuronalen Funktionen andererseits sollte jedoch nicht verabsolutiert werden. Schließlich sind die neurobiologischen Größen sowohl von genetischen Dispositionen als auch von individuellen Lebenserfahrungen abhängig.

In diesem Zusammenhang möchte ich auf neuere pädagogische Bemühungen hinweisen, die neben bestimmten Maßnahmen (wie Bewegungsschulung, meditativ-kreativer Selbsterfahrung) die Ernährung als wichtige Säule einer gesundheitsbewußten Selbsterziehung herausstellen. So wünschenswert derartige Neuorientierungen in der Pädagogik sind, so fragwürdig müssen sie bleiben, wenn sie den kommunikativen bzw. sozio-emotionalen Aspekt einer gesundheitsbewußten Erziehungs- und Lebensform vernachlässigen. So wird z.B. in einem - an sich lesenswerten - Reader zum Themenkomplex „Erziehung und Gesundheit" die Ansicht vertreten, daß sich die psychische Befindlichkeit weitgehend über eine bestimmte, individuell zugeschnittene Ernährungsweise steuern lasse (vgl. Tönnis & Lauff 1988; die Autoren behaupten u. a., daß ein einziges Vitamin (B 6) die „seelisch-geistige Funktion" maßgeblich beeinflusse, s. ibid., S. 71 f.; s. hierzu auch das Lebenshilfe-Taschenbuch des Erziehungswissenschaftlers Bijan Adl-Amini (1990, speziell S. 43 ff.). Ungeachtet der Frage, ob und inwieweit diese Positionen wissenschaftlichen Prüfungen standhalten, tritt hierbei der Zusammenhang zwischen psychischem Erleben und pädagogischem Handeln völlig in den Hintergrund. „Ernährungspädagogische" Konzeptionen, die vom sozio-emotionalen Konnex absehen, spiegeln sozusagen narzißtisch gefärbte Erklärungsversuche wider, die der Trennung von Selbstwert und Kommunikation Vorschub leisten.

Dieser Kritikpunkt leitet bereits über zu den eingangs angekündigten prüfungspädagogischen Implikationen des neuroszenologischen Modells. Trotz der Schwierigkeiten, auf allgemeiner Ebene Aussagen für den konkreten Umgang mit affektiven Prüfungsszenen zu treffen, möchte ich einige grundsätzliche Handlungsmaximen aus der in dieser Arbeit verfolgten Argumentationslinie ableiten.

In Anknüpfung an frühere Überlegungen (vgl. Kap. 1.3, 2.5 sowie 3.4) wollen wir für die folgenden Gedanken davon ausgehen, daß sich die in Prüfungsdialogen vorherrschenden Emotionen durch ihren Selbstwertbezug bzw. durch ihren „narzißtischen Grundton" auszeichnen. Selbst(wert)bezogene bzw. „narzißtisch getönte" Emotionen (wie „Hoffnung auf Erfolg", „Furcht vor Mißerfolg", „Lampenfieber", „Scham", „Stolz" etc.) können wiederum in weitgehend subkortikal gesteuerte Kommunikationszyklen (sog. Szenokreise) eingebettet sein, die sich in Anlehnung an Kohut als „Selbstobjekt-Begegnungen" (vgl. Kap. 5.7.2.1) beschreiben lassen. Der Begriff der „Selbstobjekt-Begegnung" ist hierbei nicht auf seine klinische Bedeutung (im Sinne einer Entwicklungsstörung) einzugrenzen. So wenig Regressionen auf frühkindliche

Erlebnisweisen an sich pathologisch sind (s. Kap. 7.1.2), so wenig sind „Selbstobjekt-Begegnungen“ von vornherein als „gestörte“ bzw. „defizitäre“ Kommunikationsmuster zu betrachten. Vielmehr markiert der Begriff der „Selbstobjekt-Begegnung“ eine für den Menschen zeitlebenexistentiell bedeutsame Grundvariante menschlichen (Zusammen-)Lebens (vgl. Kohut 1989, S. 79 ff.). Der Mensch ist nach dieser anthropologischen Annahme auf die stützende Funktion von „Selbstobjekten“ (wie Familienangehörigen, Freunden, Lehrern) bzw. von „Selbstobjekt-Milieus“ (wie Familie, Gruppen, Schule) angewiesen, und zwar von der Geburt bis zum Tod. Kohut betrachtet daher die (langfristigen) „Selbstobjekt-Beziehungen“ als eine Art „psychischen“ Sauerstoff, ohne den kein wirklich menschliches Leben denkbar ist. Was dieses vitale, psychologisch existenzielle Bedürfnis nach „Selbstobjekten“ anlangt, so ähnelt der Erwachsene dem Säugling.

Wir wollen uns nun fragen, was dieses nicht-klinische Verständnis des „Selbstobjekt“-Begriffs für die pädagogisch-psychologische Gestaltung mündlicher Prüfungen bedeuten könnte. Als erstes verweist der Begriff der „Selbstobjekt-Begegnung“ auf die potentiell positive, „helfende“ Rolle des Prüfers bzw. der Prüferin. Gemeint ist damit, daß der Prüfer bzw. die Prüferin - zumindest zeitweilig - vom Prüfling als „psychischer Halt“, sprich: als sicherheitsspendendes und initiativförderndes „Selbstobjekt“ erlebt werden könnte. Prüfungsdialoge könnten insofern eine Art von pädagogischer Hebammenfunktion erfüllen, indem sie dem Prüfling zu einer möglichst freien „Selbstdarstellung“ sowie zu einfallsreichen Wortbeiträgen verhelfen würden.

Eine derartige, vielleicht visionär anmutende Prüfungs-Mäeutik ließe sich womöglich mit Hilfe pädagogisch-psychologischer „Prüfungsschulungen“ entwickeln. Ich denke hierbei insbesondere an solche Angebote, die auf dem therapeutischen Konzept der sog. person- bzw. klientzentrierten Gesprächsführung (sensu C. R. Rogers) aufbauen. (Entsprechende Versuche wurden im Rahmen unseres früheren Prüfungsprojekts angestellt). Die auf Rogers zurückgehende Gesprächsführung bietet sich m. E. aus wenigstens zweierlei Gründen an: Zum einen beruht sie auf selbstpsychologischen Überlegungen (s. Kap. 5.4), die zumindest implizit die für Prüfungen charakteristische Narzißmusthematik berühren. Zum zweiten wird allenthalben angenommen, daß die klient- bzw. personenzentrierte Gesprächsführung auch von nicht psychologisch vorgebildeten Personen relativ leicht erlernbar ist.

Es verbietet sich allein aus Raumgründen, das therapeutische Konzept der Rogersschen Gesprächsführung detailliert darzustellen. Im übrigen dürfte die von Rogers entwickelte sog. klient- bzw. personzentrierte Gesprächstherapie in Psychologie wie Pädagogik weitgehend bekannt sein, zumal es eine Fülle hervorragender und leicht zugänglicher Überblicksdarstellungen hierzu gibt (vgl. exemplarisch: Biermann-Ratjen, Eckert & Schwarz 1992; Bommert 1987; Pallasch 1990, bes. S. 18-27; ders. 1995; Weinberger 1992). Im Hinblick auf das Hintergrundverständnis der Rogersschen Prinzipien einer „helfenden“ Gesprächsführung scheinen mir jedoch einige Anmerkungen vonnöten, um ein - sich besonders in Kritikerkreisen hartnäckig haltendes - Vorurteil gegenüber der Gesprächspsychotherapie auszuräumen. Hierzu will ich nur kurz auf das sog. gesprächstherapeutische Basisverhalten eingehen, das als eine notwendige und hinreichende Bedingung für eine angstfreie, vertrauensfördernde Begegnung gilt.

Die von Rogers postulierte Gesprächshaltung ist bekanntlich durch die drei sog. Basisvariablen:

- „Empathie“ bzw. „einfühlendes Verständnis“
- „unbedingte Wertschätzung“ („nonposessive warmth“)
- „Kongruenz“ bzw. „realness“ oder „Fassadenfreiheit“

definiert (vgl. zu diesen Begriffen neben Rogers 1957, 1959, 1976 b; Bommert 1987, S. 86 ff.; Tausch & Tausch 1979; Tscheulin 1972).

Ungeachtet der Fragen nach der klinischen Indikation und nach der differentiell-therapeutischen Effektivität der drei o. g. Basisvariablen (vgl. z. B. Tscheulin 1983) könnte man an dem Gesprächskonzept von Rogers monieren, daß es letztlich zu einer bloß einstudierten, aufgesetzten Freundlichkeit verleite. Eine derartige Auffassung beruht m. E. auf einem Mißverständnis, das wiederum mit einer entsprechend instrumentalisierten, Rogers' Absichten desavouierenden Praxis („Spiegelungstechnik“, „Papageiensprache“) zusammenhängen mag. Zur Richtigstellung sei jedoch betont, daß es Rogers selbst nie um ein gleichbleibend freundliches, rein methodisch antrainiertes Gesprächsverhalten ging. Den größten Wert legte Rogers nämlich auf die dritte der o. g. Basisvariablen, auf die sog. Kongruenz, d. h. auf die möglichst präzise „Symbolisierung der organismischen Selbsterfahrung“ (s. Kap. 5.4) der verschiedenen „Helfergruppen“ (wie Therapeuten, Psychologen, Lehrer, Sozialberufe). Die „helfende“ Person soll also - volkstümlich ausgedrückt - zuallererst mit sich selbst im reinen sein, um dem Gesprächspartner (Patienten, Klienten, Schüler etc.) überhaupt mit einer „ehrlichen“, nicht nur professionell vorgetäuschten Wertschätzung und Einfühlung begegnen zu können.

Wer mit Kohuts und Rogers Schriften gleichermaßen vertraut ist, dem drängen sich die Parallelen und Überschneidungen zwischen den beiden Therapie-Schulen zwangsläufig auf. Dies ist freilich nicht verwunderlich, wenn man bedenkt, daß Rogers Konzept aus den Erfahrungen mit Klienten erwuchs, die vorrangig unter Selbstwert- bzw. Identitätsproblemen litten (vgl. Rogers 1959, pp. 200 f.). Rogers hat sich somit - psychoanalytisch formuliert - primär mit der Behandlung narzißtischer Störungen befaßt. Beidemal wird nämlich ein therapeutisches Basisverhalten empfohlen, das sich - auf einen Nenner gebracht - vielleicht als *„empathisch-aufmerksame, aber unaufdringliche Zuhörerschaft“* charakterisieren ließe.

Allerdings sollte diese grob markierte Grundhaltung um den Kohutschen Begriff der „optimalen Frustration“ (vgl. Kap. 5.7.2.1) ergänzt werden, um kein allzu ideales, quietistisches Bild einer versagungsfreien und sicherheitsstiftenden Kommunikation zu zeichnen. Schließlich kann es in der Prüfung, die tendenziell eine mit aufgabenirrelevanten, affektiven Reaktionen und negativer Selbsteinschätzung behaftete Situation darstellt (s. Kap. 2.5), nicht darum gehen, dem Prüfling grundsätzlich jedwedes Angst- oder Schamerlebnis zu ersparen. Im übrigen ist durch zahlreiche Studien aus dem Umfeld der sog. test anxiety research (vgl. die diversen Beiträge in der Forschungsreihe „Advances in test anxiety research“, 1982 ff.; als Überblick s. Wine 1980) belegt, daß „leichte“ bzw. „mittlere“ Grade von Prüfungsangst für das Leistungsergebnis eher förderlich sind. Ähnlich wie die Mutter-Kind-Dyade (s. Kap. 5.7.2.1) ist die (prüfungs-)-pädagogische Kommunikation danach zu beurteilen, ob und inwieweit die Angst- bzw. Schamaffekte des Prüflings in eine - vom Prüfer zu kalibrierende - Selbstobjekt-Beziehung eingebunden sind. Die dabei vom Prüfer zu vollziehende Gratwanderung zwischen selbstwertbedrohlicher Leistungsbewertung und „selbstobjekthafter“ Zuhörerschaft einerseits und die damit korrespondierende, vom Prüfling zu bewältigende (narzißtische) Ambivalenz zwischen Erfolgserwartung und Mißerfolgsbefürchtung andererseits verweisen implizit auf das von Kohut als „optimale Frustration“ gekennzeichnete Ideal der Konflikt- und Affektbewältigung. „Optimale Frustrationen“ liegen - nach Kohut - dann vor, wenn es sich um passagere, emotional verkraftbare Versagungen (Empathiemängel, Mißverständnisse, Befriedigungsaufschübe) handelt, d. h. wenn die situativen Anforderungen nicht die individuelle Fähigkeit zur Selbsttröstung sowie zur Streßtoleranz übersteigen.

Der Begriff der „optimalen Frustration“ läßt sich zugleich auf die „narzißtische“ Körperebene (s. Kap. 5.7.2.3 f.), und insbesondere auf die hypothalamisch-neurovegetativen Regelmechanismen beziehen. Bekanntlich kann „Streß in Maßen“ (der sog. Eustreß) zu einer günstigen Aktivierung des Organismus und somit zu einer erfolgreichen Auseinandersetzung mit der Umwelt beitragen. So behaupten z. B. Birbaumer & Schmidt (1991, S. 443) von dem Nebennierenmark-System (s. Kap. 6.5.2), daß es nur angemessen funktionieren könne, wenn es regelmäßig „trainiert“ würde. Allerdings ist dies ein empirisch bedeutungsloser Allgemeinplatz, der offen läßt, wodurch ein „gesundes“ Mittelmaß an neuro-vegetativer Stimulierung gekennzeichnet ist. Leider hat auch Kohut seine Idee von der „optimalen Frustration“ nicht in diagnostischer Hinsicht spezifiziert, so daß letztlich nur im nachhinein entscheidbar ist, ob ein bestimmtes Erlebnis „optimal frustrierend“ bzw. „eu-stressig“ war oder nicht. Das soll freilich nicht heißen, daß der Begriff der „optimalen Frustration“ keinerlei praktische Orientierungshilfe böte. Machen wir uns dies am Prüfungsbeispiel klar.

Auf den Fall des Prüfungsdialogs angewandt, ist ein „optimal frustrierendes“ Verhalten von PrüferInnen dadurch gekennzeichnet, daß diese auf die Prüflinge verständnisvoll eingehen, ohne den eigentlichen Zweck der Prüfung, nämlich die Lerndiagnose bzw. die Leistungskontrolle zu verkennen. Demnach könnte man die prüfungspädagogische Empfehlung aussprechen, daß der Prüfling auf der Basis eines angstarmen Gesprächsklimas über seinen aktuellen Leistungsstand informiert werden sollte. Dazu würde eben auch gehören, daß der Prüfer bzw. die Prüferin sich nicht scheuen, die intellektuellen Defizite des Prüflings deutlich (!) zu benennen, wenngleich mit der „gebotenen Behutsamkeit". Zudem sollte der Prüfer die damit verbundenen „Ent-Täuschungen" des Prüflings einfühlsam zu verstehen suchen. Die Fähigkeit zur „optimalen Frustration" ist daher nicht nur auf den Prüfling, sondern auch auf den Prüfer selbst zu beziehen: Denn ohne den „optimal frustrierenden" Umgang mit sich selbst wird der Prüfer seine persönliche Betroffenheit (Verletztheit, Irritation, Verärgerung) nicht in die pädagogisch wünschenswerte Haltung der dezenten Präsenz (im o. g. Sinne) umwandeln können.

Was hier prima vista als prüfungspädagogischer Wegweiser imponieren mag, verspricht bei genauerer Betrachtung keinen neuroszenopädagogischen Zugang zur Bewältigung von affektiven Prüfungskonflikten freizulegen. Ich denke hierbei weniger an institutionell bedingte Hindernisse (die sicherlich auch bestehen), als vielmehr an die potentielle Gefahr des Mißbrauchs von pädagogisch-psychologischen Prüferschulungen. Das Konzept der „optimalen Frustration" läßt sich m. E. nämlich nicht unter Umgehung der jeweiligen Prüfer-Persönlichkeit pädagogisch umsetzen. Die bloße Implementation operationalisierter Verhaltensweisen garantiert schließlich noch keine vertrauensvolle Gesprächsatmosphäre. Ebenso ermangelt der person-orientierte Ansatz (sensu Rogers) einer szenologischen Perspektive (s. Kap. 5.5). Die szenologische Orientierung ist aber nicht zu suspendieren, wenn es um die unbewußte Dialogregulierung bzw. um die pädagogische Förderung des szenischen Dialogs gehen soll.

Der o. g. Begriff der „optimalen Frustration" meint darüberhinaus kein bewußtes oder intentional-pädagogisches Verhalten (wonach z. B. „Angst in Maßen" oder ein „goldenes Mittelmaß" aus Gewährung und Versagung gut sei). Die „optimalen Frustrationen" erwachsen - neuroszenologisch verstanden - aus den quasi natürlichen Grenzen, die wiederum weniger in sozialen Erfordernissen und bewußten Erwartungshaltungen (z. B. an die Prüfung) begründet sind, als vielmehr in den zirkulär verketteten somatoszenischen Verhaltensweisen (wie übertragungsbedingten neurovegetativen und viszeralen Reaktionen) der beteiligten Kommunikanten. Das prüfungspädagogische Gebot der „optimalen Frustration" beinhaltet demgemäß hohe Erwartungen an die personale bzw. emotionale Kompetenz von PrüferInnen, die wiederum auf der Vertrautheit mit dem eigenen „somato-szenischen Selbst" basiert. Ich will kurz erläutern, was ich damit meine.

Ein „optimal frustrierendes" Prüfungsverhalten ist m. E. an zweierlei grundlegende Voraussetzungen gebunden. Zum ersten müßte gewährleistet sein, daß die PrüferInnen den Prüfling nicht für ihre eigenen Selbstwertbedürfnisse bzw. „narzißtischen" Neigungen (Sicherheitsbedürfnis, Machtstreben, Ehrgeiz, Eitelkeit etc.) funktionalisieren. (Beispiele: Prüfling muß dem Prüfer nach dem Mund reden; Prüfer biedert sich den

Prüflingen als „einfühlsamer Leidensgenosse“ an). Dies würde wiederum voraussetzen, daß der Prüfer seine eigene narzißtische Bedürftigkeit insoweit erfaßt haben sollte, als er zur Stabilisierung seines Selbstwertgefühls nicht auf externe Gratifikations-Signale (wie „Dankbarkeit“ oder „Lerneifer“ des Prüflings) angewiesen wäre.

Zum zweiten sollte die Prüferperson grundsätzlich zur (kontrollierten) Regression imstande sein, um sich ggf. coenästhetisch auf die - psychovegetativ und neuromuskulär vermittelten - Selbstwertirritationen des Prüflings einstimmen zu können. Schließlich findet die emotionale Verständigung in der Prüfung hauptsächlich auf der Ebene des körperbetonten, spontanen Signalaustausches statt. Den neuro-vegetativen und mimischen Signalen (wie „Pupillenweite“, „Gänsehaut“, Asymmetrien des Gesichtsausdrucks, „falsches“ Lächeln, s. Kap. 3.7 und 6.5.1) käme im Kontext der Prüfung insofern eine große neuroszeno-pädagogische Funktion zu, als sie wichtige Hinweise auf szenische Phänomene (wie Übertragung) liefern, aus denen der Prüfer bzw. Pädagoge - unter Berücksichtigung der eigenen Körperreaktionen (wie der affektmotorischen Impulse, der neurovegetativen und viszeralen Sensationen, der endokrinen „Unterströme“) - Rückschlüsse auf seine Gegenübertragung und damit auf die „unbewußte“ Beziehungsregulation ziehen könnte.

In dem vom Handlungsimperativ bestimmten Kommunikationsfeld muß sich der professionell tätige Pädagoge notgedrungen auf die eigenen, immer subjektiv gefärbten (Person-)Wahrnehmungsleistungen verlassen. Die durch persönliche Teilhabe an der (Prüfungs-)Szene registrierten körperlichen Reaktionen gehen letztlich in die tiefenhermeneutische Eindrucksbildung ein, für deren empirisch-methodische Validierung aufwendige Prozeduren erforderlich wären, die sich nur innerhalb neuroszenographischer Forschungsprojekte realisieren ließen (s. Kap. 7.1).

Es ist jedoch zu bedenken, daß zumindest grobe affektmotorische bzw. neuromuskuläre Reaktionen (wie Zittern, Räuspern, Stottern, mimische Muskelinnervationen etc.) oder intensive neurovegetative Ausdruckserscheinungen (wie Erröten, Schwitzen, „flache“ Atmung) vom Prüfer relativ leicht wahrgenommen werden können, d. h. auch ohne großen forschungstechnischen Aufwand. Der Prüfer/Pädagoge könnte aus der bloßen Beachtung körperlich-nonverbaler Reaktionen insofern enormen Nutzen ziehen, als er sich dadurch unwillkürlich für die Aufnahme „szenischer Informationen“ sensibilisiert, die auf anderem Wege, etwa über sprachliche Mitteilungen, nicht zu gewinnen wären. Allerdings setzt dies eigentlich „ideale“ PrüferInnen voraus, die gegen subjektive Trübungen bzw. selektive Wahrnehmungen weitgehend gefeit sein müßten.

Dieser hohe Anspruch an die neuroszeno-pädagogische Sensibilität von PrüferInnen läßt sich m. E. nicht allein mit Hilfe methodisch-didaktischer Trainingskurse einlösen, sondern dazu bedarf es auch einer professionsspezifischen Selbsterfahrung, d. h. einer persönlichen Auseinandersetzung mit den eigenen somato- bzw. neuroszenischen Reaktionsmustern, die in das berufstypische Rollenverhalten (qua PrüferIn) eingebettet sind. In entsprechend konzipierten körperbezogenen Selbsterfahrungsveranstaltungen (mit Rollenspiel, Videoanalysen, Biofeedback-Techniken) könnten PrüferInnen innerhalb der KollegInnen-Gruppe ihre unterschiedlichen Prüfungserlebnisse austauschen und sich dabei mit den eigenen emotionalen Stärken und Schwächen im „narzißtischen" Bereich bekannt machen. (In Fachkreisen nennt man diese Form der berufsbezogenen Selbsterfahrungen gemeinhin „Supervision"). Eine derartige - möglichst fachlich angeleitete - Beschäftigung mit dem eigenen „somato-szenischen (Rollen-)-Selbst" hätte nicht zuletzt auch das Ziel, daß sich die Teilnehmer dagegen feien, ihre Rolle als Prüfer zu idealisieren oder zu entwerten. Ebenso ginge es darum, sich mit den persönlichen Allmachts- und Versagensgefühlen auseinanderzusetzen, um die Selbstakzeptanz zu erhöhen. Beides stellt m. E. die zweifache Bedingung dafür dar, daß PrüferInnen nicht nur mit angelernten, pädagogisch gebotenen Verhaltensqualitäten wie tiefenhermeneutischer „Empathie" (i. S. der konkordanten bzw. komplementären Gegenübertragung, s. Kap. 5.8.1) oder „ansteckendem Lächeln" (Kap. 3.5) aufwarten, sondern auch und vor allem „spontan-ungezwungen" (= selbstkongruent i. S. v. Rogers) auf die neuroszenischen Signale ihrer Prüflinge reagieren können.

Ohne eine intensive Beschäftigung mit den gleichsam archaischen, neuronal früh „geprägten" Selbstanteilen besteht m. E. die Gefahr, daß sich engagierte PrüferInnen voreilig und unreflektiert auf ein vermeintlich „hilfreiches" (z. B. als „personzentriert" etikettiertes) Gesprächsverhalten einlassen, das mit ihrem „somato-szenischen Selbst" nicht oder nur schwer kompatibel ist. Wird aber das - weitgehend „unbewußte" - „somato-szenische Selbst" methodisch umgangen, so ist nicht auszuschließen, daß sich die TrainingsteilnehmerInnen ungewollt ihrer spontanen Reaktionsbereitschaft berauben. Sie büßen dann zugleich ihre potentielle Fähigkeit zur „tonischen" Dialogregulierung, (d. h. zur subtil synchronisierten Verständigung über motorische und vegetative Ausdruckssignale (s. Kap. 5.2.1) ein. Ein aus neuroszenologischer Sicht fragwürdiges PrüferInnen-Training, bei dem der Aspekt des „somato-szenischen Selbst" ausgeklammert wird, birgt darüber hinaus die Gefahr in sich, daß („narzißtische") Tendenzen zur sog. Spaltung („splitting", s. Kap. 5.8.2) in (vermeintlich) „richtiges" vs. „falsches" Prüfungsverhalten gefördert werden. Ein Kursus in „hilfreicher" Gesprächsführung könnte demnach ein „narzißtisches" Abwehrverhalten aufbauen oder - sofern es schon besteht - noch verfestigen. Dadurch wären die eigentlichen, ursprünglichen Absichten („Angstminderung", „Vertrauensbildung", „Ermutigung" etc.) in ihr Gegenteil verkehrt.

Ein derartiges Phänomen begegnete uns bereits in unserer paradigmatischen Prüfungsskizze (s. Kap. 2.5): Der Prüfer reagierte auf die Hemmungen des Prüflings zunächst verstärkt „freundlich" bzw. „wohlwollend" - in der Hoffnung, damit das einzig „Richtige" zu tun. Tatsächlich sah er sich trotz oder besser: gerade wegen seiner Bemühungen mit dem Prüfling in einem eigenartigen szenischen Clinch verwickelt. Diese paradoxe Situation löste sich regelmäßig immer dann auf, wenn der Prüfer aufgrund seiner eigenen Konfusion das angelernte „Helferverhalten" kurzfristig aufgeben mußte, d. h. wenn er - bildlich gesprochen - von seinen zuvor abgespaltenen Anteilen des „somatoszenischen Selbst" heimgesucht wurde.

Diese anekdotische Beobachtung läßt sich zwar nicht verallgemeinern, aber sie illustriert doch recht gut die obige Argumentationslinie. Darüberhinaus läßt sich aus dem Beispiel eine interessante, wenngleich nicht zwingende Schlußfolgerung ziehen: Es ist zu bedenken, daß ein zu stark an gesprächstherapie-affinen Schulen orientiertes PrüferInnenverhalten u. U. eine von der realen Anforderungssituation abgehobene, „narzißtisch-grenzenlose" (Schein-)Welt begünstigt, die wiederum zur Mobilisierung „archaischer" Selbstobjekt-Repräsentanzen (wie z. B. „ungedämpftes Prüflings- bzw. Größenselbst" oder „idealisierte Eltern- bzw. PrüferInnen-Imagines", s. Kap. 5.6, 5.7.2.1) beitragen kann. In diesem Fall zeitigen ggf. bereits minimale Diskrepanzen zwischen der re-aktivierten, frühinfantilen Repräsentanzenwelt einerseits und der realen, aktuellen Prüfungssituation andererseits erhebliche Selbstwert-Irritationen, die sich im organismischen und psychologischen Bereich gleichermaßen manifestieren können. Eine freundlich-verständnisvolle und akzeptierend-wertschätzende Einstellung auf Seiten der PrüferInnen ist also nur insofern begrüßenswert, als sie ein zur Prüfungssituation „stimmiges" (szeno-syntones) Beziehungsangebot an den Prüfling darstellt. Fragwürdig wird jedwedes „humane" PrüferInnenverhalten wohl immer dann, wenn es nur der (scheinbaren) Wiederherstellung eigener „narzißtischer" Ungleichgewichte dient, d. h. wenn es zugunsten der „unbewußten" Abwehr funktionalisiert wird. In diesem Fall läßt sich die persönliche Betroffenheit auch nicht in eine „dezente" Aufmerksamkeit umwandeln. Positiv fomuliert, geht es darum, daß der Prüfer mit sich authentisch bleibt, um als optimal frustrierende (Übertragungs-)Figur wirken zu können, die es dem Prüfling ggf. ermöglicht, seine negativ gefärbten Selbst- und/oder Objektrepräsentanzen abzuschwächen.

Allerdings sollte berücksichtigt werden, daß jede noch so günstige pädagogische Prüferhilfe dort an ihre Grenzen stoßen wird, wo die Wahrnehmung des Prüflings getrübt bzw. verzerrt ist und/oder wo die Übertragungsimpulse sich vehement durchsetzen. So könnte z. B. selbst ein „optimales", ggf. neuroszenopädagogisch orientiertes Prüferverhalten daran scheitern, daß der Prüfling sein niedriges Selbstwertempfinden in der Prüfungssituation hartnäckig zu verifizieren versucht, indem er die wohlmeinenden Gesprächssignale des Prüfers quasi „übersieht" bzw. im Sinne seines Selbstgefühls umdeutet und/oder indem er unbewußt dem Prüfer fortwährend bestimmte Reaktionen zu entlocken sucht, die sein negatives Selbstbild (z. B. des „ewigen Versagers") zu bestätigen scheinen. In derartigen Fällen von Prüfungsangst i. S. von unbewußten, scheiternsfixierten Übertragungsbereitschaften könnte nur eine fachpsychotherapeutische Behandlung weiterhelfen.

Möglicherweise sind es aber gar nicht diese oder ähnliche pädagogisch-therapeutische Überlegungen, die letzten Endes von Bedeutung sind. Vielleicht kommt es viel mehr darauf an, die pädagogische Betreuung werdender Eltern sowie die Kleinkindpädagogik in den Blickpunkt zu rücken. Die mögliche Resistenz früh erworbener Erlebnisinhalte in Form neuronaler Engramme gegenüber möglichen Korrekturversuchen stellt m. E. eines der stärksten Argumente für die (primäre) Prävention dar. Selbst auf die Gefahr zu großer Vereinfachung hin könnte man z. B. die neuroszenologischen Modellannahmen (s. Kap. 4.2.4, 5.7.2.4, 6.3, 6.4, 6.5) auf den folgenden pädagogischen Nenner bringen: Eine „mittelmäßige" emotionale Belastung der Mutter bzw. der Eltern führt zu einer durchaus wünschenswerten Stimulation des kindlichen Nerven- und Hormonsystems, was wiederum eine gesunde, „narzißtische" Persönlichkeitsentwicklung erwarten läßt.

Zum Schluß sei mir noch ein erziehungsphilosophischer Aphorismus gestattet: Es mag nämlich sein, daß all das bisher Gesagte nicht ausschlaggebend für das „Gelingen" der pädagogischen Kommunikation ist. Wahrscheinlich kommt es - vereinfacht gesagt - letzten Endes nur darauf an, ob und inwieweit in pädagogischen Beziehungen (Eltern-Kind, Prüfer-Prüfling etc.) die wechselseitige Achtung vor der - genetisch wie biographisch begründeten - Einzigartigkeit des jeweils Anderen verwirklicht bzw. erlebbar ist. Die (pädagogische) Beschäftigung mit den neurowissenschaftlichen Aspekten unseres Verhaltens und Erlebens mag zum „pädagogischen Ethos" insofern etwas beisteuern, als uns die wunderbaren, wohl nie restlos aufzuklärenden Leistungen unseres Nervensystems mit „Ehrfurcht" erfüllen (können).

7.3 Ausgewählte Rückschau und Schlußbemerkungen

Mit dem neuroszenologischen Emotionsmodell wollte ich die Aufmerksamkeit auf Phänomene und Zusammenhänge lenken, wie sie m. W. weder in den psychologieorientierten Sparten der Erziehungswissenschaft (wie Sozialisationsforschung, Psychoanalytische Pädagogik) noch in den einschlägigen psychologischen Teildisziplinen (wie Neuropsychologie oder Psychophysiologie) berücksichtigt werden.

Ich ging von Anfang an von einem breiten, heuristischen Blickwinkel aus, um das vielschichtige Verhältnis zwischen neuronalen Mechanismen bzw. Gehirnfunktionen einerseits und affektiv-szenischen Reaktions- bzw. Selbstaspekten andererseits zu erörtern. Ich bin daher so vorgegangen, daß ich zunächst am Paradebeispiel des Prüfungsdialogs das Phänomen der affektgeladenen Beziehungsregulation illustrierte und ich davon ausgehend einen weiten Bogen von der Emotionspsychologie über die Psychoanalyse bis hin zur pränatalen Sozialisationsphysiologie zu spannen versuchte, um schrittweise die „neuro-szenologische" Sicht des Zusammenhanges von szenischer Kommunikation, affektiver Selbstwertregulation und deren neuronalen bzw. somatischen Korrelaten zu entwickeln. Angesichts dieser forschungsheuristischen Breitenperspektive habe ich kein in sich geschlossenes, wissenschaftlich überprüfbares Hypothesensystem vorgestellt, und viele meiner Ausführungen sind - notgedrungen - durch konzeptuelle bzw. begriffliche Unschärfe und methodische Indifferenz charakterisiert.

Auf die zentralen Aussagen in den vorausgegangenen Kapiteln zurückblickend, will ich abschließend das neuroszenologische Emotionsmodell in z. T. selbstkritisch-ergänzender Perspektive zur Diskussion stellen.

***

Das von mir aus Gehirnfunktionen abgeleitete Konzept des Unbewußten lehnt sich lose an die von Alfred Lorenzer re-interpretierte Psychoanalyse Freudscher Prägung an. Demnach unterscheidet sich das neuroszenologische Modell von der Freudschen Metapsychologie vor allem in einem Punkt, nämlich in der Auffassung von der biologischen Natur des Unbewußten: Nach der klassischen psychoanalytischen Vorstellung gleicht das biologische „Substrat" des Unbewußten (das sog. Es) einem „Hexenkessel" ungezähmter Leidenschaften („Triebe"), die im Laufe der Sozialisation durch Internalisierung elterlicher Ver- und Gebote („Über-Ich-Bildung") bzw. durch den Aufbau psychischer Abwehrmechanismen (wie z. B. „Verdrängung") in Schach gehalten bzw. in gesellschaftlich tolerable Bahnen umgelenkt werden müssen.

Im Gegensatz dazu betrachte ich das „Unbewußte" stringent auf der Folie eines neurobiologisch faßbaren Fundus an internalisierten Engrammen („Interaktionsformen"), die szenische Aspekte des Affekterlebens auf präsymbolisch-somatischem und symbolisch-mentalem Niveau gleichermaßen umfassen, nämlich psycho- bzw. neurophysiologische Reaktionsspezifitäten (Kap. 3.4, 6.5), senso- bzw. neuromotorische Stereotypien und reflexartige Reaktionen (Kap. 3.2 ff., 6.4), Selbst- und Beziehungsrepräsentanzen (Kap. 5.2, 5.7), „Blitzkognitionen"/„automatic appraisals" (3.2) und „Übertragungsbereitschaften" (Kap. 1.2, 5.8.1).

Die in der Psychoanalyse unter dem Begriff des Unbewußten rubrizierten psychodynamischen bzw. szenischen Phänomene lassen sich neurobiologisch deuten als ein neurofunktionelles „splitting" zwischen an sich zusammenhängenden Erregungskreisen (s. Kap. 5.8.2.2). Dies kann sowohl die Projektionsbahnen von subkortikal-limbischen Kerngebieten zu Kortexzonen betreffen („Verdrängung" = horizontale „Schizophysiologie") als auch das Zusammenspiel der beiden Hirnhemisphären („Spaltung" = funktionelle „Kommissurotomie"). Die Umverteilung neuronaler Investments geht mit einem „Verharren" bestehender Erregungskreise einher. Oder anders formuliert: Das Nervensystem ist für eine gewisse Zeitspanne in einigen Regionen (über-)erregt und in anderen blockiert.

Auch wenn in einer neurobiologisch inspirierten Hypothese wie der soeben formulierten nichts über „mentale" Inhalte bzw. „szenische Bedeutungen" ausgesagt werden kann, so hat sie doch gegenüber psychoanalytischen Formulierungen den großen Vorzug, eine empirisch prüfbare Fassung des (an sich obskuren) „Unbewußten" zu ermöglichen (vgl. Kap. 7.1.2):

Eine Reihe eindrucksvoller Befunde aus der Hirnforschung stützt die psychoanalytische Primacy-Hypothese, daß der frühen Kindheit eine gleichsam prägende Bedeutung für die Entwicklung des „affektiven Kerns" (Kap. 1.2) der Persönlichkeit zukommt, der in wiederkehrenden Erlebniszuständen eine Lebenskontinuität garantiert - trotz fortlaufender Veränderungen in biologischer Reifung und sozio-emotionaler Entwicklung. Frühkindliche Sozialisationserfahrungen zeitigen demnach in bestimmten *„sensiblen" (Entwicklungs-)Perioden* (Kap. 6.3.1) besondere neuronale und neuroendokrine Wirkungen, die einen perseverativen, wenn nicht sogar irreversiblen Charakter haben.

Im übrigen wird auch von Seiten der modernen Kleinkindforschung zum sog. Bindungsverhalten („attachment" bzw. „bonding") die Hypothese nahegelegt, daß die frühkindlichen Beziehungserfahrungen mehr oder weniger schicksalshaft die weitere sozio-emotionale Entwicklung kanalisieren (vgl. Grossmann 1987, Grossmann et al. 1989, Köhler 1992; Schaffer 1992, S. 36 f., Schleidt 1989).

Das aus der Entwicklungsbiologie stammende und mit dem ethologischen Prägungsbegriff verwandte Konzept der sensiblen Perioden sollte zwar mit der gebotenen Umsicht auf die affektive bzw. sozio-emotionale Entwicklung des Menschen übertragen werden. Neurologische bzw. neuropsychologische Beobachtungen an Patienten sprechen aber grundsätzlich dafür, daß die Vorstellung von sensiblen Hirnreifungsabschnitten grundsätzlich auch für den Menschen zutreffen dürfte. Auf das *menschliche* Gehirn bezogen, lassen sich nur schwer eng begrenzte Zeiträume für eine prägungsanaloge Beeinflußbarkeit bzw. Vulnerabilität angeben. Man kann jedoch mutmaßen, daß die „sensiblen" Phasen mit der in den ersten drei Lebensjahren besonders stürmisch verlaufenden Hirnentwicklung koinzidieren. Gegen Ende des 3. Lebensjahres setzt eine erste Konsolidierung neuronaler wie szenischer Grundfunktionen ein (neuronal z. B.: Angleichung der kindlichen EEG-Muster an die des Erwachsenengehirns, szenisch z. B.: Fähigkeit zur sog. Objektkonstanz, s. Kap. 5.7.1). Verallgemeinert kann man sagen, daß jene Knotenpunkte der Sozialisation (wie „Objektkonstanz", „Schulreife", Pubertät mit ihren schamanfälligen Aspekten), in denen sich das ZNS und damit die Organisation des Verhaltens dramatisch verändert bzw. re-stabilisiert, stets auch Zeiten einer erhöhten narzißtischen Vulnerabilität anzeigen bzw. ein qualitativ neues Entwicklungspotential freilegen.

Positiv formuliert, wird die These der sensiblen Hirnreifung durch die Argumente bzw. Erfahrungen mancher pädagogischer Richtungen (z. B. der Montessori-Schule) gestützt, die davon ausgehen, daß es in der frühen Kindheit innere Empfänglichkeiten für die Herausbildung von Fähigkeiten und Charakterzügen gibt, die nur während bestimmter Entwicklungsspannen erworben werden können (und die darum für die Erziehung nutzbar zu machen sind, s. u.). Die neuroszenologisch akzentuierte Primacy-Hypothese, daß frühinfantile Engramme das spätere Erleben zumindest unbewußt mitbestimmen, ist auch unter dem (narzißtischen) Aspekt der Selbstintegrität naheliegend. Es ist nämlich plausibel, daß der Mensch zugunsten eines kohärenten Selbst- bzw. Identitätsgefühls dazu tendiert, die in früher Kindheit gebildeten neuronalen (Interaktions-)Engramme bzw. (somato-)szenischen Repräsentanzen auch unter veränderten psychosozialen Gegebenheiten zu aktualisieren bzw. wiederherzustellen (z. B. in der Übertragung), und zwar selbst dann, wenn dies der aktuellen Situation unangemessen sein sollte.

Gleichwohl sind pauschale Annahmen von sozusagen „prägenden" Kindheitserfahrungen zu vermeiden (vgl. Hurrelmann 1993, S. 154 sowie Kap. 1.2 dieser Arbeit). Vom sog. Bindungsverhalten abgesehen, scheinen die Befunde der empirisch-entwicklungspsychologischen Forschung das Konzept der sog. sensiblen Perioden eher in Frage zu stellen (vgl. Schmidt-Denter 1994, S. 39, 42 ff., 309 f.; Flammer 1988, S. 32, 47 f.). Des weiteren ist anzunehmen, daß das Gehirn lebenslang „plastisch", d. h. durch Erfahrung wandelbar bleibt (vgl. Kandel & Hawkins 1992, S. 76). Möglicherweise ist ohnehin über die gesamte Hirnreifungszeit hinweg, d. h. bis etwa in die Adolezenz hinein, mit „sensiblen" Phasen zu rechnen. Gegen eine zu enge Auslegung der Primacy-Hypothese spricht auch die Erfahrung, daß Kinder durchaus imstande sein können, selbst traumatische Erfahrungen bzw. soziale Deprivationen späterhin zu kompensieren (s. auch Kap. 1.2). Die Vorstellung von sensiblen (Empfänglichkeits-)-Perioden in den ersten Lebensjahren bzw. die Annahme von der prägenden Wirkung der frühen Erfahrungen (Primacy-Hypothese) sollte zunächst auf körperbezogene und phylogenetische Aspekte (wie Hirnreifung, Ausstattung mit primären Affekten bzw. Basisemotionen, Bindungsverhalten) begrenzt werden, zumal die emergente Entwicklung vom neuronalen (Sub-)System zur (szenischen)Verhaltenssteuerung (s. Kap. 6.1) bislang nur postuliert werden kann. In dieser Frage besteht letztlich noch ein immenser Forschungsbedarf.

Ungeachtet der o. g. Einwände liefert das Konzept der „sensiblen" Phasen eine neurowissenschaftlich plausible Erklärung für die zeitlebens bestehende Abrufbarkeit affektiv-unbewußter Wahrnehmungs- und Reaktionsroutinen, die sowohl in ontogenetisch erworbenen Engrammen (neuronalen Konditionierungen) als auch in phylogenetisch verankerten neuronalen (Reifungs-)Programmen gründen (s. Kap. 2.2, 3.3, 5.6, 6.2, 6.4).

Wie die Wechselwirkung zwischen (neuro-)genetischer Anlage und sozio-affektiver bzw. szenischer Sozialisation im einzelnen abläuft, muß vorerst noch offen bleiben, da sich die einschlägigen Forschungen zum Erbe-Umwelt-Problem („human behavior genetics", vgl. Henderson 1982, Loehlin, Willerman & Horn 1988; Neale & Cardon 1992, von Schilcher 1988) auf isolierte Persönlichkeitsmerkmale (wie „Intelligenz") oder psychopathologische Einheiten (wie „Schizophrenie") konzentrieren, die weder einen Bezug zur neuronalen oder affektiven Sozialisation noch zur szenischen Beziehungsdynamik aufweisen. Die in Zwillings- oder Adoptionsstudien berechneten Erblichkeitsmaße lassen sich daher auch nicht als vorläufige Orientierungswerte für den neuroszenologisch verstandenen Affektbereich heranziehen.

Im übrigen sind die bislang erarbeiteten verhaltensgenetischen und populationsbiologischen Erbe-Umwelt-Modelle mit ihren entsprechenden statistischen Auswertungsverfahren rein formale und methodisch z. T. umstrittene Versuche zur Varianzaufklärung bezüglich der genetischen und sozialisatorischen Komponenten (vgl. Neale & Cardon 1992). Auch neueste Erblichkeitsschätzungen (s. die Beiträge zur Verhaltensgenetik in: Science, Vol. 264, 17.6.1994), die in der Presse (mal wieder) als wissenschaftliche Sensationen gefeiert wurden, sind mit Vorsicht zu behandeln. So sicher es einerseits ist, daß diverse Gen-Abschnitte bzw. -kombinationen (nicht nur ein einziges Gen!) an der individuellen Verhaltensausprägung und an der Persönlichkeitsentwicklung beteiligt sind, so fragwürdig sind andererseits die (vermeintlich exakten) Abschätzungen des Erbe-Umwelt-Verhältnisses. Kurzum, vorerst muß man auch weiterhin mit Platitüden vorlieb nehmen, wie etwa diesen: Ob jemand mit hängenden Schultern oder gebeugtem Rücken daherkommt, ob er „eckige" oder „fließende" Bewegungen ausführt, ob er zu muskulären Verspannungen oder zu vegetativer Dystonie neigt, wie häufig bzw. wie schnell er sich in „szenische Rollen" (Übertragungs-Gegenübertragungs-Zyklen) verwickelt - all dies erwächst aus dem Zusammenspiel zwischen dem Genom und der (frühkindlichen) Sozialisation.

Soviel läßt sich jedoch sagen: Die (neuro-)genetischen Bedingungen wirken mit den neuronalen Lernprozessen bzw. Sozialisationseinflüssen wohl eher multiplikativ als additiv zusammen, d. h. daß beide Variablengruppen von 100 %igem Einfluß sind. Folglich wäre eine Aussage wie „Affekte sind zu 20 % vererbt und zu 80 % erlernt" unsinnig. Sie würde nämlich implizieren, daß ein Affekt (z. B. ein Wutausbruch) nur rudimentär angelegt wäre und größtenteils gelernt werden müßte, um vollständig zum Ausdruck zu kommen. Von der empirischen Emotionsforschung her (s. Kap. 3.2, 3.3) wissen wir aber, daß Affekte bzw. Basisemotionen, wie sie sich u. a. in der Mimik widerspiegeln, selbst nicht gelernt werden, wenngleich sie von situativen Einschätzungen („appraisals") und kulturspezifischen Darbietungsregeln („display rules"), also von vorausgegangenen Lernprozessen abhängig sind. Zur Verdeutlichung des multiplikativen Zusammenwirkens von Genen und Lernprozessen sei ein Vergleich gewagt: Die Frage nach dem Anteil der Vererbung (bzw. des Lernens) an den Affekten ähnelt der Frage nach dem Beitrag der Breite (bzw. der Länge) eines Feldes zu dessen Flächeninhalt. Weder die Länge noch die Breite an sich leisten einen Beitrag zur Fläche. Ebensowenig kann die neurogenetische Basis vom Affektlernen isoliert werden, zumal es plausible Argumente für die Annahme gibt, daß die Funktionsabläufe im Gehirn konditionierbar sind (s. Kap. 6.4).

Darüberhinaus legt die neurobiologische (Lern-)Forschung den Sozialwissenschaften ein Umdenken in der Erbe-Umwelt-Diskussion nahe: Die molekularbiologischen Wege eines genetisch bedingten und eines konditionierten Lernprozesses sind schließlich nahezu identisch, nur die Voraussetzungen der jeweiligen biochemischen Kaskaden (zur LTP und Proteinsynthese, s. Kap. 6.3.2; 6.4.1) sind unterschiedlich, einmal handelt es sich um erbbiologische Prinzipien, das andere Mal um allgemeine genexpressive Effekte. Es ist von daher zu überlegen, ob man die dualistische Vorstellung von der Interaktion zweierlei, qualitativ verschiedener Wirkfaktoren (Genetik vs. Erfahrung) aufgeben sollte zugunsten eines monistischen Erbe-Umwelt-Synergismus.

Schließlich beinhaltet der Interaktionsbegriff - ungeachtet seines experimentellen Vorverständnisses (s. Kap. 7.1.3) - die Annahme, daß es sich um relativ stabile Faktoren handelt, zwischen denen sich eine „Wechselwirkung" (ein „Hin-und-Her") abspielt. Diese Vorstellung von „festen", von der Interaktion selbst nicht beeinflußten (Person-)Faktoren ist nicht nur für den Bereich der sozialen Kommunikation hinfällig (s. Kap. 5.5), sie kann auch kaum vor den Einsichten der modernen Genetik bestehen. Man denke u.a. an die Möglichkeit der spontanen Mutation (Gen-Veränderung), an die Neu-Kombinationen von Genen z.B. bei der Anti-Körperbildung sowie während der Meiose (crossing over von Chromosomen) oder an die als „springende Gene" gekennzeichnete Invertierung von DNA-Abschnitten. Wenngleich diese Phänomene nicht als Regelfälle anzusehen sind, so muß doch das klassische Porträt eines Gens als etwas Starres und Unbewegliches als überholt gelten. Die Annahme von zwei bestehenden Instanzen (hier Erbe, da Umwelt), die quasi erst nachträglich in Interaktion treten, sollte daher zumindest relativiert werden durch die Vorstellung von einer (ursprünglichen) Erbe-Umwelt-*Dialektik*, bei der es - analog zur Hirnentwicklung - insofern zu einer allmählichen „Verfestigung" des Intra-Personalen kommt, als frühere Stadien überwunden werden, ohne diese vollständig zu verlieren (dialektische Aufhebung, s. Kap. 1.2).

Die zeitlichen Anfänge der „Erbe-Umwelt-Dialektik" bzw. der „Erbe-Umwelt-Synergie" reichen bis in die intrauterine Entwicklungszeit zurück. Die Forschungen zum pränatalen Leben weisen unumstößlich darauf hin, daß der Fötus nicht ein bloßes Bündel von Körperfunktionen, sondern ein hörendes, sehendes und „fühlendes" Wesen ist. Diese Einsicht dürfte auch den meisten jungen Müttern bzw. Eltern vertraut sein, da die in der medizinischen Schwangerenbetreuung heutzutage üblichen Techniken wie Sono- oder Cardiotokographie (Ultraschalldiagnostik, Herzton-Wehen-Aufzeichnung) verblüffende Beobachtungen (wie z. B. Pulsanstieg, Daumenlutschen, u. U. sogar mimische Reaktionen) an dem eigenen, werdenden Kind vermitteln.

Wie wir an früherer Stelle (in Kap. 6.2) ausführten, ist das Neugeborene bereits mit einer endgültigen, Neuronenpopulation („neuronalen Identität") ausgestattet. Dieser „Fingerabdruck" des neonatalen Gehirns kann als das Resultat intrauteriner Reifungs- und Konditionierungsprozesse betrachtet werden. Die Anzahl der Neuronen (genau genommen: auch der ersten Synapsen) im Gehirn des Neugeborenen hängt zweifellos auch von dem Verlauf der Embryonal- und Fötalzeit ab. Das Gehirn ist bekanntlich in dieser Zeit, und insbesondere während der Embryonalphase, am stärksten anfällig für umweltbedingte Störungen wie chemische Noxen, Mangelernährung oder mütterliche „Streßhormone" (Kap. 6.5.2), die u. U. zu den verschiedenen Formen neuronal bedingter Beeinträchtigungen („geistig-seelische Behinderungen") führen bzw. diese zumindest begünstigen können. Dies macht deutlich, daß die Geburt nicht den eigentlichen Beginn der (somato-szenischen) Selbstentwicklung darstellt, sondern vielmehr den Übergang von einem intra-uterinen zu einem extra-uterinen Leben. Dementsprechend setzen sozialisationsphysiologische bzw. neuroszenische Lernprozesse nicht erst mit der Geburt, sondern bereits im Mutterleib (streng genommen „ab ovo") ein.

Allerdings ist diese radikale These insofern zu relativieren, als neuronale Lernprozesse (Engrammatisierungen) die sog. Synaptogenese (Nervenverschaltung) voraussetzen, die bekanntermaßen erst im (postnatalen) Kleinkindalter mit seinen „sensiblen" Hirnreifungsphasen (s. o.) voll zum Tragen kommt. Diese postnatalen Sozialisationserfahrungen greifen insofern massiv in den Gehirnreifungsprozeß ein, als sie die neuronalen Informationsströme kanalisieren und dadurch die basalen Schemata der Personwahrnehmung und der emotionalen Beziehungsregulation aufbauen. Die im Gehirn des Kleinkindes engrammatisierten Szenen wirken im Erwachsenenalter vor allem als affektbezogene bzw. emotionsgesteuerte „Übertragungsprozesse" fort. „Übertragung" ist hierbei nicht nur als eine rein „psychische" Wiederbelebung „innerer Bilder" (Symbole) zu begreifen, sondern auch als eine hirnphysiologisch bzw. neuronal faßbare Re-Aktivierung frühinfantiler Szenen oder sogar pränataler Reiz-Reaktions-Schablonen. Die neuronale Aktualisierung szenischer Engramme kann man sich so vorstellen, daß subkortikale, insbesondere limbische Hirnareale (wie Hippocampus, Septum, Amygdala, N.accumbens) mehr oder weniger ungefilterte, d. h. durch keine kortikale Reizanalyse kontrollierte Wahrnehmungseindrücke empfangen und daraufhin die entsprechenden affektiven Reaktions-Stereotypien ausgelöst werden.

Freilich gehört auch diese Interpretation von Übertragungsreaktionen als „neuronale Kurzschlüsse" in den Bereich der spekulativen Hypothetisierung. Es sollte jedoch deutlich geworden sein, daß die zweifache, sowohl neurobiologische als auch szenologische Auslegung des Übertragungsbegriffs einen exemplarischen Ansatzpunkt für eine sowohl empirische als auch tiefenhermeneutische Annäherung an das „Unbewußte" ermöglicht (s. Kap. 7.1.2).

***

Aus neurobiologischer Sicht heraus läßt sich z. Zt. nur die Hypothese rechtfertigen, daß die frühkindlichen, aus den sog. sensiblen Phasen der Gehirnentwicklung stammenden Sozialisationsspuren (Interaktionsformen) so etwas wie den affektiven Kern des *„somato-szenischen Selbst"* (s. Kap. 1.2, 5.7.2.3) bilden. Das „somato-szenische

Selbst“ basiert zum einen auf der „neuronalen Identität“ (s. Kap. 6.2), d. h. auf der genetisch präfixierten Ausstattung mit Neuronen, die bis zum Zeitpunkt der Geburt erst ansatzweise miteinander verschaltet sind. Zum anderen entwickelt sich das „somato-szenische Selbst“ aufgrund der (vermutlich) zwar lebenslangen, aber in der frühen Kindheit besonders intensiven synaptischen Vernetzung zwischen den seit der Geburt vorrätigen Neuronen. Der Begriff des „somato-szenischen Selbst“ verweist also nicht nur auf die (neuro-)biologischen Korrelate „psychischer“ Funktionen (wie Empfinden, Lernen, Erinnern), sondern er impliziert auch so etwas wie ein (Zwischen-)Ergebnis der frühkindlichen, von leiblich-expressiven bzw. „tonischen Dialogen“ (s. Kap. 5.2.1) charakterisierten Sozialisation.

In der weiteren kindlichen Entwicklung findet eine zunehmende „Kortikalisierung“ bzw. „Mentalisierung“ der Selbstanteile statt. Dies bedeutet, daß zu den prä-kognitiven (subkortikalen) Affektprogrammen immer komplexere Emotionsaspekte hinzutreten, die sprachlich vermittelte sowie kognitiv gesteuerte Erlebnisweisen (wie „heiße“, d. h. emotionszentrierte Kognitionen, gefühlshafte „Anmutungen“) und soziokulturell normierte Ausdrucksformen (wie Selbstdarstellungsabsichten, „Darbietungsregeln“) umfassen. Die in der frühen Kindheit gebildeten (sensomotorischen) Verbindungen zwischen präverbalen Wahrnehmungen und Affektreaktionen bleiben jedoch bereits im ersten Lebensjahr erstaunlich stabil. Diese „Konstanz des Affektlebens“ bildet die Basis sowohl für einfache emotionale Konditionierungen als auch für komplexe Übertragungsgefühle im psychoanalytischen Sinne.

Obgleich das ontogenetisch frühe „somato-szenische Selbst“ im Zuge der weiteren Persönlichkeitsentwicklung von sprachlichen und kognitiven Symbolen sozusagen überlagert wird, entzieht es sich weitgehend dem sog. gesunden Menschenverstand. Es ist quasi abgeschirmt gegenüber sprachlich-reflexiven Versuchen der Selbstverständigung und der Selbstkorrektur. Das unbewußte, „somato-szenische Selbst“ kann darum auch nicht zwischen einem realen und einem vermeintlichen, quasi eingebildeten Streßereignis unterscheiden. Ist der Zustand des „somato-szenischen Selbst“ erst einmal aktiviert, so werden beidemal dieselben organismischen Reaktionssysteme (Sensomotorik, Vegetativum, Endokrinium, Immunsystem) in Gang gesetzt.

Im Begriff des „somato-szenischen Selbst“ ist implizit die Annahme des emergentistischen Monismus (s. Kap. 1.3, 6.1) enthalten, daß (neuro-)biologische und szenologische Phänomene zwar ein zusammengehöriges Ganzes bilden, aber aus zwei nicht aufeinander reduzierbaren Subsystemen entstammen. Eine Hierarchie besteht zwischen beiden Phänomenbereichen allerdings insofern, als die biologischen Phänomene evolutionsmäßig Vorrang vor den szenologischen haben.

Demnach tritt der bewußte wie unbewußte „Geist“ nicht zur Hirnaktivität hinzu oder mystisch daraus hervor, sondern beides fällt notwendigerweise zusammen. Es bedarf keiner Rückführung der szenischen Phänomene auf neuronale Substrate i.S. „darunterliegender", fundamentaler Mechanismen. Die mit psychologischen Konstrukten (wie Emotion, Kognition, Gedächtnis) korrespondierenden neuronalen Parameter sind in groben Zügen bekannt, sie lassen sich pharmakologisch beeinflussen und auf verschiedene Weise (brain imaging-Techniken) sichtbar machen. Neuroszenologische Modellbildung bedarf daher hypothetischer Aussagen über (statistisch abzusichernde) Korrelationen zwischen bestimmten aktivierten Hirnteilen einerseits und tiefenhermeneutisch zu erschließenden szenischen Phänomenen andererseits. So kann z.B. eine - dem betreffenden Kommunikanten u.U. nicht „bewußte" - affektive Erregung unterstellt werden, wenn einige seiner Hirnteile (wie limbische Systemkomponenten, N.accumbens, präfrontaler Kortex) in charakteristischer Weise (z.B. in Form lateralisierter Hemisphäreninnervation) neuronal bzw. metabolisch (über-)aktiv sind (s. hierzu Kap. 4.1.1, 4.2.3). Solche Angaben können freilich nur grobe Hinweise liefern, die sich bestenfalls in Wahrscheinlichkeitsaussagen überführen lassen, wenn zur weiteren Absicherung auf psychophysiologische bzw. ausdrucksmotorische Merkmalsanalysen rekurriert wird (s. Kap. 3.7). Das Auffinden probabilistischer Zusammenhänge zwischen neuro- bzw. emotionsphysiologischen Aktivierungsmustern und szenologischen Affektzuschreibungen ist das erklärte Ziel der neuroszenographischen Modellprüfung. Genau dies, aber auch nicht mehr kann von ihr erwartet werden (s. Kap. 7.1).

Es ist daher einerseits legitim, zu analytischen Zwecken jeden Bereich getrennt zu explorieren. Andererseits sind die beide Bereiche verbindenden Brücken-Konzepte wichtige Desiderata des neuroszenologischen Ansatzes. Das Konzept der *„neuronalen Plastizität"* (6.3.1) stellt eine erste solche mediatisierende Erklärungshilfe dafür dar, wie szenische Erfahrungen hirnphysiologisch fixiert werden könnten. Aber auch die psychophysiologische und neuroendokrinologische Emotions- bzw. Streßforschung (Kap. 3.4, 3.6, 6.5) liefert Hinweise zur möglichen Überbrückung der gewaltigen Distanz zwischen der neuronalen und der szenologischen Untersuchungsebene.

Nach dem gegenwärtigen Kenntnisstand in der Hirnforschung kann man nur mutmaßen, daß sich szenische Erinnerungsspuren bzw. affektive Sozialisationsengramme bevorzugt über limbische Strukturen (wie Hippocampus, Amygdala), sensorische und motorische Kerngebiete (wie Thalamus, Basalganglien) sowie über den präfrontalen Kortex (auf der rechten wie linken Hemisphärenseite!) konsolidieren. An der neuronalen Speicherung szenischer Erfahrungen dürften allerdings noch weitere, subkortikale wie kortikale Gehirnbereiche (wie Cerebellum, Hirnstammkerne, parieto-temporale und occipitale Hirnrindenfelder) beteiligt sein, zumal sich die Gedächtnis- bzw. Erinnerungsspuren über das gesamte Gehirn abzubilden scheinen (s. Kap. 6.3.1). Die Aufzählung einzelner Hirnbereiche wirkt daher künstlich und ist auch insofern fragwürdig, als das Gehirn ein hochkomplexes, durch „vermaschte" Regelkreis-Systeme gekennzeichnetes Suprasystem darstellt.

Vorerst müssen wir uns damit bescheiden, eine globale Hypothese über die neuronale Genese szenischer (Sozialisations-)Engramme zu formulieren: Demnach käme die Engrammatisierung szenischer Erlebnisformen dadurch zustande, daß sich einzelne präfrontal-kortikale und limbisch-subkortikale Neuronenpopulationen miteinander verknüpfen würden, und zwar mit Hilfe eines noch unbekannten (ggf. hologrammartigen?) neuronalen Codes (s. Kap. 6.3.1). Wie eine derartige, szenisch vermittelte Verschaltung bereits im pränatalen Gehirn erfolgen könnte, habe ich unter dem Aspekt der „sensomotorischen Bahnung" (Kap. 6.4) bzw. der „neuroendokrinen Sensibilisierung" (Kap. 6.5.2) aufzuzeigen versucht.

***

Wir sind (fast) am Ende dieser Arbeit angelangt. Zur abschließenden Klarstellung werde ich die in die modernen Neurowissenschaften gesetzten Hoffnungen in zweifacher Weise dämpfen, indem ich zum einen forschungsimmanente Hindernisse zu bedenken gebe und ich zum anderen die neuroszenologische Modellskizze mit (selbstkritischen) Anmerkungen in pädagogisch-anthropologischer Perspektive abrunde.

Die in dieser Arbeit verfolgte Argumentationslinie konnte schon deshalb nur eine behelfsmäßige Annäherung an die unterstellte Einheit aus Neuronalem und Szenischem darstellen, weil die neuro-wissenschaftliche Forschung letztlich noch in den Anfängen steckt - trotz aller sich gerade in den letzten Jahren abzeichnenden Fortschritte. Wie das menschliche Gehirn in neurochemischer und elektrophysikalischer Hinsicht funktioniert, das ist mittlerweile zwar in Umrissen erkennbar, aber es gibt bislang nur grobe Anhaltspunkte dafür, welche neuronalen Prozesse man als die Korrelate psychischer Funktionen (wie Emotionsgenese und -ausdruck, Gedächtnisbildung/Engrammatisierung, Lernen/Konditionierung) ansehen kann. Hierzu sei ein aktuelles Beispiel gegeben: So hat man vor kurzem experimentell nachweisen können, daß die neuronale Aktivität das Zusammenspiel der Gene während der Embryonalentwicklung mitbestimmt (vgl. hierzu: Science, Bd. 253/1991, p. 851/„briefings"). Es ist jedoch noch völlig rätselhaft, wie die Wechselwirkung zwischen dem Zentralnervensystem und dem Erbgut tatsächlich abläuft. Noch schwerer dürften die neuroszenologischen Gretchenfragen zu beantworten sein: Wo genau die besonders tiefgreifenden Erlebnisse des einzelnen in Interaktionsformen „gegossen" werden, welches Zusammenspiel von neuronalen Zell-Ensembles das „Unbewußte" repräsentiert oder wie sich jedes genetisch einzigartige Gehirn („neuronale Identität") im Laufe des Lebens zu einem biographiespezifischen „somato-szenischen Selbst" weiterentwickelt, darüber läßt sich nur spekulieren. Ebensowenig weiß man über die aktuellen Veränderungen, denen das (individuelle) Gehirn jeden Tag in zwischenmenschlichen Begegnungen (Szenen) unterworfen wird. Es gibt lediglich grobe Anhaltspunkte dafür, daß neuronale Verbindungen und funktionelle Eigenheiten des Gehirns insbesondere von individuellen Lebens- und Lernerfahrungen abhängen, aber auch von weiteren Faktoren wie der Ernährung und dem Geschlecht.

Gleichwohl steht die Gehirnforschung am Anfang einer verheißungsvollen Entwicklung. Die zweite Hälfte im „Jahrzehnt des Gehirns“ (Kap. 4.0) zeitigt ggf. weitere Fortschritte in der Analyse komplexer neuronaler Funktionen (Kognition, Emotion) aufgrund verbesserter Methoden und aufgrund der verstärkten Interdisziplinarität in der Grundlagenforschung. Die Sozial- und Erziehungswissenschaften wären m. E. gut beraten, wenn sie diesen potentiellen Entwicklungsschub auf dem Gebiet der Neurobiologie nicht mit (der ihnen oftmals nachgesagten) Nonchalance an sich vorbeiziehen ließen.

Allerdings sollte man über den explosionsartigen Wissenszuwachs in den Bio- bzw. Neurowissenschaften eines nicht vergessen, nämlich die relative Kurzlebigkeit des jeweiligen Kenntnisstandes: Was heute noch zum Lehrbuchwissen zählt, kann morgen bereits hinfällig geworden sein. Daraus läßt sich für unsere neuroszenologische Modellbildung die Empfehlung ableiten, daß auch zukünftige Konzeptualisierungen idealerweise auf der Basis des hinreichend gesicherten neurowissenschaftlichen Kenntnisstandes erfolgen sollten. Es ist daher wenig ratsam, alle „interessanten“, in den einschlägigen Periodika publizierten Detailbefunde zu rezipieren, geschweige denn sonstige (populär-)wissenschaftliche „Sensationsmeldungen“.

Doch selbst die strengste Vorsichtsmaßnahme, wie z. B. die für diese Arbeit auferlegte Selbstbeschränkung auf das aktuelle Lehrbuchwissen, kann uns nolens volens nicht vor Fehlannahmen schützen. Hierzu wieder ein Beispiel: So wird seit kurzem die sog. motorische Somatotopie angezweifelt, die in der Neurophysiologie seit Jahrzehnten als gültiges Prinzip der neuronalen Projektion angesehen und entsprechend gelehrt wird. Nach dieser Lehrmeinung sollen bestimmte Muskelgruppen somatotopisch, d. h. ihrer Anordnung entsprechend auf motorischen Kortexfeldern repräsentiert sein. Jüngste Studien haben aber deutlich gemacht, daß diese „körpergerechte Landkarte“ nicht ganz zutrifft, da sich relativ viele der kortikalen Neuronengruppen überlappen, die jeweils unterschiedliche Finger kontrollieren und die nach dem Prinzip der Somatotopie auf scharf abgegrenzten Hirnrindenfeldern lokalisiert sein müßten (vgl. Schieber & Hibbard 1993). Wenn ich recht sehe, dürften die Lehrbücher bezüglich der motorischen Somatotopie demnächst gründlich überarbeitet werden.

Die neuroszenologische Grundidee, nach der auch die „zweite Natur“ des Menschen (d. h. seine Kultur) letztendlich in Gehirnprozessen verankert ist, bleibt von solchen Details freilich unberührt. Unsere Modellskizze wird schon deshalb nicht so schnell hinfällig, weil wir mit ihr neurowissenschaftliche Ergebnisse nicht nur ungefragt kolportieren, sondern auch eigenständige, (neuro-)szenologisch akzentuierte Betrachtungen (z. B. zur Affektgenese, zur Engrammatisierung oder zur Übertragung) beisteuern.

Allerdings birgt der gleichsam amphibische, neuroszenologische Zugang auch die Gefahr der Diffusion zwischen der neuronalen und der szenischen Betrachtungsebene.

Ein grobes Mißverständnis des neuroszenologischen Modells könnte darin bestehen, daß man das (szenisch) „Unbewußte“ mit den neuronalen Mechanismen (wie z. B. mit den Aktionspotentialen oder Transmitterfunktionen) gleichsetzt. Schließlich sind (nahezu) alle neuronalen Prozesse nicht bewußtseinsfähig, d. h. sie sind selbst mittels Introspektion nicht direkt erfahrbar.

Dies gilt auch für sog. scopeutische Komponenten im EEG (ereigniskorrelierte Potentiale ab ca. 300 ms Dauer und ähnlich langsame Gleichspannungsverschiebungen), die von einer synchronen Erregung mehrerer großer Zellareale herrühren und die als neuronale Korrelate für bewußtseinsfähige Aufmerksamkeitsprozesse interpretiert werden können (vgl. Birbaumer & Schmidt 1991, S. 472 ff.; Roth 1995, S. 219 f.; s. auch Kap. 4.1.1).

Wenn wir die ständig (auch im Schlaf) erfolgenden De- und Hyperpolarisierungen der Nervenzellmembranen spüren könnten, so müßten wir nolens volens die fortdauernden - und wahrscheinlich unerträglichen - „Zusammenbrüche“ von Ruhepotentialen erleben. Des weiteren würden wir uns recht bald erschöpft fühlen, da die zwischenzeitliche, regelmäßige Rückkehr zum Ruhepotential einen aktiven, energieverbrauchenden Prozeß (Stichwort: Kalium-Natrium-Pumpe) erfordert.

Gleichwohl ist anzunehmen, daß man neuronale Ungleichgewichte gerade dann merkt, wenn es im Gehirn aufgrund zusammenlaufender exzitatorischer bzw. inhibitorischer Aktivierungen (summierter De- und Hyperpolarisierungen) zu räumlich und zeitlich ausgedehnten Potentialverschiebungen kommt, die wiederum mit neuroendokrinen Überreaktionen einhergehen können. In diesen Fällen ist damit zu rechnen, daß die in elektrophysiologischen, biochemischen und neuroendokrinen Termini beschreibbaren Prozesse mit dem szenisch Unbewußten korrelieren, wie es in szenodystonen Affekten und Reaktionsstereotypien bzw. in der Übertragung-Gegenübertragungs-Dynamik zum Ausdruck kommen kann (s. Kap. 5.8.1).

In einer das Selbstwertgefühl bedrohenden Prüfungssituation (s. Kap. 2.5) kann es z.B. dazu kommen, daß die Selbst- und Fremdwahrnehmung des Prüflings bevorzugt durch neuronale bzw. neuro-vegetative „Schutzreflexe“ i.S. eines „overinvestments“ affektiver Bewertungs- und Entscheidungssysteme (insbes. subkortikal-limbischer und präfrontal-kortikaler Hirnregionen) determiniert wird. Die sich ausbildenden Herde von neuronaler Überaktivität lassen sich mittels medizin-physikalischer (Weiter-)Entwicklungen (brain-imaging-Verfahren wie die PET-Technik, s. Kap. 4.1.1) sogar sichtbar machen. Diese situativ zwar ausgelöste, aber endoorganismisch aufrechterhaltene funktionelle Verlagerung neuronaler Aktivität geht zu Lasten einer sozial-kognitiven Flexibilität. Reaktionen auf neue Reize bzw. auf Reizveränderungen werden dadurch verzögert. So kann z.B. der Prüfling auf Variationen des Prüferverhaltens (z.B. „Ermunterungen“) nicht angemessen (szenosyston) reagieren, weil seine momentane Gehirnaktivität einem szenodystonen, d.h. neurofunktionell erstarrten „Wahrnehmungs-Reaktionsbogen“ (s. Kap. 5.5) gehorcht. Wenn sich dieses „Verharren“ neuronaler Impulse auf bestimmte informationsverarbeitende Hirngebiete (sekundäre und tertiäre sensomotorische Rindenzonen, Assoziationskortizes) ausdehnt, so ist mit bewußt erlebbaren „Denkblockaden“ zu rechnen, die sich elektrophysiologisch in einem

Persistieren langsamer positiver Potentialverschiebungen (wie etwa der sog. P 300-Welle, s. Kap. 4.1.1) zeigen könnten. Letzteres entzieht sich freilich des bewußten Erlebens (s.o.).

Schließlich bedarf der Begriff des „neuro-" bzw. „somato-szenischen Selbst" noch einiger Klarstellungen und Abrundungen: Ich beginne mit einigen Anmerkungen zur Attributwahl sowie zum Bedeutungsgehalt dieses Persönlichkeitskonstruktes, um etwaigen Fehldeutungen vorzubeugen. In den darauffolgenden Schlußbemerkungen werde ich grob die Berührungspunkte zu markieren versuchen, an denen mein neuroszenologischer Ansatz Implikationen bzw. Anregungen für den traditionsreichen pädagogischen Diskurs um ein zeitgemäßes Bildungsverständnis beisteuert.

Zunächst der Hinweis zur Sprachregelung: Die Doppel-Attribute „neuro-szenisch" bzw. „somato-szenisch" können - nach den vorausgegangenen Ausführungen in dieser Arbeit - als Pleonasmen gedeutet werden. Wie ich zu zeigen versuchte, gibt es nicht nur plausible psychoanalytisch-sozialisationstheoretische Überlegungen, sondern auch neurobiologisch stringente Begründungen für die Annahme, daß sich das humane Gehirn notwendigerweise interpersonell bzw. szenisch konstituiert. Demnach kann als Ergebnis festgehalten werden, daß die im Titel dieser Arbeit verwandte Bezeichnung „neuronales Selbst" eigentlich keiner zusätzlichen begrifflichen Spezifizierung bedarf. Gleichwohl dürfte die für sich allein stehende, konzeptuell nicht weiter markierte Redeweise vom „neuronales Selbst" eine rein neurobiologische Begriffsbestimmung vermuten lassen. Letzteres birgt zudem die Gefahr in sich, daß mit dem Fokus auf die derzeit prosperierende Hirnforschung der Blick für den übrigen, immer mit beteiligten Körper verstellt wird. Die von mir gewählte Begriffserweiterung zum „*somato*-szenischen Selbst" (vgl. Kap. 4.2.4, 5.7.3.2) kann im Sinne eines gesamtorganismischen Selbst- und Weltverständnisses und damit als pädagogisch-anthropologisches Korrektiv (s.u.) gegenüber diesem Trend zum „Neurozentrismus" verstanden werden.

Des weiteren sollte man nicht dem Irrtum verfallen, daß das „somato-szenische Selbst" ausschließlich auf Interaktionsengrammen basiere, also auf neuronal „eingezeichneten" Sozialisationseinflüssen. Sowenig der Fötus ein bloßes „Reflexwesen" ist, sowenig stellt das neuronale System ein „offenes Fenster" zur Außenwelt dar. Das Gehirn nimmt nicht einfach über die Sinne (wie z. B. das Gehör) Reize auf, um diese dann zu verarbeiten. Es gibt nämlich so etwas wie einen eigenen Beitrag des Zentralnervensystems am Zustandekommen von Wahrnehmungen. Zum einen ist das Gehirn Teil eines autonomen biologischen Systems, das unserer Wahrnehmungsfähigkeit Grenzen setzt. So können wir z. B. ionisierende Strahlung oder elektromagnetische Wellen nicht unmittelbar über unsere Sinne erfahren. Zum anderen stellt das Gehirn ein sich selbst organisierendes System dar, dessen funktionelle Abläufe durch extra-neurale Einwirkungen (Umweltreize) zwar angestoßen, aber nicht gezielt verändert werden können. Das Gehirn erzeugt nach systemimmanenten Prinzipien seine eigenen neuronalen Strukturen (Bahnungen, Engramme, Verschaltungen), die nachfolgende Entwicklungs- und

Lernprozesse kanalisieren und somit die Basis für die weitere Persönlichkeitsbildung legen. Im Gehirn bilden sich unterschiedliche und hochkomplexe Verschaltungsmuster, die dem Bauprinzip der systemimmanenten Selbstähnlichkeit genügen, etwa so wie die Zweige eines Baumes diesem ähneln. Auf diese Weise kann das Gehirn trotz seiner fortlaufenden Veränderungs- und Entwicklungsprozesse Kontinuität bzw. „neuronale Identität" bewahren. Aufgrund dieser Fähigkeit des Gehirns zur Selbstkonstruktion bzw. zur Autopoiese (vgl. Maturana & Varela 1982) gibt es (efferente) Einflüsse des Zentralnervensystems auf die Rezeptoren in den verschiedenen Sinnesorganen. So ist nachgewiesen worden, daß zentralnervöse Hirnkerne die Meßeigenschaften der Sinneszellen im Gehör modulieren können (vgl. Zenner 1993, S. 323 f.). Der biologische Sinn solcher efferenter Hörbahnen könnte darin liegen, daß sich das ZNS quasi selbst vor Überreizung schützen muß. In psychodynamischer Hinsicht dürften diese efferenten Kontrollen selektive Aufmerksamkeitsprozesse erzeugen, so daß wir buchstäblich für etwas „taub" sind, was wir (unbewußt) „nicht hören wollen".

Die Verarbeitungsmodi des Gehirns sind also weniger durch die passiven Funktionen der Rezeption und Informationsspeicherung gekennzeichnet, als vielmehr durch die Fähigkeiten zur Reiz*kanalisierung* und Informations*erzeugung*. Auf diesem neurogenetisch vorgegebenen Prinzip der Selbstorganisation (vgl. u.a. Roth 1995) basieren letztlich auch Wahrnehmungsverzerrungen, Erinnerungstäuschungen oder Übertragungsreaktionen (vgl. Kap. 5.8.1).

Diese neurobiologische Hypothese ist von besonderer pädagogischer Relevanz, und zwar in mehrfacher Hinsicht. Zum ersten sieht sich die Pädagogik (als Disziplin) in ihrer Grundannahme bestätigt, daß ein Ego (z.B. Erzieher, Lehrer) nicht direkt auf ein Alter (Edukandus) und dessen psychische Funktionen (wie Wahrnehmung, Motivation, Emotionen, Kognition) einwirken kann. Demnach sind verfehlte Erziehungsziele, ungewollte Nebeneffekte und unvorhersehbare Störfaktoren geradezu charakteristisch für pädagogische Einwirkungsversuche. Dies betrifft ein in der Pädagogik seit langem bekanntes, u.a. von Eduard Spranger (1982-1963) ausführlich behandeltes Problem (vgl. Fromm 1988). Neu daran ist aber, daß nunmehr neurobiologisch inspirierte Argumentationshilfen hinzutreten können. Auf den neuroszenologischen Ansatz angewandt, ließe sich die Hypothese formulieren, daß zielgerechte pädagogische Einflußnahmen (z.B. auf die Lernmotivation) oder erfolgreiche pädagogisch-psychologische Interventionen (z.B. zur Angstbewältigung) nur insoweit möglich sind, als es den PädagogInnen oder PsychologInnen gelingt, ihre Wahrnehmungs- und Handlungskompetenzen mit den - bewußten wie „unbewußten" - Intentionen, Emotionen und Kommunikationsformen ihrer Adressaten abzustimmen. Ob und inwieweit eine gemeinsame szenische „Wirklichkeitsauffassung", wie z.B. bei der Übertragung-Gegenübertragungsdynamik, vorliegt, sollte sich anhand korrespondierender, d.h. konkordanter bzw. komplementärer „Aktivierungskarten" der beteiligten Gehirne validieren lassen.

Andererseits ist anzunehmen, daß sich kommunikationsbezogene Bildungsprozesse gerade in der grundsätzlichen, nur partiell überwindbaren Distanz (nicht unbedingt Diskrepanz) zwischen Ego und Alter konstituieren. Wenn die zwischen Alter und Ego bestehende dialektische Spannung aus Annäherung und Distanzierung rigide abgespalten bzw. narzißtisch verleugnet wird, so drohen Bildungsprozesse ins Stocken zu geraten. Oder szenologisch formuliert: Mit der steigenden Tendenz zur narzißtischen Nivellierung von Unterschiedlichkeiten dürfte die Auftretenswahrscheinlichkeit für bildungshemmende Perseverationen (wie Übertragung-Gegenübertragungs-Dynamiken, projektive Identifizierungen) anwachsen.

Diese Auffassung bliebe nicht folgenlos für die Pädagogik (als Profession). Das verändernde, erzieherische, förderliche oder (persönlichkeits-)bildende Agens wäre weniger in den pädagogischen bzw. pädagogisch-psychologischen Professionen (mit ihrem „Handwerkszeug" bzw. Methodenarsenal wie Didaktiken, Lehrtechniken, Verhaltenstrainings, Beratungskonzepten etc.) zu suchen als vielmehr in den jeweils zirkulär aufeinander eingespielten unbewußten (Rollen-)Beziehungen (s. Kap. 5.5; s. auch unsere Einschätzung von „Prüferschulungen", Kap. 7.2.2). Diese Einsicht verdeutlicht wiederum ein erziehungswissenschaftliches Desiderat, nämlich die Notwendigkeit einer am „Prinzip des szenischen Dialogs" ausgerichteten Wirkungsforschung. Für die Untersuchung von pädagogischen Wirkungen (und unerwünschten Nebenwirkungen) ist demnach ein empirisch-tiefenhermeneutischer Zugang zu empfehlen. Dieses - bereits für die neuroszenographische Emotionsforschung veranschaulichte - methodologische Prinzip würde für die mikroanalytische Untersuchung zur Wirksamkeit von Bildungsprozessen zweierlei beinhalten:

- in empirischer Hinsicht: die Bevorzugung dyaden- bzw. gruppenbezogener Prozeßforschung (interdependenter Verlaufsanalysen) gegenüber einseitig gerichteter Ergebnisforschung (Dependenzanalysen) und

- in tiefen-hermeneutischer Hinsicht: die Rekonstruktion „szenischer Kanalisierungen". Die „objektiven" Wirkungen des grundsätzlich von unbewußter Rollendynamik (s. Kap. 5.8.1) mitbestimmten pädagogischen Handelns manifestieren sich im Kontext einer zwar potentiell offenen und mehrdeutigen Kommunikation, in deren Verlauf aber die Beteiligten ihren Reagibilitätsspielraum verengen bzw. szenisch verdichten, z.B. in Form „sozio-emotionaler (De-)Kalibrationen" (s. hierzu Kap. 5.8.2.2).

Kommen wir nun zu der nächsten Konsequenz, die sich aus dem o.g. Prinzip der neuronalen Autopoiese ziehen läßt. Die Pädagogik (als Disziplin) sieht manche ihrer alten „Einsichten" neu bestätigt. Dies betrifft insbesondere das pädagogisch unverzichtbare Korrektiv gegenüber (neuro-)psychologisch und verhaltensgenetisch verkürzten Auffassungen von Persönlichkeit(sentwicklung). So ist als erstes zu beachten, daß sich Selbstwerdung und Persönlichkeitsbildung nicht im Aufbau von Selbstrepräsentanzen und nicht in einer reinen Selbst(erlebens)psychologie (sensu Rogers, Kohut) erschöpfen kann. Ebensowenig kann das neuroszenische Selbst als Ausfluß des Zusammenwirkens von Erb- und Umwelteinflüssen (s. o.) gesehen werden. In der o. g. Erbe-Umwelt-Diskussion wurde bislang eine dritte Größe vernachlässigt, nämlich die individuelle Selbststeuerung bzw. die eigengestaltete Ausschöpfung jeweils vorhandener Entwicklungs- und Gestaltungsmöglichkeiten. Die Persönlichkeit des Kindes konstituiert sich immer auch durch seine eigenen Intentionen und Wahlentscheidungen (vgl. Bittner 1982), deren neuronales Äquivalent nicht allein im spontanen, mehr oder weniger zufälligen „Feuern" der Nervenzellen (s. Kap. 6.3.2.1) zu finden ist. Die Wechselfälle der Biographie korrespondieren nämlich mit der zeitlebens bestehenden (neuronalen) „Bildsamkeit" des Menschen, die keine anthropologische Konstante darstellt, sondern die wiederum der Veränderung zugänglich ist (vgl. Bock 1994).

Nach dieser Überlegung ist im neuroszenologischen Modell die anthropologische Prämisse zu bewahren, daß der Mensch in jeder Lebensphase, vom Säugling bis zum Hochbetagten, in die Spannung zwischen seinem So-Sein und der Realisierung seiner Möglichkeiten eingebunden ist (vgl. Bock 1984). Diese Sicht beinhaltet zugleich ein von Psychologie und Neurobiologie abweichendes Vorverständnis von (neuronalem) Lernen und (sozialisatorischer) Entwicklung: In beiden Begriffen steckt nämlich - neuroszeno-pädagogisch formuliert - die ein Leben lang offen gehaltene Differenz zwischen vorhandenen neuronalen Verschaltungen einerseits und potentiellen, (noch) nicht realisierten synaptischen Neu-Kombinationen andererseits. Diese *„neuronale Differenz"* kann wiederum nicht losgelöst von der globalen Dialektik von Erbe und Umwelt (s.o.) gesehen werden. So gibt es nicht das menschliche Gehirn an sich. Stattdessen ist von individuenspezifischen Hirnfunktionen auszugehen, die zum einen die persönliche Komponente der spontanen Erregung widerspiegeln und zum anderen neuronale Bahnungsprozesse beinhalten, die sich in den verschiedenen Phasen des Lebenszyklus realisieren. Neuroszenologische Modellvorstellungen sollten u. a. mit dazu beisteuern, daß die Aufmerksamkeit der neurowissenschaftlichen Forschung sich vermehrt auf altersabhängige bzw. entwicklungsspezifische Hirnleistungen sowie auf kommunikationsbezogene bzw. sozialisationsbedingte Hirnfunktionsänderungen (z. B. szenisch ausgelöste Potentialverschiebungen im EEG) richtet. Die entsprechenden neuroszenologisch inspirierten Forschungshypothesen sollten sich vor dem Hintergrund unserer triadisch angelegten „Orientierungstafel" (aus Emotionsforschung, Neurobiologie und Psychoanalyse, s. Kap. 1.1) entwickeln lassen, ohne dem raschen Veralten neurowissenschaftlicher Details anheimfallen zu müssen.

Ein weiteres Charakteristikum neuroszenologischen Forschens sehe ich in der Rückgewinnung einer umfassenden, die leiblich-sinnliche Fundierung betonenden Begriffsfassung von Lernen, Selbstentwicklung (Sozialisation) und (Persönlichkeits-)Bildung. Der neuroszenologische Ansatz impliziert insbesondere ein neues Nachdenken über „Bildung" (i.S. der Konstitution von Identität bzw. Subjektivität). Die Tradition kognitivistischer Bestimmungsversuche mit ihrer einseitigen Bevorzugung rationaler Vernunftsideale wird dadurch relativiert, daß die leiblich-sinnlichen *und* affektiv-unbewußten, sprich: die somato-szenischen Momente des Menschseins in den Vordergrund rücken (s. hierzu Kap. 2.2).

In diesem Punkt kreuzt sich unsere Perspektive mit dem psychoanalytisch-pädagogischem Blickwinkel, unter dem manche Autoren, an Freuds Begriff des „Primärprozeßhaften" anknüpfend, die sinnlichen Lustmomente und die nicht-diskursiven Symbolfunktionen (wie in der Kunst, im Traum) von Bildungsprozessen in Erinnerung rufen (vgl. zus. f. Datler 1995, S. 244).

Die dialektische Figur von „Identität", das Herstellen von Individualität in der Sozialisierung (s. Kap. 1.2), impliziert - gerade auch angesichts der zunehmend komplexer werdenden Problemlagen in den modernen sog. Risiko- und Informationsgesellschaften - die Entwicklung einer zunehmenden Sensibilität des einzelnen für sein „Nicht-Identisches", d.h. für die eigenen beunruhigenden und „unbestimmten" Anteile (wie Angst, Ungewißheit, Fremdheit). Bildungsprozesse sollten daher - wie es der Erziehungswissenschaftler Marotzki (1988, S. 330) formulierte, als „Differenzerfahrung angelegt" sein.

Diese Überlegungen haben den Charakter eines Regulativs, das für die Gefahren der narzißtischen Überhöhung menschlicher Geistestätigkeit sensibilisiert. Die Tendenz zur Selbstidealisierung des (erwachsenen) Vernunftssubjektes kann nämlich - dialektisch betrachtet - in eine blinde Vernunftskritik bzw. („postmoderne") Wissenschaftsfeindlichkeit umschlagen. Das Kennzeichen des narzißtischen Verarbeitungsmodus ist schließlich die Ausschaltung jener für Bildung so konstitutiven „Differenzerfahrung" (s.o.), die daher mit Affektüberflutung („narzißtischer Wut") beantwortet wird oder die Abwehr- bzw. Spaltungsmechanismen (s. Kap. 5.8.2) mobilisiert. Es wäre durchaus überlegenswert, ob es nicht auch andere Formen der „Vernunft" zu würdigen gälte, wie z.B. die der sinnlichen Symbolik oder auch jene „Naivität gegenüber den Dingen", wie sie besonders Kindern eigen sein dürfte. Damit würde der (pädagogische) Bildungsbegriff komplexer und ambivalenter, was die Möglichkeiten und Grenzen der Selbstaufklärung anlangen.

„(Persönlichkeits-)Bildung" ließe sich demnach nicht - wie Löwisch (1974, S. 230, 249) es einst vorschlug - mit Freuds bekanntem Postulat „Wo Es war, soll Ich werden" (Freud 1933, G. W., Bd. XV, S. 86 bzw. St. A., Bd. 1, S. 516) treffend charakterisieren, sofern damit ein - zwar gemeinhin konsensfähiger, aber kognitivistisch vorbelasteter - Aufgabenkatalog assoziiert wird, der sich aus Programmformeln wie „Stärkung von Identität", „Aufbau kritischer Ich-Leistungen", „Erziehung zur Ich-Stärke" oder „Herstellen von Autonomie" (vgl. hierzu u.a. Löwisch 1974, S. 240; Marotzki 1988, S. 315, 320; Datler 1995, S. 244) zusammensetzt. Die kritischen Ich-Leistungen sollten schließlich nicht auf Kosten, sondern in Konkordanz mit der „Triebnatur" gefördert werden. Vielmehr ginge es um die genauere Verhältnisbestimmung von „Es" und „Ich", und zwar - so können wir explizit hinzufügen - auf der Basis neuzeitlicher Forschungsansätze und aktualisierter Wissensbestände. Allerdings stellt sich hier sogleich die kritische Rückfrage an die Psychoanalytische Pädagogik (s. Kap. 7.2.1), ob und inwieweit sie sich für unser neuroszenologisches Anliegen öffnen könnte, Freuds Metapsychologie in eine zeitgemäße Konzeption mit einer empirisch prüfbaren Terminologie aus Neurobiologie und Psychologie zu transformieren.

Psychoanalytisch orientierte Annäherungen an den (allgemein-)pädagogischen Grundbegriff der Bildung (vgl. hierzu bes. Datler 1995, S. 233 ff.) sollen hier nicht weiterverfolgt werden, auch ist es noch zu früh, um einen neuroszenologisch begründeten Diskussionsvorschlag unterbreiten zu können. Beides bedürfte nämlich einer systematischen Einbindung in den Gesamtrahmen bildungstheoretischer bzw. -philosophischer Bemühungen, um die - wie auch immer gearteten - subjektzentrierten Leitbilder (z.B. von „gelingender Identität", „integriertem" somato-szenischen Selbst) sowie deren Geltungsansprüche einer problemgeschichtlichen und gesellschaftstheoretischen Analyse zuzuführen.

Diese kursorischen Anmerkungen zur denkbaren Entfaltung eines psychoanalytisch und neuroszenologisch erweiterten Bildungbegriffs können zwar, wie gesagt, nicht mehr in eine weiter ausholende Diskussion überführt werden. Es sollte aber deutlich geworden sein, daß der neuroszenologische Ansatz nicht auf den (engeren) Arbeitsbereich der Pädagogischen Psychologie beschränkt bleiben müßte. Sollte eine Anbindung an den Diskussionszusammenhang bildungstheoretischer Entwürfe (vgl. z.B. Hansmann & Marotzki 1988, s. dort bes. „Kontext III: Subjektivitätskonstitution und Wirklichkeitsverarbeitung") gelingen, so wäre damit zugleich innerhalb der Erziehungswissenschaften eine Brücke geschlagen zwischen dem pädagogisch-psychologischem Teilbereich einerseits und der eher übergreifenden Allgemeinen Pädagogik andererseits.

Freilich stößt eine solche Vermittlungsoption auf bislang noch unvorbereiteten Boden. Persönlichkeitsbezogene Leitbegriffe bzw. Konstrukte wie „Bildung", (neuronale) „Identität", „Ich-Stärke" oder „somato-szenisches Selbst" sind viel zu abstrakt und unbestimmt, als daß sie forschungs- oder praxisanleitende Bedeutungen enthielten. Die mit diesen Denkfiguren verknüpften empirischen Phänomene müssen daher begrifflich präzisiert und methodisch konkretisiert werden. Ein erster Schritt in diese Richtung wurde mit dieser Arbeit vollzogen: Mit dem konzeptuellen wie methodischen Rückgriff auf die neurobiologische und psychologische Emotionsforschung einerseits und mit der tiefenhermeneutischen Rehabilitierung vorwissenschaftlich-intuitiver (z.B. coenästhetischer) Wahrnehmungshaltungen andererseits (s. Kap. 7.2.2) habe ich erste Annäherungen an das neuroszenologisch konstruierte „Bild" vom Menschen vollzogen.

Das hier vorgestellte Unterfangen ist - wie gesagt - noch nicht abgeschlossen. Es würde seinen Zweck erfüllen, wenn es den Anstoß zum konzeptuellen Weiterdenken geben könnte. Günstigenfalls käme es zu einem multidisziplinären Gedankenaustausch, von dem Anregungen für die forschungsmethodische Entwicklung empirisch-tiefenhermeneutischer Emotionszugänge (Kap. 7.1) zu erwarten wären. Im Kontext multidisziplinärer Kooperationsprojekte sollte es möglich sein, daß sich neuroszenologisches Hypothetisieren und neurowissenschaftliche (Detail-)Forschung wechselseitig befruchten bzw. korrigieren. Nicht zuletzt sollten - im Idealfall - aus der fächerübergreifenden Kooperation auch neuroszenopädagogische Präventiv- und Interventionsmodelle erwachsen, die zu einem professionellen Umgang mit prototypischen, affektiven Belastungssituationen (wie z. B. selbstwertbedrohlichen Prüfungen) beitragen könnten.

Literaturverzeichnis

Adl-Amini, B. (1990). *Innere Harmonie. Körper, Seele und Geist im Gleichgewicht.* Reinbek b. Hamburg: Rowohlt.

Adelmann, P. K. & Zajonc, R. B. (1989). Facial efference and the experience of emotion. *Annual Review of Psychology, 40,* 249 - 280.

Ader, R. & Cohen, N. (1993). Psychoneuroimmonology: conditioning and stress. *Annual Review of Psychology, 44,* 53 - 85.

Adolphs, R., Tranel, D., Damasio, H. & Damasio, A. (1994). Impaired recognition of emotion in facial expressions following bilateral damage to human amygdala. *Nature, 372,* 669 - 672.

Advances in test anxiety research. Lisse: Swets and Zeitlinger; Hillsdale, N. J.: Lawrence Erlbaum (seit 1982 von H. M. van der Ploeg, R. Schwarzer & Ch. Spielberger herausgegebene Forschungsreihe, mit z. T. wechselnder Reihenfolge der Namen).

Aggleton, J. P. & Mishkin, M. (1986), The Amygdala: Sensory gateway to the emotions. In R. Plutchik & H. Kellerman (eds.), *Emotion. Theory, research, and experience, Vol. 3: Biological foundations of emotion* (pp. 281-299), Orlando: Academie Press.

Allman, J. & Brothers, L. (1994). Faces, fear and the amygdala. *Nature, 372,* 613 - 614.

Amelang, M. & Bartussek, D. (1990). *Differentielle Psychologie und Persönlichkeitsforschung* (3., überarb. Aufl.). Stuttgart: Kohlhammer.

Anderson, J. R. (1989). *Kognitive Psychologie, Eine Einführung* (2. Aufl.) Heidelberg: Spektrum-der-Wissenschaft-Verlagsgesellschaft.

Andreasen, N. C. (1990). *Das funktionsgestörte Gehirn. Einführung in die biologische Psychiatrie.* Weinheim u. Basel: Beltz.

Angermeyer, W. F., Bednorz, P. & Schuster, M. (1991). *Lernpsychologie* (2., erw. Aufl.). München, Basel: Ernst Reinhardt (UTB).

Aoki, Ch. & Siekewitz, Ph. (1989). Die Plastizität der Hirnentwicklung. *Spektrum der Wissenschaft, 2/1989,* 84 - 93.

Argyle, M. (1987). *Körpersprache und Kommunikation.* (4. Auflage; Original 1975). Paderborn: Junfermann.

Aschenbach, G. (1994). Forschungsmethoden. In R. Asanger & G. Wenninger (Hrsg.), *Handwörterbuch der Psychologie* (5., Aufl.). (S. 184 - 194). Weinheim: Beltz, Psychologie Verlags Union.

Asendorpf, J. (1984). Lassen sich emotionale Qualitäten im Verhalten unterscheiden? Empirische Befunde und ein Dilemma. *Psychologische Rundschau, 35*, 125 - 135.

Asendorpf, J. (1995). Persönlichkeitspsychologie: Das empirische Studium der individuellen Besonderheit aus spezieller und differentieller Perspektive. *Psychologische Rundschau, 46*, 235-247.

Atwood, H. L. & MacKay, W. A. (1994). *Neurophysiologie. Text-/Bildmanual* (Dt. Übers. u. Bearb.: J. Walden, W. Witte). Stuttgart, New York: Schattauer.

Ayres, A. J. (1992). *Bausteine der kindlichen Entwicklung. Die Bedeutung der Integration der Sinne für die Entwicklung des Kindes* (2. Aufl.). Berlin: Springer.

Bänninger-Huber, E. & v. Salisch, M. (1994). Die Untersuchung des mimischen Affektausdrucks in face-to-face-Interaktionen. *Psychologische Rundschau, 45*, 79 - 98.

Balint, M. (1973). *Therapeutische Aspekte der Regression. Die Theorie der Grundstörung*. Reinbek b. Hamburg: Rowohlt.

Barondes, S. H. (1995), *Moleküle und Psychosen. Der biologische Ansatz in der Psychiatrie*. Heidelberg: Spektrum Akademischer Verlag.

Batson, C. D., Shaw, L. L. & Oleson, K. C. (1992), Differentiating affect, mood, and emotion: Toward functionally based conceptual distinctions. In M. S. Clark (Ed.), *Emotion* (Review of Personality and Social Psychology, Vol. 13). (pp. 294 - 326), Newbury Park: Sage Publ.

Bauriedl, Th. (1984). *Beziehungsanalyse. Das dialektisch-emanzipatorische Prinzip der Psychoanalyse und seine Konsequenzen für die psychoanalytische Familientherapie*. Frankfurt a. M.: Suhrkamp.

Becker, D., Oldenbürger, H. A. & Piehl, J. (1987). Motivation und Emotion. In G. Lüer (Hrsg.), *Allgemeine Experimentelle Psychologie* (431 - 470). Stuttgart: Gustav Fischer.

Becker-Carus, C. (1981). *Grundriß der Physiologischen Psychologie*. Heidelberg: Quelle & Meyer.

Bedersdorfer, H. W. (1988). *Angstverarbeitung von Schülern. Formen der Bewältigung von Schulangst und ihre Beeinflussung durch ein pädagogisches Interventionsprogramm.* Weinheim: Juventa.

Behr, M. (1987). Carl R. Rogers und die Pädagogik. Theorieanspruch und Anwendungsprobleme des personzentrierten Ansatzes in der Erziehung. In Gesellschaft für wissenschaftliche Gesprächspsychotherapie e.V. (Hrsg.), *Rogers und die Pädagogik. Theorieanspruch und Anwendungsmöglichkeiten des personzentrierten Ansatzes in der Pädagogik* (S. 141 - 167). München: Juventa.

Belgrad, J., Busch, H.-J., Görlich, B., Haubl, R. & Kalck, H.-J. (1988). *Sprache - Szene - Unbewußtes. Sozialisationstheorie in psychoanalytischer Perspektive.* Frankfurt a. M.: Nexus.

Belgrad, J., Görlich, B., König, H.-D. & Noerr, G. S. (Hrsg.). (1987). *Zur Idee einer psychoanalytischen Sozialforschung. Dimensionen szenischen Verstehens.* Frankfurt a. M.: Fischer.

Benkert, O. (1995). *Psychopharmaka. Medikamente, Wirkungen, Risiken.* München: C. H. Beck.

Berger, M. (1983). Neuroendokrinologie der Angst. In F. Strian (Hrsg.), *Angst. Grundlagen und Klinik. Ein Handbuch zur Psychiatrie und medizinischen Psychologie* (S. 71 - 85). Berlin: Springer.

Bichler, Th. & Brauner, K. (1989). Prüfung. In D. Lenzen (Hrsg.), *Pädagogische Grundbegriffe.* Bd. 2 (S. 1285 - 1289), Reinbek b. Hamburg: Rowohlt.

Biermann-Ratjen, E., Eckert, J. & Schwartz, H.-J. (1992). *Gesprächspsychotherapie. Verändern durch Verstehen* (6. Aufl.). Stuttgart: Kohlhammer.

Bieri, P. (1992). Was macht Bewußtsein zu einem Rätsel? *Spektrum der Wissenschaft, Oktober 1992*, 48 - 56.

Bingmann, D. (1994). Lernen und Gedächtnis. In D. Deetjen & E. J. Speckmann (Hrsg.), *Physiologie* (2. Aufl.), (S. 231 - 240). München: Urban & Schwarzenberg.

Birbaumer, N. (1983). Psychophysiologische Ansätze. In H. Euler & H. Mandl (Hrsg.), *Emotionspsychologie. Ein Handbuch in Schlüsselbegriffen* (S. 45 - 52). München: Urban & Schwarzenberg.

Birbaumer, N. (1986). Psychophysiologische Grundlagen. In W. Miltner, N. Birbaumer & W. D. Gerber, *Verhaltensmedizin* (S. 61 - 98). Berlin: Springer.

Birbaumer, N. & Jänig, W. (1995). Motivation und Emotion. In R. F. Schmidt & G. Thews (Hrsg.), *Physiologie des Menschen* (26. vollst. überarb. Aufl.). (S. 167 - 183). Berlin: Springer.

Birbaumer, N. & Öhmann, A. (eds.). (1993). *The structure of emotion. Psychophysiological, cognitive and clinical aspects*. Seattle, Toronto, Bern, Göttingen: Hogrefe & Huber Publishers.

Birbaumer, N. & Schmidt, R. F. (1991). *Biologische Psychologie* (2., korr. Aufl.). Berlin: Springer.

Birbaumer, N. & Schmidt, R. F. (1993 a). Lernen und Gedächtnis. In R. F. Schmidt (Hrsg.), *Neuro- und Sinnesphysiologie* (S. 405 - 420). Berlin: Springer.

Birbaumer, N. & Schmidt, R. F. (1993 b). Motivation und Emotion. In R. F. Schmidt (Hrsg.), *Neuro- und Sinnesphysiologie* (S. 421 - 435). Berlin: Springer.

Birbaumer, N. & Schmidt, R. F. (1995). Allgemeine Physiologie der Großhirnrinde. In R. F. Schmidt & G. Thews (Hrsg.), *Physiologie des Menschen* (26. vollst. überarb. Aufl.). (S. 128 - 140). Berlin: Springer.

Bischoff, C., Traue, H. C. & Zenz, H. (1990), Spannungskopfschmerz. In H. D. Basler, C. Franz, B. Krüner-Herwig, H. P. Rehfisch & H. Seemann (Hrsg.), *Psychologische Schmerztherapie* (S. 250 - 265). Berlin: Springer.

Bittner, G. (1973). Psychoanalyse und das Handeln des Erziehers. *Zeitschrift für Pädagogik, 19*, 77 - 89.

Bittner, G. (1982). Der Wille des Kindes. *Zeitschrift für Pädagogik, 28*, 261 - 272.

Bittner, G. (1989). Pädagogik und Psychoanalyse. In H. Röhrs & H. Scheuerl (Hrsg.), *Richtungsstreit in der Erziehungswissenschaft und pädagogische Verständigung. Wilhelm Flitner zur Vollendung seines 100. Lebensjahres am 20. August 1989 gewidmet* (S. 215 - 227). Frankfurt a. M.: Peter Lang.

Bittner, G. & Ertle, Ch. (Hrsg.). (1985). *Pädagogik und Psychoanalyse. Beiträge zur Geschichte, Theorie und Praxis einer interdisziplinären Kooperation*. Würzburg: Königshausen u. Neumann.

Blanck, G. & Blanck, R. (1980). *Ich-Psychologie II. Psychonalytische Entwicklungspsychologie*, Stuttgart: Klett-Cotta.

Bloom, F. E. & Lazerson, A. (1988). *Brain, mind and behavior* (2nd ed.). New York: W. H. Freeman & Co.

Bock, I. (1978). *Kommunikation und Erziehung. Grundzüge ihrer Beziehungen.* Darmstadt: Wissenschaftl. Buchgesellschaft.

Bock, I. (1984). *Pädagogische Anthropologie der Lebensalter. Eine Einführung*. München:

Bock, I. (1994). Pädagogische Anthropologie. In L. Roth (Hrsg.), *Pädagogik. Handbuch für Studium und Praxis* (Studienausgabe). (S. 99 - 108). München: Ehrenwirth.

Böhm, W. (1988). *Wörterbuch der Pädagogik*. Stuttgart: A. Kröner.

Böhm, W. (1992). Über die Unvereinbarkeit von Erziehung und Therapie. *Viertelsjahresschrift für wissenschaftl. Pädagogik, 68*, 129 - 151.

Bommert, H. (1987). *Grundlagen der Gesprächspsychotherapie. Theorie, Praxis, Forschung* (4. veränd. u. erg. Aufl.). Stuttgart: Kohlhammer.

Borkenau, P. (1993). *Anlage und Umwelt. Eine Einführung in die Verhaltensgenetik.* Göttingen: Hogrefe.

Bottenberg, E. H. (1972). *Emotionspsychologie. Ein Beitrag zur empirischen Dimensionierung emotionaler Vorgänge*. München: Goldmann.

Boucsein, W. (1991). Arbeitspsychologische Beanspruchungsforschung heute - eine Herausforderung an die Psychophysiologie. *Psychologische Rundschau, 42*, 129 - 144.

Bradford, H. F. (1986). *Chemical Neurobiology. An Introduction to Neurochemistry.* New York: W. H. Freeman.

Brauner, K. (1989). Psychoanalytische Pädagogik. In D. Lenzen (Hrsg.), *Pädagogische Grundbegriffe*, (Bd. 2, S. 1219 - 1231). Reinbek b. Hamburg: Rowohlt.

Brazelton, T. B. & Cramer, B. G. (1990). *Die frühe Bindung. Die erste Beziehung zwischen dem Baby und seinen Eltern*. Stuttgart: Klett-Cotta.

Bredenkamp, J. & Wippich, W. (1977), *Lern- und Gedächtnispsychologie (Bd. 1).* Stuttgart: Kohlhammer.

Breidbach, O. (1993). *Expeditionen ins Innere des Kopfes. Von Nervenzellen, Geist und Seele*. Stuttgart: Trias.

Brenner, Ch. (1974). On the nature and development of affects: A unified theory. *Psychoanalytic Quarterly, 43*, 532 - 556.

Brenner, Ch. (1980). A psychoanalytic theory of affects. In R. Plutchik & H. Kellerman (eds.), *Emotion, theory, research and experience* (Vol. 1, pp. 341 - 348). New York: Academic Press.

Brenner, Ch. (1984). *Grundzüge der Psychoanalyse*. Frankfurt a. M.: Fischer.

Breuer, St. (1992). Sozialpsychologische Implikationen der Narzißmustheorie. *Psyche, 46,* 1 - 31.

Brezinka, W. (1971). *Von der Pädagogik zur Erziehungswissenschaft*. Weinheim: Beltz.

Brezinka, W. (1984). „Modelle" in Erziehungstheorien. Ein Beitrag zur Klärung der Begriffe. *Zeitschrift für Pädagogik, 30,* 835 - 858.

Bringmann, D. (1994), Lernen und Gedächtnis. In P. Deetjen & E.-J. Speckmann (Hrsg.), *Physiologie* (2. Aufl.). (S. 231 - 239). München: Urban & Schwarzenberg

Brunner, E. J. & Huber, G. K. (1989). *Interaktion und Erziehung*. München: Psychologie Verlags Union.

Buchner, A. (1993). *Implizites Lernen. Probleme und Perspektiven.* Weinheim: Beltz, PUV (Zugl. Diss., Bonn 1992).

Buck, R. (1980). Nonverbal behavior and the theory of emotion: The facial feed back hypothesis. *Journal of Personality and Social Psychology, 38,* 811- 824.

Buddrus, V. (1992 a). Der pädagogische Umgang mit den Gefühlen - Systematische Überlegungen. In ders. (Hrsg.), *Die „verborgenen" Gefühle in der Pädagogik. Impulse und Beispiele aus der Humanistischen Pädagogik zur Wiederbelebung der Gefühle* (S. 78 - 96). Baltmannsweiler: Schneider Verlag Hohengehren.

Buddrus, V. (Hrsg.). (1992 b), *Die „verborgenen" Gefühle in der Pädagogik. Impulse und Beispiele aus der Humanistischen Pädagogik zur Wiederbelebung der Gefühle.* Baltmannsweiler: Schneider Verlag Hohengehren.

Buddrus, V. (Hrsg.). (1995). *Humanistische Pädagogik. Eine Einführung in Ansätze integrativen und personzentrierten Lehrens und Lernens.* Bad Heilbrunn: Klinkhardt.

van Buer, J. (1984). „Quantitative" oder „qualitative" Unterrichtsbeobachtung? - Eine falsche Alternative. *Unterrichtswissenschaft, 12,* 252 - 267.

Bürgin, D. (1982), Über einige Aspekte der pränatalen Entwicklung. In G. Nissen (Hrsg.), *Psychiatrie des Säuglings- und des frühen Kindheitsalters* (S. 23 - 55). Bern: Huber.

Bürgin, D. (1991). Die pränatale Entwicklung. In R. Battegay & U. Rauchfleisch (Hrsg.), *Das Kind in seiner Welt* (S. 9 - 30). Göttingen: Vandenhoeck & Ruprecht.

Bunge, M. (1984). *Das Leib-Seele-Problem. Ein psychobiologischer Versuch.* Tübingen: Mohr.

Bunge, M. & Ardila, R. (1987). *Philosophy of Psychology*. New York: Springer.

Burgmayer, St. (1993). Störungsmodelle der Entwicklung. In U. B. Brack (Hrsg.), *Frühdiagnostik und Frühtherapie. Psychologische Behandlung von entwicklungs- und verhaltensgestörten Kindern* (S. 14 - 22). München, Weinheim: Beltz, PVU.

Buser, R. (1973). *Ausdruckspsychologie. Problemgeschichte, Methodik und Systematik der Ausdruckswissenschaft.* München, Basel: Ernst Reinhardt.

Byrne, D. (1961). The repression-sensitization scale: rational, reliability, and validity. *Journal of Personality, 29*, 335 - 349.

Cacioppo, J. T., Berntson, G. G. & Klein, D. J. (1992). What is an emotion. The role of somatovisceral afference, with special emphasis on somatovisceral „illusions". In M. S. Clark (Ed.), *Emotion and Social Behavior* (Review of Personality and Social Psychology Vol. 14). (pp. 63 - 98), Newbury Park: Sage Publ.

Cacioppo, J. T., Uchino, B. N., Crites, St. L., Snydersmith, M. A., Smith, G., Berntson, G. G. & Lang, P. (1992). The relationship between facial expressiveness and sympathetic activation in emotion: A critical review, with emphasis on modeling underlying mechanismus and individual differences. *Journal of Pesonality and Social Psychology, 62*, 110 - 128.

Calatin, A. (Hrsg.). (1991). *Ernährung und Psyche. Erkenntnisse der Klinischen Ökologie und der Orthomolekularen Psychiatrie* (4. Aufl.). Karlsruhe: C. F. Müller.

Chalmers, D. J. (1996). Das Rätsel des bewußten Erlebens. *Spektrum der Wissenschaft, 2/1996*, 40 - 47.

Chamberlain, D. (1990). *Woran Babys sich erinnern. Die Anfänge unseres Bewußtseins im Mutterleib.* München: Kösel.

Changeux, J.-P. (1984). *Der neuronale Mensch. Wie die Seele funktioniert - die Entdeckungen der neuen Gehirnforschung*. Reinbek: Rowohlt.

Ciompi, L. (1993). Die Hypothese der Affektlogik. *Spektrum der Wissenschaft, 2/1993*, 76 - 87.

Clark, M. S. (ed.) (1992 a). *Emotion*. (Review of Personality and Social Psychology, Vol. 13). Newbury Park: Sage Publ.

Clark, M. S. (ed.) (1992 b), *Emotion and Social Behavior*. (Review of Personality and Social Psychology, Vol. 14). Newbury Park: Sage Publ.

Cofer, Ch. N. (1979). *Motivation und Emotion* (2. Aufl.). München: Juventa.

Crick, F. & Koch, C. (1993), Das Problem des Bewußtseins. *Spektrum der Wissenschaft Spezial: Gehirn und Geist* (S. 106 - 114).

Crapo, L. (1987). *Hormone. Die chemischen Boten des Körpers* (2. Aufl.). Heidelberg: Spektrum-der-Wissenschaft Verlagsgesellschaft.

Cube, F. v. (1994). Verhaltensbiologie und Pädagogik. In L. Roth (Hrsg.), *Pädagogik. Handbuch für Studium und Praxis* (Studienausgabe). (S. 122-131). München: Ehrenwirth.

Dahl, H., Kächele, H. & Thomä, H. (Hrsg.). (1988). *Psychoanalytic process research strategies*. Berlin, Heidelberg, New York: Springer.

Dahmer, H. (Hrsg.). (1980). *Analytische Sozialpsychologie* (2 Bde.). Frankfurt a. M.: Suhrkamp.

Damasio, A. R. (1994). *Descartes' error, Emotion, reason and the human brain*. New York: G. P. Putnam.

Datler, W. (1988). Pädagogik, Dialog und Selbstbestimmung. *Pädagogische Rundschau, 42*, 629 - 653.

Datler, W. (1993). Zur Frage nach dem Bildungsbegriff (in) der Psychoanalytischen Pädagogik. In M. Muck & H. G. Trescher (Hrsg.), *Grundlagen der Psychoanalytischen Pädagogik* (S. 100 - 129). Mainz: Matthias-Grünewald-Verlag.

Datler, W. (1995). *Bilden und Heilen. Auf dem Weg zu einer pädagogischen Theorie psychoanalytischer Praxis*. Mainz: Matthias-Grünewald-Verlag.

Davidson, R. J. (1984). Hemispheric asymmetry and emotion. In K. Scherer & P. Ekman (Eds.), *Approaches to emotion* (pp. 39 - 57). Hillsdale, N. J.: Lawrence Erlbaum.

Davidson, R. J., Ekman, P., Saron, C. D., Senulis, J. A. & Friesen, W. V. (1990). Approach-withdrawal and cerebral asymmetry: emotional expression and brain physiology I. *Journal of Personality and Social Psychology, 58,* 330 - 341.

Davison, G. C. & Neale, J. M. (1994). *Abnormal Psychology* (6th ed.). New York: Wiley.

Deetjen, D. & Speckmann, E. J. (Hrsg.). (1994). *Physiologie* (2. Aufl.). München: Urban & Schwarzenberg.

Dieckmann, B. (1994). Erfahrung und Lernen. In Chr. Wulf (Hrsg.), *Einführung in die pädagogische Anthropologie* (S. 98 - 113). Weinheim, Basel: Beltz.

Dimberg, U. (1988). Facial expressions and emotional reactions: A psychobiological analysis of human social behavior. In H. L. Wagner (ed.), *Social Psychophysiology and emotion. Theory and clinical applications* (pp. 131 - 150). Chichester: Wiley.

Dörner, D. & Stäudel, Th. (1990). Emotion und Kognition. In K. R. Scherer (Hrsg.), *Psychologie der Emotion* (Enzyklopädie der Psychologie, Bd. C/IV/3, S. 294 - 344). Göttingen: Hogrefe.

Dörner, D., Reither, F. & Stäudel, Th. (1983). Emotion und problemlösendes Denken. In H. Huber & G. L. Mandl (Hrsg.), *Emotion und Kognition* (S. 61 - 84). München: Urban & Schwarzenberg.

Dornes, M. (1993). *Der kompetente Säugling. Die präverbale Entwicklung des Menschen.* Frankfurt a.M.: Fischer.

Dudel, J. (1995). Erregungsübertragung von Zelle zu Zelle. In R. F. Schmidt & G. Thews (Hrsg.), *Physiologie des Menschen* (26. Aufl.). (S. 43 - 66). Berlin: Springer.

Eagle, M. N. (1983). Emotion und Gedächtnis. In H. Huber & G. L. Mandl (Hrsg.), *Emotion und Kognition* (S. 80 - 122). München: Urban & Schwarzenberg.

Eagle, M. N. (1988). *Neuere Entwicklungen in der Psychoanalyse. Eine kritische Würdigung.* München: Verlag Internationale Psychoanalyse.

Eccles, J. C. (1985). *Die Psyche des Menschen* (Gifford Lectures an der Universität Edinburgh, 1978 - 1979). München, Basel: Ernst Reinhardt.

Eccles, J. C. (1989). *Das Rätsel Mensch. Die Evolution des Menschen und die Funktion des Gehirns.* München: Piper.

Eccles, J. C. (1990). *Das Gehirn des Menschen* (durchges. Neuausgabe als 6. Aufl.). München: Piper.

Eccles, J. C. (1994). *Wie das Selbst sein Gehirn steuert.* München: Piper.

Eckensberger, L. H. & Lantermann, E.-D. (Hrsg.). (1985). *Emotion und Reflexivität.* München: Urban & Schwarzenberg.

Eckstein, B. (1971). *Hochschulprüfungen: Rückmeldung oder Repression?* (Blickpunkt Hochschuldidaktik, Heft 13). Hamburg: Arbeitskreis für Hochschuldidaktik.

Eibl-Eibesfeldt, I. (1986). *Die Biologie des menschlichen Verhaltens. Grundriß der Humanethologie* (2., überarb. Aufl.). München: Piper.

Ekman, P. (1981). Universale emotionale Gesichtsausdrücke. In G. Kahle (Hrsg.), *Logik des Herzens. Die soziale Dimension der Gefühle* (S. 177 - 186). Frankfurt a. M.: Suhrkamp.

Ekman, P. (1982). *Emotion in the human face* (2nd rev. ed.). Cambridge: Cambridge University Press.

Ekman, P. (1984). Expression and the nature of emotion. In K. R. Scherer & P. Ekman (eds.), *Approaches to emotion* (pp. 319 - 343). Hillsdale, N. J.: Lawrence Erlbaum.

Ekman, P. (1986). *Telling lies. Clues to deceit in the marketplace, politics and marriage.* New York: Berkley.

Ekman, P. (1988). *Gesichtsausdruck und Gefühl. 20 Jahre Forschung von Paul Ekman* (Hrsg.: M. v. Salisch). Paderborn: Junfermann.

Ekman, P. (1989). *Weshalb Lügen kurze Beine haben. Über Täuschungen und deren Aufdeckung im privaten und öffentlichen Leben.* (Original: 1986). Berlin: Walter de Gruyter.

Ekman, P. (1992). An argument for basic emotions. In N. L. Stein & K. Oatley (Eds.), *Basic emotions* (pp. 169 - 200). Hove (U. K.): Lawrence Erlbaum.

Ekman, P. & Friesen, W. V. (1978). *The facial acting coding system (FACS): A technique for the measurement of the facial action.* Palo Alto, Calif.: Consulting Psychologists Press.

Ekman, P. & Friesen, W. V. (1982). Felt, false and miserable smiles. *Journal of Nonverbal Behavior, 6*, 238 - 252.

Ekman, P. & O'Sullivan, M. (1991). Facial expression: Methods, means, and moues. In R. S. Feldman & B. Rimé (eds.), *Fundamentals of nonverbal behavior* (pp. 163 - 199). Cambridge: Cambridge University Press.

Ekman, P., Davidson, R. J. & Friesen, W. V. (1990). The Duchenne smile: emotional expression and brain physiology II. *Journal of Personality and Social Psychology, 58*, 342 - 353.

Ekman, P., Friesen, W. V. & O'Sullivan, M. (1988). Smiles when lying. *Journal of Personality and Social Psychology, 54*, 414 - 420.

Ekman, P., Friesen, W. V. & Simons, R. C. (1985). Is the startle reaction an emotion? *Journal of Personality and Social Psychology, 49*, 1416 - 1433.

Ekman, P., Levenson, R. W. & Friesen, W. V. (1983). Autonomic nervous system activity distinguishes among emotions. *Science, 221*, 1208 - 1210.

Elbert, Th. & Rockstroh, B. (1993). *Psychopharmakologie* (2. überarb. Aufl.). Göttingen: Hogrefe.

Ellgring. H. (1986). Nonverbale Kommunikation. In H. S. Rosenbusch & O. Schober (Hrsg.), *Körpersprache in der schulischen Erziehung. Pädagogische und fachdidaktische Aspekte nonverbaler Kommunikation* (S. 7 - 48). Baltmannsweile: Pädagogischer Verlag Burgbücherei Schneider.

Ellgring, H. (1987). Zur Entwicklung der Mimik als Verständigungsmittel. In C. Niemitz (Hrsg.), *Erbe und Umwelt. Zur Natur von Anlage und Selbstbestimmung des Menschen* (S. 260 - 280). Frankfurt a. M.: Suhrkamp.

Emde, R. N. (1991). Die endliche und die unendliche Entwicklung. *Psyche, 45*, 745 - 779.

Engel, A. K., König, P. & Singer, W. (1993). Bildung repräsentationaler Zustände im Gehirn. *Spektrum der Wissenschaft, 9/1993*, 42 - 47.

Erdheim, M. (1988). Zum Problem der gleichschwebenden Aufmerksamkeit. *Psyche, 42*, 221 - 224.

Erdmann, G. (1983). Vegetatives Nervensystem und Emotion. In H. A. Euler & H. Mandl (Hrsg.), *Emotionspsychologie. Ein Handbuch in Schlüsselbegriffen* (S. 119 - 124). München: Urban & Schwarzenberg.

Euler, H. A. & Mandl, H. (Hrsg.). (1983). *Emotionspsychologie. Ein Handbuch in Schlüsselbegriffen.* München: Urban & Schwarzenberg.

Ewert, O. M. (1979). Zum Selbstverständnis der Pädagogischen Psychologie im Wandel ihrer Geschichte. In J. Brandtstädter, G. Reinert & K. A. Schneewind (Hrsg.), *Pädagogische Psychologie: Probleme und Perspektiven* (S. 15 - 28). Stuttgart: Klett-Cotta.

Ewert, O. M. (1983). Ergebnisse und Probleme der Emotionsforschung. In H. Thomae (Hrsg.), *Theorien und Formen der Motivation* (Enzyklopädie der Psychologie, Bd. C/IV/3, S. 397 - 452). Göttingen: Hogrefe.

von Faber, H. & Haid, H. (1980). *Endokrinologie. Biochemie und Physiologie der Hormone* (3., neubearb. Aufl.). Stuttgart: Eugen Ulmer.

Fahrenberg, J. (1983). Psychophysiologische Methodik. In K. J. Groffmann & L. Michel (Hrsg.), *Verhaltensdiagnostik* (Enzyklopädie der Psychologie, Bd. B/II/4, S. 1 - 192). Göttingen: Hogrefe.

Fahrenberg, J. (1986). Psychophysiological individuality: A pattern analytic approach to personality research and psychosomatic medicine. *Advances in Behavior Research and Therapy, 8*, 43 - 100.

Fahrenberg, J. (1988). Psychophysiological processes. In J. R. Nesselroad & R. B. Cattell (eds.), *Handbook of multivariate experimental psychology* (2nd ed.), (pp. 867 - 914). New York: Plenum Press.

Fehm-Wolfsdorf, G. (1994). *Streß und Wahrnehmung, Psychobiologie der Glucocorticoide*. Bern: Huber

Felten, D. (1994). Interview mit David Felten: Wie Gedanken und Gefühle das Immunsystem beeinflussen. *Psychologie Heute, 21*, 32 - 39.

Fiedler, K. (1985). Zur Stimmungsabhängigkeit kognitiver Funktionen. *Psychologische Rundschau, 36*, 125 - 134.

Fiedler, P. (1994). *Persönlichkeitsstörungen*. Weinheim: Beltz, Psychologie Verl. Union.

Figdor, H. (1989). „Pädagogisch angewandte Psychoanalyse“ oder „Psychoanalytische Pädagogik“? *Jahrbuch für Psychoanalytische Pädagogik, 1*, 136 - 172.

Figdor, H. (1993). Wissenschaftstheoretische Grundlagen der Psychoanalytischen Pädagogik. In M. Muck & H. G. Trescher (Hrsg.), *Grundlagen der Psychoanalytischen Pädagogik* (S. 63 - 99). Mainz: Matthias-Grünewald-Verlag.

Filipp, S. H. (1984). *Selbstkonzept-Forschung. Probleme, Befunde Perspektiven* (2. Aufl.). Stuttgart: Klett-Cotta.

Filipp, S. H. (1988). Das Selbst als Gegenstand psychologischer Forschung. *Bildung und Erziehung, 41*, 281 - 292.

Flammer, A. (1988). *Entwicklungstheorien, Psychologische Theorien der menschlichen Entwicklung*. Bern, Stuttgart: Huber.

Flanagan, G. L. (1988). *Die ersten neun Monate des Lebens* (Original 1962). Reinbek b. Hamburg: Rowohlt.

Flehmig, I. (1990 a). Entwicklung in früher Kindheit. Eine neurobiologische Betrachtung. *Beschäftigungstherapie und Rehabilitation, 29*, (3), 183 - 188.

Flehmig, I. (1990 b). *Normale Entwicklung des Säuglings und seine Abweichungen. Früherkennung und Frühbehandlung*. Stuttgart: Thieme.

Flick, U., v. Kardoff, E., Keupp, H., v. Rosenstiel, L. & Wolff, St. (Hrsg.). (1991). *Handbuch qualitative Sozialforschung. Grundlagen, Konzepte, Methoden und Anwendungen*. München: Psychologie Verlags Union.

Freud, A. (1966). *Das Ich und die Abwehrmechanismen* (Orig. 1936). Frankfurt a. M.: S. Fischer.

Freud, S. (1895). Entwurf einer Psychologie. In ders. (1950). *Aus den Anfängen der Psychoanalyse. Briefe an Wilhelm Fliess, Abhandlungen und Notizen aus den Jahren 1887 - 1902*. (Hrsg.: M. Bonaparte, A. Freud & E. Kris). (S. 371 - 466). London: Imago Publ.; zugleich in: *Gesammelte Werke, Nachtragsband* (Hrsg.: A. Richards unter Mitw. v. J. Grubrich-Simitis), S. 387 - 477.

Freud, S., *Gesammelte Werke* (Chronologisch geordnet, 18 Bände mit Nachtragsband). Frankfurt a.M.: Fischer.

Freud, S., *Studienausgabe* (Lizenzausgabe 1982; 10 Bände mit unnumeriertem Ergänzungsband). Frankfurt a. M.: Fischer.

Frey, D., Wicklund, R. A. & Scheier, M. F. (1984). Die Theorie der objektiven Selbstaufmerksamkeit. In D. Frey & M. Irle (Hrsg.), *Theorien der Sozialpsychologie*, Bd. I: Kognitive Theorien. (2. Aufl. der „Kognitive Theorien der Sozialpsychologie") (S. 192 - 216). Bern: Huber.

Frey, H. P. & Haußer, K. (Hrsg.). (1987). *Identität*, Stuttgart: Enke.

Fröhlich, W. D. (1983). Perspektiven der Angstforschung. In H. Thomae (Hrsg.), *Psychologie der Motive* (Enzyklopädie der Psychologie, Bd. C/IV/2). (S. 110 - 320). Göttingen: Hogrefe.

Fromm, M. (1988). Wirkungen und Nebenwirkungen pädagogischen Handelns - Überlegungen zur pädagogischen Wirkungsforschung. *Pädagogische Rundschau, 42*, 187 - 196.

Fromm, M. (1990). Zur Verbindung quantitativer und qualitativer Methoden. *Pädagogische Rundschau, 44*, 469 - 481.

Füller, K. (1975). *Funktionen und Formen von Prüfungen*. Rheinstetten: Schindele.

Gainotti, G. & Caltagirone, C. (Eds.). (1989). *Emotions and the dual brain*. Berlin: Springer.

Gärtner-Harnach (1976). *Angst und Leistung* (3. Aufl.). Weinheim: Beltz.

Garz, D. & Kraimer, K. (1991). Qualitativ-empirische Sozialforschung im Aufbruch. In dies. (Hrsg.), *Qualitativ-empirische Sozialforschung. Konzepte, Methoden, Analysen* (S. 3 - 33). Opladen: Westdeutscher Verlag.

Gazzaniga, M. S. (1989). *Das erkennende Gehirn. Entdeckungen in den Netzwerken des Geistes*. Paderborn: Junfermann.

Gehirn und Kognition (1990). (Themenheft der Reihe: Verständliche Forschung). Heidelberg: Spektrum-der-Wissenschaft Verlagsgesellschaft.

Gehirn und Nervensystem (1987, 8. Aufl.). (Themenheft der Reihe: Verständliche Forschung). Heidelberg: Spektrum der Wissenschaft.

Geppert, U. & Heckhausen, H. (1990). Ontogenese der Emotionen. In K. R. Scherer (Hrsg.), *Psychologie der Emotion* (S. 115 - 213). (Enzyklopädie der Psychologie Bd. C/IV/3). Göttingen: Hogrefe.

Gesellschaft für wissenschaftliche Gesprächspsychotherapie (GwG) e. V. (Hrsg.). (1987). *Rogers und die Pädagogik. Theorieanspruch und Anwendungsmöglichkeiten des personzentrierten Ansatzes in der Pädagogik*. München: Juventa.

Giesecke, H. (1987). *Pädagogik als Beruf. Grundformen pädagogischen Handelns*. Weinheim & München: Juventa.

Goldstein, E. B. (1989). Sensation and Perception (3rd ed.). Belmont, California: Wadsworth Publ.

Gray, J. A. (1971). *Angst und Streß. Entstehung und Überwindung von Neurosen und Frustrationen*. München: Kindler.

Gray, J. A. (1982). *The neuropsychology of anxiety*. Oxford: Oxford University Press.

Gray, J. A. (1984). The neuropsychology of anxiety. In K. Pawlik (Hrsg.), *Fortschritte der Experimentalpsychologie* (Hamburger Mittagsvorlesungen 1983). (S. 52 - 71). Berlin: Springer.

Gray, J. A. (1990). Brainsystems that mediate both emotion and cognition. *Cognition and Emotion, 4,* 269 - 288.

Gray, J. A. (1991). *The psychology of stress und fear* (Reprint with corrections, Erstausg. 1987). Cambridge: Cambridge University Press.

Greenson, R. (1986). *Technik und Praxis der Psychoanalyse* (Bd. 1). (4. Aufl.). Stuttgart: Klett.

Groeben, N. & Westmeyer, H. (1981). *Kriterien psychologischer Forschung.* (2. Aufl.). München: Juventa.

Grossmann, K. E. (1987). Die natürlichen Grundlagen zwischenmenschlicher Bindungen. Anthropologische und biologische Überlegungen. In C. Niemitz (Hrsg.), *Erbe und Umwelt. Zur Natur von Anlage und Selbstbestimmung des Menschen* (S. 200 - 235). Frankfurt a. M.: Suhrkamp.

Grossmann; K. E., August, P., Fremmer-Bombik, E., Friedl, A., Grossmann, K., Scheuerer-Englisch, H., Spangler, G., Stephan, Chr., Suess, G. (1989). Die Bindungstheorie: Modell und entwicklungspsychologische Forschung. In H. Keller (Hrsg.), *Handbuch der Kleinkindforschung* (S. 31 - 55). Berlin: Springer.

Grünbaum, A. (1988). *Die Grundlagen der Psychoanalyse. Eine philosophische Kritik.* Stuttgart: Philipp Reclam jun.

Gudjons, H. (1993). *Pädagogisches Grundwissen.* Bad Heilbrunn: Klinkhardt.

Guttmann, G. (1982). *Lehrbuch der Neuropsychologie* (3. überarb. u. erg. Aufl.). Bern: Huber.

Habermas, J. (1970/1985). Der Universalitätsanspruch der Hermeneutik. In ders., *Zur Logik der Sozialwissenschaften* (S. 331 - 366). (5., erw. Aufl.). Frankfurt a. M.: Suhrkamp.

Häcker, H. L. & Stapf, K. H. (Hrsg.). (1994). *Dorsch Psychologisches Wörterbuch* (12. überarb. u. erw. Aufl.). Bern, Stuttgart: Huber.

Haft, H. & Kordes, H. (1984). Empirisch-pädagogische Forschung am Ausgang ihrer „realistischen Phase“. In dies. (Hrsg.), *Methoden der Erziehungs- und Bildungsforschung* (Enzyklopädie Erziehungswissenschaft, Bd. 2). (S. 13 - 39). Stuttgart: Klett-Cotta.

Hager, J. C. & Ekman, P. (1985). The asymmetry of facial actions is inconsistant with models of hemispheric specialization. *Psychophysiology, 22*, 307 - 318.

Handwerker, H. (1993). Allgemeine Sinnesphysiologie. In R. F. Schmidt & G. Thews (Hrsg.), *Physiologie des Menschen* (25. korr. Aufl.). (S. 186 - 233). Berlin: Springer.

Hansmann, O. & Marotzki, W. (Hrsg.). (1988). *Diskurs Bildungstheorie I: Systematische Markierungen. Rekonstruktion der Bildungstheorie unter Bedingungen der gegenwärtigen Gesellschaft*. Weinheim: Deutscher Studien Verlag.

Hartmann, H. (1964/1965 a). Bemerkungen zur psychoanalytischen Theorie des Ichs (Original 1950). *Psyche, 18*, 330 - 353.

Hartmann, H. (1964/1965 b). Die Entwicklung des Ich-Begriffs bei Freud (Original 1956). *Psyche, 18*, 420 - 444.

Hasemann, K. (1983). Verhaltensbeobachtung und Ratingverfahren. In K.-J. Groffmann & L. Michel (Hrsg.), *Verhaltensdiagnostik* (S. 434 - 488). (Enzyklopädie der Psychologie. Bd. B/II/4). Göttingen: Hogrefe.

Haußer, K. (1983). *Identitätsentwicklung*. New York: Harper & Row (deutschsprachige Ausgabe, UTB).

Hays, W. L. (1994). *Statistics* (5th ed.). Forth Worth: Harcourt Brace College Publishers.

Hebb, D. O. (1975). *Einführung in die moderne Psychologie* (8., völlig überarb. Aufl.). Weinheim u. Basel: Beltz.

Heckhausen, H. (1989). *Motivation und Handeln* (2., völlig überarb. u. erg. Aufl.). Berlin: Springer.

Hellhammer, D. H. Kirschbaum, C. & Lehnert, H. (1989/90). Zur Rolle der Hypophysen-Nebennierenrinden-Achse in Belastungssituationen. *Homo, 39*, (1), 16 - 26.

Hellige, J. B. (1990). Hemispheric asymmetry. *Annual Review of Psychology, 41*, 55 - 80.

Henseler, H. (1984). *Narzißtische Krisen. Zur Psychodynamik des Selbstmordes* (2. Aufl.). Opladen: Westdeutscher Verlag.

Heinze, Th. (1987). *Qualitative Sozialforschung. Erfahrungen, Probleme und Perspektiven*. Opladen: Westdeutscher Verlag.

Henderson, N. (1982). Human behavior genetics. *Annual Review of Psychology, 33*, 403 - 440.

Herkner, W. (1992). *Psychologie* (2. Aufl.). Wien. Springer.

Hernegger, R. (1995). *Wahrnehmung und Bewußtsein. Ein Diskussionsbeitrag zu den Neurowissenschaften.* Heidelberg: Spektrum Akad. Verlag.

Herrmann, Th. (1973). Über einige Einwände gegen die nomothetische Psychologie. In H. Albert & H. Keuth (Hrsg.), *Kritik der kritischen Psychologie* (S. 41 - 83). Hamburg: Hoffmann & Campe.

Herrmann, Th (1976). *Die Psychologie und ihre Forschungsprogramme.* Göttingen: Hogrefe.

Herrmann, Th. (1991). *Lehrbuch der empirischen Persönlichkeitsforschung* (6. Aufl.). Göttingen: Hogrefe.

Herrmann, Th. & Lantermann, E. D. (Hrsg.). (1985). *Persönlichkeitspsychologie. Ein Handbuch in Schlüsselbegriffen.* München: Urban & Schwarzenberg.

Herzog, W. (1984). *Modell und Theorie in der Psychologie. Vorarbeiten zu einer reflexiven Psychologie.* Göttingen: Hogrefe.

Hinton, J. W. (1988). The psychophysiology of stress and personal coping styles. In H. L. Wagner (ed.), *Social psychophysiology and Emotion. Theory and clinical applications* (pp. 175 - 195). Chichester: John Wiley & Sons.

Hochheimer, W. (1956). Zur Psychologie von Prüfungen. *Berliner Lehrerzeitung, 10*, 74 - 80.

Hobson, J. A. (1990). *Schlaf. Gehirnaktivität im Ruhezustand.* Heidelberg: Spektrum-der-Wissenschaft Verlagsgesellschaft.

Hörster, W. (1994). Die Physiologie des operanten Lernens. In W. F. Angermeier, P. Bednorz, S. R. Hursh (Hrsg.), *Operantes Lernen. Methoden, Ergebnisse, Anwendung* (S. 343 - 357). München, Basel: Ernst Reinhardt.

Hofer, M. (1985). Zu den Wirkungen von Lob und Tadel. *Bildung und Erziehung, 38*, (4), 415 - 427.

Hofer, M. (1987). Pädagogische Psychologie: fünf Überlegungen zum Selbstverständnis eines Faches. *Psychologische Rundschau, 38*, 82 - 95.

Hoffmann, J. (1993). Unbewußtes Lernen - eine besondere Lernform? *Psychologische Rundschau, 44*, 75 - 89.

Hoffmann, S. O. (1984). *Charakter und Neurose. Ansätze zu einer psychoanalytischen Charakterologie*. Frankfurt a. M.: Suhrkamp.

Hoffmann, S. O. & Hochapfel, G. (1995). *Neurosenlehre, Psychotherapeutische und Psychosomatische Medizin* (5. erw. Aufl.). Stuttgart, New York: F. K. Schattauer.

Hofstätter, P. R. (1971). Ausdruckskunde. In ders., *Psychologie* (Fischer-Lexikon). (S. 35 - 45). Frankfurt a. M.: Fischer.

v. Holst, D. & Scherer, K. R. (1988). Streß. In K. Immelmann, Chr. Vogel & P. Schmoock (Hrsg.), *Psychobiologie. Grundlagen des Verhaltens* (S. 289 - 327). Stuttgart u. Weinheim: G. Fischer u. Psychologie Verlags Union.

Homfeldt, H.-G. (Hrsg.). (1988). *Erziehung und Gesundheit*. Weinheim: Dtsch. Studienverlag.

Hoppe, K. D. (1975). Die Trennung der Gehirnhälften. Ihre Bedeutung für die Psychoanalyse. *Psyche, 29*, 919 - 940.

Hormuth, St. (1987). Selbstaufmerksamkeit. In D. Frey & S. Greif (Hrsg.), *Sozialpsychologie. Ein Handbuch in Schlüsselbegriffen* (2., erw. Aufl.). (S. 263 - 266). München, Weinheim: Psychologie Verlags Union.

Hubel, D. H. (1989). *Auge und Gehirn: Neurobiologie des Sehens*. Heidelberg: Spektrum-der-Wissenschaft Verlagsgesellschaft.

Hübner, K. (1986). *Kritik der wissenschaftlichen Vernunft* (3., verbesserte Aufl.). Freiburg: Alber.

Hurrelmann, K. (1993). *Einführung in die Sozialisationstheorie. Über den Zusammenhang von Sozialstruktur und Persönlichkeit* (4., überarb. u. erg. Aufl.). Weinheim: Beltz.

Immelmann, K. & Keller, H. (1988). Die frühe Entwicklung. In K. Immelmann, K. R. Scherer, Chr. Vogel & P. Schmoock (Hrsg.), *Psychobiologie. Grundlagen des Verhaltens* (S. 133 - 180). Stuttgart u. Weinheim: G. Fischer u. Psychologie Verlags Union.

Isaacson, R. L. (1982). *The limbic system* (2nd ed.). New York, London: Plenum Press.

Iversen, L. L. (1987). Die Chemie der Signalübertragung. In *Gehirn und Nervensystem* (8. Aufl.). (S. 21 - 32). Heidelberg: Spektrum-der-Wissenschaft.

Izard, C. E. (1981). Differential emotions theory and the facial feedback hypothesis of emotions activation: Comments on Tourangeau and Ellsworth's „The role of facial response in the experience of emotion“. *Journal of Personality and Social Psychology, 40,* 350 - 354.

Izard, C. E. (1982). Comments on emotion and cognition: Can there be a working relationship? In M. S. Clark & S. T. Fiske (eds.), *Affect and cognition. The 17th Annual Carnegie Symposium on Cognition* (pp. 229 - 240. Hillsdale, N. J.: Lawrence Erlbaum.

Izard, C. E. (1990). Facial expression and the regulation of emotions. *Journal of Personality and Social Psychology, 58,* 487 - 498.

Izard, C. E. (1991), *The Psychology of Emotions.* New York: Plenum Press.

Izard, C. E. (1992). Basic emotions, relations among emotions, and emotion-cognition relations. *Psychological Review, 99,* 561 - 565.

Izard, C. E. (1994). *Die Emotionen des Menschen. Eine Einführung in die Grundlagen der Emotionspsychologie* (2. Aufl.) Weinheim: Beltz, Psychologie-Verlags-Union.

Izard, C. E. & Dougherty, L. M. (1982). Two complementary systems for measuring facial expressions in infants and children. In C. E. Izard (Ed.), *Measuring emotions in infants and children* (pp. 97 - 126). Cambridge: Cambridge University Press.

Jacobs, B. (1981). *Angst in der Prüfung. Beiträge zu einer kognitiven Theorie der Angstentstehung in Prüfungssituationen.* Frankfurt: R. G. Fischer.

Jacobs, B. & Strittmatter, P. (1979). *Der schulängstliche Schüler. Eine empirische Untersuchung über mögliche Ursachen und Konsequenzen der Schulangst.* München: Urban & Schwarzenberg.

Jacobson, E. (1978). *Das Selbst und die Welt der Objekte.* Frankfurt a. M.: Suhrkamp.

Jänig, W. (1993). Das vegetative Nervensystem. In R. F. Schmidt & G. Thews (Hrsg.), *Physiologie des Menschen* (25., korr. Aufl.). (S. 349 - 389). Berlin: Springer.

James, W. (1884). What is an emotion. *Mind* (A quarterly review of psychology and philosophy), *9,* 188 - 205.

Janke, W. (1983). Pharmaka und Emotionen. In H. A. Euler & H. Mandl (Hrsg.), *Emotionspsychologie* (S. 132 - 146). München: Urban & Schwarzenberg.

Janke, W. (1986). Angst: Definition und somatische Grundlagen. In W. Janke & P. Netter (Hrsg.), *Angst und Psychopharmaka. Methoden und Ergebnisse pharmakopsychologischer, pharmakopsychiatrischer und verhaltenspharmakologischer Forschung*. Stuttgart: Kohlhammer

Janke, W. & Hüppe, M. (1990). Emotionalität bei alten Personen. In K. R. Scherer (Hrsg.), *Psychologie der Emotionen* (Enzyklopädie der Psychologie, Bd. C/IV/3.). (S. 215 - 289). Göttingen: Hogrefe.

Janssen, P. L. (1987), Zum Verstehen psycho-somatischer und somato-physischer Vorgänge. Beiträge der Psychoanalyse. *Zeitschrift für Klinische Psychologie, Psychopathologie und Psychotherapie*, *35*, 62 - 73.

Joffe, W. G. & Sandler, J. (1967). Über einige begriffliche Probleme im Zusammenhang mit dem Studium narzißtischer Störungen. *Psyche*, *21*, 152 - 165.

de Jong-Meyer, R., Hubert, W., Körner, U. & Geyer, E. (1990), Induktion von Angst und Freude über die Imagination autobiographischer Erinnerungen. *Zeitschrift für Klinische Psychologie*, *19*, 83 - 95.

Kalil, R. (1990). Nervenverknüpfung im jungen Gehirn. *Spektrum der Wissenschaft*, Heft 2/1990, 90 - 102.

Kalin, N. H. (1993). Neurobiologie der Angst. *Spektrum der Wissenschaft*, *7/1993*, 76 - 83.

Kandel, E. R. (1987). Kleine Verbände von Nervenzellen. In *Gehirn und Nervensystem* (8. Aufl.). (S. 77 - 85). Heidelberg: Spektrum der Wissenschaft.

Kandel, E. R. (1991). Cellular mechanismus of learning and the biological basis of individuality. In E. R. Kandel, J. H. Schwartz & Th. M. Jessel (eds.), *Principles of neural science* (3rd ed.). (pp. 1009 - 1031). New York: Elsevier.

Kandel, E. R. & Hawkins, R. D. (1992). Molekulare Grundlagen des Lernens. *Spektrum der Wissenschaft*, *11/1992*, 66 - 76.

Kandel, E. R. & Kupfermann, I. (1995). Emotional states. In E. R. Kandel, J. H. Schwartz & Th. M. Jessel (eds.), *Essentials of neural science and behavior* (pp. 595 - 612). London: Prentice Hall Int., Appleton & Lange.

Kandel, E. R., Schwartz, J. H. & Jessel, Th. M. (eds.). (1995). *Essentials of neural science and behavior*. London: Prentice Hall Int., Appelton & Lange.

Kapfhammer, H.-P. (1995). *Entwicklung der Emotionalität*. Stuttgart: Kohlhammer.

Kappas, A. Hess, U. & Scherer, K. (1991). Voice and emotion. In R. Feldman & B. Rimé (Eds.), *Fundamentals of nonverbal behavior* (pp. 200 - 238). Cambridge: Cambridge University Press.

Keller, H. (Hrsg.). (1989). *Handbuch der Kleinkindforschung*. Berlin: Springer.

Karlson, P. (1988). *Kurzes Lehrbuch der Biochemie* (13., neubearb. Aufl.). Stuttgart: Thieme.

Kernberg, O. F. (1983). *Borderline-Störungen und pathologischer Narzißmus*. Frankfurt a. M.: Suhrkamp.

Kernberg, O. F. (1988). *Schwere Persönlichkeitsstörungen. Theorie, Diagnose, Behandlungsstrategien*. Stuttgart: Klett-Cotta.

Kernberg, O. F. (1990). New perspectives in psychoanalytic affect theory. In R. Plutchik & H. Kellerman (eds.), *Emotion: theory, research and experience. Vol. 5: Emotion, psychopathology and psychotherapy* (pp. 115 - 130). London, New York: Academic Press.

Kernberg, O. F. (1991). Die Psychopathologie des Hasses. *Forum der Psychoanalyse, 7*, 251 - 270.

Kimelberg, H. K. & Norenberg, M. D. (1989). Astrocyten und Hirnfunktion. *Spektrum der Wissenschaft, 6/1989*, 52 - 60.

Kimura, D. (1992). Weibliches und männliches Gehirn. *Spektrum der Wissenschaft, 11/1992*, 104 - 113.

Kirchhoff. R. (1972). Grundfragen der Ausdruckspsychologie. In ders. (Hrsg.), *Ausdruckspsychologie* (Handbuch der Psychologie, Bd. 5, 2. Aufl.). (S. 117 - 219). Göttingen: Hogrefe.

Kirchner, H., Kruse, A., Neustock, P. & Rink, L. (1993). *Cytokine und Interferone. Botenstoffe des Immunsystems*. Heidelberg: Spektrum Akad. Verlag.

Kirschbaum-Buske, A., Kirschbaum, C. & Hellhammer, D. (1990). Psychoneuroimmunologie. In R. Schwarzer (Hrsg.), *Gesundheitspsychologie. Ein Lehrbuch* (S. 35 - 43). Göttingen: Hogrefe.

Klafki, W. (1976). *Aspekte kritisch-konstruktiver Erziehungswissenschaft. Gesammelte Beiträge zur Theorie-Praxis-Diskussion*. Weinheim: Beltz.

Klafki, W. (1982). Thesen und Argumentationsansätze zum Selbstverständnis „kritisch-konstruktiver" Erziehungswissenschaft. In E. König & P. Zedler (Hrsg.), *Erziehungswissenschaftliche Forschung. Positionen, Perspektiven, Probleme* (S. 15 - 52). Paderborn u. München: F. Schöningh u. W. Fink.

Kleinginna, P. R. Jr. & Kleinginna, A. M. (1981). A categorized list of emotion definitions, with a suggestion for a consensual definition. *Motivation and Emotion, 5*, 345 - 379.

Klosterhalfen, W. & Klosterhalfen, S. (1990). Psychoimmunologie. In: R. Adler, J. M. Herrmann, K. Köhle, O. W. Schonecke, Th. v. Uexküll & W. Wesiack (Hrsg.), *Psychosomatische Medizin* (4., neubearb. u. erw. Aufl.) (S. 195 - 211). München: Urban & Schwarzenberg.

Koch, J. (1994). *Neuropsychologie des Frontalhirnsyndroms*. Weinheim: Beltz/PVU.

Köhler, L. (1978). Über einige Aspekte der Behandlung narzißtischer Persönlichkeitsstörungen im Lichte der historischen Entwicklung psychoanalytischer Theoriebildung. *Psyche, 32*, 1001 - 1058.

Köhler, L. (1982). Neuere Forschungsergebnisse psychoanalytischer Mutter-Kind-Beobachtungen und ihre Bedeutung für das Verständnis von Übertragung und Gegenübertragung. *Psychoanalyse, 2 + 3*, 238 - 265.

Köhler, L. (1992). Formen und Folgen früher Bindungserfahrungen. *Forum der Psychoanalyse, 8*, 263 - 280.

Köhler, Th. (1995). *Freuds Psychoanalyse. Eine Einführung*. Stuttgart: Kohlhammer.

König, K. (1991). *Praxis der psychoanalytischen Therapie*. Göttingen: Vandenhoek & Ruprecht.

König, K. (1993). *Gegenübertragungsanalyse*. Göttingen: Vandenhoek & Ruprecht.

Körner, J. (1990). Welcher Begründung bedarf die psychoanalytische Pädagogik? Kritische Anmerkungen zu dem Beitrag von Helmuth Figdor über die Theorie einer Psychoanalytischen Pädagogik im Bd. 1 dieses Jahrbuches. *Jahrbuch für Psychoanalytische Pädagogik, 2*, 130 - 140.

Körner, J. (1992). Auf dem Weg zu einer Psychoanalytischen Pädagogik. *Jahrbuch für Psychoanalytische Pädagogik, 4*, 66 - 84.

Kohut, H. (1975). *Die Zukunft der Psychoanalyse. Aufsätze zu allgemeinen Themen und zur Psychologie des Selbst*. Frankfurt a. M.: Suhrkamp.

Kohut, H. (1976). *Narzißmus. Eine Theorie der Behandlung narzißtischer Persönlichkeitsstörungen*. Frankfurt a. M.: Suhrkamp.

Kohut, H. (1977). *Introspektion, Empathie und Psychoanalyse. Aufsätze zur psychoanalytischen Theorie, zu Pädagogik und Forschung und zur Psychologie der Kunst*. Frankfurt a. M.: Suhrkamp.

Kohut, H. (1981 a). *Die Heilung des Selbst*. Frankfurt a. M.: Suhrkamp.

Kohut, H. (1981 b). Narzißmus als Widerstadt und treibende Kraft in der Psychoanalyse. In H. Petzold (Hrsg.), *Widerstand - ein strittiges Konzept in der Psychotherapie* (S. 95 - 107). Paderborn: Junfermann.

Kohut, H. (1982 a). Introspection, empathy, and the semicircle of mental health. *International Journal of Psycho-Analysis, 63*, 395 - 407.

Kohut, H. (1982 b). Vier Grundbegriffe der Selbstpsychologie. *Psychoanalyse, 2 + 3*, 181 - 205.

Kohut, H. (1989). *Wie heilt die Psychoanalyse?*. Frankfurt a. M.: Suhrkamp.

Kohut, H. & Wolf, E. S. (1978). The disorders of the self and their treatment: an outline. *International Journal of Psycho-Analysis, 59*, 413 - 425.

Kolb, B. & Wishaw, I. Q. (1993). *Neuropsychologie*. Heidelberg: Spektrum Akademischer Verlag.

Krahé, B. (1984). Der „self-serving bias“ in der Attributionsforschung: Theoretische Grundlagen und empirische Befunde. *Psychologische Rundschau, 35*, 79 - 97.

Krahé, B. (1987). Attributionsstrategien und Identitätsdynamik. In H. P. Frey & K. Haußer (Hrsg.), *Identität. Entwicklungen psychologischer und soziologischer Forschung* (S. 151 - 162). Stuttgart: Enke.

Krampen, G. (1985). Aufmerksamkeitsorientierung. In Th. Herrmann & E. D. Lantermann (Hrsg.), *Persönlichkeitspsychologie. Ein Handbuch in Schlüsselbegriffen* (S. 354 - 361). München: Urban & Schwarzenberg.

Krause, R. (1983). Zur Onto- und Phylogenese des Affektsystems und ihrer Beziehung zu psychischen Störungen. *Psyche, 37*, 1016 - 1043.

Krause, R. (1985). Über die psychoanalytische Affektlehre am Beispiel der Einsicht. In L. H. Eckensberger & E. D. Lantermann (Hrsg.), *Emotion und Reflexivität* (S. 267 - 290). München: Urban & Schwarzenberg.

Krause, R. & Lütolf, P. (1989). Mimische Indikatoren von Übertragungsvorgängen. Erste Untersuchungen. *Zeitschrift für Klinische Psychologie*, *18*, 55 - 67.

Kraut, R. E. (1982). Social presence, facial feedback, and emotion. *Journal of Personality and Social Psychology*, *42*, 853 - 863.

Krech, D. & Crutchfield, D., Livson, N., Wilson, W. A., Parducci, A. (1985). *Grundlagen der Psychologie. Bd. 5: Motivations- und Emotionspsychologie* (Herausgeber der dtsch. Ausgabe der völlig neubearb. und erw. Fassung: H. Benesch). Weinheim: Beltz.

Kriz, J. & Lisch, R. (1988). *Methodenlexikon für Mediziner, Psychologen, Soziologen.* München, Weinheim: Psychologie Verlags Union.

Krohne, H. W. (1975). *Angst und Angstverarbeitung*. Stuttgart: Kohlhammer.

Krohne, H. W. (1981). *Theorien zur Angst* (2., durchgesehene und erg. Aufl.). Stuttgart: Kohlhammer.

Krohne, H. W. (Hrsg.). (1985). *Angstbewältigung in Leistungssituationen*. Weinheim: edition psychologie der VCH Verlagsgesellschaft.

Krohne, H. W. (1996). Repression - Sensitization. In M. Amelang (Hrsg.), *Temperaments- und Persönlichkeitsunterschiede* (S. 153 - 184). (Enzyklopädie der Psychologie, Bd. C/VIII/3), Göttingen: Hogrefe.

Krohne, H. W. & Kohlmann, C.-W. (1990). Persönlichkeit und Emotion. In K. R. Scherer (Hrsg.), *Psychologie der Emotion* (S. 485 - 559). (Enzyklopädie d. Psychologie, Bd. C/IV/3). Göttingen: Hogrefe.

Krohne, H. W. & Laux, L. (eds.). (1982). *Achievement, stress, and anxiety*. Washinton: Hemisphere.

Krohne, H. W. & Rogner, J. (1982). Repression-Sensitization as a central construct in coping research. In H. W. Krohne & L. Laux (eds.), *Achievement, stress, and anxiety* (pp. 167 - 193). Washington: Hemisphere.

Krohne, H. W. & Rogner, J. (1985). Mehrvariablen-Diagnostik in der Bewältigungsforschung. In: H. W. Krohne (Hrsg.), *Angstbewältigung in Leistungssituationen* (S. 45 - 62). Weinheim: edition psychologie der VCH Verlagsgesellschaft.

Kron, F. (Hrsg.). (1980). *Persönlichkeitsbildung und soziales Lernen*. Bad Heilbrunn-/Obb.: Klinkhardt.

Kron, F. (1994). *Grundwissen Pädagogik* (4., verb. Aufl.). München: Ernst Reinhardt.

Kropiunigg, U. (1990). *Psyche und Immunsystem*. Wien: Springer.

Krott, H. M., Poremba, M. J. & Rauch, M. E. (1990). Neurophysiologische Grundlagen des emotionalen Verhaltens. (Limbisches System und Hypothalamus). In R. Adler, J. M. Herrmann, K. Köhle, O. W. Schonecke, Th. v. Uexküll & W. Wesiack (Hrsg.), *Psychosomatische Medizin* (4., neub. u. erw. Aufl.). (S. 169 - 179). München: Urban & Schwarzenberg.

Krüger-Zeul, M. (1985). Gegenübertragung - ein Stiefkind der Psychoanalyse. In H. M. Lohmann (Hrsg.), *Das Unbehagen in der Psychoanalyse. Eine Streitschrift* (S. 71 - 85). Frankfurt a. M.: Fischer.

Kupfermann, I. (1991 a). Hypothalamus and limbic system: peptidergic neurons, homoestasis, and emotional behavior. In E. R. Kandel, J. W. Schwartz & Th. M. Jessel (eds.)., *Principles of neural science* (3rd ed.), (pp. 735 - 749). New York: Elsevier.

Kupfermann, I. (1991 b). Localization of higher cognitive and affective functions: The association cortices. In E. R. Kandel, J. W. Schwartz & Th. M. Jessel (eds.)., *Principles of neural science* (3rd ed.). (pp. 823 - 838). New York: Elsevier.

Kusch, M. & Petermann, F. (1995). Konzepte und Ergebnisse der Entwicklungspsychopathologie. In F. Petermann (Hrsg.), *Lehrbuch der Klinischen Kinderpsychologie. Modelle psychischer Störungen im Kindes- und Jugendalter* (S. 53 - 93). Göttingen: Hogrefe.

Kutter, P. (1983). Psychoanalytische Ansätze. In H. A. Euler & G. L. Mandl (Hrsg.), *Emotionspsychologie. Ein Handbuch in Schlüsselbegriffen* (S. 52 - 61). München: Urban & Schwarzenberg.

Kutter, P. (1985). *Psychoanalytische Interpretation und empirische Methoden. Ein zweidimensionaler Ansatz von Forschung in der Psychoanalyse am Beispiel von Selbsterfahrungs- und Supervisionsgruppen an der Universität*. Frankfurt a. M.: Fachbuchhandlung für Psychologie.

Kutter, P. (1989). *Moderne Psychoanalyse. Eine Einführung in die Psychologie unbewußter Prozesse*. München, Wien: Verlag Internationale Psychoanalyse.

Lacey, J. I. (1967). Some response patterning and stress: Some revisions of activation theory. In M. H. Appley & R. Trumball (eds.), *Psychological stress: Issues in research* (pp. 14 - 44). New York: Appleton Century Crofts.

Lacey, J. I. & Lacey, B. C. (1958). Verification and extension of the principle of autonomic response stereotypy. *American Journal of Psychology*, *71*, 550 - 73.

Lamnek, S. (1993). *Qualitative Sozialforschung. Bd. 1: Methodologie* (2. korr. u. erw. Aufl.). Weinheim: Psychologie Verlags Union.

Langeheine, R. (1980). *Log-lineare Modelle zur multivariaten Analyse qualitativer Daten. Eine Einführung*. München, Wien: R. Oldenbourg.

Laird, J. D. (1974). Self-attribution of emotion: The effects of expressive behavior on the quality of emotional experience. *Journal of Personality and Social Psychology, 29*, 475 - 486.

Laird, J. D. (1984). The real role of facial response in the experience of emotion: A reply to Tourangeau und Ellsworth, and others. *Journal of Personality and Social Psychology, 47*, 909 - 917.

Langer, S. K. (1984). *Philosophie auf neuem Wege. Das Symbol im Denken, in Ritus und in der Kunst* (Orig. 1942). Frankfurt a. M.: S. Fischer.

Lantermann, E. D. (1980). *Interaktionen. Person, Situation und Handlung*. München: Urban & Schwarzenberg.

Lanz, P. (1993). Vom Begriff des Geistes zur Neurophilosophie. Das Leib-Seele-Problem in der angelsächsischen Philosophie des Geistes von 1949 - 1987). In A. Hügli & P. Lübcke (Hrsg.), *Philosophie im 20. Jahrhundert* (Bd. 2, S. 270 - 314). Reinbek b. Hamburg: Rowohlt (rowohlts enzyklopädie).

Larbig, W. (1983). Limbisches System und Emotionen. In H. A. Euler & H. Mandl, (Hrsg.), *Emotionspsychologie. Ein Handbuch in Schlüsselbegriffen* (S. 109 - 118). München: Urban & Schwarzenberg.

Larbig, W. & Birbaumer, N. (1984). Psychophysiologische Aspekte der Angst. In P. Goetze (Hrsg.), *Leitsymptom Angst* (S. 103 - 116). Berlin: Springer.

Lautsch, E. & Lienert, G. A. (1993). *Binärdatenanalyse für Psychologen, Mediziner und Sozialwissenschaftler*. Weinheim: Beltz/PVU.

Laux, L. (1983). Psychologische Streßkonzeptionen. In H. Thomae (Hrsg.), *Theorien und Formen der Motivation* (Enzyklopädie der Psychologie, Bd. C/IV/1). (S. 451 - 535). Göttingen: Hogrefe.

Laux, L. & Glanzmann, P. G. (1996). Angst und Ängstlichkeit. In M. Amelang (Hrsg.), *Temperaments- und Persönlichkeitsunterschiede* (S. 108 - 151). (Enzyklopädie d. Psychologie, Bd. C/VIII/3). Göttingen: Hogrefe.

Laux, L. & Weber, H. (1990). Bewältigung von Emotionen. In K. R. Scherer (Hrsg.), *Psychologie der Emotion* (Enzyklopädie der Psychologie Bd. C/IV/3). (S. 560 - 629). Göttingen: Hogrefe.

Laux, L. & Weber, H. (1993). *Emotionsbewältigung und Selbstdarstellung*. Stuttgart: Kohlhammer.

Lazarus, R. S. (1984 a). On the primacy of cognition. *American Psychologist, 39*, 124 -129.

Lazarus, R. S. (1984 b). Thoughts on the relations between emotion and cognition. In K. R. Scherer & P. Ekman (eds.), *Approaches to emotion* (pp. 247 - 257). Hillsdale, N. J.: Lawrence Erlbaum.

Lazarus, R. S. (1990). Streß und Streßbewältigung - Ein Paradigma. In S. H. Filipp (Hrsg.), *Kritische Lebensereignisse* (2., erw. Aufl.). (S. 198 - 232). München: Psychologie Verlags Union.

Lazarus, R. S. (1991). *Emotion and adaption*. London: Oxford University Press.

Lazarus, R. S. (1993). From psychological stress to the emotions: A history of changing outlooks. *Annual Review of Psychology, 44*, 1 - 21.

Lazarus, R. S. & Folkman, S. (1984). *Stress, appraisal, and coping*. New York: Springer.

Lazarus, R. S. & Folkman, S. (1986). Cognitive theories of stress and the issue of circularity. In M. H. Appley & R. Trumbull (eds.), *Dynamics of stress. Physiological, psychological, and social perspectives* (pp. 63 - 80). New York, London: Plenum Press.

Lazarus, R. S. & Launier, R. (1978). Stress-related transactions between person and enviroment. In L. A. Pervin & M. Lewis (eds.), *Perspectives in Interactional Psychology* (pp. 287 - 327). New York: Plenum Press.

Lazarus, R. S., Kanner, A. D. & Folkman, S. (1980). Emotions: A cognitive-phenomenological analysis. In R. Plutchik & H. Kellerman (eds.), *Emotion. Theory, research, and experience (Vol. 1: Theories of emotion)*. (pp. 189 - 217). New York: Academic Press.

Leber, A. (1986). Psychoanalyse im pädagogischen Alltag. Vom szenischen Verstehen zum Handeln im Unterricht. *Westermanns Pädagogische Beiträge, 38*, 14 - 19.

LeDoux, J. E. (1989). Cognitive-emotional interactions in the brain. *Cognition and Emotion, 3*, (267 - 289).

LeDoux, J. E. (1994). Das Gedächtnis für Angst, *Spektrum der Wissenschaft*, 8/1994, 76 - 83.

LeDoux, J. E. (1995). Emotion: Clues from the brain. *Annual Review of Psychology*, *46*, 209 - 235.

Lefrancois, G. R. (1986). *Psychologie des Lernens* (2., vollk. überarb. u. erg. Aufl.). Berlin: Springer.

Lehninger, A. L. (1987). *Prinzipien der Biochemie*. Berlin: Walter de Gruyter.

Leithäuser, Th. & Volmerg, B. (1988). *Psychoanalyse in der Sozialforschung. Am Beispiel einer Sozialpsychologie der Arbeit*. Opladen: Westdeutscher Verlag.

Levenson. R. W. (1988). Emotion and the autonomic nervous system: a prospectus for research on autonomic specifity. In H. L. Wagner (ed.), *Social psychophysiology and emotion. Theory and clinical applications* (pp. 17 - 42). Chichester: John Wiley & sons.

Levenson, R. W. (1992). Autonomic nervous system differences among emotions. *Psychological Science*, *3*, 23 - 27.

Levenson, R. W., Ekman, P. & Friesen, W. (1990). Voluntary facial action generates emotion-specific autonomic nervous system activity. *Psychophysiology*, *27*, 363 - 384.

Levenson, R. W., Carstensen, L. L., Friesen, W. V. & Ekman, P. (1991). Emotion, physiology, and expression in old age. *Psychology and Aging*, *6*, 28 - 35.

Levenson, R. W., Ekman, P., Heider, K. & Friesen, W. V. (1992). Emotion and autonomic nervous system activity in the Minangkabau of West Sumatra. *Journal of Personality and Social Psychology*, *62*, 972 - 988.

Leventhal, H. S. (1979). A perceptual-motor processing model of emotion. In P. Pliner, K. Blankenskin & I. M. Spiegel (eds.), *Perception of emotion in self and others* (pp. 1 - 46). New York: Plenum Press.

Leventhal, H. (1984 a), A perceptual motor theory of emotion. In K. R. Scherer & P. Ekman (eds.), *Approaches to emotion* (pp. 271 - 291). Hillsdale, N. J.: Lawrence Erlbaum.

Leventhal, H. (1984 b), A perceptual-motor theory of emotion. In L. Berkowitz (ed.), *Advances in Experimental Social Psychology* (Vol. 17). (pp. 118 - 182). New York: Academic Press.

Leventhal, H. & Tomarken, A. J. (1986). Emotion: Today's problems. *Annual Review of Psychology, 37,* 565 - 610.

Levitt, E. E. (1987). *Die Psychologie der Angst* (5., völlig neu bearb. u. erw. Aufl.). Stuttgart: Kohlhammer.

Levy, J. (1986). Das Gehirn hat keine bessere Hälfte. *Psychologie Heute, 13* (1), 32 - 37.

Levy, J. (1989). Hirnhälften: Die Kooperation im Kopf. Ein Gespräch mit der Biopsychologin Jerry Levy. *Psychologie Heute, 16* (4), 30 - 33.

Lichtenberg, J. D. (1991 a). Motivational-funktionale Systeme als psychische Strukturen. *Forum der Psychoanalyse, 7,* 85 - 97.

Lichtenberg, J. D. (1991 b). *Psychoanalyse und Säuglingsforschung.* (Original: 1983). Berlin: Springer.

Lippert, H. (1989). *Anatomie. Text und Atlas* (5., neubearb. u. erw. Aufl.). München Urban & Schwarzenberg.

Löffler, G. (1994). *Funktionelle Biochemie. Eine Einführung in die medizinische Biochemie* (2. korr. Aufl.). Berlin: Springer.

Loehlin, J. C., Willerman, L. & Horn, J. M. (1988). Human behavior genetics. *Annual Review of Psychology, 39,* 101 - 133.

Löwisch, D.-J. (1974). Kritische Pädagogik und Psychoanalyse. Überlegungen zu einem noch nicht abgeklärten Verhältnis. *Vierteljahresschrift für wissenschaftliche Pädagogik, 50,* 229 - 251.

Lohmann, H. M. (1985). *Das Unbehagen in der Psychoanalyse. Eine Streitschrift.* Frankfurt a. M.: Fischer.

Lorenzer, A. (1971). Symbol, Interaktion und Praxis. In *Psychoanalyse als Sozialwissenschaft.* (ohne Hrsg.). (S. 9 - 59). Frankfurt a. M.: Suhrkamp.

Lorenzer, A. (1972). *Kritik des psychoanalytischen Symbolbegriffes* (2. Aufl.). Frankfurt a. M.: Suhrkamp.

Lorenzer, A. (1973). *Über den Gegenstand der Psychoanalyse oder Sprache und Interaktion.* Frankfurt a. M.: Suhrkamp.

Lorenzer, A. (1976 a). *Sprachzerstörung und Rekonstruktion. Vorarbeiten zu einer Metatheorie der Psychoanalyse* (2. Aufl.). Frankfurt a. M.: Suhrkamp.

Lorenzer, A. (1976 b). *Die Wahrheit der psychoanalytischen Erkenntnis. Ein historisch-materialistischer Entwurf.* Frankfurt a. M.: Suhrkamp.

Lorenzer, A. (1977). *Sprachspiel und Interaktionsformen. Vorträge und Aufsätze zu Psychoanalyse, Sprache und Praxis.* Frankfurt a. M: Suhrkamp.

Lorenzer, A. (1981). *Zur Begründung einer materialistischen Sozialisationstheorie.* Frankfurt a. M.: Suhrkamp.

Lorenzer, A. (1983). Interaktion, Sprache und szenisches Verstehen. *Psyche, 37,* 97 - 115.

Lorenzer, A. (1984 a). *Intimität und soziales Leid. Archäologie der Psychoanalyse.* Frankfurt a. M.: Fischer.

Lorenzer, A. (1984 b). *Das Konzil der Buchhalter. Die Zerstörung der Sinnlichkeit. Eine Religionskritik.* Frankfurt a. M.: Fischer.

Lorenzer, A. (1986). Tiefenhermeneutische Kulturanalyse. In A. Lorenzer (Hrsg.), *Kulturanalysen. Psychoanalytische Studien zur Kultur* (S. 11 - 98). Frankfurt a. M.: Fischer.

Lorenzer, A. (1988 a). Sozialisationstheorie und die Frage nach dem Unbewußten. Vorwort in Belgrad, J., Busch, H.-J., Görlich, B., Haubl, R. & Kalck, H. J. (1988). *Sprache - Szene - Unbewußtes. Sozialisationstheorie in psychoanalytischer Perspektive* (S. 7 - 14). Frankfurt a. M.: Nexus.

Lorenzer, A. (1988 b). Die Natürlichkeit des Sozialen und die Sozialität der Natur. *Psyche, 42,* 427 - 438.

Lüders, W. (1988). Gleichschwebende Aufmerksamkeit. *Psyche,* 42, 216 - 220.

Lüllmann, H., Mohr, K. & Ziegler, A. (1990). *Taschenatlas der Pharmakologie.* Stuttgart: Thieme.

Macha, H. (1988). Der Sinn des Emotionalen in der Erziehung - vom angemessenen Umgang mit Gefühlen. *Pädagogische Rundschau, 42,* 421 - 442.

Machleidt, W., Gutjahr, L. & Mügge, A. (1989). *Grundgefühle. Phänomenologie, Psychodynamik, EEG-Spektralanalytik.* Berlin: Springer.

Mahler, M. S., Pine, F. & Bergmann, A. (1982). *Die psychische Geburt des Menschen. Symbiose und Individuation.* (Original: 1975) Frankfurt a. M.: Fischer.

Maier, K., Ambühl-Caesar, G. & Schandry, R. (1994). *Entwicklungspsychophysiologie. Körperliche Indikatoren psychischer Entwicklung*. Weinheim: Beltz/Psychologie-Verlags-Union.

Mandler, G. (1979). *Denken und Fühlen. Zu einer kognitiven Theorie emotionaler Prozesse*. Paderborn: Junfermann.

Mandl, H. & Euler, H. (1983). Begriffsbestimmungen. In H. Euler & H. Mandl (Hrsg.), *Emotionspsychologie. Ein Handbuch in Schlüsselbegriffen* (S. 5 - 11). München: Urban & Schwarzenberg.

Mandl, H. & Huber, G. L. (Hrsg.). (1983). *Emotion und Kognition*. München: Urban & Schwarzenberg.

Manstead, A. S. R. (1988). The role of facial movement in emotion. In H. L. Wagner (ed.), *Social Psychophysiology and emotion. Theory and clinical applications* (pp. 105 - 129). Chichester: Wiley.

Marotzki, W. (1988). Bildung als Herstellung von Bestimmtheit und Ermöglichung von Unbestimmtheit. Psychoanalytisch - lerntheoretisch geleitete Untersuchungen zum Bildungsbegriff in hochkomplexen Gesellschaften. In O. Hansmann & W. Marotzki (Hrsg.), *Diskurs Bildungstheorie I: Systematische Markierungen. Rekonstruktion der Bildungstheorie unter Bedingungen der gegenwärtigen Gesellschaft* (S. 311 - 333). Weinheim: Deutscher Studien Verlag.

Martinez, J. L. & Derrick, B. E. (1996). Long-term potentiation and learning. *Annual Review of Psychology, 47*, 173 - 203.

Marvin, J. H., Brust, J. C. M. & Hidal, S. (1991). Imaging the living brain. In E. R. Kandel, J. H. Schwartz & Th. M. Jessel (eds.), *Principles of neural science* (3rd ed.). (pp. 309 - 324). New York: Elsevier Science Publishing.

Matthies, H. (1989). Neurobiological aspects of learning and memory. *Annual Review of Psychology, 40*, 381 - 404.

Maturana, H. R. & Varela, F. J. (1982). Autopoietische Systeme: Eine Bestimmung der lebendigen Organisation. in H. R. Maturana (Hrsg.), *Erkennen: Die Organisation und Verkörperung von Wirklichkeit* (S. 170 - 235). Braunschweig, Wiesbaden: Vieweg.

Mayring, Ph. (1993). *Einführung in die qualitative Sozialforschung* (2., überarb. Aufl.). Weinheim: Psychologie Verlags Union.

Mecacci, L. (1986). *Das einzigartige Gehirn. Über den Zusammenhang von Hirnstruktur und Individualität*. Frankfurt: Campus.

Mentzos, St. (1983). Abwehrmechanismen. In W. Mertens (Hrsg.), *Psychoanalyse. Ein Handbuch in Schlüsselbegriffen* (S. 62 - 68). München: Urban & Schwarzenberg.

Mentzos, St. (Hrsg.). (1984 a). *Angstneurose. Psychodynamische und psychotherapeutische Aspekte*. Frankfurt a. M.: Fischer.

Mentzos, St. (1984 b). *Neurotische Konfliktverarbeitung. Einführung in die psychoanalytische Neurosenlehre unter Berücksichtigung neuer Perspektiven*. Frankfurt a. M: Fischer.

Mentzos, St. (1988). *Interpersonale und institutionelle Abwehr* (erw. Neuausgabe). Frankfurt a. M.: Suhrkamp.

Mertens, W. (1982). Emotionale Sozialisation. In K. Hurrelmann & D. Ulich (Hrsg.), *Handbuch der Sozialisationsforschung* (Studienbuchausgabe). (S. 669 - 692). Weinheim, Basel: Beltz.

Mertens, W. (1983). Objektbeziehungstheorie. In W. Mertens (Hrsg.), *Psychoanalyse. Ein Handbuch in Schlüsselbegriffen* (S. 11 - 18). München: Urban & Schwarzenberg.

Mertens, W. (1991). *Einführung in die psychoanalytische Therapie*, Bd. 3. Stuttgart: Kohlhammer.

Mertens, W. (1992 a). *Einführung in die psychoanalytische Therapie, Bd. 1*. (2. verb. u. akt. Aufl.). Stuttgart: Kohlhammer.

Mertens, W. (1992 b). *Psychoanalyse* (4., aktualisierte Aufl.). Stuttgart: Kohlhammer.

Mertens, W. (1992 c). *Kompendium psychoanalytischer Grundbegriffe*. München: Quintessenz.

Mertens, W. (1993). *Einführung in die psychoanalytische Therapie, Bd. 2*. (2. verb. u. akt. Aufl.). Stuttgart: Kohlhammer.

Meyer, W. U. & Plöger, F.-O. (1984). Scheinbar paradoxe Wirkungen von Lob und Tadel auf die wahrgenommene eigene Begabung. In S.-H. Filipp (Hrsg.), *Selbstkonzept-Forschung. Probleme, Befunde, Perspektiven* (S. 221 - 235). Stuttgart: Klett-Cotta.

Meyer, W. U., Schützwohl, A. & Reisenzein, R. (1993). *Einführung in die Emotionspsychologie* (Bd. 1). Bern: Huber.

McKinnon, W., Baum, A. & Morokoff, P. (1988). Neuroendocrine measures of stress. In H. L. Wagner (ed.), *Social Psychophysiology and emotion. Theory and clinical applications* (pp. 43 - 64). Chichester: John Wiley & Sons.

Mietzel, G. (1989). *Wege in die Entwicklungspsychologie. Kindheit und Jugend.* München: Psychologie Verlag Union.

Mietzel, G. (1992). *Wege in die Entwicklungspsychologie. Erwachsenenalter und Lebensende.* München: Quintessenz.

Miller, A. (1979). *Das Drama des begabten Kindes und die Suche nach dem wahren Selbst.* Frankfurt a. M.: Suhrkamp.

Miller, L. (1988). Das Gehirn: rechts heiter, links betrübt? *Psychologie Heute, 15* (5), 32 - 36.

Mishkin, M. & Appenzeller, T. (1990). Die Anatomie des Gedächtnisses. In *Gehirn und Kognition* (Reihe: Verständliche Forschung). (S. 94 - 104). Heidelberg: Spektrum-der-Wissenschaft Verlagsgesellschaft.

Moeller, M. L. (1967). *Untersuchungen zur Psychodynamik der neurotischen Prüfungsangst.* Diss., Freie Univ. Berlin.

Moeller, M. L. (1969 a). Die Prüfung als Kernmodell psychosozialer Konflikte. In B. Eckstein (Hrsg.), *Hochschulprüfungen: Rückmeldung oder Repression?* (Blickpunkt Hochschuldidaktik, Heft 13). (S. 28 - 34). Hamburg: Arbeitskreis für Hochschuldidaktik.

Moeller, M. (1969 b). Zur Psychodynamik der neurotischen Prüfungsangst. In H. U. Ziolko (Hrsg.), *Psychische Störungen bei Studenten* (S. 214 - 222). Stuttgart: Thieme.

Moeller, M. L. (1974). Zur Psychoanalyse der Prüfungsangst. In P. Fürstenau (Hrsg.), *Der psychoanalytische Beitrag zur Erziehungswissenschaft* (S. 309 - 335). Darmstadt: Wissenschaftl. Buchanstalt.

Moeller, M. L. (1977). Zur Theorie der Gegenübertragung. *Psyche, 31*, 142 - 166.

Möricke, Betz & Mergenthaler (1989). *Biologie des Menschen* (12., völlig neubearb. u. erw. Aufl.; bearb. von E. Betz, D. Mecke u. K. Reutter, mit einem Beitrag zur Humangenetik von H. Ritter). Wiesbaden: Quelle & Meyer.

Moersch, E. (1978). Sozialpsychologische Reflexionen zum Symptomwandel psychischer Störungen. *Psyche, 32*, 403 - 419.

Moir, A. & Jessel, D. (1990). *Brain Sex. Der wahre Unterschied zwischen Mann und Frau.* Düsseldorf: Econ.

Mollenhauer, K. (1972). *Theorien zum Erziehungsprozeß. Zur Einführung in erziehungswissenschaftliche Fragestellungen.* München: Juventa.

Mollenhauer, K. & Rittelmeyer, Chr. (1977). *Methoden der Erziehungswissenschaft.* München. Juventa.

Montada, Leo (1989). Bildung der Gefühle? *Zeitschrift für Pädagogik, 35,* 293 - 312.

Morris, L. W., Davis, M. A. & Hutchings, C. H. (1981). Cognitive and emotional components of anxiety: Literature review and a revised Worry-Emotionality-Scale. *Journal of Educational Psychology, 73,* 541 - 555.

Moser, T. (1987). *Der Psychoanalytiker als sprechende Attrappe. Eine Streitschrift.* Frankfurt a. M.: Suhrkamp.

Muck, M. (1977). Übertragung und Gegenübertragung. In D. Eicke (Hrsg.), *Freud und die Folgen (Teil II): ... bis zur allgemein ärztlichen Psychotherapie* (Enzyklopädie „Die Psychologie des 20. Jahrhunderts", Bd. III). (S. 1109 - 1124). Zürich: Kindler.

Muck, M. & Trescher, H. G. (Hrsg.). (1993). *Grundlagen der Psychoanalytischen Pädagogik.* Mainz: Matthias-Grünewald-Verlag.

Mummendey, H. D. (1983). Selbstwertgefühl. In H. E. Euler & H. Mandl (Hrsg.), *Emotionspsychologie. Ein Handbuch in Schlüsselbegriffen* (S. 244 - 248). München: Urban & Schwarzenberg.

Naudascher, B. (1980). *Das übergangene Selbst. Pädagogische Perspektiven der Selbstkonzeptforschung.* Frankfurt a. M.: Campus.

Nauta, W. J. H. & Feirtag, M. (1990). *Neuroanatomie. Eine Einführung.* Heidelberg: Spektrum-der-Wissenschaft Verlagsgesellschaft.

Neale, M. C. & Cardon, L. R. (1992). *Methodology for genetic studies of twins and families.* Dordrecht: Kluwer Academie Publishers.

Nelson, R. J. (1995). *An introduction to behavioral endocrinology.* Sunderland, Massachusetts: Sinauer Associates.

Netter, P. & Matussek, N. (1995). Endokrine Aktivität und Emotionen. In G. Debus, G. Erdmann & K. W. Kallus (Hrsg.), *Biopsychologie von Streß und emotionalen Reaktionen* (S. 163 - 186). Göttingen: Hogrefe.

Nieuwenhuys, R. (1985). *Chemoarchitecture of the brain.* Berlin, New York: Springer.

Nieuwenhuys, R., Voogd, J. & v. Huijzen, Chr. (1991). *Das Zentralnervensystem des Menschen. Ein Atlas mit Begleittext* (2., vollst. überarb. Aufl.). Berlin: Springer.

Noback, Chr. R. & Demarest, R. J. (1986). *The nervous system. Introduction and review* (3rd ed.). New York: McGraw-Hill.

Nolting, H. P. & Paulus, P. (1992). *Pädagogische Psychologie.* Stuttgart: Kohlhammer.

Nottebohm, F. (1989). Vom Vogelgesang zur Bildung neuer Nervenzellen. *Spektrum der Wissenschaft,* Heft *4/1989,* 112 - 117.

Oatley, K. (1990). Wozu brauchen wir Gefühle? *Psychologie Heute, 17* (1), 30 - 35.

Oerter, R. (1975). Was sind Emotionen? Sozialwissenschaftliche Erklärungsversuche und Befunde. In R. Oerter & E. Weber (Hrsg.), *Der Aspekt des Emotionalen in Unterricht und Erziehung* (2. Aufl.). (S. 15 - 68). Donauwörth: Auer.

Oerter, R. & Montada, L. (1987). *Entwicklungspsychologie* (2., neu bearb. Aufl.). München, Weinheim: Psychologie Verlags Union.

Oerter, R. & Weber, E. (Hrsg.). (1975). *Der Aspekt des Emotionalen in Unterricht und Erziehung* (2. Aufl.). Donauwörth: Auer.

Oeser, E. & Seitelberger, F. (1988). *Gehirn, Bewußtsein und Erkenntnis* (Dimensionen der modernen Biologie, Bd. 2). Darmstadt: Wissenschaftl. Buchgesellschaft.

Oevermann, U., Allert, T., Konau, E. & Krambeck, J. (1979). Die Methodologie einer „objektiven Hermeneutik" und ihre allgemeine forschungslogische Bedeutung in den Sozialwissenschaften. In H. G. Soeffner (Hrsg.), *Interpretative Verfahren in den Sozial- und Textwissenschaften* (S. 352 - 434). Stuttgart: J. B. Metzler.

Ogden, T. H. (1982). *Projective Identification and psychotherapeutic technique.* New York: Jason Aronson.

Ogden, T. H. (1988). Die projektive Identifikation. *Forum der Psychoanalyse, 4,* 1 - 21.

Ornstein, R. & Thompson, R. F. (1986). *Unser Gehirn: Das lebendige Labyrinth.* Reinbek b. Hamburg: Rowohlt.

Overbeck, G. (1984). *Krankheit als Anpassung. Der sozio-psycho-somatische Zirkel.* Frankfurt a. M.: Suhrkamp.

Pallasch, W. (1990). *Pädagogisches Gesprächstraining. Lern- und Trainingsprogramm zur Vermittlung therapeutischer Gesprächs- und Beratungskompetenz.* Weinheim, München: Juventa.

Pallasch, W. (1995). Personenzentrierte Gesprächsführung. In V. Buddrus (Hrsg.). *Humanistische Pädagogik* (S. 153 - 172). Bad Heilbrunn: Klinkhardt.

Panksepp, J. (1982). Toward a general psychobiological theory of emotions. *The Behavioral and Brain Sciences, 5,* 407 - 467.

Panksepp, J. (1989). The psychobiology of emotions: The animal side of human feelings. In G. Gainotti & C. Caltagirone (eds.), *Emotions and the dual brain* (pp. 31 - 55). Berlin: Springer.

Perry, B. D., Southwick, S. M., Yehuda, R. & Giller, E. L. (1990). Adrenergic receptor regulation in posttraumatic stress disorder. In E. L. Giller (ed.), *Biological assessment and treatment of posttraumatic stress disorder* (p. 89 - 114). Washington, D. C.: American Psychiatric Press.

Petrik, R. (1992). Szenisches Verstehen - ein Forschungsinstrument und/oder Handlungskonzept Psychoanalytischer Pädagogik? *Jahrbuch für Psychoanalytische Pädagogik, 4,* 163 - 178.

Ploog, D. (1980). Emotionen als Produkte des limbischen Systems. *Medizinische Psychologie, 6,* 7 - 19.

Ploog, D. (1990). Neuronale Substrate der Lust und Unlust. In H. Heimann (Hrsg.), *Anhedonie - Verlust der Lebensfreude. Ein zentrales Phänomen psychischer Störungen* (S. 31 - 57).

Plomin, R., Owen, M. J. & McGuffin, P. (1994). The genetic basis of complex human behaviors. *Science, 264,* 1733 - 1739.

Plutchik, R. (1984). Emotions: A general psychoevolutionary theory. In K. R. Scherer & P. Ekman (Hrsg.). *Approaches to emotion* (pp. 197 - 219). Hillsdale, N. J.: Lawrence Erlbaum.

Plutchik, R. & Kellerman, H. (eds.). (1980). *Emotion. Theory, research and experience* (Theories of emotion, Vol. 1). New York: Academic Press.

Popper, K. R. (1989). *Logik der Forschung* (9., verbesserte Aufl.). Tübingen: J. C. Mohr.

Popper, K. R. & Eccles, J. C. (1989). *Das Ich und sein Gehirn* (veränd. Neuausgabe). München: Piper.

Posner, M & Raichle, M. (1996). *Bilder des Geistes, Hirnforscher auf den Spuren des Denkens*. Heidelberg: Spektrum Akad. Verlag.

Prahl, H.-W. (1979). *Hochschulprüfungen - Sinn oder Unsinn? Sozialgeschichte und Ideologiekritik der akademischen Initiationskultur*. Frankfurt a. M.: Fischer.

Prahl, H. W. (1983). Prüfungen. In L. Huber (Hrsg.), *Ausbildung und Sozialisation in der Hochschule* (Enzyklopädie Erziehungswissenschaft, Bd. 10). (S. 438 - 450). Stuttgart: Klett-Cotta.

Pribram, K. H. (1980). The biology of emotions and other feelings. In R. Plutchik & H. Kellermann (eds.), *Emotion, theory, research, and experience* (Vol. 1, pp. 245 - 269). New York: Academic Press.

Pribram, K. H. (1984). Emotion: A neurobehavioral analysis. In K. R. Scherer & P. Ekman (eds.), *Approaches to emotion* (pp. 13 - 38). Hillsdale, N. J.: Lawrence Erlbaum.

Psychoanalytisches Seminar Zürich (Hrsg.). (1983). *Die neuen Narzißmustheorien: zurück ins Paradies?* Frankfurt a. M.: Syndikat/EVA-Verlag.

Pulver, S. (1972). Narzißmus: Begriff und metapsychologische Konzeption. *Psyche, 26*, 34 - 57.

Raichle, M. E. (1994). Bildliches Erfassen von kognitiven Prozessen: *Spektrum der Wissenschaft, 6/1994*, 56 - 63.

Randolph, R. (1990). Psychotherapie - Heilung oder Bildung? *Pädagogische Aspekte psychoanalytischer Praxis*. Heidelberg: Heidelberger Verlagsanstalt (Edition Schindele).

Ratajczak, H. (1988). *Emotionsverarbeitung, Motorik als Encodiermedium für die Fremdwahrnehmung von Emotionen*. Frankfurt: Lang.

Rauchfleisch, U. (Hrsg.). (1987). *Allmacht und Ohnmacht. Das Konzept des Narzißmus in Theorie und Praxis*. Bern: Huber.

Redl. F. (1933). Wir Lehrer und die Prüfungsangst. *Zeitschrift für Psychoanalytische Pädagogik, 7*, 378 - 400.

Reiche, R. (1991). Haben frühe Störungen zugenommen? *Psyche, 45*, 1045 - 1066.

Reichert, H. (1990). *Neurobiologie*. Stuttgart: Thieme.

Reik, Th. (1976). *Hören mit dem dritten Ohr. Die innere Erfahrung eines Psychoanalytikers*. Hamburg: Hoffmann & Campe.

Reiser, H. & Trescher, H. G. (Hrsg.) (1987). *Wer braucht Erziehung? Impulse der Psychoanalytischen Pädagogik.* Mainz: Matthias-Grünewald-Verlag.

Reisenzein, R. (1983). The Schachter theory of emotion: Two decades later. *Psychological Bulletin, 94*, 239 - 264.

Rescorla, R. A. (1988). Pavlovian conditioning. It's not what you think it is. *American Psychologist, 43*, 151 - 160.

Rhode-Dachser, Chr. (1989). *Das Borderline-Syndrom* (4., erg. Aufl.). Bern: Huber.

Richter, H. E. (1969). *Eltern, Kind und Neurose. Die Rolle des Kindes in der Familie.* Reinbek b. Hamburg: Rowohlt.

Rinn, W. E. (1984), The neuropsychology of facial expression: A review of the neurological and psychological mechanisms for producing facial expressions. *Psychological Bulletin, 95*, 52 - 77.

Rinn, W. E. (1991). Neuropsychology of facial expression. In R. S. Feldman & B. Rimé (eds.), *Fundamentals of nonverbal behavior* (pp. 3 - 30), Cambridge: Cambridge University Press.

Rösler, F. (1983). Hirnelektrische Indikatoren in der Diagnostik. In K. J. Groffmann & L. Michel (Hrsg.), *Verhaltensdiagnostik* (Enzyklopädie d. Psychologie, Bd. B/II/4). (S. 337 - 433).

Rösler, F. (1992). Psychophysiologische Daten. In R. S. Jäger (Hrsg.), *Psychologische Diagnostik* (2. veränd. Aufl.). (S. 348 - 362). München, Weinheim: Psychologie Verlags Union.

Rogers, C. R. (1957). The necessary and sufficient conditions of therapeutic personality change. *Journal of Consulting Psychology, 21*, 95 - 103.

Rogers, C. R. (1959). A theory of therapy, personality, and interpersonal relationships, as developed in the client-centered framework. In S. Koch (ed.), *Psychology: A study of science. Study I. Conceptual and systematic. Vol 3: Formulations of the person and the sozial context* (pp. 184 - 256). New York: McGraw-Hill. (Erstmalige Übersetzung ins Deutsche von G. Höhner u. R. Brüseke als GwG-Themenheft 1987).

Rogers, C. R. (1962). The interpersonal relationship: The core of guidance. *Harvard Educational Review, 42*, 416 - 429.

Rogers, C. R. (1974). *Lernen in Freiheit. Zur Bildungsreform in Schule und Universität.* München: Kösel.

Rogers, C. R. (1976 a). *Entwicklung der Persönlichkeit. Psychotherapie aus der Sicht eines Therapeuten* (Original 1961). Stuttgart: Klett.

Rogers, C. R. (1976 b). *Die klientenzentrierte Gesprächspsychotherapie* (client-centered therapy). (Original 1951). München: Kindler (Nachdruck der 2. Aufl., Kindler-Studienausgabe).

Rogers, C. R. (1984). *Freiheit und Engagement, Personzentriertes Lehren und Lernen.* München: Kösel.

Rohen, J. W. (1994). *Funktionelle Anatomie des Nervensystems* (5., völlig neu bearb. Aufl.). Stuttgart: Schattauer.

Rosenzweig, M. R. (1996), Aspects of the search for neural mechanismus of memory, *Annual Review of Psychology, 47*, 1-32.

Rosenzweig, M. R. & Leiman, A. L. (1989). *Physiological Psychology* (2nd ed.). New York: Random House.

Rost, J. (1988). *Quantitative und qualitative probabilistische Testtheorie*. Bern: Huber.

Rost, W. (1990). *Emotionen. Elixiere des Lebens*. Berlin: Springer.

Roth, G. (1995). *Das Gehirn und seine Wirklichkeit. Kognitive Neurobiologie und ihre philosophischen Konsequenzen*. (3. Aufl.). Frankfurt a.M.: Suhrkamp.

Roth, H.-J. (1990). *Narzißmus. Selbstwerdung zwischen Destruktion und Produktivität*. München: Juventa.

Roth, L. (1994). Forschungsmethoden der Erziehungswissenschaft. In ders. (Hrsg.), *Pädagogik. Handbuch für Studium und Praxis* (Studienausgabe). (S. 32 - 67). München: Ehrenwirth.

Rustemeyer, R. (1986). (Neue) Aktualität eines (neuen?) Konzepts: das Selbst. *Psychologische Rundschau, 37*, 210 - 216.

Sacks, O. (1990). *Der Mann, der seine Frau mit einem Hut verwechselte*. Reinbek b. Hamburg: Rowohlt.

Samandari, F. (1984). *Funktionelle Anatomie der Hirnnerven und des vegetativen Nervensystems*. Berlin, New York: Walter de Gruyter.

Sandler, J. & Rosenblatt, B. (1962). The concept of the representational world. *The Psychoanalytic Study of the Child, 17*, 128 - 145.

Sandler, J. & Sandler, A.-M. (1978). On the development of object relationships and affects. *International Journal of Psycho-Analysis, 59,* 285-296.

Sandner, D. (1989). Empirische Forschung und psychoanalytische Praxis - Versuch eines Dialogs. *Forum der Psychoanalyse, 5,* 168 - 175.

Sapolsky, R. (1996). Why stress is bad for your brain. *Science, 273,* 749 - 750.

Sarason, I. G. (ed.). (1980). *Testanxiety: Theory, research, and application.* Hillsdale, N. J.: Lawrence Erlbaum.

Sarason, I. G. (1984). Stress, anxiety, and cognitive inference: Reactions to Tests. *Journal of Personality and Social Psychology, 46,* 929 - 938.

Sarris, V. (1990). *Methodologische Grundlagen der Experimentalpsychologie. Bd. 1: Erkenntnisgewinnung und Methodik.* München: Ernst Reinhardt.

Schachter, St. & Singer, J. (1962). Cognitive, social, and physiological determinants of emotional state. *Psychological Review, 69,* 379 - 399.

Schaffer, H. R. (1982). Sozialisation und Lernen in den ersten Lebensjahren. *Zeitschrift für Pädagogik, 28,* 193 - 202.

Schaffer, H. R. (1992). *... und was geschieht mit den Kindern? Psychologische Entscheidungshilfen in schwierigen familiären Situationen.* Bern: Huber.

Schandry, R. (1989). *Lehrbuch der Psychophysiologie. Körperliche Indikatoren psychischen Geschehens* (2., überarb. u. erw. Aufl.). München, Weinheim: Psychologie Verlags Union.

Schedlowski, M. (1994). *Stress, Hormone und zelluläre Immunfunktionen. Ein Beitrag zur Psychoneuroimmunologie.* Heidelberg: Spektrum Akaden. Verlag.

Schefer-Viëtor, G. (1971). Zur Pathologie der Prüfung. *Westermanns Pädagogische Beiträge, 23* (8), 413 - 417.

v. Scheidt, J. (1983). Narzißmustheorie. In W. Mertens (Hrsg.), *Psychoanalyse. Ein Handbuch in Schlüsselbegriffen* (S. 18 - 26). München: Urban & Schwarzenberg.

Schelp, Th. & Kemmler, L. (1988). *Emotionen und Psychotherapie. Ein kognitiver Beitrag zur Integration therapeutischer Schulen.* Bern: Huber.

Schenk-Danzinger, L. (1993). *Entwicklungspsychologie* (22. Aufl.). Wien: Österreich, Bundesverlag.

Scherer, K. R. (1982). Die vokale Kommunikation emotionaler Erregung. In ders. (Hrsg.), *Vokale Kommunikation. Nonverbale Aspekte des Sprachverhaltens* (S. 287 - 306). Weinheim: Beltz.

Scherer, K. R. (1986). Vocal affect expression: A review and a model for future research. *Psychological Bulletin, 99,* 143 - 165.

Scherer, K. R. (Hrsg.). (1990 a). *Psychologie der Emotion.* (Enzyklopädie der Psychologie, Bd. C/IV/3). (S. 1 - 38). Göttingen: Hogrefe.

Scherer, K. R. (1990 b). Theorien und aktuelle Probleme der Emotionspsychologie. In ders. (Hrsg.), *Psychologie der Emotion* (Enzyklopädie der Psychologie, Bd. C/IV/3). (S. 1 - 38) Göttingen: Hogrefe.

Scherer, K. R. & Ekman, P. (1984). *Approaches to emotion.* Hillsdale, N. J.: Lawrence Erlbaum.

Scherer, K. R. & Wallbott, H. (1984). *Nonverbale Kommunikation. Forschungsberichte zum Interaktionsverhalten.* (2. Aufl.). Weinheim: Beltz.

Scherer, K. R. & Wallbott, H. (1990 a). Ausdruck von Emotionen. In K. R. Scherer (Hrsg.), *Psychologie der Emotion* (Enzyklopädie der Psychologie, Bd. C/IV/3). (S. 345 - 422). Göttingen: Hogrefe.

Scherer, K. R. & Wallbott, H. (1990 b). Entwicklung der Emotionen. In H. Hetzer, E. Todt, I. Seiffge-Krenke & R. Arbinger (Hrsg.), *Angewandte Entwicklungspsychologie des Kindes- und Jugendalters* (2., überarb. u. erg. Aufl.). (S. 307 - 351). Heidelberg: Quelle & Meyer.

Scherer, K. R., Wallbott, H., Tolkmitt, F. J. & Bergmann, G. (1985). *Die Streßreaktion: Physiologie und Verhalten.* Göttingen: Hogrefe.

Schieber, M. H. & Hibbard, L. S. (1993). How somatotopic is the motor cortex hand area? *Science, 261,* 489 - 492.

v. Schilcher, F. (1988). *Vererbung des Verhaltens. Eine Einführung für Biologen, Psychologen und Mediziner.* Stuttgart: Thieme.

Schleidt, M. (1989). Die humanethologische Perspektive: Die menschliche Frühentwicklung aus ethologischer Sicht. In H. Keller (Hrsg.), *Handbuch der Kleinkindforschung* (S. 15 - 29). Berlin: Springer.

Schlösser, A.-M. (1990). Übergangsobjekt und Objektbeziehung. *Praxis der Kinderpsychologie und Kinderpsychiatrie, 39,* 6 - 11.

Schmalt, H.-D. (1983). Motivation und Emotion. In H. A. Euler & H. Mandl (Hrsg.), *Emotionspsychologie. Ein Handbuch in Schlüsselbegriffen* (S. 249 - 255). München: Urban & Schwarzenberg.

Schmidt, R. F. (1987). *Grundriß der Neurophysiologie* (6., korrigierte Aufl.). Berlin: Springer.

Schmidt, R. F. (1993 a). Integrative Leistungen des Zentralnervensystem. In R. F. Schmidt & G. Thews (Hrsg.), *Physiologie des Menschen* (25., korr. Auf.). (S. 132 - 175). Berlin: Springer.

Schmidt, R. F. (1993 b). Nociception und Schmerz. In R. F. Schmidt & G. Thews (Hrsg.), *Physiologie des Menschen* (25., korr. Aufl.). (S. 234 - 248). Berlin : Springer.

Schmidt, R. F. & Wiesendanger, M. (1993). Motorische Systeme. In R. F. Schmidt & G. Thews (Hrsg.), *Physiologie des Menschen* (25., korr. Aufl.). (S. 87 - 131). Berlin: Springer.

Schmidt-Atzert, L. (1981). *Emotionspsychologie*. Stuttgart: Kohlhammer.

Schmidt-Atzert, L. (1983). Ausdruckserscheinungen. In H. A. Euler & H. Mandl (Hrsg.), *Emotionspsychologie. Ein Handbuch in Schlüsselbegriffen* (S. 28 - 35). München: Urban & Schwarzenberg.

Schmidt-Atzert, L. (1993). *Die Entstehung von Gefühlen. Vom Auslöser zur Mitteilung*. (Lehr- u. Forschungstexte Psychologie 47). Berlin: Springer.

Schmidt-Atzert, L. (1996). *Lehrbuch der Emotionspsychologie*. Stuttgart: Kohlhammer.

Schmidt-Denter, U. (1992). Chaosforschung: Eine neue physikalische Herausforderung an die Psychologie? *Psychologie in Erziehung und Unterricht, 39*, 1-16.

Schmidt-Denter, U. (1994). *Soziale Entwicklung. Ein Lehrbuch über soziale Beziehungen im Laufe des menschlichen Lebens*. (2. Aufl.). Weinheim: Beltz, PVU.

Schmitz, B. (1989). *Einführung in die Zeitreihenanalyse. Modelle, Softwarebeschreibungen, Anwendungen*. Bern: Huber.

Schneider, K. (1992). Emotionen. In H. Spada (Hrsg.), *Lehrbuch Allgemeine Psychologie* (2., korr. Aufl.). (S. 403 - 449).

Schneider, K. & Dittrich, W. (1990). Evolution und Funktion von Emotionen. In K. R. Scherer (Hrsg.), *Psychologie der Emotion* (Enzyklopädie der Psychologie, Bd. C/IV/3). (S. 41 - 114). Göttingen: Hogrefe.

Schneider, K. & Scherer, K. R. (1988). Motivation und Emotion. In K. Immelmann, K. R. Scherer, Chr. Vogel & P. Schmoock (Hrsg.), *Psychobiologie. Grundlagen des Verhaltens* (S. 257 - 288). Stuttgart u. Weinheim: G. Fischer u. Psychologie Verlags Union.

Schneider, K. & Schmalt, H.-D. (1981). *Motivation*. Stuttgart: Kohlhammer.

Schoch, A. (1979). *Vorarbeiten zu einer pädagogischen Kommunikationstheorie.* Frankfurt a. M.: Suhrkamp.

Schröter, K. (1974). Psychoanalytischer Dialog und alltägliche Kommunikation. In M. Muck, K. Schröter, R. Klüwer, U. Eberenz, K. Kennel & K. Horn (Ko-Autoren), *Informationen über Psychoanalyse. Therapeutische, theoretische und interdisziplinäre Aspekte* (S. 45 - 63). Frankfurt a. M.: Suhrkamp.

Schütze, Y. (1982). Von der Mutter-Kind-Dyade zum familialen System. *Zeitschrift für Pädagogik, 28,* 203 - 219.

Schulz von Thun, F. (1991). *Miteinander reden.* (Bd. 1). *Störungen und Klärungen. Allgemeine Psychologie der Kommunikation.* Reinbek b. Hamburg: Rowohlt.

Schwarz, N. (1988). Stimmung als Information. Zum Einfluß von Stimmungen und Emotionen auf evaluative Urteile. *Psychologische Rundschau, 39,* 148 - 159.

Schwarzer, R. (1993). *Streß, Angst und Handlungsregulation.* (3., überarb. u. erw. Aufl.). Stuttgart: Kohlhammer.

Schweitzer, F. (1985). *Identität und Erziehung. Was kann der Identitätsbegriff für die Pädagogik leisten?* Weinheim: Beltz.

Seligman, M. E. P. (1986). *Erlernte Hilflosigkeit* (3., veränd. Aufl.). München, Weinheim: Psychologie Verlags Union, Urban & Schwarzenberg.

Selye, H. (1982). *Stress. Lebensregeln vom Entdecker des Stress-Syndroms* (Original: 1974). Reinbek b. Hamburg: Rowohlt.

Silbernagel, S. & Despopoulos, A. (1991). *Taschenatlas der Physiologie* (4., überarb. Aufl.). Stuttgart: Thieme.

Singer, W. (1990). Hirnentwicklung und Umwelt. In *Gehirn und Kognition* (Themenheft der Reihe: Verständliche Forschung). (S. 50 - 65). Heidelberg: Spektrum-der-Wissenschaft Verlagsgesellschaft.

Sinz, R. (1987). Folgen und Prävention frühkindlicher Prägungsstörungen - das Konzept der primären und sekundären Prägung. In O. Speck, F. Peterander & P. Innerhofer (Hrsg.), *Kindertherapie. Interdisziplinäre Beiträge aus Forschung und Praxis* (S. 63 - 74). München, Basel: Ernst Reinhardt.

Skowronek, H. & Schmied, D. (1977). *Forschungstypen und Forschungsstrategien in der Erziehungswissenschaft.* Hamburg: Hoffmann & Campe.

Snyder, S. H. (1988). *Chemie der Psyche. Drogenwirkungen im Gehirn.* Heidelberg: Spektrum-der-Wissenschaft Verlagsgesellschaft.

Sollai, F. (1989). Forschungshypothesen zum pränatalen Leben. In H. Keller (Hrsg.), *Handbuch der Kleinkindforschung* (S. 371 - 379). Berlin: Springer.

Solomon, P. R., Solomon, S. D., Schaaf, E. V. & Perry, H. E. (1983). Altered activity in the hippocampus is more detrimental to classical conditioning than removing the structure. *Science, 220,* 329 - 331.

Spada, H., Ernst, A. M. & Ketterer, W. (1992). Klassische und operante Konditionierung. In H. Spada (Hrsg.), *Lehrbuch Allgemeine Psychologie* (2., korr. Aufl.). (S. 323 - 372). Bern: Huber.

Spies, K. & Hesse, F. W. (1986). Interaktion von Emotion und Kognition. *Psychologische Rundschau, 37,* 75 - 90.

Spitz, R. (1982). *Vom Dialog. Studien über den Ursprung der menschlichen Kommunikation und ihrer Rolle in der Persönlichkeitsbildung.* (Originalbeiträge aus den Jahren 1962 - 1965). Frankfurt a. M., Berlin, Wien: Klett-Cotta (im Ullstein Taschenbuch Verlag).

Spitz, R. (1983). *Vom Säugling zum Kleinkind. Naturgeschichte der Mutter-Kind-Beziehungen im ersten Lebensjahr* (7. Aufl., Original: 1965). Stuttgart: Klett-Cotta.

Springer, S. P. & Deutsch, G. (1993). *Linkes-rechtes Gehirn: funktionelle Asymmetrien.* (2., neubearb. Aufl.). Heidelberg: Spektrum Akadem. Verlag.

Springer, S. P. & Deutsch, G. (1995). *Linkes-rechtes Gehirn.* (3. Aufl.). Heidelberg: Spektrum Akadem. Verlag.

Stein, R. (1991), *Psychoanalytic theories of affect.* New York: Praeger Publishers.

Stein, N. L. & Oatley, K. (Eds.). (1992). *Basic emotions.* Hove (U. K.): Lawrence Erlbaum.

Stellar, J. R. (1990). Investigating the neural circuitry of brain stimulation reward. In A. N. Epstein & A. R. Morrison (eds.), *Progress in psychobiology and physiological psychology* (Vol. 15). (pp. 235 - 294). San Diego: Academic Press.

Stellar, J. R. & Stellar, E. (1985). *The neurobiology of motivation and reward*. Berlin, New York: Springer.

Stepper, S. (1992), *Der Einfluß der Körperhaltung auf die Emotion „Stolz". Experimentelle Untersuchungen zur „Körper-Feedback"-Hypothese*. Unveröffentl. Dissertation, Univ. Mannheim.

Stern, D. N. (1986). *The interpersonal world of the infant. A view from psychoanalysis and developmental psychology*. New York: Basic Books.

Stevens, Ch. F. (1987). Die Nervenzelle. In *Gehirn und Nervensystem* (8. Aufl.). (S. 2 - 13). Heidelberg: Spektrum-der-Wissenschaft Verlagsgesellschaft.

Strack, F., Martin, L. L. & Stepper, S. (1988). Inhibiting and facilitating conditions on the human smile: A nonobtrusive test of the facial feedback hypothesis. *Journal of Personality and Social Psychology, 54*, 768 - 777.

Strian, F. (1995). *Angst und Angstkrankheiten*. München: C. H. Beck.

Strupp, H. H. & Binder, J. L. (1991). *Kurzpsychotherapie* (Original 1984). Stuttgart: Klett-Cotta.

Stryer, L. (1990). *Biochemie* (völlig neubearb. Aufl.). Heidelberg: Spektrum-der-Wissenschaft Verlagsgesellschaft.

Szagun, G. (1991). *Sprachentwicklung beim Kind. Eine Einführung* (4., erw. Aufl.). München: Psychologie Verlags Union.

Tausch, R. & Tausch, A. (1979). *Gesprächspsychotherapie. Einfühlsame hilfreiche Gruppen- und Einzelgespräche in Psychotherapie und alltäglichem Leben* (7., völlig umgestaltete Aufl.). Göttingen: Hogrefe.

Thews, G., Mutschler, E. & Vaupel, P. (1991), *Anatomie, Physiologie, Pathophysiologie des Menschen* (4. durchges. Aufl.). Stuttgart: Wissenschaftl. Verlagsgesellschaft.

Thomä, H. & Kächele, H. (1973). Wissenschaftstheoretische und methodologische Probleme der klinisch-psychoanalytischen Forschung. *Psyche, 27*, 205 - 236 (Teil I) u. 309 - 355 (Teil II).

Thomä, H. & Kächele, H. (1989). *Lehrbuch der psychoanalytischen Therapie. Bd. 1: Grundlagen* (1. Aufl., 2. korr. Nachdruck). Berlin: Springer.

Thompson, R. F. (1994). *Das Gehirn. Von der Nervenzelle zur Verhaltenssteuerung* (2. erw. Aufl). Heidelberg: Spektrum Akademischer Verlag.

Tönnies, H. & Lauff, W. (1988). Die eine richtige Ernährung gibt es nicht. In H.-G. Homfeldt (Hrsg.), *Erziehung und Gesundheit* (S. 55 - 83). Weinheim: Deutscher Studienverlag.

Tomarken, A. J., Davidson, R. J., Wheeler, R. E. & Doss, R. C. (1992). Individual differences in anterior brain asymmetry and fundamental dimensions of emotion. *Journal of Personality and Social Psychology, 62*, 676 - 687.

Tomkins, S. S. (1980). Affect as amplification: Some modifications in theory. In R. Plutchik & H. Kellermann (eds.), *Emotion. Theory, research, and experience* (Vol. 1, pp. 141 - 164). New York: Academic Press.

Tomkins, S. S. (1981). The role of facial response in the experience of emotion: a reply to Tourangeau and Ellsworth. *Journal of Personality and Social Psychology, 40*, 355 - 357.

Tomkins, S. S. (1984). Affect theory. In K. R. Scherer & P. Ekman (eds.), *Approaches to emotion* (pp. 163 - 195). Hillsdale, N. J.: Lawrence Erlbaum.

Tourangeau, R. & Ellsworth, Ph. C. (1979). The role of facial response in the experience of emotion. *Journal of Personality and Social Psychology, 37*, 1519 - 1531.

Trautner, H. M. (1991/1992). *Lehrbuch der Entwicklungspsychologie:* Bd. 1 (1992, 2., überarb. Aufl.), Bd. 2 (1991). Göttingen: Hogrefe.

Traxel, W. (1983). Zur Geschichte der Emotionskonzepte. In H. A. Euler & H. Mandl (Hrsg.), *Emotionspsychologie. Ein Handbuch in Schlüsselbegriffen* (S. 11 - 18). München: Urban & Schwarzenberg.

Trescher, H. G. (1990). *Theorie und Praxis der Psychoanalytischen Pädagogik* (korr. Neuauflage der 1985 beim Campus-Verlag erschienen Erstausgabe). Mainz: Matthias-Grünewald-Verlag.

Trescher, H. G. (1993). Handlungstheoretische Aspekte der Psychoanalytischen Pädagogik. In M. Muck & H. G. Trescher (Hrsg.), *Grundlagen der Psychoanalytischen Pädagogik* (S. 167 - 201). Mainz: Matthias-Grünewald-Verlag.

Tscheulin, D. (1972). *Ausbildung in therapeutischem Basisverhalten. Aufbau, Durchführung und Vergleich verschiedener Modelle von Ausbildungskursen in klientzentrierter Gesprächspsychotherapie*. Unveröffentl. Diss., Universität Würzburg.

Tscheulin, D. (Hrsg.). (1983). *Beziehung und Technik in der klientzentrierten Therapie. Zur Diskussion um eine Differentielle Gesprächspsychotherapie*. Weinheim: Beltz.

v. Uexküll, Th. (1990). *Psychosomatische Medizin.* (4., neub. u. erw. Aufl.; hrsg. von R. Adler, J. M. Herrmann, K. Köhle, O. W. Schonecke, Th. v. Uexküll, W. Wesiack). München: Urban & Schwarzenberg.

Ulich, D. (1989). *Das Gefühl. Eine Einführung in die Emotionspsychologie* (2. durchges. u. erg. Aufl.). München: Psychologie Verlags Union.

Ulich, D. & Mayring, Ph. (1992). *Psychologie der Emotionen*. Stuttgart: Kohlhammer.

Uvnäs-Moberg, K. (1989), Der Mutter-Kind-Stoffwechsel in Schwangerschaft und Stillzeit. *Spektrum der Wissenschaft, 9/1989*, 130 - 136.

Velden, M. (1994). *Psychophysiologie. Eine kritische Einführung*. München: Quintessenz.

Verny, Th. & Kelly, J. (1991). *Das Seelenleben des Ungeborenen* (9. Aufl.). Frankfurt a. M.: Ullstein.

Vester, F. (1984). *Phänomen Streß* (6. Aufl.). München: Deutscher Taschenbuch Verlag.

Vester, F. (1985). *Denken, Lernen, Vergessen* (12. Aufl.). München: Deutscher Taschenbuch Verlag.

Vogel. F. (1989). Neurobiologische Ansätze zur Erforschung psychischer Vorgänge. In H. J. Ahrens & M. Amelang (Hrsg.), *Biologische Funktionen individueller Differenzierung. Beiträge zum Verhältnis von Psychologie und Biologie* (S. 100-133). (Bd. 2 der Reihe „Brennpunkte der Persönlichkeitsforschung"). Göttingen: Hogrefe.

Voigt, K. H. & Fehm, H. L. (1990). Psychoneuroendokrinologie. In R. Adler, J. M. Herrmann, K. Köhle, O. W. Schonecke, Th. v. Uexküll & W. Wesiack (Hrsg.), *Psychosomatische Medizin* (4., neubearb. u. erw. Aufl.) (S. 180 - 194).

Wahl, H. (1985). *Narzißmus? Von Freuds Narzißmustheorie zur Selbstpsychologie*. Stuttgart: Kohlhammer.

Wallbott, H. G. (1990). *Mimik im Kontext. Die Bedeutung verschiedener Informationskomponenten für das Erkennen von Emotionen*. Göttingen: Hogrefe.

Wallbott, H. G. & Scherer, K. R. (1985). Differentielle Situations- und Reaktionscharakteristika in Emotionserinnerungen: Ein neuer Forschungsansatz. *Psychologische Rundschau, 36*, 83 - 101.

Walter, H. (1977). *Einführung in die Unterrichtsforschung. Methodologische, methodische und inhaltliche Probleme*. Darmstadt: Wissenschaftl. Buchgesellschaft.

Walter, H. (1981). *Angst bei Schülern. Ursachen, Auswirkungen und Möglichkeiten der erzieherischen Beeinflussung* (2. erw. Aufl.). München: Ernst Reinhardt.

Watzlawick, P. (1988). *Münchhausens Zopf oder: Psychotherapie und „Wirklichkeit". Aufsätze und Vorträge über menschliche Probleme aus systemisch-konstruktivistischer Sicht*. Bern: Huber.

Watzlawick, P., Beavin, J. H. & Jackson, D. D. (1974). *Menschliche Kommunikation. Formen, Störungen, Paradoxien* (4., unveränd. Aufl.). Bern: Huber.

Weber, E. (1975). Emotionalität und Erziehung. Ein pädagogischer Ordnungsversuch. In R. Oerter & E. Weber (Hrsg.), *Der Aspekt des Emotionalen in Unterricht und Erziehung* (2. Aufl.). (S. 69 - 125). Donauwörth: Auer.

Weinberger, S. (1992). *Klientenzentrierte Gesprächsführung. Eine Lern- und Praxisanleitung für helfende Berufe* (4. Aufl.). Weinheim: Beltz.

Weiner, B. (1986). *An attributional theory of motivation and emotion*. New York, Berlin etc.: Springer.

Weiner, B. (1994). *Motivationspsychologie* (3. Aufl.). Weinheim: Beltz, Psychologie Verlags Union.

Weis, S., Thaller, R. & Wenger, E. (1992). *Das Gehirn des Menschen. Morphologie, Kernspintomographie und 3D-Computerrekonstruktion*. Göttingen: Hogrefe, Verlag für Psychologie.

Weiss, J. (1988). Testing hypotheses about unconscious mental functioning. *International Journal of Psycho-Analysis, 69*, 87 - 95.

Wendt, D. (1989). *Allgemeine Psychologie. Eine Einführung*. Stuttgart: Kohlhammer.

Whybrow, P. (1984). Contributions from neuroendocrinology. In K. R. Scherer & P. Ekman (eds.), *Approaches to emotion* (pp. 59 - 72). Hillsdale, N. J.: Lawrence Erlbaum.

Wicklund, R. & Frey, D. (1993). Die Theorie der Selbstaufmerksamkeit. In D. Frey & M. Irle (Hrsg.), *Theorien der Sozialpsychologie. Bd. I: Kognitive Theorien*. (2. vollst. überarb. n. erw. Aufl.). (S. 155 - 173). Bern: Huber.

Wildmann, J. (1995). Exkurs: Natürliche Benzodiazepinrezeptor-Liganden und ihre mögliche biologische Bedeutung. In P. Riederer, G. Laux & W. Pöldinger (Hrsg.), *Neuropsychopharmaka. Ein Therapie-Handbuch. Bd. 2: Tranquilizer und Hypnotika* (S. 56 - 64). Wien, New York: Springer.

Wilson, Th. (1982). Qualitative „oder" quantitative Methoden in der Sozialforschung. *Kölner Zeitschrift für Soziologie und Sozialpsychologie, 34*, 487 - 508.

Willi, J. (1990). *Die Zweierbeziehung. Spannungsursachen, Störungsmuster, Klärungsprozesse, Lösungsmodelle. Analyse des unbewußten Zusammenspiels in Partnerschaft und Paarkonflikt: das Kollusionskonzept* (Erstausgabe 1975). Reinbek b. Hamburg: Rowohlt.

Wine, J. (1980). Cognitive-attentional theory of test anxiety. In I. G. Sarason (ed.), *Test anxiety: Theory, research, and application* (pp. 349 - 385). Hillsdale, N. J.: Lawrence Erlbaum.

Winnicott, D. W. (1985). *Von der Kinderheilkunde zur Psychoanalyse. Aus den „Collected Papers"*. Frankfurt a. M.: Fischer.

Winton, W. M. (1986). The role of facial response in self-reports of emotion: A critique of Laird. *Journal of Personality and Social Psychology, 50*, 808 - 812.

Wippich, W. (1984/1985). *Lehrbuch der angewandten Gedächtnispsychologie* (Bd. 1: 1984, Bd. 2: 1985). Stuttgart: Kohlhammer.

Wise, R. A. & Rompre, P.-P. (1989). Brain dopamine and reward. *Annual Review of Psychology, 40*, 191 - 225.

Wittling, W. (1980). Psychophysiologische Diagnostik. In ders. (Hrsg.), *Handbuch der Klinischen Psychologie. Bd. 1: Methoden der klinisch-psychologischen Diagnostik* (S. 234 - 280). Hamburg: Hoffmann & Campe.

Wittling, W. (1983). Neuropsychologische Diagnostik. In K. J. Groffmann & L. Michel (Hrsg.), *Verhaltensdiagnostik* (Enzyklopädie der Psychologie, Bd. B/II/4). (S. 193 - 335). Göttingen: Hogrefe.

Wolf, E. S., Ornstein, A., Ornstein, P. H., Lichtenberg, J. D. & Kutter, P. (Co-Autoren) (1993). *Selbstpsychologie. Weiterentwicklungen nach Heinz Kohut.* München, Wien: Verlag Internationale Psychoanalyse.

Wolf, G. (1985). Zur Psychobiologie der Emotionen. *Zeitschrift für Psychologie, 193*, 385 - 396.

Woody, C. D. (1986). Understanding the cellular basis of memory and learning. *Annual Review of Psychology, 37*, 433 - 493.

Wright, D. S., Taylor, A., Davies, D. R., Sluckin, W., Lee, S. G. M. & Reason, J. T. (1971). *Introducing psychology. An experimental approach.* Harmondsworth, Engl.: Penguin Books Ltd.

Wuttke, W. (1993). Endokrinologie. In R. F. Schmidt & G. Thews (Hrsg.), *Physiologie des Menschen* (25. korr. Aufl.). (S. 390 - 420). Berlin. Springer.

Zänker, K. S. (1991). Knotenpunkte eines psycho-somatischen Netzwerkes: Moleküle und Zellen des Immunsystems, Hormone und Neuropeptide, Gefühle und Streß. In ders. (Hrsg.), *Kommunikationsnetzwerke im Körper: Psychoneuroimmunologie - Aspekte einer neuen Wissenschaftsdisziplin* (S. 19 - 44). Heidelberg: Spektrum Akadem. Verlag.

Zajonc, R. B. (1980). Feeling and thinking: Preferences need no inferences. *American Psychologist, 35*, 151 - 175.

Zajonc, R. B. (1984 a). The interaction of affect and cognition. In: K. R. Scherer & P. Ekman (eds.), *Approaches to emotion* (pp. 239 - 246). Hillsdale, N. J.: Lawrence Erlbaum.

Zajonc, R. B. (1984 b). On primary of affect. In K. R. Scherer & P. Ekman (eds.), *Approaches to emotion* (pp. 259 - 270). Hillsdale, N. J.: Lawrence Erlbaum.

Zajonc, R. B. (1985). Emotion and facial efference: A theory reclaimed. *Science, 228*, 15 - 21.

Zajonc, R. B., Pietromonaco, P. & Bargh, J. (1982). Independence and interaction of affect and cognition. In M. S. Clark & S. T. Fiske (eds.), *Affect and cognition. The 17th annual Carnegie Symposium on cognition* (pp. 211 - 227). Hillsdale, N. J.: Lawrence Erlbaum.

Zajonc, R. B., Murphy, S. T. & Inglehart, M. (1989). Feeling and facial efference: Implications of the vascular theory of emotion. *Psychological Review, 96*, 395 - 416.

Zedler, P. (1983). Empirische Hermeneutik. Eine Problemskizze. In P. Zedler & H. Moser (Hrsg.), *Aspekte qualitativer Sozialforschung. Studien zu Aktionsforschung, empirischer Hermeneutik und reflexiver Sozialtechnologie* (S. 144 - 162). Opladen: Leske & Budrich.

Zeki, S. M. (1993). Das geistig Abbild der Welt. *Spektrum der Wissenschaft Spezial 1: Gehirn und Geist* (Sonderheft, o. J.), S. 26 - 35.

Zenner, H.-P. (1993). Hören. In R. F. Schmidt (Hrsg.), *Neuro- und Sinnesphysiologie* (S. 305 - 328). Berlin: Springer.

Zilles, K. & Rehkämper, G. (1994). Funktionelle Neuroanatomie. *Lehrbuch und Atlas* (2. korr. Aufl.). Berlin: Springer.

Zimbardo, P. G. (1992). *Psychologie* (5., neubearb. Aufl.; dtsch. Ausgabe bearb. u. hrsg. von S. Hoppe-Graff u. B. Keller). Berlin: Springer.

Zimmer, K. (1984). *Das Leben vor dem Leben. Die seelische und körperliche Entwicklung im Mutterleib.* München: Kösel.

Zimmermann, M. (1993). Das somatoviscerale sensorische System. In R. F. Schmidt & G. Thews (Hrsg.). *Physiologie des Menschen* (25. Aufl.). (S. 207 - 233). Berlin: Springer.

Zuckerman, M., Klorman, R., Larrance, D. T. & Spiegel, N. H. (1981). Facial, autonomic, and subjective components of emotion: The facial feedback hypothesis versus the externalizer-internalizer distinction. *Journal of Personality and Social Psychology, 41*, 929 - 944.

Zugriff, G. E. (1993). Theoretische Schlußfolgerungen und die „Neuen Psychoanalytischen Theorien über den Säugling". *Psyche, 47*, 1153 - 1171.

Zwiebel, R. (1993). Einige Bemerkungen über die Rolle der projektiven Identifizierung in der analytischen Beziehung. In P. Kutter, R. Páramo-Ortega & P. Zagermann (Hrsg.). *Die psychoanalytische Haltung. Auf der Suche nach dem Selbstbild der Psychoanalyse.* (S. 259 - 277). München, Wien: Verlag Internationale Psychoanalyse.

ANHANG A

Verwendete Abkürzungen:

A., A.	Arteria, Arteriae
Ca^{2+}	Calcium-Ionen
cAMP	cyclisches Adenosinmonophosphat
Cl^{-}	Chlor-Ionen
CRH	Corticotropin-Releasing-Hormon; Syn.: Corticoliberin
DNA (DNS)	Desoxyribonucleinacid (bzw. -säure)
EPSP	Exzitatorisches Postsynaptisches Potential
FACS	Facial action coding system
G. W.	Gesammelte Werke Sigmund Freud
IPSP	Inhibitorisches Postsynaptisches Potential
K^{+}	Kalium-Ionen
LTP	long time potentiation, Langzeitpotenzierung
M., Mm.	Musculus, Musculi
μV	Mikrovolt (= 10^{-6} Volt)
N., Nn.	Nervus, Nervi
Na^{+}	Natrium-Ionen
NMDA	N-Methyl-D-Aspartat (Rezeptormolekül für Glutamat)
NS	Nervensystem
p (E)	lies: p ist die Wahrscheinlichkeit (Probabilität) von E (für Emotion)
p (E/R)	lies: p ist die bedingte Wahrscheinlichkeit dafür, daß die Emotion E entsteht, wenn die Reaktion R zuvor aufgetreten ist bzw. wenn zu erwarten ist, daß R auftreten wird.
PPF	Projekt Prüfungsforschung
PSPs	Postsynaptische Potentiale
St. A.	Studienausgabe Sigmund Freud
V., Vv.	Vena, Venae
Vp(n)	Versuchsperson(en)
ZNS	Zentralnervensystem

ANHANG B

Verzeichnis der Abbildungen

ANHANG C

↑ Verweis auf weiteres Stichwort im Glossar

GLOSSAR

Adenosintriphosphat (ATP):
Ein energiereiches Molekül Adenosin (= Verbindung aus der Base Adenin, dem Zuckermolekül Ribose und drei Phosphatresten), das eine Art universellen biologischen „Treibstoff“ darstellt. Das ATP ist ein Produkt des Zellstoffwechsels, das beim Abbau von Nahrungsstoffen gewonnen wird. Das ATP kann nicht direkt mit der Nahrung aufgenommen werden, so daß es im Körper selbst in den Mitochondrien („Kraftwerken“) der Zellen synthetisiert werden muß. Die Energiezufuhr erfolgt durch Abspaltung der im ATP enthaltenen Phosphatanteile.

Abwehrmechanismen:
Psychoanalytischer Terminus zur Klassifizierung der dem sog. Ich zugeordneten Maßnahmen, die darauf abzielen, die mit unerträglicher Unlust (Angst, Scham etc.) verbundenen Erlebnisinhalte von dem Bewußtsein fernzuhalten. Den Grundtypus hierfür stellt die sog. Verdrängung dar. In neurophysiologischer Hinsicht entspricht dies einer *horizontalen* Hemmung zwischen kortikalen und subkortikalen (insbesondere limbischen) Hirnstrukturen. Die Abwehrvorgänge vom sog. Spaltungstyp, die durchaus bewußtseinsfähig sind, lassen demgegenüber eher eine *vertikale* Hemmung zwischen den beiden Hirnhemisphären vermuten. Die Psychoanalyse hat noch keine theoretische Explikation zum Ablauf der sog. Abwehrmechanismen entwickelt. Auch beim neuroszenologischen Modell müssen wir uns daher noch mit metaphorischen Beschreibungen behelfen.

Adenylatcyclase:
Enzym, das ATP ↑ zu cyclischem Adenosinmonophosphat (cAMP) umwandelt, das als sekundärer Botenstoff ↑ innerhalb von (Nerven-)Zellen u. a. (Protein-)Kinasen ↑ aktiviert, die wiederum das Öffnen und Schließen von Ionenkanälen ↑ vermitteln.

Afferenz, afferente Verbindung:
Die zu einem Neuron oder Neuronenzentrum hinführende Faserverbindung bzw. Signalübertragung (Projektion). Gegenteil: Efferenz ↑

Aktionspotential (AP):
Ein elektrochemischer Nervenimpuls, der aus einer kurzzeitigen Veränderung (im Millisekunden-Bereich) der Membrandurchlässigkeit für Kalium- und Natriumionen resultiert. Das AP stellt quasi die „Währungseinheit“ der Nervensignalübertragung dar. Die Intensität einer Nervenreizung wird mittels der Aufeinanderfolge von Aktionspotentialen konstanter Größe codiert (Frequenzmodulation). Diese Alles-oder-nichts-Im-

pulse werden ohne Verlust ihrer Intensität (Amplitude) über z. T. weite Strecken (z. B. am Bein entlang) fortgeleitet.

Botenstoff, primärer und sekundärer:
Man unterscheidet gemeinhin zwischen sog. primären und sekundären Botenstoffen. Primäre Botenstoffe sind z. B. Neurotransmitter wie Noradrenalin oder Serotonin, die direkt zwischen den Zellen vermitteln. Sekundäre Botenstoffe wie z. B. Calcium oder das cyclische Adenosinmonophosphat (cAMP) beeinflussen nicht direkt die Vorgänge an den Zellmembranen, sondern leiten die Signale erst innerhalb der Zelle weiter. Die sekundären Botenstoffe vermitteln Enzymkaskaden, die dazu führen, daß Bindung eines Botenstoffes an einen Rezeptor zahlreiche Funktionsproteine (wie Ionenkanäle ↑) aktivieren kann. Sekundäre Botenstoffe zeichnen sich also durch einen Verstärkungseffekt aus.

Depolarisation:
Eine gegenüber dem Ruhepotential ↑ reduzierte Negativierung des Membranpotentials als Folge einer erhöhten Permeabilität für Na^{+}-Ionen (Ionenkanäle ↑). Die Depolarisation entspricht einem erregenden Vorgang. Gegenteiliger Prozeß: Hyperpolarisation ↑.

DNS:
Abkürzung für *D*esoxyribo*n*uklein*s*äure, die sich aus den sog. Nukleotiden zusammensetzt, die wiederum aus drei chemischen Bausteinen bestehen (einem Phosphatrest, dem Zuckermolekül Desoxyribose, einer der Purinbasen Adenin, Thymin, Cytosin oder Guanin). Wegen ihrer zweifach ineinander verschlungenen Spiralform wird die DNS auch als „Doppelhelix" beschrieben. Die DNS ist in mehrere Abschnitte (Gene) unterteilt und enthält sämtliche Erbinformationen eines biologischen Organismus. Die genetischen Informationen ergeben sich aus der Anordnung der Nukleotide bzw. aus den Abfolgen bestimmter Basenpaare („Alphabet des Lebens"). Dieses simple Prinzip der genetischen Codierung findet sich bei allen Lebewesen, egal ob bei Pflanze, Tier, Bakterium oder Mensch. (Die Entwicklung der Gentechnologie beruht auf der potentiell unbegrenzten Kombinierbarkeit von Erbanlagen zwischen verschiedenen Organismen).

Efferenz, efferente Verbindung:
Die von einem Neuron bzw. von einem Neuronenzentrum wegführende Faserverbindung bzw. Signalübertragung. Gegenteil: Afferenz ↑

epigenetisch:
auf extragenomischen Einflüssen (Genom ↑) beruhend, welche die Hirnentwicklung bzw. die neuronalen Umbauprozesse (Plastizität) von außerhalb anstoßen und umweltspezifisch modulieren.

Genom:
Gesamtheit der Gene (DNS-Abschnitte ↑), die in den Zellkernen eines Individuums lokalisiert sind. Die Anzahl der Gene selbst hängt von der Komplexität des Organismus ab, Viren z. B. besitzen u. U. nur drei bis vier solcher Erbmoleküle, beim Menschen wird ihre Anzahl auf über 100 000 geschätzt. Das Genom eines höheren Organismus wie der des Menschen enthält damit die Informationen für die Produktion von über 100 000 verschiedenen Proteinen. Obgleich alle Körperzellen die gleiche genetische Ausstattung haben, unterscheiden sich z. B. Neuronen von anderen Zellen dadurch, daß eine neuronenspezifische Auswahl von Genen aktiv ist.

Hyperpolarisation:
Eine über das Ruhepotential hinausgehende Negativierung des Zellinneren, wodurch eine neuronale Hemmung bewirkt wird. Gegenteil: Depolarisation ↑.

Ionen
Elektrisch geladene Teilchen, denen Elektronen entweder hinzugefügt (so bei Cl^- Ionen) oder entzogen wurden (so bei Na^+, K^+, Ca^{++}-Ionen)

Ionenkanäle:
Die Nervenzellmembran wird durchzogen von tunnelförmigen Eiweißkörpern, die für bestimmte Ionen unterschiedlich leicht zu passieren sind (selektive Permeabilität der Ionenkanäle). Die Passage der Ionen wird biochemisch (durch Neurotransmitter ↑) und/oder elektrophysiologisch (durch Depolarisierungen ↑ bzw. Aktionspotentiale ↑) reguliert.

Inszenieren - Szene:
Eine unbewußt initiierte und affektiv gesteuerte Ausdrucksform in einem mehr oder weniger dramatisierten inter-personellen Kontext (Szene).

Kinase:
Enzym, das die Phosphorylierung ↑ auf bestimmte Proteine katalysiert und dadurch deren Funktion ändert.

Natrium-Kalium-Pumpe:
Ein Energie (ATP ↑) benötigender Mechanismus, der dafür sorgt, daß die Neuronen an der Zellmembran ihr spezifisches Ionenmilieu (mit negativem Ruhepotential ↑) aufbauen und damit die Grundlage für die elektrochemische Reizleitung und -verarbeitung (in Form von Aktionspotentialen ↑ bzw. PSPs ↑) schaffen. Die Na^+-K^+-Pumpe sorgt letztlich dafür, daß die K^+-Konzentration innerhalb der Nervenzelle etwa 30 mal höher als außerhalb ist. Dieses K^+-Konzentrationsgefälle trägt zur (Wieder-)Herstellung des Ruhepotentials ↑ bei.

Phosphorylierung:
Enzymatische Übertragung einer Phosphatgruppe auf ein biologisch aktives Molekül mit einhergehender Änderung dessen Struktur und Funktion. Wichtiger Vorgang z. B. bei der Zellatmung (mit ATP-Bildung ↑) und bei der Steuerung von neuronalen Ionenkanälen ↑

Plastizität, neuronale bzw. synaptische:
Gemeint ist die Fähigkeit des Gehirns bzw. des ZNS zur langzeitigen Modifizierung der interneuralen Verknüpfungen (Synapsen ↑). Die Plastizität beruht sowohl auf morphologischen Umbauprozessen (wie Bildung synaptischer Endknöpfe) als auch auf funktionellen Veränderungen in der neuronalen Vernetzung („Neuverdrahtung") und auf Verschiebungen im neurochemischen Haushalt (veränderte Ausschüttungsraten von Transmitterquanten). Das Konzept der Plastizität imponiert im neuroszenologischen Modell als Mediator zwischen der neurobiologischen und der mental-symbolischen Systemebene. Es bildet damit einen neurobiologischen Schlüssel zum Verständnis des Szenisch-Unbewußten.

Prägung, neuronale:
Ein aus der Ethologie stammender und auf die menschliche Entwicklung angewandter Grundbegriff, wonach sozial-affektives (Bindungs-)Verhalten bzw. somato-szenische ↑ (Erwartungs-)Haltungen extrem intensiv während sog. sensibler Hirnreifungsphasen gelernt werden. Das „Gelernte" (wie die affektive Valenz bestimmter Bezugspersonenmerkmale) bleibt u. U. unbewußt und lebenslang im ZNS gespeichert. Auch beim Menschen spielt die neuronale Prägung wahrscheinlich eine wichtige Rolle für die (somato-szenische) Selbstentwicklung.

Projektive Identifikation:
Ein zunächst intra-personaler Vorgang, bei dem projektive und introjektive (Abwehr-) Mechanismen ↑ im inter-personellen Beziehungsfeld eine belastungs- bzw. konflikttypische Szene ausbilden. Bei der projektiven Identifizierung kommt es durch den Projizierenden zu einer inter-personellen Einflußnahme auf sein Gegenüber, das nicht nur entsprechend dem Projizierten gesehen werden soll, sondern das auch dementsprechend empfinden und sich verhalten soll. Beispiel: Ein an sich grollender Prüfling meint, sein Prüfer sei unterschwellig aggressiv. Der Prüfling zeigt sich deshalb wenig kooperativ, so daß der Prüfer tatsächlich ärgerlich wird.

Propriozeption:
Gemeint ist eine sog. tiefensensible Eigenwahrnehmung, die mittels spezieller Rezeptoren ↑ über Lage und Zustand(sänderungen) des Stütz- und Bewegungsapparates informieren. Über die propriozeptiven Afferenzen ↑ aus den Muskeln, Sehnen und Gelenken wird der Kraft- und Bewegungssinn, die Orientierung im Raum sowie am eigenen Körper („Körperschema") vermittelt. Nach der klassischen facial feedback-Hypo-

these spielen die propriozeptiven Signale aus der mimischen Muskulatur eine zentrale Rolle bei der Emotionsgenese.

Postsynaptische Potentiale (PSPs):
Inhibitorische oder exzitatorische Potentiale (IPSPs, EPSPs) an der postsynaptischen Nervenendigung, wodurch die Reizweiterleitung erschwert bzw. begünstigt wird. IPSPs und EPSPs werden durch an der präsynaptischen Seite freigesetzte Überträgersubstanzen vermittelt. Die EPSPs müssen einen bestimmten Schwellenwert überschreiten, damit neuronale Impulse (Aktionspotentiale ↑) weitergeleitet werden können.

Reduktionismus:
Eine erkenntnistheoretische Position, wonach psychisch-mentale Funktionen bzw. Schemata (wie kognitive, symbolische oder szenische Repräsentationen) allein anhand von neuronalen Abläufen erklärbar seien. Im neuroszenologischen Modell wird dem Mental-Symbolischen seine qualitative Neuartigkeit (Emergenz) gegenüber dem Neuronal-Biologischen belassen, obgleich beides als systemische Einheit angesehen wird (Standpunkt des emergentistischen Monismus). Ungleich dem materialistischen Reduktionismus wird dem Mental-Szenischen insoweit seine Sonderstellung belassen, als es nicht völlig im Neuronalen aufgeht, sondern aus der komplexen Wechselwirkung bestimmter, noch aufzuklärender neuronaler Regelungssysteme hervorgeht. Das Mental-Szenische läßt sich daher auch nicht mehr in der reduktionistischen Sprache der Neurowissenschaften abbilden. Zur Überbrückung des neuronal-szenischen Hiatus bedarf es kooperierender sozial- und geisteswissenschaftlicher Disziplinen (wie Emotions- bzw. Ausdrucksforschung, psychoanalytische Sozial-Psychologie und Pädagogik, Neurophilosophie, Neurolinguistik etc.) im Forschungskontext einer breit angelegten, günstigenfalls empirisch-tiefenhermeneutischen Methodologie.

Repräsentanzen, szenische:
Ausdruck für die intrapsychischen bzw. internalisierten und zu emotionalen Schemata geronnenen Erfahrungen, die ein Individuum im Hinblick auf sich selbst (Selbstrepräsentanzen) und im Hinblick auf die anderen, speziell die primären Bezugspersonen (Objektrepräsentanzen) gesammelt hat. Der Repräsentanzenbegriff dient bei mir als heuristische Hilfskonstruktion, um die (Re-)Aktualisierung von situativ unangemessenen Übertragungs- bzw. Gegenübertragungsreaktionen ↑ zu verdeutlichen. Die szenischen Repräsentanzen sind als neurobiologisch beschreibbare Engramme aufzufassen, die sozusagen die intrapsychischen Gußformen („Interaktionsformen" sensu Lorenzer) für die unbewußten, emotionalen Schemata bilden. Diese Schemata stellen wiederum eine Art von Mustervorlagen für die „Vervielfältigung" von Übertragungs- bzw. Gegenübertragungsaffekten dar. Die Repräsentanzen selbst sind keineswegs als unmittelbare Folge von biographischen Ereignissen oder gar als Abbild von „objektivierbaren" Sozialisationseinflüssen zu werten. Eher spiegelt sich in den Repräsentanzen die höchst einzigartige, personspezifische Verarbeitung vergangener Szenen wieder.

Rezeptor:
Physiologischer Begriff mit zweierlei Bedeutung: 1) Sinneszelle, z. B. die Zapfen und Stäbchen in der Netzhaut des Auges. 2) Membranmoleküle (Eiweißkörper), an denen ein Transmitter ↑ oder ein (Neuro-)Hormon „andocken" kann, um seine spezifische Wirkung auf die betreffende Zelle entfalten zu können.

Ruhepotential:
Wenn nicht besondere Einflüsse auf die Zelle einwirken, besteht an der Membran ein konstanter Spannungsunterschied zwischen dem Zellinneren und der extra-zellulären Flüssigkeit. Die Nervenzellmembran ist im nicht erregten Zustand insbesondere für K^+-Ionen durchlässig (Ionenkanäle ↑), die aufgrund des Konzentrationsgefälles (Na^+-K^+-Pumpe ↑) aus der Zelle ausströmen. Da die negativ geladenen Ionen (insbes. Eiweißkörper) die Zellmembran nicht durchwandern können, beruht das negative Ruhe(membran)potential weitgehend auf dem sog. Kalium-Gleichgewichtspotential, das wiederum aus zweierlei gleich großen und entgegengesetzten Kräften resultiert, nämlich einerseits aus der osmotisch bedingten K^+-Diffusion (aus dem Neuron heraus) und andererseits aus der elektrostatischen Anziehung von extraneuralen K^+-Ionen durch das negativ geladene Zellinnere.

Selbstobjekt:
Ein auf den Psychoanalytiker Heinz Kohut zurückgehender Begriff, der u. a. eine bestimmte narzißtische Beziehungsform beschreibt. Selbstobjektbeziehungen zeichnen sich dadurch aus, daß andere Personen („Objekte") in die psychische Innenwelt des Selbst einbezogen werden, um dort eine stützende bzw. regulative Funktion auszuüben. In Kohuts Konzeption der Selbstpsychologie sind derartige Beziehungsmodi nicht auf frühkindliche Entwicklungsphasen beschränkt, sondern sie durchziehen das gesamte Leben eines (gesunden) Menschen.

somatisch:
bezogen auf alle Körperzellen inkl. der Neuronen

somato-szenisch bzw. neuro-szenisch:
die Identität von organismischen bzw. neuronalen Funktionen und affektiv-szenischen Abläufen betreffend

Synapse, chemische:
Schaltstelle bzw. Verbindungsspalt zwischen einer Nervenzelle und einer nachgeschalteten (postsynaptischen) Nerven-, Drüsen- oder Muskelzelle. Es gibt hemmende und erregende Synapsen. Ihre transmitterspezifische Aktivierung führt zu entsprechenden hemmenden bzw. erregenden postsynaptischen Potentialen ↑.

szenisches Verstehen:
Generell wird damit die psychoanalytisch-nachvollziehende Wahrnehmung und Reflexion (Tiefenhermeneutik) der Übertragungs-Gegenübertragungs-Dynamik ↑ be-

zeichnet, die sich aus der affektiven Teilhabe des psychoanalytischen Therapeuten oder Pädagogen an der konkreten Szene konstituiert. In dieser Arbeit weite ich das Konzept des szenischen Verstehens auf die Forschungssituation der nicht-teilnehmenden Beobachtung aus: Gemeint ist hierbei eine tiefenhermeneutisch akzentuierte, szenographische Wahrnehmungshaltung des Forschers gegenüber der beobachteten bzw. protokollierten Szene. Beidemal werden die spontanen Empfindungen des Forschers bzw. des Therapeuten/Pädagogen als Gegenübertragungsimpulse verstanden, d. h. als unbewußte Antworten auf die Reinzenierungen vergangener Beziehungserfahrungen vonseiten der Kommunikanten bzw. der Patienten/Klienten.

Titer:
Chemische Stoffmenge bzw. Molekülgehalt in einer Reagenzlösung. Mit Hilfe der Titration (Titermessung) läßt sich z. B. die Hormonkonzentration im Blut bestimmen.

Transmitter:
Chemischer Botenstoff, der direkt im Nervensystem (als Neurotransmitter) wirkt und/ oder über die Blutbahn (als Hormon) zu seinem Wirkort gelangt. Die klassischen Neurotransmitter (wie Dopamin, Acetylcholin, Serotonin) heften sich - nach dem Schlüssel-Schloß-Prinzip - an einen spezifischen Rezeptor ↑ in der betreffenden Zellmembran an, woraufhin sich die Leitfähigkeit für Natrium-, Kalium- und/oder Chlor-Ionen erhöht. Ob es dabei zu einer elektrophysiologischen Erregung oder Hemmung kommt, hängt von den (Ionenkanal-)Eigenschaften des Rezeptors ab und nicht von dem Transmitter selbst. Die drei bislang am besten untersuchten Neurotransmitter, die nachweislich eine bedeutsame Rolle bei psychischen bzw. emotionalen Funktionen spielen, sind
* das *Serotonin* bzw. 5-Hydroxytryptamin (5-HT, Zwischenglied der sog. Indolaminreaktionskette mit Tryptophan ↑ als Ausgangssubstanz und 5-Hydroxy-indol-Essigsäure (5-HIAA) als Endprodukt) sowie
* die Katecholamine *Noradrenalin* und *Dopamin* (Biosynthese über Phenylalanin - Tyrosin - Dopa - Dopamin - Noradrenalin - Adrenalin - mit Vanillinmandelsäure als Abbauprodukt).

Tryptophan:
Eine in chemisch reiner Form bitter schmeckende Aminosäure. Vorstufe des Transmitters Serotonin. Tryptophan kommt in verschiedenen Lebensmitteln (wie Milch, Rindfleisch, Hühnerei, grünen Erbsen, Erdnüssen, Bananen) vor. Tryptophan wird u. a. als schlafförderndes und antidepressives Medikament eingesetzt.

Übertragung:
In der Psychoanalyse meint man damit das z. T. unbewußte (Wieder-)Erleben von Affekten, Phantasien, Abwehrhaltungen und Handlungsimpulsen, in die konflikthafte oder traumatisierende Sozialisationserfahrungen eingegangen sind. In der sog. Übertragung leben sozusagen Relikte aus früher Kindheit (fehlgeschlagene Problemlöseversuche, starre Reaktionsmuster und „falsche Überzeugungen") im Erwachsenenleben fort. Der Übertragungsbegriff beschreibt in der vorliegenden Arbeit aber nicht eine

Form von individueller Realitätsverzerrung, sondern den (Teil-)Aspekt einer interpersonell generierten Re-Inszenierung frühkindlicher Erlebnisschablonen (Übertragung-Gegenübertragungs-Dynamik ↑).

Übertragung-Gegenübertragungs-Dynamik:
Charakteristikum der szenisch-unbewußten Kommunikation: Diese beinhaltet zum einen die Reaktualisierung internalisierter Sozialisationserfahrungen (szenischer Repräsentanzen ↑) mitsamt den daraus erwachsenen Beziehungsangeboten (Übertragungsreaktionen) und zum anderen die dazu komplementären Resonanzen des Gegenübers (Gegenübertragung). Übertragungs- und Gegenübertragungsreaktionen bilden ein sich wechselseitig stabilisierendes szenisches Zusammenspiel (Szenokreis), in dem sich die Kommunikanten u. U. unentrinnbar miteinander verstricken (Kollusion).

Vitalitätsaffekte:
Bezeichnung für somato-szenische Aktivierungskonturen (mit den entsprechend modulierten Dichten neuronaler Feuerungsraten), die sich durch (De-)Crescendomerkmale (wie „an-/abschwellend", „stürmisch", „langsam", „kraftvoll" etc.) auszeichnen und die von unserem herkömmlichen Wortschatz nicht als Modus des Affekterlebens mit erfaßt werden.